原 子 量 表

原子番号	元素名	元素記号	原子量	備考	原子番号	元素名	元素記号	原子量	備考
1	水素	H	1.00794(7)	†1, 2, 3, 4	60	ネオジム	Nd	144.242(3)	†1
2	ヘリウム	He	4.002602(2)	†1, 2	61	プロメチウム	Pm	[145]	†5
3	リチウム	Li	6.941(2)	†1, 2, 3, 4	62	サマリウム	Sm	150.36(2)	†1
4	ベリリウム	Be	9.012182(3)		63	ユウロピウム	Eu	151.964(1)	†1
5	ホウ素	B	10.811(7)	†1, 2, 3, 4	64	ガドリニウム	Gd	157.25(3)	†1
6	炭素	C	12.0107(8)	†1, 2, 4	65	テルビウム	Tb	158.92535(2)	
7	窒素	N	14.0067(2)	†1, 2, 4	66	ジスプロシウム	Dy	162.500(1)	†1
8	酸素	O	15.9994(3)	†1, 2, 4	67	ホルミウム	Ho	164.93032(2)	
9	フッ素	F	18.9984032(5)		68	エルビウム	Er	167.259(3)	†1
10	ネオン	Ne	20.1797(6)	†1, 3	69	ツリウム	Tm	168.93421(2)	
11	ナトリウム	Na	22.98976928(2)		70	イッテルビウム	Yb	173.054(5)	†1
12	マグネシウム	Mg	24.3050(6)	†4	71	ルテチウム	Lu	174.9668(1)	†1
13	アルミニウム	Al	26.9815386(8)		72	ハフニウム	Hf	178.49(2)	
14	ケイ素	Si	28.0855(3)	†2, 4	73	タンタル	Ta	180.94788(2)	
15	リン	P	30.973762(2)		74	タングステン	W	183.84(1)	
16	硫黄	S	32.065(5)	†1, 2, 4	75	レニウム	Re	186.207(1)	
17	塩素	Cl	35.453(2)	†3, 4	76	オスミウム	Os	190.23(3)	†1
18	アルゴン	Ar	39.948(1)	†1, 2	77	イリジウム	Ir	192.217(3)	
19	カリウム	K	39.0983(1)	†1	78	白金	Pt	195.084(9)	
20	カルシウム	Ca	40.078(4)	†1	79	金	Au	196.966569(4)	
21	スカンジウム	Sc	44.955912(6)		80	水銀	Hg	200.59(2)	
22	チタン	Ti	47.867(1)		81	タリウム	Tl	204.3833(2)	†4
23	バナジウム	V	50.9415(1)		82	鉛	Pb	207.2(1)	†1, 2
24	クロム	Cr	51.9961(6)		83	ビスマス	Bi	208.98040(1)	
25	マンガン	Mn	54.938045(5)		84	ポロニウム	Po	[209]	†5
26	鉄	Fe	55.845(2)		85	アスタチン	At	[210]	†5
27	コバルト	Co	58.933195(5)		86	ラドン	Rn	[222]	†5
28	ニッケル	Ni	58.6934(4)		87	フランシウム	Fr	[223]	†5
29	銅	Cu	63.546(3)	†2	88	ラジウム	Ra	[226]	†5
30	亜鉛	Zn	65.38(2)		89	アクチニウム	Ac	[227]	†5
31	ガリウム	Ga	69.723(1)		90	トリウム	Th	232.03806(2)	†1, 5
32	ゲルマニウム	Ge	72.64(1)		91	プロトアクチニウム	Pa	231.03588(2)	†5
33	ヒ素	As	74.92160(2)		92	ウラン	U	238.02891(3)	†1, 3, 5
34	セレン	Se	78.96(3)		93	ネプツニウム	Np	[237]	†5
35	臭素	Br	79.904(1)	†4	94	プルトニウム	Pu	[244]	†5
36	クリプトン	Kr	83.798(2)	†1, 3	95	アメリシウム	Am	[243]	†5
37	ルビジウム	Rb	85.4678(3)	†1	96	キュリウム	Cm	[247]	†5
38	ストロンチウム	Sr	87.62(1)	†1, 2	97	バークリウム	Bk	[247]	†5
39	イットリウム	Y	88.90585(2)		98	カリホルニウム	Cf	[251]	†5
40	ジルコニウム	Zr	91.224(2)	†1	99	アインスタイニウム	Es	[252]	†5
41	ニオブ	Nb	92.90638(2)		100	フェルミウム	Fm	[257]	†5
42	モリブデン	Mo	95.96(2)	†1	101	メンデレビウム	Md	[258]	†5
43	テクネチウム	Tc	[98]	†5	102	ノーベリウム	No	[259]	†5
44	ルテニウム	Ru	101.07(2)	†1	103	ローレンシウム	Lr	[262]	†5
45	ロジウム	Rh	102.90550(2)		104	ラザホージウム	Rf	[265]	†5
46	パラジウム	Pd	106.42(1)	†1	105	ドブニウム	Db	[268]	†5
47	銀	Ag	107.8682(2)	†1	106	シーボーギウム	Sg	[271]	†5
48	カドミウム	Cd	112.411(8)	†1	107	ボーリウム	Bh	[272]	†5
49	インジウム	In	114.818(3)		108	ハッシウム	Hs	[270]	†5
50	スズ	Sn	118.710(7)	†1	109	マイトネリウム	Mt	[276]	†5
51	アンチモン	Sb	121.760(1)	†1	110	ダームスタチウム	Ds	[281]	†5
52	テルル	Te	127.60(3)	†1	111	レントゲニウム	Rg	[280]	†5
53	ヨウ素	I	126.90447(3)		112	コペルニシウム	Cn	[285]	†5
54	キセノン	Xe	131.293(6)	†1, 3	113	ニホニウム	Nh	[284]	†5, 6
55	セシウム	Cs	132.9054519(2)		114	フレロビウム	Fl	[289]	†5
56	バリウム	Ba	137.327(7)		115	モスコピウム	Mc	[288]	†5, 6
57	ランタン	La	138.90547(7)	†1	116	リバモリウム	Lv	[293]	†5
58	セリウム	Ce	140.116(1)	†1	117	テネシン	Ts	[294]	†5, 6
59	プラセオジム	Pr	140.90765(2)		118	オガネソン	Og	[294]	†5, 6

本表は，*Pure Appl. Chem.*, 81, 2131 (2009) の 2007 年の表に基づいている．2005 年の表のルテチウム，モリブデン，ニッケル，イッテルビウム，亜鉛の値に変更を加え，2011 年の IUPAC の周期表に基づきフレロビウムとリバモリウムを加えている．ハッシウムの寿命が最も長い同位体の質量数は *Phys. Rev. Lett.*, 97 242501 (2006) に基づく．( ) 内の数値は，最終桁の不確かさを示している．

†1 地質標本は通常の物質と異なる同位体組成となっていることが知られている．したがって，地質標本からの試料は，本表に示す不確かさを超えている．
†2 地上の物質の同位体組成の範囲は，より正確な値を決定できない．表中の値は通常の物質に適用可能である．
†3 市販の物質では，精製手法の企業秘密や操作上の不注意などにより同位体組成が異なるものがある．そのため，本表に与えられた原子量と異なる場合がある．
†4 IUPAC は H, Li, B, C, N, O, Mg, Si, S, Cl, Br, Tl の原子量を変動範囲で示している．簡単のため，本表では一つの値だけを採用している．これらの質量とその範囲はコラム 0・3 で詳しく示している．
†5 この元素は安定核種をもたない．[209] のように値が [ ] で囲まれている場合，最も寿命が長い核種の質量数を示している．しかし，Th, Pa, U の三つは，地上での特徴的な同位体組成があるため，原子量を示してある．
†6 元素の日本語名は日本化学会 "化学と工業" 2017 年 4 月号による．

ブラディ
ジェスパーセン 一般化学（下）

N. D. Jespersen・A. Hyslop・J. E. Brady 著

小島憲道 監訳

小川桂一郎・錦織紳一・村田 滋 訳

東京化学同人

CHEMISTRY: The Molecular Nature of Matter
Seventh Edition

Neil D. Jespersen   Alison Hyslop
St. John's University, New York   *St. John's University, New York*

with significant contributions by
James E. Brady
St. John's University, New York

Copyright © 2015, 2012, 2009, 2004 John Wiley & Sons, Inc. All Rights
Reserved. This translation published under license.

まえがき

第 7 版である本書 "ブラディ・ジェスパーセン一般化学（原題 Chemistry : The Molecular Nature of Matter)" は，第 6 版の基盤となった "物質における分子の性質"，"問題を解く力" および "記述の明快さ" に重点をおくことを継承している．本書ではこの基本的な方針を強め，また広げるため，分子の微視的世界と観測できる物質の巨視的性質の関係についてより詳しく述べている．

最初に第 7 版の執筆者を紹介する．Neil Jespersen は本書がエレクトロニクスの進歩とともに改良・充実されていくなか，執筆者の中心的役割を担ってきた．彼は分析化学者でかつ著名な教育者であり，また身のまわりで私たちが経験する物質の巨視的な性質と微視的な視野を結びつけることを啓蒙してきた功績で表彰されている．Alison Hyslop は旧版においても，執筆に協力してくれており，今後の改訂版でも著者の役割を担うことになる．彼女は一般化学のみならず学部および大学院の無機化学に対して幅広い教育経験がある．彼女は現在，所属する化学専攻の運営責任者であり，化学の教育課程を充実させるために活躍している．James Brady は第 7 版では顧問として助言者の役割を担っている．彼の構想と助言によって，本書の理念と組立てができ上がった．また，例題を解くさいには，解法の手順に従って解答を作成する前に，例題にある話題を紹介することにより，本書が化学を学ぶ学生にとって身近なものとなっている．これは彼の指導によるものである．

第 7 版の方針は，第一に基本的事実と理論モデルに立脚した化学の概念の基礎を提供することである．そして，学生に対して社会や日常生活における化学の重要性のみならず自然科学のなかで化学が果たす中心的な役割を認識させることである．加えて本書は，学生の分析的思考力や問題を解く技量を育てることを目標としている．また，化学を担当する教師が最大限自由に活用できるよう，多くの話題を提供している．

分子論の視点に立って化学を教えることの価値はよく理解されているが，これは長年にわたって化学教育を行ってきた Brady とその共著者によって取入れられたこの方法の基礎であった．分子や結晶構造をコンピューターグラフィックスにより斬新な三次元画像として書いた Brady による初版から，第 6 版まで一貫してきた "物質における原子・分子論的視野" は，第 7 版でも継承している．この方法論を通して学生は物質の性質に対して十分な価値を認識し，どのようなしくみで構造がその物質の性質を決めているかを学ぶことになる．この方針を推進するために導入したことがらを以下に紹介する．

0 章：化学史概説　　第 7 版は，まず宇宙のはじまりとそれに続く元素の形成過程から始めている．どのようにして元素が最初に誕生し，それがさまざまな元素の生成に進んでいったのか，元素を構成する粒子（陽子，中性子，電子）の発見をとおして説明することにより，物質の原子および分子論的視野に対する基盤を整え，これらの概念が本書をとおしてどのように使われるか概説する．また，地球全体における元素の分布を概説し，分子や化学反応を記述する方法を述べる．

マクロとミクロを結びつける図　　私たちが日常目にしている巨視的な世界と分子レベルで起こる微視的現象を結びつけるため，巨視的および微視的視野を融合した多くの写真や図を用意している．たとえば，4 章に出てくる次ページの写真は，原子，分子あるいはイオン間で起こっている化学反応などの現象を芸術家の作品のように表している．その目標は，どのような自然界のモデルを通して化学者に観察結果をよりよく理解させ，また学生に分子レベルで起こる現象を視覚化させ，記述させることができるかを示すことにある．

学習目標 各章の学習目標は章頭に明示している．これらの学習目標は，学生が各節の内容を習得した後，次に何を学習するか導いてくれる．

問題を解く能力の習熟

問題を解くことはものごとの概念を把握し，この分野における理解力を高めることを補強することであり，このことは化学教育の重要な側面の一つである．これはまた，一般化学を学ぶ学生に対して広範囲にわたって問題を解く能力をもって適応させることを可能にし，化学の専門課程で成功させる能力を身につけて一般化学を修了することを確かなものにしている．

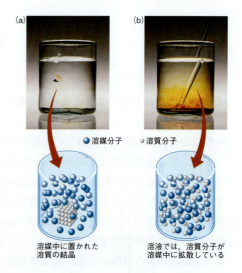

溶媒中に置かれた溶質の結晶　　溶液では，溶質分子が溶媒中に拡散している

本書でも問題を解くさい，種々の化学の手法を用いることを旧版から継続している．この手法は，たとえば質量から物質量への変換や複雑な応用問題を解くためにさまざまな手法を組合わせた技法など，基礎的な技能を考える手助けとなる．学生や教師は旧版において，この概念に積極的に対応してきており，第7版でもこの手法を問題の解法に採用している．

本書の優れた特色は，例題を解くために**指針**，**解法**，**解答**，**確認**という4段階の手順を用いたところにある．この手法はすべての設問に適応できるものである．最初に，その問題を理解し，どのようにして解くのか計画するために**指針**を設定している．次に**解法**を設定し，問題を解く手順を示している．この手法は，複雑な問題を解く場合，さまざまな方法を組合わせて解答に至ることを導いている．このようにして，論理的につながったすべての段階を示した完全な**解答**を記述することができる．最後に，答えは妥当かの**確認**は，自らの答えをどのようにして正しいと判断するのか，その確認作業を指し示している．

例題で用いた原理を応用するために，例題に関連した練習問題を用意している．これらの練習問題は例題を総括したものであり，ある場合には発展的な問題になっている．練習問題のすべての答えは，巻末の解答にある．多くの問題は，それまでの章で学んだ知識を利用することを学生に求めている．たとえば，4章やそれ以降の章の多くの問題では，問の化合物が化学式ではなく化合物名で与えられている．したがって，学生は2章で学んだ化合物の命名法の規則を利用することになる．

例題 4・1　イオン化合物の解離の化学反応式を書く
硫酸アンモニウムは農作物に窒素を供給する肥料として使われる．この化合物を水に溶かしたときの解離の化学反応式を書け． 学反応式の右辺に書き，溶液中にあることを示す **指針** これは二つの部分よりなる問題である．第一に，硫酸アンモニウムの正しい化学式を書く．次に，解離の化学反応式を書かなければならない． $(NH_4)_2SO_4(s) \longrightarrow$ **解法** 硫酸アンモニウムの化学式が必要である．これには，この塩をつくっているイオンの電荷と化学式を知る必要がある．表 2・4 の多原子イオンの表を利用する．化学反応式を書くのは，これまでに示してきた方法に従えばよい． **確認** このような化学反応である．第一は，電− **解法** 硫酸アンモニウムにおいて，陽イオンは NH_4^+，陰イオンは SO_4^{2-} である．電荷を考えると，この化合物の化学式 第二は，化合物が解離し正負のイオンの数が正し認できれば，正しく問題 練習問題 4・1 次の固

化学教育の目標の一つは，典型的な練習問題よりもっと思考力を要する発展的な問題を解く能力をもつように学生を育てることにある．それは，複数の異なる手法を必要とする問題を解くことで，複数の概念を含む問題に対して**指針**と**解法**の使用を継続させることにある．これらの応用問題は典型的な練習問題より難易度が高く，複数の章で述べられた概念の使用を求めている．学生は答えに到達する前に二つ以上の概念を結びつけ，複雑な問題を単純な部分の足し合わせたものにしなければならない．この応用問題は学生が基礎的な問題を解く機会をもち，またすでに学んだ章で問題を解くのに十

分な概念が紹介されたあと，4章ではじめて出題される．応用問題は，どのようにしてこれらの問題を分解し，答えに達する思考力を強めるかの機会を学生に提供する．

第7版の改訂の特徴

すでに述べたように，第7版の特筆すべき特色は，物質の分子レベルでのふるまいと巨視的レベルで観測される物質の性質を関連づけることができるよう，焦点を絞っていることである．

各章は，教師が学生の特別な要望に合わせて章立ての変更ができるよう，教育上の独立した単元として書かれている．たとえば最初の段階で気体の性質を解説している章（10章）を取上げようと思えば，それが可能である．また，気体の性質を取扱っている10章は，物質の他の状態を取扱うその後の章と調和しているが，同時に，別の章立ての構成も有効であり，本書はそれを可能にしている．いくつかの構成上の特筆すべき変更点は以下のとおりである．

■ 化学の話題を関連する説明のある場所でコラムとして取上げている．化学の工業への応用，医学，環境など現実の世界の出来事や興味深い最先端の研究や将来実用化される可能性をもった化学の現象を紹介している．コラムのなかには，IUPAC（国際純正・応用化学連合）が推奨しているいくつかの元素の原子量の範囲や同位体比率の地域依存性を活用した法科学に関する話題もある．

■ 0章は旧版にはない新しい章であり，あとに続く章の方向性を決めるものである．本章は，本書で述べる重要な事項，すなわち原子説，微視的性質に由来する物質の巨視的性質，エネルギー変換，分子の幾何学的形状の紹介を行っている．原子説については，恒星や超新星で誕生した元素の起源を説明したあとに学ぶ．また，巨視的レベルでの観測と分子レベルの視点に立った巨視的現象の解釈が明快に関連づけられることになる．

■ 1章では計測とその単位系を説明するが，第7版では，最初に化学的方法と物質の分類から説明を始め，そのあと科学的計測の説明に進む．物理的特性に関する定量的測定の重要性については，示量性と示強性の概念に沿って紹介し，また測定の不確かさについて述べる．次に，測定値を評価する論理的方法として，有効数字の概念とその具体例を学び，最後に次元解析について学ぶ．次元解析については，初期の段階で習熟するために，なじみのある計算に適用する．

■ 2章では，原子の構造について0章で行った説明の続きを行い，分子，化学式，化学反応，および周期表の紹介を行う．次に，化学反応および化学反応式の概念を学び，元素記号で分子を表すことにより，化学反応式を記述する．

■ 3章では，物質量の概念と化学量論について学ぶ．これらの概念の重要性を強調するため，物質量とアボガドロ定数を切離して説明する．

■ 5章では，酸化還元反応を扱うが，4章で紹介する実験手順と関連させるため，酸化還元滴定に関する節をもうけている．

■ 7章は，原子に関して0章で説明してきた概要を詳しく説明している．原子に関する量子力学の基礎は，7章以降の内容に関連する範囲で紹介する．なお，電子の軌道に関してはf軌道まで拡張して学ぶ．

■ 8章は，化学結合を取扱う最初の章である．本章では，よく知られている有機化合物を最後の節で扱う．この節では，主として化学を1学期だけ履修する学生に対して有機化学の概略を紹介している．なお，有機化学の詳細に関しては，22章で学ぶ．

■ 12章では，溶液の物理的性質について学ぶ．溶液の濃度単位に関しては，温度に依存する濃度単位と温度に依存しない濃度単位をまとめて説明することになる．

- 13章は，化学反応動力学についてその反応機構を含めて網羅している．また，本書では，積分形反応速度式の節に加えて触媒反応の内容が拡張されている．
- 20章は，原子核反応とその応用について説明する．本章では，NIST（米国国立標準技術研究所）で決定された素粒子の質量を用いている．
- 22章は，有機物の構造と官能基に重点を置き，有機化学について発展的な学習を行う．本章では，有機化学を学ぶなかで習熟度を高めるために練習問題を旧版に比べて増やしている．

教材および学習の資料について

本書の学習に合わせて，学生と教師のために以下のような教材および教師用の資料がある．

学 生 用

・Study Guide by N. Jespersen（ISBN: 978-1-118-70508-7）
・Student Solutions Manual by A. Hyslop（ISBN: 978-1-118-70494-3）
・Laboratory Manual for Principles of General Chemistry, 10th Edition, by J. Beran（ISBN: 978-1-118-62151-6）

教 師 用

テストバンクや講義用のスライドなど，種々の教材や講義支援資料を Wiley 社のウェブサイトよりダウンロードできる．

謝　辞

第7版を出版するにあたり，まず共著者である Alison Hyslop 氏に感謝申し上げる．彼女は第6版でも共著者として重要な貢献を果たしてきた．彼女は本書に絶えず磨きをかけるのに重要な洞察力をもち合わせており，今後もよき共著者であることを望んでいる．また，長年にわたって Jim Brady 氏によって示されてきた化学の明快な記述と授業の優れた伝統を称賛したい．顧問である Jim Brady 氏には，第7版を出版するにさいし，支援と励ましをもって偉大な役割を果たしていただいた．

私たちはまた，伴侶である June Brady，Marilyn Jespersen，Peter de Rege と子供たちである Mark Brady，Karen Brady，Lisa Fico，Kristen Pierce，Nora Alexander，Joseph de Rege の応援と理解，そして忍耐に対して心からの感謝を表したい．彼らは私たちにとって持続する想像力の源泉であった．

また，第7版の資料・題材の準備を支援して下さった方々に深く感謝の意を表したい．特に East Stroudsburg University の Conrad Bergo 氏には練習問題の解答とその精度について査読していただいた．また有益な議論をしていただいた St. John's University の以下の同僚に感謝申し上げる．Gina Florio 氏，Steven Graham 氏，Renu Jain 氏，Elise Megehee 氏，Jack Preses 氏，Richard Rosso 氏，Joseph Serafin 氏，Enju Wang 氏．

Wiley 社のスタッフには，注意深い編集作業とユーモアのある暖かい励ましをいただいた．特に第7版の実質的な編集作業を担った Nicholas Ferrari 氏と Jennifer Yee 氏，販売部長の Kristine Ruff 氏，商品デザイン部長の Geraldine Osnato 氏，メディア担当の Daniela DiMaggio 氏，写真編集担当の Mary Ann Price 氏，デザイン担当の Thomas Nery 氏に感謝申し上げる．また，第7版全体の出版担当者，特にたゆまない注意と正確さをもって本書出版に導いた Elizabeth Swain 氏および原稿から本書への組版にさいし根気のいる作業を行った Rebecca Dunn 氏に感謝申し上げる．

また，私たちの同僚による注意深い査読と有益な助言，および思慮深い批判は本書の発展にとって

非常に重要であった．改めて感謝の意を表する．そして，旧版を査読していただいた方々に感謝申し上げる．査読による意見は長年にわたって非常に貴重なものとなった．最後に本書の査読者，本書の補助となるメディア教材の著者と査読者に感謝の意を表する．

Ahmed Ahmed, *Cornell University*
Georgia Arbuckle-Keil, *Rutgers University*
Pamela Auburn, *Lonestar College*
Stewart Bachan, *Hunter College, CUNY*
Suzanne Bart, *Purdue University*
Susan Bates, *Ohio Northern University*
Peter Bastos, *Hunter College, CUNY*
Shay Bean, *Chattanooga State Community College*
Tom Berke, *Brookdale Community College*
Thomas Bertolini, *University of Southern California*
Chris Bowers, *Ohio Northern University*
William Boyke, *Brookdale Community College*
Rebecca Broyer, *University of Southern California*
Robert Carr, *Francis Marion University*
Mary Carroll, *Union College*
Jennifer Cecile, *Appalachian State University*
Nathan Crawford, *Northeast Mississippi Community College*
Patrick Crawford, *Augustana College*
Mapi Cuevas, *Santa Fe College*
Ashley Curtis, *Auburn University*
Mark Cybulski, *Miami University, Ohio*
Michael Danahy, *Bowdoin College*
Scott Davis, *Mansfield University*
Donovan Dixon, *University of Central Florida*
Doris Espiritu, *City Colleges of Chicago-Wright College*
Theodore Fickel, *Los Angeles Valley College*
Andrew Frazer, *University of Central Florida*
Eric Goll, *Brookdale Community College*
Eric J. Hawrelak, *Bloomsburg University of Pennsylvania*
Paul Horton, *Indian River State College*
Christine *Hrycyna, Purdue University*
Dell Jensen, *Augustana College*
Nicholas Kingsley, *University of Michigan-Flint*
Jesudoss Kingston, *Iowa State University*
Gerald Korenowski, *Rensselaer Polytechnic Institute*
William Lavell, *Camden County College*
Chuck Leland, *Black Hawk College*
Lauren Levine, *Kutztown University*

Harpreet Malhotra, *Florida State College at Jacksonville*
Ruhullah Massoudi, *South Carolina State University*
Scott McIndoe, *University of Victoria*
Justin Meyer, *South Dakota School of Mines and Technology*
John Milligan, *Los Angeles Valley College*
Troy Milliken, *Jackson State University*
Alexander Nazarenko, *SUNY College at Buffalo*
Anne-Marie Nickel, *Milwaukee School of Engineering*
Fotis Nifiatis, *SUNY-Plattsburgh*
Mya Norman, *University of Arkansas*
Jodi O'Donnell, *Siena College*
Ngozi Onyia, *Rockland Community College*
Ethel Owus, *Santa Fe College*
Maria Pacheco, *Buffalo State College*
Manoj Patil, *Western Iowa Tech Community College*
Cynthia Peck, *Delta College*
John Pollard, *University of Arizona*
Rodney Powell, *Central Carolina Community College*
Daniel Rabinovich, *University of North Carolina- Charlotte*
Lydia Martinez Rivera, *University of Texas at San Antonio*
Brandy Russell, *Gustavus Adolphus College*
Aislinn Sirk, *University of Victoria*
Christine Snyder, *Ocean County College*
Bryan Spiegelberg, *Rider University*
John Stankus, *University of the Incarnate Word*
John Stubbs, *The University of New England*
Luyi Sun, *Texas State University-San Marcos*
Mark Tapsak, *Bloomsburg University of Pennsylvania*
Loretta Vogel, *Ocean County College*
Daniel Wacks, *University of Redlands*
Crystal Yau, *Community College of Baltimore County*
Curtis Zaleski, *Shippensburg University*
Mu Zheng, *Tennessee State University*
Greg Zimmerman, *Bloomsburg University*

著者代表　Neil D. Jespersen

著 者 紹 介

Neil D. Jespersen は現在米国ニューヨークの St. John's University の化学の教授であり，Washington and Lee University において化学を専門として学士号を取得し，Pennsylvania State University において Joseph Jordan 教授のもとで分析化学を研究し，博士号を取得している．彼は St. John's University から化学における優れた研究・教育の功績に対して贈られる賞を受賞している．また，優れた学部教育に対して米国化学会・中部大西洋地域から E. Emmit Reid 賞が贈られている．彼は一般化学のみならず定量分析および機器分析の授業を行う傍ら，St. John's University の化学科の学科長を 6 年にわたって務め，また米国化学会に所属する学生クラブの指導を 30 年以上行ってきた．彼はまた，1991 年に組織委員長を務めるなど，米国東部地区分析化学会に貢献してきた．また教養課程化学（Barrons AP Chemistry Study）においては，実験分析化学および機器分析に関する 2 冊の本を執筆し，また専門書で 4 章分の執筆，50 編の査読付論文の執筆，150 件の学会講演を行ってきた．米国化学会においては，地区や地域のみならず米国全体で活躍し，米国化学会の役員を務めてきており，2013 年に米国化学会においてフェローの称号を与えられている．余暇には家族とともに，テニス，野球およびサッカーを行い，また旅行を楽しんでいる．

Alison Hyslop は 1986 年に米国 Macalester College で学士号を取得，1998 年に University of Pennsylvania において Michael J. Therien の指導の下で博士号を取得している．彼女は現在，ニューヨークにある St. John's University の准教授として化学専攻の専攻長を務めており，学部学生および大学院学生の教育を 2000 年から行っている．彼女は，1998〜1999 年に Trinity College の客員准教授，2005 年および 2007 年に Columbia University の客員研究員を務めた．また，2009 年には Brooklyn College の Brian Gibney 教授の研究室で客員研究員としてプロジェクト研究に参画した．彼女は現在，ポルフィリンを基盤とした光合成物質の合成と機能性に焦点を当てた研究を行っている．余暇には，ハイキングやテコンドーを楽しんでいる．

James E. Brady は 1959 年米国 Hofstra College で学士号を取得し，1963 年に Pennsylvania State University において C. David Schmulbach 教授の指導のもとで博士号を取得している．彼はニューヨークにある St. John's University の名誉教授であり，同大学で 35 年にわたって学部学生および大学院学生に対して講義を行ってきた．彼の最初の教科書は，Gerard Humiston と一緒に 1975 年に出版した "General Chemistry : Principles and Structure" である．1975 年に出版された初版の斬新な特徴は，分子や結晶の三次元構造を眺めるための立体メガネの採用であった．彼の 35 年にわたる化学教材の発展に対する貢献は高く評価されている．彼は，本書のこれまでの改訂版において，John Holum, Joel Russell, Fred Senese, Neil Jespersen, Alison Hyslop を共著者に加え，その中心的役割を果たしてきた．1999 年，彼は教科書の執筆に時間を割くために St. John's University を退職し，その後，4 度にわたる改訂版の共著者としてかかわってきた．余暇には，写真撮影を楽しんでいる．

訳者まえがき

　本書は，米国の大学教養課程における現代化学の名著である "Chemistry : The Molecular Nature of Matter"，by N. D. Jespersen, A. Hyslop, J. E. Brady, Wiley（2015）の日本語版である．本書は J. E. Brady, G. E. Humiston によって執筆された "General Chemistry : Principles and Structure"，Wiley（1975）の第 7 版に相当するが，この間，現代化学の目覚ましい発展と社会の関心を積極的に取入れて改訂を重ねてきた．日本語版としては 1986 年刊行の原書第 4 版の翻訳が，東京化学同人から『ブラディ一般化学』として 1991 年に出版されているが，化学の最近の進歩を取入れた第 7 版の日本語版を出版することは，時代の要請に適ったものである．本書は，旧版の "物質における分子の性質"，"問題を解く力" および "記述の明快さ" を継承しつつ，物理化学の視座に立って "分子の微視的世界" と "物質の巨視的世界" の関係を明らかにすることに重点をおいている．このため，本書では化学結合論，物理化学および熱力学の論理と手法について多くの章をもうけている．これに加えて本書の優れた特色は次のとおりである．

1. 本書では 0 章をもうけている．この章はあとに続く章の方向性を決めるものであり，宇宙のはじまりとそれに続く恒星の形成，恒星の中で起こる核融合と鉄元素までの誕生，超新星爆発による鉄より重い元素の形成過程から始めている．そして元素を構成する粒子（陽子，中性子，電子）発見の歴史をとおして原子説を解説することにより，物質の原子および分子論的視野に対する基盤を整え，巨視的レベルでの観測と分子レベルの視点に立った巨視的現象の解釈が明快に関連づけられている．
2. 一般化学の教科書でありながら，各章ごとにさまざまな重要な話題を取上げ，知的好奇心と化学の啓蒙に創意工夫がなされている．また先端科学に関するコラムでは，最近の興味ある研究や将来実用化される可能性をもった化学の現象に関する話題を紹介している．
3. 再生可能エネルギーの利用には高性能の二次電池が必要であるが，社会の要請に応える形で電気化学の章をもうけ，電池の歴史から最前線まで説明しているのも本書の特色である．

　本書は 23 章で構成されており，その範囲は物理化学，無機化学，核化学，有機化学，生化学など化学全体を網羅しているが，物理化学的な理論体系のもとで統一的に構成されており，論理的に理解できるよう，創意工夫がなされている．

　化学の現象は，物質のさまざまな変化のなかで，エネルギーの移動を伴いながら物質を構成する原子の組替えや結合形態の変化によって現れる物質の質的変化の現象である．このような現象を対象とした現代の化学は，自然科学の一つの体系として統一的な理論体系をなしている学問であり，物理学や医学・生命科学をはじめ，おおよそ物質にかかわりをもつ自然科学の他の分野と密接に関係のある重要かつ魅力ある学問である．しかし，日本において中学・高校で学んできた化学は個別的な知識の羅列で暗記科目であるという見方が根強くあり，このことが化学の魅力をそぎ，化学の分野を目指すことの妨げになっている．

　本書は自然界で起こるさまざまな現象や最先端の話題を豊富に取上げているが，これらの現象を化学の理論と手法で見事に解明できることに多くの学生たちは驚嘆するであろう．ここに本書の最大の特色がある．分子の微視的世界と物質の巨視的世界の関係について現代化学の理論と手法で解き明かしている本書が日本の若い学生の知的好奇心を刺激し，化学の分野に進むきっかけになれば，訳者にとってこれ以上の幸いはない．

本書は，東京大学教養学部で前期課程教育に長年携わってきた以下の4名で分担して訳出した．また，本書全体をとおして訳調や用語を統一するため，小島が監訳を行った．

小川 桂一郎	0〜2章
小島 憲道	3, 7〜11章
錦織 紳一	4〜6章, 16〜21章
村田 滋	12〜15章, 22章

なお，翻訳にさいしては，原書をできるだけ忠実に訳出することに心がけたが，日本ではなじみのない米国での話題などは取捨選択し，また最新情報に基づいて加筆・修正したことをお断りしておく．

最後に本書の出版にあたり，日本語訳に関してWiley社との交渉，校正，装丁にわたってご尽力下さった編集部の橋本純子氏，篠田薫氏をはじめとする東京化学同人の方々に心より御礼申し上げる．

2017年2月

訳 者 一 同

要 約 目 次

上　巻

0. 化学史概説
1. 科学的測定
2. 元素，化合物，および周期表
3. モルと化学量論
4. 水溶液における反応
5. 酸化還元反応
6. エネルギーと化学変化
7. 量子力学における原子
8. 化学結合の基礎
9. 結合と構造の理論
10. 気体の性質
11. 分子間力，液体，および固体の性質
12. 溶液の物理的性質

下　巻

13. 化学反応速度論
14. 化学平衡
15. 酸と塩基
16. 水溶液における酸塩基平衡
17. 溶解度と平衡
18. 熱力学
19. 電気化学
20. 核反応と化学
21. 金属錯体
22. 有機化合物，ポリマー，生体物質

目　　　次

13. 化学反応速度論 ································ 405

13・1　化学変化の速度に影響を与える因子 ········ 405
13・2　反応速度の測定 ························· 408
13・3　反応速度式 ··························· 412
13・4　反応速度式の積分形 ···················· 419
13・5　衝突理論の分子論的基礎 ················· 427
13・6　遷移状態理論の分子論的基礎 ·············· 430
13・7　活性化エネルギー ······················ 433
13・8　反応の機構 ··························· 436
13・9　触　媒 ····························· 442
コラム 13・1　ラジカル, オクタン価, 爆発,
　　　　　　　および老化 ······· 438

14. 化 学 平 衡 ································· 445

14・1　化学反応系における動的平衡 ·············· 445
14・2　化学平衡式 ··························· 448
14・3　圧力あるいは濃度に基づく化学平衡式 ········ 452
14・4　不均一反応に対する化学平衡式 ············· 455
14・5　平衡の位置と平衡定数 ··················· 456
14・6　化学平衡とルシャトリエの原理 ············· 457
14・7　平衡定数の計算 ························· 462
14・8　平衡定数を用いた濃度の計算 ·············· 465
コラム 14・1　ハーバー法: 世界の人々を
　　　　　　　養うための技術 ······· 460

15. 酸 と 塩 基 ································· 474

15・1　ブレンステッド–ローリーの酸・塩基 ········ 474
15・2　ブレンステッド–ローリーの酸・塩基の強さ ··· 478
15・3　酸の強さの周期的傾向 ··················· 482
15・4　ルイスの酸・塩基 ······················ 487
15・5　元素とその酸化物の酸性・塩基性 ··········· 490
15・6　ファインセラミックスと酸塩基の化学 ········ 494
コラム 15・1　ファインセラミックス材料の利用 ··· 496

16. 水溶液における酸塩基平衡 ···················· 498

16・1　水のイオン積と pH ····················· 498
16・2　強酸, 強塩基の溶液の pH ················ 502
16・3　解離定数 K_a と K_b ······················· 503
16・4　解離定数 K_a と K_b の求め方 ··············· 506
16・5　弱酸, 弱塩基の溶液の pH ················ 508
16・6　塩の溶液の酸塩基特性 ··················· 512
16・7　緩衝液 ······························ 515
16・8　多塩基酸 ···························· 520
16・9　酸塩基滴定 ··························· 524

17. 溶解度と平衡 ································· 532

17・1　わずかに溶ける塩の溶液における平衡 ········ 532
17・2　塩基性塩の溶解度に対する酸の影響 ·········· 539
17・3　金属酸化物と金属硫化物の溶液における平衡 ··· 541
17・4　選択的沈殿 ··························· 544
17・5　金属錯体が関与する平衡 ················· 549
17・6　錯形成と溶解度 ······················· 552
コラム 17・1　石けんかす(風呂垢):
　　　　　　　金属錯体と溶解度 ······· 551

18. 熱 力 学 ······555

18・1 熱力学第一法則 ······555
18・2 自発変化 ······559
18・3 エントロピー ······560
18・4 熱力学第二法則 ······565
18・5 熱力学第三法則 ······568
18・6 標準反応ギブズエネルギー $\Delta_r G°$ ······569
18・7 最大仕事とギブズエネルギー ······571
18・8 ギブズエネルギーと平衡 ······574
18・9 平衡定数と標準反応ギブズエネルギー ······578
18・10 結合エネルギー ······581
コラム 18・1 墓石に刻まれた数式 ······564
コラム 18・2 熱力学的効率と持続可能性 ······572

19. 電 気 化 学 ······585

19・1 ガルバニ電池（ボルタ電池） ······585
19・2 電池電位（起電力） ······590
19・3 標準還元電位の利用 ······595
19・4 標準反応ギブズエネルギー ······598
19・5 電池電位と濃度 ······600
19・6 いろいろな電池 ······604
19・7 電解槽 ······610
19・8 電気分解の化学量論 ······616
19・9 電気分解の実用的応用 ······619
コラム 19・1 鉄の腐食とカソード防食 ······594

20. 核反応と化学 ······623

20・1 質量とエネルギーの保存 ······623
20・2 核結合エネルギー ······624
20・3 放射能 ······626
20・4 安定性の帯 ······632
20・5 核変換 ······635
20・6 放射能の測定 ······637
20・7 放射性核種の医学と分析への応用 ······641
20・8 核分裂と核融合 ······643
コラム 20・1 陽電子放射断層撮影法（PET） ······635

21. 金 属 錯 体 ······650

21・1 金属錯体 ······650
21・2 金属錯体の命名法 ······655
21・3 配位数と構造 ······658
21・4 金属錯体の異性体 ······659
21・5 金属錯体の結合 ······663
21・6 金属イオンの生化学的機能 ······670

22. 有機化合物，ポリマー，生体物質 ······673

22・1 有機化合物の構造と官能基 ······673
22・2 炭化水素：構造，命名法，反応性 ······678
22・3 酸素を含む有機化合物 ······686
22・4 アンモニアの誘導体 ······693
22・5 有機ポリマー ······696
22・6 炭水化物，脂質，タンパク質 ······703
22・7 核酸：DNA と RNA ······712

練習問題の解答 ······717
付録 1～8 ······721
掲載図出典 ······733
索　引 ······735

化学反応速度論

化学反応速度論（chemical kinetics）は，化学反応の速度（速さ）を研究する学問領域である．実用的な観点では，化学反応速度論は，反応速度に影響を与える因子や反応を制御する方法に関連している．この学問は，合成反応の速度を制御しなければならない工業的過程においても重要な意味をもつ．もし反応が起こるのに何週間もあるいは何カ月もかかるならば，経済的な観点からその反応を実行することはできないだろう．反対に，もし反応がきわめてすみやかに起こり，制御ができなければ，爆発が起こるかもしれない．また，分解速度の研究により，物品や薬品の確かな貯蔵期限や消費期限を決めることが可能になる．基礎研究の観点では，反応速度の研究によって，反応物がどのように生成物へと変化するかについて，分子の視点から理解するための手がかりが得られる．反応を詳細に理解することはしばしば，反応の速度をより正確に制御することを可能にし，新しい形の製品を製造するために反応を改良したり，望まない副反応を防ぐことによって反応収率を向上させるための方法を与える．

製油過程で利用されるさまざまな形状の触媒

学習目標

- 化学反応の速度に影響を与える五つの条件の理解と利用
- 反応物が消失し生成物が生成する相対速度，および観測する物質に関係しない反応速度の計算
- 実験的に得られる初速度データを用いた反応速度式の決定
- 反応速度式の積分形に基づく反応次数の決定，およびゼロ次，一次，二次反応における濃度の時間依存性の計算
- 衝突理論を構成する衝突頻度，エネルギー，および配向を考慮した衝突の分子論に基づく反応速度の説明
- 活性錯体とポテンシャルエネルギー図を含む遷移状態理論の説明
- アレニウス式を用いた反応の活性化エネルギーの計算
- 合理的な反応機構の理解と，実験データを説明する適切な反応機構の提案
- 均一および不均一触媒の性質と，それらが反応速度を増大させるしくみの説明

13・1　化学変化の速度に影響を与える因子
13・2　反応速度の測定
13・3　反応速度式
13・4　反応速度式の積分形
13・5　衝突理論の分子論的基礎
13・6　遷移状態理論の分子論的基礎
13・7　活性化エネルギー
13・8　反応の機構
13・9　触媒

13・1　化学変化の速度に影響を与える因子

ある化学変化の**速度**とは，反応物が消失し，生成物が生じる速度をいう．速い反応は遅い反応に比べて一定の時間により多くの生成物を与える．反応の速度は，単位時間に生じる生成物の量や消費される反応物の量によって測定される．反応の速度の測定は，ふつうある時間にわたって，反応の進行に伴う反応物や生成物の濃度を追跡することによって行われる（図13・1）．

このような反応の速度を定量的に取扱う前に，反応を速くする，または遅くする要因について，定性的にみておくことにする．化学変化の速度に影響を与える五つの基

速度 rate

図 13・1 反応の速度は，時間による濃度変化を追跡することによって測定することができる．反応 A→B において，A 分子の数(青)は時間とともに減少し，B 分子の数(赤)は増大する．曲線が急勾配になるほど反応の速度は大きくなる．下の図は，それぞれの時間における A 分子と B 分子の相対的な数を示している．

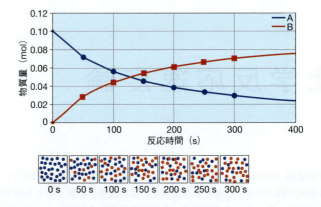

本的な要因がある．

1. 反応物それ自身の化学的性質
2. 反応物が互いに接触できること
3. 反応物の濃度
4. 温度
5. 触媒とよばれる反応を加速する試薬を用いること

反応物の化学的性質

　反応の間には，結合が開裂し，新たな結合が生成する．したがって，反応の速度の最も基本的な違いは，反応物それ自身の性質，すなわち反応物の原子，分子，あるいはイオンが本来，化学結合や酸化状態の変化を起こしやすいかどうかにある．本質的に速い反応もあれば，遅い反応もある（図 13・2）．たとえば，ナトリウム原子は電子を失いやすいので，新たにつくった金属ナトリウムの表面は，空気と湿気に触れるとただちにくもりが生じる．同じ条件下において，カリウムもまた空気や湿気と反応するが，反応は非常に速い．これは，カリウム原子がナトリウム原子よりも電子を失いやすいためである．マッチの燃焼はすみやかに起こるが，空気中で鉄が錆びる反応はゆっくりと進行する．

図 13・2 反応物の化学的性質は反応の速度に影響を与える．(a) ナトリウムは容易に電子を失うので，水とすみやかに反応する．(b) カリウムはナトリウムよりもさらに容易に電子を失うので，水との反応は爆発的な速度で進行する．

反応物が接触できること

　ほとんどの反応には二つ以上の反応物がかかわっており，反応が起こるためには，それらの粒子（すなわち原子，分子，あるいはイオン）が互いに衝突しなければなら

ない．これは，反応が液体の溶液や気相で行われることが多いことの理由になっている．これらの状態では，粒子は分子のレベルで混合できるので，互いに衝突することが容易になる．

すべての反応物が同じ相にある反応を**均一反応**という．例として，水酸化ナトリウムと塩酸をともに水溶液として中和させる反応をあげることができる．また，ガソリンエンジンの中でガソリン蒸気と酸素を，適切な比率で混合させたときに起こる気相中の爆発反応も均一反応の例である．(爆発は，高温の膨張する気体を発生させるきわめて速い反応をいう．)

反応物が異なる相に存在するとき，たとえば，一方の反応物が気体で，他方が液体あるいは固体のとき，この反応を**不均一反応**という．不均一反応では，反応物は二つの相の界面のみで接触することができるので，相間の接触面積が反応の速度を決めるおもな要因となる．接触面積は反応物粒子の大きさによって制御される．固体を粉砕することによって，全表面積をきわめて大きくすることができる（図13・3）．これによって，固相にある原子，分子，あるいはイオンと，他の相にある反応物粒子との接触が最大となる．この結果，不均一反応では大きな粒子よりも小さい粒子のほうが，より速く反応することになる．

このような不均一反応は重要ではあるが，非常に複雑で解析がむずかしい．このため，本章ではおもに均一反応に焦点を当てることにする．

反応物の濃度

均一および不均一反応のいずれも，反応の速度は反応物の濃度に影響を受ける．たとえば，木材は空気中で比較的速く燃えるが，純粋な酸素中ではもっと速く燃える．もし空気中の酸素濃度が21％ではなく30％ならば，森林火災を消し止めることはできないだろうと推測されている．赤熱したスチールウールは空気中ではパチパチ音を立てて光を放つだけであるが，それさえも純粋な酸素中に入れると炎を上げて燃える（図13・4）．

反応系の温度

化学反応は，低い温度よりも高い温度のほうが速く起こる．たとえば，昆虫は気温が低いときにはゆっくりと動くことはよく知られている．昆虫は冷血動物であり，それは昆虫の体温は外界の温度によって決まることを意味している．気温が低いと昆虫の体温も低下し，代謝反応の速度が遅くなるので動きが鈍くなるのである．

触媒の存在

触媒はそれ自身が消費されることなく，化学反応の速度を増大させる物質である．それらは，私たちの生活のあらゆる場面に影響を与えている．私たちの体内では，酵素とよばれる物質が生化学的な反応の触媒としてはたらいている．酵素をはたらかせるかどうかによって，細胞はどの化学反応をすみやかに進行させるかを制御し，体内の化学的な現象を方向づけることができる．

また触媒は，私たちの日常生活で実際に必要とされているガソリンやプラスチック，あるいは肥料といった化学製品を製造するための化学工業に用いられている．触媒については§13・9で詳しく述べる．

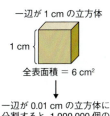

一辺が1 cmの立方体

1 cm

全表面積 = 6 cm²

一辺が0.01 cmの立方体に分割すると，1,000,000個の立方体ができる

0.01 cm {

すべての立方体の全表面積 = 600 cm²

図 13・3　固体の粉砕が表面積に及ぼす効果．一つの固体を多数の細片に分割すると，すべての細片の全表面積はきわめて大きくなる．

均一反応 homogeneous reaction

不均一反応 heterogeneous reaction

図 13・4　反応の速度に対する濃度の効果．空気の代わりに純粋な酸素を用いると，炎の中で赤熱されたスチールウールが，激しく燃焼する様子が見られる．

408   13. 化学反応速度論

13・2 反応速度の測定

速度 rate

　§13・1で述べた定性的な要因は，定量的に表すこともできる．これを行うために
は，反応の速度を数学的に書き表す必要がある．まず，**速度**，すなわち単位時間当た
りの変化量の概念から説明しよう．これは常に，時間の単位が分母にくる比率を意味
する．

　化学反応が起こるとき，反応物が消費されるとともにその濃度は減少し，生成物が
生成するとともにその濃度は増大する．したがって，反応の速度を記述する一つの方
法は，その反応の化学反応式に現れるある物質に注目し，単位時間当たりのその濃度
変化を測定することである．Δ はいつも "終状態の値から始状態の値を引いた差" を
意味することに注意すると，時間に対する物質 X の濃度変化は (13・1) 式で表され
る．

$$
\begin{aligned}
&\text{時間に対する X の濃度変化}\\
&= \frac{t_{\text{終状態}}\text{における X の濃度} - t_{\text{始状態}}\text{における X の濃度}}{(t_{\text{終状態}} - t_{\text{始状態}})}\\
&= \frac{\Delta(\text{X の濃度})}{\Delta t}
\end{aligned}
\tag{13・1}
$$

　慣例によって，反応の速度は，それが増大する生成物の濃度として測定されたか，あ
るいは減少する反応物の濃度として測定されたかにかかわらず，常に正の値として表
記される．たとえば，ある反応において一つの生成物の濃度が1秒当たり 0.50 mol L^{-1}
だけ増大すれば，その生成の速度は 0.50 mol L^{-1} s^{-1} である．同様に，ある反応物の
濃度が1秒当たり 0.20 mol L^{-1} だけ変化すれば，その反応物に対する速度もまた 0.20
mol L^{-1} s^{-1} である．負の符号はつかない．

　速度を測定するとき，モル濃度 mol L^{-1} がふつうに用いられる濃度の単位であり，
秒が最もふつうに用いられる時間の単位である．したがって，最もよく用いられる濃
度変化の速度の単位は mol L^{-1} s^{-1} となる．

相対速度と反応の化学量論

　ある物質に関する濃度変化の速度の値がわかっていれば，その反応の釣合のとれた
化学反応式の係数を用いて，他の物質に関する速度を求めることができる．たとえば，
次式で表されるプロパンの燃焼を考えてみよう．

$$C_3H_8(g) + 5O_2(g) \longrightarrow 3CO_2(g) + 4H_2O(g)$$

この反応では，単位時間に消費される C$_3$H$_8$ 1 mol に対して，同じ時間に O$_2$ 5 mol が
消費されなければならない．したがって mol L^{-1} s^{-1} 単位では，酸素はプロパンより
も5倍速く反応することになる．同様に，CO$_2$ は C$_3$H$_8$ が反応するよりも3倍速く生
成し，H$_2$O は4倍速く生成する．このように互いに対する相対的な反応の速度は，
釣合のとれた化学反応式の係数と同じ関係にある．

例題 13・1 反応における速度の関係

　ブタンは，たばこ用のライターの燃料として用いられてい
る．ブタンが酸素中で燃焼すると，二酸化炭素と水が生じる．
ある実験において，ブタン濃度が 0.20 mol L^{-1} s^{-1} の速度で

減少したとき，酸素濃度が減少する速度はいくらか．また，
生成物の濃度が増大する速度はいくらか．

指針　問題に答えるためには，釣合のとれた化学反応式が必

要になる．ブタン C_4H_{10} が酸素中で燃焼して CO_2 と H_2O を与える反応の釣合のとれた化学反応式は次のとおりである．

$$2\,C_4H_{10}(g) + 13\,O_2(g) \longrightarrow 8\,CO_2(g) + 10\,H_2O(g)$$

この問題では，与えられたブタンに関する速度に対する，酸素と生成物に関する速度の関係が必要となる．互いに対する相対的な反応の速度は，釣合のとれた化学反応式の係数と同じ関係にある．

解法 化学反応式を用いることによって，これらの物質の化学量論量をブタンの量と関係づけることができる．他に必要な手法は，反応の速度を計算するための (13・1) 式であろう．

解答 酸素に対しては，以下のように書ける．

$$\frac{0.20\;\overline{\text{mol}\,C_4H_{10}}}{\text{L s}} \times \frac{13\;\text{mol}\,O_2}{2\;\overline{\text{mol}\,C_4H_{10}}} = \frac{1.3\;\text{mol}\,O_2}{\text{L s}}$$

よって酸素は $1.3\;\text{mol}\,L^{-1}\,s^{-1}$ の速度で反応する．CO_2 と H_2O に対しても，同様に計算することができる．

$$\frac{0.20\;\overline{\text{mol}\,C_4H_{10}}}{\text{L s}} \times \frac{8\;\text{mol}\,CO_2}{2\;\overline{\text{mol}\,C_4H_{10}}} = \frac{0.8\;\text{mol}\,CO_2}{\text{L s}}$$

$$\frac{0.20\;\overline{\text{mol}\,C_4H_{10}}}{\text{L s}} \times \frac{10\;\text{mol}\,H_2O}{2\;\overline{\text{mol}\,C_4H_{10}}} = \frac{1.0\;\text{mol}\,H_2O}{\text{L s}}$$

したがって，反応速度は次のとおりである．

$$CO_2 \text{ の生成速度} = 0.80\;\text{mol}\,L^{-1}\,s^{-1}$$
$$H_2O \text{ の生成速度} = 1.0\;\text{mol}\,L^{-1}\,s^{-1}$$

確認 計算が正しく行われたならば，最終的に得られた二つの速度の比，すなわち 1.0 に対する 0.80 の比は，化学反応式に示された相当する係数の比，すなわち 10 に対する 8 と一致しなければならない．

練習問題 13・1 硫化水素が酸素中で燃焼すると，二酸化硫黄と水が生成する．二酸化硫黄が生成する速度が $0.30\;\text{mol}\,L^{-1}\,s^{-1}$ であるとき，硫化水素と酸素が消失する速度をそれぞれ求めよ．

生成物の消費，および反応物の生成の速度はすべて互いに関連しているので，時間にわたって濃度変化を追跡するために，どの化学種に注目するかは問題ではない．たとえば，$2\,HI(g) \rightarrow H_2(g) + I_2(g)$ で表されるヨウ化水素 HI の H_2 と I_2 への分解反応を調べるさいには，この反応におけるただ一つの着色物質である I_2 の濃度を追跡することが最も簡単である．反応が進行するにつれて，紫色のヨウ素蒸気が生成する．適切な装置を用いると，色の強さとヨウ素の濃度を関係づけることができる．そして，ヨウ素が生成する速度がわかれば，水素が生成する速度を知ることができる．釣合のとれた化学反応式における H_2 と I_2 の係数は同じであるから，それらが生成する速度も同じである．そして，HI が消費する速度は，反応式における HI の係数が 2 であるから，I_2 が生成する速度の 2 倍となる．

反応物と生成物は異なった速度で消費あるいは生成するので，どの反応物，生成物を追跡したかに依存せずに，反応が進行する速度を表記する方法を考えなければならない．これを実現するには，ある物質に関する相対速度を，釣合のとれた化学反応式におけるその物質の係数で割ればよい．このようにして得られた量を，その反応の**反応速度**と定義する．たとえば，先に述べたプロパンの燃焼を考えてみよう．

$$C_3H_8(g) + 5\,O_2(g) \longrightarrow 3\,CO_2(g) + 4\,H_2O(g)$$

O_2 が変化する速度は次式によって表記することができる．

$$O_2 \text{ の相対速度} = \frac{-\Delta[O_2]}{\Delta t}$$

ここで化学式を [ ] で囲むことで，その化学種のモル濃度を表す．O_2 濃度は減少するので，負符号をつけて速度を正の値にする必要がある．そして反応速度は，O_2 の相対速度を，釣合のとれた化学反応式の係数 5 で割ることによって求められる．

$$\text{反応速度} = -\frac{1}{5} \cdot \frac{\Delta[O_2]}{\Delta t}$$

他の相対速度もそれぞれ同じように扱うことにより，同じ値の反応速度を得ることができる．

反応速度 rate of reaction

■ これまで"反応速度"という用語の使用を避けてきたことに注意してほしい．これは，全く異なる値である"濃度変化の速度"や"特定の物質に関する相対速度"と混乱しないようにするためである．

■ [ ] は括弧内の化学種のモル濃度を示す．

410   13. 化学反応速度論

次のような一般式で表される反応に対して，

$$aA + bB \longrightarrow cC + dD$$

反応速度は (13・2) 式によって与えられる．

$$反応速度 = -\frac{1}{a}\frac{\Delta[A]}{\Delta t} = -\frac{1}{b}\frac{\Delta[B]}{\Delta t} = \frac{1}{c}\frac{\Delta[C]}{\Delta t} = \frac{1}{d}\frac{\Delta[D]}{\Delta t}$$

(13・2)

例題 13・2　反応速度の計算

例題 13・1 で扱ったブタンが酸素中で燃焼して二酸化炭素と水を与える反応では，ブタンに関する反応速度は 0.20 mol L^{-1} s^{-1} であった．この反応について，反応物あるいは生成物のいずれにも依存しない反応速度はいくらか．

指針　問題には，ブタンに関する反応速度が与えられている．例題 13・1 で示した釣合のとれた化学反応式と，化学量論係数を用いることができる．

$$2\,C_4H_{10}(g) + 13\,O_2(g) \longrightarrow 8\,CO_2(g) + 10\,H_2O(g)$$

また，ブタンに関する速度を，反応物や生成物には関係しない反応速度と結びつけることができる．

解答　例題 13・1 と同様に，問題を解くための手法として，釣合のとれた化学反応式を用いる．なぜならそれによって，反応物と生成物の化学量論比がわかるからである．そして，(13・2) 式を用いて反応速度を求めればよい．

解答　問題には，ブタンに関する相対的な反応速度が 0.20 mol L^{-1} s^{-1} と与えられている．C_4H_{10} は反応物であるから，時間に対する濃度の変化は -0.20 mol L^{-1} s^{-1} となる．また，ブタンの燃焼に対する釣合のとれた化学反応式がわかっており，そのブタンに対する係数は 2 である．したがって，反応速度は次式で与えられる．

$$\frac{\Delta[C_4H_{10}]}{\Delta t} = -\frac{0.20\ \text{mol}}{\text{L s}}$$

$$反応速度 = -\frac{1}{2} \times \left(-\frac{0.20\ \text{mol}}{\text{L s}}\right) = 0.10\ \frac{\text{mol}}{\text{L s}}$$

確認　ブタンに対する係数は 2 であるから，反応速度は，ブタンに関する速度よりも小さくなるはずである．求められた値 0.10 mol L^{-1} s^{-1} は，0.20 mol L^{-1} s^{-1} の半分の値となっており，答えは妥当と考えられる．

表 13・1　$2HI(g) \rightarrow H_2(g) + I_2(g)$ における実験値 (508℃)	
HI の濃度 (mol L^{-1})	時間 (s) (±1 s)
0.100	0
0.0716	50
0.0558	100
0.0457	150
0.0387	200
0.0336	250
0.0296	300
0.0265	350

瞬間速度 instantaneous rate

■ **平均速度** (average rate) は，濃度の時間変化を表すグラフ上の 2 点を結ぶ直線の傾きである．瞬間速度は，曲線上のある 1 点における接線の傾きである．平均速度と瞬間速度は全く別のものである．

反応速度と反応時間

反応の速度が反応を通して一定であることはめったになく，ふつうは反応物が消費されるとともに変化する．これは，一般に反応の速度は反応物の濃度に依存し，これらが反応の進行に伴って変化するためである．例として，表 13・1 に温度 508℃ におけるヨウ化水素の分解反応に対する値を示した．値はある時間にわたる HI のモル濃度の変化を示しており，それをプロットすると図 13・5 が得られる．HI のモル濃度は，反応の最初の 50 秒間にすみやかに減少していることに注意してほしい．これは反応の初期の速度が比較的速いことを意味している．しかし，時間が経過し，300 秒と 350 秒の間では，濃度はほんのわずか変化するだけとなり，反応の速度は著しく遅くなる．これらのことから，あらゆる瞬間における曲線の勾配は，反応速度を反映していることがわかる．曲線の勾配が急なほど，反応の速度は大きくなる．

任意の特定の瞬間において HI が消費される速度を，**瞬間速度**という．単に"速度"という用語を用いるときには，もし他に記載がなければ，瞬間速度を意味する．瞬間速度は選択した時間において測定された曲線の傾きから求めることができる．傾きはグラフから読取ることができるが，それは，時間の変化に対する濃度の変化の比を表す（正の値で表記される）．たとえば図 13・5 に示すように，反応の開始から 100 秒後の時間において，HI の分解の相対速度を求めることができる．曲線に対して接線を引き，接線のグラフから，濃度変化（0.029 mol L^{-1} の減少）と時間変化（110 s）を求める．速度は減少した濃度から計算されるので，速度が正の値となるように，速

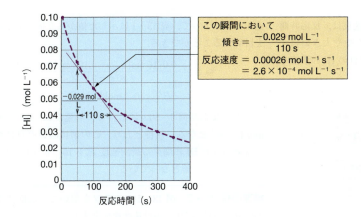

図 13・5 時間に対する濃度の変化. 508 °C での反応 $2\,\mathrm{HI(g)} \to \mathrm{H_2(g)} + \mathrm{I_2(g)}$ における反応時間に対する HI の濃度変化のプロット. このプロットに対する数値は表 13・1 に示している. HI の減少を観測しているので, 傾きは負の値となる. しかし, その値を反応速度として用いるときには, 正の値として表記する.

度を表す式に対して負符号をつける.

$$\mathrm{HI\,の相対速度} = -\left(\frac{[\mathrm{HI}]_\text{終状態} - [\mathrm{HI}]_\text{始状態}}{t_\text{終状態} - t_\text{始状態}}\right) = -\left(\frac{-0.029\,\mathrm{mol\,L^{-1}}}{110\,\mathrm{s}}\right)$$
$$= 2.6 \times 10^{-4}\,\mathrm{mol\,L^{-1}\,s^{-1}}$$

これによって, 反応開始後 110 秒での HI の相対速度は $2.6 \times 10^{-4}\,\mathrm{mol\,L^{-1}\,s^{-1}}$ と求めることができる. 例題 13・3 ではこの方法を用いて, 反応初期の瞬間速度, すなわち時間ゼロにおける反応の瞬間速度(初速度)を求める問題を解いてみよう.

例題 13・3 反応の初速度の推定

次の反応 $2\,\mathrm{HI(g)} \to \mathrm{H_2(g)} + \mathrm{I_2(g)}$ について, 図 13・5 に示した実験データを用いて 508 °C における反応の初速度を求めよ.

指針 反応の初速度, すなわち時間ゼロにおける濃度変化の瞬間速度を求める問題である. しかしここで注意すべきことは, HI の相対速度と, 釣合のとれた化学反応式の係数に依存しない反応速度という量を明確に区別することである. $t=0$ における接線の傾きを用いることによって, HI に関する反応の瞬間速度を求めることができる. 反応速度を求めるためには, さらに HI の相対速度を, 釣合のとれた反応式における HI の係数で割らなければならない.

解法 HI に関する反応の初速度は, 図 13・5 に示した反応時間による HI 濃度の変化を表す曲線の, 時間ゼロにおける接線の傾きを求めることによって得ることができる.

直線の傾きは, 任意の二つの点の座標 (x_1, y_1) と (x_2, y_2) から, 次式によって求められることを思いだそう.

$$\mathrm{傾き} = \frac{y_2 - y_1}{x_2 - x_1}$$

解答 図に示したように, 接線を引くことができる. 接線の傾きを正確に求めるためには, 接線上のできるだけ離れた二つの点を選択するとよい. 曲線上の点 $(0\,\mathrm{s},\,0.10\,\mathrm{mol\,L^{-1}})$ と接線と時間軸との交点 $(130\,\mathrm{s},\,0\,\mathrm{mol\,L^{-1}})$ は十分に離れているので, この 2 点を選択すると,

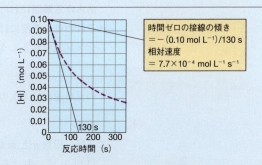

$$\mathrm{傾き} = \frac{0.0\,\mathrm{mol\,L^{-1}} - 0.10\,\mathrm{mol\,L^{-1}}}{130\,\mathrm{s} - 0\,\mathrm{s}}$$
$$= -7.7 \times 10^{-4}\,\mathrm{mol\,L^{-1}\,s^{-1}}$$

となる. 時間の増大とともに HI 濃度は減少するので, 傾きは負となる. 速度は正の値でなければならないので, HI に関する反応の初速度は $7.7 \times 10^{-4}\,\mathrm{mol\,L^{-1}\,s^{-1}}$ と求めることができる.

求める反応の初速度は, HI に関する反応の初速度を, 釣合のとれた化学反応式における HI の係数で割ったものとなる.

$$\mathrm{反応速度} = \frac{7.7 \times 10^{-4}\,\mathrm{mol\,L^{-1}\,s^{-1}}}{2} = 3.85 \times 10^{-4}\,\mathrm{mol\,L^{-1}\,s^{-1}}$$

適切に丸めることによって, 答えは $3.8 \times 10^{-4}\,\mathrm{mol\,L^{-1}\,s^{-1}}$ となる.

確認 時間ゼロにおける HI に関する瞬間速度は，反応時間 0〜50 s の間の HI に関する平均速度よりもやや大きいはずである．二つの異なる時間におけるそれぞれの HI の濃度を選ぶことによって，表 13・1 に示した値から直接，平均速度を計算することができる．

$$傾き = \frac{0.0716 \text{ mol L}^{-1} - 0.100 \text{ mol L}^{-1}}{50 \text{ s} - 0 \text{ s}}$$
$$= -5.7 \times 10^{-4} \text{ mol L}^{-1} \text{ s}^{-1}$$

こうして反応時間 0〜50 s における平均速度は，5.7×10^{-4} mol L^{-1} s^{-1} となる．期待どおり，この値は時間ゼロにおいて求められた HI に関する瞬間速度 7.7×10^{-4} mol L^{-1} s^{-1} よりもやや小さい値となっている．

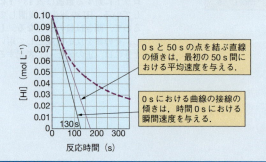

0 s と 50 s の点を結ぶ直線の傾きは，最初の 50 s における平均速度を与える．

0 s における曲線の接線の傾きは，時間 0 s における瞬間速度を与える．

練習問題 13・2 図 13・5 のグラフを用いて，反応開始後 2.00 分における HI の相対速度を推定せよ．

13・3　反応速度式

これまでは，反応の一つの成分に関する速度に注目してきた．この速度は，その特定の反応におけるある過程の実験的に得られた速度であった．本節では視点を広げて，すべての反応物を含んだ反応速度の表記法を考え，反応物濃度の任意の組合わせに対して反応速度を得ることができる式を導入することにしよう．

反応速度と濃度による反応速度式

あらゆる瞬間における均一反応の反応速度は，反応物のモル濃度の積に比例し，それぞれのモル濃度には実験的に決定される指数がつけられる．次のような式で表される化学反応を考えよう．

$$A + B \longrightarrow 生成物$$

その反応速度は，次のように表記することができる．

$$反応速度 \propto [A]^m[B]^n \qquad (13・3)$$

ここで，指数 n と m は実験によって決定される値である．

（13・3）式における比例記号 $\propto$ は，比例定数 k を導入することによって，等号で置き換えることができる．k をその反応の**速度定数**という．こうして（13・4）式が得られる．

速度定数 rate constant

$$\boxed{反応速度 = k[A]^m[B]^n} \qquad (13・4)$$

反応速度式 rate law

■k の値は注目している特定の反応に依存するとともに，反応が起こる温度にも依存する．

（13・4）式を A と B の反応に対する**反応速度式**という．ひとたび k, m, n の値がわかれば，反応速度式を用いて，既知の反応物濃度の任意の組合わせに対して，反応速度を求めることができる．例として次の反応を考えよう．

$$H_2SeO_3 + 6I^- + 4H^+ \longrightarrow Se + 2I_3^- + 3H_2O$$

この反応の反応速度式は，次のような形式となる．

$$反応速度 = k[H_2SeO_3]^x[I^-]^y[H^+]^z$$

指数は，この反応の初速度（すなわち，反応物を最初に反応させたときの速度）に対して，$x = 1, y = 3, z = 2$ の値をとることが知られている．また，0 ℃において，

13・3 反応速度式　413

k は $5.0 \times 10^5\,\text{L}^5\,\text{mol}^{-5}\,\text{s}^{-1}$ に等しい．（速度定数 k は温度 T によって変わるので，温度を特定しなければならない．）指数と k の値を反応速度式に代入すると，この反応に対する反応速度式は，次式のように書くことができる．

$$\text{反応速度} = (5.0 \times 10^5\,\text{L}^5\,\text{mol}^{-5}\,\text{s}^{-1})[\text{H}_2\text{SeO}_3][\text{I}^-]^3[\text{H}^+]^2 \quad (0\,^\circ\text{C})$$

こうして，この反応速度式を用いることによって，$\text{H}_2\text{SeO}_3, \text{I}^-, \text{H}^+$ の濃度の任意の組合わせに対して，0 ℃ における反応の初速度を計算することができる．

■ 速度定数の単位は，計算される反応速度が常に $\text{mol L}^{-1}\,\text{s}^{-1}$ の単位をもつように決められる．

例題 13・4　反応速度式に基づく反応速度の計算

　成層圏では，酸素分子 O_2 は太陽からの紫外線によって2個の酸素原子に解離する．これらの酸素原子1個は十分なエネルギーをもち，成層圏のオゾン分子 O_3 を攻撃すると O_3 は解離し，2個の酸素分子が生成する．

$$\text{O}(g) + \text{O}_3(g) \longrightarrow 2\,\text{O}_2(g)$$

この反応は，成層圏におけるオゾンの生成と分解に関する自然界の循環の一部となっている．高度 25 km において，この反応だけによるオゾンの分解速度を求めよ．ただし，この反応に対する反応速度式は次のとおりである．

$$\text{反応速度} = (4.15 \times 10^5\,\text{L mol}^{-1}\,\text{s}^{-1})[\text{O}_3][\text{O}]$$

また，高度 25 km における反応物濃度は $[\text{O}_3] = 1.2 \times 10^{-8}$ mol L^{-1} および $[\text{O}] = 1.7 \times 10^{-14}\,\text{mol L}^{-1}$ であるとする．

指針　反応速度式が与えられているので，答えは単に与えられたモル濃度を速度式に代入することによって得られる．

解法　反応に対して与えられた反応速度式と濃度の値を用いて，反応速度を計算する．

解答　適切な単位となるかをみるために，すべての濃度の値と速度定数の単位を分数の形式で書き，数値計算を行い答え

を求める．

$$\begin{aligned}\text{反応速度} &= \frac{4.15 \times 10^5\,\text{L}}{\text{mol s}} \times \frac{1.2 \times 10^{-8}\,\text{mol}}{\text{L}}\\[4pt] &\quad \times \frac{1.7 \times 10^{-14}\,\text{mol}}{\text{L}}\\[4pt] &= \frac{8.5 \times 10^{-17}\,\text{mol}}{\text{L s}} = 8.5 \times 10^{-17}\,\text{mol L}^{-1}\,\text{s}^{-1}\end{aligned}$$

確認　簡単に確認する方法はない．与えられた速度定数と濃度がもつ10の整数乗を掛合わせることによって，得られた反応速度の10の指数が正しいことを確認できる．また，得られた答えは少なくとも，反応速度に対する正しい単位をもっていることがわかる．

練習問題 13・3　化学反応式 $2\,\text{NO}(g) + 2\,\text{H}_2(g) \rightarrow \text{N}_2(g)$ $+ 2\,\text{H}_2\text{O}(g)$ の反応速度式は次式で与えられる．

$$\text{反応速度} = k[\text{NO}]^2[\text{H}_2]$$

NO と H_2 の濃度がいずれも $2.0 \times 10^{-6}\,\text{mol L}^{-1}$ であるとき，反応速度は $7.86 \times 10^{-3}\,\text{mol L}^{-1}\,\text{s}^{-1}$ であった．(a) 速度定数の値を求めよ．(b) 速度定数の単位は何になるか．

反応次数

　一般に，反応速度式の濃度項の指数と化学反応式の係数は無関係であるが，偶然同じになる場合がしばしばある．次式に示すヨウ化水素の分解反応もその例である．

$$2\,\text{HI}(g) \longrightarrow \text{H}_2(g) + \text{I}_2(g)$$

すでに述べたように，この反応の反応速度式は，

$$\text{反応速度} = k[\text{HI}]^2$$

となる．反応速度式における $[\text{HI}]$ の指数，すなわち2が，全体の化学反応式における HI の係数と一致したのは偶然である．実験的なデータによらず，この一致を予測できる方法はない．したがって，単純に反応速度式の指数と化学反応式の係数を同じであるとしてはならない．これは多くの場合に陥りやすい落とし穴である．

　反応速度式における指数を，その反応物に対する**反応次数**という*．例として，気体状の N_2O_5 が NO_2 と O_2 に分解する反応を考えよう．

$$2\,\text{N}_2\text{O}_5(g) \longrightarrow 4\,\text{NO}_2(g) + \text{O}_2(g)$$

反応次数 order of the reaction

*　反応次数を記述する理由は，その便利さにある．すなわち，同じ次数をもった反応はすべて，そのデータの数学的な取扱いが同じになる．本書ではあまり詳しく扱わないが，反応次数についてよく知っておいたほうがよい．それはしばしば，反応速度に対する濃度効果の説明に用いられる．

414 　13. 化学反応速度論

この反応の反応速度式は次式で表される.

$$反応速度 = k[N_2O_5]$$

■ 式に現れる指数が1であるときには常に1を省略する.

$[N_2O_5]$ の指数は1であるので，"反応速度は N_2O_5 について一次である"という．HI の分解反応に対する反応速度式は，HI の濃度に対して指数2をもっている．したがって，その反応速度は HI について二次である．また，次の反応速度式を考えてみよう.

$$反応速度 = k[H_2SeO_3][I^-]^3[H^+]^2$$

この反応の反応速度は H_2SeO_3 について一次であり，I^- について三次であり，H^+ について二次であることを示している.

総反応次数 overall order of reaction

　反応速度式におけるそれぞれの反応物に関する次数の総和を，**総反応次数**という．N_2O_5 の分解反応は一次反応である．また，H_2SeO_3 を含む反応の全体の反応次数は，$1+3+2=6$ となる.

　反応速度式における指数はふつう小さい整数であるが，指数が分数や負の値になることもしばしばみられる．負の指数は，その反応物の濃度項が実際には反応速度式の分母にあることを示し，これはその反応物の濃度が増大すると，反応速度が減少することを意味している.

ゼロ次反応 zero-order reaction

　反応次数がゼロの場合さえもある．**ゼロ次反応**は，反応速度があらゆる反応物の濃度に依存しない反応である．ゼロ次反応は，反応物で飽和した少量の触媒がかかわる反応に多くみられる．これは，ただ一つの精算レジが開いている混雑したスーパーマーケットの状況に似ている．その精算レジに何人の人間が並んでいるかは問題ではない．すなわち，その精算レジに並んでいる人間の列は，そこに並んでいる人間の数にかかわらず，一定の速度で動いていくであろう．肝臓において生体内のエタノールが除去される化学反応は，ゼロ次反応の例である．血液中のアルコール濃度にかかわらず，生体におけるアルコール除去の速度は一定である．これは，肝臓においてアルコール除去に関与する触媒分子の数が決まっているためである．ゼロ次反応のもう一つの例は，加熱した白金表面上における気体アンモニアの H_2 と N_2 への分解反応である．気体アンモニアの濃度によらず，その分解速度は一定となる.

　ゼロ次反応の反応速度式は，次式のように単純となる.

$$反応速度 = k$$

ここで速度定数 k の単位は mol L^{-1} s^{-1} となる．反応速度は触媒の量と質，および反応に用いられる表面積に依存する．たとえば，加熱した白金粉末（大きな表面積をもつ）を通してアンモニアを押し流すと，単に加熱した白金表面上を通過させるよりも，アンモニアの分解は促進される.

　すべての反応速度式において，速度定数 k は反応がどのくらい速く進むかを示している．k の値が大きければ反応はすみやかに進行し，k の値が小さければ反応の進行は遅い．k の単位は，反応速度式から計算される反応速度が mol L^{-1} s^{-1} の単位をもつようなものでなければならない．k の単位は全体の反応次数に依存するので，その一覧を表 13・2 に示した.

表 13・2　速度定数の単位は反応速度式の次数に依存する	
反応速度式の次数	速度定数 k の単位
0	mol L^{-1} s^{-1}
1	s^{-1}
2	L mol^{-1} s^{-1}
3	L^2 mol^{-2} s^{-1}
4	L^3 mol^{-3} s^{-1}

練習問題 13・4　次の反応を考える.

$$BrO_3^- + 3SO_3^{2-} \longrightarrow$$
$$Br^- + 3SO_4^{2-}$$

この反応の反応速度式は次式で表される.

$$反応速度 = k[BrO_3^-][SO_3^{2-}]$$

それぞれの反応物に関する反応次数を求めよ．また，全体の反応次数を求めよ.

実験データから反応速度式を求める方法

　これまで，全体の反応に対して，反応速度式における濃度項の指数は，実験によって決定されなければならないと述べた．実験は指数がいくつであるかを知るための唯

一の方法である．指数を決定するためには，濃度の変化が反応速度にどのように影響を与えるかを調べなければならない．例として，再び次のような仮想的な反応を考えてみよう．

$$A + B \longrightarrow 生成物$$

さらに，一連の五つの実験を行うことによって，表 13・3 に示すデータが得られたとしよう．この反応に対する反応速度式は，次式のように書くことができる．

$$反応速度 = k[A]^n[B]^m$$

表 13・3 仮想的な反応 A + B → 生成物 における濃度と速度

実験	初濃度		生成物の生成の初速度
	$[A]\,(mol\,L^{-1})$	$[B]\,(mol\,L^{-1})$	$(mol\,L^{-1}\,s^{-1})$
1	0.10	0.10	0.20
2	0.20	0.10	0.40
3	0.30	0.10	0.60
4	0.30	0.20	2.40
5	0.30	0.30	5.40

ここで，表に与えられた速度の値の規則性を見いだすことによって，n と m の値を決定できるのである．データの規則性を明らかにする最も簡単な方法の一つは，条件の異なる組合わせを用いてデータの比をとることである．この方法は一般的にきわめて有用なので，それを反応速度式の指数を決定する問題にどのように適用するかについて，詳しく述べることにしよう．表 13・3 に示した実験 1, 2, 3 では，B の濃度は 0.10 mol L^{-1} の一定値に保たれている．したがって，これら最初の三つの実験における反応速度の変化は，$[A]$ の変化に由来するはずである．反応速度式から，B の濃度が一定に保たれるとき，反応速度は $[A]^n$ に比例しなければならないことがわかる．そこで，実験 2 と実験 1 に対する反応速度式の比をとると，次式が得られる．

$$\frac{反応速度_2}{反応速度_1} = \frac{k[A]_2^n[B]_2^m}{k[A]_1^n[B]_1^m} = \frac{k}{k}\left(\frac{[A]_2}{[A]_1}\right)^n\left(\frac{[B]_2}{[B]_1}\right)^m$$

■濃度と反応速度に付した下付文字は，データに対して用いた実験番号に対応している．

実験 1 と実験 2 に対して，この式の左辺の反応速度の比は次式で与えられる．

$$\frac{反応速度_2}{反応速度_1} = \frac{0.40\ mol\ L^{-1}\ s^{-1}}{0.20\ mol\ L^{-1}\ s^{-1}} = 2.0$$

そして，式の右辺についてすべての濃度を代入すると，分子と分母にある同じ値の $[B]_2^m$ と $[B]_1^m$，および速度定数 k が消去され，次式が得られることがわかる．

$$\frac{k[0.20\ mol\ L^{-1}]_2^n[0.10\ mol\ L^{-1}]_2^m}{k[0.10\ mol\ L^{-1}]_1^n[0.10\ mol\ L^{-1}]_1^m} = \frac{[0.20\ mol\ L^{-1}]_2^n}{[0.10\ mol\ L^{-1}]_1^n} = 2.0^n$$

もとの式の左辺と右辺が簡単になったので，それらの結果を等しいとおくことにより，$2.0 = 2.0^n$ となる．この等式は $n = 1$ のときのみ成り立つ．実験 1, 2, 3 のそれぞれ独立の組合わせに対して，同様の方法によって次式を得る．

$$2.0 = 2.0^n \quad (実験 2 と 1)$$
$$3.0 = 3.0^n \quad (実験 3 と 1)$$
$$1.5 = 1.5^n \quad (実験 3 と 2)$$

これらの式をすべて満たす唯一の値は $n = 1$ である。したがって、反応は A について一次でなければならない。

　同様の手法を用いて、A の濃度が同一である実験を選ぶことにより、[B] の指数を求めることができる。最後の三つの実験では、B の濃度は変化しているが、A の濃度は一定に保たれている。この場合には、反応速度に影響を与えているのは B の濃度である。実験 4 と実験 3 の反応速度式の比をとることによって、次式が得られる。

$$\frac{\text{反応速度}_4}{\text{反応速度}_3} = \frac{k[\text{A}]_4^n[\text{B}]_4^m}{k[\text{A}]_3^n[\text{B}]_3^m}$$

$[\text{A}]_4 = [\text{A}]_3$ であるから、A の濃度は消去される。また、速度定数は一定であるから、二つの k も消去される。これによって、

$$\frac{\text{反応速度}_4}{\text{反応速度}_3} = \frac{[\text{B}]_4^m}{[\text{B}]_3^m} = \left(\frac{[\text{B}]_4}{[\text{B}]_3}\right)^m$$

となる。実験 3, 4, 5 のそれぞれ独立の組合わせに対して、次式が得られる。

$$4.0 = 2.0^m \quad (\text{実験 4 と 3})$$
$$9.0 = 3.0^m \quad (\text{実験 5 と 3})$$
$$2.25 = 1.5^m \quad (\text{実験 5 と 4})$$

これらの式を満たす唯一の値は $m = 2$ である。したがって、反応は B について二次でなければならない。

　指数の値がすぐにわからない場合には、対数の数学的性質の一つを用いることによって、それを求めることができる。先に用いた次式を考えよう。

$$\frac{\text{反応速度}_4}{\text{反応速度}_3} = \left(\frac{[\text{B}]_4}{[\text{B}]_3}\right)^m$$

両辺の対数をとると、

$$\log\left(\frac{\text{反応速度}_4}{\text{反応速度}_3}\right) = \log\left(\frac{[\text{B}]_4}{[\text{B}]_3}\right)^m$$

となる。指数 m は対数項の外へ出すことができるので、上式は濃度比の対数と m の積に等しくなる。すなわち次式で表せる。

$$\log\left(\frac{\text{反応速度}_4}{\text{反応速度}_3}\right) = m \times \log\left(\frac{[\text{B}]_4}{[\text{B}]_3}\right)$$

たとえば、表 13・3 に示された実験 5 と実験 4 のデータを用いると、

$$2.25 = 1.5^m$$
$$\log(2.25) = m\log(1.5)$$
$$0.352 = m(0.176)$$
$$m = \frac{0.352}{0.176} = 2$$

となる。濃度項に対する指数が決定できたので、この反応に対する反応速度式は次式で表されることがわかる。

$$\text{反応速度} = k[\text{A}]^1[\text{B}]^2 = k[\text{A}][\text{B}]^2$$

k の値を求めるために、任意の 1 組のデータについて、速度と濃度を次の反応速度式に代入する。

$$k = \frac{\text{反応速度}}{[\text{A}][\text{B}]^2}$$

表13・3に示した最初の組のデータを用いると，

$$k = \frac{0.20\ \text{mol L}^{-1}\,\text{s}^{-1}}{(0.10\ \text{mol L}^{-1})(0.10\ \text{mol L}^{-1})^2} = \frac{0.20\ \text{mol L}^{-1}\,\text{s}^{-1}}{0.0010\ \text{mol}^3\,\text{L}^{-3}}$$

共通した単位を消去することによって簡単にすると，正しい単位をもつ k の値が得られる．

$$k = 2.0 \times 10^2\ \text{L}^2\,\text{mol}^{-2}\,\text{s}^{-1}$$

表13・4には，実験データからそれぞれの反応物に関する反応次数を求めるための方法を要約した．

> **練習問題 13・5** 表13・3に示した他の四つの実験データを用いて，この反応の速度定数 k を求めてみよ．k の値についてわかることは何か．また k の単位は何か．

表 13・4　反応次数と濃度および反応速度の変化との関係

濃度が変化する倍数	反応速度が変化する倍数	反応速度式の濃度項の指数
2	変化なし	0
3	変化なし	0
4	変化なし	0
2	$2 = 2^1$	1
3	$3 = 3^1$	1
4	$4 = 4^1$	1
2	$4 = 2^2$	2
3	$9 = 3^2$	2
4	$16 = 4^2$	2
2	$8 = 2^3$	3
3	$27 = 3^3$	3
4	$64 = 4^3$	3

例題 13・5　反応速度式の指数の決定

塩化スルフリル SO_2Cl_2 は，防腐剤クロロフェノールの製造に用いられている．ある温度において SO_2Cl_2 の分解反応 $SO_2Cl_2(g) \rightarrow SO_2(g) + Cl_2(g)$ を行い，次の結果を得た．

SO_2Cl_2 の初濃度 (mol L^{-1})	$SO_2(g)$ の生成の初速度 $(\text{mol L}^{-1}\,\text{s}^{-1})$
0.100	2.2×10^{-6}
0.200	4.4×10^{-6}
0.300	6.6×10^{-6}

この反応に対する反応速度式，および速度定数の値を求めよ．

指針　SO_2Cl_2 の分解反応に対する反応速度式を書く問題であり，これを行うためには必ず実験データを用いなければならない．反応速度式の指数を決定したのち，反応速度式の速度定数 k もその単位とともに求めなければならない．最後に，得られた反応速度式と問題に示された実験の一つのデータを用いて k を計算する．

解法　用いる最初の手法は，想定される反応速度式の一般形

であり，それによってどの指数を求めなければならないかがわかる．次に，その反応速度式を用いて，与えられたデータから反応次数を決定する．さらに，反応次数が決まった反応速度式を用いて，適切な単位をもつ速度定数 k を求める．

解答　まず，反応速度式が，反応速度 $= k[SO_2Cl_2]^x$ の形式であると想定する．二つの実験に対する反応速度式の比をとると次式が得られる．

$$\frac{\text{反応速度}_2}{\text{反応速度}_1} = \frac{k[SO_2Cl_2]_2^x}{k[SO_2Cl_2]_1^x}$$

速度定数 k を消去し，初濃度を $0.100\ \text{mol L}^{-1}$ から $0.200\ \text{mol L}^{-1}$ へと2倍にすると，初速度も2倍（$2.2 \times 10^{-6}\ \text{mol L}^{-1}\,\text{s}^{-1}$ から $4.4 \times 10^{-6}\ \text{mol L}^{-1}\,\text{s}^{-1}$）になることがわかる．また，最初と3番目の実験を比較すると，初濃度を3倍（$0.100\ \text{mol L}^{-1}$ から $0.300\ \text{mol L}^{-1}$）にすると，初速度もまた3倍（$2.2 \times 10^{-6}\ \text{mol L}^{-1}\,\text{s}^{-1}$ から $6.6 \times 10^{-6}\ \text{mol L}^{-1}\,\text{s}^{-1}$）になることがわかる．これらの結果は数学的に，$2 = 2^x$ および $3 = 3^x$ と要約する

418　13. 化学反応速度論

ことができる．この結果からxは1でなければならないことがわかるので，反応はSO_2Cl_2の濃度について一次であると決定される．（実験2と3を比較しても同様の結論が得られる．）したがって，反応速度式は次式のようになる．

$$反応速度 = k[SO_2Cl_2]^1 = k[SO_2Cl_2]$$

速度定数kは，与えられた3組のデータのうちの任意の一つを用いて求めることができる．最初のデータを用いると次のとおりである．

$$k = \frac{反応速度}{[SO_2Cl_2]}$$

$$k = \frac{2.2 \times 10^{-6}\ mol\ L^{-1}\ s^{-1}}{0.100\ mol\ L^{-1}} = 2.2 \times 10^{-5}\ s^{-1}$$

確認　問題に与えられた速度と濃度のどの組を用いても同じkの値が得られるはずである．2番目および3番目の実験データのどちらを用いても，$2.2 \times 10^{-5}\ s^{-1}$が得られる．どの場合にも同じ結果が得られることから，求めた反応速度式と計算は妥当と考えられる．

例題 13・6　反応速度式の指数の決定

水素による酸化窒素の還元反応を行い，次の結果を得た．

$$2\,H_2(g) + 2\,NO(g) \longrightarrow N_2(g) + 2\,H_2O(g)$$

初濃度 (mol L^{-1})		H$_2$O(g)の生成の初速度 (mol L^{-1} s^{-1})
[H$_2$]	[NO]	
0.10	0.10	1.23×10^{-3}
0.20	0.10	2.46×10^{-3}
0.10	0.27	8.97×10^{-3}

この反応の反応速度式を求めよ．

指針　この問題では二つの反応物がある．それらの濃度の反応速度に対する影響を調べるためには，一度に一つの濃度だけを変化させなければならない．したがって，一つの反応物の濃度が変化しない二つの実験を選び，もう一方の反応物の濃度の変化が反応速度に対してどのような影響を与えるかを調べる．そして，第二の反応物についても同様の方法を繰返す．

解法　例題13・5と同じ手法，すなわち想定される反応速度式の一般形を書き，与えられた実験データから反応次数を決定するための手法を用いる．

解答　反応速度式は次のような形式になると想定される．

$$反応速度 = k[H_2]^m[NO]^n$$

最初の二つの実験をみてみよう．ここではNOの濃度は同じなので，反応速度はH_2濃度の変化によって影響を受ける．H_2濃度が2倍になると，反応速度も2倍になるので，この反応はH_2について一次であることがわかる．これは$m = 1$であることを意味する．

次に，H_2濃度が変化しない二つの実験に注目する必要がある．最初の実験と3番目の実験ではいずれも$[H_2]_1 = [H_2]_2 = 0.01\ mol\ L^{-1}$であるから，これらを用いればよい．最初と3番目の実験ではそれぞれ，$[NO]_1 = 0.10\ mol\ L^{-1}$と$[NO]_3 = 0.27\ mol\ L^{-1}$である．一方，最初と3番目の実験の反応初速度はそれぞれ$1.23 \times 10^{-3}\ mol\ L^{-1}\ s^{-1}$と$8.97 \times 10^{-3}\ mol\ L^{-1}\ s^{-1}$である．

これらの数字の取扱いは簡単ではない．そこで，二つの反

応速度の比をとらねばならない．

$$\frac{反応速度_1}{反応速度_3} = \frac{k[H_2]_1^m[NO]_1^n}{k[H_2]_3^m[NO]_3^n}$$

分子と分母のkと$[H_2]$の値はそれぞれ等しいので，上式に示したようにこれらを消去することができる．すると次式が得られる．

$$\frac{反応速度_1}{反応速度_3} = \frac{[NO]_1^n}{[NO]_3^n}$$

$$\log\left(\frac{反応速度_1}{反応速度_3}\right) = \log\left(\frac{[NO]_1}{[NO]_3}\right)^n = n\log\left(\frac{[NO]_1}{[NO]_3}\right)$$

この式を用いると，実験データからnの値を求めることができる．

$$\log\left(\frac{1.23 \times 10^{-3}}{8.97 \times 10^{-3}}\right) = n\log\left(\frac{0.10}{0.27}\right)$$

$$\log(0.137) = n\log(0.37)$$

$$-0.863 = n(-0.431)$$

$$n = 2$$

したがって，この反応に対する反応速度式は次のとおりである．

$$反応速度 = k[H_2][NO]^2$$

確認　得られた反応速度式が正しいとすると，それぞれの実験データから求められる速度定数の値は，実験誤差内で同じにならなくてはならない．最初の実験データを用いると，速度定数は次式のように求めることができる．

$$k = \frac{反応速度_1}{[H_2]_1^1[NO]_1^2} = \frac{1.23 \times 10^{-3}\ mol\ L^{-1}}{(0.10\ mol\ L^{-1})(0.10\ mol\ L^{-1})^2}$$

$$= 1.23\ L^2\ mol^{-2}\ s^{-1}$$

2番目および3番目の実験データを用いて速度定数を求めると，正確に同じ値が得られる．したがって，得られた反応速度式は妥当と考えられる．

練習問題 13・6　次の反応の反応速度式を求めるための実

験を行った.

$$2\,H_2(g) + 2\,NO(g) \longrightarrow N_2(g) + 2\,H_2O(g)$$

実験を行ったところ，次の結果を得た.

初濃度($mol\,L^{-1}$)		$N_2(g)$の生成の初速度 ($mol\,L^{-1}\,s^{-1}$)
[H_2]	[NO]	
0.40×10^{-4}	0.30×10^{-4}	1.0×10^{-8}
0.80×10^{-4}	0.30×10^{-4}	4.0×10^{-8}
0.80×10^{-4}	0.60×10^{-4}	8.0×10^{-8}

(a) この反応の反応速度式を求めよ. (b) 速度定数の値を求めよ. (c) 速度定数の単位は何か.

練習問題 13・7 $A + B \rightarrow C + D$ で表される反応を考えよう. 実験を行い次の結果を得た.

初濃度($mol\,L^{-1}$)		Cの生成の初速度 ($mol\,L^{-1}\,s^{-1}$)
[A]	[B]	
0.40	0.30	1.00×10^{-4}
0.60	0.30	2.25×10^{-4}
0.80	0.60	1.60×10^{-3}

(a) この反応の反応速度式を求めよ. (b) 速度定数の値を求めよ. (c) 速度定数の単位は何か. (d) この反応の全体の反応次数を求めよ.

13・4 反応速度式の積分形

反応速度式から，反応の速度が反応物の濃度によってどのように変化するかがわかる. しかし，私たちはふつう，反応物の濃度が時間とともにどのように変化するかに興味がある. たとえば，ある化合物を合成するときに，生成物を単離する時間を決めるために，反応物の濃度がある特定の値まで減少するのに，どのくらい時間がかかるかを知りたいことがある.

反応物の濃度と時間との関係は，積分法を用いて反応速度式から誘導することができる. 反応の瞬間速度を，反応の開始からある特定の時間 t まで足し合わせる，すなわち積分することによって，反応物濃度を時間の関数として定量的に与える "反応速度式の積分形" を得ることができる. 反応速度式の積分形の形式は反応次数に依存する. 複雑な反応における反応物濃度と時間を関係づける数学的表記はとてもむずかしいので，ここでは簡単な一次反応と，一つの反応物だけがかかわる二次反応に限って反応速度の積分形を用いることにしよう.

一次反応

一次反応とは，次のような形式の反応速度式をもつ反応をいう.

$$反応速度 = k\,[A]$$

積分法を用いると*1，反応物Aの濃度と時間を関係づける次式が誘導される.

$$\ln \frac{[A]_0}{[A]_t} = kt \qquad (13 \cdot 5)$$

ここで記号 "ln" は自然対数を意味する. 等号の左側の表記は，$[A]_t$（反応開始後，時間 t におけるAの濃度）に対する $[A]_0$（時間 $t = 0$ におけるAの初濃度）の比の自然対数を表している.

（13・5）式の両辺の逆対数（真数）をとり，数学的に整理すると，時間 t における反応物濃度を直接，時間の関数として表す次式が得られる*2.

$$[A]_t = [A]_0 e^{-kt} \qquad (13 \cdot 6)$$

（13・6）式における e は自然対数の底（e = 2.718…）を表す. （13・6）式は，反応物

一次反応 first-order reaction

*1 一次反応に対する反応速度式の積分形は，次のように得ることができる. 反応物Aの濃度変化の瞬間速度は次式で与えられる.

$$反応速度 = \frac{-d[A]}{dt} = k[A]$$

この式を整理すると次式が得られる.

$$\frac{d[A]}{[A]} = -k\,dt$$

次に，この式を $t = 0$ から $t = t$ まで積分すると，Aの濃度は $[A]_0$ から $[A]_t$ まで変化するので，

$$\int_{[A]_0}^{[A]_t} \frac{d[A]}{[A]} = \int_0^t -k\,dt$$

$$\ln[A]_t - \ln[A]_0 = -kt$$

対数の性質を用いると，これは次式のように整理することができる.

$$\ln \frac{[A]_0}{[A]_t} = kt$$

*2 対数の性質により，$\ln x = a$ であれば $e^{\ln x} = e^a$ であるが，$e^{\ln x} = x$ であるから $x = e^a$ が成り立つ. 同様の関係が常用対数（すなわち，10を底とする対数）でも成り立ち，$\log x = a$ であれば，$10^{\log x} = x = 10^a$ となる.

濃度 A は時間とともに指数関数的に減少することを示している．計算には，対数関数を用いた（13・5）式，あるいは指数関数を用いた（13・6）式のいずれを用いてもよい．両方の濃度の値がわかっているときには，（13・5）式を用いるほうが簡単である．一方，$[A]_0$ あるいは $[A]_t$ のいずれかを求めたいときには，（13・6）式を用いるとよい．

■ t が増大すると e^{-kt} の値は減少する．これは t の増大に伴って，指数 $-kt$ が大きな負の値となるためである．

例題 13・7　一次反応に対する濃度と時間の計算

　五酸化二窒素 N_2O_5 はあまり安定な化合物ではない．気相中，あるいは四塩化炭素のような非水系溶媒に溶かしたときには，N_2O_5 は一次反応によって四酸化二窒素と酸素分子に分解する．

$$2\,N_2O_5 \longrightarrow 2\,N_2O_4 + O_2$$

この反応の反応速度式は次式で与えられる．

$$反応速度 = k\,[N_2O_5]$$

45 ℃ において，四塩化炭素中のこの反応の速度定数は $6.22 \times 10^{-4}\,s^{-1}$ である．45 ℃ において，四塩化炭素中の N_2O_5 の初濃度が $0.500\,mol\,L^{-1}$ であるとき，反応を開始してから正確に 1 時間後の N_2O_5 の濃度を求めよ．

指針　この問題は一次反応における反応物濃度と時間との関係を扱う問題であり，1 時間後の反応物濃度が問われている．問題には初濃度 $0.500\,mol\,L^{-1}$ と反応の速度定数 $6.22 \times 10^{-4}\,s^{-1}$ が与えられている．

解法　問題を解くために用いる手法は，一次反応における反応速度式の積分形（13・5）式，あるいは（13・6）式である．特に，この問題では未知の濃度を求めなければならない．未知数の一つが濃度項のときには，（13・6）式のほうが簡単に用いることができる．また，速度定数 k の単位が時間ではなく，秒で表されていることに注意しよう．そこで，与えられた時間，1.00 h を秒の単位に変換しなければならない（1.00 h $= 3.60 \times 10^3\,s$）．

解答　まず，与えらえたデータを表にしてみよう．

$$[N_2O_5]_0 = 0.500\,mol\,L^{-1} \qquad [H_2O_5]_t = ?\,mol\,L^{-1}$$
$$k = 6.22 \times 10^{-4}\,s^{-1} \qquad t = 3.60 \times 10^3\,s$$

（13・6）式，$[N_2O_5]_t = [N_2O_5]_0\,e^{-kt}$ を用いて，値を代入すると，

$$\begin{aligned}
[N_2O_5]_t &= [0.500\,mol\,L^{-1}]_0\,e^{-(6.22 \times 10^{-4}\,s^{-1})(3.60 \times 10^3\,s)} \\
&= (0.500\,mol\,L^{-1}) \times e^{-2.239} \\
&= (0.500\,mol\,L^{-1}) \times 0.1065 \\
&= 0.05327\,mol\,L^{-1}（適切に丸めると\ 0.053\,mol\,L^{-1*}）
\end{aligned}$$

こうして，1 時間後には，N_2O_5 の濃度は $0.053\,mol\,L^{-1}$ に減少していることがわかる．

　なお，この問題は（13・5）式を用いて解くこともできる．まず，（13・5）式に k と t の値を代入し，濃度比を有効数字を超えた桁数まで求める．

$$\ln \frac{[N_2O_5]_0}{[N_2O_5]_t} = (6.22 \times 10^{-4}\,s^{-1}) \times (3.60 \times 10^3\,s)$$

$$\ln \frac{[N_2O_5]_0}{[N_2O_5]_t} = 2.239$$

次に，上式の両辺の逆自然対数（数学記号として antiln を用いる）をとる．左辺の antiln は，次のように求まる．

$$\mathrm{antiln}\left(\ln \frac{[N_2O_5]_0}{[N_2O_5]_t}\right) = \frac{[N_2O_5]_0}{[N_2O_5]_t}$$

一方，右辺の 2.239 の逆自然対数は e の 2.239 乗であるから，

$$\mathrm{antiln}(2.239) = e^{2.239} = 9.384$$
（有効数字を超えた桁数まで求めている）

となる．両辺の計算結果を合わせると次式が得られる．

$$\frac{[N_2O_5]_0}{[N_2O_5]_t} = 9.384$$

ここで，問題に与えられた初濃度 $[N_2O_5]_0 = 0.500\,mol\,L^{-1}$ を代入すると，次式となる．

$$\frac{0.500\,mol\,L^{-1}}{[N_2O_5]_t} = 9.384$$

$[N_2O_5]_t$ を求めることにより，次のように答えが得られる．

$$[N_2O_5]_t = \frac{0.500\,mol\,L^{-1}}{9.384} = 0.053\,mol\,L^{-1}（適切に丸める）$$

丸め方は，与えられた時間と速度定数が小数点以下 2 桁であることに基づいている．この問題を解くには，指数関数形式の（13・6）式を用いるほうがずっと簡単であることがわかったであろう．

確認　この反応における反応物 N_2O_5 の終濃度が，初濃度よりも少ないことに注意しよう．反応物は化学反応によって消費されるから，得られた終濃度が初濃度 $0.500\,mol\,L^{-1}$ よりも大きければ，大きな誤りをしたことがすぐにわかる．また，（13・5）式と（13・6）式のどちらを用いても同じ答えが得られたことから，答えが正しいことを確信できる．（なお，このような問題を解くときには，両方の方法で解く必要はない．ここでは，どちらの式を用いても解答できることを示しただけである．）

■ 電卓を用いると，簡単な操作で $e^{-2.239}$ を求めることができる．多くの場合，自然対数の逆関数を用いる．

* 対数と逆対数の有効数字については，特別の規則がある．ある値の対数を書いたとき，小数点以下に書かれた数字の数が，その値の有効数字の桁数に等しい．たとえば，e の −2.24 乗は −2.24 の逆対数と同じである．−2.24 の小数点以下にある数字の数は 2 であるから，その逆対数 0.1064… の有効数字は 2 桁だけであり，四捨五入して 0.11 としなければならない．

練習問題 13・8 酸性溶液中のスクロース（ショ糖）と水との反応は次式で表される．

$$C_{12}H_{22}O_{11} + H_2O \longrightarrow C_6H_{12}O_6 + C_6H_{12}O_6$$
スクロース　　　　　　　グルコース　フルクトース

この反応は一次反応であり，$[H^+] = 0.10 \text{ mol L}^{-1}$ のときの速度定数は，35 °C において $6.17 \times 10^{-4} \text{ s}^{-1}$ である．ある実験において，スクロースの初濃度が 0.40 mol L^{-1} であったとしよう．(a) 反応開始から，正確に 2 時間後のスクロースの濃度を求めよ．(b) スクロースの濃度が 0.30 mol L^{-1} まで低下するのにかかる時間は何分か．

一次反応の速度定数の決定　対数の性質を用いると*，(13・5) 式は次のような対数の差によって書き直すことができる．

$$\ln[A]_0 - \ln[A]_t = kt$$

さらにこの差は，直線を表す式に対応する形に並び替えることができる．

$$\begin{array}{ccccc} \ln[A]_t &=& -kt &+& \ln[A]_0 \\ \updownarrow && \updownarrow && \updownarrow \\ y &=& mx &+& b \end{array}$$

したがって，横軸の t の値に対して，縦軸に $\ln[A]_t$ の値をプロットすると，負符号をつけた速度定数 $-k$ に等しい傾きをもつ直線が得られる．四塩化炭素を溶媒とする N_2O_5 の N_2O_4 と O_2 への分解反応について，このようなプロットを図 13・6 に示した．

ある反応が反応物について一次であるかどうかを判定するための一つの方法は，時間に対するその濃度の自然対数の変化をプロットし，直線が得られるかどうかを調べることである．

* 商すなわち比の対数 $\ln \dfrac{a}{b}$ は，対数の差 $\ln a - \ln b$ として書くことができる．

■ 直線を表す式は，ふつう次のように表記される．
$$y = mx + b$$
ここで x と y は変数であり，m は直線の傾き，b は y 軸との切片を表す．

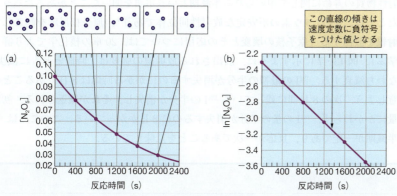
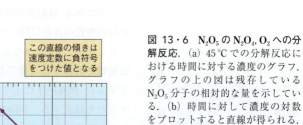

図 13・6 N_2O_5 の N_2O_4, O_2 への分解反応．(a) 45 °C での分解反応における時間に対する濃度のグラフ．グラフの上の図は残存している N_2O_5 分子の相対的な量を示している．(b) 時間に対して濃度の対数をプロットすると直線が得られる．この直線の傾きは，この反応の速度定数に負符号をつけた値に等しい．

反応の半減期　反応物の半減期は，特に一次反応に対して，反応物がどのくらい速く反応するかを表記するために便利な量である．反応物の**半減期** $t_{1/2}$ とは，その反応物の半分が消失するために必要な時間をいう．すみやかに進行する反応では，その半減期も短い．半減期を表す式は，反応次数によって異なる．

なお，ここでの反応次数は全体の反応次数を意味する．そうでないときには，"ある特定の反応物に関する"ということにする．反応が一次であるとき，反応物の半減期は $[A]_t$ を $[A]_0$ の半分に等しいとおき，(13・5) 式を用いることによって求めることができる．すなわち，(13・5) 式の $[A]_t$ に $1/2 [A]_0$ を代入し，t に $t_{1/2}$ を代入する

半減期　half-life

図 13・7 ^{131}I の一次放射壊変．$[I]_0$ は同位体の初濃度を表す．枠内の図は残存している ^{131}I の相対的な量を示している．

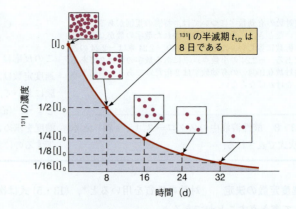

と次式が得られる．

$$\ln \frac{[A]_0}{1/2\,[A]_0} = k t_{1/2}$$

上式の左辺は ln 2 と簡略化されることに注意しよう．この式を $t_{1/2}$ について解くことにより，(13・7) 式が得られる．

$$t_{1/2} = \frac{\ln 2}{k} \qquad (13\cdot 7)$$

■ ln 2 は 0.693 に等しいので，(13・7) 式は次のように表記されることもある．

$$t_{1/2} = \frac{0.693}{k}$$

ある反応に対して k は一定であるから，半減期もまたある特定の一次反応に対して（任意の特定の温度において）一定の値となる．いいかえれば，一次反応の半減期は反応物の初濃度に依存しないのである．このことは自然界における最も一般的な一次反応の一つである，放射性同位体の放射能が"減衰"する間に起こる変化にみられる．実際，放射性物質の寿命に関して用いられる半減期という用語を聞いたことがあるだろう．

* ^{131}I は甲状腺障害の診断に利用される．甲状腺は喉仏のすぐ下にあり，気管にまたがって存在する小さい器官である．甲状腺ホルモンの合成にはヨウ化物イオンが使われるので，^{131}I を放射線のない I⁻ に混ぜて患者に投与すると，両方のイオンが甲状腺に取込まれる．甲状腺の一時的な放射能の変化から，甲状腺の活性を知ることができる．

たとえば，^{131}I はヨウ素の不安定な放射性同位体であり*，原子核反応を起こして放射線を放出する（原子核の壊変とその応用については，20 章の核化学でより詳しく学ぶ）．図 13・7 に示すように，放出される放射線の強度は，時間とともに減少，すなわち減衰する．^{131}I の最初の半分が消失するのにかかる時間は 8 日であることに注意しよう．次の 8 日間に残っている ^{131}I の半分が消失し，それが繰返される．初期の量にかかわらず，^{131}I の量の半分が消失するのに 8 日かかっている．このことは ^{131}I の半減期が一定であり，反応が一次であることを意味している．

例題 13・8 半減期の計算

ある患者に甲状腺障害に対する診断上の処置の一つとして，ある量の ^{131}I が投与されたとしよう．放射性 ^{131}I の半減期を 8.02 日とするとき，25.0 日後にその患者に存在する ^{131}I の初期の量に対する割合を求めよ．ただし，^{131}I は自然の生体反応では失われないものとする．

指針　放射性 ^{131}I は，一定の半減期をもつ一次過程で崩壊することを学んだ．したがって，半減期を用いてその反応の速度定数 k を求めることができ，さらにその速度定数を用いて残存している物質の量を計算することができる．

解法　まず，半減期から速度定数を決定するために，(13・7) 式を用いる必要がある．

$$t_{1/2} = \frac{\ln 2}{k}$$

さらに，(13・5) 式を用いて 25.0 日後に残っている物質の量を求める．

$$\ln \frac{[A]_0}{[A]_t} = k t$$

解答　まず，一次反応の速度定数 k を決定する．それは (13・7) 式を変形することによって，半減期から求めることができる（最後まで有効数字より 1 桁多い数値を保って計算する

ことに注意しよう).

$$k = \frac{\ln 2}{t_{1/2}} = \frac{0.693}{8.02\,\text{d}} = 0.08641\,\text{d}^{-1}$$

そして，(13・5) 式を用いることにより，割合 $[A]_0/[A]_t$ を計算することができる.

$$\ln \frac{[A]_0}{[A]_t} = kt = (0.08641\,\text{d}^{-1})(25.0\,\text{d}) = 2.160$$

両辺の逆対数をとると次式が得られる.

$$\frac{[A]_0}{[A]_t} = e^{2.160} = 8.67$$

初濃度 $[A]_0$ は，25 日後の濃度よりも 8.67 倍大きいので，25 日後に残っている割合は，以下のとおりである.

$$\frac{1}{8.67} = 0.115 = 0.12 \quad (適切に丸める)$$

確認 24 日間は半減期のほぼ 3 倍に相当し，25 は 24 に非常に近い．そこで 24 日の値を用いて，半減期の考え方を 3 倍の半減期の場合に適用する．初期に存在する割合を 1 とすると，次の表を作成することができる.

半減期	0	1	2	3
割合	1	1/2	1/4	1/8

^{131}I の半分は最初の半減期で失われ，さらにその半分は 2 回目の半減期で消失し，それが繰返される．したがって，3 回目の半減期の後に残っている割合は 1/8 となり，それは得られた値 1/8.67 にきわめて近い.

■ 逆対数が 3 桁の有効数字をもつためには，その対数は小数点以下に 3 桁の数をもっていなければならない.

練習問題 13・9 練習問題 13・8 に示したスクロース（ショ糖）と水との反応は，スクロースに関して一次である．ある実験条件における速度定数は $6.17 \times 10^{-4}\,\text{s}^{-1}$ であった．この反応の半減期 $t_{1/2}$ は何分か．また，スクロースの 3/4 が反応するのにかかる時間は何分か.

^{14}C 年代決定法

^{14}C は放射性同位体であり，その半減期は 5730 年，崩壊の速度定数は 1.21×10^{-4} yr^{-1} である．^{14}C は上層の大気中において，窒素原子に対する宇宙線中の中性子の作用によって少量生成する*1．一度生成すると，^{14}C は下層の大気中に拡散して二酸化炭素に酸化され，光合成によって地球の生物圏に入る．こうして ^{14}C は植物性物質の中に取込まれ，さらに植物を食用とする動物を形成する物質にも取込まれる．^{14}C は崩壊すると同時に，さらに生物によって摂取される．正味の効果として，地球上における全体の ^{14}C の割合は定常的となる．植物や動物が生きている限り，それらを形成する物質の ^{12}C 原子に対する ^{14}C の比は一定となる．生物が死んだときには，その組織体の遺骸はかつて保持していたのと同量の ^{14}C をもっているが，^{14}C はゆっくりと放射壊変によって失われる．壊変は一次過程であり，速度は最初にあった炭素原子の数に依存しない．したがって，^{12}C に対する ^{14}C の比は，その生物が死んだときと測定したときの間に経過した時間と関係づけられる．^{14}C 年代決定法における重大な仮定は，その試料が生命を失ってから，大気における ^{14}C の定常的な割合が大きくは変化していないということである*2.

現代の生物学的試料では，^{14}C/^{12}C の比はおよそ 1.2×10^{-12} である．このため，大気の ^{14}CO$_2$ と平衡にある生物学的な炭素の新しい試料 1.0 g は，4.8×10^{22} 原子の ^{12}C に対して 5.8×10^{10} 原子の ^{14}C の比をもっている．この比は ^{14}C の半減期が経過するごとに 1/2 に減少していく.

物体の年代決定には，放射壊変が一次過程であるという事実が利用されている．炭素を含む試料が死んだときの ^{14}C/^{12}C 比と現在の ^{14}C/^{12}C 比をそれぞれ r_0, r_t とすると，t 年の経過後について，(13・5) 式に代入して次式を得る.

$$\ln \frac{r_0}{r_t} = kt \tag{13・8}$$

ここで k は壊変の速度定数（^{14}C に対する壊変定数）であり，t は経過した時間である.

■ リビー（Willard F. Libby）は，^{14}C 年代決定法の開発により 1960 年のノーベル化学賞を受賞した.

*1 訳注: 地球上に降り注ぐ中性子と ^{14}N との核反応によって ^{14}C が生成する反応式は次のとおりである.

$$^{14}\text{N} + {}^1\text{n} \longrightarrow {}^{14}\text{C} + {}^1\text{H}$$

*2 大気中にある ^{14}C の量は，地球に降り注ぐ宇宙線の強度やゆっくりとした長期にわたる地磁気の変化，あるいは 1900 年代以降の石炭および石油の大規模な燃焼による ^{12}C の大気中への多量の放出によって，いくらか変動している．^{14}C 年代決定法における誤差を減少させるために，その方法で得られた結果は，年輪の数によって決定された年代により補正される．たとえば，カナダのニューファンドランド島のランス・オ・メドーにあるバイキングの遺跡の年代は，^{14}C 年代決定法により未補正の値として，西暦 895 ± 30 年が得られた．補正により，バイキングが定住した年代は西暦 997 年と決定されたが，これは，現在ではランス・オ・メドー遺跡を示すものと信じられている北米大陸へのレイフ・エリクソンの上陸を記したアイスランド物語が示す年代とほとんど一致している.

■ すべての年代決定実験では，試料の量はきわめて少ないので，"現代の" 物質による汚染を避けるために特別の注意がとられる.

424   13. 化学反応速度論

さらに，$(13 \cdot 8)$ 式中の k に $1.21 \times 10^{-4}\,yr^{-1}$ を代入すると，次式が得られる．

$$\ln \frac{r_0}{r_t} = (1.21 \times 10^{-4}\,yr^{-1})t \qquad (13 \cdot 9)$$

もし現在の $^{14}C/^{12}C$ 比を測定することができれば，$(13 \cdot 9)$ 式を用いることにより，かつて生きていた試料の年代を求めることができる．

　ここで理解しなければならないことは，年代決定には壊変した原子核の数を用いるのではなく，示強的な $^{14}C/^{12}C$ 比を用いることである．物体の年代を決定するために示強的な性質を用いる必要があるのは，示強的な性質を用いれば，試料の大きさが年代を決める要因にならないからである．

例題 13・9　^{14}C 年代決定法を用いる年代の計算

　質量分析計を用いて，古代の木製の試料を調べたところ，^{12}C に対する ^{14}C の比が 3.3×10^{-13} であることがわかった．一方，現代の生物試料の ^{12}C に対する ^{14}C の比は 1.2×10^{-12} である．その試料の年代を決定せよ．

指針　問題には ^{12}C に対する ^{14}C の比が与えられており，試料の年代を決定することが問われている．

解法　問題を解くために用いる手法は $(13 \cdot 9)$ 式である．そして，与えられた値を $r_0 = 1.2 \times 10^{-12}$ と $r_t = 3.3 \times 10^{-13}$ として代入する．

解答　現代の ^{12}C に対する ^{14}C の比は 1.2×10^{-12} と与えられている．これは $(13 \cdot 9)$ 式における r_0 に対応する．その値を $(13 \cdot 9)$ 式に代入すると，次式が得られる．

$$\ln \frac{1.2 \times 10^{-12}}{3.3 \times 10^{-13}} = (1.21 \times 10^{-4}\,yr^{-1})t$$
$$\ln(3.6) = 1.281 = (1.21 \times 10^{-4}\,yr^{-1})t$$

t について解くと $(1.281/1.21 \times 10^{-4}\,yr^{-1} = t)$，試料の年代として 1.1×10^4 年 （11,000 年）が得られる．

確認　問題には古代の試料とあるので，11,000 年という値は妥当と考えられる．

練習問題 13・10　ある古代の木片について ^{12}C に対する ^{14}C の比を調べたところ，生きている樹木の値の 10 分の 1 であることが判明した．この木片の年代を決定せよ（^{14}C に対して $t_{1/2} = 5730$ 年である）．

二 次 反 応

二次反応 second-order reaction

　簡単のため，ここでは次式で表される形式の反応速度式をもつ**二次反応**だけを考えることにしよう．

$$\text{反応速度} = k\,[B]^2$$

このような反応速度式をもつ反応における濃度と時間との関係は，一次反応に対する式とは全く異なった形の $(13 \cdot 10)$ 式によって与えられる．

$$\frac{1}{[B]_t} - \frac{1}{[B]_0} = kt \qquad (13 \cdot 10)$$

ここで $[B]_0$ は B の初濃度であり，$[B]_t$ は時間 t における濃度である．

例題 13・10　二次反応における濃度の時間変化の計算

　塩化ニトロシル NOCl はゆっくりと NO と Cl_2 に分解する．

$$2\,NOCl \longrightarrow 2\,NO + Cl_2$$

この反応の反応速度式は NOCl について二次である．

$$\text{反応速度} = k\,[NOCl]^2$$

ある温度における速度定数 k は $0.020\,L\,mol^{-1}\,s^{-1}$ である．密閉した容器に入れた NOCl の初濃度が $0.050\,mol\,L^{-1}$ であるとき，35 分後の濃度を求めよ．

指針　問題には二次反応に対する反応速度式が与えられている．そして，35 分（2100 秒）後の NOCl のモル濃度 $[NOCl]_t$

を求めなければならない.

解法 問題を解くための手法は(13・10)式,すなわち二次反応に対する反応速度式の積分形である.

解答 まず,与えられたデータを表にしてみよう.

$[NOCl]_0 = 0.050 \text{ mol L}^{-1}$ $[NOCl]_t = ? \text{ mol L}^{-1}$
$k = 0.020 \text{ L mol}^{-1} \text{ s}^{-1}$ $t = 2100 \text{ s}$

これらの値を代入すべき式は,以下のとおりである.

$$\frac{1}{[NOCl]_t} - \frac{1}{[NOCl]_0} = kt$$

代入を行うと次式が得られる.

$$\frac{1}{[NOCl]_t} - \frac{1}{0.050 \text{ mol L}^{-1}} = 0.020 \text{ L mol}^{-1} \text{s}^{-1} \times 2100 \text{ s}$$

$1/[NOCl]_t$ について解くと,次のようになる.

$$\frac{1}{[NOCl]_t} - 20 \text{ L mol}^{-1} = 42 \text{ L mol}^{-1}$$

$$\frac{1}{[NOCl]_t} = 62 \text{ L mol}^{-1}$$

両辺の逆数をとることによって $[NOCl]_t$ の値が得られる.

$$[NOCl]_t = \frac{1}{62 \text{ L mol}^{-1}} = 0.016 \text{ mol L}^{-1}$$

すなわち,NOCl のモル濃度は 0.050 mol L^{-1} から,35分後には 0.016 mol L^{-1} に減少することがわかる.

確認 NOCl の濃度は減少しているので,答えは妥当と考えられる.

練習問題 13・11 例題 13・10 で扱った反応において,NOCl 濃度が 0.040 mol L^{-1} から 0.010 mol L^{-1} に低下するまでにかかる時間は何分か.

二次反応の速度定数

反応速度が(13・10)式に従う二次反応の速度定数 k は,一次反応で用いたものと類似の方法によってグラフを利用して求めることができる.(13・10)式を,直線を表す式に対応するように変形すると,

$$\frac{1}{[B]_t} = kt + \frac{1}{[B]_0}$$
$$\Updownarrow \qquad \Updownarrow \quad \Updownarrow$$
$$y = mx + b$$

となる.反応が二次のときには,t に対して $1/[B]_t$ をプロットすると傾き k をもつ直線が得られるはずである.この例を,表 13・1 を用いた HI の分解反応について図 13・8 に示した.

二次反応の半減期
二次反応の半減期は,反応物の初濃度に依存する.このことは,二次反応である気相の HI の分解を追跡した図 13・8 を調べることによって理解することができる.反応はヨウ化水素濃度 0.10 mol L^{-1} から開始し,125 秒後には HI 濃

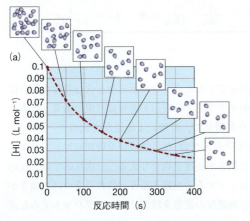
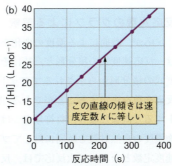

図 13・8 二次速度論.(a) 表 13・1 に示されたデータによる HI の分解反応の時間に対する濃度のグラフ.(b) 時間に対して $1/[HI]$ をプロットすると,直線が得られる.枠内の図は残存している HI 分子の相対的な数を示している.

度は 0.050 mol L^{-1} まで低下している．したがって，HI の初濃度が 0.10 mol L^{-1} のときの半減期は 125 秒と観測される．さらに，0.050 mol L^{-1} を次の初濃度とみなすと，その値から 0.025 mol L^{-1} まで低下するには 250 秒（最初からの全経過時間は 375 秒）かかることがわかる．こうして，初濃度を 0.10 mol L^{-1} から 0.050 mol L^{-1} へと半分に低下させると，半減期は 125 秒から 250 秒へと 2 倍になる．

　ここで述べた形式の二次反応については，半減期は反応物の初濃度に反比例する．半減期と速度定数の関係は，(13・11)式によって表される．

$$t_{1/2} = \frac{1}{k \times (反応物の初濃度)} = \frac{1}{k \times [\mathrm{B}]_0} \tag{13・11}$$

ゼロ次反応

ゼロ次反応 zero-order reaction

　ゼロ次反応は濃度項の指数がゼロの反応である．したがって，ゼロ次反応の反応速度はあらゆる反応物の濃度に依存しない．

$$反応速度 = k[\mathrm{A}]^0 = k$$

反応物の濃度を時間に対してプロットしたとき，反応がゼロ次反応であれば直線が得られる．これは，反応速度式の積分形が次式で表されるからである．

$$[\mathrm{A}]_t = -kt + [\mathrm{A}]_0 \tag{13・12}$$

またこのプロットから，一次および二次反応と同様に，負符号をつけた傾きとして速度定数 k を得ることができる．ゼロ次反応に対する半減期 $t_{1/2}$ の表記は，$[\mathrm{A}]_t = 1/2 [\mathrm{A}]_0$ を (13・12) 式に代入し，$t_{1/2}$ について解くことにより得ることができる．

$$t_{1/2} = \frac{1}{k}\frac{[\mathrm{A}]_0}{2} \tag{13・13}$$

　反応速度式，反応次数，反応速度式の積分形，および半減期に関する重要な点を表 13・5 にまとめた．

表 13・5　化学反応速度論に関する重要な式の要約			
反応次数	反応速度式	反応速度式の積分形	半減期を表す式
0	反応速度 $= k$	$[\mathrm{A}]_t = -kt + [\mathrm{A}]_0$	$t_{1/2} = \dfrac{1}{k}\dfrac{[\mathrm{A}]_0}{2}$
1	反応速度 $= k[\mathrm{A}]$	$[\mathrm{A}]_t = [\mathrm{A}]_0\, e^{-kt}$	$t_{1/2} = \dfrac{\ln 2}{k}$
2	反応速度 $= k[\mathrm{B}]^2$	$\dfrac{1}{[\mathrm{B}]_t} - \dfrac{1}{[\mathrm{B}]_0} = kt$	$t_{1/2} = \dfrac{1}{k \times [\mathrm{B}]_0}$

反応次数のグラフによる解釈

　反応が，時間による濃度の変化を測定できるただ一つの反応物を含む特殊な場合には，反応速度式の積分形と，特にそのグラフによる表示が非常に有用である．反応速度式の積分形から示されるプロットを利用して，時間による濃度変化のデータから，反応次数を決定することができる．ゼロ次反応では，反応物濃度を時間に対してプロットすると直線となり，負符号をつけた傾きが速度定数を与える．一次反応では，反応物濃度の自然対数を時間に対してプロットすると直線となり，負符号をつけた傾きが速度定数となる．二次反応では，反応物濃度の逆数を時間に対してプロットすると直

13・5 衝突理論の分子論的基礎　427

線が得られ，直線の傾きが速度定数となる．これらの情報はすべて，表 13・6 に要約
されている．

表 13・6　反応次数のグラフによる解釈

反応次数	直線となるプロット	速度定数 k	半減期の依存性
0	[X]と時間	直線の傾きに負符号をつけた値	初濃度に依存
1	ln[X]と時間	直線の傾きに負符号をつけた値	濃度に依存しない
2	1/[X]と時間	直線の傾きの値	初濃度に依存

例題 13・11　半減期の計算

反応 $2HI(g) \rightarrow H_2(g) + I_2(g)$ の反応速度式は，反応速度
$= k[HI]^2$ であり，508 ℃ における速度定数は $k = 0.079$ L
$mol^{-1} s^{-1}$ である．HI の初濃度が 0.10 mol L^{-1} のとき，この
温度における反応の半減期を求めよ．

指針　反応速度式からこの反応は二次であり，反応の半減
期を求めることを要求されている．二次反応では，反応の半減
期は初濃度に依存することを忘れてはならない．

解法　半減期を求めるために，この問題を解くための手法と
して（13・11）式が必要となる．

解答　初濃度と速度定数の値を（13・11）式に代入する．

$$t_{1/2} = \frac{1}{(0.079\ \text{L mol}^{-1}\text{s}^{-1})(0.10\ \text{mol L}^{-1})} = 1.3 \times 10^2\ \text{s}$$

確認　答えを見積もるために 0.079 を 0.1 と近似すると，答
えの推測値は $1/(0.1) \times (0.1) = 100$ となる．これは得られ
た答えに近い値である．さらに，単位が打消し合って，s（秒）
単位だけが残ることを確認することができる．これら二つの
確認によって，得られた答えは，妥当と考えられる．

練習問題 13・12　反応 $2NO_2 \rightarrow 2NO + O_2$ は，NO_2 につい
て二次である．$NO_2(g)$ の初濃度が 6.54×10^{-4} mol L^{-1}，初
期の反応速度が 4.42×10^{-7} mol $L^{-1} s^{-1}$ のとき，この反応の
速度定数を求めよ．また，この初濃度における反応の半減期
を求めよ．

13・5　衝突理論の分子論的基礎

一般に化学反応の速度は温度が 10 ℃ 上昇するごとに，ほぼ 2 倍に増大する．明ら
かに温度は，反応速度に対して大きな影響を与える．その理由を理解するためには観
測結果を説明する理論的なモデルをつくる必要がある．最も簡単なモデルの一つが衝
突理論である．

衝突理論

衝突理論の基本的な仮定は，反応速度は，反応物分子間の 1 秒当たりの有効な衝突
の数に比例するというものである．**有効な衝突**とは，実際に生成物分子を与える衝突
である．したがって，有効な衝突の回数を増大させるすべての要因が，反応速度を増
大させることになる．

衝突理論 collision theory

有効な衝突 effective collision

1 秒当たりの有効な衝突の数に影響を与えるいくつかの因子の一つは，濃度である．
反応物濃度の増大に伴って，有効な衝突を含む 1 秒当たりのすべての衝突の数は，必
然的に増大する．§13・8 では濃度の重要性に戻って考えてみることになる．

実際には，反応物分子間の衝突がすべて，化学的な変化をひき起こすわけではない．
このことは気相あるいは液相中の反応物原子や分子が，1 秒当たり互いにきわめて多
くの衝突をしていることから理解できる．もしすべての衝突が有効であるならば，す
べての反応は一瞬にして終了してしまうだろう．すべての衝突のうち，実際に正味の
変化をひき起こす衝突の割合はきわめて少ない．なぜ有効な衝突がそれほど少ないの

■ 図 13・5 のように濃度 0.10 mol L^{-1}
の HI が分解するとき，10 億の 10 億
倍（10^{18}）の衝突のうち，約 1 回だけが
正味の化学反応に至る．他のすべての
衝突では，HI 分子はただ互いに跳ね
返るだけである．

かを考えてみよう.

分子の配向　ほとんどの反応において，二つの反応物分子が衝突するとき，反応が起こるためにはそれらは正しい配向をもっていなければならない．たとえば，次の釣合のとれた化学反応式で示される反応は，

$$2NO_2Cl \longrightarrow 2NO_2 + Cl_2$$

2段階の反応によって進むと考えられる．ひとつの段階はNO_2Cl分子と塩素原子との衝突である．

$$NO_2Cl + Cl \longrightarrow NO_2 + Cl_2$$

Cl原子がNO_2Cl分子と衝突するとき，NO_2Cl分子の配向が重要となる（図13・9）．図13・9(a)に示す配向は，Cl_2の生成にとって適切な配向ではない．なぜならN−Cl結合の開裂に伴って新たなCl−Cl結合が形成できるほど，2個のCl原子が十分に接近していないからである．図13・9(b)は，NO_2ClとClの衝突が，生成物の生成に有効であるときに必要な配向を示している．

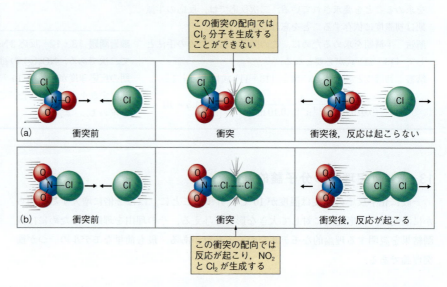

図13・9　反応における衝突の間の分子配向の重要性．NO_2ClのNO_2とCl_2への分解反応の重要な段階は，Cl原子とNO_2Cl分子との衝突である．(a) 不適切に配向した衝突．(b) 効果的に配向した衝突．

分子運動エネルギー　すべての衝突が，たとえそれが正しい配向をもっていたとしても，生成物を与えるほど十分なエネルギーをもっているわけではない．これがすべての衝突のうちで，化学変化をひき起こす衝突の割合が，実際にはほんのわずかとなるおもな理由である．衝突する粒子は衝突するさいに，全体としてある最小の運動エネルギーをもっていなければならない．そのエネルギーを**活性化エネルギーE_a**という．生成物に至る衝突では，粒子が互いに衝突するとともに運動エネルギーがポテンシャルエネルギーへと変化し，反応物の化学結合が生成物の化学結合へと再構成される．ほとんどの化学反応では活性化エネルギーは非常に大きいので，正しい配向をもって衝突する分子のうち，活性化エネルギーをもっている分子の比率はほんのわずかとなる．

衝突のさいに実際に起こる出来事を詳しく学ぶことによって，活性化エネルギーの存在を理解することができる．反応物の結合を開裂させ新たな結合を形成させるため

活性化エネルギー activation energy, E_a

■ 活性化エネルギーE_aをもつ，あるいはそれを超えた分子の割合f_{E_k}は，次の式によって与えられる．

$$\ln f_{E_k} = Ae^{-E_a/RT}$$

には，衝突する粒子に含まれる原子核が，十分に互いに接近しなければならない．したがって，衝突しようとする分子は全体として，電子雲間に自然にはたらく斥力に打ち勝つだけの大きな運動エネルギーをもって運動していなければならない．さもなければ，分子はただ方向を変換するか，あるいは跳ね返って離れていくだけだろう．図13・10に示すように，高速で運動する大きな運動エネルギーをもった分子だけが，それらの原子核と電子が反発に打ち勝つことができる十分なエネルギーをもって衝突し，化学変化に要求される結合の開裂と形成が可能な位置へ到達することができるのである．

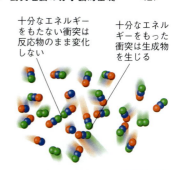

図 13・10 生成物を生じる衝突のエネルギー論

温度の効果 活性化エネルギーの概念がわかると，温度の上昇に伴って反応速度が増大する理由を説明することができる．図13・11に示した二つの運動エネルギー曲線を見てみよう．それぞれの曲線は，同じ反応混合物について異なる温度に対応している．図11・17のグラフと同様に，それぞれの曲線は，すべての衝突のうちで特定の運動エネルギーの値（横軸）をもつ衝突の割合（縦軸）をプロットしたものである．温度が上昇したときの曲線の変化に注意してほしい．最大の点が右方向へと移動し，曲線がいくぶん平坦になっている．一般に温度の上昇があまり大きくなければ，反応の活性化エネルギーは影響を受けない．いいかえれば，温度の上昇とともに曲線が平坦になり，右側に移動するが，活性化エネルギー E_a は同じ値にとどまる．

図13・11に示す曲線の塗られた領域は，すべての衝突のうちで活性化エネルギーに等しいか，あるいはそれを超えた運動エネルギーをもつ衝突の割合の総和を示している．この総和を**反応比率**という．反応温度の高温への変化があまり大きくなくても，曲線の移動によって活性化エネルギーを超える衝突の割合がかなり大きくなるので，反応比率は低温よりも高温のほうが大きくなる．いいかえれば，温度が高くなると，単位時間当たりに起こる衝突のより多くが化学変化をひき起こすため，反応は高温ほど速くなるのである．

分子数を単位にすると，衝突理論に含まれる三つの因子は，次式によって要約することができる．

$$反応速度(分子\,L^{-1}\,s^{-1}) = N \times f_{配向} \times f_{E_k}$$

ここで N は混合物1Lにおける1秒当たりの衝突数であり，およそ $10^{27}\,s^{-1}$ である．他の二つの項は，正しい配向をもつ衝突の割合 $f_{配向}$ と，反応に必要な全運動エネルギー

反応比率 reacting fraction

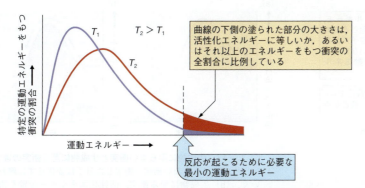

図 13・11 二つの異なる温度における反応混合物の運動エネルギーの分布

をもつ衝突の割合 f_{E_k} を表している．この式の両辺をアボガドロ定数で割ると，実験室で用いられる反応速度の単位，mol L^{-1} s^{-1} に変換することができる．

$$反応速度(\text{mol L}^{-1}\text{s}^{-1}) = \frac{反応速度(分子\text{L}^{-1}\text{s}^{-1})}{6.02 \times 10^{23}(分子\text{mol}^{-1})}$$

13・6 遷移状態理論の分子論的基礎

遷移状態理論 transition state theory

反応物分子が衝突において互いに接近したとき，何が起こるかを詳細に説明するために，**遷移状態理論**が用いられる．ほとんどの場合，正面衝突した分子は速度を低下させ，停止し，そして衝突の場から変化することなく再び現れる．衝突が反応をひき起こすときには，出現する粒子は生成物の粒子である．しかし，何が起こるかにかかわらず，衝突過程にある分子の速度が低下するとともに，全運動エネルギーは減少し，ポテンシャルエネルギー E_p へと変化する．それはちょうどテニスボールの運動エネルギーが，ラケットに当たったとき，一時的に消失することと類似している．このエネルギーは，変形したラケットとボールのポテンシャルエネルギーとなり，それはすぐに，ボールが新たな方向へと飛び去るときの運動エネルギーへと変化する．

ポテンシャルエネルギー図

反応座標 reaction coordinate

活性化エネルギーと全ポテンシャルエネルギーの変化との関連を視覚的に理解するために，しばしばポテンシャルエネルギー図（図13・12）が用いられる．縦軸は，衝突する粒子の運動エネルギーがポテンシャルエネルギーへと変化するさいの，粒子のポテンシャルエネルギーを表している．横軸は**反応座標**といい，反応物が生成物へと変化する程度を表している．この図は，反応物分子が互いに接近し，生成物分子へと変化するときに反応がとる経路をたどるさいに役立つ．活性化エネルギーはポテンシャルエネルギーの"丘"，すなわち反応物と生成物との間の障壁として現れる．衝突する分子が適切に配向し，少なくとも E_a と同じ大きさのポテンシャルエネルギーに変換できる十分な運動エネルギーをもっている場合だけ，その丘を越えて生成物を生じることができるのである．

ポテンシャルエネルギー図を用いると，生成物に至った衝突と至らなかった衝突の両方の経路を追跡することができる（図13・13）．二つの反応物分子が衝突すると，それらの速度が低下し，運動エネルギーのポテンシャルエネルギーへの変換が進むに

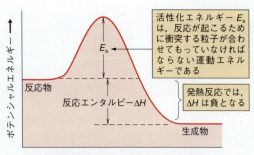

図 13・12　発熱反応のポテンシャルエネルギー図

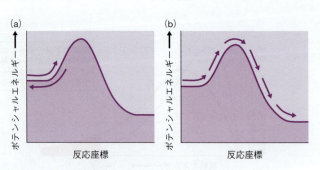

図 13・13　生成物に至らない衝突と生成物に至る衝突の違い．(a) 生成物に至らない衝突．衝突した分子は変化せずに離れていく．(b) 生成物に至る衝突．活性化エネルギー障壁を乗り越えて生成物が生成する．

つれて，反応物分子はポテンシャルエネルギー障壁を上り始める．しかし，二つの反応物分子が初期にもっていた運動エネルギーを合わせた値が E_a よりも小さい場合には，分子は丘の頂上に到達することはできない（図 13・13a）．その代わり，それらは丘を下って反応物へと戻ることになる．このような分子は，化学的に変化せずもとの全運動エネルギーをもったまま，互いに跳ね返って離れ去る．正味の反応は起こらない．一方，衝突した反応物分子の運動エネルギーを合わせた値が E_a と等しいか，あるいはそれを超えており，さらに分子が適切に配向している場合には，それらは活性化エネルギーの障壁を乗り越えて，生成物分子を生じることができる（図 13・13b）．

ポテンシャルエネルギー図と反応エンタルピー

図 13・12 のような反応のポテンシャルエネルギー図は，6 章で説明した反応エンタルピー ΔH の概念を視覚的に理解するのに役立つ．ΔH は反応物と生成物のポテンシャルエネルギーとの差である．図 13・12 は，生成物のポテンシャルエネルギーが反応物のポテンシャルエネルギーよりも低いので，発熱反応を示している．このような系では，ポテンシャルエネルギーの正味の減少は，反応によって生じる生成物分子の運動エネルギーの増大として現れる．系の平均分子運動エネルギーが増大するため，発熱反応では系の温度が上昇することになる．

吸熱反応に対するポテンシャルエネルギー図を図 13・14 に示す．この場合には，生成物は反応物よりも高いポテンシャルエネルギーをもっているため，生成物が生成するためには，反応エンタルピーとしてエネルギーの正味の供給が必要となる．吸熱反応では分子がもつ運動エネルギーがポテンシャルエネルギーへと変換されるので，反応の進行に伴って冷却効果が現れる．分子の全運動エネルギーが減少するとともに，平均分子運動エネルギーも同様に減少するため，温度が低下する．

吸熱反応に対する E_a は反応エンタルピーよりも大きくなることに注意してほしい．もし ΔH が大きな正の値であれば，E_a もまた大きくなければならないので，このような反応はきわめて遅くなる．しかし，発熱反応（ΔH が負）の場合には，ΔH の値から E_a の大きさを予測することはできない．発熱反応であるにもかかわらず E_a が大きいため，反応の進行が遅いことも起こりうる．E_a が小さければ反応はすみやかに進行し，すべての反応エンタルピーはただちに放出されるであろう．

6 章では，反応の方向が逆向きになると，エンタルピー変化 ΔH に与えられた符号が逆になることを述べた．いいかえれば，正方向が発熱的な反応は，逆方向では必ず

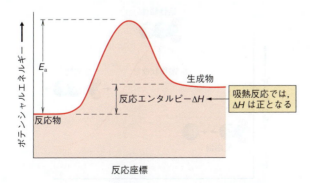

図 13・14 吸熱反応のポテンシャルエネルギー図

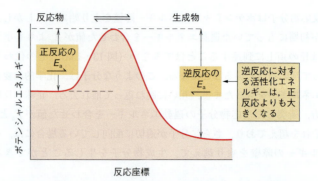

図 13・15　正反応と逆反応に対する活性化エネルギー障壁

吸熱的となる．逆もまた正しい．このことは，反応は一般に可逆的であることを示しているようにみえるかもしれない．多くの反応はそうである．しかしもう一度，正方向が発熱的な反応のポテンシャルエネルギー図 (図 13・12) を見ると，逆方向の反応は吸熱的であり，しかも正反応よりもはるかに大きな活性化エネルギーをもたねばならないことがわかる．正方向の反応と逆方向の反応において最も異なるのは，活性化エネルギー障壁の相対的な高さである (図 13・15)．

活性化エネルギーについて研究するおもな理由の一つは，それによって，有効な衝突の間に実際に起こることに関する情報が得られることである．たとえば図 13・9(b) において，NO_2Cl が Cl 原子と衝突してうまく反応に至るときの衝突の様式について述べた．この衝突の間に N−Cl 結合が部分的に開裂し，新たな Cl−Cl 結合が部分的に形成される瞬間がある．生成物に至る衝突の間のこの瞬間を，その反応の**遷移状態**という．遷移状態のポテンシャルエネルギーは，ポテンシャルエネルギー図における最高点に相当する (図 13・16)．この瞬間には，部分的に生成した結合と部分的に開裂した結合をもつ不安定な化学種 $O_2N\cdots Cl\cdots Cl$ が一時的に存在する．この化学種を**活性錯体**という．

遷移状態 transition state

活性錯体 activated complex

活性化エネルギーの大きさから，活性錯体が生成する間に開裂する結合と形成される結合の相対的な重要性がわかる．たとえば，結合開裂はエネルギーを吸収する過程であるから，活性化エネルギーが非常に大きいことは，活性錯体の形成に対して，結合開裂がきわめて大きな寄与をしていることを示唆している．一方，活性化エネルギーが小さいことは，同じくらいの強さをもつ結合の開裂と形成が，同時に起こっていることを意味しているのであろう．

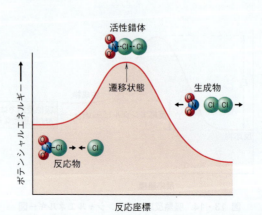

図 13・16　**遷移状態と活性錯体**．NO_2Cl と Cl との反応 $NO_2Cl + Cl \rightarrow NO_2 + Cl_2$ における活性錯体の生成．

13・7 活性化エネルギー

活性化エネルギーの値から，活性錯体が生成する間に開裂する結合と形成される結合の相対的な重要性に関する手がかりが得られるため，活性化エネルギーは有用な量であることを述べた．E_a の値は，反応温度が速度定数 k の値に及ぼす影響を調べることによって求めることができる．

活性化エネルギーは，1889 年アレニウスによって発見された関係式によって，速度定数と関係づけられる．彼の名は，4 章で電解質や酸・塩基について説明したさいに紹介したことを覚えているかもしれない．**アレニウス式**は次の形式で表される．

$$k = Ae^{-E_a/RT} \tag{13・14}$$

ここで k は速度定数，e は自然対数の底，T はケルビン温度である．比例定数 A はしばしば**頻度因子**あるいは**前指数因子**とよばれる．R は気体定数であり，反応速度を扱うときにはエネルギーの単位で表される．すなわち，R は 8.314 J mol^{-1} K^{-1} に等しい*．

グラフによる活性化エネルギーの決定

(13・14) 式はふつう対数の形式で用いられる．すなわち，両辺の対数をとると次式が得られる．

$$\ln k = \ln A - E_a/RT$$

さらにこの式を次のように書き換える．

$$\ln k = \ln A + (-E_a/R) \times (1/T) \tag{13・15}$$

この式から速度定数 k は温度 T とともに変化することがわかる．また，それは $\ln k$ が $1/T$ とともに変化することを意味している．これら二つの量，すなわち $\ln k$ と $1/T$ が変数であるから，(13・15) 式は直線を表す式の形になっている．

$$
\begin{array}{ccccccc}
\ln k & = & \ln A & + & (-E_a/R) & \times & (1/T) \\
\Updownarrow & & \Updownarrow & & \Updownarrow & & \Updownarrow \\
y & = & b & + & m & & x
\end{array}
$$

活性化エネルギー E_a を決定するためには，$1/T$ に対する $\ln k$ のグラフを作成し，直線の傾きを求め，次の関係を用いる．

$$傾き = -E_a/R$$

これによって E_a を求めることができる．例題 13・12 において，これを用いる方法を示すことにしよう．

アレニウス Svante August Arrhenius

アレニウス式 Arrhenius equation

頻度因子 frequency factor

前指数因子 pre-exponential factor

* ここで使う R は SI 単位，すなわち，エネルギー J，物質量 n，絶対温度 K をもつ．これらの単位で表された R を計算するには，理想気体の式までさかのぼる必要がある．

$$R = \frac{PV}{nT}$$

10 章で標準状態の圧力と温度が，それぞれ 1 atm と 273.15 K，また標準のモル体積が 22.414 L であることを学んだ．ここで，1 atm は 1.01325×10^5 N m^{-2} である．N は SI 単位系での力の単位，m は長さの単位である．また，m^2 は SI 単位で表された面積である．10 章で，N m^{-2} で与えられる面積当たりの力（圧力）は SI 単位では Pa で，エネルギー，すなわち力 (N) × 長さ (m) は SI 単位のジュール (J) に等しいことを述べた．そして，SI 単位系では体積は m^3 で表すので，1 L は 10^{-3} m^3 となる．こうして，SI 単位での R を計算することができる．

$$\frac{(1.01325 \times 10^5 \, \text{N m}^{-2})(22.414 \times 10^{-3} \, \text{m}^3)}{(1 \, \text{mol})(273.15 \, \text{K})}$$

$$= 8.314 \, \text{N m mol}^{-1} \text{K}^{-1}$$

$$= 8.314 \, \text{J mol}^{-1} \text{K}^{-1}$$

例題 13・12　グラフによる活性化エネルギーの決定

再度 NO_2 が NO と O_2 へ分解する反応を考えてみよう．釣合のとれた反応式は次式で表される．

$$2NO_2(g) \longrightarrow 2NO(g) + O_2(g)$$

この反応について右の表のデータが得られた．グラフによる方法を用いて，この反応の活性化エネルギーを kJ mol^{-1} 単位で求めよ．

速度定数 k (L mol^{-1} s^{-1})	温度 (℃)
7.8	405
9.9	415
14	425
18	435
24	445

指針 問題に与えられた異なる温度における速度定数をプロットし，得られた直線の傾き $-E_a/R$ から，この反応における活性化エネルギーを求める問題である．

解法 用いるべき手法は (13・15) 式であるが，グラフによって活性化エネルギーを求めるために用いる式は，k ではなく $\ln k$ を，絶対温度の逆数に対してプロットすることを要求している．このためグラフを作成する前に，与えられたデータを $\ln k$ と $1/T$ に変換しなければならない．

解答 最初の行のデータを用いて変換を説明しよう．データの変換は次のように行われる．

$$\ln k = \ln(7.8) = 2.05$$

$$\frac{1}{T} = \frac{1}{(405+273)\,\text{K}} = \frac{1}{678\,\text{K}} = 1.475 \times 10^{-3}\,\text{K}^{-1}$$

データをグラフにするために"有効数字"を超えた桁数まで計算を行っている．残りの変換を行った結果は表に示した．さらに $1/T$ に対して $\ln k$ をプロットすると，次の図が得られる．

直線の傾きは，次のような比として得ることができる．

$$\text{傾き} = \frac{\Delta(\ln k)}{\Delta(1/T)} = \frac{-0.72}{5.2 \times 10^{-5}\,\text{K}^{-1}}$$
$$= -1.4 \times 10^4\,\text{K} = -E_a/R$$

符号を変えて E_a について解くと次式が得られる．

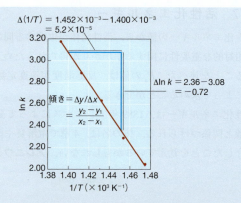

$$E_a = (8.314\,\text{J mol}^{-1}\,\text{K}^{-1})(1.4 \times 10^4\,\text{K})$$
$$= 1.2 \times 10^5\,\text{J mol}^{-1} = 1.2 \times 10^2\,\text{kJ mol}^{-1}$$

確認 活性化エネルギーはいつも正の値でなければならない．得られた結果は確かに正の値である．さらに単位を確認すると，打消し合って正しい単位 kJ mol^{-1} を与えることが示される．得られた結果を確認するために，同じグラフの異なった点の組を用いて活性化エネルギーを求めてみるとよい．

■ 例題中のグラフの x 軸の表記はわかりにくいかもしれないが，たとえば，もとの値に 10^3 を掛けることによって，より簡単な値 1.38 を得たことを意味している．したがって，もとの値は 1.38×10^{-3} となる．

二つの温度における速度定数を用いる活性化エネルギーの計算

活性化エネルギーに加えて，ある特定の温度における速度定数がわかっていれば，次の関係を用いることによって，他の温度における速度定数を求めることができる．この式は (13・14) 式から誘導することができる．

$$\ln\left(\frac{k_2}{k_1}\right) = \frac{-E_a}{R}\left(\frac{1}{T_2} - \frac{1}{T_1}\right) \tag{13・16}$$

この式はまた，二つの異なる温度において測定された速度定数から活性化エネルギーを求めるために用いることができる．しかし，以前に述べたグラフを用いた方法のほうがより正確な E_a の値を与える．これは，グラフをプロットするさいには，より多くのデータが用いられるためである．

例題 13・13　特定の温度における速度定数の計算

反応 $2\text{NO}_2 \rightarrow 2\text{NO} + \text{O}_2$ の活性化エネルギーは $111\,\text{kJ mol}^{-1}$ である．385 ℃ における速度定数は $k = 4.9\,\text{L mol}^{-1}\,\text{s}^{-1}$ であった．465 ℃ における k の値を求めよ．

指針 活性化エネルギーと一つの温度における k の値がわかっており，第二の温度における k の値が問われている．

解法 他の温度における k を得るためには，(13・16) 式を用いる必要がある．対数項に速度定数の比が含まれるので，この比の値を求め，問題に与えられた k の値を代入することによって，未知の k を得ることができる．

解答 与えられたデータをまとめると，次の表が得られる．

	$k\,(\text{L mol}^{-1}\,\text{s}^{-1})$	$T\,(\text{K})$
1	4.9	$385 + 273 = 658\,\text{K}$
2	?	$465 + 273 = 738\,\text{K}$

気体定数 R に $R = 8.314\ \mathrm{J\ mol^{-1}\ K^{-1}}$ を用いて，E_a を J 単位で表さなければならない（$E_a = 1.11 \times 10^5\ \mathrm{J\ mol^{-1}}$）．次に，(13・16) 式の右辺に値を代入し，$\ln(k_2/k_1)$ について解くと，次式が得られる．

$$\ln\left(\frac{k_2}{k_1}\right) = \frac{-1.11 \times 10^5\ \mathrm{J\ mol^{-1}}}{8.314\ \mathrm{J\ mol^{-1}\ K^{-1}}}\left(\frac{1}{738\ \mathrm{K}} - \frac{1}{658\ \mathrm{K}}\right)$$
$$= (-1.335 \times 10^4\ \mathrm{K}) \times (-1.647 \times 10^{-4}\ \mathrm{K^{-1}})$$
$$= 2.20$$

逆対数をとると，k_1 に対する k_2 の比が得られる．すなわち，

$$\frac{k_2}{k_1} = \mathrm{e}^{2.20} = 9.03$$

k_2 について解くと，

$$k_2 = 9.03\,k_1$$

となり，表の k_1 の値を代入することで答えが得られる．

$$k_2 = 9.03(4.9\ \mathrm{L\ mol^{-1}\ s^{-1}}) = 44\ \mathrm{L\ mol^{-1}\ s^{-1}}$$

確認 答えを簡単に確認する方法はないが，より高い温度における k の値は低い温度における k の値よりも大きくなくてはならないが，少なくとも，そのようになっていることがわかる．

練習問題 13・13 反応 $CH_3I + HI \rightarrow CH_4 + I_2$ について実験を行ったところ，355 ℃ において速度定数 $k = 3.2\ \mathrm{L\ mol^{-1}\ s^{-1}}$，405 ℃ において速度定数 $k = 23\ \mathrm{L\ mol^{-1}\ s^{-1}}$ が観測された．(a) E_a の値は何 kJ mol^{-1} であるか．(b) 310 ℃ における速度定数を求めよ．

練習問題 13・14 上空ではオゾンが分解して酸素分子と酸素原子が生成している $O_3(g) \rightarrow O_2(g) + O(g)$．この反応の活性化エネルギーは 93.1 kJ mol^{-1} である．600 K において，この反応の速度定数は $3.37 \times 10^3\ \mathrm{L\ mol^{-1}\ s^{-1}}$ であった．速度定数が 10 倍大きくなる，すなわち $3.37 \times 10^4\ \mathrm{L\ mol^{-1}\ s^{-1}}$ となる温度を求めよ．

応用問題

圧力鍋は調理にかかる時間を減少させる．それができるのは鍋を密閉し，水蒸気を用いて鍋の中の圧力を増大させるためである．それにより水が沸騰する温度が上昇する（水の蒸気圧のグラフ，図 11・22 参照）．調理は化学的な過程を含むので，温度が上昇すると食物はより速く調理されるようになる．圧力鍋の内部の圧力はしばしば 2.0 atm まで上昇する．1.0 lb（1 lb = 435.59 g）のマメを調理するために，1 atm で沸騰している水中では 55 分かかるとすると，圧力鍋で同量のマメを調理するにはどのくらいの時間がかかるか．ただし，密閉していない鍋の圧力は 1.0 atm であり，水の沸点は 100 ℃ である．また，用いる鍋の体積は 4.0 L とし，鍋の中の気体の物質量は 0.13 mol から 0.25 mol へと増大するものとする．また，反応の活性化エネルギーを $E_a = 1.77 \times 10^5\ \mathrm{J\ mol^{-1}}$ とする．さらに，調理は液体中で起こりマメは水で覆われているので，反応物の濃度は変化しない．このため，速度定数は反応速度に比例する．

指針 問題では，圧力鍋を用いて水の標準沸点よりも高い温度で，1.0 lb のマメを調理するのにかかる時間が問われている．温度に関係する反応速度を求めるので，アレニウス式を用いることができる．どの形式のアレニウス式を用いるかを決めなければならない．問題には 1 lb 当たり 55 分という調理時間が与えられているが，それは反応速度でも，速度定数でもない．そのため，その値を反応速度に変換し，反応物の濃度は変化しないので反応速度は速度定数に比例するという事実を用いる必要がある．また，問題には加圧されていない反応における温度 100 ℃ と，反応の活性化エネルギーが与えられている．したがって，(13・16) 式を用いて，より高い温度における反応速度を求めることができる．速度定数と反応速度は互いに比例しているから，速度定数の比の代わりに，反応速度の比を用いることができる．

残念なことに，高いほうの温度は与えられていないので，まずそれを求める必要がある．問題には気体の体積と物質量が与えられているので，理想気体の法則を適用することができる．理想気体の法則 $PV = nRT$ を用いると，高圧における気体の温度を求めることができる．

こうして，一つの反応速度と二つの温度，および反応の活性化エネルギーがわかるので，もう一つの反応速度を求めることができる．この問題を解くために行わなければならない三つの段階は，1) 圧力鍋の温度を求める，2) 大気圧下における反応の速度を求める，3) アレニウス式を用いてより高い温度における調理の速度を計算し，マメを調理するのにかかる時間を求める，である．

第一段階

解法 問題を解くための最初の手法として理想気体の法則 $PV = nRT$ を用い，圧力鍋の温度を求める．

解答 まず必要となるデータを整理してみよう．

$P = 2.0$ atm	$V = 4.0$ L
$n = 0.25$ mol	$R = 0.0821\ \mathrm{L\ atm\ mol^{-1}\ K^{-1}}$

理想気体の法則の式 $PV = nRT$ を変形して，温度が他の量にどのように関係しているかをみる．

$$T = \frac{PV}{nR}$$

上記の値を式に代入することによって，高いほうの温度を得ることができる．

436   13. 化学反応速度論

$$T = \frac{(2.0\ \text{atm})(4.0\ \text{L})}{(0.25\ \text{mol})(0.0821\ \text{L atm mol}^{-1}\text{K}^{-1})} = 390\ \text{K}$$

第二段階

解法　問題には 100 ℃ においてマメを調理する時間が 55 min lb^{-1} と与えられており，それに対する反応速度を得ることを必要としている．時間の逆数をとれば，単位時間当たりに調理される量を得ることができる．

解答　反応速度 = 1.0 lb/55 min = 0.0182 lb min^{-1}

第三段階

解法　二つの温度，遅い反応に対する反応速度，および活性化エネルギーがわかっている．この段階で用いるべき手法は，二つの温度に対する形式のアレニウス式 (13・16) 式である．

$$\ln\!\left(\frac{k_2}{k_1}\right) = \frac{-E_\text{a}}{R}\left(\frac{1}{T_2} - \frac{1}{T_1}\right)$$

解答　求める反応速度を k_2 とする．残りのデータをまとめると次のようになる．

$$E_\text{a} = 1.77 \times 10^5\ \text{J mol}^{-1}$$
$$R = 0.0821\ \text{L atm mol}^{-1}\text{K}^{-1}$$

$T_1 = 373\ \text{K}$　　反応速度$_1$ = 0.0182 lb min^{-1}

$T_2 = 390\ \text{K}$　　反応速度$_2$ = ?

これらの値を (13・16) 式に代入すると，

$$\ln\!\left(\frac{k_2}{0.0182\ \text{lb min}^{-1}}\right) = \frac{-1.77 \times 10^5\ \text{J mol}^{-1}}{8.314\ \text{J mol}^{-1}\text{K}^{-1}}$$
$$\times \left(\frac{1}{390\ \text{K}} - \frac{1}{373\ \text{K}}\right)$$

$$\ln\!\left(\frac{k_2}{0.0182\ \text{lb min}^{-1}}\right) = 2.49$$

$$\frac{k_2}{0.0182\ \text{lb min}^{-1}} = e^{2.49}$$

$$\frac{k_2}{0.0182\ \text{lb min}^{-1}} = 12$$

$$k_2 = 0.0182\ \text{lb min}^{-1} \times 12 = 0.22\ \text{lb min}^{-1}$$

となる．最後に求めるべきことは，圧力鍋の中で 1.0 lb のマメを調理するのに何分かかるかということである．このため k_2 の値の逆数をとり，1.0 lb を掛けなければならない．

$$時間 = \frac{1\ \text{min}}{0.22\ \text{lb}} \times 1.0\ \text{lb} = 4.5\ \text{min}$$

確認　一つの確認は答えの合理性をみることである．温度が上昇すれば，反応速度は増大し，調理の時間は減少するだろう．したがって，得られた答えは妥当と考えられる．

13・8　反 応 の 機 構

　　釣合のとれた反応式は一般に，全体としての正味の変化だけを表している．しかしふつうその正味の変化は，反応式からは全くわからない一連の簡単な反応の結果である．たとえば，次式で表されるプロパン C_3H_8 の燃焼を考えてみよう．

$$C_3H_8(g) + 5\,O_2(g) \longrightarrow 3\,CO_2(g) + 4\,H_2O(g)$$

ビリヤードをやったことがある人なら誰でも，この反応が単に，1 個のプロパン分子と 5 個の酸素分子が，一度に同時に衝突することによって起こるものではないことは容易に想像がつくだろう．平らな二次元平面上で，ただ 1 回の "カチッ" という音とともに，3 個の球が衝突することさえもきわめて起こりそうもない．したがって，三次元空間において 6 個の反応物分子が同時に衝突することは，全くありえないことであろう．しかもそのうちの 1 個が C_3H_8 であり，そのほかの 5 個が O_2 でなければならない．プロパンの燃焼はそうではなく，もっと起こりやすい段階が連続して起こることによって，きわめてすみやかに進行するのである．全体として観測される反応において，個々の段階の連続を **反応機構** という．反応機構に関する情報は，反応速度の研究によって得られる利得の一つである．

　　反応機構におけるそれぞれの個々の段階は簡単な化学反応であり，素過程とよばれる．**素過程** は分子間の衝突を含む反応である．すぐにわかるように，素過程の反応速度式はその反応式から書き表すことができる．濃度項の指数には反応式の係数を用いればよく，それを決定するための実験をする必要はない．ほとんどの反応では，個々の素過程を実際に観測することはできない．なぜなら，それには過渡的に存在する物

反応機構 reaction mechanism

素過程 elementary process

質が含まれるからである．その代わりに観測されるのは，正味の反応だけである．したがって，化学者が記述する反応機構は，実際には反応物が生成物へと変化するときに段階的に起こることに関する一つのモデルである．

反応機構の個々の段階はふつう直接的に観測することはできないので，ある反応に対する機構を考えるためには，工夫が必要となるが，提案された反応機構がもっともらしいものであるかどうかは，すぐに判断することができる．なぜなら，反応機構から導かれる反応速度式は，その反応に対して実験的に決定された反応速度式と一致し，また全体の反応の化学量論を与えなければならないからである．

素過程

次式で表される素過程を考えよう．この過程では，2個の同種の分子の衝突が起こり，式に示す生成物が直接得られる．

$$2\,NO_2 \longrightarrow NO_3 + NO \tag{13・17}$$
$$反応速度 = k[NO_2]^x$$

指数 x の値を予想するにはどうしたらよいだろうか．NO_2 の濃度が2倍になったとしよう．すると存在する NO_2 分子の数も2倍となり，それぞれが衝突する隣接分子の数も2倍となる（図 13・17）．1秒間当たりの NO_2 分子と NO_2 分子の衝突数は2倍の2倍，いいかえれば4倍に増大することになる．これによって，反応速度は4倍，すなわち 2^2 倍に増大するであろう．以前濃度を2倍にすると反応速度が4倍に増大するときには，反応速度式においてその反応物の濃度は2乗になっていることを述べた．こうして，(13・17) 式が素過程を示しているならば，その反応速度式は次式となるはずである．

$$反応速度 = k[NO_2]^2$$

この素過程に対する反応速度式の指数は，化学反応式における係数と同じであることに注意しよう．素過程の他の形式に対して同様な解析を行っても，同じ結果が得られる．これにより，次のように記述することができる．

> 素過程に対する反応速度式の指数は，その素過程を表す化学反応式の反応物の係数に等しい．

この規則が適用できるのは，素過程に対してだけであることを覚えておこう．全体の反応に対する釣合のとれた化学反応式しかわからないときには，反応速度式の指数を決める唯一の方法は実験を行うことである．

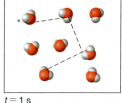
$t=1\,\mathrm{s}$

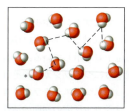
$t=1\,\mathrm{s}$

図 13・17 ある決まった時間における衝突の相対的な数．＊をつけた分子についてみると，分子の濃度が2倍になると，ある決まった時間に衝突する数も2倍になることがわかる．2倍の数の分子が存在するので，それぞれの分子は2倍多く衝突することになる．

反応速度式と律速段階

化学者たちは素過程について反応速度式が記述できることを，反応機構を予測するためにどのように用いるのだろうか．この質問に答えるために，二つの反応とそれぞれに対して考えられている反応機構について述べることにしよう．（もっと複雑な反応系は他にたくさんある．コラム 13・1 では，特に重要な形式の一つであるラジカル連鎖反応について述べた．）以下に，二つの場合について，それぞれの反応機構と実験的に得られた反応速度式を検討しよう．

コラム 13・1　ラジカル，オクタン価，爆発，および老化

ラジカル（radical）は，1個あるいは複数の不対電子をもつきわめて活性な化学種である．Cl_2 分子が解離に必要なエネルギーをもつ光を吸収したときに生成する塩素原子は，ラジカルの例である．

$$Cl_2 + h\nu \longrightarrow 2\,Cl\cdot$$

ラジカルがきわめて活性である理由は，電子は対をつくる傾向をもつので，イオンあるいは共有結合を形成しようとするためである．

たとえば，都市部における光化学スモッグの生成にもラジカルが関与しているように，ラジカルは多くの気相反応において重要である．また，ラジカルを含む反応は応用面でも役に立っている．たとえば，多くのプラスチックはラジカルを含む機構で進行する反応によって製造される．さらにラジカルは，石油工業において最も重要な過程の一つである熱的なクラッキング反応に関与している．この反応を用いて，長鎖炭化水素の C−C および C−H 結合が開裂し，ガソリンのオクタン価を高めるより小さな分子が合成される．例として，ブタンの熱的なクラッキング反応におけるラジカルの生成をみてみよう．ブタンを 700〜800 ℃ に加熱したとき，起こるおもな反応の一つは次式で表される．

$$CH_3-CH_2\!:\!CH_2-CH_3 \xrightarrow{\text{熱}} CH_3-CH_2\cdot + CH_3-CH_2\cdot$$

ここではブタンの中央の C−C 結合は一対の点で表されている．それはこれら2個の炭素原子間の σ 結合を形成している電子対を示している．結合が開裂するさいに，電子対は生成する二つのラジカルのそれぞれに分割される．この反応によって二つのエチルラジカル $CH_3CH_2\cdot$ が生成する．

ラジカル反応の初期の活性化エネルギーは，一般に高い傾向がある．これはラジカルを生成するためには，化学結合が開裂しなければならないためである．しかし，ひとたびラジカルが生成すると，ラジカルを含む反応はきわめてすみやかに進行する場合が多い．

ラジカル連鎖機構　多くの場合，ラジカルが反応物分子と反応すると，生成物分子と別のラジカルが生成する．このような段階を含む反応を**連鎖反応**（chain reaction）という．

多くの爆発反応はラジカル機構を含む連鎖反応によって進行する．このような反応のうち最も研究されている反応の一つが，水素と酸素から水が生成する反応である．この反応に含まれる素過程は，反応機構における役割に従って，以下のように表される．

まず，この反応はラジカルを生成する**開始過程**（initiation step）によって始まる．

$$H_2 + O_2 \xrightarrow{\text{高温の表面}} 2\,OH\cdot \quad \text{（開始過程）}$$

続いて，**成長過程**（propagation step）によって連鎖反応が継続する．この過程では生成物と別のラジカルが生成する．

$$OH\cdot + H_2 \longrightarrow H_2O + H\cdot \quad \text{（成長過程）}$$

H_2 と O_2 の反応が爆発的に進行するのは，反応機構には**分枝過程**（branching step）も含まれるためである．

$$\left.\begin{array}{l} H\cdot + O_2 \longrightarrow OH\cdot + O\cdot \\ O\cdot + H_2 \longrightarrow OH\cdot + H\cdot \end{array}\right\} \text{（分枝過程）}$$

この過程によって，1分子の $H\cdot$ と O_2 との反応により，全体として2分子の $OH\cdot$ と $O\cdot$ が生成する．$H\cdot$ が酸素と反応するたびに，反応系内のラジカルの数は増大する．こうして，ラジカルの濃度は急速に増え，反応速度も爆発的に増大することになる．

連鎖反応にはまた**停止過程**（termination step），すなわち反応系からラジカルが除去される過程が含まれる．H_2 と O_2 の反応では，反応容器の壁が $H\cdot$ の除去に寄与し，これによって連鎖反応は停止する．

$$2\,H\cdot \xrightarrow{\text{反応容器の壁}} H_2$$

ラジカルと老化　生体系が機能を発現するさいにも，ラジカルが関与することが明らかにされている．これらのきわめて活性な化学種は多くの役割を果たしているが，最も興味深いものの一つは，老化の過程には明らかにラジカルが関与していることである．たとえば，ラジカルはコラーゲンのタンパク質分子を攻撃するとされている．コラーゲンは繊維状の長いタンパク質であり，生体のいたるところに存在する．特に肺，皮膚，筋肉，および血管などの柔軟な組織に多くみられる．ラジカルの攻撃によってこれらの繊維の間が架橋されると考えられており，それによってコラーゲンの柔軟さが失われる．これによる最も顕著な結果が，老化や過剰な日光浴に伴って皮膚が硬化することである．

ラジカルはまた，脂肪の正常な代謝に関与している酵素の酸化や不活性化を促進することによって，生体内の脂質（脂肪）に影響を与えるとされている．興味深いことに，ビタミン E は天然のラジカル阻害剤としてはたらくことが明らかにされている．ビタミン E が不足した食事は，紫外線損傷や老化に似た効果をひき起こす．

老化に関する別の説では，ラジカルは細胞の核にある DNA を攻撃することが示唆されている．DNA は，ラジカルとの反応により徐々に損傷が蓄積し，それが細胞機能の効率の低下をひき起こし，最終的には細胞が機能不全や死に至ることになる．

第一段階が律速段階の場合　　まず，次式で表される気相反応を考えよう．

$$2\,NO_2Cl \longrightarrow 2\,NO_2 + Cl_2 \tag{13・18}$$

実験によると，反応速度は NO_2Cl について一次であるので，反応速度式は次のように表される．

$$反応速度 = k[NO_2Cl]　（実験による）$$

まず疑問に思うことは，"全体の反応〔(13・18) 式〕は，2分子の NO_2Cl の衝突によって1段階で起こるのであろうか"ということである．答えは"否"である．なぜなら，もしそうであればそれは素過程であるから，予想される反応速度式は NO_2Cl 濃度の2乗の項 $[NO_2Cl]^2$ を含むはずである．しかし，実験的に得られた反応速度式は NO_2Cl について一次である．したがって，予想された反応速度式と実験による反応速度式は一致しないので，反応機構を明らかにするためにさらなる検討が必要となる．

本書では説明しないが化学的な直観と他の情報に基づいて，(13・18) 式の反応の実際の反応機構は，次に示すような連続的な2段階の素過程であると考えられている．

$$NO_2Cl \longrightarrow NO_2 + Cl$$
$$NO_2Cl + Cl \longrightarrow NO_2 + Cl_2$$

二つの反応を足し合わせると，中間体 Cl が消去され，(13・18) 式に示された全体の反応式が得られることに注意しよう．素過程を足し合わせると全体の反応を表す反応式が得られることは，その反応機構が正しいかどうかを確認する重要な方法の一つである．

■ここで生成した Cl 原子を反応中間体という．反応中間体は低濃度で存在し，またきわめてすみやかに反応するので，検出することが困難な場合が多い．

あらゆる多段階反応では一般に，ある一つの段階が他の段階に比べてきわめて遅い．たとえば，上記の反応機構では，第一段階はゆっくり進行し，ひとたび Cl 原子が生成すると，それはきわめてすみやかに他の NO_2Cl 分子と反応して最終生成物を与えることが知られている．

多段階反応の最終生成物が，遅い段階の生成物よりも速く生成することはありえない．このため，反応機構におけるその遅い段階を**律速段階**という．先に述べた2段階機構では，最終生成物は Cl 原子が生成する速度よりも速く生成することはできないので，最初の過程が律速段階である．

律速段階 rate-determining step

律速段階は，工場の組立てラインにおける作業の遅い労働者のようなものである．製品の製造速度は，その遅い労働者がいかに速く作業するかにかかっており，他の労働者の作業速度には依存しない．したがって，律速段階の速度を制御する因子はまた，反応全体の反応速度も制御することになる．このことは，律速段階に対する反応速度式が，全体の反応に対する反応速度式と，直接的に関係があることを意味している．

律速段階は素過程であるので，その反応速度式は，反応物の化学量論係数から予想することができる．第一段階における NO_2 と Cl へのゆっくりとした開裂反応の NO_2Cl の係数は1である．したがって，第一段階に対して予想される反応速度式は，

$$反応速度 = k[NO_2Cl]　（予想による）$$

となる．こうして，2段階機構に基づいて予想された反応速度式は，実験的に得られた速度式と一致していることがわかる．このことは反応機構が正しいことの証明にはならないが，それに対する大きな支持を与える．したがって，反応速度論の観点からは，この反応機構は理にかなっているといえる．

第二段階が律速段階の場合　　ここで取扱う二つ目の反応は，次式で表される気相反応である．

$$2\,NO + 2\,H_2 \longrightarrow N_2 + 2\,H_2O \tag{13・19}$$

実験的に決定された反応速度式は，

$$反応速度 = k[NO]^2[H_2] \quad （実験による）$$

である．この反応速度式によると，(13・19) 式はそれ自身が素過程となることはありえない．もしそうならば，$[H_2]$ に対する指数は 2 となるはずである．そうではないので，この反応の反応機構は二つ以上の段階を含まなければならない．

正しい形式の反応速度式を与える化学的に理にかなった反応機構は，次の 2 段階からなる機構である．

$$2\,NO + H_2 \longrightarrow N_2O + H_2O \quad （遅い）$$
$$N_2O + H_2 \longrightarrow N_2 + H_2O \quad （速い）$$

すでに述べたように，反応機構を確認する方法の一つは，二つの反応式を足し合わせると，全体の反応の反応式を正しく与えなければならないことである．実際にそうなっている．さらに，第二段階で示された反応は，実際に別の実験において観測されている．N_2O はよく知られた化合物であり，H_2 と反応して N_2 と H_2O を与えることが知られている．反応機構を確認するもう一つの方法は，律速段階と考えられる第一段階に対する反応速度式の NO と H_2 の化学量論係数を調べることである．

$$反応速度 = k[NO]^2[H_2] \quad （予想による）$$

この反応速度式は実験的に得られた反応速度式と一致しているが，提案された機構にはまだ重大な欠点がある．もし仮定された遅い段階が，実際に素過程を表しているならば，この過程では 3 個の分子，すなわち 2 個の NO と 1 個の H_2 が同時に衝突しなければならない．3 分子からなる衝突は起こりそうもないので，もしこの過程が本当に反応機構に含まれるならば，全体の反応はきわめて遅いであろう．一般に，反応機構に 2 分子からなる衝突，すなわち**二分子衝突**よりも多くの分子がかかわる素過程が含まれることはめったにない．

二分子衝突 bimolecular collision

(13・19) 式に示した反応は，次式で示されるような連続した 3 段階の二分子的な素過程によって進行すると考えられている．

$$2\,NO \rightleftharpoons N_2O_2 \quad （速い）$$
$$N_2O_2 + H_2 \longrightarrow N_2O + H_2O \quad （遅い）$$
$$N_2O + H_2 \longrightarrow N_2 + H_2O \quad （速い）$$

■ きわめて高感度の分析手法を用いて N_2O_2 を反応中間体として検出することができれば，他の反応機構よりも，ここで提案された反応機構を支持する有力な証拠となる．

この機構では第一段階として，すみやかな平衡が成立することが提案されている．平衡では，不安定な中間体 N_2O_2 の生成が正反応であり，そのすみやかな NO への解離が逆反応となっている．律速段階は N_2O_2 が H_2 と反応して N_2O と水分子を与える反応であり，第三段階はすでに述べた反応である．もう一度，三つの段階を足し合わせると，全体の反応となることに注意してほしい．

第二段階が律速段階であるから，全体の反応に対する反応速度式は，この段階に対する反応速度式と一致しなければならない．この過程の反応速度式は，次式のように予想することができる．

$$反応速度 = k[N_2O_2][H_2] \tag{13・20}$$

しかし，実験的に得られた反応速度式には化学種 N_2O_2 は含まれていない．したがって，全体の反応に現れる反応物を用いて，N_2O_2 の濃度を表記する方法を見つけなければならない．これを行うために，可逆反応として示されている反応機構の第一段階を詳しく見てみよう．

正反応では NO が反応物であるから，その反応速度式は次式のように書ける．

$$反応速度（正反応）= k_f[NO]^2$$

一方，逆反応では N_2O_2 が反応物であるから，その反応速度式は次式のように書ける．

$$反応速度（逆反応）= k_r[N_2O_2]$$

この過程を動的平衡とみるならば，正反応と逆反応の速度は等しくなる．これは次式が成り立つことを意味する．

$$k_f[NO]^2 = k_r[N_2O_2] \tag{13・21}$$

■ 動的平衡では，正反応と逆反応が同じ速度で起こっていることを思い出そう．

(13・20) 式の反応速度式から N_2O_2 を除去したいので，(13・21) 式を $[N_2O_2]$ について解いてみよう．

$$[N_2O_2] = \frac{k_f}{k_r}[NO]^2$$

これを (13・20) 式の反応速度式に代入すると，次式が得られる．

$$反応速度 = k\frac{k_f}{k_r}[NO]^2[H_2]$$

すべての速度定数を一つにまとめて k' と表すと，次式が得られる．

$$反応速度 = k'[NO]^2[H_2] \quad（予想による）$$

ここで，反応機構から誘導された反応速度式は，実験的に得られた反応速度式と一致していることがわかる．こうして，上記の 3 段階機構は，反応速度論の観点から理にかなっているように思われる．

ここで行った手法は，連続した段階を含む反応機構によって進行する多くの反応に適用することができる．律速段階に先行して，不安定な中間体を含むすみやかに成立する平衡の存在を考慮するのである．

■ 単純な一次，あるいは二次反応速度式に従わず，本節で学んだよりももっと複雑な反応機構をもつ多数の反応がある．そのような場合でさえも，その複雑な反応速度式は，素過程の複雑な組合わせに対する手がかりとして有用である．

提案された反応機構と実験的な反応速度式の関係 　化学者たちは，反応機構が正しいことを証明するために，あるいは反証を示すために役立つさまざまな実験を考えるが，最も有力な証拠となるものの一つは，全体の反応に対して実験的に得られる反応速度式である．ある特定の反応機構がどんなに合理的にみえたとしても，その素過程から予想される反応速度式が，実験的に得られる反応速度式と一致しなければ，その反応機構は誤りであり，排除しなければならない．

ある場合には，実験による反応速度式が二つの異なった，しかし同じくらいもっともらしい反応機構を示唆する場合もある．反応機構が正しいことを確認するための一つの方法は，その反応機構に特有の中間体の証拠を見つけることである．上記の反応に対する二つの反応機構はいずれも N_2O を中間体としているが，第二の反応機構には N_2O_2 が特有の中間体として含まれている．したがって，実験によって反応の間に N_2O_2 の存在を示すことができれば，第二の反応機構が正しいことを示すさらなる証拠となるであろう．

練習問題 13・15 　以下に示す反応のうち，素過程と考えられる反応を選択せよ．また，それ以外が素過程でない理由を説明せよ．
(a) $2N_2O_5 \longrightarrow 2N_2O_4 + O_2$
(b) $2NO + H_2 \longrightarrow N_2O + H_2O$
(c) $C_{12}H_{22}O_{11} + H_2O \longrightarrow$
$\qquad C_6H_{12}O_6 + C_6H_{12}O_6$

練習問題 13・16 　NO_2Cl の分解の反応機構は次式のように表される．

$$NO_2Cl \rightleftharpoons NO_2 + Cl$$
$$NO_2Cl + Cl \rightleftharpoons NO_2 + Cl_2$$

この反応機構の第二段階が律速段階であるとして，この反応に対して予想される反応速度式を書け．

13・9 触　媒

触媒 catalyst

触媒作用 catalysis

触媒はそれ自身が消費されることなく，化学反応の反応速度を変化させる物質である．いいかえれば，反応の開始時に添加された触媒はすべて反応が完全に進行した後も，化学的に変化せずに存在している．触媒によってひき起こされる作用を**触媒作用**という．おおざっぱにいえば 2 種類の触媒が存在する．反応を加速する触媒を正触媒といい，反応を抑制する触媒を負触媒という．負触媒はふつう阻害剤とよばれる．これ以降，"触媒"というときには，ふつうの意味である正触媒をさすことにしよう．

触媒は全体の反応の一部ではないが，反応の機構を変化させることによって反応に関与する．触媒により，触媒が存在しないときよりも，律速段階の活性化エネルギーが低い生成物に至る経路が与えられる（図 13・18）．この新しい経路に対する活性化エネルギーは低いので，反応物分子の衝突のより多くの割合が，反応するために必要となる最小のエネルギーをもつことになる．反応が加速するのはこのためである．

均一触媒 homogeneous catalyst
不均一触媒 heterogeneous catalyst

触媒は二つのグループに分類することができる．反応物と同じ相に存在する触媒を**均一触媒**といい，反応物と異なる相に存在する触媒を**不均一触媒**という．

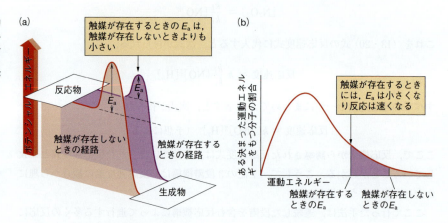

図 13・18　反応に対する触媒の効果．(a) 触媒は反応物から生成物への異なった，低いエネルギーの経路を提供する．(b) 触媒が存在するときには，より大きな割合の分子が反応に十分なエネルギーをもつことになる．

均 一 触 媒

均一触媒の例は，かつての硫酸の製造方法である鉛室法にみることができる．この方法によって硫酸を製造するためには，硫黄を燃焼させて SO_2 とし，さらに SO_3 へと酸化する．SO_3 は生成するとともに水に溶解し，H_2SO_4 が得られる．

■ 硫酸を製造する現代の方法は接触法とよばれ，酸化バナジウム(V) V_2O_5 が，二酸化硫黄の三酸化硫黄への酸化反応を促進する不均一触媒として用いられる．

$$S + O_2 \longrightarrow SO_2$$
$$SO_2 + 1/2\,O_2 \longrightarrow SO_3$$
$$SO_3 + H_2O \longrightarrow H_2SO_4$$

触媒が存在しないと，第二段階の反応，すなわち SO_2 の SO_3 への酸化反応はきわめて遅い．鉛室法では，鉛製の大きな反応容器の中で SO_2 を NO, NO_2, 空気，および水蒸気と混合する．NO_2 による SO_2 の酸化は容易に進行し，NO と SO_3 が生成する．そして NO は酸素によって再び NO_2 へと酸化される．

■ NO_2 は第二の反応で再生し，この過程は何度も繰返される．したがって，反応混合物中にほんの少量の NO_2 が必要なだけで，効率のよい触媒反応が進行する．

$$NO_2 + SO_2 \longrightarrow NO + SO_3$$
$$NO + 1/2\,O_2 \longrightarrow NO_2$$

NO_2 は酸素運搬体となることによって，また SO_2 の SO_3 への酸化に対する低いエネ

ルギー経路を与えることによって，触媒としてはたらく．NO_2 が再生されることに注意しよう．反応によって NO_2 は消費されない．それはあらゆる触媒にとって必要な条件である．

不均一触媒

不均一触媒は一般に固体であり，ふつうその表面で反応を促進させることによって触媒として機能する．一つあるいは複数の反応物分子が触媒の表面に**吸着**され，触媒表面との相互作用がその反応性を増大させる．例として，**ハーバー法**により水素と窒素からアンモニアを合成する反応がある．

$$3H_2 + N_2 \longrightarrow 2NH_3$$

この反応は，痕跡量のアルミニウムと酸化カリウムを含む鉄触媒の表面で進行する．水素分子と窒素分子は解離して，触媒表面上に保持されていると考えられている．そして，水素原子が窒素原子と結合することにより，アンモニアが生成する．最終的に，生成したアンモニア分子は脱離し，それによって触媒表面が解放され，さらなる反応が起こる．これらの一連の過程を図13・19に示す．

不均一触媒は多くの重要な工業的過程に利用されている．石油化学工業では不均一触媒を用いて，クラッキングにより炭化水素をより小さい分子へ変換し，それらをガソリンの有用な成分へと改質している．これらの触媒を利用することにより製油所において，ガソリンやジェット燃料あるいは暖房用燃料を市場の要求を満たすあらゆる比率で原油から製造することが可能になる．

無鉛ガソリンを用いる自動車は，触媒コンバーターを搭載している．触媒コンバーターは，一酸化炭素や未燃焼の炭化水素，あるいは酸化窒素のような排気ガスに含まれる汚染物質の濃度を低下させるように設計されている．触媒はハチの巣状の高温セラミックスに分散されたナノメートル程度の大きさの白金，ルテニウム，およびロジウムの微粒子である．質量に対する表面積の比を大きくすることによって，触媒コンバーターが多量の排気ガスと効果的に反応することが可能になっている．空気が排気ガス流に導入され，さらに CO, NO, および O_2 を吸着する触媒上を通過する．NO は N と O 原子に解離し，O_2 もまた原子状に解離する．窒素原子は対を形成して N_2 が生成し，CO は酸素原子によって酸化されて CO_2 となる．未燃焼の炭化水素もまた，CO_2 と H_2O に酸化される．触媒コンバーターの触媒は，テトラエチル鉛 $Pb(C_2H_5)_4$ のような鉛に由来するオクタン価向上剤によって不活性化，すなわち"被毒"される．

■ **吸着**(adsorption) は分子が表面に結合することを意味する．**吸収**(absorption) は水がスポンジに取込まれるように，分子が構造に入込むことを意味する．

吸着 adsorption

ハーバー法 Haber process

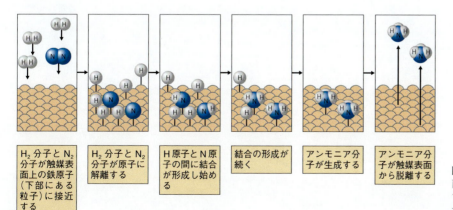

図 13・19 ハーバー法．触媒の表面において水素と窒素からアンモニア分子が触媒的に生成する過程の模式図．

鉛を含むガソリンは日本では最終的に 1986 年に禁止された. 鉛を含むガソリンはまた, 自動車の排気ガスから放出された鉛による環境被害をひき起こした.

触媒の被毒はまた, 多くの工業的過程における重大な問題でもある. たとえば, メタノール CH_3OH は将来有望な燃料であり, 石炭と水蒸気から次のような反応によって製造される.

$$C(石炭に由来) + H_2O \longrightarrow CO + H_2$$

さらに続いて, 次式の反応が起こる.

$$CO + 2H_2 \longrightarrow CH_3OH$$

第二の段階に対する触媒は, 酸化亜鉛の固溶体中に保持された銅(I)イオンである. しかし, この製造過程では, 石炭中に不純物として存在する微量の硫黄を除去しなければならない. これは硫黄は触媒と反応して, その活性を失わせるためである.

酵 素　　生体系では, 酵素とよばれる複雑な構造のタンパク質を基本とする分子が, 生体細胞内で起こっているほとんどすべての反応を触媒している. 酵素は"活性部位"とよばれる特殊な形状の領域をもっており, それが触媒される反応の遷移状態のエネルギーを低下させる. これによって反応速度の著しい増大がひき起こされる. 重要な酵素反応系を阻害する作用をもつ多くの物質が知られている. 重金属は硫黄を含む置換基と結合し, 活性部位の形状を変化させる. 現代では, 人体における特定の酵素の触媒活性に対して阻害作用を示す多くの薬剤が知られている. 製薬工業では, 化学者たちは分子モデリングを用いて, 酵素の活性部位に適合する最適な形状をもつ薬剤分子を設計している. 活性部位への適合がよいほど, その薬剤の効能もよいことが期待される.

14 化学平衡

13章ではほとんどの化学反応は，反応物が消費され，生成物が生成するにつれて遅くなることを学んだ．そこでは反応物や生成物の濃度変化の速度に影響を与える要因を学ぶことに焦点を当てた．本章と次の三つの章では，化学反応系の最終状態である動的な化学平衡，すなわち反応物や生成物の濃度が変化しなくなったときに存在する状態に注目しよう．

すでに本書でしばしば動的平衡の概念について述べた．このような平衡は，二つの相反する過程が同じ速度で起こるときに成立することを思いだそう．たとえば，液体–気体平衡では，蒸発と凝縮が相反する過程となる．弱酸の電離のような化学平衡では，相反する過程は化学反応式で表される正反応と逆反応である．平衡にある化学反応系に影響を与える要因を理解することは，化学のみならず，他の科学の領域でも重要である．たとえば，化学平衡の概念は生物学へ適用される．それは生細胞は生きていくために，細胞内にある物質の濃度を制御しなければならないからである．また化学平衡は，世界的な気候の変動，酸性雨，あるいは成層圏のオゾン減少といった現在の多くの環境問題に影響を与える化学反応を理解するための基礎となっている．

平衡がかたよることで，溶液の色が連続的に変化する

学習目標
- 動的平衡の概念の理解と説明
- 化学平衡式の基本の説明
- モル濃度による化学平衡式と気体の圧力による化学平衡式の表記，および相互の変換
- 固体と純粋な液体が化学平衡式に現れない理由の説明
- 平衡の位置を示す平衡定数の説明
- ルシャトリエの原理と反応商 Q を用いた平衡の位置の説明
- 平衡定数を求めるための実験手法と得られた実験データの扱い方の説明
- 平衡定数や実験データを用いた平衡混合物中の全化学種の平衡濃度（あるいは圧力）の計算

14・1 化学反応系における動的平衡
14・2 化学平衡式
14・3 圧力あるいは濃度に基づく化学平衡式
14・4 不均一反応に対する化学平衡式
14・5 平衡の位置と平衡定数
14・6 化学平衡とルシャトリエの原理
14・7 平衡定数の計算
14・8 平衡定数を用いた濃度の計算

14・1 化学反応系における動的平衡

本章では，まず平衡の説明を，化学反応系に一般に適用できる原理を検討することから始め，15章から17章では，水溶液中における化学平衡に焦点を当てる．そして18章において，化学平衡の概念を化学変化のエネルギー論と結びつける．

分子論による平衡の説明

まず，化学反応系が平衡に到達する過程を復習してみる．このために，気相において N_2O_4 が NO_2 へ分解する反応を検討する．

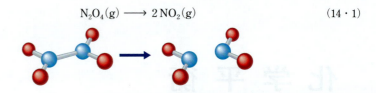

$$N_2O_4(g) \longrightarrow 2\,NO_2(g) \qquad (14 \cdot 1)$$

もしこの反応が不可逆ならば、時間の経過とともに N_2O_4 の濃度は減少し続け、最終的にはそれはゼロとなって、すべての N_2O_4 は反応してしまうであろう。しかし、実際にこの反応で起こることを調べると、N_2O_4 の濃度は減少していくが、最終的にゼロではないある一定の値に到達することがわかる（図 14・1）。その間に NO_2 の濃度は増大し、これもまた、最終的にある一定の値に到達する。

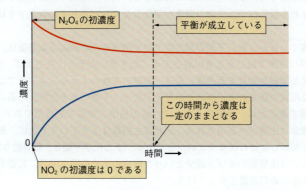

図 14・1 平衡への接近. $N_2O_4(g)$ の $NO_2(g)$ への分解は、$N_2O_4(g) \to 2\,NO_2(g)$ で示される。この反応において N_2O_4 と NO_2 の濃度は、最初は比較的すみやかに変化する。時間が経過するにつれて濃度の変化はだんだん遅くなる。平衡に到達すると、N_2O_4 と NO_2 の濃度はもはや時間によって変化せず、それらは一定のままとなる。

これらの観測結果は、上記の反応は実際には両方向に進行すると考えることによって説明することができる。NO_2 が生成し、反応混合物中にそれが蓄積し始めると、NO_2 分子間の衝突により N_2O_4 分子が生成する。すなわち、次式で表される反応が起こり始める。

$$2\,NO_2(g) \longrightarrow N_2O_4(g) \qquad (14 \cdot 2)$$

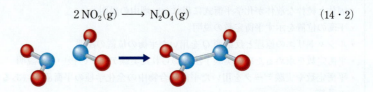

(14・1) 式の反応によって NO_2 濃度が上昇するとともに、(14・2) 式の反応速度は増大する。N_2O_4 は (14・2) 式によって再生されるので、N_2O_4 の濃度の減少は時間とともに遅くなる。こうして図 14・1 が示すように、最終的にそれらの濃度が変化しない状態に到達する。この状態においては**正反応**〔(14・1) 式〕の速度は、**逆反応**〔(14・2) 式〕の速度に等しい。すなわち N_2O_4 は、それが分解すると同じ速度で生成しているのである。このとき**動的平衡**に到達したという。§4・4 で学んだように、平衡を表現するための反応式を書くときには、両方向の矢印を用いる。

$$N_2O_4(g) \rightleftharpoons 2\,NO_2(g) \qquad (14 \cdot 3)$$

ほとんどの化学反応系は、十分な時間が与えられれば、最終的には動的平衡の状態へ到達する。しかし、いくつかの反応では、平衡において存在する反応物あるいは生成物のいずれかの量が実質的にゼロになるので、しばしば平衡を検出することがきわ

正反応 forward reaction

逆反応 reverse reaction

動的平衡 dynamic equilibrium

■ 平衡 $A \rightleftharpoons B$ に対して、左辺から右辺への反応を正反応、右辺から左辺への反応を逆反応という。

$A \to B$ （正反応）
$A \leftarrow B$ （逆反応）

平衡に到達したあとでも、正反応も逆反応もともに起こり続けている。

めてむずかしい場合がある（不可能な場合さえある）．たとえば，室温において水蒸気中には，平衡から生じる H_2 と O_2 はいずれも検出できる量では存在しない．

$$2H_2O(g) \rightleftharpoons 2H_2(g) + O_2(g)$$

水分子はきわめて安定なので，それらのうちどのくらいが分解しているかを検出することはできない．しかしこのような場合でさえも，平衡が存在していると考えると便利なことがしばしばある．

化学平衡における反応物と生成物の意味

(14・3) 式で表される平衡における正反応では，N_2O_4 は反応物であり NO_2 は生成物である．しかし逆反応もまた進行し，そこでは NO_2 は反応物であり N_2O_4 は生成物となる．化学反応系が平衡にあるときには，反応物と生成物の一般的な定義はほとんど意味をもたない．このような場合には，**反応物**という用語は単に，両方向の矢印の左辺に書かれた物質を意味する．同様に，**生成物**という用語は，両方向の矢印の右辺にある物質を表すために用いられる．

反応物 reactant
生成物 product

反応物あるいは生成物から到達する平衡

化学平衡について興味深い，そして有用なことの一つは，平衡混合物の組成が，反応を"反応物側"あるいは"生成物側"のどちらから開始するかに依存しないことである．たとえば，図 14・2 に示した二つの実験を設定したとする．最初の 1.00 L のフラスコには 0.0350 mol の N_2O_4 を入れる．NO_2 は存在しないから，反応混合物が平衡に到達するために，いくらかの N_2O_4 が分解するはずである．したがって，(14・3) 式で示した反応は正方向へ（すなわち，反応式の左から右へ）進行するであろう．平衡に到達すると，N_2O_4 の濃度は 0.0292 mol L^{-1} に低下し，NO_2 の濃度はゼロから 0.0116 mol L^{-1} へと増大する．

2 番目の 1.00 L のフラスコには，0.0700 mol の NO_2 を入れる（この量は，最初のフラスコにいれた 0.0350 mol の N_2O_4 が完全に分解したときの NO_2 の量に正確に等しい）．このフラスコには最初に N_2O_4 は存在しないので，(14・3) 式の逆反応（すなわち，反応式の右から左への反応）に従って NO_2 分子の結合が起こるはずである．そして十分な N_2O_4 が生成し，平衡に到達する．平衡における 2 番目のフラスコの濃度を測定すると，N_2O_4 と NO_2 の濃度は，それぞれ再び 0.0292 mol L^{-1} と 0.0116 mol L^{-1} であることがわかる．

こうして，反応を純粋な NO_2 から開始するか，あるいは純粋な N_2O_4 から開始するかにかかわらず，これら二つの物質の間に分配される窒素原子と酸素原子の総数が同じである限り，平衡に到達したときの組成は同じになることがわかる．同様の結果は，

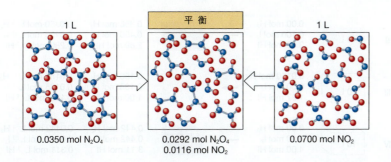

図 14・2 平衡における反応の可逆性． $N_2O_4(g) \rightleftharpoons 2NO_2(g)$ 反応全体の組成が同じならば，正方向あるいは逆方向のいずれからでも，同じ組成の平衡混合物に到達する．

他の化学反応系でも観測され，一般的に次のことがいえる．

> 全体の組成が一定の化学反応系では，平衡に対して正方向あるいは逆方向のどちらから近づくかにかかわらず，同一の平衡濃度に到達する．

反応を化学反応式の生成物側から始めて平衡に近づくことを想像できると，とても便利なときがある．

14・2 化学平衡式

平衡にあるすべての化学反応系において，反応物と生成物のモル濃度の間に，簡単で予測可能な関係が存在する．これを理解するために，水素とヨウ素からヨウ化水素が生成する気相反応を考えよう．

$$H_2(g) + I_2(g) \rightleftarrows 2HI(g)$$

図 14・3 は，10.0 L の反応容器においてこの反応を異なる量の反応物と生成物から開始させ，平衡におけるそれぞれの気体の量を測定したいくつかの実験の結果を示している．平衡に到達したとき，H_2, I_2, および HI の量はそれぞれの実験で異なっている．モル濃度も同様に異なっている．これは特に驚きではないが，驚くべきことは，これらの濃度の間に簡単な関係が成り立っていることである．

図 14・3 に示したそれぞれの実験において，平衡における HI の濃度を 2 乗し，それを平衡における H_2 と I_2 のモル濃度の積で割ると，同じ値が得られるのである．この結果を表 14・1 に示した．ここで再び，化学式を [ ] で囲んだ記号は，その物質のモル濃度を表していることに注意しよう．

表 14・1 の最後の列の数値を求めるための式は，次のように表される．

$$\frac{[HI]^2}{[H_2][I_2]}$$

この式を**質量作用の式**という*．質量作用の式によって得られる値を**反応商**といい，

質量作用の式 mass action expression

* 質量作用の式は熱力学を用いて誘導される．熱力学については 18 章で述べる．厳密には，質量作用の式にそれぞれの濃度を代入するさいに，標準状態における値で割らなければならない．これによりすべての質量作用の式の値は，単位をもたない値となる．溶液中の物質については，有効モル濃度 1 mol L^{-1} が標準状態である．したがって，それぞれの濃度を 1 mol L^{-1} で割らなければならないが，すべての濃度がモル濃度によって表記されていれば，質量作用の式から得られる数値に変化はない．気体については，1 bar が標準状態である．したがって，それぞれの気体濃度を 1 bar のときの濃度で割るか，あるいはそれぞれの分圧を 1 bar で割らなければならない．簡単のため，ここでは質量作用の式における標準状態の値を省略した．

反応商 reaction quotient, Q

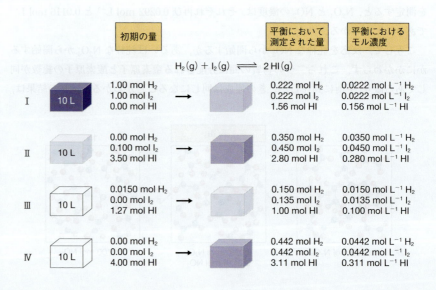

図 14・3 気体の H_2, I_2, HI の間の平衡を調べるための四つの実験．異なった量の反応物と生成物を 10.0 L の反応容器に入れる．440 ℃ においてそれらの気体の間には，$H_2(g) + I_2(g) \rightleftarrows 2HI(g)$ で表される平衡が成立する．平衡に到達したとき反応物と生成物の量は異なったままであり，それぞれの実験において異なった平衡濃度が得られる．

14・2 化学平衡式　　449

| | 平衡濃度(mol L^{-1}) | | | $\dfrac{[HI]^2}{[H_2][I_2]}$ |
実験	[H$_2$]	[I$_2$] $\rightleftharpoons$ [HI]		
I	0.0222	0.0222	0.156	$(0.156)^2/(0.0222)(0.0222) = 49.4$
II	0.0350	0.0450	0.280	$(0.280)^2/(0.0350)(0.0450) = 49.8$
III	0.0150	0.0135	0.100	$(0.100)^2/(0.0150)(0.0135) = 49.4$
IV	0.0442	0.0442	0.311	$(0.311)^2/(0.0442)(0.0442) = 49.5$
				平均 $= 49.5$

表 14・1　平衡濃度と質量作用の式の値

しばしば記号 Q を用いて表す．この反応では，反応商 Q は次式によって表される．

$$Q = \frac{[HI]^2}{[H_2][I_2]}$$

この式は，反応系が平衡にあるかどうかにかかわらず，H$_2$, I$_2$, HI のあらゆる組合わせに対して適用される．

　表 14・1 に示すように，H$_2$, I$_2$, HI が 440 ℃ で動的平衡にあるとき，Q は実質的にすべて 49.5 の同じ値となっていることに注意しよう．実際，図 14・3 に示した実験を H$_2$, I$_2$, HI の異なる量から始めて何度繰返したとしても，反応系が平衡に到達し，温度が 440 ℃ であるならば，常に同じ反応商が得られるであろう．したがって，平衡にあるこの反応に対して，次のように書くことができる．

$$\frac{[HI]^2}{[H_2][I_2]} = 49.5 \quad \text{（440 ℃ で平衡のとき）} \tag{14・4}$$

この関係を，その反応系に対する**化学平衡式**という．重要なこととして，この式は，これら 3 種類の気体混合物が 440 ℃ で平衡にあるとき，その質量作用の式の値，すなわち反応商は 49.5 でなければならないことを示している．もし反応商がこの値とは異なるならば，気体混合物はこの温度において平衡にはない．49.5 はこの平衡反応系を特徴づける定数であり，この値を**平衡定数**という．平衡定数はふつう K_c と表記される（下付文字 c をつけたのは，質量作用の式をモル濃度を用いて表記したためである）．こうして，化学平衡式は次のように表記される．

$$\frac{[HI]^2}{[H_2][I_2]} = K_c = 49.5 \quad \text{（440 ℃ のとき）} \tag{14・5}$$

(14・5) 式のような化学平衡式を，平衡が存在するために満たすべき条件とみなすと有用であることが多い．

> ある反応混合物において化学平衡が存在するとき，反応商 Q の値は平衡定数 K_c に等しくなければならない．

これまで平衡定数 K_c の値を表記するとき，繰返し温度について述べた．これは温度が変化すると，平衡定数の値も変化するためである．すなわち，図 14・3 の実験を 440 ℃ と異なった温度で行えば，異なった K_c の値が得られるであろう．

■ (14・4) 式は，化学平衡の法則あるいは質量作用の法則とよばれることもある．

化学平衡式 chemical equilibrium law

平衡定数 equilibrium constant, K_c

■ 一般に温度が変わると平衡定数 K_c も変化するので，K_c の値を示すときにはその温度を特定する必要がある．たとえば，次の反応に対する平衡定数は，温度によって以下のように変化する．
CH$_4$(g)+H$_2$O(g) $\rightleftharpoons$ CO(g)+3H$_2$(g)
$K_c = 1.78 \times 10^{-3}$ （800 ℃ のとき）
$K_c = 4.68 \times 10^{-2}$ （1000 ℃ のとき）
$K_c = 5.68$ （1500 ℃ のとき）

均 一 平 衡

　すべての反応物と生成物が，同一の気相あるいは液相にある場合，その反応を**均一反応**といい，平衡にあるときには**均一平衡**という．上記の反応のような気体間の平衡

均一反応 homogeneous reaction

均一平衡 homogeneous equilibrium

450   14. 化 学 平 衡

は均一平衡である．なぜなら，すべての気体は互いに自由に混合し，それによって単一の相となるからである．また，反応物と生成物が，たとえば水溶液のような同一の液相に溶けている平衡も多く存在する．水溶液中の平衡については 16 章と 17 章で学ぶ．

　均一反応について重要なことは，質量作用の式や化学平衡式がいつも，その反応を表す釣合のとれた化学反応式の係数から予想できることである．例として，次のような一般的な化学反応式を考える．

$$d\mathrm{D} + e\mathrm{E} \rightleftharpoons f\mathrm{F} + g\mathrm{G} \tag{14・6}$$

ここで D, E, F, G は化学式を表し，d, e, f, g はそれぞれの化学量論係数を表す．すると，質量作用の式は次のように表記される．

$$\frac{[\mathrm{F}]^f [\mathrm{G}]^g}{[\mathrm{D}]^d [\mathrm{E}]^e}$$

> 質量作用の式に現れる指数は，釣合のとれた化学反応式における化学量論係数と同じになる．

この反応が平衡となるための条件は，次式によって与えられる．

$$\frac{[\mathrm{F}]^f [\mathrm{G}]^g}{[\mathrm{D}]^d [\mathrm{E}]^e} = K_c \tag{14・7}$$

ここで，この式を満足する濃度だけが平衡濃度となる．

■ 全体の反応を表す釣合のとれた反応式から反応速度式を予測することはできないが，化学平衡式を予測することはできる．

　質量作用の式を書くときにはいつも，生成物のモル濃度を分子におき，反応物のモル濃度を分母におくことに注意してほしい．また，濃度項には適切な指数をつけ，それらを足し合わせるのではなく，掛け合わせることにも注意してほしい．

例題 14・1　化学平衡式の表記

　米国で製造される水素のほとんどは，天然ガスのメタンに由来している．水素を得る反応は，次の平衡の正反応を用いている．

$$\mathrm{CH_4(g) + H_2O(g) \rightleftharpoons CO(g) + 3\,H_2(g)}$$

この反応に対する化学平衡式を書け．

指針　この問題に対する計算は，化学平衡を扱った問題を解くさいに，何度も繰返すことになるだろう．

解法　用いるべき形式は（14・6）式と（14・7）式に示されているので，それらに化学式と係数を代入すればよい．

解答　化学平衡式は，質量作用の式を平衡定数と等しいとおくことによって得られる．質量作用の式をつくるには，生成物の濃度を分子に，反応物の濃度を分母におく．釣合のとれた化学反応式の係数は，濃度項の指数となる．化学平衡式は次のように表される．

$$\frac{[\mathrm{CO}][\mathrm{H_2}]^3}{[\mathrm{CH_4}][\mathrm{H_2O}]} = K_c$$

確認　生成物が分子にあり，反応物が分母にあることを確認する．また，指数を調べ，それらが釣合のとれた化学反応式の係数と同じであることを確認する．指数が 1 のときには，指数の表記は省略されることに注意しよう．

練習問題 14・1　ある反応に対する化学平衡式は，次のように表記される．

$$\frac{[\mathrm{NO_2}]^4}{[\mathrm{N_2O_3}]^2 [\mathrm{O_2}]} = K_c$$

この化学平衡式に対する化学反応式を書け．

　生成物の濃度を質量作用の式の分子におき，反応物の濃度を分母におくという規則は，本質的に要求されるものではない．それは化学者たちの慣例である．質量作用の式が一定の値となるならば，その逆数もまた一定の値となる（それを K_c' と表記しよ

う).

$$\frac{[\text{HI}]^2}{[\text{H}_2][\text{I}_2]} = K_c \qquad \frac{[\text{H}_2][\text{I}_2]}{[\text{HI}]^2} = \frac{1}{K_c} = K_c{}'$$

質量作用の式を書き表すための決まった規則があることは，きわめて有用である．それは，ある反応に対して平衡定数を与えるときに，質量作用の式を特定する必要がないことを意味している．たとえば，次式で表される反応に対して，ある温度において $K_c = 10.0$ であるとする．

$$2\,\text{NO}_2(\text{g}) \rightleftharpoons \text{N}_2\text{O}_4(\text{g})$$

化学反応式から，正しい質量作用の式を書くことができ，次式のように正しい化学平衡式を書くことができる．

$$K_c = \frac{[\text{N}_2\text{O}_4]}{[\text{NO}_2]^2} = 10.0$$

釣合のとれた化学反応式には，化学平衡式を書くために必要なすべての情報が含まれているのである．

化学平衡式の操作

　化学平衡式を組合わせることによって興味のある他の反応に対する化学反応式が得られることは，しばしば有用である．これを行うさいには，望みの化学反応式を得るために，反応式を逆にしたり，係数にある因子を掛けたり，あるいは反応式を足し合わせるようなさまざまな操作を行う．6 章で熱化学を学習したさいに，このような操作によって ΔH の値がどのように変化するかを学んだ．いくつかの異なった規則が，質量作用の式や化学平衡式における変化に対して適用される．

平衡反応式の方向を変える　　化学反応式の方向を逆にしたとき，得られた反応式に対する新たな平衡定数は，もとの平衡定数の逆数となる．この例は先の説明において示した．もう一つの例として，次式を考えよう．

$$\text{PCl}_3 + \text{Cl}_2 \rightleftharpoons \text{PCl}_5 \qquad K_c = \frac{[\text{PCl}_5]}{[\text{PCl}_3][\text{Cl}_2]}$$

この平衡反応式を逆にすると，次式が得られる．

$$\text{PCl}_5 \rightleftharpoons \text{PCl}_3 + \text{Cl}_2 \qquad K_c{}' = \frac{[\text{PCl}_3][\text{Cl}_2]}{[\text{PCl}_5]}$$

第二の反応に対する質量作用の式は，最初の反応に対する質量作用の式の逆数になっている．したがって，$K_c{}'$ は $1/K_c$ に等しい．

ある因子を係数に掛ける

　化学反応式の係数にある因子を掛けると，平衡定数には，その因子に等しい指数がつけられる．たとえば，次式で表される平衡反応式に対して，

$$\text{PCl}_3 + \text{Cl}_2 \rightleftharpoons \text{PCl}_5 \qquad K_c = \frac{[\text{PCl}_5]}{[\text{PCl}_3][\text{Cl}_2]}$$

2 を掛けると次式が得られる.

$$2\,PCl_3 + 2\,Cl_2 \rightleftharpoons 2\,PCl_5 \qquad K_c'' = \frac{[PCl_5]^2}{[PCl_3]^2[Cl_2]^2}$$

質量作用の式を比較すると, $K_c'' = K_c^2$ が成り立つことがわかる.

平衡反応式を足し合わせる　　平衡反応式を足し合わせると, 新たな平衡定数はもとの平衡定数の積となる. たとえば, 次の二つの反応式を足し合わせることを考えよう.

$$2\,N_2 + O_2 \rightleftharpoons 2\,N_2O \qquad K_{c_1} = \frac{[N_2O]^2}{[N_2]^2[O_2]}$$

$$2\,N_2O + 3\,O_2 \rightleftharpoons 4\,NO_2 \qquad K_{c_2} = \frac{[NO_2]^4}{[N_2O]^2[O_2]^3}$$

$$\overline{2\,N_2 + 4\,O_2 \rightleftharpoons 4\,NO_2 \qquad K_{c_3} = \frac{[NO_2]^4}{[N_2]^2[O_2]^4}}$$

K_{c_1} に対する質量作用の式に K_{c_2} に対する質量作用の式を掛け合わせると, K_{c_3} に対する質量作用の式を得ることができる.

$$\frac{[N_2O]^2}{[N_2]^2[O_2]} \times \frac{[NO_2]^4}{[N_2O]^2[O_2]^3} = \frac{[NO_2]^4}{[N_2]^2[O_2]^4}$$

したがって, $K_{c_1} \times K_{c_2} = K_{c_3}$ が成り立つ.

■ 平衡定数を互いに区別するためにそれぞれに番号をつけた.

> **練習問題 14・2**　以下に示した反応は, 25℃ においてそれぞれの式の下に示された平衡定数をもつ.
> $$2\,CO(g) + O_2(g) \rightleftharpoons 2\,CO_2(g)$$
> $$K_c = 3.3 \times 10^{91}$$
> $$2\,H_2(g) + O_2(g) \rightleftharpoons 2\,H_2O(g)$$
> $$K_c = 9.1 \times 10^{80}$$
> これらの値を用いて, 次の反応に対する K_c の値を求めよ.
> $$H_2O(g) + CO(g) \rightleftharpoons$$
> $$CO_2(g) + H_2(g)$$

14・3　圧力あるいは濃度に基づく化学平衡式

すべての反応物と生成物が気体の場合には, 質量作用の式を, モル濃度と同様に分圧を用いて表記することができる. これが可能なのは, 気体のモル濃度がその分圧に比例するためである（図 14・4）. 理想気体の式 $PV = nRT$ から始め, P について解くと次式が得られる.

$$P = \left(\frac{n}{V}\right)RT$$

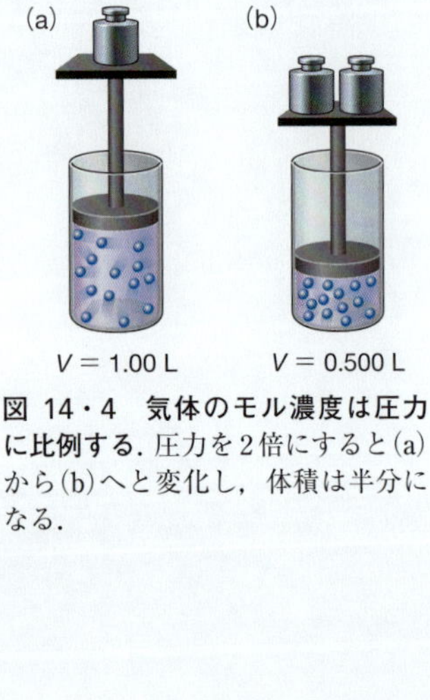

n/V で表記される量は mol L^{-1} の単位をもち, これはモル濃度 M にほかならない. したがって, 次式のように書くことができる.

$$P = M \times RT \tag{14・8}$$

この式は, 気体が容器中にそれ自身だけで入っていても, 混合物の一部であっても適用することができる. 混合気体の場合には P はその気体の分圧となる.

（14・8）式に示された関係を用いると, 気体間の反応に対する質量作用の式を, 分圧を使って書き直すことができる. すなわち（14・6）式に従う完全な気相平衡の一般的な反応式を次のように表すと,

$$d\mathrm{D} + e\mathrm{E} \rightleftharpoons f\mathrm{F} + g\mathrm{G}$$

となり, 分圧を用いた質量作用の式の一般形は, 次式のように表記される.

$$K_P = \frac{(P_F)^f(P_G)^g}{(P_D)^d(P_E)^e} \tag{14・9}$$

(a)　　　　(b)

$V = 1.00\ \text{L}$　　　$V = 0.500\ \text{L}$

図 14・4　気体のモル濃度は圧力に比例する. 圧力を 2 倍にすると(a)から(b)へと変化し, 体積は半分になる.

しかし，濃度から圧力へと切り替えたとき，平衡定数の数値が同じであることを期待することはできない．このため，平衡定数 K に異なった二つの記号を用いる．すなわち，モル濃度を用いたときには，記号 K_c を使う．一方，分圧を用いたときには，記号は K_P となる．たとえば，窒素と水素からアンモニアが生成する反応の化学反応式は，次のとおりである．

■温度を変えずに 1 L 当たりの気体分子数を 2 倍にすれば，圧力も 2 倍になる．

$$N_2(g) + 3\,H_2(g) \rightleftharpoons 2\,NH_3(g)$$

この反応の平衡定数は次の二つの方法のいずれかで書くことができる．

$$\frac{[NH_3]^2}{[N_2][H_2]^3} = K_c \quad （質量作用の式でモル濃度を用いる場合）$$

$$\frac{P_{NH_3}^2}{P_{N_2} P_{H_2}^3} = K_P \quad （質量作用の式で分圧を用いる場合）$$

K_c を求めるには平衡時のモル濃度が用いられ，K_P を求めるには平衡時の分圧が用いられる．

例題 14・2　K_P の表記

世界中で供給されるメタノール CH_3OH のほとんどは，次の反応によって製造されている．

$$CO(g) + 2\,H_2(g) \rightleftharpoons CH_3OH(g)$$

この平衡に対する K_P を表記せよ．

指針　これは例題 14・1 とよく似た問題である．異なるのは K_c ではなく，K_P に対する化学平衡式を書くことである．

解法　用いる手法は，(14・6) 式と (14・9) 式によって与えられる形式である．

$$dD + eE \rightleftharpoons fF + gG$$

$$K_P = \frac{(P_F)^f (P_G)^g}{(P_D)^d (P_E)^e}$$

解答　質量作用の式では，いつも生成物が分子にあり，反応物が分母に現れる．この問題では，釣合のとれた反応式の係数に等しい指数をつけた分圧を用いる．

$$K_P = \frac{P_{CH_3OH}}{P_{H_2}^2 P_{CO}}$$

確認　質量作用の式において，生成物が分子，反応物が分母に現れており，その逆ではないことを確認しよう．また，それぞれの指数が，釣合のとれた化学反応式の係数と同じであることを確認せよ．

練習問題 14・3　次の反応式に次の対する化学平衡式を，分圧を用いて表記せよ．

$$2\,N_2(g) + O_2(g) \rightleftharpoons 2\,N_2O(g)$$

K_P と K_c の関係

すべての反応物と生成物が気体であり純粋な物質ならば，K_c は K_P によって表記することもできる．しかし，反応が溶液中の物質を含む場合には，K_c による化学平衡式を書くことができるだけである．K_P による化学平衡式を書くことができる反応では，K_P の値が K_c と等しい場合もあるが，多くの反応ではそれら二つの定数は異なった数値となる．したがって，一方の値から他方の値を求める方法があると便利である．K_c と K_P の間の変換には，(14・8) 式に与えられた分圧とモル濃度の間の関係を用いる．すなわち，K_P による質量作用の式におけるそれぞれの気体の分圧を，$M \times RT$ と置き換えればよい．同様に，K_c を K_P に変換するには，(14・8) 式をモル濃度について解き，その結果である P/RT を，K_c による質量作用の式に代入すればよい．これには多くの作業を必要とするように思われるが，実際にそうである．しかし幸運なことに，これらの関係から導かれる一般式がある〔(14・10) 式〕．この式を用いると，K_c と K_P の間の変換はずっと簡単になる．

$$K_P = K_c(RT)^{\Delta n_g} \tag{14·10}$$

ここで Δn_g の値は，反応物から生成物に変化するときの気体の物質量の変化を表す．

$$\Delta n_g = (気体生成物の物質量) - (気体反応物の物質量) \tag{14·11}$$

反応に対する釣合のとれた反応式の係数を用いて，Δn_g の数値を求めることができる．たとえば，次の反応式で表される反応を考えよう．

$$2\,N_2(g) + O_2(g) \rightleftharpoons 2\,N_2O(g)$$

この反応式から，2 mol の N_2 と 1 mol の O_2 が反応して 2 mol の N_2O が生成することがわかる．つまり全量が 3 mol の気体反応物から，2 mol の気体生成物が生成する．したがって気体 1 mol が減少するので，この反応に対する Δn_g は -1 に等しい．

ある反応では Δn_g の値はゼロとなる．一つの例は HI の分解反応である．

$$2\,HI(g) \rightleftharpoons H_2(g) + I_2(g)$$

反応式の係数が物質量を意味すると考えると，反応式のそれぞれの側には 2 mol の気体が存在する．したがって $\Delta n_g = 0$ となる．RT の 0 乗は 1 に等しいので，この反応では $K_P = K_c$ が成立する．

例題 14·3　K_P と K_c の間の変換

500 ℃ において，窒素と水素からアンモニアが生成する反応は次式で表され，

$$N_2(g) + 3\,H_2(g) \rightleftharpoons 2\,NH_3(g)$$

$K_c = 6.0 \times 10^{-2}$ である．この反応に対する K_P の値を求めよ．

指針　この変換に (14·10) 式が必要であることは明らかである．しかし，変換を行う前に，R と T の単位について確認しなければならない．式の中で温度を表記するために用いられる大文字の T は，いつも絶対温度を意味する．したがって，問題に与えられている摂氏温度を絶対温度に変換する必要がある．次に，気体定数 R として適切な値を選択しなければならない．(14·8) 式を見直すと，分圧が atm 単位で，また濃度が mol L^{-1} 単位で表記されているならば，これらの単位 (L, mol, atm, および K) をすべて含む気体定数は $R = 0.0821$ L atm mol^{-1} K^{-1} だけであり，これが (14·10) 式で用いることができる唯一の R の値となる．

解法　すでに述べたように，与えられた数値を (14·10) 式に代入しなければならない．

$$K_P = K_c(RT)^{\Delta n_g}$$

有効数字 3 桁で，絶対温度は $T_K = (t_C + 273\,℃)(1\,K/1\,℃)$ によって求めることができる．また (14·11) 式を用いて Δn_g を求めなければならない．

解答　まず，Δn_g を求めることから始めよう．反応式の係数から，2 mol の気体生成物と，4 mol の気体反応物〔1 mol の

$N_2(g)$ と 3 mol の $H_2(g)$〕があることがわかる．したがって，$\Delta n_g = (2) - (1+3) = -2$ となる．

与えられたデータを並べると，次のようになる．

$$K_c = 6.0 \times 10^{-2} \qquad T = 773\,K$$
$$\Delta n_g = -2 \qquad R = 0.0821\ \text{L atm mol}^{-1}\,K^{-1}$$

これらの値を K_P に対する式に代入することにより，

$$K_P = (6.0 \times 10^{-2}) \times [(0.0821) \times (773)]^{-2}$$
$$= (6.0 \times 10^{-2}) \times (63.5)^{-2} = 1.5 \times 10^{-5}$$

この場合には，K_P は K_c の値と全く異なった数値となる．

確認　このような問題を扱うさいには，R に正しい値を用いているか，温度が絶対温度で表記されているかを必ず確認する．この反応のように Δn_g が負のときには，$(RT)^{\Delta n_g}$ は 1 よりも小さくなる．これによって，K_P は K_c よりも小さくなるはずであるが，これは得られた結果と一致している．

練習問題 14·4　メタノール CH_3OH は燃料として将来有望であり，次式に従って一酸化炭素と水素から合成される．

$$CO(g) + 2\,H_2(g) \rightleftharpoons CH_3OH(g)$$

200 ℃ におけるこの反応の平衡定数は $K_P = 3.8 \times 10^{-2}$ である．K_P は K_c よりも大きいか小さいかを予想せよ．また，この温度における K_c の値を求めよ．

14・4 不均一反応に対する化学平衡式

反応混合物に複数の相が存在するとき，その反応を**不均一反応**という．代表例は木炭の燃焼であり，そこでは固体の燃料が気体の酸素と反応する．もう一つの例は炭酸水素ナトリウム（重曹）の熱分解である．この反応は，その化合物を火の上にまいたときに起こる．

$$2\,NaHCO_3(s) \longrightarrow Na_2CO_3(s) + H_2O(g) + CO_2(g)$$

もし $NaHCO_3$ を，生成した CO_2 と H_2O が逃げ出すことができないような密閉された容器内に入れたとすれば，気体と固体は不均一平衡になる．

$$2\,NaHCO_3(s) \rightleftharpoons Na_2CO_3(s) + H_2O(g) + CO_2(g)$$

前節で説明した方法に従うと，この反応に対する化学平衡式は次のように書くことができるだろう．

$$\frac{[Na_2CO_3(s)][H_2O(g)][CO_2(g)]}{[NaHCO_3(s)]^2} = K$$

しかし，純粋な液体や固体を含む反応に対する化学平衡式は，もっと簡単な形式で書くことができる．これは純粋な液体あるいは固体の濃度は，ある決まった温度では一定になるためである．すべての純粋な液体あるいは固体において，物質の体積に対する物質量の比は一定となる．たとえば，1 mol の $NaHCO_3$ の結晶があるとすると，それは 38.9 cm³ の体積を占めるだろう．2 mol の $NaHCO_3$ はこの体積の 2 倍，すなわち 77.8 cm³ の体積を占めることになるが（図 14・5），1 L に対する物質量の比（すなわち，モル濃度）は一定のままである．

同様の理由により，純粋な固体 Na_2CO_3 中の Na_2CO_3 の濃度もまた一定となる．このことは，いまや化学平衡式は，K に加えて二つの濃度項の合わせて 3 個の定数をもつことを意味している．これらすべての定数項を合わせて一つにすることは合理的なことである．

$$[H_2O(g)][CO_2(g)] = \frac{[NaHCO_3(s)]^2}{[Na_2CO_3(s)]} K = K_c$$

> 不均一反応に対する化学平衡式を書くときには，純粋な固体あるいは純粋な液体に対する濃度項は含めなくてよい．

一般に不均一反応に対して与えられた平衡定数は，すべての定数を合わせた値が示されている*．

これまでに説明した反応はすべて，固体，気体，および液体を含む反応である．溶液中の反応を扱うときには，反応物と生成物は純粋な固体や液体ではなく，それらの濃度が変化する．したがって，化学平衡式においてそれらのモル濃度を用い，K_c の値を求めることができる．

不均一反応 heterogeneous reaction

1 mol NaHCO₃ 38.9 cm³

$$M = \frac{1\,mol\,NaHCO_3}{0.0389\,L}$$
$$= 25.7\,mol\,L^{-1}$$

2 mol NaHCO₃ 77.8 cm³

$$M = \frac{2\,mol\,NaHCO_3}{0.0778\,L}$$
$$= 25.7\,mol\,L^{-1}$$

図 14・5 固体状態の物質の濃度は一定である．物質量を 2 倍にすると体積も 2 倍になるが，体積に対する物質量の比は同じままである．

* 熱力学では不均一平衡を"有効濃度"，すなわち**活量**(activity) による質量作用の式を用いることによって，もっとすっきりした方法で扱う．熱力学による取扱いでは，すべての純粋な液体および固体の活量を 1 と定義する．これは質量作用の式において，純粋な液体や固体に関する項は省いてよいことを意味する．

例題 14・4 不均一反応に対する化学平衡式の表記

大気汚染物質である二酸化硫黄は，気体を酸化カルシウム上を通過させることによって混合気体から除去することができる．この反応は次の化学反応式によって表される．

$$CaO(s) + SO_2(g) \rightleftharpoons CaSO_3(s)$$

この反応に対する化学平衡式を書け．

指針 不均一平衡においては，質量作用の式の中に純粋な固

体あるいは純粋な液体を含めない。したがって，CaO と CaSO₃ は質量作用の式から除外され，SO₂ のみが式に含まれる。

解法 用いる手法は化学平衡式を書くための方法である。

解答 釣合のとれた化学反応式に含まれる物質は，$SO_2(g)$ を除いてすべて固体であるから，化学平衡式は次のように簡単となる。

$$\frac{1}{[SO_2(g)]} = K_c$$

確認 解答を再度検討する以外に確認の方法はない。

練習問題 14・5 次の不均一反応のそれぞれに対する化学平衡式を書け。

(a) $2\,Hg(l) + Cl_2(g) \rightleftharpoons Hg_2Cl_2(s)$

(b) 水溶液中の $Ag_2CrO_4(s) \rightleftharpoons 2\,Ag^+(aq) + CrO_4^{2-}(aq)$

(c) $CaCO_3(s) + H_2O(l) + CO_2(aq) \rightleftharpoons$
$$Ca^{2+}(aq) + 2\,HCO_3^-(aq)$$

14・5 平衡の位置と平衡定数

平衡の位置 position of equilibrium

K_p と K_c のどちらを扱うかにかかわらず，常に生成物濃度を分子として質量作用の式を書くことの利点は，平衡定数の大きさが**平衡の位置**（反応が平衡に到達したとき，反応が完了に向かってどの程度進んでいるか）の目安となることである。たとえば，次の反応を考えてみる。

$$2\,H_2(g) + O_2(g) \rightleftharpoons 2\,H_2O(g)$$

25℃におけるこの反応の平衡定数は $K_c = 9.1 \times 10^{80}$ である。これらの気体の平衡においては，次式が成り立つ。

$$K_c = \frac{[H_2O]^2}{[H_2]^2[O_2]} = \frac{9.1 \times 10^{80}}{1}$$

このように K_c を表記することによって，質量作用の式における分子が分母に比べてきわめて大きいということを強調することができる。それは，H_2 と O_2 の濃度に比べて，H_2O の濃度が非常に大きいことを意味している。したがって，平衡において，この反応系では水素原子と酸素原子のすべては H_2O 分子にあり，H_2 と O_2 として存在するものはきわめてわずかであることがわかる。こうして，非常に大きな K_c から，この反応の平衡の位置が反応式の右辺に極端にかたよった位置にあり，H_2 と O_2 の反応は実質的に完了するまで進行することがわかる。

N_2 と O_2 から NO が生成する反応は次式で表される。

$$N_2(g) + O_2(g) \rightleftharpoons 2\,NO(g)$$

25℃におけるこの反応の平衡定数は $K_c = 4.8 \times 10^{-31}$ と非常に小さい。この反応に対する化学平衡式は，次式のとおりである。

$$\frac{[NO]^2}{[N_2][O_2]} = 4.8 \times 10^{-31} = \frac{4.8}{10^{31}}$$

この式では分子に比べて分母が非常に大きいので，N_2 と O_2 の濃度は NO の濃度よりもきわめて大きくなるはずである。このことは，この温度における N_2 と O_2 の混合物中で生成する NO の量は，無視できることを意味している。いいかえれば，平衡においても反応はほとんど完了の方向へ進行しておらず，この反応の平衡の位置は反応式の左辺に極端にかたよった位置にある。

平衡定数と平衡の位置との関係は，次のように要約することができる（図 14・6）。

■実際に，25℃において，わずか 1 個の O_2 分子と 2 個の H_2 分子を見いだすために，約 200,000 L の水蒸気が必要になるであろう。

■25℃の空気中における NO の平衡濃度は，約 10^{-17} mol L⁻¹ のはずである。しかしふつうはそれよりも高い。これは自動車がひき起こす大気汚染の原因となる反応のように，さまざまな反応において NO が生成するためである。

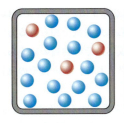
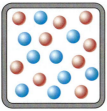
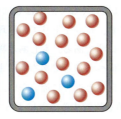

$K \gg 1$
反応は完了の方向へ
かなり進行している

$K = 1$
反応物と生成物は等
しい濃度で平衡に到
達している

$K \ll 1$
平衡に到達しても
反応はほとんど進
行していない

●生成物
●反応物

図 14・6　平衡の位置と平衡定数 K の大きさ．反応物 $\rightleftharpoons$ 生成物の反応において，3 種類の平衡混合物の図を示す．$K \gg 1$ ならば，生成物の濃度は反応物の濃度よりもきわめて大きい．$K = 1$ ならば，生成物と反応物の濃度は等しい．$K \ll 1$ ならば，生成物の濃度は反応物の濃度よりもきわめて小さい．

K が非常に大きいとき	反応はほとんど完了の方向へ進行する．平衡の位置は反応式の右辺，すなわち生成物側にかたよっている．
$K \approx 1$ のとき	平衡において生成物濃度と反応物濃度がほとんど等しい．平衡の位置は反応物と生成物のほぼ中間にある．
K が非常に小さいとき	生成物の生成量はきわめて少ない．平衡の位置は反応式の左辺，すなわち反応物側にかたよっている．

この要約において，K の下付文字を省略していることに注意してほしい．このような反応の進行の程度に関する定性的な予想は，K_p と K_c のいずれを用いても同様に適用される．

　平衡定数の利用法の一つは，いくつかの反応について，完了の方向へ進行する程度を比較することである．しかし，このような比較を行うさいには注意が必要である．なぜなら K の値に大きな差がない場合には，このような比較は，釣合のとれた化学反応式に示された反応物と生成物の分子数が同じ反応に対してのみ意味をもつからである．

■ 練習問題 14・6　次の反応を，完了の方向へ進行しやすい順に並べよ．
(a) $H_2(g) + Br_2(g) \rightleftharpoons$
$$2HBr(g)$$
$$K_c = 1.4 \times 10^{-21}$$
(b) $2NO(g) \rightleftharpoons$
$$N_2(g) + O_2(g)$$
$$K_c = 2.1 \times 10^{30}$$
(c) $2BrCl \rightleftharpoons$
$$Br_2 + Cl_2(CCl_4 溶液中)$$
$$K_c = 0.14$$

14・6　化学平衡とルシャトリエの原理

　§14・8 では，計算によって平衡にある系の組成を求めることが可能であることを述べる．しかし，多くの場合，実際には平衡濃度の正確な値を知ることは必要ない．その代わり，平衡における生成物あるいは反応物の相対的な量を制御するためには，何をすべきかを知りたい場合がある．たとえば，ガソリンエンジンを設計するさいには，大気汚染物質である酸化窒素の生成を最小にするにはどうしたらよいかを知る必要がある．また，N_2 と H_2 の反応によってアンモニア NH_3 を合成するさいには，NH_3 の生成量を最大にする方法を知る必要がある．

　11 章で説明したルシャトリエの原理により，化学平衡における変化を，定性的に予想することができる．これは液体-気体平衡のような物理変化を含む平衡に対する外的影響の効果を予想したときと，全く同じ方法である．**ルシャトリエの原理**から，次のようにいえることを思い出してほしい．外的影響によって平衡が擾乱されたとき，系はその影響を和らげる方向へ変化し，もし可能であれば系は再び平衡へと戻る．化学平衡に影響を与えるいくつかの"外的影響"について検討してみよう．

ルシャトリエの原理 Le Châtelier's principle

反応物や生成物の添加あるいは除去

　反応系が平衡にあるとき，反応商 Q は平衡定数 K に等しい．均一系において，いくらかの反応物あるいは生成物を添加あるいは除去すると，Q の値が変化する．それ

■ 反応商 Q は，質量作用の式を用いて求めた値であることを思い出そう．

は Q が K とは等しくなく，系はもはや平衡にはないことを意味する．いいかえれば，平衡は擾乱され，ルシャトリエの原理に従って，系は与えられた擾乱を和らげる方向へと変化するはずである．もしある物質が添加されれば，反応はその物質のいくらかを除去する方向へと進むであろう．また，ある物質が除去されれば，反応はその物質を供給する方向へと進むに違いない．

Q と K の値を比較することによって，反応の変化の方向を推測することができる．もし Q が K よりも大きければ，反応は逆方向，すなわち生成物から反応物の方向へ進み，Q を減少させるだろう．一方，Q が K よりも小さければ，反応は生成物の方向へ移動し，Q が増大して再び平衡に到達するだろう．これらのことを表 14・2 に要約した．

表 14・2 反応商 Q と平衡定数 K の比較と反応の方向

$Q > K$	反応物側へ進む
$Q < K$	生成物側へ進む
$Q = K$	平衡にとどまる

金属錯体 metal complex

■ $[Cu(H_2O)_4]^{2+}$ や $[CuCl_4]^{2-}$ は金属錯体とよばれる．金属錯体のいくつかの興味深い性質については 21 章で述べる．

例として，次式で表される銅の 2 種類の**金属錯体**の間の平衡について考えてみよう．

$$[Cu(H_2O)_4]^{2+}(aq) + 4\,Cl^-(aq) \rightleftharpoons [CuCl_4]^{2-}(aq) + 4\,H_2O$$
　　　　青色　　　　　　　　　　　　　　　　　　黄色

上式に示したように，$[Cu(H_2O)_4]^{2+}(aq)$ は青色，$[CuCl_4]^{2-}(aq)$ は黄色である．二つの金属錯体の混合物はそれらの中間の色をもつことになり，図 14・7 中央に示すように，青緑色に見える．

これらの銅錯体の平衡混合物に対して，塩化物イオン Cl^- を添加したとする．Cl^- と $[Cu(H_2O)_4]^{2+}(aq)$ が反応することにより，反応系は Cl^- を除去することができる．これによって，$[CuCl_4]^{2-}(aq)$ の量が増大する（図 14・7 右）．このとき平衡は"右方向へ移動した"，あるいは"生成物方向へ移動した"という．新たな平衡の位置では，$[Cu(H_2O)_4]^{2+}(aq)$ が減少し，$[CuCl_4]^{2-}(aq)$ および結合していない H_2O が増大している．また，添加したすべての Cl^- が反応したわけではないので，Cl^- も増大している．いいかえれば，この新たな平衡の位置では，すべての濃度が，Q が K_c と等しくなるような方向へと変化しているのである．一方，混合物に水を添加すると，平衡の位置は左方向へと移動する（図 14・7 左）．$[CuCl_4]^{2-}$ と反応することによって，いくらかの H_2O が反応系から除去され，青色の $[Cu(H_2O)_4]^{2+}(aq)$ の生成量が増大する．

反応系から反応物あるいは生成物を取除いても，平衡の位置は変化することになる．たとえば，上式の平衡にある二つの銅錯体を含む溶液に Ag^+ を加えると，青色が強

■ 平衡の位置は，添加された物質を取除く方向へ，あるいは除去された物質を供給する方向へと移動する．

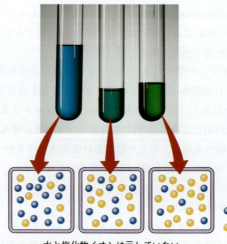

図 14・7 平衡の位置に対する濃度変化の効果．中央の溶液には $[Cu(H_2O)_4]^{2+}$ と $[CuCl_4]^{2-}$ が含まれており，そのため青緑色を呈している．右側の溶液は，同じ溶液の一部に濃 HCl を加えたものである．平衡が $[CuCl_4]^{2-}$ 側に移動したため，緑色がより強くなっている．左側の溶液は，最初の溶液の一部に水を加えたものである．平衡が $[Cu(H_2O)_4]^{2+}$ 側に移動したため，青色を呈している．

● $[Cu(H_2O)_4]^{2+}$
● $[CuCl_4]^{2-}$

水と塩化物イオンは示していない

くなることが観測される.

$$[Cu(H_2O)_4]^{2+}(aq) + 4\,Cl^-(aq) \rightleftharpoons [CuCl_4]^{2-}(aq) + 4\,H_2O$$
青色 黄色

$$Ag^+(aq) + Cl^-(aq) \rightleftharpoons AgCl(s)$$

第二の反応により Ag^+ は Cl^- と反応して不溶性の $AgCl$ を生成するので,最初の反応の平衡は,除去された Cl^- のいくらかを補うために左方向へと移動する.これにより,より多くの青色の $[Cu(H_2O)_4]^{2+}(aq)$ が生成することになる.平衡の位置が移動することにより,除去された物質が回復するのである.

> 平衡の位置は,添加された反応物あるいは生成物を除去する方向へ,または除去された反応物あるいは生成物を回復させる方向へと移動する.

気体の平衡における体積の変化

反応している気体の混合物の体積を変化させると,それぞれの気体のモル濃度と分圧が変化する.したがって,体積の変化は平衡の位置に影響を及ぼすことが予測される.アンモニアの工業的合成法に含まれる平衡について考えてみよう.この反応についてはコラム 14・1 で取上げる.

$$3\,H_2(g) + N_2(g) \rightleftharpoons 2\,NH_3(g)$$

反応混合物の体積を減少させると,系の圧力は増大する.分子数が少なければ圧力も低いので,もし気体分子の数を減少させることができれば,反応系は圧力の増大を和らげることができる.上記の例では,より多くのアンモニアの生成がそのような反応である.すなわち,反応が右方向へ進むと,四つの分子(一つの N_2 と三つの H_2)が消失するが,生成するのは二つの NH_3 分子だけである.したがって,反応混合物の体積を減少させると,この反応は右方向へと移動することになる.

次の平衡について考えてみよう.

$$H_2(g) + I_2(g) \rightleftharpoons 2\,HI(g)$$

この反応はどちらの方向に進行しても,気体の分子数の変化はない.したがって,この反応は圧力の変化に応答することはないので,反応容器の体積を変えても,実質的に平衡は影響を受けない.

気体を含む平衡反応系に対する体積変化の効果を解析するための最も簡単な方法は,反応式の両辺にある気体物質の分子数を数えることである.

温度の変化

平衡系の温度を変化させるためには,熱を加えるか,あるいは除去すればよい.たとえば,§14・1 で説明した $N_2O_4(g)$ の $NO_2(g)$ への分解反応は,正方向に吸熱反応であり,その反応エンタルピーは $\Delta_r H^\circ = +57.9\,kJ\,mol^{-1}$ である.

$$N_2O_4(g) \rightleftharpoons 2\,NO_2(g) \qquad \Delta_r H^\circ = +57.9\,kJ\,mol^{-1}$$

もし熱を加えて平衡混合物の温度を上昇させれば,平衡の位置は,熱を吸収する方向へと移動するであろう.この反応は左辺から右辺への方向が吸熱的であるから,平衡の位置は右方向へと移動することになる.すなわち加熱により NO_2 の濃度は増大し,N_2O_4 の濃度は減少する.

■温度は与えられた反応に対する平衡定数 K を変化させる唯一の要因である.

コラム 14・1　ハーバー法: 世界の人々を養うための技術

通常の温度と圧力では，窒素はほとんど何ものとも反応する傾向をもたない．N_2 分子が強い三重結合をもつことは，$N≡N$ 結合の開裂を含むあらゆる反応がきわめて大きな活性化エネルギーをもち，そのため反応は非常に遅いことを意味している．H_2 と N_2 との反応を工業的に価値のあるものにするためには，圧力と温度について極端な条件が必要となる．1909年，ハーバー（Fritz Haber）はこれらの障害をのりこえる方法を考案し，ボッシュ（Carl Bosch）はのちに，その過程を工業的な規模へと拡大することに成功した．後年，これらの業績に対して，ハーバーとボッシュにノーベル化学賞が授与された．

現在のアンモニア工業プラントでは，水素はメタン CH_4 を主成分とする天然ガスから製造されている．次式に従って，メタンは酸化ニッケル触媒上で水蒸気と反応し，水素が得られる．

$$CH_4(g) + H_2O(g) \xrightarrow{\text{酸化ニッケル触媒}} CO(g) + 3\,H_2(g)$$

$$CO(g) + H_2O(g) \xrightarrow{\text{酸化ニッケル触媒}} CO_2(g) + H_2(g)$$

正味の結果として，メタンと水蒸気が気体水素と二酸化炭素に変換される．ハーバー法に使われる窒素は空気から得られる．空気には窒素が78%の割合で含まれている．アンモニア製造過程の最終段階は，酸化鉄触媒上で水素と窒素が結合する反応である．

$$3\,H_2(g) + N_2(g) \rightleftharpoons 2\,NH_3(g) \quad \Delta_r H° = -92.4\text{ kJ mol}^{-1}$$

平衡の位置を反応式の右側にかたよらせるために，150〜250 atm の範囲の高い圧力が用いられる．また，温度を上昇させることは，平衡の位置をアンモニアから遠ざけることになるにもかかわらず，反応には高い温度（300〜500℃）が用いられる．これは触媒の活性を高め，反応を有効な速度で進ませるために必要である．これらの条件下で，混合気体を触媒層の上を1回通過させるだけでは，得られるアンモニアの収率は15%にすぎない．しかし，混合気体を何度も触媒層の上を通過させ，その間に混合気体は冷却されて NH_3 は回収される．未反応の気体もすべて回収され，最終的にほぼ98%の全収率で NH_3 の合成が達成されている．

肥料として用いられるアンモニアは地面に直接散布され，土の湿気によって捕捉される（図）．また気体アンモニアは，カリウム塩あるいはアンモニウム塩として単離される硝酸塩や亜硝酸塩を製造するための原材料として利用される．

気体アンモニアを土壌に直接注入する機械．アンモニアは土壌中で肥料として作用する．

温度変化の効果を解析するには，反応式にエネルギーを含めると容易になる場合がある．上記の反応では，正方向で熱が吸収されるので，熱を反応物として加える．

$$\text{熱} + N_2O_4(g) \rightleftharpoons 2\,NO_2(g)$$

反応物を添加すると，反応は正方向に移動する．この場合には，熱は他の反応物と同様に振舞う．

平衡反応系から熱を取除くことによって温度を低下させることは，熱を加えることと逆の効果を与える．平衡に対するこのような擾乱によって発熱的な変化がひき起こされ，それにより，除去された熱が部分的に回復する．上記の反応では，右辺から左辺への方向が発熱的であるから，反応系から熱を除去すると平衡の位置は左方向へと移動する．結果的に N_2O_4 の濃度は増大し，NO_2 の濃度は減少する．

> 温度を上昇させると，吸熱反応における生成物濃度が増大する．
> 温度を低下させると，発熱反応における生成物濃度が増大する．

これによって，温度計を用いることなく，ある反応が発熱的であるか，あるいは吸熱的であるかを実験的に判定することができる．以前，銅の錯体を含む平衡について述べた．この平衡に対する温度の効果は図14・8に示されている．反応混合物を加熱

図 14・8 平衡に対する温度の効果. $[Cu(H_2O)_4]^{2+}(aq) + 4\,Cl^-(aq) \rightleftharpoons [CuCl_4]^{2-}(aq) + 4\,H_2O$ において中央の溶液は，二つの錯体の平衡混合物である．その溶液を氷で冷却すると，平衡は青色の $[Cu(H_2O)_4]^{2+}$ 側へと移動する（左）．沸騰水中で加熱すると，平衡は $[CuCl_4]^{2-}$ 側へと移動する（右）．この溶液のふるまいは上記の反応が正方向に吸熱的であることを示している．

（角氷が浮いていることに注意）

（熱水から生じた水蒸気の凝縮に注意）

すると，色の変化から平衡が生成物側へと移動したことがわかる．したがって，反応はこの方向に吸熱的でなければならない．

反応の K に対する温度変化の効果

濃度や体積の変化は，平衡の位置を移動させることはできるが，平衡定数を変化させることはできない．しかし，温度を変化させると平衡の位置が移動するが，これは平衡定数 K の値が変化したことによるものである．K の変化には，反応エンタルピー $\Delta_r H^\circ$ が重要な因子となる．例として，アンモニアの生成に対する平衡を考えてみよう．

$$3\,H_2(g) + N_2(g) \rightleftharpoons 2\,NH_3(g) \quad \Delta_r H^\circ = -46.19\ \text{kJ mol}^{-1}$$

$$\frac{[NH_3]^2}{[N_2][H_2]^3} = K_c$$

■ 18 章では平衡定数 K と温度の定量的な関係について学ぶ．

反応は発熱的であるから，温度を上昇させると平衡は左方向へと移動する．再び平衡に戻ったとき，NH_3 の濃度は減少し，N_2 と H_2 の濃度は増大している．したがって，質量作用の式の分子は，温度を変化させる前よりも小さくなり，分母は大きくなる．これによって，反応商の値は小さくなるので，K_c はより小さい値となる．

> 発熱反応の温度を上昇させると，その平衡定数はより小さくなる．
> 吸熱反応の温度を上昇させると，その平衡定数はより大きくなる．

触媒と平衡の位置

触媒は実際に消費されることなく，化学反応の速度に影響を与える物質であることを思い出そう．しかし，触媒は反応系の平衡の位置に影響を与えない．触媒がもつ唯一の効果は，その系をよりすみやかに平衡へ導くことである．

■ 触媒は化学反応式には現れないので，その反応における質量作用の式にも現れない．

一定体積において不活性気体を添加することによる圧力変化

気体の反応物と生成物の平衡系において，体積を変化させることは，圧力を変化させるための唯一の方法ではない．体積を一定にして，反応系に他の気体を添加することによっても，圧力を変化させることができる．この気体がすでに存在している気体のいずれとも反応しないならば（すなわち，添加した気体が平衡にある物質に対して不活性ならば），反応物と生成物の濃度，および分圧は変化しないだろう．したがって，化学平衡式は満たされたままであり，反応商は K_c と等しいままで変化しない．すなわち，一定体積において不活性気体を添加しても，平衡の位置には変化はないと予想される．

例題 14・5　ルシャトリエの原理の応用

反応 $CH_4(g) + H_2O(g) \rightleftharpoons CO(g) + 3H_2(g)$ は吸熱反応であり，1500 ℃ における平衡定数は $K_c = 5.67$ である．次の変化によって，平衡における CO(g) の量はどのように変化するか．さらに $H_2O(g)$ を添加する(a)．容器の体積を増大させて系の圧力を低下させる(b)．反応混合物の温度を上昇させる(c)．反応系に触媒を添加する(d)．また，これらのうち，平衡定数を変化させるものはどれか．K_c はどちらの方向に変化するか（増大するか，あるいは減少するか）．

指針　この問題は，平衡の位置に対するさまざまな変化の効果を予想する問題であり，それはルシャトリエの原理の適用を求めている．

解法　反応に与えられたそれぞれの変化とそれに対する手法は，上記の説明で述べた．与えられた変化の種類に従って，単に手法を選択すればよい．

解答　(a) H_2O の添加は平衡を右方向，すなわち添加された H_2O を部分的に消費する方向へ移動させる．CO の量は増大するだろう．

(b) 反応系の圧力を低下させると，系はより多くの気体分子を生成するように応答し，それによって圧力を増大させ，変化を部分的に相殺する．反応が左辺から右辺の方向へ進行すれば，二つの分子（一つの CH_4 と一つの H_2O）が消費され，四つの分子（一つの CO と三つの H_2）が生成する．これは分子数の正味の増加をひき起こすので，いくらかの CH_4 と H_2O が反応し，平衡における CO の量は増大するだろう．

(c) 反応は吸熱的であるから，熱を反応物として示した反応式を書くことができる．

$$\text{熱} + CH_4(g) + H_2O(g) \rightleftharpoons CO(g) + 3H_2(g)$$

温度の上昇は熱を加えることによって起こるので，反応系は熱を吸収するように応答する．これは平衡が右方向へ移動することを意味するので，平衡における CO の量は増大するだろう．

(d) 触媒は反応をよりすみやかに平衡に到達させるが，平衡の位置には影響を与えない．したがって，平衡における CO の量は変化しないと予想される．

最終的に，平衡定数 K を変化させる唯一の変化は，温度を変えることである．温度を上昇させると（熱を添加すると），この吸熱反応に対する K_c は増大するであろう．

確認　解答が化学平衡とルシャトリエの原理に従っていることを確認する．

練習問題 14・7　次式で表される平衡を考えてみよう．

$$PCl_3(g) + Cl_2(g) \rightleftharpoons PCl_5(g)$$

この反応の標準反応エンタルピーは $\Delta_r H° = -88 \text{ kJ mol}^{-1}$ である．次の変化によって，平衡における Cl_2 の量はどのような影響を受けるか．(a) PCl_3 を添加する．(b) PCl_5 を添加する．(c) 温度を上昇させる．(d) 反応容器の体積を減少させる．また，これらの変化のそれぞれは，反応の平衡定数 K_P に，どのような影響を与えるか．

14・7　平衡定数の計算

§14・5 では，平衡定数の大きさから，平衡において反応がどの程度進行しているかに対する定性的な概念を学んだ．しかし，平衡濃度について定性的に理解するだけでなく，もっと多くの情報が必要な場合もある．これは定量的計算のために，化学平衡式を用いることを必要としている．

気体反応に対する平衡の計算は，K_P あるいは K_c のどちらを用いても行うことができるが，溶液中の反応に対しては K_c を用いなければならない．しかし，濃度あるいは分圧のいずれを扱っても，適用される基本的な原理は同じである．

全体として平衡の計算は，おもに次の2種類に分けることができる．

1. わかっている平衡濃度あるいは分圧から平衡定数を計算する．
2. わかっている K_c あるいは K_P の値を用いて，一つあるいは複数の平衡濃度を計算する．

本節では，平衡定数を計算する方法を述べる．物事をできるだけ簡単にするために，K_c とモル濃度を含む問題を扱うことにする．

K_c の値を求める一つの方法は反応を行い，平衡に到達したあとに反応物と生成物

の濃度を測定し，K_c を計算するための化学平衡式にそれらの値を代入することである．例として，N_2O_4 の分解反応を取上げる．

$$N_2O_4(g) \rightleftharpoons 2\,NO_2(g)$$

§14・1 で述べたように，25 ℃ において 1.00 L のフラスコに 0.0350 mol の N_2O_4 を入れたとき，平衡における N_2O_4 と NO_2 の濃度は次のようになる．

$$[N_2O_4] = 0.0292\ \text{mol L}^{-1} \qquad [NO_2] = 0.0116\ \text{mol L}^{-1}$$

この反応に対する平衡定数 K_c を計算するためには，化学平衡式の質量作用の式に平衡濃度を代入すればよい．

$$K_c = \frac{[NO_2]^2}{[N_2O_4]} = \frac{[0.0116]^2}{[0.0292]} = 4.61 \times 10^{-3}$$

濃 度 表

　平衡定数を計算するために必要な平衡濃度がすべて与えられていることはめったにない．ふつうは，最初に調製されたときの反応混合物の組成に関する情報と，それに加えて，平衡濃度を求めるために用いることができるいくつかのデータが与えられているだけである．思考を整理するための手法として役立つのは，化学反応式に従って作成される**濃度表**であろう．この表には，反応が平衡に向かって進むときの，反応にかかわる物質の濃度が記録される．一般に濃度表は，平衡の式に現れる物質と同じ数のデータ列をもっている．また，濃度表には三つの行があり，それぞれは初濃度，濃度変化，および平衡濃度と表記される．表の中に記載された項はモル濃度（mol L^{-1}）を単位にもつ数値か，あるいはモル濃度を表す変数（たとえば，x）である．それぞれの行に対するデータがどのように得られるかをみてみよう．

濃度表 concentration table

初 濃 度　　初濃度は，反応混合物が調製されたときに存在したそれぞれの濃度である．反応は，すべての物質が混合されるまで，反応は起こらないことを想定している．多くの場合，初期モル濃度は問題の記述に与えられており，これらの値を濃度表の中の適切な場所に記載する．また，ある決まった体積の溶媒に溶解した反応物あるいは生成物の質量または物質量が与えられており，それらからモル濃度を計算しなければならない場合もある．反応物あるいは生成物の初期の量または初濃度が問題に与えられていない場合は，それは反応初期には反応混合物に加えられていないと考えてよいので，その初濃度はゼロと記載する．

■ 平衡に関する計算において K_c を用いるときには，濃度表のすべての項はモル濃度でなければならない．

濃度変化　　反応混合物が調製されたときに平衡にないならば，反応系が平衡に到達するまで，化学反応が（反応式の左方向へ，あるいは右方向へ）継続して起こる．この反応に伴って，濃度が変化する．濃度が増大することを示すために正符号を用い，濃度の減少を示すために負符号を用いることにする．

　濃度変化はいつも，釣合のとれた反応式における係数と同じ比率で起こる．例として，次の平衡を扱ってみよう．

$$3\,H_2(g) + N_2(g) \rightleftharpoons 2\,NH_3(g)$$

もし平衡に到達する間に $N_2(g)$ の濃度が 0.10 mol L^{-1} だけ減少したとすれば，"濃度

■ 濃度の変化量は反応の化学量論に支配される．ある一つの物質の変化量がわかると他の物質の変化量を求めることができる．

変化"の行には次のように記載されるだろう.

$$3\,H_2(g) \qquad + \qquad N_2(g) \qquad \rightleftharpoons \qquad 2\,NH_3(g)$$

濃度変化：$-3 \times (0.10\ \mathrm{mol\ L^{-1}}) \qquad -1 \times (0.10\ \mathrm{mol\ L^{-1}}) \qquad +2 \times (0.10\ \mathrm{mol\ L^{-1}})$

$$\downarrow \qquad\qquad\qquad \downarrow \qquad\qquad\qquad \downarrow$$

$$-0.30\ \mathrm{mol\ L^{-1}} \qquad\quad -0.10\ \mathrm{mol\ L^{-1}} \qquad\quad +0.20\ \mathrm{mol\ L^{-1}}$$

"濃度変化"の行をつくるとき，反応物濃度はすべて同じ方向へ変化し，生成物濃度はすべて逆の方向へ変化することを確認しなければならない．もし反応物の濃度が減少するならば，"濃度変化"の行の反応物に対する項にはすべて負符号がつき，生成物に対する項にはすべて正符号がついていなければならない．この例では N_2 は H_2 と反応し（そのためこれらの濃度は両方とも減少する），NH_3 が生成する（そのためこの濃度は増大する）．

§14・8では K_c と初濃度から平衡濃度を求めることを試みるが，このさいには"濃度変化"の行に書かれた量に対する数値を求めることが目標となる．これらの量は未知数であり，変数を用いて記号的に表記される．

平衡濃度　これらは反応系が最終的に平衡に到達したときの，生成物と反応物の濃度である．これらの値は，濃度変化を初濃度に加えることによって得ることができる．

$$（初濃度）＋（濃度変化）＝（平衡濃度）$$

平衡濃度は，化学平衡式を満たす唯一の量である．本節では，最後の行の数値を用いて K_c を計算する．

　濃度表は平衡に関する問題を解析し，それに対処するために，最も有用な手法の一つである．以下に示されるように，ほとんどすべての問題で濃度表が利用される．次の例題は，平衡定数を計算するさいに濃度表を用いる方法を示している．

例題 14・6　平衡濃度から K_c の計算

　ある温度において，2.00 L のフラスコに 0.200 mol の H_2 と 0.200 mol の I_2 を入れることにより，H_2 と I_2 の混合物を調製した．十分な時間が経過したあと，次の平衡が成立した．

$$H_2(g) + I_2(g) \rightleftharpoons 2\,HI(g)$$

I_2 蒸気の紫色を用いて，反応の進行を追跡することができる．紫色の強度の減少から，平衡において I_2 濃度は 0.020 mol L^{-1} に低下したことが判明した．この温度におけるこの反応の平衡定数 K_c の値を求めよ．

指針　平衡に関するすべての問題における最初の段階は，釣合のとれた化学反応式と，それに関連する化学平衡式を書くことである．反応式は問題にすでに与えられており，それに対応する化学平衡式は次式で表される．

$$\frac{[HI]^2}{[H_2][I_2]} = K_c$$

K_c の値を求めるためには，H_2, I_2, HI の平衡濃度を，質量作用の式に代入しなければならない．しかし，それらの値はいくつだろうか．問題に直接与えられているのは，$[I_2]$ の値，ただ一つである．他の値を得るためには，化学的な推論が必要となる．

解法　この問題を解くために最初に行うことは濃度表の作成である．次に，濃度表に記入した平衡濃度の値を，化学平衡式に代入することによって，K_c を求めることができる．濃度表にはモル濃度が用いられるので，この問題を解くために適用するもう一つの手法はモル濃度の定義である．

解答　最初の段階は，問題の記述に与えられたデータを濃度表に書き入れることである．すでに述べたように，濃度表の各項はモル濃度でなければならないが，問題には物質量と容器の体積が与えられている．したがって，初濃度を得るために，H_2 と I_2 の両方について体積に対する物質量の比を求めなければならない．すなわち，(0.200 mol/2.00 L) = 0.100 mol L^{-1} となる．反応混合物に HI は入っていないので，そ

の初濃度はゼロとおく．これらの量は，濃度表の最初の行に赤字で示されている．また問題の記述には，I_2 の平衡濃度が与えられているので，それを濃度表の最後の行に書き入れる（これも赤字で示されている）．他の数値は，以下に述べる方法で誘導される．

	$H_2(g)$	$+$	$I_2(g)$	$\rightleftharpoons$	$2\,HI(g)$
初濃度 M	0.100		0.100		0
濃度変化 M	-0.080		-0.080		$+2(0.080)$
平衡濃度 M	0.020		0.020		0.160

濃度変化　I_2 については初濃度と平衡濃度の両方が与えられているので，差をとることによって，I_2 に対する濃度変化を求めることができる（-0.080 mol L^{-1}）．すると，他の濃度変化は，釣合のとれた反応式の係数によって決められる物質量の比から計算することができる．H_2 と I_2 の係数は同じなので，それらの濃度変化も等しい．HI の係数は 2 であるから，その濃度変化は I_2 の 2 倍でなければならない．反応物濃度は減少しているので，その濃度変化は負の値となり，生成物濃度は増大しているので，その濃度変化は正の値となる．

平衡濃度　H_2 と HI について，単に濃度変化を初濃度の値に加えればよい．

困難な作業はここに完了した．あとは，濃度表の最後の行に示された平衡濃度を質量作用の式に代入し，K_c を計算すればよい．

$$K_c = \frac{(0.160)^2}{(0.020)(0.020)} = 64$$

確認　まず，化学平衡式を注意深く検討しよう．いつものように生成物濃度は分子におかれ，反応物濃度が分母におかれていなければならない．また，それぞれの濃度項の指数が，釣合のとれた化学反応式の正しい係数と一致していることを確認する．

次に，濃度表のすべての項が，確かにモル濃度になっているかを確認し，HI の初濃度はゼロであることに注意する．また，HI 濃度はゼロより小さくなることはできないから，HI の濃度の変化は正でなければならない．濃度表の正の値は，この推論と一致している．さらに，両方の反応物の濃度変化は同じ符号をもち，生成物の符号はそれとは逆であることに注意する．濃度変化の符号に関するこの関係はいつも成立するので，濃度表を作成したときの有用な確認方法として役立つ．

最後に，平衡濃度をそれぞれ，正しく質量作用の式に代入したことを確認する．この時点で，問題に正しく対処したことに自信をもつことができる．解答の確認のために，電卓を用いてもう一度計算してみる．

練習問題 14・8　ある学生が 250 ℃ において，体積 1.00 L の反応容器に 0.200 mol の $PCl_3(g)$ と 0.100 mol の $Cl_2(g)$ を入れた．次式で表される反応が平衡に到達したのち，フラスコには 0.120 mol の PCl_3 が存在していることがわかった．

$$PCl_3(g) + Cl_2(g) \rightleftharpoons PCl_5(g)$$

(a) 反応物および生成物のそれぞれの初濃度を求めよ．

(b) 反応が平衡に到達したとき，それぞれの濃度はどれだけ変化するか．

(c) それぞれの平衡濃度を求めよ．

(d) この温度におけるこの反応の平衡定数 K_c の値を求めよ．

14・8　平衡定数を用いた濃度の計算

平衡定数を用いた濃度の計算の最も簡単な場合は，反応物および生成物のうち，ただ一つの物質の平衡濃度が未知の場合である．その例を例題 14・7 に示す．

例題 14・7　K_c を用いる平衡濃度の計算

次式で表される可逆反応を考える．

$$CH_4(g) + H_2O(g) \rightleftharpoons CO(g) + 3\,H_2(g)$$

この反応は，水素の工業的な供給源となっている．1500 ℃ において，平衡定数は $K_c = 5.67$ であり，これらの気体の平衡混合物を調べたところ，次の濃度であることがわかった．$[CO] = 0.300$ mol L^{-1}，$[H_2] = 0.800$ mol L^{-1}，$[CH_4] = 0.400$ mol L^{-1}．1500 ℃ の反応混合物における $H_2O(g)$ の平衡濃度を求めよ．

指針　問題には，ただ一つを除いてすべての物質の平衡濃度が与えられている．平衡濃度は化学平衡式によって互いに関係づけられているので，平衡濃度の値を代入し，$[H_2O]$ について解くことができるはずである．

解法　平衡に関するあらゆる問題を解くさいに必要となる手法は，釣合のとれた化学反応式と化学平衡式である．化学反応式はすでに問題に与えられている．したがって，それを用いて次のように化学平衡式を書くことができる．

$$K_c = \frac{[CO][H_2]^3}{[CH_4][H_2O]}$$

（これまでに，このような操作には慣れていなければならない．もしそうでなければ，§14・2を復習すること．）

解答　問題に与えられた値を化学平衡式に代入し，未知の量について解く．

$$5.67 = \frac{[0.300][0.800]^3}{[0.400][H_2O]}$$

$[H_2O]$ について解くと，次式が得られる．

$$[H_2O] = \frac{[0.300][0.800]^3}{[0.400](5.67)} = \frac{0.154}{2.27} = 0.0678$$

確認　この種類の問題ではいつも，すべての平衡濃度を質量作用の式に代入し，得られる反応商 Q の値が平衡定数 K_c と等しくなるかどうかを調べることによって，答えを確認することができる．水の濃度を 0.06 mol L^{-1} と近似することによって，答えを評価してみよう．

$$Q = \frac{[CO][H_2]^3}{[CH_4][H_2O]} = \frac{(0.300)(0.800)^3}{(0.400)(0.0600)} = 6.4$$

まず，分母と分子の数字を打消し合うことによって，計算を行ってみる．H_2O 濃度を丸たることによって，わずかな誤差が生じる．しかし，Q は K_c に十分に近いので，問題に対して正しい答えが得られたことを確認することができる．

練習問題 14・9　エタン酸エチル（一般に，酢酸エチルとよばれる）$CH_3CO_2C_2H_5$ は，マニキュアの除光剤，ラッカー，接着剤，あるいはプラスチックの製造の溶媒や食品の香料として用いられる重要な物質である．酢酸エチルは酢酸とエタノールから，次の反応によって合成される．

$$CH_3CO_2H + C_2H_5OH \rightleftharpoons CH_3CO_2C_2H_5 + H_2O$$

エタン酸（酢酸）　　エタノール　　　エタン酸エチル（酢酸エチル）

25 ℃ におけるこの反応の平衡定数は $K_c = 4.10$ である．反応混合物において平衡濃度を測定したところ，次の値が得られた．$[CH_3CO_2H] = 0.210$ mol L^{-1}，$[H_2O] = 0.00850$ mol L^{-1}，$[CH_3CO_2C_2H_5] = 0.910$ mol L^{-1}．反応混合物中の C_2H_5OH の濃度を求めよ．

■酢酸の構造式を以下に示す．

ここで解離によって放出される水素を赤で示した．酢酸の分子式は分子構造を強調した CH_3CO_2H，あるいは一塩基酸であることを強調した $HC_2H_3O_2$ のいずれかによって表記されることが多い．

K_c と初濃度を用いる平衡濃度の計算

　　計算がより複雑になるのは，平衡濃度を求めるために初濃度と K_c を用いる場合である．これらの問題は，それを解くために計算が複雑になる場合があるが，本書では簡単な計算を扱うことによって，問題に含まれる一般的な原理を学ぶことにする．しかし，この場合にも応用的な代数計算が必要となる．このようなときには，濃度表がきわめて有効な手法となる．

　　例として，次式で表される反応を考えよう．

$$CO(g) + H_2O(g) \rightleftharpoons CO_2(g) + H_2(g)$$

次のことがわかっていれば，4 種類の分子のそれぞれの平衡濃度を求めることができる．1) 化学平衡式，2) 平衡定数 K_c の値，3) 初濃度，4) 平衡に到達したとき，初濃度がどのくらい変化したか．化学平衡式は化学反応式から書くことができる．また，500 ℃ において $K_c = 4.06$ である．さらに，初濃度は問題の一部として与えられている．ここで，500 ℃ において，0.100 mol の CO と 0.100 mol の $H_2O(g)$ を 1.00 L の反応容器に入れたとする．それぞれの物質の平衡濃度を求めるために知らなければならないことは，平衡に到達したときの濃度変化だけである．ここで濃度表が役に立つ．

　　濃度表を作成するためには，"初濃度"，"濃度変化"，および "平衡濃度" の各行に書き入れる数値が必要となる．

初　濃　度　CO と H_2O の初濃度は，いずれも 0.100 mol/1.00 L ＝ 0.100 mol L^{-1} である．初期には CO_2 と H_2 はどちらも反応容器の中には存在しないので，それらの初濃度はともにゼロである．これらの値は表の中に赤字で示してある．

濃度変化　反応が平衡に到達するためには，いくらかの CO_2 と H_2 が生成しなければならない．これはまた，いくらかの CO と H_2O が反応することを意味している．その量が得られれば，それぞれの平衡濃度を求めることができる．したがって，濃度変化が未知数となる．

　反応した CO の 1 L 当たりの物質量を x とおくことにする．すると，CO の濃度変化は $-x$ とならねばならない（負になるのは，変化によって CO 濃度が減少するためである）．CO と H_2O は 1:1 の物質量比で反応するから，H_2O 濃度の変化もまた $-x$ である．1 mol の CO からそれぞれ 1 mol の CO_2 と H_2 が生成するので，CO_2 と H_2 の濃度はそれぞれ x だけ増大する（それらの濃度の変化は $+x$ となる）．これらの値は青字で示されている．

■ x を，反応した H_2O の 1 L 当たりの物質量，あるいは生成した CO_2, H_2 の 1 L 当たりの物質量に選んでもよい．ここで x を定義するために，CO を選んだことには特別の意味はない．

平衡濃度　平衡濃度は次式によって求めることができる．

$$（初濃度）＋（濃度変化）＝（平衡濃度）$$

こうして，次のような完成した濃度表が得られる．

■反応物および生成物の平衡濃度の値は，化学平衡式を満たさなければならない．

	CO(g)	+ H₂O(g)	⇌ CO₂(g)	+ H₂(g)
初濃度 M	0.100	0.100	0	0
濃度変化 M	$-x$	$-x$	$+x$	$+x$
平衡濃度 M	$0.100-x$	$0.100-x$	$+x$	$+x$

すでに学んだように，最後の行の値が化学平衡式を満たさなければならない．そこで，これらの値を質量作用の式に代入し，x について解く．

$$\frac{(x)(x)}{(0.100-x)(0.100-x)} = 4.06$$

この式は次のように書くことができる．

$$\frac{(x)^2}{(0.100-x)^2} = 4.06$$

この問題では，両辺の平方根をとることによって，方程式を解くことができる．すなわち，次式のように展開できる．

$$\sqrt{\frac{(x)^2}{(0.100-x)^2}} = \frac{(x)}{(0.100-x)} = \sqrt{4.06} = 2.01$$

両辺に $(0.100-x)$ を掛けると次式が得られる．

$$x = 2.01\,(0.100-x)$$
$$x = 0.201 - 2.01\,x$$

両辺に $2.01\,x$ を加えると次式が得られる．

$$x + 2.01\,x = 0.201$$
$$3.01\,x = 0.201$$
$$x = 0.0668$$

こうして x の値がわかったので，濃度表の最後の行からそれぞれの物質の平衡濃度を計算することができる．

$$[CO] = 0.100 - x = 0.100 - 0.0668 = 0.033 \text{ mol L}^{-1}$$
$$[H_2O] = 0.100 - x = 0.100 - 0.0668 = 0.033 \text{ mol L}^{-1}$$
$$[CO_2] = x = 0.0668 \text{ mol L}^{-1}$$
$$[H_2] = x = 0.0668 \text{ mol L}^{-1}$$

得られた平衡濃度が正しいことは，それらを質量作用の式に代入し，反応商 Q を求めることによって確認することができる．

$$Q = \frac{(0.0668)(0.0668)}{(0.033)(0.033)} = 4.1$$

Q は平衡定数 K_c にきわめて近いので，答えは妥当と考えられる．次の例題はここで用いた方法を少し変えたものであるが，これまでに学んだ化学的および数学的知識に基づいて解くことができる．

例題 14・8　K_c を用いる平衡濃度の計算

上記の例で述べたように，次の反応について，

$$CO(g) + H_2O(g) \rightleftharpoons CO_2(g) + H_2(g)$$

500 ℃ における平衡定数は $K_c = 4.06$ である．1.00 L の反応容器中で，それぞれ 0.0600 mol の CO と H_2O をそれぞれ 0.100 mol の CO_2 と H_2 と混合したとする．この温度において混合物が平衡に到達したとき，それぞれの物質の濃度を求めよ．

指針　解答の進め方は，上記の例とほとんど同じである．しかしこの問題では，いずれの初濃度もゼロではないので，x の符号を決めることがそれほど簡単ではない．x の符号を決める最もよい方法は，初濃度を用いて初期の反応商 Q を計算することである．Q と K_c を比較し，推論によって Q を K_c と等しくするために反応が進むべき方向を知ることができる．

解法　この反応に対する化学平衡式を書く．

$$\frac{[CO_2][H_2]}{[CO][H_2O]} = K_c$$

問題を解くために用いる手法の一つは，質量作用の式である．これによって，初期の Q の値を計算することができる．平衡に到達するために反応が進むべき方向がわかれば，濃度表を作成することができる．

解答　まず，以下に示した濃度表の最初の行にある初濃度を用いて，初期の反応商の値を計算する．

$$Q_{始状態} = \frac{(0.100)(0.100)}{(0.0600)(0.0600)} = 2.78 < K_c$$

ここですべきことは Q の値を推定して，K_c よりも大きいか小さいかを判定することだけである．0.1/0.06 = 1.66 であるから，1.66 × 1.66 は 4 より小さくなることはすぐにわかる．$Q_{始状態}$ は K_c よりも小さいので，反応系は平衡にはない．平衡に到達するためには Q は大きくならなければならないので，反応の進行に伴って CO_2 と H_2 の濃度は増大する必要がある．

これは，CO_2 と H_2 に対しては濃度変化が正であり，CO と H_2O に対しては濃度変化が負であることを意味する．こうして，次のような完成された濃度表が得られる．

	CO(g) +	$H_2O \rightleftharpoons$	$CO_2(g)$ +	$H_2(g)$
初濃度 M	0.0600	0.0600	0.100	0.100
濃度変化 M	$-x$	$-x$	$+x$	$+x$
平衡濃度 M	$0.0600-x$	$0.0600-x$	$0.100+x$	$0.100+x$

前の例題と同様に，平衡濃度を化学平衡式の質量作用の式に代入すると，次式が得られる．

$$\frac{(0.100 + x)(0.100 + x)}{(0.0600 - x)(0.0600 - x)} = \frac{(0.100 + x)^2}{(0.0600 - x)^2} = 4.06$$

両辺の平方根をとると，

$$\sqrt{\frac{(0.100 + x)^2}{(0.0600 - x)^2}} = \sqrt{4.06} \quad すなわち \quad \frac{(0.100 + x)}{(0.0600 - x)} = 2.01$$

となる．x について解くために，まず両辺に $(0.0600-x)$ を掛けると，次式が得られる．

$$0.100 + x = 2.01(0.0600 - x)$$
$$0.100 + x = 0.121 - 2.01 x$$

x の項を左辺に集め，定数項を右辺に集めると，

$$x + 2.01 x = 0.121 - 0.100$$
$$3.01 x = 0.021$$
$$x = 0.0070$$

となり，これによって平衡濃度を計算することができる．

$$[CO] = [H_2O] = (0.0600 - x) = 0.0600 - 0.0070$$
$$= 0.0530 \text{ mol L}^{-1}$$

$$[CO_2] = [H_2] = (0.100 + x) = 0.100 + 0.0070$$
$$= 0.107 \text{ mol L}^{-1}$$

確認 確認のために，得られた平衡濃度を用いて，反応商を計算してみよう．

$$\frac{(0.107)(0.107)}{(0.0530)(0.0530)} = 4.08$$

この値はK_cの値に十分に近い．（K_cと正確に一致しないのは，答えを得る過程でいくつか近似を用いたためである．）

これまでの例ではいずれも，平衡濃度を質量作用の式に代入することよって得られた方程式は，その両辺の平方根をとることよって簡略化することができた．しかし，次の例題に示すように，このような簡略化はいつもできるわけではない．

例題 14・9　K_c を用いる平衡濃度の計算

ある温度において，次の反応の平衡定数は$K_c = 4.50$である．

$$N_2O_4(g) \rightleftharpoons 2NO(g)$$

この温度において，体積 2.00 L の反応容器に 0.300 mol のN_2O_4を入れた．それぞれの気体の平衡濃度を求めよ．

指針 例題 14・8 と同様に，平衡における質量作用の式の値は，K_cに等しくなくてはならないことを用いる．問題にはいずれの気体の平衡濃度も与えられていないから，平衡濃度の代数的な表記を求め，それを質量作用の式に代入しなければならない．

解法 解答に用いる主要な手法は，次式に示す化学平衡式，およびこの反応に対する濃度表である．

$$\frac{[NO_2]^2}{[N_2O_4]} = 4.50$$

また，問題に与えられたデータからN_2O_4の初濃度を求めるために，モル濃度の定義を用いる必要がある．そして最後に，もし必要ならば，二次方程式を解く用意をしておかねばならない．

解答 問題を解く最初の段階は，濃度表を作成することである．

初濃度 N_2O_4の初濃度は 0.300 mol/2.00 L = 0.150 mol L^{-1}である．反応容器にNO_2は入っていないので，その初濃度はゼロである．

濃度変化 初期の反応混合物にNO_2はないので，その濃度は増大しなければならないことがわかる．これは，いくらかのNO_2が生成するに伴って，N_2O_4濃度は減少しなければならないことを意味する．反応したN_2O_4の 1 L 当たりの物質量をxとおくことにしよう．すると，N_2O_4の濃度変化は$-x$となる．反応の化学量論に従って，NO_2の濃度は$2x$だけ増大しなければならない．したがって，その濃度変化は$+2x$となる．

平衡濃度 これまでと同様に，濃度表のそれぞれの列について，初濃度に濃度変化を加えることによって，平衡濃度の代数的な表記を得ることができる．こうして，次のような完成された濃度表が得られる．

	$N_2O_4(g)$	$\rightleftharpoons$	$2NO(g)$
初濃度 M	0.150		0
濃度変化 M	$-x$		$+2x$
平衡濃度 M	$0.150-x$		$2x$

答えを得るために，平衡濃度の値を質量作用の式に代入する．

$$\frac{(2x)^2}{(0.150-x)} = \frac{4x^2}{(0.150-x)} = 4.50 \qquad (14 \cdot 12)$$

この問題では方程式の左辺が完全な 2 乗になっていないので，例題 14・8 のように単に両辺の平方根をとることはできない．しかし，方程式にはx^2, x, および定数項が含まれるので，二次方程式の解の公式を用いることができる．次の形式の二次方程式に対して，

$$ax^2 + bx + c = 0$$

xは，次式で示される解の公式を用いて解くことができることを思い出そう．

$$x = \frac{-b \pm \sqrt{b^2 - 4ac}}{2a} \qquad (14 \cdot 13)$$

(14・12) 式に戻り，まず両辺に $(0.150 - x)$ を掛ける．

$$4x^2 = 4.50(0.150 - x)$$
$$4x^2 = 0.675 - 4.50x$$

二次方程式の標準的な形式に書き直すと次式が得られる．

$$4x^2 + 4.50x - 0.675 = 0$$

したがって，解の公式に代入すべき値は，$a = 4$, $b = 4.50$, $c = -0.675$ となる．これらの値を代入すると，

$$x = \frac{-4.50 \pm \sqrt{(4.50)^2 - 4(4)(-0.675)}}{2(4)}$$
$$= \frac{-4.50 \pm \sqrt{31.05}}{8}$$
$$= \frac{-4.50 \pm 5.57}{8}$$

と解ける．±の項があるため，数学的な観点からは，二次方

程式を満足する x の値は常に二つ存在する．この場合は $x = 0.134$ および $x = -1.26$ となる．しかし化学的には，正の値 $x = 0.134$ だけが意味をもつ．なぜなら，負の値を用いると濃度の値が負になってしまうからである．負の濃度はありえない．$x = 0.134$ を用いると，それぞれの気体の平衡濃度は次式のようになる．

$$[N_2O_4] = 0.150 - 0.134 = 0.016 \text{ mol L}^{-1}$$
$$[NO_2] = 2(0.134) = 0.268 \text{ mol L}^{-1}$$

一般に，化学計算において解の公式を用いると，必ず一つの根は満足できる答えを与え，もう一方の根は化学的に意味のない答えを与えることになる．

確認 もう一度，得られた平衡濃度の値を用いて，反応商 Q を計算してみよう．これを行うと，$Q = 4.49$ が得られる．これは与えられた K_c の値に十分近い．

練習問題 14・10 ある実験において，0.200 mol の H_2 と 0.100 mol の I_2 を体積 1.00 L の反応容器に入れたところ，次式で示される平衡が成立した．

$$H_2(g) + I_2(g) \rightleftharpoons 2HI(g)$$

実験を行った温度におけるこの反応の平衡定数は $K_c = 49.5$ である．H_2, I_2, HI の平衡濃度を求めよ．

平衡に関する問題は，これまで扱ってきた問題よりももっと複雑になる場合があり，しばしば x の三次，四次，あるいはさらに大きな次数の式が現れることもある．しかし，問題を簡単にする仮定をおくことによって，容易に答えが得られる場合がある．

K_c が非常に小さいときの計算

ある反応の K_c が非常に小さい場合は，平衡の位置は反応式の左辺に著しくかたよっており，生成した生成物の量はきわめて少ない．このような場合には，反応物の初濃度の減少は非常に小さく，変化が検出されないあるいは測定できないほどになる．このときには初濃度と平衡濃度が同じであると仮定することができ，これによって計算は著しく簡略化される．たとえば，フッ化水素酸の濃度が 0.325 mol L^{-1} から出発し，わずかに 0.0002 mol L^{-1} だけが反応したとすると，残っているフッ化水素酸は，

$$0.325 \text{ mol L}^{-1} - 0.0002 \text{ mol L}^{-1} = 0.3248 \text{ mol L}^{-1} = 0.325 \text{ mol L}^{-1}（適切に丸める）$$

となる．すなわち，適切な有効数字を用いると，反応した量は初濃度に変化を与えないことがわかる．例題 14・10 では，これがどのように平衡に関する計算に適用されるかをみてみよう．

例題 14・10　小さい K_c をもつ平衡反応における計算の簡略化

水素は将来の燃料として期待されており，水として多量に存在している．しかし，水素を燃料として用いるためには，まず酸素と分離しなければならない．すなわち，水を H_2 と O_2 に分解しなければならない．可能な方法の一つは熱分解である．しかし，この過程はきわめて高い温度を必要とする．次の反応の平衡定数は，1000 ℃ においてさえも $K_c = 7.3 \times 10^{-18}$ である．

$$2H_2O(g) \rightleftharpoons 2H_2(g) + O_2(g)$$

1000 ℃ において，反応容器中の H_2O の初濃度を 0.100 mol L^{-1} に設定したとき，反応が平衡に到達したときの H_2 の濃度を求めよ．

指針 これまで扱ってきたこの形式の問題と同様，平衡濃度

を求めるためには，方程式を解かねばならないことが予想される．この問題では，どの物質の平衡濃度も問題に与えられていない．これまでの方法に従って，どのような結果が得られるかをみてみよう．

解法 必ず必要となる手法は化学平衡式である．

$$\frac{[H_2]^2[O_2]}{[H_2O]^2} = 7.3 \times 10^{-18}$$

もう一つの必要な手法は濃度表である．

解答 問題を解くための最初の段階は，濃度表を作成することである．濃度変化がわからないため，それは未知数 x を含む式によって表される．

初濃度 H_2O の初濃度は 0.100 mol L^{-1} である．H_2 と O_2 の

初濃度はいずれも $0\,\mathrm{mol\,L^{-1}}$ である．

濃度変化 濃度変化は，釣合のとれた反応式における係数と同じ比でなければならない．したがって，この行のそれぞれの項には，反応式における係数と等しい係数をつけた x を書き入れる．初期には生成物は存在しないので，生成物に対する濃度の変化は正であり，水に対する生成物の変化は負でなければならない．完成された濃度表は次のようになる．

	$2\,\mathrm{H_2O(g)}$	$\rightleftharpoons$	$2\,\mathrm{H_2(g)}$	+	$\mathrm{O_2(g)}$
初濃度 M	0.100		0		0
濃度変化 M	$-2x$		$+2x$		$+x$
平衡濃度 M	$0.100-2x$		$2x$		x

次に，最後の行に示された平衡濃度の値を質量作用の式に代入する．

$$\frac{(2x)^2(x)}{(0.100-2x)^2} = \frac{(4x^3)}{(0.100-2x)^2} = 7.3 \times 10^{-18}$$

これは三次方程式（一つの項が x^3 を含む）であり，一般に解くことはできない．この例題では K_c の値がきわめて小さいことから，分解する $\mathrm{H_2O}$ の量がきわめて少ないことがわかるので，次のように仮定することができる．

$$0.100 - 2x \approx 0.100$$

この仮定によって，上式の分母の $(0.100-2x)^2$ は $(0.100)^2$ によって置き換えることができるので，計算がきわめて単純化される．こうして，次のように x を求めることができる．

$$\frac{(4x^3)}{(0.100)^2} = 7.3 \times 10^{-18}$$

$$x^3 = (7.3 \times 10^{-20})/4 = 1.8 \times 10^{-20}$$

$$x = 2.6 \times 10^{-7}$$

計算によって得られた x は，きわめて小さい値であることに注意してほしい．最終的に $\mathrm{H_2}$ を求めなければならない．濃度表から次の関係が示される．

$$[\mathrm{H_2}] = 2x$$

したがって，答えは次のとおりである．

$$[\mathrm{H_2}] = 2(2.6 \times 10^{-7}) = 5.2 \times 10^{-7}\,\mathrm{mol\,L^{-1}}$$

確認 この反応に対する平衡定数はきわめて小さい（7.3×10^{-18}）ので，平衡における生成物の量もまた小さいことが予想できる．得られた $\mathrm{H_2}$ の非常に小さい値は，妥当と考えられる．x の値は正であり，これは最初に反応物だけが存在した場合に予想されるとおり，反応物濃度が減少し，生成物濃度が増大したことを意味している．最後に，反応商が平衡定数と一致するかどうかを調べることによって，得られた値を確認することができる．

$$Q = \frac{[\mathrm{H_2}]^2[\mathrm{O_2}]}{[\mathrm{H_2O}]^2} = \frac{(5.2 \times 10^{-7})^2(2.6 \times 10^{-7})}{(0.100)^2} = 7.0 \times 10^{-18}$$

この値は問題に与えられた平衡定数とは異なっている．これは，単に三重根をとったときに x の値を丸めたことによるものである．

■ K_c はきわめて小さいので，問題を解く前であっても，$\mathrm{H_2}$ と $\mathrm{O_2}$ はほとんど生成しないことがわかる．

計算の簡略化が妥当であると考えられる場合 K_c あるいは K_p の値が非常に小さいときには，平衡の位置は反応式の左方向，すなわち反応物の方向に著しくかたよっている．これは反応物だけから出発した場合には，ほとんど変化がないことを意味する．このような条件において，例題 14・10 で行った簡略化のための仮定は妥当である．なぜなら，きわめて大きな値から，反応物濃度の小さい変化 x を引いているからである．また，非常に小さい値 x（あるいは $2x$）は，それよりもきわめて大きな値に加えられた場合も無視することができる．ここで無視できるのは，加えるあるいは引く x だけである．決して，掛けるあるいは割る因子となっている x を省略することはできない．いくつかの例を以下に示す．

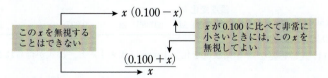

x が引かれるあるいは加えられる濃度が K よりも少なくとも 1000 倍大きければ，簡略化のための仮定は妥当であると考えてよい．たとえば，上記の例では $2x$ を 0.100 から引いた．0.100 は $1000 \times (7.3 \times 10^{-18})$ よりもきわめて大きいので，$0.100 - 2x \approx$

472   14. 化 学 平 衡

0.100 という仮定は妥当であると考えられる. しかし, 簡略化のための仮定が妥当であると考えられる場合であっても, 計算を行ったあとに, それが正しいかどうかを確認しなければならない. もしその仮定が妥当でないならば, その方程式を解くための他の方法を見つけなければならない.

練習問題 14・11　25℃, 1.00 atm の空気中では, N_2 濃度は 0.033 mol L^{-1}, O_2 濃度は 0.00810 mol L^{-1} である. 次の反応 $N_2(g) + O_2(g) \rightleftharpoons 2NO(g)$ に対して, 25℃ における平衡定数は $K_c = 4.8 \times 10^{-31}$ である. 上記の N_2 と O_2 の濃度を初濃度とするとき, 25℃ において, この反応によって大気中に存在する NO の平衡濃度を求めよ.

応 用 問 題

次の反応に対して, 25℃ における平衡定数は $K_P = 1.65 \times 10^{11}$ である.

$$2NO(g) + O_2(g) \rightleftharpoons 2NO_2(g)$$

1.15 g の NO と, 33℃, 800 Torr において測定された 645 mL の O_2 を 1.00 L の反応容器に移すことによって, 25℃ において反応物の混合物を調製したとしよう. 混合物が平衡に到達したとき, 3種類の気体それぞれの濃度を求めよ.

指針　平衡に関するすべての問題に対すると同様に, この問題も化学平衡式を扱うことになる. この気体反応に対して, 次式のように書くことができる.

解法　K_c を求めるために, (14・10) 式を用いなければならない. この式を K_c について解くと,

$$K_c = \frac{K_P}{(RT)^{\Delta n_g}} = K_P(RT)^{-\Delta n_g} \quad (14 \cdot 14)$$

となる. ここで $R = 0.0821$ L atm mol^{-1} K^{-1} であり, T は絶対温度であることを思い出そう.

反応容器内に入れた NO の物質量を求めるための手法として, NO のモル質量を用いる. その値は 30.01 g mol^{-1} である. O_2 の物質量を求めるために用いる手法は理想気体の式である. n_{O_2} について解くと次のようになる.

$$n_{O_2} = \frac{PV}{RT}$$

モル濃度の定義は, それぞれの反応物のモル濃度を計算するための手法となる.

解答　まず K_c を求める. 反応式の係数を物質量とみなすと, この反応には 2 mol の気体生成物と, 3 mol の気体反応物がある. したがって, $\Delta n_g = -1$ である. (14・14) 式に必要な値を代入し, 値を求める.

$$K_c = 1.65 \times 10^{11}[(0.0821 \text{ L atm mol}^{-1}\text{K}^{-1}) \times (298 \text{ K})]^{-(-1)}$$
$$= 4.04 \times 10^{12}$$

次に, NO と O_2 それぞれの反応物の初期の物質量を求める.

$$\frac{[NO_2]^2}{[NO]^2[O_2]} = K_c \quad \text{または} \quad \frac{P_{NO_2}^2}{P_{NO}^2 P_{O_2}} = K_P$$

問題には K_P が与えられているが, K_P は K_c に変換することができる. これについては §14・3 で学んだ. (K_P を扱うこともできるが, この問題では平衡濃度が問われているので, K_P よりも K_c を用いたほうがより適切である.)

濃度表を作成する前に, 反応物の初濃度を求める必要がある. NO については, 質量 (g) を物質量 (mol) に変更すればよい. その方法は4章で学んだ. O_2 については, O_2 の P, V, T の値を用いて, 物質量を求めなければならない.

$$n_{NO} = 1.15 \text{ g NO} \times \frac{1 \text{ mol NO}}{30.01 \text{ g NO}} = 0.0383 \text{ mol}$$

$$n_{O_2} = \frac{PV}{RT} = \frac{\left(\dfrac{800 \text{ Torr}}{760 \text{ Torr/atm}}\right) \times 0.645 \text{ L}}{(0.0821 \text{ L atm mol}^{-1}\text{K}^{-1}) \times (298 \text{ K})}$$
$$= 0.0278 \text{ mol}$$

反応物はいずれも 1.00 L の反応容器に入っているから, 初濃度は $[NO] = 0.0383$ mol L^{-1}, $[O_2] = 0.0278$ mol L^{-1} となる. 反応容器に NO_2 は存在しないので, その初濃度はゼロである. これらより, 次のような濃度表を作成することができる.

	$2NO(g)$	$+$	$O_2(g)$	$\rightleftharpoons$	$2NO_2(g)$
初濃度 M	0.0383		0.0278		0
濃度変化 M	$-2x$		$-x$		$+2x$
平衡濃度 M	$0.0383-2x$		$0.0278-x$		$2x$

平衡濃度を化学平衡式に代入すると, 次式が得られる.

$$K_c = 4.04 \times 10^{12} = \frac{(2x)^2}{(0.0383 - 2x)^2(0.0278 - x)}$$

ここで, x (あるいは $2x$) はきわめて小さく, 無視できると仮定したいと思うかもしれない. それができれば方程式は

ずっと扱いやすくなるだろう．しかし，この場合には，その仮定は妥当ではない．K_c の値がきわめて大きいことから，この反応が完了する方向に著しくかたよっていることがわかる．このため，反応物の少なくとも一つは，ほとんど消費さ

れていると考えられる．このことは濃度変化は小さくはなく，無視できないことを意味している．したがって，課題はそれを解くことができるように，この問題をつくり直すことになる．

問題のつくり直し

指針　平衡にきわめて近い系から計算を始めることができれば，方程式も扱いやすくなるだろう．この反応は，K_c の値が示すように，平衡の位置は著しく反応式の右辺にかたよっている．反応式の左辺あるいは右辺のいずれから平衡に近づけても，同じ平衡濃度に到達するので，この反応系の平衡が2段階で到達すると仮定してみよう．すなわち，段階1は，初期の NO と O_2 が完全に反応して NO_2 を与える過程である．これは実質的には，限定反応物に関する問題である．段階2は，反応式の右辺から平衡に近づける過程である．これによって，濃度表は生成物側から始まるように，書き直すことが必要となる．

解法　段階1で必要な手法は，限定反応物に関する問題を扱う方法である．これは3章で学んだ．

解答　反応は 0.0383 mol の NO と 0.0278 mol の O_2 から開始される．もしすべての NO が反応するならば，次式のように必要な O_2 は 0.0192 mol だけとなる．

$$0.0383 \ \overline{\text{mol NO}} \times \frac{1\,\text{mol O}_2}{2\,\text{mol NO}} = 0.0192\ \text{mol O}_2$$

したがって，O_2 は過剰に存在し，NO が限定反応物となることがわかる．反応式の化学量論に基づくと，すべての NO が反応すれば，0.0383 mol の NO_2 が生成し，残っている O_2 の量は (0.0278 mol − 0.0192 mol) = 0.0086 mol となることがわかる．

解法　段階2で必要な手法は，最初にこの問題を解こうとしたときに用いた手法と同じである．

解答　ここで新たに開始される反応の初濃度は，次のようになる．

$[\text{NO}] = 0\ \text{mol L}^{-1}$　（NO はすべて反応したと仮定した）
$[\text{O}_2] = 0.0086\ \text{mol L}^{-1}$
$[\text{NO}_2] = 0.0383\ \text{mol L}^{-1}$

新しい濃度表を以下に示す．"濃度変化"の行について，符号が変わっていることに注意してほしい．これは，今度は反応が生成物側から開始し，反応式の右辺から左辺の方向へと起

こっていることに対応している．

	$2\,\text{NO(g)}$	$+$	$O_2\text{(g)}$	$\rightleftharpoons$	$2\,\text{NO}_2\text{(g)}$
初濃度 M	0		0.0086		0.0383
濃度変化 M	$+2x$		$+x$		$-2x$
平衡濃度 M	$2x$		$0.0086+x$		$0.0383-2x$

最後の行にある値を質量作用の式に代入すると次式が得られる．

$$K_c = 4.04 \times 10^{12} = \frac{(0.0383 - 2x)^2}{(2x)^2(0.0086 + x)}$$

生成物側から開始することによって，平衡にきわめて近い位置にいるため，濃度の変化 x および $2x$ の値は，初濃度に比べて非常に小さいことがわかる．したがって，それらを無視しても問題ないと考えられる．こうして次式が得られる．

$$K_c = 4.04 \times 10^{12} = \frac{(0.0383)^2}{(2x)^2(0.0086)}$$

これは x について解くことができ，$x = 1.03 \times 10^{-7}$ が得られる．上記の濃度表の最後の行に示された値を用いて，平衡濃度は次のように求めることができる．

$[\text{NO}] = 2 \times (1.03 \times 10^{-7}) = 2.06 \times 10^{-7}\ \text{mol L}^{-1}$
$[\text{O}_2] = 0.0086 + (1.03 \times 10^{-7})$
$\qquad\qquad = 0.0086\ \text{mol L}^{-1}$　（適切に丸める）
$[\text{NO}_2] = [0.0383 - 2(1.03 \times 10^{-7})]$
$\qquad\qquad = 0.0383\ \text{mol L}^{-1}$　（適切に丸める）

確認　まず，問題をつくり直したあとに，方程式を解くことを容易にした簡略化のための仮定が妥当であることに注意してほしい．また，得られた答えを質量作用の式に代入することによって，それらが正しいかどうかを確認することができる．

$$Q = \frac{(0.0383)^2}{(2.06 \times 10^{-7})^2(0.0086)} = 4.02 \times 10^{12}$$

Q の値は K_c (4.04×10^{12}) にほぼ一致しており，得られた答えは妥当と考えられる．

15 酸と塩基

4章では酸・塩基とよばれる化合物を紹介し，その性質について説明した．ライムのような食物から，酢やアンモニアのような家庭用品，あるいはアミノ酸のような生物学的に重要な化合物に至るまで，多くの物質は慣用的に酸あるいは塩基に分類される．酸塩基反応の概念は非常に有用であり，4章で述べたアレニウスの定義を超えて，広く用いられている．本章では酸・塩基の化学に戻り，これらのより広い分類について学ぶとともに，酸・塩基の強さにおける周期的な傾向を検討しよう．さらに，ナイフの素材であるセラミックスのような有用なハイテク材料の製造にかかわる酸・塩基の化学を学ぶ．

スペースシャトルの熱防壁はセラミックス製タイルでできている

- 15・1 ブレンステッド–ローリーの酸・塩基
- 15・2 ブレンステッド–ローリーの酸・塩基の強さ
- 15・3 酸の強さの周期的傾向
- 15・4 ルイスの酸・塩基
- 15・5 元素とその酸化物の酸性・塩基性
- 15・6 ファインセラミックスと酸塩基の化学

学習目標

- ブレンステッド–ローリーの酸・塩基の判別，および共役酸塩基対や両性物質の説明
- ブレンステッド–ローリーの酸・塩基の強さの比較と強い酸・塩基，弱い酸・塩基への分類，および共役酸塩基対の強さの比較
- 二元酸とオキソ酸の強さの傾向に対する周期表を用いた説明
- ルイスの酸・塩基の定義と，アレニウスやブレンステッド–ローリーの酸・塩基の定義との比較
- 元素の酸・塩基の形成しやすさに対する周期表を用いた説明
- ゾル–ゲル法などファインセラミックスの製造方法と酸・塩基の化学との関連性の説明

15・1 ブレンステッド–ローリーの酸・塩基

4章では，水中で H_3O^+ を与える物質を酸，OH^- を与える物質を塩基と定義した．アレニウスによると，酸塩基中和反応は，酸と塩基が結合して水と塩を与える反応である．しかし，H_3O^+, OH^-，あるいは H_2O さえ含まないにもかかわらず，中和反応に似た多くの反応が存在する．たとえば，蓋をとった濃塩酸と濃アンモニア水の瓶を並べて置いておくと，それぞれの瓶から発生した蒸気が混じり合って白煙が生じる（図15・1）．白煙は塩化アンモニウムの微結晶からなり，それぞれの瓶から漏れ出した気体のアンモニアと塩化水素が空気中で混合し，反応したものである．

$$NH_3(g) + HCl(g) \rightleftharpoons NH_4Cl(s)$$

興味深いことに，この反応はアンモニアの水溶液（塩基）と塩化水素の水溶液（酸）が中和したときに起こる反応と，実質的には同じものである．しかし，この気体反応は水を含まないので，アレニウスの定義による酸塩基中和反応には適合しない．

図 15・1 気体 HCl と気体 NH₃ との反応．それぞれの濃厚な水溶液から気体が漏れ出し，互いに混じり合うと，瓶の上方で NH₄Cl の微結晶による白煙が形成される．

これらの水溶液反応と気体反応を見比べたとき，共通点があることがわかる．すなわち，いずれにも一つの粒子から別の粒子へのプロトン（水素イオン，H^+）の移動

が含まれている*1. 水中ではHClは完全に解離しており, §4・6で述べたように, H_3O^+ から NH_3 へのプロトンの移動が起こる. イオン反応式は次のように書ける.

$$NH_3(aq) + H_3O^+(aq) + Cl^-(aq) \longrightarrow \underline{NH_4^+(aq) + Cl^-(aq)} + H_2O$$
NH_4Cl のイオン

気相ではプロトンはHCl分子から NH_3 分子へ直接移動する.

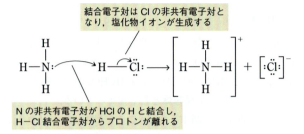

アンモニウムイオンと塩化物イオンが生成するとともに, それらが集まって, 塩化アンモニウムの結晶として析出したのである.

プロトン移動反応

デンマークの化学者ブレンステッドと英国の科学者ローリーは, 多くの酸塩基反応で起こる重要な事実は, 単に一方の粒子から他方の粒子へのプロトンの移動であることを認識した. そこで彼らは酸・塩基を次のように再定義した.

> **ブレンステッド-ローリーの酸・塩基の定義*2**
> ブレンステッド-ローリーの酸はプロトン供与体である.
> ブレンステッド-ローリーの塩基はプロトン受容体である.

ブレンステッドとローリーの酸・塩基の概念の重要な点は, 酸塩基反応はプロトン移動反応であるということである. それによると, 塩化水素HClが酸であるのは, HClがアンモニア NH_3 と反応するとき, HCl分子が NH_3 分子にプロトンを供与するためである. 同様に, アンモニアが塩基であるのは, NH_3 分子がプロトンを受容するためである.

溶媒が水であるときでさえも, ブレンステッド-ローリーの定義はアレニウスの定義よりもよく用いられる. こうして, 塩化水素と水からオキソニウムイオン H_3O^+ と塩化物イオン Cl^- が生成する反応は, もう一つのプロトン移動反応であり, 明らかにブレンステッド-ローリーの定義では酸塩基反応となる. この反応ではHCl分子が酸であり, 水分子が塩基である. HCl分子が水分子と衝突し, 衝突の間にプロトンが移動する.

水　塩化水素　分子の衝突によりプロトン移動が起こる　オキソニウムイオン　塩化物イオン

*1 水素原子から電子を1個除去すると, 残るものは原子核, すなわちプロトンだけである. したがって, 水素イオン H^+ はプロトンからなるので, プロトンという用語と水素イオンという用語は, しばしば互換的に用いられる.

■ ここでは, イオンが生成する間に電子がどのように移動し, 再配置するかを示すために"巻矢印"を用いる. H–Cl結合の電子対から H^+ が除去されるとともに, NH_3 分子の窒素原子の電子対が H^+ と結合する. H–Cl結合の電子対はClに完全に移動し, Cl^- が生成する.

■ NH_4^+ において, 正電荷は1個の水素原子だけに示されているが, 実際には4個の水素原子に等しく広がっている.

ブレンステッド Johannes Brønsted, 1879～1947

ローリー Thomas Lowry, 1874～1936

*2 ブレンステッドとローリーはともに, プロトン移動によって酸・塩基を定義したとされているが, ブレンステッドはさらにその概念を拡張させた. 簡単のため, 本書ではしばしば, プロトン移動反応に含まれる物質をさすときに, ブレンステッド酸, ブレンステッド塩基という用語を用いる.

■ H_3O^+ においても, 正電荷は3個の水素原子に等しく広がっている.

共役酸と共役塩基

■ ギ酸 HCHO₂ は赤で示した H だけが酸塩基反応に用いられる．

```
      O
      ‖
  H—O—C—H
```

■ ギ酸イオン CHO₂⁻

```
      O
      ‖
    —O—C—H
```

* HCl や HNO₃ と同じように，解離する酸性の水素を最初において酢酸を HC₂H₃O₂ と表すように，本書ではギ酸の化学式を HCHO₂，ギ酸イオンの化学式を CHO₂⁻ と表記する．しかし，構造式が示すように，ギ酸の酸性水素は C ではなく O に結合している．多くの化学者は，ギ酸の化学式を HCO₂H と書くことを好む．

プロトン供与体 proton donor

プロトン受容体 proton acceptor

共役酸塩基対 conjugate acid-base pair

共役酸 conjugate acid

共役塩基 conjugate base

ブレンステッドの酸・塩基の考え方を用いて，酸塩基反応を，正反応と逆反応からなる化学平衡としてみてみよう．最初に §4・4 において，弱酸水溶液における化学平衡を説明した．ここでは例として，ギ酸 HCHO₂ を取上げよう．ギ酸は弱酸であるから，その解離は化学平衡として表記することができる．ここでは水は単なる溶媒というだけではなく，化学的な反応物，すなわちプロトン受容体でもある＊．

$$HCHO_2(aq) + H_2O \rightleftharpoons H_3O^+(aq) + CHO_2^-(aq)$$

正反応ではギ酸分子はプロトンを水分子に供与し，ギ酸イオン CHO₂⁻ に変化している（図 15・2a）．こうして HCHO₂ はブレンステッド酸，すなわち**プロトン供与体**として振舞っている．一方，水はこのプロトンを HCHO₂ から受取るので，水はブレンステッド塩基，すなわち**プロトン受容体**として振舞っている．

さて，逆反応をみてみよう（図 15・2b）．ここでは H₃O⁺ がプロトンを CHO₂⁻ に供与しているので，H₃O⁺ はブレンステッド酸として振舞っている．一方，CHO₂⁻ はプロトンを受容することによって，ブレンステッド塩基として振舞っている．

HCHO₂, H₂O, H₃O⁺, CHO₂⁻ からなる平衡過程は，二つの酸（HCHO₂ と H₃O⁺）と二つの塩基（H₂O と CHO₂⁻）を確認することができる点で，一般的なプロトン移動平衡の典型的な例である．水溶液中のギ酸の平衡では，反応式の右辺の酸（H₃O⁺）は左辺の塩基（H₂O）から生成し，右辺の塩基（CHO₂⁻）は左辺の酸（HCHO₂）から生成していることに注意しよう．

互いにプロトン1個だけ異なっている二つの物質を，**共役酸塩基対**という．たとえば，H₃O⁺ と H₂O は共役酸塩基対である．それらの違いは，酸（H₃O⁺）が塩基（H₂O）よりプロトンを1個多くもっていることだけである．対をなす一つの物質はプロトン供与体であるから，それを**共役酸**という．もう一つの物質はプロトン受容体であり，**共役塩基**とよばれる．たとえば，"H₃O⁺ は H₂O の共役酸である"，あるいは "H₂O は H₃O⁺ の共役塩基である" という．共役酸塩基対における酸は，常に塩基よりも1個多い H⁺ をもっていることに注意しよう．

HCHO₂ と CHO₂⁻ の対は，水溶液中のギ酸の平衡におけるもう一つの共役酸塩基対である．HCHO₂ は CHO₂⁻ よりも1個多い H⁺ をもっているので，CHO₂⁻ の共役酸は HCHO₂ である．また HCHO₂ の共役塩基は CHO₂⁻ である．平衡反応式において共役酸塩基対にある二つの物質を強調するための一つの方法は，それらを線で結びつけることである．

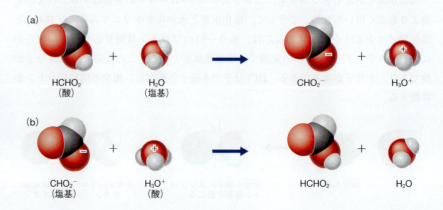

図 15・2 ギ酸水溶液におけるブレンステッド酸・塩基．(a) ギ酸は水分子へプロトンを移動させる．HCHO₂ は酸であり，H₂O は塩基である．(b) オキソニウムイオンがプロトンを CHO₂⁻ へ移動させるとき，H₃O⁺ は酸であり，CHO₂⁻ は塩基である．

15・1　ブレンステッド-ローリーの酸・塩基　　477

$$\overset{\text{共役酸塩基対}}{\overbrace{\underset{\text{酸}}{HCHO_2} + \underset{\text{塩基}}{H_2O}} \rightleftharpoons \underset{\text{酸}}{H_3O^+} + \underset{\text{塩基}}{CHO_2^-}}$$

(15・1)

あらゆるブレンステッド酸・塩基の平衡においては，常に二つの共役酸塩基対が存在する．反応式をよく調べることによって共役酸塩基対を見つける方法，および化学式から共役酸塩基対を表記する方法をしっかりと学ぶ必要がある．

例題 15・1　共役酸と共役塩基の化学式の決定

硝酸 HNO_3 の共役塩基の化学式を書け．また，硫酸水素イオン HSO_4^- の共役酸の化学式を書け．

指針　共役酸・共役塩基という用語は，この問題がブレンステッド酸・塩基の概念を含む問題であることを示している．

解法　用いる手法は共役酸塩基対の概念であり，それによると共役酸塩基対となる一対の物質は，互いに一つの，そしてただ一つの H^+ だけが異なっており，H^+ を多くもつほうが酸となる．

解答　HNO_3 の共役塩基を問う問題であり，これは HNO_3 が共役酸塩基対の酸となっていることを意味している．塩基の化学式を求めるためには，酸 HNO_3 から一つの H^+（原子と電荷の両方）を除去すればよい．すると硝酸イオン NO_3^- が残り，これが共役塩基の化学式となる．

次に，HSO_4^- の共役酸の化学式が問われており，これは HSO_4^- が共役酸塩基対の塩基であることを意味している．

酸の化学式を求めるには，塩基に一つの H^+ をつけ加えればよい．すなわち，塩基の化学式に水素原子を一つ付け加え，その正電荷を一つだけ増大させる．HSO_4^- に H^+ をつけ加えることによって，共役酸の化学式は H_2SO_4 となる．

確認　確認には，それぞれの酸塩基対における二つの化学式を比較すればよい．

$$HNO_3 \quad NO_3^- \qquad H_2SO_4 \quad HSO_4^-$$

それぞれにおいて，右側に記されている化学式は，左側のものより一つ H^+ が少ないので，確かに共役塩基である．

練習問題 15・1　次の対のうち共役酸塩基対はどれか．また，共役酸塩基対でないものについては理由を述べよ．
(a) H_3PO_4 と $H_2PO_4^-$　　(b) HI と H^+　　(c) NH_2^- と NH_3
(d) HNO_2 と NH_4^+

例題 15・2　ブレンステッド酸塩基反応における共役酸塩基対の確認

硫酸水素ナトリウムはある種のセメントの製造や金属から酸化物被膜を除去するために利用される．この陰イオン HSO_4^- は，次式に従ってリン酸イオン PO_4^{3-} と反応する．

$$HSO_4^-(aq) + PO_4^{3-}(aq) \longrightarrow SO_4^{2-}(aq) + HPO_4^{2-}(aq)$$

二つの共役酸塩基対を示せ．

指針　一つの反応式における共役酸塩基対を見分けるには，次の二つのことが必要となる．1) 共役酸塩基対となる一対の物質は，1個の H^+ だけが異なっている．2) 共役酸塩基対となる一対の物質は，(15・1) 式のように，それぞれが反応式の矢印の反対側に位置していなければならない．それぞれの共役酸塩基対では，より多くの H^+ をもつ物質が共役酸となる．

解法　(15・1) 式を基準に用いて，二つの共役酸塩基対における酸と塩基の関係を確認する．

解答　反応式における二つの化学式には PO_4^{3-} 単位が含まれるので，それらは同じ共役酸塩基対に属するはずである．より多い H^+ をもつ HPO_4^{2-} が共役酸となり，もう一方の PO_4^{3-} が共役塩基でなければならない．したがって，一つの共役酸塩基対は HPO_4^{2-} と PO_4^{3-} である．残りの二つのイオ

ン HSO_4^- と SO_4^{2-} が，第二の共役酸塩基対となる．HSO_4^- が共役酸であり，SO_4^{2-} が共役塩基である．

$$\overset{\text{共役酸塩基対}}{\overbrace{\underset{\text{酸}}{HSO_4^-(aq)} + \underset{\text{塩基}}{PO_4^{3-}(aq)}} \rightleftharpoons \underset{\text{塩基}}{SO_4^{2-}(aq)} + \underset{\text{酸}}{HPO_4^{2-}(aq)}}$$

確認　解答の確認には，共役酸塩基対に必要な条件，すなわちそれぞれの共役酸塩基対について，対となる物質が矢印の反対側に位置していること，および対となる物質が互いに一つの，そしてただ一つの H^+ だけが異なっていることが満たされているかどうかを確かめればよい．

練習問題 15・2　ベーキングパウダーの一種には，炭酸水素ナトリウムとリン酸二水素カルシウムが含まれている．水を加えると，次の正味のイオン反応式で表される反応が起こる．
$$HCO_3^-(aq) + H_2PO_4^-(aq) \longrightarrow H_2CO_3(aq) + HPO_4^{2-}(aq)$$
この反応における二つのブレンステッド酸と二つのブレンステッド塩基を示せ．（H_2CO_3 は分解して CO_2 を放出し，これによってケーキが膨らむ．）

両 性 物 質

いくつかの分子やイオンは，それらと混合した物質の種類に依存して，酸あるいは塩基のいずれかとして機能することができる．たとえば，水を塩化水素と反応させると，水は HCl 分子からプロトンを受取るので，塩基として振舞う．一方，水が弱塩基のアンモニアと反応するときには，水は酸として振舞う．

$$H_2O + HCl(g) \longrightarrow H_3O^+(aq) + Cl^-(aq)$$
塩基　　　酸

$$H_2O + NH_3(aq) \longrightarrow NH_4^+(aq) + OH^-(aq)$$
酸　　　塩基

ここでは正反応において H_2O は NH_3 にプロトンを供与している．

存在する他の物質に依存して，酸あるいは塩基のいずれとしても反応できる性質を**両性**という．

両性物質は分子の場合もイオンの場合もある．たとえば，重曹に含まれる炭酸水素イオン HCO_3^- のような酸性塩の陰イオンは両性である．HCO_3^- は塩基に対してプロトンを供与することができ，また酸からプロトンを受容することもできる．すなわち，水酸化物イオンに対しては HCO_3^- は酸であり，次式のように OH^- に対してプロトンを供与する．

> **両性** amphoteric, amphiprotic

$$HCO_3^-(aq) + OH^-(aq) \longrightarrow CO_3^{2-}(aq) + H_2O$$
酸　　　　　塩基

しかし，オキソニウムイオンに対しては HCO_3^- は塩基であり，次式のように H_3O^+ からプロトンを受容する．

$$HCO_3^-(aq) + H_3O^+(aq) \longrightarrow H_2CO_3(aq) + H_2O$$
塩基　　　　　酸

> **練習問題 15・3** 次の化学種のうち両性であるものはどれか，理由も述べよ．(a) $H_2PO_4^-$ (b) H_2S (c) H_3PO_4 (d) NH_4^+ (e) H_2O (f) HI (g) HNO_2

15・2　ブレンステッド–ローリーの酸・塩基の強さ

ブレンステッド酸・塩基は，それぞれプロトンを供与する，あるいは受容する能力が異なっている．本節では，それらの能力を比較する方法，およびそれぞれの酸・塩基における中心元素の周期表の位置に基づいて，それらの能力の違いを予測する方法を述べる．

酸・塩基の相対的な基準に対する比較

ブレンステッド酸の強さとは，塩基に対してプロトンを供与する能力を意味する．この能力は，酸と塩基との反応が完了に向かってどの程度進んでいるかを決めることによって，評価することができる．反応がより完了の方向にあればより強い酸となる．一連の酸の強さを比較するために，ある基準となる塩基を選択しなければならない．水溶液中の反応を扱うことが多いため，一般に，基準となる塩基は水である（他の塩基を基準として選ぶこともできる）．

4章ではアレニウス酸・塩基の観点から強酸と弱酸について説明したが，そこで述べたことは同じ酸をブレンステッドの概念を用いて扱うときにも，ほとんど同様に適用される．たとえば，HCl や HNO_3 のような酸は強力なプロトン供与体であるから，水と完全に反応して H_3O^+ を与える．したがって，それらは強いブレンステッド酸に分類される．一方，亜硝酸 HNO_2 や酢酸 $HC_2H_3O_2$ のような酸は，非常に弱いプロト

ン供与体である．それらと水との反応は完了から遠く離れているので，それらは弱酸に分類される．

　同様に，ブレンステッド塩基の相対的な強さは，それらがプロトンを受容し，結合する能力によって評価される．ここでも，塩基の強さを比較するために，基準となる酸を選択しなければならない．水は両性なので，基準の酸としても用いることができる．たとえば，酸化物イオンのような強力なプロトン受容体となる物質は，水と完全に反応するため，強いブレンステッド塩基とみなすことができる．

$$O^{2-} + H_2O \xrightarrow{100\%} 2\,OH^-$$

アンモニアのような弱いプロトン受容体は，水との反応が完全には進行しない．したがって，それらは弱塩基に分類される．

水中のオキソニウムイオンと水酸化物イオン

　HCl と HNO₃ はいずれもきわめて強いプロトン供与体である．それらを水に入れると完全に反応し，プロトンが水分子に渡されて H_3O^+ が生成する．この反応を一般式で表すと，次式のようになる．

$$\underset{\text{酸}}{HA} + \underset{\text{塩基}}{H_2O} \xrightarrow{100\%} \underset{\text{酸}}{H_3O^+} + \underset{\text{塩基}}{A^-}$$

HCl と HNO₃ の反応はいずれも完全に進行するので，それらのうち，どちらが実際により良好なプロトン供与体（より強い酸）であるかを判定することはできない．このためには，水よりもプロトンを受容する能力が低い塩基を基準に用いる必要がある．水中では HCl と HNO₃ はどちらも定量的に，別の酸 H_3O^+ へ変換される．水中では水よりも強い酸は完全に水と反応して H_3O^+ を与えるから，結論として，H_3O^+ が水溶液中で確認できる最も強い酸となる．

　同様の結論が，水酸化物イオンについてもいえる．上述したように，O^{2-} は強力なブレンステッド塩基であり，水と完全に反応して OH^- を与える．アミドイオン NH_2^- はもう一つのきわめて強いプロトン受容体であり，同様に水と完全に反応する．

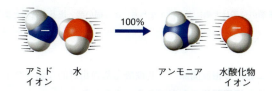

アミド　　水　　　　　アンモニア　水酸化物
イオン　　　　　　　　　　　　　　　イオン

この反応は，ふつうの化学反応式の形式で表記することもできる．

$$\underset{\text{塩基}}{NH_2^-} + \underset{\text{酸}}{H_2O} \xrightarrow{100\%} \underset{\text{酸}}{NH_3} + \underset{\text{塩基}}{OH^-}$$

O^{2-} と NH_2^- はいずれも水と完全に反応して，別の塩基である OH^- に置き換わる．したがって，水を基準の酸として用いると，どちらがより良好なプロトン受容体であるかを判定することはできない．水よりも強い塩基は水と完全に反応して OH^- を生じるので，OH^- が水溶液中で確認できる最も強い塩基ということができる．

共役酸塩基対における酸・塩基の強さの比較

　水中における酸の解離を表す化学反応式には，実際には，二つのブレンステッド酸

が示されている．一つは酸それ自身であり，もう一つはオキソニウムイオンである．ほとんどすべての場合，それらの酸の一方が他方よりも強く，平衡の位置から二つの酸のうちどちらが強いかがわかる．酢酸の平衡を用いて，このことを説明しよう．酢酸では次の反応式で示される平衡の位置は，左側にかたよっている．

$$HC_2H_3O_2(aq) + H_2O \rightleftharpoons H_3O^+(aq) + C_2H_3O_2^-(aq)$$
酸　　　　　　塩基　　　　　酸　　　　　塩基

この平衡における二つのブレンステッド酸は，$HC_2H_3O_2$ と H_3O^+ である．これらが受容体に対するプロトンの供与において，互いに競争していると考えてみよう．供与できるプロトンのほとんどすべてが $HC_2H_3O_2$ 分子に存在し，それに比べて，H_3O^+ に存在するプロトンはわずかしかない．この事実は，オキソニウムイオンは酢酸分子よりも強いプロトン供与体であることを意味している．こうして，オキソニウムイオンは酢酸よりも強いブレンステッド酸であり，これらの相対的な酸性度を平衡の位置から推論できたことになる．

　また酢酸の平衡には二つの塩基が存在する．すなわち，$C_2H_3O_2^-$ と H_2O である．これらは供与体からのプロトンの受容において競争している．しかし，平衡において，もともと酢酸が保持していたプロトンのほとんどは，依然として $HC_2H_3O_2$ 分子に存在している．H_3O^+ の形態で H_2O に結合しているものはほとんどない．この事実は，水よりも酢酸イオンのほうが，プロトン供与体からより効果的にプロトンを獲得し，それを保持することを意味している．これは酢酸イオンは水分子よりも強い塩基であることと同じである．こうして塩基の相対的な強さについても，酢酸の平衡の位置から推測することができたことになる．

　酢酸の平衡に関するこのような解析から，重要な点が示される．それは二つの酸のうちの弱い酸と，二つの塩基のうちの弱い塩基の両方が，反応式の同じ側に現れるという点である．それらが存在する側が，平衡の位置において有利となる側となる．

酸・塩基の平衡の位置は弱酸と弱塩基側にある．

$$HC_2H_3O_2(aq) + H_2O \rightleftharpoons H_3O^+(aq) + C_2H_3O_2^-(aq)$$
弱酸　　　　　弱塩基　　　　強酸　　　　強塩基

平衡の位置は左側にある．すなわち，より弱い酸・塩基が有利となる

酸・塩基の強さにおける相反関係　　共役酸塩基の相対的な強さを予想するために役立つことの一つは，**相反関係**の存在である．すなわち，

相反関係 reciprocal relationship

強いブレンステッド酸ほど，その共役塩基は弱い．

例をあげて説明するために，$HCl(g)$ が非常に強いブレンステッド酸であることを思い出そう．$HCl(g)$ は希薄な水溶液中では100％解離している．

$$HCl(g) + H_2O \xrightarrow{100\%} H_3O^+(aq) + Cl^-(aq)$$

　4章で説明したように，強酸の解離に対しては平衡を示す両方向の矢印を書かない．HCl について両方向の矢印を書かないことは，HCl の共役塩基である塩化物イオンが，きわめて弱いブレンステッド塩基であるということと同じである．きわめて強いプロトン供与体である H_3O^+ が存在しているにもかかわらず，塩化物イオンはプロトンと

再結合することはない．このように強酸 HCl は，非常に弱い共役塩基 Cl⁻ をもつ．

これと対応する相反関係がある．すなわち，

> 弱いブレンステッド酸ほど，その共役塩基は強い．

例として，共役酸塩基対である水酸化物イオン OH⁻ と酸化物イオン O²⁻ を考えよう．水酸化物イオンが共役酸であり，酸化物イオンが共役塩基である．しかし，水酸化物イオンはきわめて弱いブレンステッド酸のはずである．実際に，これまで水酸化物イオンは，塩基としてのみ扱ってきた．OH⁻ が酸としてきわめて弱いならば，その共役塩基である酸化物イオンは，きわめて強い塩基でなければならない．そしてすでに学んだように，酸化物イオンは水との反応が100%完全に進行するほど強い塩基である．これが次の反応式に，平衡を示す両方向の矢印を書かない理由である．

$$\underset{\text{塩基}}{O^{2-}} + \underset{\text{酸}}{H_2O} \xrightarrow{100\%} \underset{\text{酸}}{OH^-} + \underset{\text{塩基}}{OH^-}$$

非常に強い塩基である O²⁻ は，
非常に弱い共役酸 OH⁻ をもつ

両性物質は酸と混合すると塩基としてはたらき，塩基と混合すると酸としてはたらく．すると，もし二つの両性物質を混合したら，どちらが酸としてはたらき，どちらが塩基としてはたらくのかと疑問に思うかもしれない．この疑問に対しては，"より強い酸が酸としてはたらき，他方が塩基になる"と明確に答えることができる．たとえば，次に示す反応式では，平衡の位置は左側（反応物側）にかたよっていることがわかっている．

$$\underset{\text{酸}}{H_2S(aq)} + \underset{\text{塩基}}{HCO_3^-(aq)} \rightleftharpoons \underset{\text{塩基}}{HS^-(aq)} + \underset{\text{酸}}{H_2CO_3(aq)}$$

> 平衡の位置は反応式の左側にかたよっている．
> HCO₃⁻ は HS⁻ よりも弱い塩基のはずである．

この事実は，$H_2CO_3(aq)$ は $H_2S(aq)$ よりも強い酸であることを意味していると説明される．それは同様に，$HCO_3^-(aq)$ が $HS^-(aq)$ よりも弱い塩基であることを示している．したがって，$HS^-(aq)$ を含む水溶液と $HCO_3^-(aq)$ を含む水溶液を混合すると，次のような反応が進行する．

$$\underset{\text{塩基}}{HS^-(aq)} + \underset{\text{酸}}{HCO_3^-(aq)} \rightleftharpoons \underset{\text{酸}}{H_2S(aq)} + \underset{\text{塩基}}{CO_3^{2-}(aq)}$$

なぜなら，より強い塩基 HS⁻ によって，より弱い塩基 HCO₃⁻ から H⁺ が除去されるので，HCO₃⁻ は実際には酸として振舞うためである．

例題 15・3　相反関係を用いた平衡の位置の予測

酢酸は亜硫酸水素イオンよりも強い酸であることが知られている．この事実に基づいて，次の反応における平衡の位置は，反応式の左側と右側のいずれにかたよっているかを予測せよ．

$$HSO_3^-(aq) + C_2H_3O_2^-(aq) \rightleftharpoons HC_2H_3O_2(aq) + SO_3^{2-}(aq)$$

指針　上記の反応において，二つの酸は HC₂H₃O₂ と HSO₃⁻

である．問題に解答するためには，次の問に答えねばならない．酸の相対的な強さは平衡の位置とどのように関係しているであろうか．

解法　酸・塩基の平衡の位置は，より弱い酸・塩基側に有利となる．これはこの問題を解くために必要な手法の一つである．もう一つの手法は，共役酸塩基対となる酸と塩基の強さにおける相反関係である．

解答 まず，平衡反応式を書き，問題に与えられた酢酸と亜硫酸水素イオンの相対的な強さに関する事実を用いて，酸の強弱を表示する．

$$HSO_3^-(aq) + C_2H_3O_2^-(aq) \rightleftharpoons HC_2H_3O_2(aq) + SO_3^{2-}(aq)$$
　　より弱い酸　　　　　　　　　　　　　　より強い酸

ここで，二つの塩基の強弱を表示するために，相反関係を用いる．より強い酸の共役塩基はより弱くなければならない．いいかえれば，より弱い酸はより強い共役塩基をもたなければならない．

$$HSO_3^-(aq) + C_2H_3O_2^-(aq) \rightleftharpoons HC_2H_3O_2(aq) + SO_3^{2-}(aq)$$
　より弱い酸　　より弱い塩基　　　　　より強い酸　　より強い塩基

最後に，平衡の位置はより弱い酸・塩基の側に有利になることから，この反応の平衡の位置は，反応式の左側にかたよっていると推測される．

確認 二つの点から答えを確認することができる．第一に，共役酸塩基対のより弱い酸・塩基はいずれも，反応式の同じ側になければならない．答えはそのようになっているので，正しい帰属がなされたことが示唆される．第二に，反応はより弱い酸・塩基の方向へ進行するので，平衡の位置は反応式の左側にかたよることになる．これは得られた答えと一致している．

練習問題 15・4 HSO_4^- は HPO_4^{2-} よりも強い酸である．この事実に基づいて，これらのイオンを含む溶液を混合したとき，どのような反応が起こるかを予測せよ．

15・3 酸の強さの周期的傾向

ほとんどの場合，酸は非金属から生成する．そして，HCl(aq) のように非金属の水素化物の水溶液か，あるいは H_2SO_4 のように，水と反応してオキソ酸となった非金属の酸化物の水溶液の形態をとる．これらの酸の強さは，その非金属の周期表における位置に従って，系統的に変化する．

二元酸の強さにおける傾向

二元酸 binary acid

すべてではないが，多くの水素と非金属の二元化合物は酸性を示す．これらは HX や H_2X と表すことができ二元酸とよばれる．表15・1に水中で酸となる二元化合物を示した．

表 15・1 水素と非金属の酸性の二元化合物[†1]

周期	16族		周期	17族	
2	H_2O		2	HF	フッ化水素酸
3	H_2S	硫化水素	3	HCl[†2]	塩酸
4	H_2Se	セレン化水素	4	HBr[†2]	臭化水素酸
5	H_2Te	テルル化水素	5	HI[†2]	ヨウ化水素酸

†1 これらの化合物の水溶液の名前を示す．
†2 強酸

二元酸の相対的な強さは，次の二つの様式で周期表と相関している．

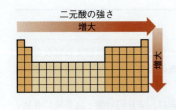

> 二元酸の強さは，同一の周期内で左から右へ移動するとともに増大する．
> 二元酸の強さは，同一の族内では上方から下方へ移動するともに増大する．

二元酸の強さは H–X 結合の強さと逆の関係にある．水素原子を H^+ として分離させるためには，H–X 結合を開裂させることが必要となる．したがって，H–X 結合の強度を減少させることに寄与することはすべて酸の強さを増大させる要因となる．逆に，結合強度の増大は，酸の強さを減少させることになる．H–X 結合の強度を支配する二つの要因は，非金属 X の電気陰性度と H–X 結合の距離である．

原子 X の電気陰性度は，H–X 結合の極性に影響を与える．すなわち，X の電気陰

性度が増大するにつれて，Hの部分正電荷 $\delta+$ はより大きくなる．これによって，結合している水素原子は解離した水素イオンの状態により近くなるため，H^+ として解離しやすくなる．この結果，分子はより良好なプロトン供与体となる．

　周期表のある周期を左から右へと移動しても，原子の大きさはほとんど変化しない．そのため，H−X結合の距離はほとんど同じであり，酸の強さに対して影響を及ぼさない．おもに影響を与えるのは，原子Xの電気陰性度の変化である．ある周期を左から右へと移動するにつれて，原子の電気陰性度は増大する．たとえば，第3周期を左から右へ，すなわちSからClへと移動すると，その電気陰性度は増大し，HClが H_2S よりも強い酸であることがわかる．電気陰性度の同様の増大は，第2周期を左から右へ，すなわちOからFへと移動しても観測され，HFは H_2O よりも強い酸となっている．

　周期表のある族を上方から下方へと移動するときには，二つの因子は相反する．電気陰性度は減少し，それによってH−X結合の極性は低下する．同時に，原子Xの大きさは非常に大きくなるので，これが結合長の増大をひき起こし，H−X結合の強度を低下させる[*1]．H−X結合の極性の低下は酸を弱くするが，結合長の増大は酸を強くする．実際には，周期表のある族を下方へ移動すると酸 H_nX は強くなるので，結合長の増大の効果が上回るように思われる．たとえば，ハロゲンの二元酸の相対的な強さは，次の順序で増大する[*2]．

$$HF < HCl < HBr < HI$$

このように，HFはこの系列のうちで最も弱い酸であり，実際HFは弱酸である．HIが最も強い酸となる．同様の傾向は，一般式 H_2X をもつ16族元素の二元酸でもみられる．

オキソ酸の強さの傾向

　4章では，水素，酸素，および他の元素からなる酸を**オキソ酸**ということを学んだ（表15・2）．すべてのオキソ酸の構造に共通の特徴は，中心原子に結合したO−H基が存在していることである．たとえば，2種類の16族元素のオキソ酸の構造は次のように表される．

$$
\begin{array}{cc}
\overset{\displaystyle :O:}{\underset{\displaystyle :O:}{\overset{\parallel}{\underset{\parallel}{H-\ddot{O}-S-\ddot{O}-H}}}} &
\overset{\displaystyle :O:}{\underset{\displaystyle :O:}{\overset{\parallel}{\underset{\parallel}{H-\ddot{O}-Se-\ddot{O}-H}}}} \\
H_2SO_4 & H_2SeO_4 \\
硫酸 & セレン酸
\end{array}
$$

オキソ酸が解離するとき，H^+ として失われる水素は常に，O−H結合を形成している水素原子である．オキソ酸の強さは，酸素原子に結合している原子団がO−H結合の極性とその強さにどのような影響を与えるかによって決まる．この原子団によってO−H結合の極性がより大きくなれば，O−H結合は弱くなる．これによってHは H^+ として放出されやすくなるため，酸の強さは増大する．

$$\overset{\delta-\quad\ \ \delta+}{G-O-H}$$

> O−H基に結合している原子団GがO原子から電子密度を引きつけると，O原子はO−H結合から電子密度を引きつけることになり，O−H結合の極性はより大きくなる

---

*1　大きさの小さい原子は大きい原子よりも強い結合を形成しやすいので，周期表のある族を下方へと移動し，原子Xの大きさが大きくなると，H−Xの強度は急速に減少する．

*2　酸の強さは，ある特定の塩基に対してプロトンを供与する能力で比較される．以前に述べたように，HCl，HBr，HIのような強酸に対しては，水のプロトン受容性が強すぎるため，これらの酸におけるプロトン供与能の違いを検出することができない．これらの三つの酸はいずれも水中では完全に解離するので，酸の強さは同じようにみえる．このように，酸の強さの違いがあいまいになる，あるいはみられなくなる現象を，**水平化効果**(leveling effect)という．これらの酸の強さを比較するためには，水よりも弱いプロトン受容体(たとえば，HFあるいは $HC_2H_3O_2$)を用いなければならない．

練習問題 15・5　次の(a)〜(e)の酸を，それぞれ最も弱いものから最も強いものへと順に並べよ．(a) HI, HF, HBr　(b) HCl, PH_3, H_2S　(c) H_2Te, H_2O, H_2Se　(d) AsH_3, HBr, H_2Se　(e) HI, PH_3, H_2Se

オキソ酸 oxoacid

表 15・2　いくつかの非金属と半金属のオキソ酸

周期	14族	15族	16族	17族
2	H_2CO_3 炭酸	HNO_3 硝酸[†1] HNO_2 亜硝酸		HFO 次亜フッ素酸
3		H_3PO_4 リン酸 H_3PO_3 亜リン酸[†2]	H_2SO_4 硫酸[†1] H_2SO_3 亜硫酸[†3]	$HClO_4$ 過塩素酸[†1] $HClO_3$ 塩素酸[†1] $HClO_2$ 亜塩素酸 $HClO$ 次亜塩素酸
4		H_3AsO_4 ヒ酸 H_3AsO_3 亜ヒ酸	H_2SeO_4 セレン酸[†1] H_2SeO_3 亜セレン酸	$HBrO_4$ 過臭素酸[†1][†4] $HBrO_3$ 臭素酸[†1]
5			$Te(OH)_6$ テルル酸[†5] H_2TeO_3 亜テルル酸	HIO_4 過ヨウ素酸(H_5IO_6)[†6] HIO_3 ヨウ素酸

[†1] 強酸. 強い二塩基酸では最初のプロトンだけが完全に解離する.
[†2] 亜リン酸は, その化学式にもかかわらず二塩基酸である.
[†3] 仮想的な化学式. 実際には水溶液には, 単に溶解した二酸化硫黄 $SO_2(aq)$ が含まれる.
[†4] 純粋な過臭素酸は不安定である. 二水和物が知られている.
[†5] $Te(OH)_6$ は二塩基酸である.
[†6] H_5IO_6 は $HIO_4 + 2H_2O$ から形成される.

おもに二つの要因が, O-H 結合の極性に与える影響を決めることが明らかにされている. その一つはオキソ酸の中心原子の電気陰性度であり, もう一つは中心原子に結合した酸素原子の数である.

中心原子の電気陰性度の効果　中心原子の電気陰性度の効果を調べるためには, 酸素原子数が同じオキソ酸を比較しなければならない. そうすると, 中心原子の電気陰性度が増大するにつれて, オキソ酸はより良好なプロトン供与体 (すなわち, より強い酸) になることがわかる. この効果は次のように示すことができる.

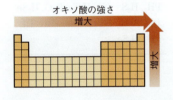

$$-\overset{|}{\underset{|}{X}}\overset{\delta -}{-}O\overset{\delta +}{-}H$$

原子 X の電気陰性度が増大するにつれて, 電子密度は酸素から X へと引きつけられ, これによって O-H 結合から電子密度が引き離される. この効果は O-H 結合の極性を増大させ, この結果, 分子はより良好なプロトン供与体となる

周期表において電気陰性度は, ある族を下方から上方へ, またある周期を左から右へと移動するにつれて増大するので, 一般に次のように記述することができる.

オキソ酸の中心原子と結合している酸素原子の数が同じ場合には, オキソ酸の強度は, 周期表のある族を下方から上方へ, またある周期を左から右へと移動するにつれて増大する.

16族元素についてみると, 硫黄はセレンよりも電気的に陰性であるから, H_2SO_4 は H_2SeO_4 よりも強い酸である. 同様にハロゲン X では, 化学式 HXO_4 をもつオキソ酸の強さは次の順に増大する.

$$HIO_4 < HBrO_4 < HClO_4$$

第3周期を左から右へと移動して, オキソ酸 H_3PO_4, H_2SO_4, $HClO_4$ の強さを比較すると, 次の順に増大することがわかる.

$$H_3PO_4 < H_2SO_4 < HClO_4$$

練習問題 15・6　次の(a), (b)のそれぞれの対について, 一方の酸が他方の酸よりも強い理由を説明せよ. (a) $HClO_3$ と $HBrO_3$　(b) H_3PO_4 と H_2SO_4

15・3 酸の強さの周期的傾向　　485

中心原子に結合した酸素原子数の効果　　中心原子が同じオキソ酸を比較すると，孤立した酸素原子の数が増加するにつれて，オキソ酸はより良好なプロトン供与体となる．孤立した酸素原子とは，中心原子だけと結合し，水素原子と結合していない酸素原子をいう．たとえば，HNO_3 と HNO_2 を比較すると，HNO_3 のほうが強い酸であることがわかる．その理由を理解するために，それらの分子構造を見てみよう．

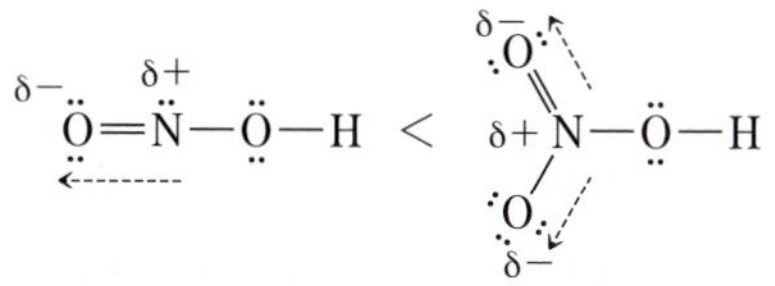

$$\ddot{O}=\ddot{N}-\ddot{O}-H \quad < \quad N-\ddot{O}-H$$

亜硝酸　　　　　　　　　硝酸

オキソ酸では，孤立した酸素原子は中心原子から電子密度を引きつけるので，それによって中心原子が $O-H$ 結合から電子密度を引きつける能力が増大する．この効果は，孤立した酸素原子によって中心原子の電気陰性度が増大したようにはたらく．したがって，孤立した酸素原子の数が増加すると，$O-H$ 結合の極性は増大し，より強い酸となる．こうして HNO_3 における2個の孤立した酸素原子のほうが，HNO_2 における1個の孤立した酸素原子よりも大きな効果をひき起こすため，HNO_3 がより強い酸となったのである．

■酸素は電気陰性度が2番目に大きい元素であり，結合した原子から電子密度を強く引きつける傾向をもつ．

　同様の効果は他のオキソ酸でもみられる．たとえば，塩素のオキソ酸では酸の強さは次の順に増大する．

$$HClO < HClO_2 < HClO_3 < HClO_4$$

これらの構造を比較すると次のようになる．

$$:\ddot{Cl}-\ddot{O}-H \qquad \ddot{O}=\ddot{Cl}-\ddot{O}-H \qquad \ddot{O}=\ddot{Cl}-\ddot{O}-H \qquad \ddot{O}=\ddot{Cl}-\ddot{O}-H$$

HClO　　　　　　HClO_2　　　　　　HClO_3　　　　　　HClO_4

■ふつう次亜塩素酸の化学式は，その分子構造を反映させて HOCl と書かれる．しかしここでは，塩素のオキソ酸における酸の強さの傾向がわかりやすいように，HClO と書くことにする．

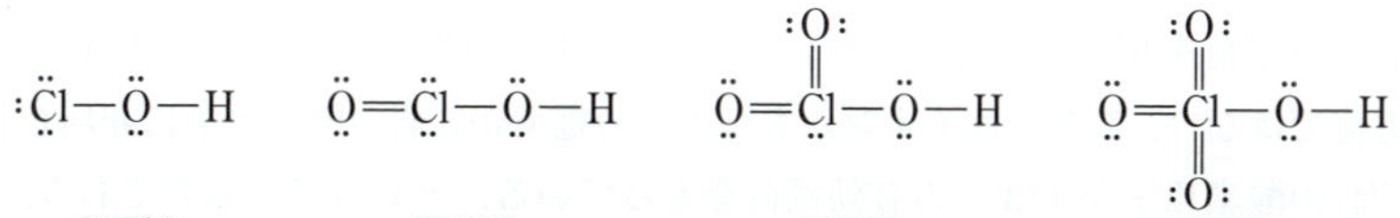

これらの構造はすべてただ一つの $O-H$ 結合をもっているので，中心原子に結合した孤立した酸素原子の数は，酸素原子の総数から1を引くことによって容易に求められる．これによって次のような一般化をすることができる．

> ある決まった中心原子をもつオキソ酸の強さは，中心原子に結合した孤立した酸素原子の数が多くなるとともに増大する．

孤立した酸素原子が酸の強さに影響を与えることは，有機化合物へも拡張される．たとえば，次の分子を比較してみよう．

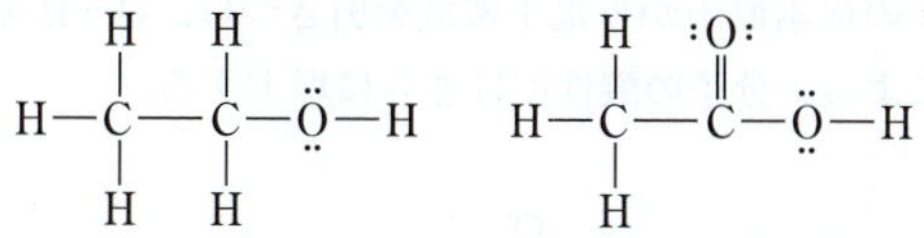

$$H-\underset{\underset{H}{|}}{\overset{\overset{H}{|}}{C}}-\underset{\underset{H}{|}}{\overset{\overset{H}{|}}{C}}-\ddot{O}-H \qquad H-\underset{\underset{H}{|}}{\overset{\overset{H}{|}}{C}}-\overset{\overset{:\ddot{O}:}{||}}{C}-\ddot{O}-H$$

エタノール　　　　　　　酢酸

水中では，エタノール（エチルアルコール）は全く酸性を示さない．しかし，OH 基に隣接した炭素原子の2個の水素を酸素で置き換えると酢酸となる．酸素原子が炭素原子から電子密度を強く引きつけることによって，$O-H$ 結合の極性は増大する．こ

れが，酢酸がエタノールよりも強いプロトン供与体となる要因の一つとなっているのである．

相反関係: 分子論的な説明　§15・2において，酸の強さとその共役塩基の強さとの間に相反関係があることを述べた．オキソ酸では，孤立した酸素原子が，解離反応によって生成する陰イオンの塩基性を決める役割を果たす．二つのオキソ酸 $HClO_3$ と $HClO_4$ について考えてみよう．

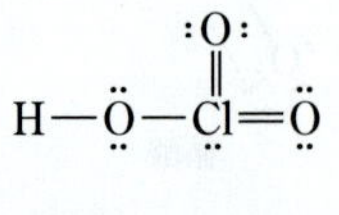

$$H-\ddot{\underset{..}{O}}-Cl=\ddot{\underset{..}{O}} \qquad\qquad H-\ddot{\underset{..}{O}}-Cl=\ddot{\underset{..}{O}}$$

HClO₃ と HClO₄ の構造式

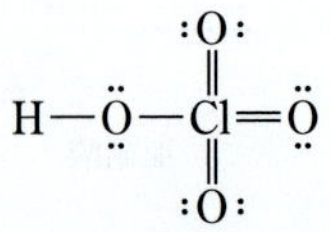

これまでの説明から $HClO_4$ のほうが $HClO_3$ よりも強い酸であることが推察できるが，実際そのとおりである．これらの酸のプロトンが解離すると陰イオン ClO_3^- と ClO_4^- が生成する．

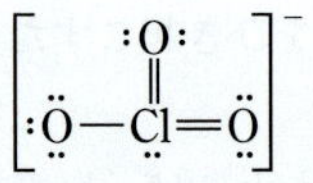

$$\text{ClO}_3^- \qquad\qquad \text{ClO}_4^-$$

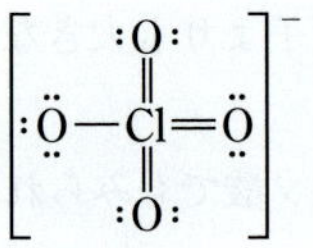

オキソアニオン oxoanion

■ 安定化を与える電子の非局在化の概念については，§9・8で述べた．

練習問題 15・7　次の(a)〜(c)のそれぞれの対について，一方の酸が他方の酸よりも強い理由を説明せよ．(a) HIO_3 と HIO_4 (b) H_2TeO_3 と H_2TeO_4 (c) H_3AsO_3 と H_3AsO_4

オキソアニオン（オキソ酸から生成する陰イオン）では，負電荷は孤立した酸素原子に非局在化しており，ほとんど孤立した酸素原子が負電荷を担っている．ClO_3^- では，1 個の負電荷が 3 個の酸素原子に広がっているので，それぞれの酸素原子はほぼ 1/3 個の有効負電荷を担っている．これは §8・7 で述べた規則によって割り当てられる形式電荷ではない．ここではイオンがもつ 1− の電荷が 3 個の酸素原子に非局在化し，それぞれの酸素原子が 1/3− の有効電荷をもっている，といっているのである．同じ理由により ClO_4^- では，それぞれの酸素原子はほぼ 1/4− の電荷を担っている．ClO_4^- のほうが酸素原子の負電荷が小さいので，H_3O^+ から H^+ を引きつける力は ClO_3^- よりも弱くなる．これにより ClO_4^- は ClO_3^- よりも弱い塩基となる．このようにして，強い酸の陰イオンは，弱い塩基となることが説明される．

有機酸の強さ　前項では，アルコールの 2 個の水素原子を 1 個の孤立した酸素原子に置き換えると，得られた分子は酸性となることを述べた．その分子がもつ −CO₂H 基の近傍の炭素原子にハロゲンのような他の電子求引性置換基が結合していると，その分子の酸性度はさらに増大する．このような置換基（これ以後は X と表す）はカルボキシ基 −CO₂H の炭素原子から電子密度を引きつけ，O−H 結合の極性をさらに増大させる．これによって分子の酸性度はさらに増大する．

$$\underset{\longleftarrow ------}{X-\overset{\displaystyle O}{\underset{\displaystyle}{C}}-O-H}$$

X が C から電子を引きつける強さが増大するにつれて，O−H 結合の極性も増大し，分子はより強い酸となる

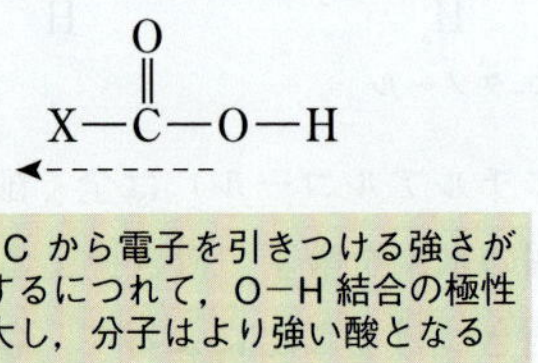

この効果によってクロロ酢酸は酢酸よりも強い酸となり，ジクロロ酢酸やトリクロロ酢酸はさらに強い酸となる．

$$CH_3CO_2H < CH_2ClCO_2H < CHCl_2CO_2H < CCl_3CO_2H$$

つけ加わったそれぞれの塩素原子は O−H 結合から効果的に電子密度を引きつけるので，O−H 結合は弱くなり，酸性度はさらに増大する．

練習問題 15・8　次の分子の酸性度の順序はどのようになると予測されるか．

(a) $\ddot{\text{C}}\text{l}-\overset{\overset{\text{H}}{|}}{\underset{\underset{\text{H}}{|}}{\text{C}}}-\overset{:\overset{\text{O}}{\|}}{\text{C}}-\ddot{\text{O}}-\text{H}$　　(b) $\ddot{\text{F}}-\overset{\overset{\text{H}}{|}}{\underset{\underset{\text{H}}{|}}{\text{C}}}-\overset{:\overset{\text{O}}{\|}}{\text{C}}-\ddot{\text{O}}-\text{H}$　　(c) $\ddot{\text{B}}\text{r}-\overset{\overset{\text{H}}{|}}{\underset{\underset{\text{H}}{|}}{\text{C}}}-\overset{:\overset{\text{O}}{\|}}{\text{C}}-\ddot{\text{O}}-\text{H}$

15・4　ルイスの酸・塩基

　これまでの説明では，酸と塩基はプロトンの供与しやすさ，あるいは受容しやすさによって特徴づけられた．しかし，酸塩基反応と関連する性質をもつにもかかわらず，プロトンの移動を含まない多くの反応がある．たとえば，固体の CaO に気体の SO_3 を通じると，次の反応が進行し $CaSO_4$ が生成する．

$$CaO(s) + SO_3(g) \longrightarrow CaSO_4(s) \tag{15・2}$$

これらの反応物をまず水に溶かすと，それぞれは水と反応して $Ca(OH)_2$ と H_2SO_4 が生成する．そしてそれらの溶液を混合すると，次式で表される反応が進行する．

$$Ca(OH)_2(aq) + H_2SO_4(aq) \longrightarrow CaSO_4(s) + 2\,H_2O \tag{15・3}$$

同じ二つの反応物 CaO と SO_3 から，最終的に同じ生成物 $CaSO_4$ が得られている．(15・3) 式が酸塩基反応ならば，(15・2) 式もまた酸塩基反応と考えなければならないように思われる．しかし，(15・2) 式ではプロトンの移動がないので，酸・塩基の定義はさらに一般化する必要がある．このような酸・塩基の定義は，ルイス記号に名を残しているルイスによって与えられた．

ルイスの酸・塩基の定義
1. 電子対を受容して配位結合を形成できるすべてのイオンあるいは分子を**ルイス酸**という．
2. 電子対を供与して配位結合を形成できるすべてのイオンあるいは分子を**ルイス塩基**という．
3. 電子対の供与体（塩基）と受容体（酸）の間で配位結合が形成される反応を**中和反応**という．

ルイス酸 Lewis acid

ルイス塩基 Lewis base

中和反応 neutralization

ルイス酸塩基反応の例

　BF_3 と NH_3 との反応は，ルイス酸とルイス塩基の間の酸塩基中和反応の例である．この反応では窒素原子が電子対を供与し，ホウ素原子がそれを受容することによって，N と B の間に結合が形成されるため，反応は発熱的となる．

■ BCl_3 とアンモニアとの類似の反応については 8 章で述べた．二つの比較的小さい分子が単に結合して生成する BF_3NH_3 のような化合物を**付加化合物**(addition compound)という．

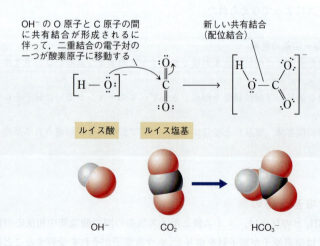

アンモニアと三フッ化ホウ素との間に結合が形成されるとともに、ホウ素原子のまわりの構造は平面三角形から、四つの結合をもつホウ素に期待される正四面体形へと変化する

このようにアンモニア分子はルイス塩基として振舞う.一方,BF_3のホウ素原子はその原子価殻に電子が6個しかなく,オクテットを完成させるためにさらに2個の電子を必要としており,アンモニア分子から電子対を受容する.こうしてBF_3はルイス酸としてはたらく.

この例が示すように,ルイス塩基は完成された原子価殻と非共有電子対をもつ物質である(たとえば,NH_3, H_2O, O^{2-}).一方,ルイス酸となる物質は,BF_3やH^+のように原子価殻が完全には満たされていない物質である.

また,中心原子の原子価殻が完全に満たされている物質でさえも,ルイス酸となる場合がある.これはたとえば,中心原子が二重結合をもつ場合であり,隣接する原子へ電子対が移動することによって,ルイス塩基から電子対を受容するための余地をつくることができる.二酸化炭素はそのような物質の例である.二酸化炭素を水酸化ナトリウム水溶液に吹き込むと,二酸化炭素はすみやかに炭酸水素イオンとして溶液中に捕捉される.

$$CO_2(g) + OH^-(aq) \longrightarrow HCO_3^-(aq)$$

ルイス酸・塩基の考え方によると,この反応における電子の動きは次式のように表すことができる.

■ ひとたび配位結合が形成すると,それは他の共有結合と全く同じであることを覚えておこう.ここでは,配位結合という用語を用いることによって,結合を形成する電子対の起源を示している.

OH^-の酸素原子から電子対が供与されることにより結合が形成されるので,OH^-は

ルイス塩基となる。一方，CO_2 の炭素原子が電子対を受容するので，CO_2 はルイス酸となる。

また，さらに多くの電子を保持することができる原子価殻をもつ物質もルイス酸になることができる。たとえば，二酸化硫黄をルイス酸，酸化物イオンをルイス塩基として，亜硫酸イオンが生成する反応を考えてみよう。この反応は，酸性無水物である気体の二酸化硫黄を，塩基性無水物である固体の酸化カルシウムと混合したときに起こり，生成物として亜硫酸カルシウム $CaSO_3$ が得られる。

$$SO_2(g) + CaO(s) \longrightarrow CaSO_3(s)$$

亜硫酸イオンの生成に伴って，どのように電子が移動するかをみてみよう。SO_2 には二つの共鳴構造のうちの一つを用い，また亜硫酸イオンには三つの共鳴構造のうちの一つを用いると，電子の動きは次式のように表される。

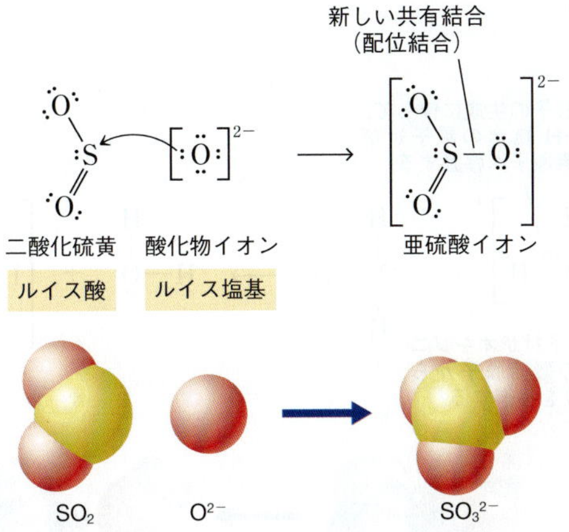

SO_2 では，硫黄原子に結合したきわめて電気的に陰性な 2 個の酸素原子によって，硫黄原子にはかなり大きな正の部分電荷が生じ，それによって，酸化物イオンから硫黄原子への配位結合の形成が誘起される。この場合には，硫黄原子はその原子価殻にオクテットを超えた電子を収容することができるので，電子対が移動する必要はない。

表 15・3 にはルイス酸およびルイス塩基として振舞う物質の種類を要約した。この表をしっかりと理解し，練習問題を解いてみよう。

表 15・3 ルイス酸・塩基となる物質の種類

ルイス酸

不完全な原子価殻をもつ分子あるいはイオン（例，BF_3, H^+）

完全な原子価殻をもつが，移動してさらに電子を受入れることができる多重結合をもつ分子あるいはイオン（例，CO_2）

余剰の電子を保持することができる中心原子（ふつう，第 3 周期から第 7 周期の元素の原子）をもつ分子あるいはイオン（例，SO_2）

ルイス塩基を受容できる金属あるいは金属イオン（例，Fe, Zn^{2+}）

ルイス塩基

非共有電子対をもち，完全な原子価殻をもつ分子あるいはイオン（例，O^{2-}, NH_3）

練習問題 15・9 次の(a)〜(c)のそれぞれの反応において，ルイス酸・塩基としてはたらいている物質を示せ。

(a) $NH_3 + H^+ \rightleftharpoons NH_4^+$

(b) $SeO_3 + Na_2O \rightleftharpoons$ Na_2SeO_4

(c) $Ag^+ + 2NH_3 \rightleftharpoons$ $Ag(NH_3)_2^+$

練習問題 15・10 $BeCl_2$ 分子はルイス酸・塩基のどちらとして振舞うと考えられるか。理由とともに述べよ。

ルイスの酸・塩基の概念を用いたブレンステッド酸塩基反応の説明

プロトンの移動を含む反応は，ブレンステッドの酸・塩基の定義，あるいはルイス

490   15. 酸 と 塩 基

の酸・塩基の定義のどちらを用いても説明することができる．例として，水溶液中の
オキソニウムイオンとアンモニアとの反応を考えよう．

$$H_3O^+ + NH_3 \longrightarrow H_2O + NH_4^+$$

ブレンステッドの定義を適用すると，酸 H_3O^+ が塩基 NH_3 と反応し，H_3O^+ の共役塩
基である H_2O と NH_3 の共役酸である NH_4^+ が生成したと説明される．

　この反応はルイスの定義を用いると，ルイス塩基 NH_3 がルイス酸 H^+ に対して電
子対を供与し，H^+ はより弱いルイス塩基 H_2O からより強いルイス塩基 NH_3 へ移動
すると解釈される．プロトンが移動していることを強調するために，次式のように表
記されることもある．

$$H_2O-H^+ + NH_3 \longrightarrow H_2O + H^+-NH_3$$

ルイス構造を用いると，この反応は次のように示すことができる．反応の分子モデル
も合わせて示す．

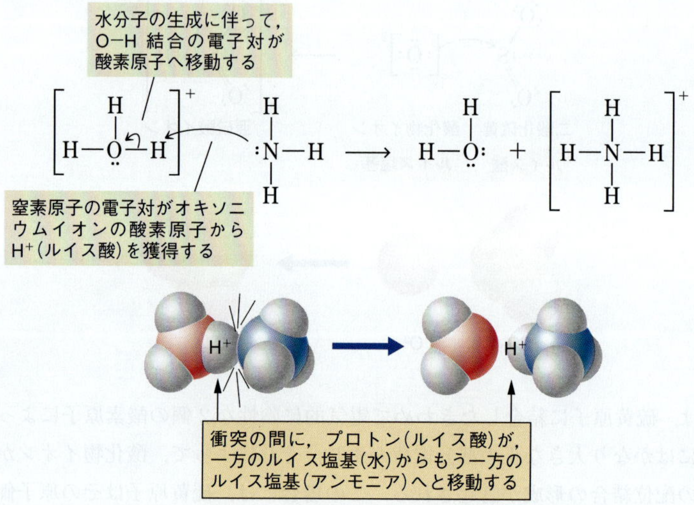

水分子の生成に伴って，
O–H 結合の電子対が
酸素原子へ移動する

窒素原子の電子対がオキソニ
ウムイオンの酸素原子から
H^+（ルイス酸）を獲得する

衝突の間に，プロトン（ルイス酸）が，
一方のルイス塩基（水）からもう一方の
ルイス塩基（アンモニア）へと移動する

　一般にこれと同様のやり方によって，すなわち平衡の位置はより強いルイス塩基に
プロトンが結合する側にかたよると考えることによって，すべてのブレンステッド酸
塩基反応はルイスの酸・塩基の観点から説明することができる．

　ここで注意しなければならないことがある．プロトン移動反応を説明するときには，
ブレンステッドの酸・塩基による解釈か，あるいはルイスの酸・塩基による解釈かを
はっきりと区別しなければならない．一般に，共役酸塩基対による考察は有用である
ので，ブレンステッドの酸・塩基による解釈を用いることが多い．しかし，ルイスの
酸・塩基による説明に切り替えるときには，同時にブレンステッドの酸・塩基で用い
る用語を適用してはならない．そのような説明はうまくいかず，おそらく混乱をひき
起こすだけだろう．

15・5　元素とその酸化物の酸性・塩基性

　最も酸を生成しやすい元素は，周期表の右上に位置する非金属元素である．同様

に，最も塩基性水酸化物を生成しやすい元素は，周期表のある広がった領域，すなわち金属元素，特に1族（アルカリ金属）および2族（アルカリ土類金属）の金属元素に集まっている．

一般に，酸・塩基の生成しやすさによって元素を分類するさいに根拠となる実験は，その元素の酸化物が，水に対してどのように振舞うかに依存している．以前に，Na_2O や CaO のような金属酸化物は水と反応して水酸化物を生成することから，それらを塩基無水物（"無水物"は"水を除いた物質"を意味する）ということを学んだ．

$$Na_2O + H_2O \longrightarrow 2\,NaOH \quad 水酸化ナトリウム$$
$$CaO + H_2O \longrightarrow Ca(OH)_2 \quad 水酸化カルシウム$$

金属酸化物と水との反応は，実際は酸化物イオン O^{2-} の反応である．酸化物イオンは H_2O 分子から H^+ を受容し，その結果 OH^- が残される．

多くの金属酸化物は水に不溶性であるから，それらの酸化物イオンは H_2O 分子から H^+ を受容することができない．しかし，それらの多くは酸と反応することができ，酸は固体中の酸化物イオンを攻撃する．たとえば，酸化鉄(Ⅲ)は，次式のように酸と反応する．

$$Fe_2O_3(s) + 6\,H^+(aq) \longrightarrow 2\,Fe^{3+}(aq) + 3\,H_2O$$

この反応は，工業的な過程において，鉄から錆を除去するための一般的な方法として用いられている．

非金属酸化物はふつう酸無水物である．すなわち，それらは水と反応して酸性溶液を与える．非金属酸化物から酸が生成する典型的な反応には，次のような例がある．

$$SO_3(g) + H_2O \longrightarrow H_2SO_4(aq) \quad 硫酸$$
$$N_2O_5(g) + H_2O \longrightarrow 2\,HNO_3(aq) \quad 硝酸$$
$$CO_2(g) + H_2O \longrightarrow H_2CO_3(aq) \quad 炭酸$$

水和された金属イオンの酸性度

イオン化合物が水に溶解すると，溶質分子がイオンのまわりに集まる．この状態をイオンが水和されたという．水和された金属陽イオンはルイス酸として振舞い，そのイオンを取囲んでいる水分子の酸素原子の部分的な負電荷と結合している．周囲の水分子はルイス塩基として作用する．水和された金属イオンの水分子自身は，以下の平衡によって示されるように，ブレンステッド酸としてはたらく傾向をもつ．簡単のため，反応式では金属イオンを一水和物，すなわち正味の正電荷 $n+$ をもつイオン $M(H_2O)^{n+}$ として記してある（n は金属 M に依存して 1, 2, 3 をとる）．

$$M(H_2O)^{n+} + H_2O \rightleftharpoons MOH^{(n-1)+} + H_3O^+$$

いいかえれば，水和された金属イオンは，水中でプロトン供与体となる傾向をもつ．その理由を考えてみよう．

金属イオンの正電荷は水分子を引きつけるので，O−H 結合の電子密度は金属イオンに引き寄せられ，それによって O−H 結合の極性が増大する（図 15・3）．このため H の部分的な正電荷が増大して O−H 結合が弱くなり，近接する他の水分子へ H^+ が移動してオキソニウムイオンが生成する．全体の過程は次のように表される．

■ イオンと水分子との間にはたらく引力は，溶媒である水が蒸発するときに残存するほど強いことがある．たとえば，図 2・10 に示した $CuSO_4 \cdot 5H_2O$ のように，水溶液から固体の水和物が結晶化する．

図 15・3 金属陽イオンによる水分子の分極．金属イオンの正電荷は，水分子の H 原子から電子密度を引きつける．これによって O−H 結合の強度が減少し，H^+ は近接する水分子へ移動しやすくなる．

金属イオンの正電荷によって水のO−H結合の電子密度が減少し（曲がった矢印によって示されている），それにより水素原子の部分的な正電荷が増大する．これによってH$^+$の水分子への移動が促進される

　金属イオンが酸性溶液を形成する程度は，おもに二つの要因に依存する．一つは金属イオンの電荷量であり，もう一つは金属イオンの大きさである．金属イオンの電荷が増大するとともに，O−H結合を分極させる効果も増大し，これはH$^+$の放出に有利にはたらく．このことは大きな電荷をもつ金属イオンは，電荷の小さいイオンよりも酸性の強い溶液を形成しやすいことを意味しており，これは一般的に事実である．

　陽イオンの大きさもまた，酸性の強さに影響を与える．これは陽イオンが小さければ，正電荷の密度が高くなるためである．密度の高い正電荷は，広がって存在する正電荷よりもO−H結合からより強く電子を引きつける．したがって，電荷の大きさが同じ正電荷では，陽イオンの大きさが小さいほど，その溶液の酸性は強くなる．

　陽イオンの大きさと電荷の量はともに，金属イオンの正電荷密度によって同時に考慮することができる．正電荷密度は，陽イオンの体積（イオン体積）に対する正電荷の比によって定義される．

$$電荷密度 = \frac{イオン電荷}{イオン体積}$$

陽イオンの正電荷密度が大きいほど，陽イオンは効果的にO−H結合から電子密度を引きつけることになり，水和された陽イオンの酸性はより強くなる．

　大きな正電荷をもち大きさが小さい陽イオンは，正電荷密度が大きくなるため，酸性の強い溶液を形成する傾向がある．一つの例は，水和されたアルミニウムイオン[Al(H$_2$O)$_6$]$^{3+}$である（図15・4）．このイオンは次式で表される平衡により，水中で酸性を示す．

$$[Al(H_2O)_6]^{3+}(aq) + H_2O \rightleftharpoons [Al(H_2O)_5(OH)]^{2+}(aq) + H_3O^+(aq)$$

平衡は，実際には生成物側に強くかたよっているわけではないが，十分な量のオキソ

図 15・4　水和されたアルミニウムイオンは，水中で弱いプロトン供与体となる．(a) 大きな電荷をもつAl^{3+}（青）は水溶液中で正八面体構造をもつ[Al(H$_2$O)$_6$]$^{3+}$を生じる．(b) イオンが一つのプロトンを供与すると，上端に示したように水分子が水酸化物イオンに変換されるため，イオンは1単位の正電荷を失い[Al(H$_2$O)$_5$(OH)]$^{2+}$が生成する．

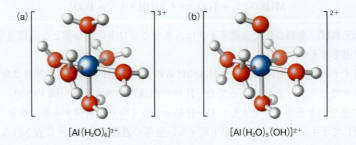

ニウムイオンが生成している．たとえば，濃度 $0.1\ mol\ L^{-1}$ の $AlCl_3$ 水溶液には，0.1 $mol\ L^{-1}$ の酢酸と同程度の約 $1 \times 10^{-3}\ mol\ L^{-1}$ のオキソニウムイオンが存在している．

金属イオンの酸性における周期的傾向　周期表において，原子の大きさは，ある族を下方へと移動するにつれて増大し，ある周期を左から右へ移動するにつれて減少する．陽イオンの大きさもこれと同じ傾向に従い，一つの族のなかでは，その族の最も上にある金属の陽イオンが最小の体積をもち，最大の電荷密度をもつ．したがって，周期表のある族の最も上にある金属の水和された陽イオンは，その族のなかでは最も酸性が強い．

　1族金属の陽イオン（Li^+, Na^+, K^+, Rb^+, Cs^+）はただ $1+$ の電荷をもち，水溶液中の H_3O^+ 濃度を増大させる傾向をほとんどもたない．

　2族金属では，Be^{2+} の大きさが最も小さく，十分に大きい正電荷密度をもつため，水和されたイオンは弱い酸性を示す．他の2族金属の陽イオン（Mg^{2+}, Ca^{2+}, Sr^{2+}, Ba^{2+}）ではその族を下方に移動するとともに，電荷密度はしだいに小さくなる．それらの水和された陽イオンはいずれも水中においていくらかのオキソニウムイオンを発生させるが，その量は無視できる程度である．

　いくつかの遷移金属イオンもまた，特に $3+$ の電荷をもつイオンは酸性を示す．たとえば，Fe^{3+} や Cr^{3+} の塩を含む水溶液は酸性になりやすい．これは溶液中においてそれらのイオンはそれぞれ $[Fe(H_2O)_6]^{3+}$ や $[Cr(H_2O)_6]^{3+}$ として存在し，前述した $[Al(H_2O)_6]^{3+}$ と同様の解離反応が進行するためである．

金属酸化物の酸性度に及ぼす酸化数の影響

　すべての金属酸化物が塩基性というわけではない．金属イオンの酸化数（電荷）が増大するとともに，金属イオンはより酸性に，すなわちより強い電子対受容体となる．金属水和物については，金属イオンの電荷が増大すると金属イオンは水分子の O−H 結合から電子密度を強く引きつけるため，水和物自身は弱いプロトン供与体となることをすでに述べた．電荷の増大に伴う金属イオンの酸性度の増大は，金属酸化物の塩基性にも影響を与える．

　金属が非常に大きな酸化数をもつとき，その酸化物自身は酸性となる．一つの例は酸化クロム(VI) CrO_3 である．CrO_3 を水に溶かすと，生成した溶液は明らかに酸性となり，これはクロム酸とよばれる．その溶液中のおもな化学種の一つは H_2CrO_4 であり，それは 95% 以上が解離する強酸である．また，それはクロム酸イオン $CrO_4{}^{2-}$ を含む塩を形成する．

　金属の正電荷が小さいとき，その酸化物は塩基性を示す傾向がある．これは，すでに Na_2O と CaO のような酸化物について述べた．電荷 $3+$ をもつイオンでは，その酸化物の塩基性は低下し，酸としての性質も示すようになる．すなわち，それらは両性となる．（§15・1で述べたように，ある物質が酸あるいは塩基のどちらとしても反応できるとき，その物質は両性であるということを思い出そう．）一つの例は酸化アルミニウムである．酸化アルミニウムは，酸および塩基のいずれとも反応する．酸に溶かすと，それは塩基としての性質を示す．

$$Al_2O_3(s) + 6\,H^+(aq) \longrightarrow 2\,Al^{3+}(aq) + 3\,H_2O$$

以前に述べたように，水和されたアルミニウムイオンは6個の水分子に取囲まれてい

るので，酸性溶液中ではアルミニウムはおもに $[Al(H_2O)_6]^{3+}$ として存在している．

　一方，酸化アルミニウムを塩基に溶かすと，酸としての性質を示す．その反応に対する反応式の一つの書き方は，次のとおりである．

$$Al_2O_3(s) + 2\,OH^-(aq) \longrightarrow 2\,AlO_2^-(aq) + H_2O$$

実際には，塩基性溶液におけるアルミニウムを含む化学種の化学式は，これよりももっと複雑であり，$Al(H_2O)_2(OH)_4$ と書いたほうがより正確である．二つの化学式の違いは，単にイオンの形成にかかわる水分子の数だけであることに注意してほしい．

$$Al(H_2O)_2(OH)_4 \quad は \quad AlO_2^- + 4\,H_2O \quad と等価である$$

アルミニウムを含むイオンの化学式をどのように書いても，それは陰イオンであり，決して陽イオンではない．

15・6　ファインセラミックスと酸塩基の化学

　セラミックス材料は，有史前の時代から長い歴史をもっている．約13,000年前につくられた陶器の例が，世界のいくつかの地域で発見されている．今日では，製造された**セラミックス**には，レンガやセメント，あるいはガラスなどの一般的な無機建材が含まれる．セラミックスは家庭でも，磁器製食器，タイル，台所の流し台，トイレなどにみられる．これらはいずれも，地殻から採取した粘土，シリカ（砂），および他のケイ酸塩（ケイ素と酸素からなる陰イオンを含む化合物）からつくられている．

セラミックス ceramics

　近年，一般にファインセラミックス（ニューセラミックス，アドバンストセラミックスともいう）とよばれる全く新しい一群の物質が，化学者によって合成され，ハイテク技術に応用されている．このようなセラミックスは，携帯電話やナイフ，あるいはディーゼルエンジンのようなところでも利用されている．

　原材料からセラミックスをつくるには，さまざまな方法が用いられる．多くの場合，まずセラミックスの構成成分を粉砕し，きわめて細かい粉末とする．そして，粉末を水と混合し懸濁液をつくって鋳型に流し込み，そこでほとんど構造的強度をもたない固体へと成形される．別の方法として，細かい粉末を結合剤と混合し，圧縮して望みの形状へと成形する．次に，新たにつくられた物体を，しばしば1000 ℃以上となる高温に加熱された炉の中に置く．このような高温において，微粉末は**焼結**とよばれる過程によって互いにくっつき合い，完成したセラミックスが得られる．焼結によって微粉末は部分的に融解することもあるが，多くの場合，粉末はその過程の間，完全に固体のまま保たれる．

焼結 sintering

　上記のような伝統的な方法によるセラミックスの製造には，いくつかの問題点がある．粉砕によって均一な，またきわめて微細な粒子をつくることはむずかしいので，このような方法で得られる原料から製造されたセラミックスは，しばしば小さな亀裂や隙き間を含むことがあり，それは強度などの物理的性質に不利な影響を与える．さらに，さまざまな化合物の粉末を混合する方法では，セラミックスの化学的組成を再現性よく制御することは容易ではない．

ゾル–ゲル法

　いくつかの種類のセラミックスに対して，粒子の大きさと均一性に関する問題は，

ゾル–ゲル法という手法を用いることによって回避することができる．そこで用いられる化学は，本章ですでに述べた内容と類似した酸塩基反応に基づいている．出発物質は金属塩か，あるいはいくつかのアルコキシ基が結合した金属やSiなどの半金属の化合物である．**アルコキシド**は，アルコールから1個の水素イオンを除去することによって生じる陰イオンである*．たとえば，エタノールからH^+を除去すると，エトキシドイオンが生成する．

ゾル–ゲル法 sol-gel process

アルコキシド alkoxide

* アルカンから水素原子を1個取除いてできる炭化水素の部分構造を，**アルキル基**（alkyl group）という．たとえば，メチル基 $-CH_3$ は，メタン CH_4 に由来するアルキル基の一種である．アルキル基をRと表記すると，アルコールは一般式 R–OH によって表され，アルコキシドイオンの一般式は R–O^- となる．

$$C_2H_5OH \xrightarrow{-H^+} C_2H_5O^-$$

エタノール　　　　　　　　エトキシドイオン

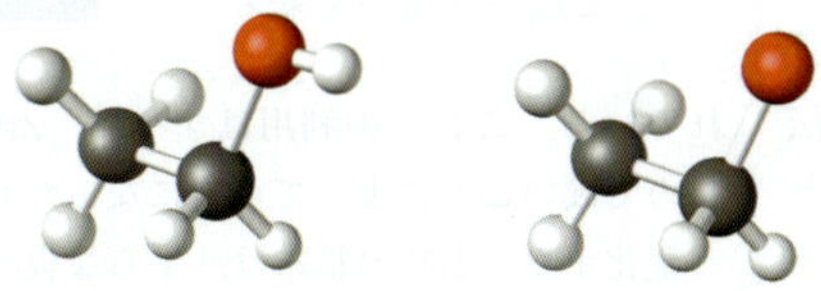

エトキシドイオンは，金属イオンと一般にエタノールに溶ける塩を生成する．このことは，溶質と溶媒の類似性を考えれば驚くべきことではない．

アルコールはほとんどH^+を失う傾向をもたない非常に弱い酸であり，そのためアルコキシドイオンは非常にH^+と親和性の高いきわめて強い塩基となる．アルコキシドイオンを水中に投入すると，それらはただちに，また完全にH_2OからH^+を除去して，アルコールと水酸化物イオンを与える．

$$C_2H_5O^- + H_2O \xrightarrow{100\%} C_2H_5OH + OH^-$$

この反応が基礎となって，最終的にセラミックス材料を与える一連の反応が開始される．ジルコニウム(Ⅳ)エトキシド $Zr(C_2H_5O)_4$ を例に用いて，その過程を説明してみよう．一連の反応は，$Zr(C_2H_5O)_4$ のアルコール溶液に対して水を少しずつ加えることから始まる．これによってエトキシドイオンは反応してエタノールを与え，水酸化物イオンによって置き換えられる．このように水との反応を含む反応を**加水分解**という．この最初の段階は次の化学反応式によって表される．

■ ゾル–ゲル法に用いられる典型的な金属は Si, Ti, Zr, Al, Sn, Ce であり，すべて高い酸化数をもっている．

加水分解 hydrolysis

$$Zr(C_2H_5O)_4 + H_2O \longrightarrow Zr(C_2H_5O)_3OH + C_2H_5OH$$

ジルコニウムイオンの大きな正電荷によって OH^- は強く結合するため，O–H 結合は大きく分極し，結合は弱められる．二つの $Zr(C_2H_5O)_3OH$ が衝突すると，それらの間で酸塩基反応が起こる．すなわち，一方のジルコニウムイオンに結合した OH から，もう一方のジルコニウムイオンに結合した OH へとプロトンが移動する．その結果，水分子の生成とともに，二つのジルコニウムイオンの間に酸素架橋が形成される．

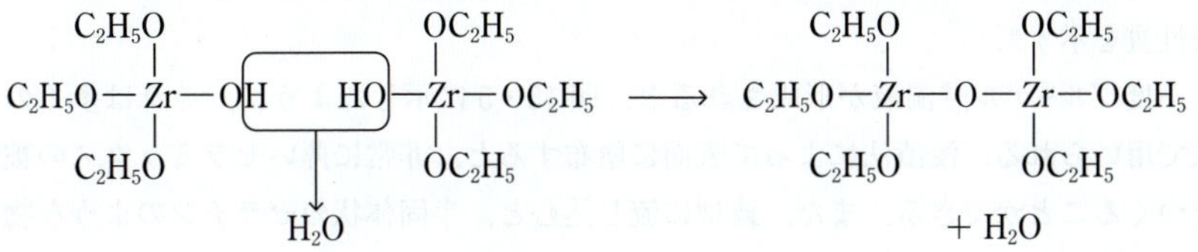

多くの水が添加されるとともに，この過程が連続して起こり，エトキシドイオンはエタノール分子へと変換され，ジルコニウムイオンの間に多くの酸素架橋が生成する．

コラム 15・1　ファインセラミックス材料の利用

すべてのセラミックスはいくつかの共通の性質をもち，また，セラミックスの組成や製法を制御することによって調整できる性質もいくつかある．たとえば，ほとんどすべてのセラミックス材料は非常に高い融点をもち，鋼鉄よりもきわめて硬い．窒化ホウ素 BN のようないくつかのセラミックスは，知られている物質のうちで最も硬いダイヤモンドと同じくらいの硬さをもっている．炭化ケイ素 SiC は硬く，多量に得られる比較的安価なセラミックスであり，紙やすりや砥石などの研磨剤として古くから利用されている．

窒化チタン TiN の薄い金色の被膜をもつドリルの先端は，鋼鉄製のものよりもずっと長くその鋭さを保つ．

セラミックス材料は，その高い強度と比較的低い密度によって，宇宙開発にも用いられている．セラミックスは熱伝導が遅く，エンジンの構成に使われる金属の融解を防ぐことができるので，ロケットエンジンの表面を覆うためにセラミックスが用いられている．スペースシャトルの外壁はセラミックスの保護タイルによって被覆されており，それらはスペースシャトルが宇宙から帰還するさいの"熱"に対する防御材としてはたらく．タイルは，ふつうの砂である SiO_2 に由来する低密度の多孔性シリカセラミックスから製造される．それらはきわめて高い温度に耐えることができ，また熱伝導性が低いので，スペースシャトル本体への熱の移動を防ぐことができるのである．

ファインセラミックスは比較的新しい物質であり，それらに対する新しい利用法が次つぎと見つかっている．それらがいかに多様に利用されているかをみると大変興味深い．いくつかの例を示すことにしよう．

ゾル-ゲル法や他の手法によってつくられる薄いセラミックスフィルムは，光学材料の表面に用いられており，反射防止のための被膜や光学的なフィルターとしてはたらいている．ドリルの先端のような工具は，耐摩擦性を高めるために，窒化チタン TiN によって被覆されている（図）．

ジルコニア ZrO_2 は，ゴルフ靴のセラミックス製スパイクや，医療に用いられる人工股関節の一部として，あるいは鉄製よりもずっと長く鋭い切れ味を保つナイフの製造に用いられている．これらの利用はすべて，ZrO_2 セラミックスがきわめて硬いことによって可能になったものである．

窒化ホウ素 BN の粉末は，平らな板状の結晶からなっており，容易に互いに滑り合うことができる．このため BN の利用法の一つに化粧品があり，BN によって製品に絹のようなすべすべした手触りが与えられる．ホウ素を含むもう一つのセラミックスである炭化ホウ素は，ケブラー繊維*とともに防弾チョッキの製造に用いられている．弾丸がチョッキに当たると，その運動エネルギーのほとんどはセラミックスによって吸収され，さらに残りのエネルギーがケブラー生地によって吸収されることによって，弾丸の威力は失われる．

窒化ケイ素 Si_3N_4 は，ディーゼルエンジンの部品の製造に用いられている．これはこのセラミックスが，きわめて硬く，耐摩擦性に優れ，低密度と高い剛直性をもち，きわめて高い温度や厳しい化学的環境にも耐えることができるためである．

圧電性セラミックスは，形状を変形させると，電圧を発生させる性質をもっている．逆にそれらに電圧をかけると，変形が起こる．ある企業によって，その両方の性質を用いた圧電素子を含む"高性能スキー板"が開発された．スキー板の振動はその変形によって生じる電圧により検出され，そして振動が打消されるように電圧がかかるのである．

* 訳注: ケブラー繊維は，米国デュポン社によって開発された芳香族ポリアミド樹脂である．

---

* 粒子の大きさは，真の溶液中でみられる粒子よりも大きいが，典型的な沈殿よりは小さい．このような混合物をコロイドといい，液体の媒体に懸濁した微小な固体粒子からなるコロイドをゾルという．ゾル-ゲル法のゾルはそれが由来となっている．

キセロゲル xerogel

■ キセロゲルはその微細な多孔性構造のため，きわめて大きな内部表面積をもっている．それらのいくつかは有用な触媒となることが知られている．

結果として，酸素によって架橋されたジルコニウム原子の網目構造が形成され，それは多くの残った水酸化物イオンとともに実質的には酸化物であるきわめて微小な不溶性の粒子を形成する．これらの粒子はアルコール溶媒中に懸濁しており，ゲルのような性質を示す*．

一度ゾル-ゲル懸濁液が形成されると，図 15・5 に示したように，それは多くの方法で用いられる．浸漬法によって表面に塗布すると，非常に薄いセラミックスの被膜をつくることができる．また，鋳型に流し込むと，半固体状のゼラチンのような物質（湿潤ゲル）をつくることができる．湿潤ゲルを乾燥させて溶媒を除去すると，**キセロゲル**とよばれる多孔性固体が得られる．さらに加熱するとキセロゲルの多孔性構造は崩壊し，均一な構造をもつ高密度セラミックス，あるいはガラスが生成する．また，

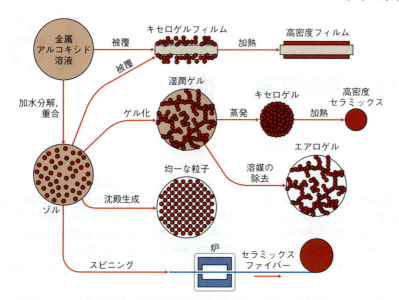

図 15・5 ゾル-ゲル法とそれによる生成物

超臨界条件下で（溶媒の臨界温度以上の温度で），**エアロゲル**とよばれる非常に多孔性のきわめて低密度の固体が得られる．ゲル懸濁液の粘度を調整することによって，セラミックスファイバーをつくることができる．また，沈殿させると，均一な超微細セラミックス粉末が得られる．驚くべきことにこれらの異なる形態は，懸濁液の取扱い方に依存して，すべて同一の物質からつくることができるのである．

エアロゲル aerogel

16

水溶液における酸塩基平衡

多くの果物と野菜は、弱い二塩基酸のアスコルビン酸 $H_2C_6H_6O_6$(ビタミンC)を含む

食物は酸性を、洗剤は塩基性を示すものが多い。コーラは炭酸とリン酸を含んでおり、その酸味や味はこれらの酸によるものである。本章では、15章で導入した酸と塩基の概念を拡張し、また 14 章で学んだ化学平衡の原理を使って酸と塩基について理解を深める。これまでの章で、分子の極性や電子の分極により、酸と塩基の強さを定性的に比較してきたが、本章では酸・塩基のふるまいを定量的に解析する。また酸・塩基、およびその混合物において、オキソニウムイオン濃度がどのような影響を受けるのか pH の概念を用いて説明する。

本章で説明する原理は、環境、法医学、生化学等の分野でも活用され、また材料科学やナノテクノロジーなどの分野でも、よく使われている。化粧品、食品、飲料や洗剤などの産業では、生産効率や安全性の面で pH 制御の重要性を熟知していることが要求される。

- 16・1 水のイオン積とpH
- 16・2 強酸,強塩基の溶液のpH
- 16・3 解離定数 K_a と K_b
- 16・4 解離定数 K_a と K_b の求め方
- 16・5 弱酸,弱塩基の溶液のpH
- 16・6 塩の溶液の酸塩基特性
- 16・7 緩衝液
- 16・8 多塩基酸
- 16・9 酸塩基滴定

学習目標
- pH の定義、および "p" 表記の説明
- 強酸、強塩基の水溶液の pH の計算
- 酸解離定数 K_a、塩基解離定数 K_b の式の記述と両者の関係の説明
- 実験データから酸および塩基の解離定数を求める方法の説明
- 弱酸、弱塩基の平衡濃度と pH の計算
- 塩の溶液の酸性、塩基性の判断
- 緩衝液の説明と緩衝液の pH の計算
- 多塩基酸の定義と多塩基酸の溶液中の化学種の濃度計算
- 酸塩基反応による滴定曲線の説明

16・1 水のイオン積とpH

弱酸、弱塩基は数多くあり、その強さも広い範囲にわたっている。たとえば、食酢に含まれる酢酸やコーラに含まれる炭酸は弱酸に分類される。炭酸の酸としての強さは、酢酸の 3% 程度である。このような差を定量的に説明するには、酸塩基平衡について深く知らなければならない。最初に、すべての水溶液に存在する重要な平衡、すなわち水自身の解離について説明する必要がある。

精密な機器を使うと、純粋な水がわずかに電気伝導を示すことがわかる。これは非常に低濃度のイオンの存在を示している。これらのイオンは、次の平衡式で示される非常にわずかな水の**自己解離**から生じたものである。

自己解離 autoionization

■ ここでは記述を明瞭にするため、水中のイオンに通常つけられる (aq) の表記を省いている.

$$H_2O + H_2O \rightleftharpoons H_3O^+ + OH^-$$

この反応が進行するには二つの水分子が衝突する必要がある。

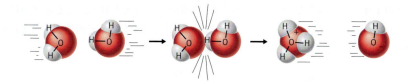

§14・4の手順に従うと，この平衡式は以下のように記述できる．

$$[H_3O^+][OH^-] = K_w \tag{16・1}$$

水は濃度一定（モル濃度 55.6 mol L^{-1}）の純粋な液体であるので，水自身はこの平衡式にみえる形では入っていない．自己解離の平衡は重要であり，この平衡定数には**水のイオン積** K_w が用いられる．

水のイオン積 ion product constant of water, K_w

なお簡便のため，H$^+$ を担っている水分子を省き，H$_3$O$^+$ の代わりに単に H$^+$ と書く．したがって，平衡式は次式で表される．

$$H_2O \rightleftharpoons H^+ + OH^-$$

これに基づくと K_w の式は，以下のように単純化される．

$$[H^+][OH^-] = K_w \tag{16・2}$$

純水が自己解離すると同じ量の H$^+$ と OH$^-$ が生じるので，それらの濃度は等しい．25 ℃ では，これらの濃度は以下の値をとることがわかっている．

$$[H^+] = [OH^-] = 1.0 \times 10^{-7} \text{ mol L}^{-1}$$

それゆえ 25 ℃ では，次式が成り立つ．

$$K_w = (1.0 \times 10^{-7}) \times (1.0 \times 10^{-7}) = 1.0 \times 10^{-14} \tag{16・3}$$

他の平衡定数と同じように K_w の値は温度に応じて変わる（表 16・1）．ここでは断らない限り 25 ℃ の場合を扱う．

表 16・1 さまざまな温度における K_w

温度（℃）	K_w
0	1.1×10^{-15}
10	2.9×10^{-15}
20	6.8×10^{-15}
25	1.0×10^{-14}
30	1.5×10^{-14}
37†	2.5×10^{-14}
40	2.9×10^{-14}
50	5.5×10^{-14}
60	9.6×10^{-14}

† 平常体温．

溶質が [H$^+$] と [OH$^-$] に与える影響

水の自己解離はどんな水溶液でも起こる．そして，他の溶質の影響により，H$^+$ と OH$^-$ のモル濃度は等しいとは限らないが，それらの積 K_w は温度が変化しない限り，常に同じ値をとる．(16・1)〜(16・3)式は純粋な水の場合であるが，同時にこれらは希薄な水溶液でも成立する．

酸性，塩基性，中性溶液の判断の基準

水の自己解離からの帰結は，どんな水溶液においても，どんな溶質があろうと，H$_3$O$^+$ と OH$^-$ の両方のイオンが常に存在することである．これは酸である HCl 溶液には OH$^-$ が，塩基である NaOH 溶液には H$_3$O$^+$ がいくらかは存在することを意味する．溶液が酸性か塩基性かは，どちらのイオンがより高濃度で存在するかで決まる．
中性溶液は H$_3$O$^+$ と OH$^-$ のモル濃度が等しい溶液である．**酸性溶液**は溶質により，H$_3$O$^+$ のモル濃度が OH$^-$ の濃度よりも高くなっている溶液である．逆に，**塩基性溶液**では OH$^-$ のモル濃度が H$_3$O$^+$ の濃度よりも高い．

中性溶液 neutral solution
酸性溶液 acidic solution
塩基性溶液 basic solution

中性溶液　　[H$_3$O$^+$] = [OH$^-$]
酸性溶液　　[H$_3$O$^+$] > [OH$^-$]
塩基性溶液　[H$_3$O$^+$] < [OH$^-$]

練習問題 16・1 ある炭酸水素ナトリウム $NaHCO_3$ 水溶液の水酸化物イオン濃度が 7.8×10^{-6} mol L^{-1} である。水素イオン濃度を求めよ。この溶液は酸性,塩基性,中性のいずれを示すか。

セーレンセン S. P. L. Sørensen, 1868〜1939

pH, p は power(累乗)の略号である。

*1 (16・4) 式および (16・6) 式などで,対数をとるのは数の部分だけである。単位として mol L^{-1} がついているが,単位を除外した数のみに対数計算を行う。

*2 対数における有効数字の規則は,対数をとる前のある数の有効数字の桁数が,その数の対数の小数部分の桁数に等しいというものである。たとえば,3.2×10^{-5} は 2 桁の有効数字をもつ。電卓でこの数の対数をとると,−4.494850022 となる。正しく丸めた対数は −4.49 である。

■ 中性の pH が 7.00 であるのは,25℃ においてのみである。他の温度においても,中性の溶液では $[H^+]=[OH^-]$ であるが,K_w が温度に依存して変わるので,$[H^+]$ と $[OH^-]$ の値は変わる。それゆえ,中性溶液の pH も 7.00 とは異なった値となる。たとえば,平常体温 (37℃) の中性溶液では $[H^+]=[OH^-]$ $=1.6 \times 10^{-7}$ であるので,その pH は 6.80 である。

水のイオン積をみると,酸と塩基のある定量的関係がみてとれる。たとえば,H_3O^+ が 0.0020 mol L^{-1} の溶液があるとする。(16・3) 式を変形して,その溶液に含まれる OH^- の正確な濃度を計算することができる。

$$[OH^-] = \frac{K_w}{[H_3O^+]} = \frac{1.0 \times 10^{-14}}{2.0 \times 10^{-3}} = 5.0 \times 10^{-12}$$

もし OH^- の濃度がわかっていれば,同様な計算で H_3O^+ の濃度を求めることができる。

pH の 概 念

ほとんどの弱酸,弱塩基の溶液において,H^+ と OH^- のモル濃度は,直前の例でみたようにきわめて低い。これらの値を比較するのは常に容易というわけではない。デンマークの化学者セーレンセンは,それを容易にする提案を行った。

小さな $[H^+]$ の値の比較を容易にするため,セーレンセンは溶液の **pH** とよぶ量を次のように定義した。

$$pH = -\log[H^+] \qquad (16 \cdot 4)^{*1}$$

対数の性質より (16・4) 式は次のように変形できる。

$$[H^+] = 10^{-pH} \qquad (16 \cdot 5)$$

H^+ のモル濃度がわかっているとき,(16・4) 式からその溶液の pH が計算できる。逆に pH がわかっていれば,(16・5) 式より水素イオンのモル濃度を知ることができる。たとえば,水素イオン濃度 $[H^+]$ が 3.6×10^{-4} のとき,その値の対数 −3.44 をとり,その符号を変えて pH の値として 3.44 を得る。(16・5) 式を使って水素イオン濃度を知るには pH の符号を変えて,それから逆対数(真数)をとる。たとえば,pH として 12.58 の値が与えられた場合は,まず −12.58 に変え,それから逆対数をとり $[H^+] = 2.6 \times 10^{-13}$ の結果を得る。

酸性,塩基性,中性の溶液

pH のもつ意味の一つは,pH が溶液の酸性度のものさしとなっていることである。よって,pH の値を使って酸性,塩基性,中性を定義できる。25℃ の純粋な水あるいは中性の任意の溶液において,

$$[H^+] = [OH^-] = 1.0 \times 10^{-7} \text{ mol L}^{-1}$$

となる。それゆえ (16・4) 式より,25℃ において中性溶液の pH は 7.00 である*2。

酸性溶液では,$[H^+]$ が 10^{-7} mol L^{-1} より高いから,pH は 7.00 よりも小さい。そして,溶液の酸性度が上昇するにつれて pH の値は減少する。

塩基性溶液では,$[H^+]$ が 10^{-7} mol L^{-1} より低いから,pH は 7.00 よりも大きい。溶液の酸性度が上昇するにつれて pH の値は減少する。また,溶液の塩基性度が上昇するにつれて pH の値は増加する。これらをまとめると以下のようになる。

25℃ における pH と酸性,中性,塩基性の関係
中性溶液　　　pH = 7.00
酸性溶液　　　pH < 7.00
塩基性溶液　　pH > 7.00

図16・1に，日常よく目にする物質のpHを表した．

pHで注意すべきことの一つは，小さなpHの変化がいかに大きな水素イオン濃度の変化に対応するか，理解しにくいことである．対数表記のためpH単位で1の変化が水素イオン濃度では10倍の変化となる．たとえば，pH 6では水素イオン濃度は1×10^{-6} mol L^{-1}である．pH 5では1×10^{-5} mol L^{-1}，すなわち10倍の大きさとなる．

水素イオン濃度が1 mol L^{-1}以上の溶液をつくることは可能で，それは負のpHをもつ．しかし，そのような高濃度では単に水素イオンのモル濃度を用いたほうがわかりやすい．たとえば，[H$^+$]が2.00 mol L^{-1}の溶液では，"2.00"が明快にして十分な内容を表す数であり，pHを用いてもあまり得るところはない．[H$^+$]が2.00 mol L^{-1}の場合，(16・4)式でpHを計算すると$-\log(2.00)$あるいは-0.301となる．負のpHが悪いというわけではないが，実際のモル濃度を書くほうが有意義である．

表記 "p"

対数を使ったpHの定義〔(16・4)式〕は便利なため，[H$^+$]以外の量にも使われるようになった．すなわち，任意の量Xに対して以下のようにpXを定義する．

$$pX = -\log X \qquad (16・6)$$

たとえば，低い水酸化物イオンの濃度を表すには，溶液の**pOH**を次のように定める．

$$pOH = -\log[OH^-]$$

同様にK_wに対して，**pK_w**を次のように定める．

$$pK_w = -\log K_w$$

25 ℃におけるpK_wの数値は，$-\log(1.0 \times 10^{-14})$あるいは$-(-14.00)$であるので，

$$pK_w = 14.00 \quad (25 ℃ において)$$

となる．これらの定義に従うとpH, pOH, pK_wの間の有用な関係〔(16・7)式〕が得られる．

$$pH + pOH = pK_w = 14.00 \quad (25 ℃ において) \qquad (16・7)$$

この式は25 ℃において，どんな溶質の水溶液でもpHとpOHの和は14.00であることを示している．

pH の計算

(16・4)式と(16・7)式を用いたいくつかのpHの計算例を示しておく．本章の残りの部分では，このような計算をしばしば行うことになる．

ある溶液の[H$^+$]が6.3×10^{-5} mol L^{-1}であるとする．pHの値は対数をとり，その符号を変えることで得られ，それは4.20となる．pOHの値を求めるには二つの方法がある．(16・2)式を使って[OH$^-$]を求め，その対数をとってから符号を変える方法が一つで，もっと簡単な方法は，(16・7)式を使って，単に14.00からpHを差し引けばよい．この方法でpOHは9.80と求まる．こうして(16・4)式および(16・7)式より[H$^+$], [OH$^-$], pH, pOHの四つのうち一つがわかっていれば，他の三つを知ることができる．もしpOHがわかっていて，[H$^+$]が知りたい場合，それらは容

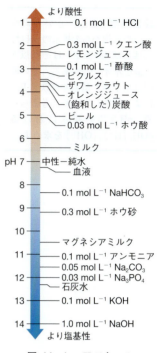

図16・1 pHスケール

図16・2 pHメーター．pHを既知の溶液で機器を較正したあと，測定のための電極を試験溶液に浸し，メーターよりpHの値を読取る．

502　16.　水溶液における酸塩基平衡

練習問題 16・2　古い石炭や鉱山の鉱物からの排水のpHは，しばしば 4.0 あるいはそれ以下の値を示すことがある．その原因は地下水と酸素が黄鉄鉱 FeS により反応したためと考えられる．pH 3.75 の排水におけるpOH, $[H^+]$, $[OH^-]$ を求めよ．

易に求めることができる．節末の練習問題でこのような計算を行ってみよう．

pH メーター　　pH に関することで特筆すべきことのひとつは，pH メーターとよばれる機器を用いて pH を簡単に測定できることである（図 16・2）．まずはじめに，機器を較正するため，pH が既知の標準溶液に，溶液中の水素イオン濃度を検知する電極を浸す．一度この較正がすめば，単に溶液に電極を浸せばその溶液の pH を測定することができる．較正用の標準溶液の確度，すなわち pH 測定の確度は，pH を単位として ±0.02 である．

16・2　強酸，強塩基の溶液の pH

　多くの溶質が水溶液の pH に影響を与える．本節では，強酸や強塩基がどのように振舞うか，そしてどうやってそれらの溶液の pH を計算するかを検討する．弱酸や弱塩基も似たような影響を与えるが，それらについては次節で取扱う．

強酸と強塩基

■ 必要なら，§4・4 の強酸の表を見よ．

　§15・2 で，水溶液では強酸は完全に解離し，塩基は完全に解離していると考えられることをみてきた．このことが，それらの溶液中の H^+ や OH^- の濃度計算を比較的たやすいものにしている．

　溶質が HCl や HNO_3 のような一塩基性の強酸の場合，H^+ のモル濃度はそれら強酸のモル濃度と同じになる．よって，$0.010\ mol\ L^{-1}$ HCl 溶液は $0.010\ mol\ L^{-1}$ の H^+ を含み，$0.0020\ mol\ L^{-1}$ HNO_3 溶液は $0.0020\ mol\ L^{-1}$ の H^+ を含む．

　一塩基性の強酸の pH を計算するには，表示されている酸のモル濃度から得た H^+ のモル濃度を使う．すなわち，先の $0.010\ mol\ L^{-1}$ HCl 溶液の pH は 2.00 である．

練習問題 16・3　1.20 g の KOH を水に溶かし 250.0 mL とした溶液の pOH, $[H^+]$, pH を求めよ．

　強塩基における OH^- の濃度計算も同様である．$0.050\ mol\ L^{-1}$ NaOH 溶液は $0.050\ mol\ L^{-1}$ の OH^- を含む．なぜなら NaOH は完全に解離するので，NaOH が溶けると NaOH 1 mol からは 1 mol の OH^- が生じるためである．$Ba(OH)_2$ のような塩基では，2 mol の OH^- が解離する．

$$Ba(OH)_2(s) \longrightarrow Ba^{2+}(aq) + 2\,OH^-(aq)$$

それゆえ，1 L 当たり 0.010 mol の $Ba(OH)_2$ を含む溶液では，OH^- の濃度は 0.020 $mol\ L^{-1}$ となる．OH^- 濃度がわかれば pOH を，さらに pH も計算できる．

溶質の水の解離に対する影響

* 酸や塩基のきわめて希薄な溶液においては，水の自己解離を無視することはできない．

　直前の例で計算を進めるにあたり，重要で正しい仮定，すなわち水の自己解離の効果は酸の溶液中の全 $[H^+]$，および塩基の溶液中の全 $[OH^-]$ に対して無視できるという仮定をした*．これを詳しくみてみよう．

　酸の溶液において，H^+ の源は二つある．一つは酸自体の解離によるもの $[H^+]_{溶質}$，他は水の自己解離 $[H^+]_{H_2O}$ である．

■ 同じような関係が塩基の溶液の OH^- の濃度においても成立する．

$$[OH^-]_全 = [OH^-]_{溶質} + [OH^-]_{H_2O}$$

$$[H^+]_全 = [H^+]_{溶質} + [H^+]_{H_2O}$$

非常に薄い酸溶液以外では，水からの H^+ の量 $[H^+]_{H_2O}$ は，酸からの H^+ の量 $[H^+]_{溶質}$ に比べて小さい．たとえば，$0.020\ mol\ L^{-1}$ HCl において OH^- のモル濃度は $5.0 \times 10^{-13}\ mol\ L^{-1}$ である．この酸性溶液における OH^- の唯一の源は水の自己解離である．

そして，水の自己解離により生じる OH^- の量と H^+ の量は等しくなければならない．それゆえ $[H^+]_{H_2O}$ は $5.0 \times 10^{-13}\,mol\,L^{-1}$ に等しい．この溶液の $[H^+]_全$ の端数を適切に丸めると，以下のように事実上 $[H^+]_{H_2O}$ を無視できることがわかる．

$$[H^+]_全 = \underset{\text{(HClより)}}{0.020\,mol\,L^{-1}} + \underset{\text{(H}_2\text{Oより)}}{5.0 \times 10^{-13}\,mol\,L^{-1}} = 0.020\,mol\,L^{-1} \quad \text{（適切に丸める）}$$

どのような酸性溶液においても，溶質から供給される H^+ により水の自己解離は抑制される．これはルシャトリエの原理の一例である．自己解離に適用すると次のことがみてとれる．もし H^+ が水以外の源（たとえば酸性溶質など）から供給されれば，平衡の位置は左にずれる．

$$H_2O \rightleftharpoons H^+ + OH^-$$
溶質からの H^+ 添加は平衡の位置を左にずらす

計算結果が示すように，自己解離から生じる H^+ と OH^- の濃度は中性溶液での濃度（$1.0 \times 10^{-7}\,mol\,L^{-1}$）よりもかなり低くなる．それゆえ，非常に希薄な溶液（$10^{-6}\,mol\,L^{-1}$ かそれ以下）以外では，酸の溶液においては，すべての H^+ は溶質に由来するとしてよい．同様に，塩基の溶液においても，すべての OH^- は溶質の解離に由来するとしてよい．

16・3　解離定数 K_a と K_b

15章で学んだように，弱酸と弱塩基は水中で完全には解離していない．それらは水との反応で生じたイオンと平衡を保ち存在している．この平衡を定量的に取扱うためには，正しい平衡反応の化学反応式を書くことが重要である．ひとたび化学反応式がわかれば，対応する正しい平衡式を得ることができる．

弱酸と水との反応

水溶液において，すべての弱酸は同じように振舞う．それらはブレンステッド酸，すなわちプロトン供与体である．例として $HC_2H_3O_2$, HSO_4^-, NH_4^+ を考える．水中では，これらは次に示す平衡にある．

$$HC_2H_3O_2 + H_2O \rightleftharpoons H_3O^+ + C_2H_3O_2^-$$
$$HSO_4^- + H_2O \rightleftharpoons H_3O^+ + SO_4^{2-}$$
$$NH_4^+ + H_2O \rightleftharpoons H_3O^+ + NH_3$$

それぞれの場合において，酸は水と反応して H_3O^+ と共役塩基を生じる．弱酸を HA，陰イオンを A^- で表すと，この反応は次式で一般的に表すことができる．

$$HA + H_2O \rightleftharpoons H_3O^+ + A^- \tag{16・8}$$

この式からわかるように，HA は電気的に中性でなければならないということはない．HA は $HC_2H_3O_2$ のような分子でも，HSO_4^- のような陰イオンでも，NH_4^+ のような陽イオンでもよい．なお，共役塩基の電荷はもとの酸の電荷に依存する．14章で述べたように，液体の水の濃度を省略して，(16・8) 式に対する平衡式を書くことができる．

$$\frac{[H_3O^+][A^-]}{[HA]} = K_a \tag{16・9}$$

酸解離定数 acid dissociation constant, K_a

新しい定数 K_a は**酸解離定数**とよばれる．H_3O^+ を H^+ と略すと，酸の解離の式は次のように簡素化される．

$$HA \rightleftharpoons H^+ + A^-$$

K_a は次式で表される．

$$K_a = \frac{[H^+][A^-]}{[HA]} \tag{16·10}$$

弱酸の解離の化学反応式および K_a に対応する平衡式の書き方を習得することが大切である．たとえば HNO_2 のような弱酸があるとしよう．解離反応は次式で表される．

$$HNO_2 \rightleftharpoons H^+ + NO_2^-$$

それに対応する平衡式は以下のようになる．

$$K_a = \frac{[H^+][NO_2^-]}{[HNO_2]}$$

- $K_a = \text{antilog}(-pK_a)$, $K_a = 10^{-pK_a}$
- 強酸の K_a の値は非常に大きく，表には記されていない．

弱酸の K_a は通常きわめて小さく，pH と同様に対数を使って表すと便利である．酸の **pK_a** は以下のように定義される．

$$pK_a = -\log K_a$$

> **練習問題 16·4** 次に示す酸について，水中での解離の式と K_a の式を書け．(a) $HCHO_2$ (b) $(CH_3)_2NH_2^+$ (c) $H_2PO_4^-$
>
> **練習問題 16·5** 表 16·2 中から酢酸より強く，またギ酸より弱い酸をすべて列挙せよ．

弱酸の強さは K_a の値で決まる．より K_a が大きいと酸としてより強く，解離もより進む．pK_a の定義式中の負符号のため，より強い酸はより小さな pK_a の値をもつ．典型的な弱酸の K_a と pK_a の値を表 16·2 に示す．より詳しい表が付録にある．

表 16·2 25℃ における弱い一塩基酸の K_a と pK_a

酸	化学式	K_a	pK_a	酸	化学式	K_a	pK_a
ヨウ素酸	HIO_3	1.7×10^{-1}	0.77	酢酸	$HC_2H_3O_2$	1.8×10^{-5}	4.74
クロロ酢酸	$HC_2H_2O_2Cl$	1.4×10^{-3}	2.85	酪酸	$HC_4H_7O_2$	1.5×10^{-5}	4.82
亜硝酸	HNO_2	4.6×10^{-4}	3.34	プロピオン酸	$HC_3H_5O_2$	1.3×10^{-5}	4.89
フッ化水素酸	HF	3.5×10^{-4}	3.46	次亜塩素酸	$HOCl$	3.0×10^{-8}	7.52
シアン酸	$HOCN$	2×10^{-4}	3.7	シアン化水素酸	HCN	4.9×10^{-10}	9.31
ギ酸	$HCHO_2$	1.8×10^{-4}	3.74	フェノール	HC_6H_5O	1.3×10^{-10}	9.89
バルビツール酸	$HC_4H_3N_2O_3$	9.8×10^{-5}	4.01	過酸化水素	H_2O_2	2.4×10^{-12}	11.62
アジ化水素酸	HN_3	2.5×10^{-5}	4.60				

弱塩基と水の反応

弱酸の場合にみたように，すべての弱塩基は水中で同様のふるまいを示す．弱塩基はブレンステッド塩基でプロトン受容体である．アンモニア NH_3 や酢酸イオン $C_2H_3O_2^-$ などがそれらの例である．これらと水との反応は以下のとおりである．

$$NH_3 + H_2O \rightleftharpoons NH_4^+ + OH^-$$
$$C_2H_3O_2^- + H_2O \rightleftharpoons HC_2H_3O_2 + OH^-$$

それぞれの例において，塩基は水と反応し OH^- と共役酸を生じる．このような反応は一般式で表すことができる．塩基を B で表すと，反応は次式で表される．

$$B + H_2O \rightleftharpoons BH^+ + OH^- \tag{16·11}$$

なお，弱酸のときと同様に，B は電気的に中性である必要はない．ここで，よく行われるように水を略し，平衡式を得る．ここでの新しい平衡定数 K_b は，**塩基解離定数**とよばれる．

■ 塩基解離定数 base dissociation constant, K_b

$$K_b = \frac{[BH^+][OH^-]}{[B]} \qquad (16 \cdot 12)$$

例として，弱酸であるプロピルアミン $CH_3CH_2CH_2NH_2$ の解離の式を次に示す．

$$CH_3CH_2CH_2NH_2 + H_2O \rightleftharpoons CH_3CH_2CH_2NH_3^+ + OH^-$$

これに対応する平衡式は次のとおりである．

$$K_b = \frac{[CH_3CH_2CH_2NH_3^+][OH^-]}{[CH_3CH_2CH_2NH_2]}$$

通常弱塩基の K_b の値は小さいので，対数を使って表されることが多い．**pK_b** は次式で定義される．

$$pK_b = -\log K_b$$

表 16・3 に分子性塩基とその K_b と pK_b の値を示す．より詳しい表が付録にある．

■ ヒドロキシルアミン NH_2OH

$$\text{H}-\overset{\overset{\displaystyle \text{H}}{|}}{\text{N}}-\overset{\cdot\cdot}{\underset{\cdot\cdot}{\text{O}}}-\text{H}$$

■ $K_b = \text{antilog}(-pK_b)$, $K_b = 10^{-pK_b}$

練習問題 16・6 次に示す塩基について，水中での解離の式と K_b の式を書け．(a) トリメチルアミン $(CH_3)_3N$ (b) 亜硫酸イオン SO_3^{2-} (c) ヒドロキシルアミン NH_2OH

■ 解離定数の表には，通常，酸塩基対の分子のほうの解離定数のみを載せる．

表 16・3 25 °C における弱い分子性塩基の K_b と pK_b

塩基	化学式	K_b	pK_b
ブチルアミン	$C_4H_9NH_2$	5.9×10^{-4}	3.23
メチルアミン	CH_3NH_2	4.5×10^{-4}	3.35
アンモニア	NH_3	1.8×10^{-5}	4.74
ストリキニーネ	$C_{21}H_{22}N_2O_2$	1.8×10^{-6}	5.74
モルヒネ	$C_{17}H_{19}NO_3$	1.6×10^{-6}	5.80
ヒドラジン	N_2H_4	1.3×10^{-6}	5.89
ヒドロキシルアミン	$HONH_2$	1.1×10^{-8}	7.96
ピリジン	C_5H_5N	1.8×10^{-9}	8.75
アニリン	$C_6H_5NH_2$	4.3×10^{-10}	9.37

K_a と K_b の積

ギ酸 $HCHO_2$（ヒアリの毒成分の一つ）は，典型的な弱酸で次のように解離する．

$$HCHO_2 + H_2O \rightleftharpoons H_3O^+ + CHO_2^-$$

K_a は次式で表される．

$$K_a = \frac{[H^+][CHO_2^-]}{[HCHO_2]}$$

ギ酸の共役塩基はギ酸イオン CHO_2^- で，ギ酸イオンを含む溶質（たとえば $NaCHO_2$）が水に溶けたとき，溶液はわずかに塩基性を示す．いいかえれば，ギ酸イオンはギ酸の共役塩基なので，ギ酸イオンは弱塩基として振舞う．ギ酸イオンと水との反応は次式で表される．

$$CHO_2^- + H_2O \rightleftharpoons HCHO_2 + OH^-$$

この塩基の K_b は，次式で表される．

$$K_b = \frac{[HCHO_2][OH^-]}{[CHO_2^-]}$$

■ ギ酸とギ酸イオンは次の構造をもつ．

$$\text{H}-\overset{\overset{\displaystyle \text{O}}{\|}}{\text{C}}-\text{O}-\textcolor{red}{\text{H}}$$
ギ酸 $HCHO_2$
（酸としてはたらくさいに解離する水素を赤で示す）

$$\text{H}-\overset{\overset{\displaystyle \text{O}}{\|}}{\text{C}}-\text{O}^-$$
ギ酸イオン CHO_2^-

ギ酸は分子構造を念頭に $HCOOH$ と書かれることが多いが，本章では，解離する H を先頭にして酸の化学式を書くことにする．したがって，ギ酸の化学式を $HCHO_2$ と書く．

共役酸塩基対の平衡定数の間には，K_a と K_b の積が K_w に等しいという重要な関係がある．このことは質量作用の式を掛合わせることにより確かめることができる．

$$K_a \times K_b = \frac{[\mathrm{H}^+][\mathrm{CHO_2}^-]}{[\mathrm{HCHO_2}]} \times \frac{[\mathrm{HCHO_2}][\mathrm{OH}^-]}{[\mathrm{CHO_2}^-]} = [\mathrm{H}^+][\mathrm{OH}^-] = K_w$$

どのような酸塩基共役対においてもこれと同じ関係が成立する．

$$K_a \cdot K_b = K_w \tag{16・13}$$

別の有用な関係式が，(16・13)式の両辺に負の対数をほどこすことで得られる．

$$pK_a + pK_b = pK_w = 14.00 \quad (25\,°\mathrm{C} において) \tag{16・14}$$

- $-\log(K_a \times K_b) = -\log K_w$
 $(-\log K_a) + (-\log K_b) = -\log K_w$
 $pK_a + pK_b = pK_w$

(16・13)式からいくつかの重要なことが導かれる．一つは，酸塩基対の K_a と K_b の両方を表に記載する必要がないことである．一つの K がわかれば，他の K も計算できる．たとえば，$\mathrm{HCHO_2}$ の K_a と $\mathrm{NH_3}$ の K_b はほとんどの表に載っている．しかし，これらの表には多くの場合 $\mathrm{CHO_2}^-$ の K_b や $\mathrm{NH_4}^+$ の K_a は載っていない．もし，それらの値が必要ならば，(16・13)式を使って算出できる．

別の興味深く有用なことは，共役対の酸と塩基の強さの間には相反関係があることである．図16・3にこの関係を示す．K_a と K_b の積が一定なので，K_a が大きくなれば K_b は小さくなる．いいかえれば，酸が強ければ強いほど，その共役塩基は弱い（このことは，15章でのブレンステッド酸・塩基の強さの説明でも述べた）．この関係については §16・6 で再び述べる．

練習問題 16・7 塩基メチルアミン $\mathrm{CH_3NH_2}$ の K_b は 4.5×10^{-4} である．メチルアンモニウムイオン $\mathrm{CH_3NH_3}^+$ の K_a を求めよ．

練習問題 16・8 $\mathrm{HCHO_2}$ の K_a は 1.8×10^{-4} である．$\mathrm{CHO_2}^-$ の K_b を求めよ．

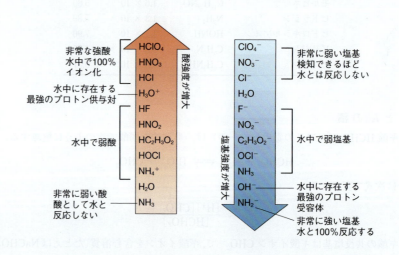

図 16・3 共役酸塩基対の相対的強度．酸が強ければ強いほど，その共役塩基は弱い．酸が弱ければ弱いほど，その共役塩基は強い．非常に強い酸は100%解離し，その共役塩基は検知できるほど水と反応しない．

16・4 解離定数 K_a と K_b の求め方

本節の目的は，水中の弱酸や弱塩基の平衡の定量的な扱い方の一般的な手順を習得することである．一般に，このような計算は二つの種類に分けられる．一つは，酸あるいは塩基の初濃度と溶液の pH の値あるいは平衡にある成分に関する他の値から K_a や K_b を計算するものである．もう一つは，K_a あるいは K_b と初濃度が与えられ，平衡濃度を計算するものである．後者については §16・5 で述べる．

16・4 解離定数 K_a と K_b の求め方   507

初濃度と平衡の数値を使う方法

この種の問題において，最初にするべきことは，K_a や K_b を定義する質量作用の式にあてはめるすべての平衡濃度を求めることである．理由は，平衡において，それらの反応商が平衡定数に等しいことによる．多くの場合，酸や塩基の溶液の入っている瓶のラベルに書かれているモル濃度が与えられる．そして，直接求められた少なくとも一つの平衡濃度が与えられる．すなわち，溶液の H^+ の平衡濃度を意味する pH が与えられる．（このような溶液においては，平衡はきわめて速く達成されるので，pH を測定するとその pH は H^+ の平衡濃度を計算するのに使うことができる．）もしくは，以下のように定義される酸や塩基の**解離度**が与えられる．

解離度 degree of dissociation

$$解離度 = \frac{1\,L\,当たりの解離した化合物の物質量}{1\,L\,当たりの解離する前の化合物の物質量} \times 100\% \qquad (16・15)$$

K_a と K_b を求める例題を次に示す．

例題 16・1 pH から K_a と K_b を計算する

乳酸 $HC_3H_5O_3$ は一塩基酸である．$0.100\ \text{mol L}^{-1}$ の乳酸溶液の pH は 25 ℃ で 2.44 である．25 ℃ における乳酸の K_a と pK_a を計算せよ．

指針　弱酸や弱塩基の解離に関するどんな問題においても，第一段階は平衡の化学反応式と平衡式を書くことである．必要なら，量論的な関係を確かなものにするために濃度表を使うとよい．

pH は与えられているので，それより H^+ 濃度を計算することができる．それが平衡時の $[H^+]$ となる．

解法　酸であるとわかっているので平衡の化学反応式を書くことから始める．練習問題で行ったように K_a の式を書いてみる．

$$HC_3H_5O_3 \rightleftharpoons H^+ + C_3H_5O_3^- \qquad K_a = \frac{[H^+][C_3H_5O_3^-]}{[HC_3H_5O_3]}$$

(16・5) 式は $[H^+]$ を計算するのに使う．そして §14・8 で行ったような濃度表をつくり，利用する．

解答　K_a を計算するために $[H^+]$，$[C_3H_5O_3^-]$，$[HC_3H_5O_3]$ の平衡濃度が必要である．この点で濃度表が助けになる．初濃度を得るために，溶質は $HC_3H_5O_3$ $0.100\ \text{mol L}^{-1}$ のみなので，H^+ と $C_3H_5O_3^-$ の源はこの酸だけである．H^+ と $C_3H_5O_3^-$ の濃度ははじめはゼロである．濃度変化を x とおく．初濃度と変化量 x を加えると平衡濃度となる．これらを濃度表中に示す．

$[H^+]$ は pH からわかる．これは $[H^+]$ の平衡濃度を与える．

$$[H^+] = 10^{-2.44} = 0.0036\ \text{mol L}^{-1}$$

これより x は 0.0036 でなくてはならない．x がわかると，$HC_3H_5O_3$ と $C_3H_5O_3^-$ の平衡濃度が計算できる．

	$HC_3H_5O_3$ $\rightleftharpoons$	H^+ +	$HC_3H_5O_3^-$
初濃度 M	0.100	0	0
濃度変化 M	$-x$	$+x$	$+x$
平衡濃度 M	$(0.100-x)$	x	x
pH から算出した平衡濃度	$(0.100-0.0036)$ $=0.096$ （適切に丸める）	0.0036	0.0036

最後の列は平衡濃度であり，それらを K_a の式に代入することにより K_a を計算できる．

$$K_a = \frac{(3.6 \times 10^{-3})(3.6 \times 10^{-3})}{0.096} = 1.4 \times 10^{-4}$$

すなわち，乳酸の酸解離定数は 1.4×10^{-4} である．pK_a を計算するには，K_a の対数をとり負とする．

$$pK_a = -\log K_a = -\log(1.4 \times 10^{-4}) = 3.85$$

確認　弱酸の解離定数は小さいので得られた K_a の値は妥当と考えられる．濃度表中の値も適切かどうか検討すべきである．たとえば，二つのイオンの変化は両方とも正である．すなわち，それらの濃度が増加したことを意味し，変化は解離反応によるので，それらは同じ方向に変化せざるをえない．また，解離によってイオンができる分，酸分子の濃度は減少する．

しばしば，物質の解離度を求めることがある．典型的な方法は §12・6 で説明した浸透圧，凝固点降下，沸点上昇の測定である．次に示す例題は，解離度がわかっているとき，メチルアミンのような塩基の K_b を求める方法を説明している．

508   16. 水溶液における酸塩基平衡

例題 16・2　解離度から K_b と pK_b を計算する

メチルアミン CH_3NH_2 は弱塩基で魚類の刺激的なにおいの原因物質の一つである．0.100 mol L⁻¹ の CH_3NH_2 において 6.4%しか解離していない．メチルアミンの K_b と pK_b を求めよ．

指針　この問題では，塩基の解離度が与えられている．これは溶液中のイオンの平衡濃度を計算するのに使うことができる．これらを計算したあとは，前の例題と同じ筋道をたどればよい．

解法　前の例題のように，平衡の化学反応式〔(16・11) 式の弱塩基の一般式〕が必要である．それから平衡式を書くことができる〔(16・12) 式の弱塩基の平衡式〕．

$$CH_3NH_2 + H_2O \rightleftharpoons CH_3NH_3^+ + OH^-$$

$$K_b = \frac{[CH_3NH_3^+][OH^-]}{[CH_3NH_2]}$$

また，少なくとも一つの平衡濃度を計算するために解離度の定義〔(16・15) 式〕を使う．

解答　適切な濃度表をつくることから始める．初濃度は反応が起こる前の濃度である．それゆえ，初濃度の行のイオンの濃度はゼロである．濃度変化を示す行および初濃度と濃度変化の行の足し合わせた平衡濃度を表す行において，変化量を x とする．しかし，x を導入するまでもなく，解離度より濃度表を直接完成させることができる．

解離度は CH_3NH_2 の 6.4%が反応することを示している．これを (16・15) 式に代入する．

$$\frac{解離した CH_3NH_2 のモル濃度}{0.100\ \text{mol L}^{-1}} \times 100\% = 6.4\%$$

したがって，この溶液での平衡で解離した塩基の 1 L 当たりの物質量は，次式のとおりである．

$$解離した CH_3NH_2 のモル濃度 = \frac{6.4\% \times 0.100\ \text{mol L}^{-1}}{100\%}$$
$$= 0.0064\ \text{mol L}^{-1}$$

この値 CH_3NH_2 の -0.0064 mol L⁻¹ は CH_3NH_2 濃度の減少を表す．この $[CH_3NH_2]$ の変化は他の化学種の濃度を決めるのに使える．CH_3NH_2 が反応して OH^- と $CH_3NH_3^+$ が生じるので，$[CH_3NH_3^+]$ と $[OH^-]$ はともに 0.0064 mol L⁻¹ である．

	H_2O +	CH_3NH_2	$\rightleftharpoons$	$CH_3NH_3^+$ +	OH^-
初濃度 M		0.100		0	0
濃度変化 M		-0.0064		0.0064	0.0064
平衡濃度 M		$(0.100-0.0064)=0.094$		0.0064	0.0064

こうして質量作用の式に平衡濃度を入れて，K_b を計算することができる．

$$K_b = \frac{(0.0064)(0.0064)}{(0.096)} = 4.3 \times 10^{-4}$$

$$pK_b = -\log(4.3 \times 10^{-4}) = 3.37$$

確認　最初に K_b の値は小さいので，この問題を正しく扱ったと思われる．濃度変化の行を符号が正しいかどうかも確認できる．初濃度はゼロから始めたので，それらの濃度は増加しなければならない．CH_3NH_2 の符号の変化はイオンとは逆である．それゆえ問題は正しく扱われたといえる．

練習問題 16・9　サリチル酸は酢酸と反応して，アセチルサリチル酸（アスピリン）を生じる．0.200 mol L⁻¹ のサリチル酸の pH は 1.83 である．サリチル酸の K_a と pK_a を計算せよ．

練習問題 16・10　モルヒネは痛みを緩和するのに大変効果のある物質である．モルヒネはアルカロイドの一種で，すべてのアルカロイドは弱塩基である．モルヒネ 0.010 mol L⁻¹ の pOH は 3.90 である．モルヒネの K_b と pK_b を求めよ．（モルヒネの化学式を知る必要はない．反応式を書くには，任意の記号を使えばよい．）

16・5　弱酸，弱塩基の溶液の pH

新しい弱酸や弱塩基を合成した場合，その K_a や K_b を決定して性質を明確にすることが必要である．しかし，それ以上に K_a や K_b は，pH や $[H^+]$ を計算するのに実験室で日常的に使われている．

平衡濃度の計算

K_a あるいは K_b が与えられているほとんどの問題は次の3種に分類できる．1) 弱酸が唯一の溶質として含まれている溶液，2) 弱塩基が唯一の溶質として含まれている溶液，3) 弱酸とその共役塩基が含まれる溶液である．それぞれに対してとるべき手

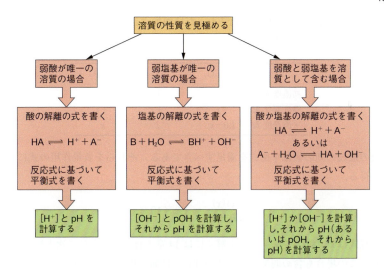

図 16・4 酸塩基平衡問題の解決手順. 溶質の性質により問題解決の手順が決まる. このフローチャートが正しい手順を選ぶ助けとなるだろう.

法を次のまとめと図 16・4 に示す.

1. もし溶液が弱酸のみを溶質として含むとすると，K_a を使って問題を解かなければならない. 適切な化学反応式は弱酸の解離の式である. もし酸の共役塩基の K_b が与えられているときは，(16・13) 式を使って K_a を計算する必要がある.
2. もし溶液が弱塩基のみを溶質として含むとすると，K_b を使って問題を解かなければならない. 適切な化学反応式は弱塩基の解離の式である. もし塩基の共役酸の K_a が与えられているときは，(16・13) 式を使って K_b を計算する必要がある.
3. 2 種の溶質，一つは弱酸，もう一つは共役塩基を含む溶液はあとで検討するある特殊な性質をもっている (このような溶液は緩衝液とよばれる). この種の混合物の問題では K_a も K_b も使うことができる. いずれの場合も同じ答えに至るので，どちらを使ってもよい. K_a を使う場合は酸の解離の式を化学反応式として使わねばならない. K_b を選んだ場合は，適切な化学反応式は塩基の解離の式である. K_a と K_b のどちらを使うかの選択は，どちらがより容易に利用できるかによる.

■ 条件 1 と 2 は分子性の弱酸と弱塩基の溶液および酸か塩基のイオンを含む塩の溶液に適用される. 条件 3 は §16・7 で説明する緩衝液とよばれる溶液に適用される.

14 章において, 平衡定数が小さい場合, 平衡濃度計算の労力を大幅に軽減する手法がしばしば可能であることを学んだ. 多くの酸塩基平衡の問題でもそのような手法が有効である.

1.0 mol L^{-1} の酢酸 HC$_2$H$_3$O$_2$ の溶液を考えてみよう. その K_a は 1.8×10^{-5} である. この溶液での平衡濃度を求めてみる.

まず, 平衡の化学反応式から始める. 溶液中の唯一の溶質は弱酸であるので, K_a を使わなければならない. 酸の解離の式は次のとおりである.

$$HC_2H_3O_2 \rightleftharpoons H^+ + C_2H_3O_2^-$$

平衡式は次式で表される.

$$K_a = \frac{[H^+][C_2H_3O_2^-]}{[HC_2H_3O_2]} = 1.8 \times 10^{-5}$$

HC$_2$H$_3$O$_2$ の初濃度(解離が起こる前の酸の濃度)を与えられた濃度 1.0 mol L^{-1} とする. この濃度は酸が解離してイオンが生じると少し減少するだろう. x を 1 L 当たりの解離した酢酸の量とすると, HC$_2$H$_3$O$_2$ の濃度は x だけ減少する (その変化は $-x$). そ

■ 酢酸 HC$_2$H$_3$O$_2$

して，H^+ と $C_2H_3O_2^-$ の濃度はそれぞれ x だけ増加する（その変化は $+x$）．こうして次の濃度表をつくることができる．

■ イオンは溶質から供給されていないので，その初濃度はゼロに設定される．

	$HC_2H_3O_2$ $\rightleftharpoons$	H^+ $+$	$C_2H_3O_2^-$
初濃度 M	1.0	0	0
濃度変化 M	$-x$	$+x$	$+x$
平衡濃度 M	$1.0-x$	x	x

濃度表の最後の列の値は平衡式を満足すべきである．それらを質量作用の式に入れて次式を得る．

■ 1.0 から x を差し引いた数を適切な有効数字で丸めたとき，その結果が 1.0 になることが前提である．

$$\frac{(x)(x)}{1.0-x} = 1.8 \times 10^{-5}$$

この方程式は x^2 の項を含み，これを解くには 14 章で行ったように二次方程式を使う．しかし，この場合も含め弱酸や弱塩基の計算では簡略化の手法が可能である．その理由をみてみよう．

平衡定数 1.8×10^{-5} は非常に小さい．そして，平衡時には非常に少量の酢酸が解離していると予測できる．これは x が非常に小さな数であり，したがって $(1.0 - x)$ $= 1$ と近似できることを意味する．$1.0 - x$ を 1.0 で置き換えると，次式となる．

$$\frac{(x)(x)}{1.0-x} = \frac{x^2}{1.0} = 1.8 \times 10^{-5}$$

これより，$x = 0.0042$ mol L^{-1} と解ける．確かに x の値は 1.0 mol L^{-1} に比べて無視できるほど小さい．（1.0 mol L^{-1} から 0.0042 mol L^{-1} を差し引いて，適切に丸めると 1.0 mol L^{-1} となる．）これより $[H^+] = [C_2H_3O_2^-] = 0.0042$ mol L^{-1}，$[HC_2H_3O_2] = 1.0$ mol L^{-1} を得る．また，溶液の pH も計算できる．

$$pH = -\log[H^+] = -\log(0.0042) = 2.38$$

この近似を行うにあたり，初濃度があたかも平衡時の濃度であるかのように使われた．この近似は，本章で出会うほとんどの場合に適用することになる条件，すなわち平衡定数が小さく，溶質の濃度がある程度高いときに有効である．あとでこの近似が成立しない例をいくつか扱うことになる．

塩基分子の初濃度が与えられたさいの pH の決定にもいま述べた手順が使われる．しかし，計算で得られるのは水酸化物イオンの濃度であることに気をつける必要がある．このような場合には，次の例題で示すような pOH から pH へ変換する手順がさらに必要である．

練習問題 16・11 安息香酸 $HC_6H_5CO_2$ は一塩基酸（一つの H^+ のみが解離する酸）で，その K_a は 6.3×10^{-5} である．0.023 mol L^{-1} の安息香酸溶液の $[H^+]$ と pH を計算せよ．

例題 16・3　溶液の pH と溶質の解離度の計算

初濃度 0.25 mol L^{-1} のヒドラジン N_2H_4 の溶液がある．この溶液の pH とヒドラジンの解離度を求めよ．ヒドラジンの K_b は 1.3×10^{-6} である．

指針　K_b の値から判断してヒドラジンは弱塩基である．ヒドラジンが唯一の溶質であるので，弱塩基の解離の式を書き，それをもとに K_b を書き表す必要がある．

解法　化学反応式を書くために N_2H_4 の共役酸の化学式が必要である．それは H^+ が一つ付加しているので，その化学式は $N_2H_5^+$ となる．平衡の化学反応式と平衡式は次式で表される．

$$N_2H_4 + H_2O \rightleftharpoons N_2H_5^+ + OH^-$$

$$K_b = \frac{[N_2H_5^+][OH^-]}{[N_2H_4]}$$

濃度表と適切な仮定を使う．

解離度を計算するために（16・15）式を使う．この式を使うには解離した塩基の 1 L 当たりの物質量を知る必要がある．濃度表がこの計算を正しく行うのに役立つ．

解答　濃度表をつくる．$N_2H_5^+$ と OH^- の唯一の源は N_2H_4 の解離である．それゆえ両者の初濃度はゼロである．それらは等量生じるので，それらの濃度変化を $+x$ とする．すると N_2H_4 の濃度は x だけ減少するので，その変化は $-x$ である．

	H_2O +	N_2H_4	$\rightleftharpoons$	$N_2H_5^+$ +	OH^-
初濃度 M		0.25		0	0
濃度変化 M		$-x$		$+x$	$+x$
平衡濃度 M		$(0.25-x) \approx 0.25$		x	x

K_b が非常に小さいので $[N_2H_4] \approx 0.25$ mol L^{-1} となる．前と同様に，初濃度が平衡濃度と実質的に等しいと仮定する．K_b の式に入れると次式が得られる．

$$\frac{(x)(x)}{0.25-x} \approx \frac{(x)(x)}{0.25} = 1.3 \times 10^{-6}$$

これを解いて $x = 5.7 \times 10^{-4}$ となる．この値は水酸化物イオンの濃度を表し，これから pOH が計算できる．

$$pOH = -\log(5.7 \times 10^{-4}) = 3.24$$

pH は次の関係から得ることができる．

$$pH + pOH = 14.00$$
$$pH = 14.00 - 3.24 = 10.76$$

濃度表をみると，x の値が 1 L 当たり解離した N_2H_4 の量を示すことがわかる（N_2H_4 の濃度変化）．

$$解離度 = \frac{5.7 \times 10^{-4}\ \text{mol L}^{-1}}{0.25\ \text{mol L}^{-1}} \times 100\% = 0.23\%$$

したがって，塩基は 0.23 ％が解離したことがわかる．

確認　第一に，x の値が設定した仮定を満足しているかどうか．これは $0.25 - 0.00057 = 0.25$ より簡単に確認できる．水酸化物イオン濃度の値は小さく，pH は塩基性溶液であることを示す．さらに，水酸化物イオン濃度は求まった小さな解離度と合う．また，前の例題のように平衡濃度から K_b を計算できる．

練習問題 16・12　アニリン $C_6H_5NH_2$ は，衣服の染色などに使われる多くのアニリン染料の原料となる．アニリンの K_b は 4.3×10^{-10} である．0.025 mol L^{-1} のアニリン溶液の pOH を求めよ．

簡略化が適用できない場合　　上で検討した例題では，弱酸や弱塩基の初濃度を平衡濃度とみなすという簡略化を行った．そして，初濃度から解離した分を差し引き，有効数字を正しく考慮して丸めた結果が，初濃度と変わらないことを確認し，この措置が適切であったかを検討した．

解離した分を差し引いた値が初濃度とわずかに異なった場合，二次方程式を使うことを考えるであろう．そこで，簡略化の適用ルールを少し緩めることを考えてみよう．

pH 計算をどれだけ正確に行う必要があるかという問題に対しては，考えるべき点が二つある．第一に，ほとんどの解離定数の有効数字は 2 桁しかない．したがって，計算する水素イオン濃度の有効桁は 2 桁となる．通常，不確実性は測定値の最後の桁において ±1 であるので，2 桁の数字の不確実性は 1％から 10％の範囲ということになる．第二に，pH の実験値の不確実性は pH 単位で ±0.02，あるいは水素イオン濃度で ±5％である．多くの場合，実験で求めることができる以上に精密に pH を計算する必要はない．以上のことは，生じる誤差が約 ±5％より小さい操作なら行っても許容できることを意味している．詳しい説明は省略して，計算の簡略化が妥当かどうか判断する簡単な方法を見いだすことができる．それは，もし弱酸の初濃度 C_{HA} あるいは弱塩基の初濃度 C_B が解離定数の 100 倍より大きければ簡略化は妥当である，というものである．

$$C_{HA} > 100 \times K_a \quad または \quad C_B > 100 \times K_b$$

したがって，K_a あるいは K_b を 100 倍して，簡略化が妥当であるかどうか，計算前に確認することができる*．

■ もし簡略化が妥当でないなら，二次方程式を解く必要がある．どのように扱うかは例題 14・9 で述べた．

*　二次方程式を使って水素イオン濃度を計算すれば，真の値を得ることができる．そして，簡略化によって得た値と比較して誤差を計算できる．

$$\frac{[H^+]_{簡略化} - [H^+]_{二次方程式}}{[H^+]_{二次方程式}} \times 100\%$$
$$= \%誤差$$

比 C_{HA}/K_a が 100 よりも大きいとき，この誤差は約 5 ％より小さくなる．

16・6 塩の溶液の酸塩基特性

塩の溶液を調べてみると，多くのものが中性の pH を示す．NaCl や KNO$_3$ などがその例である．しかし，すべての塩の溶液が中性というわけではない．NaC$_2$H$_3$O$_2$ などはわずかに塩基性であり，NH$_4$Cl などはわずかに酸性である．このような現象を理解するために，塩のイオンが溶液の pH にいかに影響を与えうるか検討する必要がある．

§16・3 において，弱酸と弱塩基が分子とは限らないことをみてきた．たとえば，NH$_4^+$ は弱酸の例として取上げられていたし，C$_2$H$_3$O$_2^-$ を弱塩基として紹介した．このようなイオンは陽イオンと陰イオンの両方よりなる化合物から生じる．そのため，水中に NH$_4^+$ を存在させるには NH$_4$Cl のような塩が，C$_2$H$_3$O$_2^-$ には NaC$_2$H$_3$O$_2$ のような塩が必要である．

塩は 2 種類のイオンを含むので，その溶液の pH は陽イオンあるいは陰イオン，またはその両方から影響を受ける可能性がある．したがって，溶液の pH における塩の効果を予測するには両方のイオンについて考えねばならない．

酸性陽イオン

もし，塩の陽イオンが溶液の pH に影響を与えうるならば，弱酸として振舞うことで影響する．すべての陽イオンが酸性ではないが，可能性をみてみよう．

■ 塩と水との反応で酸性あるいは塩基性の溶液を生む反応はしばしば **加水分解** (hydrolysis) とよばれる．加水分解は水との反応という意味である．

分子性塩基の共役酸

アンモニウムイオン NH$_4^+$ は分子性塩基 NH$_3$ の共役酸である．たとえば，NH$_4$Cl から供給される NH$_4^+$ が弱酸であることはみてきた．図 16・5 にみられるように，この塩の溶液の pH は 7 よりも低い．酸としての反応式は次式で表される．

$$NH_4^+(aq) + H_2O \rightleftharpoons NH_3(aq) + H_3O^+(aq)$$

K_a の式とともに簡略化した書き方で示すと次式が得られる．

$$NH_4^+(aq) \rightleftharpoons NH_3(aq) + H^+(aq) \qquad K_a = \frac{[NH_3][H^+]}{[NH_4^+]}$$

このイオンの K_a の値については，通常，$K_a \times K_b = K_w$ の関係から計算する．表 16・3 において，NH$_3$ の K_b は 1.8×10^{-5} である．よって，次式が得られる．

$$K_a = \frac{K_w}{K_b} = \frac{1.0 \times 10^{-14}}{1.8 \times 10^{-5}} = 5.6 \times 10^{-10}$$

もう一つの例はヒドラジニウムイオン N$_2$H$_5^+$ で，これも弱酸である．

$$N_2H_5^+(aq) \rightleftharpoons N_2H_4(aq) + H^+(aq) \qquad K_a = \frac{[N_2H_4][H^+]}{[N_2H_5^+]}$$

N$_2$H$_4$ の K_b の値は 1.3×10^{-6} である．これより算出される K_a の値は 7.7×10^{-9} である．これらの例は次のような一般的な傾向を示唆している．

> 分子性塩基の共役酸である陽イオンは弱酸になる傾向がある．

一般に，分子性塩基の共役酸でない陽イオンは Na$^+$, K$^+$, Ca^{2+} などの金属イオンである．15 章で，1 族の金属陽イオンは極端に弱い酸で溶液の pH に影響を与えることができないことを学んだ．Be^{2+} は除くが，2 族の陽イオンも pH に影響しない．

図 16・5 アンモニウムイオンは弱酸としてはたらく．塩 NH$_4$NO$_3$ の溶液の pH は 7 よりも低く，すなわち酸性である．§16・9 で紹介する pH 指示薬ブロモチモールブルーを添加すると淡黄色を呈する．

塩基性陰イオン

ブレンステッド酸が水素イオンを失うと共役塩基になる．Cl^- は HCl の共役塩基であり，$C_2H_3O_2^-$ は $HC_2H_3O_2$ の共役塩基である．

$$HCl + H_2O \longrightarrow Cl^- + H_3O^+$$
$$HC_2H_3O_2 + H_2O \rightleftharpoons C_2H_3O_2^- + H_3O^+$$

Cl^- も $C_2H_3O_2^-$ も塩基であるが，$C_2H_3O_2^-$ のみが水溶液の pH に影響を及ぼす．15 章での共役酸塩基対の知識がその理由を理解するのに役立つ．

すでに，酸とその共役塩基の強さの間に相反関係があることを学んだ．酸が強ければ強いほど，共役塩基は弱い．したがって，HCl や他の HNO_3 のように 100% 解離する強酸のように酸としてきわめて強いと，その共役塩基はきわめて弱く，測定できるほどには pH に影響を与えることができない．結論として，次のように一般化できる．

図 16・6 酢酸イオンは水中で弱塩基としてはたらく．$KC_2H_3O_2$ 溶液の pH は 7 よりも高い．ブロモチモールブルーを添加すると，塩基性であることを示す青色を呈する．

> 強酸の陰イオンは溶液の pH に影響しない弱塩基である．

酢酸は，その $K_a (1.8 \times 10^{-5})$ からわかるように，HCl よりもかなり弱い酸である．酢酸は弱酸であるので，その共役塩基は Cl^- よりも強く，pH に影響を与えると期待できる（図 16・6）．$C_2H_3O_2^-$ の K_b は，$K_a \times K_b = K_w$ と $HC_2H_3O_2$ の K_a より計算できる．

$$K_b = \frac{1.0 \times 10^{-14}}{1.8 \times 10^{-5}} = 5.6 \times 10^{-10}$$

これよりもう一つの結論が導かれる．

> 弱酸の陰イオンは弱塩基であり，溶液の pH に影響を与える．それは溶液を塩基性にする．

塩の酸塩基としての性質

ある塩が水溶液の pH に影響を与えるかどうか判断するために，その両イオンについて，それらが単独でどう振舞うかを吟味しなければならない．そこには四つの可能性がある．

1. 陽イオンも陰イオンも pH に影響しないなら，溶液は中性である．
2. 塩の陽イオンが酸性であるだけならば，溶液は酸性となる．
3. 塩の陰イオンが塩基性であるだけならば，溶液は塩基性となる．
4. 塩が酸性の陽イオンと塩基性の陰イオンからなっていると，溶液の pH は両イオンの K_a と K_b に基づく酸，塩基の相対的な強さによって決まる．

次亜塩素酸ナトリウム NaOCl と硝酸カルシウム $Ca(NO_3)_2$ の二つの塩を取上げ，それらの溶液が酸性，塩基性，中性のいずれかであるかを検討してみよう．二つの塩の解離の式は以下のとおりである．

$$NaOCl(s) \xrightarrow{H_2O} Na^+(aq) + OCl^-(aq)$$
$$Ca(NO_3)_2(s) \xrightarrow{H_2O} Ca^{2+}(aq) + 2NO_3^-(aq)$$

これらの陰イオンが弱酸と関連するか，陽イオンが弱塩基と関連するかを考える．もし，これらの陰イオンに水素イオンを作用させたら，これらは HOCl と HNO_3 になる．HNO_3 は強酸の一つであるので，NO_3^- は溶液の pH に影響を与えないであろう．一方，HOCl は弱酸であり，共役塩基 OCl^- が生じる．陽イオンについてみてみると，これらは 1 族と 2 族に属し，ともに非常に弱い酸であるので pH に影響しない．結局，四

■ 陰イオンが酸性になるのはそれが部分的に中和された多塩基酸（たとえば，HSO_4^-）に由来するときのみである．

514 　16. 水溶液における酸塩基平衡

練習問題 16・13　次の溶液は酸性，塩基性，中性のどれを示すか．(a) $NaNO_2$ 　(b) KCl 　(c) NH_4Br

つのイオンのうち，OCl^- だけが pH に影響すると考えられる．次亜塩素酸イオンは共役塩基であり，その溶液は塩基性となると考えられる．硝酸カルシウムの溶液は，二つのイオンが pH に影響しないため中性と考えられる．

陰イオンは共役塩基，陽イオンは共役酸であると述べてきたが，それらの溶液の pH を計算することもできる．それは，分子性の弱酸や弱塩基を含む溶液の pH を計算したのと同じ方法で行われる．

例題 16・4　塩の溶液の pH の計算

次亜塩素酸ナトリウム NaOCl の溶液は，衣服を洗うのに使う漂白剤や，建物や野外の家具のコケやカビ落としに使われる．$0.10\ mol\ L^{-1}$ の NaOCl の溶液の pH を求めよ．HOCl の K_a は 3.0×10^{-8} である．

指針　このような問題は，今まで学んできた酸塩基平衡の問題の別の形の問題である．1) 溶質の性質，すなわち弱酸か弱塩基かその両方を含むかを最初に知る必要がある．2) 次に，適切な化学反応式と平衡式を書く．3) 溶液に展開させる．

解法　ナトリウムは 1 族であり，Na^+ は pH に影響しない．しかし，OCl^- は弱酸 HOCl の共役塩基である．したがって，弱塩基の溶液であり，K_b と適切な化学反応が必要である．必要な反応式は OCl^- と水との反応を表すものである．

$$OCl^- + H_2O \rightleftharpoons HOCl + OH^-$$

これに対応する平衡式は次式で表される．

$$K_b = \frac{[HOCl][OH^-]}{[OCl^-]}$$

OCl^- の K_b の値は未知であるが，HOCl の K_a が 3.0×10^{-8} であることはわかっている．

$$K_b = \frac{K_w}{K_a} = \frac{1.0 \times 10^{-14}}{3.0 \times 10^{-8}} = 3.3 \times 10^{-7}$$

これより必要な K_b の値を計算することができる．こうして濃度表をつくることができる．

解答　すでに，平衡を表す化学反応式と平衡式を書き，K_a の値から K_b の値を計算した．ここで濃度表をつくる．HOCl と OH^- は OCl^- と水の反応が源であるので，それらが x 増加すると OCl^- は x 減少する．

	H_2O +	OCl^- $\rightleftharpoons$	$HOCl$ +	OH^-
初濃度 M		0.10	0	0
濃度変化 M		$-x$	$+x$	$+x$
平衡濃度 M		$(0.10-x) \approx 0.10$	x	x

平衡では HOCl と OH^- の濃度は x に等しい．

$$[HOCl] = [OH^-] = x$$

K_b は非常に小さいので $[OCl^-] \approx 0.10\ mol\ L^{-1}$ とできる（x は非常に小さいと予想されるので塩基の初濃度を平衡濃度として使うことができる）．これを K_b の式に適用すると次式が得られる．

$$\frac{(x)(x)}{0.10 - x} \approx \frac{(x)(x)}{0.10} = 3.3 \times 10^{-7}$$
$$x = 1.8 \times 10^{-4}\ mol\ L^{-1}$$

ここで x が OH^- 濃度を表すことを思い出す必要がある．x から pOH，pH を計算することができる．

$$[OH^-] = 1.8 \times 10^{-4}\ mol\ L^{-1}$$
$$pOH = -\log(1.8 \times 10^{-4}) = 3.74$$
$$pH = 14.00 - pOH = 14.00 - 3.74$$
$$= 10.26$$

こうしてこの溶液の pH が 10.26 であることがわかる．

確認　まず，簡略化の仮定を確認し $(0.10 - 0.00018 = 0.10)$，それが妥当であることがわかる．また，この塩の性質から，その溶液が塩基性であることが予測される．計算された pH は塩基性の溶液であることを示しており，これらのことから答えは妥当であると判断できる．また，計算された平衡濃度を質量作用の式に代入することで答えの確度を確認できる．

$$\frac{[HOCl][OH^-]}{[OCl^-]} = \frac{(x)(x)}{0.10} = \frac{(1.8 \times 10^{-4})^2}{0.10} = 3.2 \times 10^{-7}$$

結果は K_b の値に近く，得られた答えは妥当と考えられる．
■ この例題の平衡の正しい反応式を書くのをむずかしいと感じるなら §16・3 を見直そう．

練習問題 16・14　$0.20\ mol\ L^{-1}$ のアンモニア溶液 500.0 mL と $0.20\ mol\ L^{-1}$ の HBr 溶液 500.0 mL を混合してできる NH_4Br 溶液の pH を求めよ．

弱酸と弱塩基の塩

塩の陽イオン，陰イオンの両方がその塩の溶液の pH に影響を与える場合，そのよ

16・7 緩 衝 液　515

うな塩が結果として pH に影響を与えるかどうかは両イオンの相対的な強さに依存する. もし陽イオン，陰イオンが同じ強さであれば，その塩は pH に影響を与えない. たとえば，酢酸アンモニウムではアンモニウムイオンは酸性の陽イオンであり，酢酸イオンは塩基性の陰イオンである. しかし，NH_4^+ の K_a は 5.6×10^{-10} であり，$C_2H_3O_2^-$ の K_b は 5.6×10^{-10} である. 陽イオンは H^+ を生じさせるが陰イオンも同じだけの OH^- を生じさせる. このため，酢酸アンモニウム水溶液では $[H^+] = [OH^-]$ であり，pH は 7.0 となる.

　次に，ギ酸アンモニウム NH_4CHO_2 を考える. ギ酸イオン CHO_2^- は弱酸であるギ酸の共役塩基であるのでブレンステッド塩基である. その K_b は 5.6×10^{-11} である. この値をアンモニウムイオンの K_a 5.6×10^{-10} と比べると，NH_4^+ は酸として，塩基としてのギ酸イオンよりもわずかに強い. その結果，ギ酸アンモニウムの溶液はわずかに酸性である. ここでは，pH の計算は行わず，ただ，溶液が酸性か，塩基性か，中性かを予測することにする.

■陽イオンも陰イオンも pH に影響を与えることができないなら，他に酸性や塩基性の溶質が存在しない場合，その塩溶液は中性である.

> **練習問題 16・15**　シアン化アンモニウム NH_4CN 水溶液は酸性か，塩基性か，中性か.

16・7　緩 衝 液

　多くの化学的，生物学的系は pH に非常に敏感である. たとえば，血液の pH の変動は 7.35 から 7.42 の間でなければならず，7.00 から 8.00 の間であるようならば生きていけない. pH が 5 以下の湖や川では魚は生きていけない. このように，pH の変化は好ましくない結果を招くことになる. そこで，pH に敏感な組織は，いろいろな反応で増加したり減少したりする H^+ や OH^- から防御されている必要がある. 緩衝液はそのようなことを行う溶質の混合物である.

緩衝液の組成

　緩衝液は，少量の強酸や強塩基が加えられたときの大きな pH 変動に抵抗することを可能にする溶質を含んでいる. ふつう，緩衝液は二つの溶質を含む. 一つは弱いブレンステッド酸，もう一つはその共役塩基である. 酸が分子なら，共役塩基はその酸の可溶性の塩から供給される. たとえば，よく目にする緩衝液は酢酸に酢酸ナトリウムを加えたもので，塩の酢酸イオンがブレンステッド塩基となっている. 血液においては，弱い二塩基酸である炭酸 H_2CO_3 と炭酸の共役塩基である炭酸イオン HCO_3^- の存在が，代謝により有機酸が生じるなかで pH を一定に維持する緩衝機構の要因となっている. 他のよく使われる緩衝液は NH_4Cl のような塩から供給される弱酸性陽イオン NH_4^+ とその共役塩基 NH_3 からなっている.

　緩衝液は溶液を pH 7 に緩衝することができるが，他のどのような pH においても緩衝することができることに注意しよう.

緩衝液 buffer

緩衝液はどのようにはたらくか

　緩衝液として機能するためには，緩衝液は加えられた強酸や強塩基を中和できなければならない. これがまさに緩衝液の共役酸と塩基成分が作用するはたらきである. たとえば，酢酸 $HC_2H_3O_2$ と $NaC_2H_3O_2$ から供給される酢酸イオン $C_2H_3O_2^-$ からなる緩衝液を考える. もし，強酸から余分の H^+ が緩衝液に加えられると，弱い共役塩基である酢酸イオンは次のように反応する.

516　16. 水溶液における酸塩基平衡

$$H^+(aq) + C_2H_3O_2^-(aq) \longrightarrow HC_2H_3O_2(aq)$$

■加えられた H^+ のすべてが中和されるわけではないので pH は少し下がる. その変化がどの程度かはすぐに述べる.

加えられた H^+ は，緩衝液のブレンステッド塩基 $C_2H_3O_2^-$ の一部をその弱い共役酸 $HC_2H_3O_2$ に変える. この反応は，強酸が加えられたことにより生じる H^+ の増加とそれによる pH の低下を防ぐことになる.

強塩基が加えられたときも似たような応答が起こる. 強塩基からの OH^- は一部の $HC_2H_3O_2$ と反応する.

$$HC_2H_3O_2(aq) + OH^-(aq) \longrightarrow C_2H_3O_2^-(aq) + H_2O$$

ここでは，加えられた OH^- は緩衝液のブレンステッド酸 $HC_2H_3O_2$ の一部をその共役塩基 $C_2H_3O_2^-$ に変えている. これにより，OH^- の増加とそれによる pH の上昇も防いでいる. こうして，緩衝液の成分の一つは H^+ を，他の成分は OH^- を中和している.

練習問題 16・16　NH_3 と NH_4Cl から生じる NH_4^+ からできている緩衝液において，強酸を少量加えたとき(a)と強塩基を少量加えたとき(b)に起こる反応の反応式を書け.

緩衝液の pH の計算

緩衝液の pH は §16・5 で行ったのと同じ過程を少しだけ変えることで，計算できる. 次の例題でその原理を説明する.

例題 16・5　緩衝液の pH の計算

合金の腐食速度に対する弱酸性溶剤の効果を調べるために，0.110 mol L^{-1} の $NaC_2H_3O_2$ と 0.090 mol L^{-1} の $HC_2H_3O_2$ を含む緩衝液を調整した. この緩衝液の pH を求めよ.

指針　この溶液は弱酸 $HC_2H_3O_2$ とその共役塩基 $C_2H_3O_2^-$ の両方を含むので緩衝液である. そして両方の化学種が存在するとき，K_a および K_b も計算に使うことができる.

解法　表 16・2 に $HC_2H_3O_2$ の K_a は 1.8×10^{-5} とあるので，その酸の反応式と K_a の平衡式を用いる.

$$HC_2H_3O_2 \rightleftharpoons H^+ + C_2H_3O_2^- \quad K_a = \frac{[H^+][C_2H_3O_2^-]}{[HC_2H_3O_2]}$$

また，これまで使っている簡略化が使えるであろう. これらは常に緩衝液で使うことができる.

解答　まず，上に書いた反応式と K_a から始める. 次に，濃度表をつくる. $HC_2H_3O_2$ と $C_2H_3O_2^-$ の初濃度として問題に与えられている値を使う. この段階では，強酸からの H^+ は存在しないので，H^+ の濃度はゼロとする. もし H^+ の初濃度がゼロなら，その濃度は平衡に至る過程で増加しなければならない. したがって，濃度変化の行の H^+ に $+x$ を入れる. 他の変化もこれに従う. 緩衝液では x は十分小さいので最後の行では簡略化を使ってもよい. 以下が完成した濃度表である.

	$HC_2H_3O_2$	$\rightleftharpoons$	H^+	+	$C_2H_3O_2^-$
初濃度 M	0.090		0		0.110
濃度変化 M	$-x$		$+x$		$+x$
平衡濃度 M	$(0.090-x) \approx 0.090$		x		$(0.110+x) \approx 0.110$

最後に平衡濃度の行の値を K_a の式に入れる.

$$\frac{(x)(0.110+x)}{(0.090-x)} \approx \frac{(x)(0.110)}{(0.090)} = 1.8 \times 10^{-5}$$

x について解くと，

$$x = \frac{(0.090) \times (1.8 \times 10^{-5})}{(0.110)} = 1.47 \times 10^{-5}$$

となる. x は $[H^+]$ であるので，$[H^+] = 1.47 \times 10^{-5}$ mol L^{-1} となる. pH を計算すると，

$$pH = -\log(1.47 \times 10^{-5}) = 4.833$$

となり，丸めると pH として 4.83 を得る.

確認　簡単化を確認すると，この近似が有効であることがわかる（$0.090 - 0.0000147 = 0.090$ と $0.110 + 0.0000147 = 0.110$）. また，算出された平衡定数を質量作用の法則に代入することで答えの確度を確認できる. 実際に行ってみると，次式が得られる.

$$\frac{[H^+][C_2H_3O_2^-]}{[HC_2H_3O_2]} = \frac{(1.5 \times 10^{-5}) \times (0.110)}{(0.090)} = 1.8 \times 10^{-5}$$

結果は K_a に等しいので，求めた値は正しい平衡濃度であることが確認できる.

■x が初濃度に比べいかに小さいか着目せよ. 簡略化は有効である.

練習問題 16・17　$C_2H_3O_2^-$ の K_b を使って上の例の緩衝液の pH を求めよ. $C_2H_3O_2^-$ と水の反応を平衡の化学反応式とすることに注意せよ. その反応式を K_b の式を書くのに使うこと.

練習問題 16・18　100.0 g の酢酸 $HC_2H_3O_2$ と 100.0 g の酢酸ナトリウム $NaC_2H_3O_2$ に水を加えて 1 L の緩衝液をつくった. この溶液の pH を求めよ.

16・7 緩衝液 517

共通イオン効果　　もし先ほどの例題の溶液が酢酸のみを 0.090 mol L^{-1} の濃度で含んでいたなら，$[H^+]$ は $1.3 \times 10^{-3} \text{ mol L}^{-1}$ と計算される．これは 0.110 mol L^{-1} の $C_2H_3O_2^-$ を含む緩衝液の $[H^+]$ よりもかなり大きい．$C_2H_3O_2^-$ を含む酢酸ナトリウムを酢酸溶液に加える効果は酸の解離を抑制することである．これはルシャトリエの原理の一例である．たとえば，次の平衡がある．

$$HC_2H_3O_2 \rightleftharpoons H^+ + C_2H_3O_2^-$$

ルシャトリエの原理によれば，もし $C_2H_3O_2^-$ を加えれば，反応は $C_2H_3O_2^-$ を取除く方向に進むであろう．これにより平衡は左側に移動する，それゆえ $[H^+]$ は減少する．

　酢酸の平衡にも，加えた塩，すなわち酢酸ナトリウムのどちらにも共通しているという意味合いから，この例では酢酸イオンを**共通イオン**とよぶ．共通イオンの添加による酢酸の解離の抑制のことを**共通イオン効果**という．17章で塩の溶解度を考えるとき，この現象に再びふれる．

共通イオン common ion

共通イオン効果 common ion effect

緩衝液の計算における簡略化　　緩衝液の計算において使える二つの有用な簡略化がある．一つは，§16・5ですでに述べたものである．

> 緩衝液混合物では初濃度が平衡濃度にきわめて近いので，弱酸とその共役塩基の初濃度をそれらの平衡濃度として使うことができる．

■ これらの簡略化が成立しない緩衝液はある．しかし，本書ではそのような緩衝液は出てこない．

　もう一つの簡略化は，質量作用の式が酸とその共役塩基のモル濃度（1 L 当たりの物質量）の比を含むことで可能になるものである．これらの単位を質量作用の式にあてはめてみよう．酸 HA に対しては次のように書ける．

$$K_a = \frac{[H^+][A^-]}{[HA]} = \frac{[H^+](\text{mol A}^- \text{ L}^{-1})}{(\text{mol HA } \text{L}^{-1})} = \frac{[H^+](\text{mol A}^-)}{(\text{mol HA}^-)} \qquad (16 \cdot 16)$$

L^{-1} の単位が分子と分母から消えることに注意せよ．これは与えられた酸塩基対において $[H^+]$ が，共役酸に対する共役塩基の物質量の比で決まることを意味する．すなわちモル濃度を使う必要がない．

> 緩衝液では，K_a あるいは K_b の式において酸とその共役塩基の量を表すのに，モル濃度も物質量も使える．ただし，対のそれぞれの量が同じ単位で表されている必要がある．

　（16・16）式より導かれるさらなる結論は，緩衝液が希釈されても pH が変わらないことである．希釈により溶液の体積が変わるが，溶質の物質量は変わらないのでそれらの物質量比は不変であり，$[H^+]$ も変わらない．

特定の pH をもつ緩衝液の調整

　緩衝液の水素イオン濃度は K_a と酸塩基対の各成分の濃度比（あるいは物質量比）で決まる．これは（16・16）式を変形し $[H^+]$ を左辺に書いてみるとよくわかる．

$$[H^+] = K_a \frac{[HA]}{[A^-]} \qquad (16 \cdot 17)$$

$$[H^+] = K_a \frac{\text{mol HA}}{\text{mol A}^-} \qquad (16 \cdot 18)$$

一般に共役酸塩基対の溶液は，塩基に対する酸の物質量（あるいはモル濃度）比が 0.1

から10の間のとき，緩衝液として機能する．比が0.1より小さいとき，加えた塩基は大きなpH変化をもたらすことになる．比が10より大きいときは，少量の酸の添加が大きなpH変化をもたらすことになる．比が1.0に近いとき，強酸あるいは強塩基が加えられても緩衝作用は効果的にはたらく．したがって，ある特定のpH近傍でよく機能する緩衝液をつくりたいなら，そのpHに近いK_aをもつ酸を探すことである．一般に，pK_aは望みのpHのpH単位で±1以内であるべきである．

$$pH = pK_a \pm 1$$

また，共役酸と塩基の両方の濃度が高いとその緩衝液のpH変化に対する抵抗力も増す．これは**緩衝能**とよばれ，1Lの緩衝液のpHを1.0変えるのに必要な強酸あるいは強塩基の物質量に等しい．生物学の実験では，酸塩基対の各成分の毒性も考慮しなければならない．そのため，しばしば，その選択の幅はかなり狭いものとなる．

緩衝能 buffer capacity

例題 16・6 特定のpHの緩衝液をつくる

ある実験でpHが5.00の緩衝液が必要となった．酢酸と酢酸ナトリウムでその緩衝液をつくることができるか．もしできるなら，酢酸と酢酸ナトリウムの物質量比を求めよ．その緩衝液をつくるために，1.0 molのHC$_2$H$_3$O$_2$を含む1.0 Lの溶液に何molのNaC$_2$H$_3$O$_2$を加えるべきか．

指針 この問題では三つのことを行う必要がある．第一に，酢酸がpH 5.00の緩衝液をつくるのに使えるかどうか判断しなければならない．第二に適切な式を使って物質量比を決め，第三に酢酸ナトリウムの量を求めなければならない．

解法 第一に必要な式は，緩衝液をつくるために必要なpK_aとpHの関係を述べている式である．

$$pH = pK_a \pm 1$$

もしK_aしかわからなければ，pK_aを計算するために（16・6）式が必要である．次に，pHを[H$^+$]に変換する式が必要である．こうして得た[H$^+$]と（16・16）式より必要な物質量比を計算する．これらの値から C$_2$H$_3$O$_2^-$ の物質量が計算でき，NaC$_2$H$_3$O$_2$の物質量も計算することができる．

解答 酢酸のK_aは 1.8×10^{-5} である．いまpHを5.00にしたいので，選ぶべき酸のpK_aは5.00±1である．（16・6）式を使ってpK_aを計算すると，次式が得られる．

$$pK_a = -\log(1.8 \times 10^{-5}) = 4.74$$

これより，酢酸はこの緩衝液をつくるのに適切な酸であることがわかる．

次に，（16・18）式から溶質の物質量比を求める．

$$[H^+] = K_a \times \frac{(\text{mol HC}_2\text{H}_3\text{O}_2)}{(\text{mol C}_2\text{H}_3\text{O}_2{}^-)}$$

物質量比は次式で表せる．

$$\frac{(\text{mol HC}_2\text{H}_3\text{O}_2)}{(\text{mol C}_2\text{H}_3\text{O}_2{}^-)} = \frac{[H^+]}{K_a}$$

目的のpH = 5.00より [H$^+$] = 1.0×10^{-5}，またK_a = 1.8×10^{-5} である．これらを代入すると次式が得られる．

$$\frac{(\text{mol HC}_2\text{H}_3\text{O}_2)}{(\text{mol C}_2\text{H}_3\text{O}_2{}^-)} = \frac{1.0 \times 10^{-5}}{1.8 \times 10^{-5}} = 0.56$$

これが緩衝液の成分の物質量比である．

最後に，調整する溶液は1.0 molのHC$_2$H$_3$O$_2$を含むので，酢酸イオンの物質量は次式で与えられる．

$$\text{C}_2\text{H}_3\text{O}_2{}^- \text{ の物質量} = \frac{1.0 \text{ mol}}{0.56} = 1.8 \text{ mol}$$

NaC$_2$H$_3$O$_2$には C$_2$H$_3$O$_2^-$ が1 mol含まれるので，溶液をつくるには1.8 molのNaC$_2$H$_3$O$_2$が必要である．

確認 HC$_2$H$_3$O$_2$が1に対して C$_2$H$_3$O$_2^-$ が1であると pH = pK_a = 4.74 となる．目標のpH 5.00は4.74よりも少し塩基性である．よって，必要な共役塩基の量は共役酸の量より多くあるべきと予想できる．1.8 molのNaC$_2$H$_3$O$_2$という答えは妥当と考えられる．

練習問題 16・19 酸とそのナトリウム塩とを組合わせてpHが5.25の緩衝液をつくりたい．適切な酸とそのナトリウム塩を表16・2より選べ．その酸の0.200 mol L^{-1}溶液500.0 mLに対し，その酸のナトリウム塩を何g溶かせばよいか．

ヘンダーソン-ハッセルバルヒの式
Henderson–Hasselbalch equation

生物学を勉強すると，（16・17）式を対数化した**ヘンダーソン-ハッセルバルヒの式**とよばれる（16・19）式に出会うであろう．それは（16・17）式の両辺の負の対数をとって変形したもので，次式で表される．

16・7 緩 衝 液　519

$$pH = pK_a + \log \frac{[A^-]}{[HA]} \tag{16・19}$$

生物学で使われるほとんどの緩衝液では，陰イオン A^- は NaA のような 1＋ の電荷をもつ陽イオンの塩に由来し，酸は一塩基酸である．このような場合，しばしば式は次のように書かれる．

$$pH = pK_a + \log \frac{[\text{塩}]}{[\text{酸}]} \tag{16・20}$$

緩衝液の pH 変化の計算

これまでに，いかにして緩衝液が pH を保つために少量の強酸，強塩基を中和するか述べてきた．ここでは，それをもとに pH 変化がどの程度のものになるか計算を行う．

例題 16・7　緩衝液が pH 変化に抵抗するふるまい

250 mL の水に 0.12 mol の NH_3 と 0.095 mol の NH_4Cl を溶かしてつくった緩衝液に 0.020 mol の HCl を加えたら，pH はどれだけ変化するか．

指針　この問題では二つの計算が必要である．はじめに緩衝液の pH を求める計算で，次に，HCl が加えられた混合物の pH を求める計算である．2 番目の計算では，HCl によってどれだけ NH_3 と NH_4^+ の量が変化するか求めなければならない．

解法　はじめに，緩衝液の pH を求めるために，NH_3 の反応式と K_b の値が必要である．

$$NH_3 + H_2O \rightleftharpoons NH_4^+ + OH^-$$

$$K_b = \frac{[NH_4^+][OH^-]}{[NH_3]} = 1.8 \times 10^{-5}$$

HCl を加えたあとの溶液の pH を求めるために，この混合物における HCl の反応式が必要である．HCl は強酸なので，HCl は緩衝液の共役塩基（いまの場合は NH_3）と定量的（完全）に反応する．分子で反応式を書くと次のようになる．

$$NH_3 + HCl \longrightarrow NH_4Cl$$

ここでは，イオンでの式のほうがよい．

$$NH_3 + H^+ \longrightarrow NH_4^+$$

次に，どれだけ NH_3 が NH_4^+ に変化するかを求める計算を行う．次に，新たな NH_3 と NH_4^+ の量を使って pH を求める．

解答　HCl を加える前の緩衝液の pH の計算から始める．NH_4Cl が完全に溶けているので，溶液には 0.12 mol の NH_3 と 0.095 mol の NH_4^+ が含まれている．これらの値を質量作用の式に入れて，$[OH^-]$ について解く．

$$1.8 \times 10^{-5} = \frac{(\text{mol } NH_4^+) \times [OH^-]}{(\text{mol } NH_3)} = \frac{(0.095) \times [OH^-]}{(0.12)}$$

$[OH^-]$ は以下のようになる．

$$[OH^-] = 2.3 \times 10^{-5}$$

pH を計算するには，pOH を求め，14.00 からそれを差し引く．

$$pOH = -\log(2.3 \times 10^{-5}) = 4.64$$
$$pH = 14.00 - 4.64 = 9.36$$

これが HCl を加える前の pH である．

次に，この緩衝液に HCl を加えたときに起こる反応を考える．0.020 mol の HCl は完全に解離するので，0.020 mol の H^+ を加える．この 0.020 mol の酸は 0.020 mol の NH_3 と反応して 0.020 mol の NH_4^+ を生成する．これは NH_3 の物質量を 0.020 mol 引き下げ NH_4^+ を 0.020 mol 増加させる．よって，HCl を加えたあとは以下の値になる．

はじめの緩衝液中の物質量　　反応により変化した物質量

$$NH_3 \text{ 物質量} = 0.12 \text{ mol} - 0.020 \text{ mol} = 0.10 \text{ mol}$$
$$NH_4^+ \text{ 物質量} = 0.095 \text{ mol} + 0.020 \text{ mol} = 0.115 \text{ mol}$$

ここで，これらの新しい NH_3 と NH_4^+ の量を使って緩衝液の新しい pH を計算する．はじめに，質量作用の式に数値を入れる．

$$1.8 \times 10^{-5} = \frac{(\text{mol } NH_4^+) \times [OH^-]}{(\text{mol } NH_3)} = \frac{(0.115)[OH^-]}{(0.10)}$$

これを解いて，$[OH^-]$ を求める．

$$[OH^-] = 1.6 \times 10^{-5}$$

pH を計算するには，pOH を求め，14.00 からそれを差し引く．

$$pOH = -\log(1.6 \times 10^{-5}) = 4.80$$
$$pH = 14.00 - 4.80 = 9.20$$

これが酸を加えたあとの pH である．いま，pH 変化が問われているので，二つの pH の差をとって，次式の値が得られる．

$$pH \text{ の変化} = 9.20 - 9.36 = -0.16$$

こうして，pH は pH を単位として 0.16 下がることになる．
確認 一般に，pH 変化は小さい（pH 単位で 1.0 以下）と仮定できる．そうでないとすると，H^+ や OH^- を緩衝液に加えたとき，どれだけ pH が変化するか簡単に見積もる方法はない．しかし，変化の方向は予測できる．H^+ の添加は緩衝液の pH を下げ，OH^- の添加は上げる．この例では H^+ が加えられたので，pH は下がるはずである．

練習問題 16・20 1.00 mol L^{-1} の $HC_2H_3O_2$ と 1.00 mol L^{-1} の $NaC_2H_3O_2$ からなる緩衝液 1.00 L に 0.15 mol の NaOH を加えると pH はどれだけ変化するか．

例題 16・7 で行った計算を見直すと，緩衝液がいかに効果的に pH の大きな変動に抵抗できるかがわかる．溶液中の約 20% の NH_3 と十分に反応できる HCl を加えたが，pH 変化は pH 単位で 0.16 だけであることに注意しよう．もし，これと同じ量の HCl を 0.250 L の純水に加えたなら，その $[H^+]$ は 0.080 mol L^{-1}，pH は 1.10 で，かなりの酸性となる．しかし，酸を加えたあとの緩衝液混合物は pH 9.20 の塩基性に留まっている．

16・8 多塩基酸

いままでの弱酸に関する説明は一塩基酸が関与する平衡に集中していた．もちろん，1 分子当たり 2 個以上の H^+ を供給することのできる酸は多くある．それらは多塩基酸といわれる．硫酸 H_2SO_4，炭酸 H_2CO_3，リン酸 H_3PO_4 などがその例である．これらの酸は一つの水素イオンを放出する段階を連続的に経ることにより解離する．H_2CO_3 や H_3PO_4 のような弱い多塩基酸では，それぞれの段階が平衡となっている．強酸である硫酸でさえも完全には解離しない．はじめの水素イオンの放出による HSO_4^- の生成は完全に進むが，2 番目の水素イオンの放出は不完全であり平衡となっている．本節では，弱い多塩基酸とその塩の溶液について取扱う．

弱い二塩基酸 H_2CO_3 から始めよう．水中で，H_2CO_3 は 2 段階で解離する．それぞれの段階が H^+ を水分子に渡す平衡となっている．

$$H_2CO_3 + H_2O \rightleftharpoons H_3O^+ + HCO_3^-$$
$$HCO_3^- + H_2O \rightleftharpoons H_3O^+ + CO_3^{2-}$$

いままでのように，H_3O^+ の代わりに H^+ を使い以下のように簡略化する．

$$H_2CO_3 \rightleftharpoons H^+ + HCO_3^-$$
$$HCO_3^- \rightleftharpoons H^+ + CO_3^{2-}$$

それぞれの段階が独自の解離定数 K_a をもつ．はじめの段階の K_a には K_{a_1}，2 番目には K_{a_2} として区別する．炭酸では，

$$K_{a_1} = \frac{[H^+][HCO_3^-]}{[H_2CO_3]} = 4.3 \times 10^{-7}$$

$$K_{a_2} = \frac{[H^+][CO_3^{2-}]}{[HCO_3^-]} = 5.6 \times 10^{-11}$$

それぞれの解離が H^+ のモル濃度に寄与している．ここでの目標の一つは，K_a の値や酸の濃度と $[H^+]$ とを関係づけることである．一見すると，これは厄介そうにみえるが，計算の簡略化を行うことにより，比較的容易に解けることがわかる．

計 算 の 簡 略 化

多塩基酸に関する計算を簡略化できるおもな要因は，連続する解離定数間に大きな差があることによる．H_2CO_3 の K_{a_1} は K_{a_2} よりも非常に大きい（これらはほぼ 10^4 倍異なる）ことに注意してほしい．同様の K_{a_1} と K_{a_2} 間の差が多くの二塩基酸でみられる．その理由の一つは，H^+ が HA^- よりも中性の H_2A から容易に失われるからである．また，相反する電荷による強い引力は2番目の解離を妨げる．表 16·4 にあるように，通常 K_{a_1} は K_{a_2} よりも 10^4 から 10^5 倍大きい．リン酸 H_3PO_4 のような三塩基酸では，第二解離定数は第三解離定数よりも同様に大きい．

K_{a_1} が K_{a_2} よりも非常に大きいので，事実上，平衡では酸溶液のすべての H^+ は第一段階の解離より生じている．

$$[H^+]_{平衡} = [H^+]_{第一段階} + [H^+]_{第二段階}$$

$$[H^+]_{第一段階} \gg [H^+]_{第二段階}$$

したがって，以下のように近似できる．

$$[H^+]_{平衡} \approx [H^+]_{第一段階}$$

これは H^+ 濃度の計算については，あたかも一塩基酸として扱い，解離の第二段階は無視できることを意味している．加えて，$[HCO_3^-]_{平衡}$ については次式が成り立つが，

$$[HCO_3^-]_{平衡} = [HCO_3^-]_{第一段階} - [CO_3^{2-}]_{第二段階}$$

$[CO_3^{2-}]_{第二段階} = [H^+]_{第二段階}$，かつ $[H^+]_{第二段階}$ が非常に小さいので，次式が得られる．

$$[HCO_3^-]_{平衡} \approx [HCO_3^-]_{第一段階}$$

したがって，以下のように近似するのは妥当である．

$$[H^+]_{平衡} = [HCO_3^-]_{平衡}$$

これにより次式に示す興味深い結果が得られる．

$$K_{a_2} = \frac{[H^+][CO_3^{2-}]}{[HCO_3^-]} = 5.6 \times 10^{-11} = [CO_3^{2-}]$$

■ 他の多塩基酸の K_a の値は付録に載せてある．

表 16·4　多塩基酸の酸解離定数

名前	化学式	25℃における逐次解離定数		
		第一	第二	第三
ヒ酸	H_3AsO_4	5.5×10^{-3}	1.7×10^{-7}	5.1×10^{-12}
アスコルビン酸（ビタミンC）	$H_2C_6H_6O_6$	8.0×10^{-5}	1.6×10^{-12}	
炭酸	H_2CO_3	4.3×10^{-7}	5.6×10^{-11}	
クエン酸（18℃）	$H_3C_6H_5O_7$	7.4×10^{-4}	1.7×10^{-5}	4.0×10^{-7}
硫化水素酸	$H_2S(aq)$	8.9×10^{-8}	1×10^{-19}	
シュウ酸	$H_2C_2O_4$	5.9×10^{-2}	6.4×10^{-5}	
リン酸	H_3PO_4	7.5×10^{-3}	6.2×10^{-8}	4.2×10^{-13}
セレン酸	H_2SeO_4	大きい	1.2×10^{-2}	
亜セレン酸	H_2SeO_3	3.5×10^{-3}	1.5×10^{-9}	
硫酸	H_2SO_4	大きい	1.2×10^{-2}	
亜硫酸	H_2SO_3	1.5×10^{-2}	6.3×10^{-8}	
テルル酸	H_6TeO_6	2×10^{-8}	1×10^{-11}	
亜テルル酸	H_2TeO_3	3.5×10^{-3}	2.0×10^{-8}	

これは溶質が炭酸のみの場合，炭酸イオンのモル濃度は単にK_{a_2}と等しいことを意味する．このことは，K_{a_1}とK_{a_2}が大きく異なる他の二塩基酸においても成立する．

例題16・8はこれらの関係がどのように応用されるかを示している．

例題 16・8　多塩基酸溶液の溶質濃度の計算

0.040 mol L^{-1}のH_2CO_3溶液におけるpHとすべての化学種の濃度を計算せよ．

指針　上で述べた[H$^+$], pH, [H_2CO_3], [HCO_3^-], [CO_3^{2-}]を求める手順に従う．

解法　化学反応式と平衡式から始める．

$$H_2CO_3 \rightleftharpoons H^+ + HCO_3^-$$

$$K_{a_1} = \frac{[H^+][HCO_3^-]}{[H_2CO_3]} = 4.3 \times 10^{-7}$$

$$HCO_3^- \rightleftharpoons H^+ + CO_3^{2-}$$

$$K_{a_2} = \frac{[H^+][CO_3^{2-}]}{[HCO_3^-]} = 5.6 \times 10^{-11}$$

これらの式を得たら，あとは化学的に適切に扱っていけばよい．ここで，次式に示す非常に有効な二つの近似がある．

$$[H^+]_{平衡} \approx [H^+]_{第一段階}$$
$$[HCO_3^-]_{平衡} \approx [HCO_3^-]_{第一段階}$$

解答　H_2CO_3をあたかも一塩基酸として，§16・5で行ったように扱うことから始める．H_2CO_3の一部が解離していることはわかっている．その量をxとする．1 L当たりx molのH_2CO_3が解離すれば，1 L当たりx molのH$^+$とHCO$_3^-$が生成し，H_2CO_3はxだけ減少する．

	H_2CO_3	$\rightleftharpoons$	H^+	$+$	HCO_3^-
初濃度 M	0.040		0		0
濃度変化 M	$-x$		$+x$		$+x$
平衡濃度 M	$0.040-x$		x		x

これらをK_{a_1}の式に入れると次式が得られる．

$$\frac{x^2}{(0.040-x)} = \frac{x^2}{0.040} = 4.3 \times 10^{-7}$$

xについて解くと$x = 1.3 \times 10^{-4}$となり，[H$^+$] = [HCO$_3^-$] = 1.3×10^{-4}となる．簡略化の近似は有効であり，[H_2CO_3]は0.040 mol L^{-1}のままであることに注意せよ．これより，pHを計算することができる．

$$pH = -\log(1.3 \times 10^{-4}) = 3.89$$

CO$_3^{2-}$の濃度を計算しよう．それはK_{a_2}の式より得ることができる．

$$K_{a_2} = \frac{[H^+][CO_3^{2-}]}{[HCO_3^-]} = 5.6 \times 10^{-11}$$

先に，この解析では，次の近似が使えると考えた．

$$[H^+]_{平衡} \approx [H^+]_{第一段階}$$
$$[HCO_3^-]_{平衡} \approx [HCO_3^-]_{第一段階}$$

上で得られた値を入れると次式が得られる．

$$\frac{(1.3 \times 10^{-4})[CO_3^{2-}]}{(1.3 \times 10^{-4})} = 5.6 \times 10^{-11}$$

$$[CO_3^{2-}] = 5.6 \times 10^{-11} = K_{a_2}$$

結果をまとめると，平衡において

$$[H_2CO_3] = 0.040 \text{ mol L}^{-1}$$
$$[H^+] = [HCO_3^{2-}] = 1.3 \times 10^{-4} \text{ mol L}^{-1}, \ pH = 3.89$$
$$[CO_3^{2-}] = 5.6 \times 10^{-11} \text{ mol L}^{-1}$$

確認　まず，仮説を検証することから始めてみる．第一に，初濃度は水素イオン濃度よりも非常に大きいと仮定した．それは$0.040 - 0.00013 = 0.040$より確認できる．第二の近似は，生成するCO$_3^{2-}$の量は第一段階において計算されたHCO$_3^-$とH$^+$の量に比べ非常に少ないと仮定した．この仮説も，$1.3 \times 10^{-4} - 5.6 \times 10^{-11} = 1.3 \times 10^{-4}$より成立する．また，第二段階で加えられた水素イオンが非常に少ない値であることも$1.3 \times 10^{-4} + 5.6 \times 10^{-11} = 1.3 \times 10^{-4}$より確認できる．

以上で，仮説は検証された．次に，pHは7よりも小さい．これは酸であることから予測できることである．さらに必要なら，質量作用の式に答えの数値を入れてみることで常に確認をとることができる．

$$\frac{(1.3 \times 10^{-4})(1.3 \times 10^{-4})}{0.040} = 4.2 \times 10^{-7}$$

これはK_{a_1}にきわめて近い．

$$\frac{(1.3 \times 10^{-4})(5.6 \times 10^{-11})}{(1.3 \times 10^{-4})} = 5.6 \times 10^{-11}$$

これはK_{a_2}に等しい．

最後に，問題はH_2CO_3溶液中のすべての化学種について問われていた．反応混合物中の他の2種の物質は，水と水酸化物イオンである．厳密にはこれらも溶液の成分に含まれる．

■ K_{a_1}およびK_{a_2}の式中にあるH$^+$の値は同一の値である．平衡状態においては，ただ一つのH$^+$濃度があるのみである．

練習問題 16・21　アスコルビン酸（ビタミンC）$H_2C_6H_6O_6$は二塩基酸である．0.10 mol L^{-1}のアスコルビン酸溶液中の[H$^+$], pH, [$C_6H_6O_6^{2-}$]を求めよ．

16・8 多塩基酸 523

例題 16・8 から導かれる最も興味深いことの一つは，多塩基酸のみが溶質である溶液では，解離の第二段階で生じるイオンの濃度は K_{a_2} に等しいということである．

多塩基酸の塩

塩の溶液の pH は，その塩の陽イオン，陰イオンあるいはその両方が水と反応できるかどうかに依存することをすでに学んだ．簡単のため，ここで取上げる多塩基酸の塩はナトリウムイオンやカリウムイオンなど非酸性の陽イオンを含むものに限定することにする．いいかえれば，陰イオンのみが塩基性で溶液の pH に影響を与える塩について扱うことにする．

多塩基酸の塩の典型例の一つは炭酸ナトリウム Na_2CO_3 である．これは H_2CO_3 の塩で，塩の炭酸イオンは OH^- が絡む二つの平衡をもち，溶液の pH に影響を与えるブレンステッド塩基である．それらの平衡反応とそれに対応する K_b の式は以下のとおりである．

$$CO_3{}^{2-}(aq) + H_2O \rightleftharpoons HCO_3{}^-(aq) + OH^-(aq)$$

$$K_{b_1} = \frac{[HCO_3{}^-][OH^-]}{[CO_3{}^{2-}]} \qquad (16・21)$$

$$HCO_3{}^-(aq) + H_2O \rightleftharpoons H_2CO_3(aq) + OH^-(aq)$$

$$K_{b_2} = \frac{[H_2CO_3][OH^-]}{[HCO_3{}^-]} \qquad (16・22)$$

これらの平衡に関与する化学種の濃度を求める計算は，弱い多塩基酸で行った計算とよく似ている．ここでの化学反応は，酸ではなく，塩基としての反応であることが異なっている．実際，簡略化は弱い多塩基酸のときとほとんど同じように可能である．

はじめに，(16・21) 式と (16・22) 式の逐次平衡の K_{b_1} と K_{b_2} の値を求める．それには，表にある H_2CO_3 の K_{a_1} と K_{a_2} の値と，$K_a \times K_b = K_w$ の関係を使う．

本節のはじめに，$HCO_3{}^-(aq)$ と $CO_3{}^{2-}(aq)$ は K_{a_2} と関係していることを述べた．$CO_3{}^{2-}$ を含む塩が水と反応するとき，その $CO_3{}^{2-}$ は塩基であり〔(16・21) 式〕，共役酸は $HCO_3{}^-$ である．それゆえ，K_{b_1} は K_{a_2} と同じ共役酸塩基対を含む．よって，K_{a_2} より K_{b_1} は以下のように計算できる．

■ 一般に，多塩基酸の陰イオンに対する K_b の値は表に記載されていない．必要なときには，適切な酸の K_a の値から計算する．

$$K_{b_1} = \frac{K_w}{K_{a_2}} = \frac{1.0 \times 10^{-14}}{5.6 \times 10^{-11}} = 1.8 \times 10^{-4}$$

同様に，$H_2CO_3(aq)$ と $HCO_3{}^-(aq)$ は K_{a_1} と結びついている．$HCO_3{}^-$ が塩基のとき〔(16・22) 式〕，共役酸は H_2CO_3 である．K_{b_2} と K_{a_1} の平衡の式にはそれらと同じ共役酸塩基対が含まれているので，K_{b_2} を計算するには K_{a_1} を使わねばならない．

$$K_{b_2} = \frac{K_w}{K_{a_1}} = \frac{1.0 \times 10^{-14}}{4.3 \times 10^{-7}} = 2.3 \times 10^{-8}$$

■ K_{b_1} は K_{a_2} と，K_{b_2} は K_{a_1} と関係している．

こうして二つの K_b を比較することができる．$CO_3{}^{2-}$ に対して $K_{b_1} = 1.8 \times 10^{-4}$，より弱い塩基 $HCO_3{}^-$ に対して $K_{b_2} = 2.3 \times 10^{-8}$ である．$CO_3{}^{2-}$ の K_b は $HCO_3{}^-$ の K_b のほぼ 10^4 倍である．これは $CO_3{}^{2-}$ の水との反応〔(16・21) 式〕は $HCO_3{}^-$ の反応〔(16・22) 式〕よりもかなり多くの OH^- を生み出すことを意味する．後者の OH^- 全体に対する寄与はかなり小さいので無視できる．ここでの簡略化は弱い多塩基酸の解離の扱いと同じである．

$$[OH^-]_{平衡} = [OH^-]_{第一段階} + [OH^-]_{第二段階}$$
$$[OH^-]_{第一段階} \gg [OH^-]_{第二段階}$$
$$[OH^-]_{平衡} \approx [OH^-]_{第一段階}$$

もし多塩基酸の塩基性陰イオンの溶液の pH を計算しようとするなら，もっぱら K_{b_1} を扱い，それ以外の反応は無視してかまわないであろう．

例題 16・9　弱い二塩基酸の塩の溶液の pH の計算

0.11 mol L^{-1} の Na$_2$CO$_3$ 溶液の pH を求めよ．

指針　先の説明に基づき，例題 16・4 の一塩基酸の塩のときに使ったのと同じ方法で扱う．

解法　HCO$_3^-$ と水の反応は無視できる．よって扱う平衡は，

$$CO_3^{2-} + H_2O \rightleftharpoons HCO_3^- + OH^-$$

$$K_{b_1} = \frac{[HCO_3^-][OH^-]}{[CO_3^{2-}]} = 1.8 \times 10^{-4}$$

となる．（K_{b_1} の値は前の例題の説明にあるように K_{a_2} より計算した．）

解答　CO$_3^{2-}$ の一部が反応する．それを x mol L^{-1} とする．簡略化を施した濃度表は以下のとおりである．

	H$_2$O +	CO$_3^{2-}$ $\rightleftharpoons$	HCO$_3^-$ +	OH$^-$
初濃度 M		0.11	0	0
濃度変化 M		$-x$	$+x$	$+x$
平衡濃度 M		$(0.11-x) \approx 0.11$	x	x

表の最後の列の値を炭酸イオンの平衡式に入れる．

$$\frac{[HCO_3^-][OH^-]}{[CO_3^{2-}]} = \frac{(x)(x)}{0.11-x} \approx \frac{(x)(x)}{0.11} = 1.8 \times 10^{-4}$$

$$x = [OH^-] = 4.5 \times 10^{-3} \text{ mol L}^{-1}$$

$$pOH = -\log(4.5 \times 10^{-3}) = 2.35$$

最後に，14.00 から pOH を差し引いて pH を求める．したがって，0.11 mol L^{-1} の Na$_2$CO$_3$ の pH は 11.65 と求まる．こうして，中性の陽イオンと塩基性の陰イオンからできた塩の水溶液は塩基性であることがわかる．

確認　有効数字を適切に扱うと 0.11 − 0.0048 = 0.11．これより設定した仮定が成立するので，この結果は妥当である．また，求めた pH は塩基性溶液のものである．これは塩が弱塩基として反応するときに予測される結果である．こうして，答えは妥当と考えられる．

練習問題 16・22　25 ℃ における 0.20 mol L^{-1} の Na$_2$SO$_3$ 溶液の pH を求めよ．二塩基酸 H$_2$SO$_3$ の K_{a_1} は 1.5×10^{-2}，K_{a_2} は 6.3×10^{-8} である．

16・9　酸塩基滴定

指示薬 indicator

終点 end point

当量点 equivalence point

■ 滴定剤とは，ビュレットから受けのフラスコ中の溶液にゆっくりと加えられる溶液のことである．

滴定曲線 titration curve

4 章で酸塩基滴定の手順を学んだ．そして，滴定データがさまざまな化学量論計算に使うことができるかをみてきた．その手順において，**指示薬**の色が変化する点を滴定の**終点**とした．理想的には，この終点は理論的に計算される**当量点**と一致すべきである．この理想的な結果を得るためには，指示薬を適切に選ぶことが必要である．これらのことを滴定剤を滴下するに従い，溶液の pH がどのように変化するかを検討することでより深く理解しよう．

加えられた滴定剤の体積に対して溶液の pH をプロットして得られる曲線を**滴定曲線**という．pH の値は pH メーターを使って実験的に測ることができる．あるいは以下に述べる手順で計算することもできる．

ここでは計算による検討を行い，四つの計算で滴定曲線を扱えることを示す．二つの計算は曲線上の始点と当量点を扱う．他の二つの計算は始点と当量点の間と，当量点以降の部分を扱う．

■ すべての酸塩基反応において酸と塩基の比が 1：1 で反応するわけではない．常に，計算は適切な化学反応式に基づいて行う必要がある．

強塩基による強酸の滴定

標定された NaOH 溶液による HCl(aq) の滴定で，強塩基による強酸の滴定を説明

する．分子および正味のイオンによる反応式は，

$$HCl(aq) + NaOH(aq) \longrightarrow NaCl(aq) + H_2O$$
$$H^+(aq) + OH^-(aq) \longrightarrow H_2O$$

となる．はじめに 25.00 mL の 0.2000 mol L^{-1} HCl がある．この溶液に 0.2000 mol L^{-1} の NaOH を滴定剤として少量加えたとき，pH がどうなるかを考える．滴定のいろいろな段階における溶液の pH を小数点以下 2 桁目まで計算し，それを滴定剤の体積に対しプロットする．

始点において滴定剤は加えられておらず，フラスコには 0.2000 mol L^{-1} の HCl だけが入っている．HCl は強酸なので，濃度は次のとおりである．

$$[H^+] = [HCl] = 0.2000 \text{ mol L}^{-1}$$

よって，はじめの pH は，以下のとおりである．

$$pH = -\log(0.2000) = 0.70$$

開始後から当量点前までは，過剰にある反応物の濃度を求めなければならない．はじめに 25.00 mL の 0.2000 mol L^{-1} HCl に存在した HCl の量を求める．

$$25.00 \text{ mL HCl 溶液} \times \frac{0.2000 \text{ mol HCl}}{1000 \text{ mL HCl 溶液}} = 5.000 \times 10^{-3} \text{ mol HCl}$$

いま，0.2000 mol L^{-1} の NaOH を 10.00 mL ビュレットから滴下したとしよう．加えられた NaOH の量は次式で与えられる．

$$10.00 \text{ mL NaOH 溶液} \times \frac{0.2000 \text{ mol NaOH}}{1000 \text{ mL NaOH 溶液}} = 2.000 \times 10^{-3} \text{ mol NaOH}$$

NaOH よりも HCl の物質量が多いことがわかる．よって，塩基は 2.000×10^{-3} mol の HCl を中和し，残りの HCl の量は，

$$(5.000 \times 10^{-3} - 2.000 \times 10^{-3}) \text{ mol HCl} = 3.000 \times 10^{-3} \text{ mol HCl}$$

となる．濃度を求めるために，溶液の総量を求めると，25.00 mL + 10.00 mL = 35.00 mL = 0.03500 L となる．H$^+$ の濃度 [H$^+$] は次式の値となる．

$$[H^+] = \frac{3.000 \times 10^{-3} \text{ mol}}{0.03500 \text{ L}} = 8.571 \times 10^{-2} \text{ mol L}^{-1}$$

これに対応する pH は 1.07 である．

この手順で，NaOH が当量点の体積に到達するまで，体積を変えて何回も計算を行うことができる．表計算ソフトを使えば各点の pH を迅速に計算できるが，曲線の形を見るには数点について計算すればよい．

当量点において，加えた NaOH の体積は，次式の値となる．

$$M_{HCl} \times V_{HCl} = M_{NaOH} \times V_{NaOH}$$

$$V_{NaOH} = \frac{M_{HCl} \times V_{HCl}}{M_{NaOH}} = \frac{(0.2000 \text{ mol L}^{-1})(25.00 \text{ mL})}{(0.2000 \text{ mol L}^{-1})} = 25.00 \text{ mL}$$

この点で HCl も NaOH も過剰になることなく酸は塩基で正確に中和される．溶液は NaCl しか含んでなく，NaCl 溶液の pH は 7.00 であることはすでに述べた．すべての強酸と強塩基の滴定の当量点の pH は 7.00 である．

当量点を過ぎると，塩基が過剰になる．前に行ったように，酸と塩基の物質量を計

酸塩基滴定．終点の検出のためフェノールフタレインがよく使われる．

■ モル濃度や滴定剤の体積は高い精度の値をもつが，pH は小数点以下 2 桁目までしか計算していない．実際の実験で，これ以上の精度で値を求めるのはむずかしい．

■ $[H^+] = \dfrac{M_A V_A - M_B V_B}{V_A + V_B}$

■ すべての強酸強塩基の滴定の当量点での pH は 7.00 である．

■ $[OH^-] = \dfrac{M_B V_B - M_A V_A}{V_A + V_B}$

図 16・7 **強塩基による強酸の滴定の滴定曲線.** 0.2000 mol L^{-1} HCl を 0.2000 mol L^{-1} NaOH で滴定するさいの pH 変化.

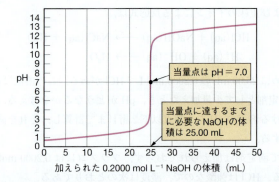

算する. 塩基の物質量が増えるので, 塩基の過剰量を知るために酸の物質量を差し引く. その値は [OH$^-$] を得るために全体積で割られ, それより pH を計算する.

表 16・5 は滴定剤を少量加えていったときのフラスコ内の溶液の pH の計算結果である. 図 16・7 はフラスコ内の溶液の pH を, 加えられた 0.2000 mol L^{-1} NaOH 溶液の体積に対しプロットした図, すなわち強酸を強塩基で滴定するときの滴定曲線である. pH = 7.00 の当量点に近づくまで pH はゆっくりとほぼ直線的に増加し, その後, 非常に少量の塩基の追加で曲線は鋭く立ち上がり, その後突然折れ曲がり再びなだらかな pH の増加を示す.

表 16・5 強塩基による強酸の滴定[†]

HClの初期体積(mL)	HClの初期物質量(mol)	加えられたNaOH(mL)	NaOHの物質量(mL)	過剰に存在するイオンの物質量(mol)	全溶液の体積(mL)	過剰に存在するイオンのモル濃度(mol L^{-1})	pH
25.00	5.000 × 10^{-3}	0	0	5.000 × 10^{-3}(H$^+$)	25.00	0.2000(H$^+$)	0.70
25.00	5.000 × 10^{-3}	10.00	2.000 × 10^{-3}	3.000 × 10^{-3}(H$^+$)	35.00	8.571 × 10^{-2}(H$^+$)	1.07
25.00	5.000 × 10^{-3}	20.00	4.000 × 10^{-3}	1.000 × 10^{-3}(H$^+$)	45.00	2.222 × 10^{-2}(H$^+$)	1.65
25.00	5.000 × 10^{-3}	24.00	4.800 × 10^{-3}	2.000 × 10^{-4}(H$^+$)	49.00	4.082 × 10^{-3}(H$^+$)	2.39
25.00	5.000 × 10^{-3}	24.90	4.980 × 10^{-3}	2.000 × 10^{-5}(H$^+$)	49.90	4.000 × 10^{-4}(H$^+$)	3.40
25.00	5.000 × 10^{-3}	24.99	4.998 × 10^{-3}	2.000 × 10^{-6}(H$^+$)	49.99	4.000 × 10^{-5}(H$^+$)	4.40
25.00	5.000 × 10^{-3}	25.00	5.000 × 10^{-3}	0	50.00	0	7.00
25.00	5.000 × 10^{-3}	25.01	5.002 × 10^{-3}	2.000 × 10^{-6}(OH$^-$)	50.01	3.999 × 10^{-5}(OH$^-$)	9.60
25.00	5.000 × 10^{-3}	25.10	5.020 × 10^{-3}	2.000 × 10^{-5}(OH$^-$)	50.10	3.992 × 10^{-4}(OH$^-$)	10.60
25.00	5.000 × 10^{-3}	26.00	5.200 × 10^{-3}	2.000 × 10^{-4}(OH$^-$)	51.00	3.922 × 10^{-3}(OH$^-$)	11.59
25.00	5.000 × 10^{-3}	50.00	1.000 × 10^{-2}	5.000 × 10^{-3}(OH$^-$)	75.00	6.667 × 10^{-2}(OH$^-$)	12.82

[†] 試料溶液は 0.2000 mol L^{-1} HCl 25.00 mL, 滴定剤は 0.2000 mol L^{-1} NaOH.

強塩基による弱酸の滴定

強塩基による弱酸の滴定の計算は強塩基と強酸の場合よりも少し複雑である. それは, 弱酸とその共役塩基が関係する平衡を考えなければならないからである. 一例として, 25.0 mL の 0.2000 mol L^{-1} HC$_2$H$_3$O$_2$ を 0.2000 mol L^{-1} NaOH で滴定するときの滴定曲線を計算してみよう. 前と同じ四つの領域を計算するが, 用いる式は異なる.
分子および正味のイオンによる反応式は, 次式で表される.

$$HC_2H_3O_2 + NaOH \longrightarrow NaC_2H_3O_2 + H_2O$$

$$HC_2H_3O_2 + OH^- \longrightarrow C_2H_3O_2^- + H_2O$$

両方の溶液の濃度は等しく，また，酸と塩基間の反応は 1：1 で起こるので，当量点に到達するまでに必要な塩基の量は正確に 25.0 mL であることがわかる．これらを踏まえ，滴定曲線の各領域における pH 計算をみてみよう．

始点において，溶液は単に弱酸 $HC_2H_3O_2$ の溶液である．pH を計算するには K_a を使う必要がある．近似を使って以下のように計算できることはすでに述べた．

$$K_a = \frac{[H^+][C_2H_3O_2^-]}{[HC_2H_3O_2]} = \frac{(x)(x)}{0.200 - x} \approx \frac{(x)(x)}{0.200} = 1.8 \times 10^{-5}$$

$$x^2 = 3.6 \times 10^{-6} \text{（適切に丸める）}$$

$$x = [H^+] = 1.9 \times 10^{-3}$$

結果として NaOH を加える前の pH は 2.72 である．

開始後から当量点までは，NaOH を $HC_2H_3O_2$ に加えるに従い，$C_2H_3O_2^-$ が生じ，溶液は $HC_2H_3O_2$ と $C_2H_3O_2^-$ の両方を含むようになる（これは緩衝液である）．平衡式より，次式が得られる．

$$[H^+] = \frac{K_a[HC_2H_3O_2]}{[C_2H_3O_2^-]} = \frac{K_a(\text{mol } HC_2H_3O_2)}{(\text{mol } C_2H_3O_2^-)}$$

■ 滴定終点は，pH メーターを使って pH を測り，それを塩基の滴下量体積に対しプロットしていくことで見つけることができる．終点では pH の鋭い立ち上がりがある．pH メーターを使えば指示薬を使う必要はない．

■ $[H^+] = \sqrt{K_a M_{HA}}$

次に行うべきことは，NaOH を加えた後に残る酢酸 $HC_2H_3O_2$ の物質量を求めると同時に，生成する $C_2H_3O_2^-$ の物質量を求めることである．

10.00 mL の NaOH 溶液を加えたときに起こることをみてみよう．酢酸の初期量は，次式のとおりである．

$$0.2000 \text{ mol L}^{-1} HC_2H_3O_2 \times 0.02500 \text{ L} = 5.000 \times 10^{-3} \text{ mol } HC_2H_3O_2$$

加えられた NaOH の物質量は，次式の値である．

$$0.20000 \text{ mol L}^{-1} NaOH \times 0.01000 \text{ L} = 2.000 \times 10^{-3} \text{ mol NaOH}$$

したがって，残った酢酸の物質量は次式で与えられる．

$$5.000 \times 10^{-3} \text{ mol} - 2.000 \times 10^{-3} \text{ mol} = 3.000 \times 10^{-3} \text{ mol } HC_2H_3O_2$$

■ 4 章でモル濃度に体積（単位は L）を掛けると溶質の物質量となることを学んだ．

上の反応式から，加えられた NaOH の物質量は量論的に生成した酢酸イオンの物質量に等しい．それゆえ，$C_2H_3O_2^-$ の物質量は 2.000×10^{-3} mol である．これらの酢酸と酢酸イオンの物質量を K_a の式に入れると，水素イオン濃度が得られる．

$$[H^+] = \frac{(1.8 \times 10^{-5})(3.000 \times 10^{-3} \text{ mol } HC_2H_3O_2)}{(2.000 \times 10^{-3} \text{ mol } C_2H_3O_2^-)} = 2.7 \times 10^{-5} \text{ mol L}^{-1}$$

■ $[H^+] = K_a \dfrac{M_A V_A - M_B V_B}{V_A + V_B}$

こうして，pH は 4.57 であるとわかる．加えられた NaOH の体積をゼロから 25 mL の間で設定し，同じ計算を行うことで測定点を増やすことができる．多くの測定点を計算するには，上の式と表計算ソフトを利用するとよい．

当量点においては，すべての $HC_2H_3O_2$ が反応し，溶液は塩 $NaC_2H_3O_2$（Na^+ と $C_2H_3O_2^-$ の混合物）を含む．

5.00×10^{-3} mol の $HC_2H_3O_2$，すなわち（0.0500 L 中）5.00×10^{-3} mol の $C_2H_3O_2^-$ を含むことから出発する．$C_2H_3O_2^-$ の濃度は，

$$[C_2H_3O_2^-] = \frac{5.00 \times 10^{-3} \text{ mol}}{0.0500 \text{ L}} = 0.100 \text{ mol L}^{-1}$$

となり，$C_2H_3O_2^-$ は塩基であるから，K_b の式と水との化学反応式を次式のように書く．

$$C_2H_3O_2^-(aq) + H_2O \rightleftharpoons HC_2H_3O_2(aq) + OH^-(aq)$$

$$K_b = \frac{[OH^-][HC_2H_3O_2]}{[C_2H_3O_2^-]} = \frac{K_w}{K_a} = 5.6 \times 10^{-10}$$

質量作用の式に入れると，次式が得られる．

$$\frac{[OH^-][HC_2H_3O_2]}{[C_2H_3O_2^-]} = \frac{(x)(x)}{0.100 - x} \approx \frac{(x)(x)}{0.100} = 5.6 \times 10^{-10}$$

$$x^2 = 5.6 \times 10^{-11}$$

$$x = [OH^-] = 7.5 \times 10^{-6} \text{ mol L}^{-1}$$

■ $[OH^-] = \sqrt{K_b \dfrac{M_A V_A}{V_A + V_B}}$

■ 滴定全体の反応を中和反応として書いたが，当量点では中性ではなくわずかに塩基性であるというのは興味深い．

したがって，pOH は 5.12 となり，pH は 14.00 − 5.12 より 8.88 となる．この滴定の当量点の pH は，ブレンステッド塩基 $C_2H_3O_2^-$ を含むため少し塩基性の 8.88 である．弱酸の強塩基による滴定では，当量点の pH は 7 よりも大きくなる．

当量点を過ぎると OH^- が加わり，平衡は左に傾く．

$$C_2H_3O_2^-(aq) + H_2O \rightleftharpoons HC_2H_3O_2(aq) + OH^-(aq)$$

■ $[OH^-] = \dfrac{M_B V_B - M_A V_A}{V_A + V_B}$

このようにして生成される OH^- は，NaOH をさらに加えると抑制されるので，当量点後は，pH に影響する OH^- は加えられた塩基からのみ生まれる．それゆえ，これ以後の pH 計算は HCl と NaOH に対する滴定と同じ計算となる．それぞれの測定点での計算は，加えられた NaOH の物質量を全体積で割りモル濃度を求め，pOH と pH を出すことである．

表 16・6 には滴定データを，図 16・8 には滴定曲線を示している．はじめは pH 変化がゆっくりと，それから当量点を通ると立ち上がり，最後は図 16・7 の図の後半と同じような変化を示す．

練習問題 16・23 20.0 mL の 0.100 mol L^{-1} HCHO$_2$ を 0.100 mol L^{-1} NaOH で滴定する．塩基を加える前(a)，半分の HCHO$_2$ が中和されたとき(b)，15.0 mL の塩基が加えられた後(c)，当量点(d)の各点における pH を計算せよ．

表 16・6 強塩基による弱酸の滴定†

加えられた塩基(mL)	括弧内のイオンのモル濃度	pH
0	1.9×10^{-3} (H$^+$)	2.72
10.00	2.7×10^{-5} (H$^+$)	4.57
24.90	7.2×10^{-8} (H$^+$)	7.14
24.99	7.1×10^{-9} (H$^+$)	8.14
25.00	7.5×10^{-6} (OH$^-$)	8.88
25.01	4.0×10^{-5} (OH$^-$)	9.60
25.10	4.0×10^{-4} (OH$^-$)	10.60
26.00	3.9×10^{-3} (OH$^-$)	11.59
35.00	3.3×10^{-2} (OH$^-$)	12.52

† 試料溶液は 0.2000 mol L^{-1} HC$_2$H$_3$O$_2$ 25.00 mL，滴定剤は 0.2000 mol L^{-1} NaOH．

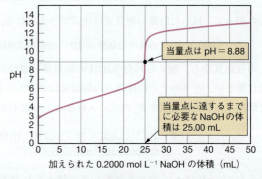

図 16・8 強塩基による弱酸の滴定の滴定曲線. 0.2000 mol L^{-1} 酢酸を 0.2000 mol L^{-1} NaOH で滴定するさいの pH 変化．

強酸による弱塩基の滴定

ここでの計算は弱酸と強塩基の滴定の計算とほぼ同じである．25.00 mL の 0.2000 mol L^{-1} NH$_3$ を 0.2000 mol L^{-1} HCl で滴定する．そのときの，分子および正味のイオンの化学反応式は，次式で表される．

$$NH_3(aq) + HCl(aq) \longrightarrow NH_4Cl(aq)$$

$$NH_3(aq) + H^+(aq) \longrightarrow NH_4^+(aq)$$

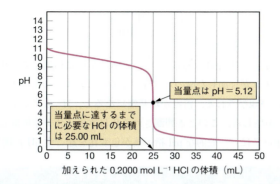

図 16・9 強酸による弱塩基の滴定の滴定曲線. 0.2000 mol L^{-1} NH$_3$ を 0.2000 mol L^{-1} HCl で滴定するさいの pH 変化.

滴定前の時点の溶液は単に弱塩基 NH$_3$ の溶液である．溶質は塩基のみであるので，pH を計算するのに K_b を使う必要がある．

開始後から当量点までは，NH$_3$ に HCl を加えると，中和反応により NH$_4^+$ が生じるので，溶液には NH$_3$ と NH$_4^+$ が含まれる（これは緩衝液である）．行う計算は，加えられた HCl により生じたアンモニウムイオンと残ったアンモニアの物質量を計算することである．弱酸のときに行ったように，平衡式を使って計算を行う．

当量点ではすべての NH$_3$ が反応し，溶液は塩 NH$_4$Cl の溶液になっている．アンモニウムイオンの濃度を計算し，弱塩基の共役酸の pH を求めるときに使った方法を使う．

当量点を過ぎると，追加される HCl から生じる H$^+$ と反応するものはない．よって，溶液は酸性となる．この過剰の HCl から計算される H$^+$ の濃度で pH 計算を行う．

図 16・9 にこの場合の滴定曲線を示す．

二塩基酸の滴定曲線

アスコルビン酸（ビタミン C）のような弱い二塩基酸を強い塩基で滴定するとき，中和される水素イオンは二つあり，当量点も二つある．K_{a_1} と K_{a_2} 間に少なくとも 10^4 の違いがあるとすると，中和は段階的に起こり，滴定曲線は二つの鋭い pH の増加を示す．その計算は複雑なので行わないが，図 16・10 に示す一般的な滴定曲線の形を知っておくことは重要である．

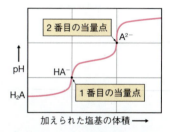

図 16・10 二塩基酸 H$_2$A の強塩基による滴定．それぞれの当量点で，pH の鋭い立ち上がりがある．

酸塩基指示薬

溶液がある色からある色へ劇的に変化することで滴定の終点を知ることができることは 5 章で学んだ．ここで，色が変わる物質を酸塩基指示薬という．ここで，指示薬がどのようにはたらくか理解することにしよう．

酸塩基指示薬として使われる多くの色素も弱酸である．それゆえ，指示薬分子を HIn と表すことにする．解離していない状態の HIn が呈する色は，その共役塩基 In$^-$ となった状態では，異なる色に変化する．それらの色が著しく異なれば，色変化を識別するには好ましい．溶液中で，指示薬は典型的な酸塩基平衡にある．

$$HIn(aq) \rightleftharpoons H^+(aq) + In^-(aq)$$

ある色を呈する酸型　　別の色を呈する塩基型

これに対応する酸の解離定数 K_{In} は，次式で表される．

■ 指示薬をはじめいろいろな分子は可視光の一部を吸収する．吸収されなかった光が色として観測される．もし分子が赤色と黄色の波長の光を吸収したなら，青色が観測される．

$$K_{In} = \frac{[H^+][In^-]}{[HIn]}$$

強酸性の溶液中で，H$^+$濃度が高いとき，平衡は左側に移動しており，ほとんどの指示薬は水素イオンが付加した酸の形で存在する．このような条件下では，解離していないHInの色が観察される．溶液が塩基性になると，H$^+$濃度が下がり平衡が右側に移動し，In$^-$が生じる．このとき観測される色は水素イオンが解離した塩基の形の色となる．表16・7に，一般的なpH指示薬が色変化を起こすpH領域を示す．

表 16・7 よく使われる酸塩基指示薬

指示薬	変色を示す pH 域	低 pH から高 pH へ 変化する時の色変化
メチルグリーン	0.2〜1.8	黄から青
チモールブルー	1.2〜2.8	黄から青
メチルオレンジ	3.2〜4.4	赤から黄
エチルレッド	4.0〜5.8	無色から赤
メチルパープル	4.8〜5.4	紫から緑
ブロモクレゾールパープル	5.2〜6.8	黄から紫
ブロモチモールブルー	6.0〜7.6	黄から青
フェノールレッド	6.4〜8.2	黄から赤またはすみれ色
リトマス	4.7〜8.3	赤から青
クレゾールレッド	7.0〜8.8	黄から赤
チモールブルー	8.0〜9.6	黄から青
フェノールフタレイン	8.2〜10.0	無色からピンク
チモールフタレイン	9.4〜10.6	無色から青
アリザリンイエロー R	10.1〜12.0	黄から赤
クレイトンイエロー	12.2〜13.2	黄から琥珀色

一般に，[HIn]/[In$^-$]比が10より大きい（すなわちpHがpK_{In}よりpH単位で1小さいと）と目に感じる色は分子HInの色である．もし比が0.1より小さければ（すなわち，pHがpK_{In}よりpH単位で1大きいと）陰イオンIn$^-$の色を感じる．

典型的な酸塩基滴定では，図16・7から図16・10でみたように，当量点を通るとpHの突然の大きな変化がある．たとえば，HClのNaOHによる滴定では当量点の前（24.97 mLの塩基が加えられた段階）でのpHは3.92である．1滴後（加えられた塩基量は25.03 mL）にpHは10.08に上がる．この3.92から10.08への大きなpHの変動は指示薬の平衡を，ほとんどの指示薬分子が酸の形である状態から，ほとんどが塩基の形である状態へと突然移動させる．この変化が，酸型の色から塩基型の色への変色として視覚的に観測されることになる．

pHの測定と見積もり 　前に，pHは多くの場合pHメーター（図16・2参照）という機器によって測定されることを述べた．ここでは，緩衝液がそのpH安定性のためpHメーターを較正するのに使われることを理解しよう．pHメーターの確度は，標準緩衝液の確度であるpH単位で±0.02である．pHの絶対値よりもpH変化が問題であるならば，現代のpHメーターでならpHの値のより細かい変化を読取ることができる．

精度には欠けるが，pHを知る他の簡便な方法は酸塩基指示薬を使うことである．表16・7にいくつかの例を示す．指示薬は狭いpH領域で色が変化する．図16・11

pH 8.2　　pH 10.0	pH 3.2　　pH 4.4	pH 6.0　　pH 7.6	pH 4.8　　pH 5.4
フェノールフタレイン	メチルオレンジ	ブロモチモールブルー	メチルパープル

図 16・11　よく使われる酸塩基指示薬の示す色

はその領域の両端の色を示す．一つあるいはそれ以上の指示薬色素を染み込ませた pH 試験紙が有効である．検査したい溶液を 1 滴試験紙に垂らし，そのとき現れる色をあらかじめ用意されている見本の色と比べることで粗い pH の値を知ることができる．ある市販の試験紙（たとえば万能 pH 試験紙）にはいくつかの色素が染み込ませてあり，その容器には見本の色が表示されている（図 16・12）．リトマス紙ははじめてつくられた pH 試験紙の一つで，いまでも化学実験室で用いられている．それはリトマス色素が染み込んだ多孔質性の紙でできており，酸や塩基に曝すと赤色や青色になる．

　リトマスは pH 4.7 以下で赤色，pH 8.3 以上で青色を呈する．色変化は，中性に近い pH 6.5 を中心として 4.7 から 8.3 の pH 領域で起こる．試験溶液が酸性であるかどうかを知るには，試験溶液を 1 滴青色のリトマス紙に垂らす．もし，赤色に変化すれば試験溶液は酸性である．同様に，試験溶液が塩基性であるかどうかを知るには，1 滴を赤色のリトマス紙に垂らす．色素が青色に変われば塩基性である．もし中性に近ければ，青色のリトマス紙も赤色のリトマス紙も色変化を起こさない．

■リトマスはリトマス苔などの地衣類から抽出される染料であり，複数の化合物の混合物である．

図 16・12　pH 試験紙．万能 pH 試験紙にレモンジュースを 1 滴垂らすと試験紙は橙色に変色した．その色を色見本と比較すると pH 5 よりも pH 3 に近いことがわかる．

17

溶解度と平衡

大西洋の海底にある高さ 30～60 m にも及ぶ炭酸カルシウムでできた熱水口．これらの形成は炭酸カルシウムの溶解度が低いことによる

16 章では，酸や塩基の水溶液に平衡の原理がどのように適用されるかについて学んだ．本章ではその原理を，4 章で述べた沈殿の生成と溶解を含む水溶液反応に拡張する．多くのそのような反応が私たちをとりまく世界で常に起こっている．たとえば，海底に浸透した水は過熱され炭酸カルシウムを溶かす．その水が海底の表面に出て冷やされると炭酸カルシウムが沈殿し，欄外の写真のような壮大な熱水口を形成する．より身近には，二酸化炭素が豊富に溶け込んだ地下水が炭酸カルシウムの堆積物を溶かし，巨大な地下洞窟をつくる．さらに，カルシウムを含んだ水が徐々に蒸発して，鍾乳石や石筍ができる．生体においては，析出反応により二枚貝，カキ，サンゴの堅い殻がつくられる．望ましくない例として，シュウ酸カルシウムやリン酸カルシウムの析出により腎臓結石（コラム 4・1）ができたり，また，私たちの口腔内の薄い酸は，リン酸カルシウムと水酸化カルシウムを成分とする歯のエナメル質の溶解を促す．

17・1 わずかに溶ける塩の溶液における平衡
17・2 塩基性塩の溶解度に対する酸の影響
17・3 金属酸化物と金属硫化物の溶液における平衡
17・4 選択的沈殿
17・5 金属錯体が関与する平衡
17・6 錯形成と溶解度

学 習 目 標
- 中性の塩の溶解度の計算
- 塩基性塩の溶解度に対する水素イオン濃度の影響の理解
- 酸化物と硫化物の特殊性と溶解度を求める特別な方法に関する理解
- 定性および定量分析のためのイオンの選択的分離の説明
- 金属錯体の反応が関係する平衡の理解
- 錯体反応による増大する溶解度の理解

17・1 わずかに溶ける塩の溶液における平衡

溶 解 度 積 K_{sp}

■ 溶液内の塩は完全に溶けているので，平衡は固体と溶液中のイオンとの間のものとなることを思い出そう．

4 章で不溶と説明した塩でも完全に不溶なものはない．たとえば，溶解性の規則では AgCl は不溶とされるが，塩化銀の固体を水に入れると，非常に少量が溶ける．いったん溶液が飽和すると，溶け残った AgCl と溶液中のイオンの間に次の平衡が成立する．

$$AgCl(s) \rightleftharpoons Ag^+(aq) + Cl^-(aq)$$

これは塩化銀の固体と水溶液中のイオンが関係しているので，不均一系の平衡である．§14・4 で説明した手順で，固体を質量作用の式から除いて平衡式を書くと（17・1）式のようになる．

$$[Ag^+][Cl^-] = K_{sp} \qquad (17・1)$$

溶解度積 solubility product, K_{sp}

この平衡定数 K_{sp} は**溶解度積**とよばれる．なぜなら，系は溶解平衡にあり，定数はイオン濃度の積となっているからである．

17・1 わずかに溶ける塩の溶液における平衡   533

溶解度と溶解度積の違いを理解しておくことは重要である．塩の溶解度は，塩をある一定量の溶媒に溶かして**飽和溶液**にするのに必要な塩の量である．溶解度積は，飽和溶液におけるイオンのモル濃度の積という数式の表現である．

飽和溶液 saturated solution

溶解度は温度によって変わるので，K_{sp} の値もそれが決められた温度においてのみ有効である．いくつかの典型的な K_{sp} の値を表 17・1 と付録に示す．

表 17・1 溶解度積

溶解平衡の式	K_{sp} (25 °C)	溶解平衡の式	K_{sp} (25 °C)
ハロゲン化物		$SrCO_3 \rightleftharpoons Sr^{2+} + CO_3^{2-}$	5.6×10^{-10}
$CaF_2 \rightleftharpoons Ca^{2+} + 2F^-$	3.4×10^{-11}	$BaCO_3 \rightleftharpoons Ba^{2+} + CO_3^{2-}$	2.6×10^{-9}
$PbF_2 \rightleftharpoons Pb^{2+} + 2F^-$	3.3×10^{-8}	$CoCO_3 \rightleftharpoons Co^{2+} + CO_3^{2-}$	1.0×10^{-10}
$AgCl \rightleftharpoons Ag^+ + Cl^-$	1.8×10^{-10}	$NiCO_3 \rightleftharpoons Ni^{2+} + CO_3^{2-}$	1.4×10^{-7}
$AgBr \rightleftharpoons Ag^+ + Br^-$	5.4×10^{-13}	$ZnCO_3 \rightleftharpoons Zn^{2+} + CO_3^{2-}$	1.5×10^{-10}
$AgI \rightleftharpoons Ag^+ + I^-$	8.5×10^{-17}	クロム酸	
$PbCl_2 \rightleftharpoons Pb^{2+} + 2Cl^-$	1.7×10^{-5}	$Ag_2CrO_4 \rightleftharpoons 2Ag^+ + CrO_4^{2-}$	1.1×10^{-12}
$PbBr_2 \rightleftharpoons Pb^{2+} + 2Br^-$	6.6×10^{-6}	$PbCrO_4 \rightleftharpoons Pb^{2+} + CrO_4^{2-}$	1.8×10^{-14} (10 °C の値)
$PbI_2 \rightleftharpoons Pb^{2+} + 2I^-$	9.8×10^{-9}	硫酸塩	
水酸化物		$CaSO_4 \rightleftharpoons Ca^{2+} + SO_4^{2-}$	4.9×10^{-5}
$Al(OH)_3$(α型) $\rightleftharpoons Al^{3+} + 3OH^-$	3×10^{-34}	$SrSO_4 \rightleftharpoons Sr^{2+} + SO_4^{2-}$	3.4×10^{-7}
$Ca(OH)_2 \rightleftharpoons Ca^{2+} + 2OH^-$	5.0×10^{-6}	$BaSO_4 \rightleftharpoons Ba^{2+} + SO_4^{2-}$	1.1×10^{-10}
$Fe(OH)_2 \rightleftharpoons Fe^{2+} + 2OH^-$	4.9×10^{-17}	$PbSO_4 \rightleftharpoons Pb^{2+} + SO_4^{2-}$	2.5×10^{-8}
$Fe(OH)_3 \rightleftharpoons Fe^{3+} + 3OH^-$	2.8×10^{-39}	シュウ酸塩	
$Mg(OH)_2 \rightleftharpoons Mg^{2+} + 2OH^-$	5.6×10^{-12}	$CaC_2O_4 \rightleftharpoons Ca^{2+} + C_2O_4^{2-}$	2.3×10^{-9}
$Zn(OH)_2$(不定形) $\rightleftharpoons Zn^{2+} + 2OH^-$	3×10^{-17}	$MgC_2O_4 \rightleftharpoons Mg^{2+} + C_2O_4^{2-}$	4.8×10^{-6}
炭酸塩		$BaC_2O_4 \rightleftharpoons Ba^{2+} + C_2O_4^{2-}$	1.2×10^{-7}
$Ag_2CO_3 \rightleftharpoons 2Ag^+ + CO_3^{2-}$	8.5×10^{-12}	$FeC_2O_4 \rightleftharpoons Fe^{2+} + C_2O_4^{2-}$	2.1×10^{-7}
$MgCO_3 \rightleftharpoons Mg^{2+} + CO_3^{2-}$	6.8×10^{-8}	$PbC_2O_4 \rightleftharpoons Pb^{2+} + C_2O_4^{2-}$	2.7×10^{-11}
$CaCO_3$(カルサイト) $\rightleftharpoons Ca^{2+} + CO_3^{2-}$	3.4×10^{-9}		

わずかに溶ける塩のイオン積と反応商

以前の章で質量作用の式の値を**反応商** Q として記述した．本節で扱う単純な溶解平衡においては，質量作用の式は何らかの累乗の形をもつイオン濃度の積で表される．それゆえしばしば Q は塩の**イオン積**とよばれる．すなわち，AgCl においては，次の式が成り立つ．

反応商 reaction quotient, Q

イオン積 ion product

$$\text{イオン積} = [Ag^+][Cl^-] = Q$$

不飽和溶液では，不飽和状態である範囲のなかで，イオン濃度，すなわち Q の値は変わりうる．しかし，飽和溶液においては，Q は一定値 K_{sp} でなければならない．溶液が飽和に至らないとき，Q の値は K_{sp} よりも小さい．それゆえ，ある溶液の Q の値を K_{sp} の値と比較することで，飽和かどうか確かめることができる．

溶解度積の他の側面として，多くの塩は解離したとき化学式のイオン種の数よりも多くのイオンを生じるが，これにより，イオン積の式に指数が導入される．たとえば，ヨウ化水銀(II) HgI_2 は次の溶解平衡で沈殿する（図 17・1）．

$$HgI_2(s) \rightleftharpoons Hg^{2+}(aq) + 2I^-(aq)$$

平衡定数は，14 章で説明したやり方で，質量作用の式において，反応式の係数を指

図 17・1 ヨウ化水銀(II)．酢酸水銀(II)をヨウ化ナトリウムの水溶液に加えると，鮮やかな赤色の"不溶"のヨウ化水銀(II) HgI_2 が沈殿する．

数として次のように求まる.

$$[Hg^{2+}][I^-]^2 = K_{sp}$$

練習問題 17・1 次の塩のイオン積を求めよ.(a) 臭化鉛(II)
(b) 水酸化アルミニウム

すなわち,イオン積は一つの化学式から解放されるイオン数に等しい累乗が施されたイオン濃度を含む.これは正しいイオン積を得るには,その塩をつくるイオン組成を知らねばならないことを意味する.たとえば BiI_3 の場合,一つの Bi^{3+} と三つの I^- からなることを知っている必要がある.

モル溶解度から K_{sp} を求める

モル溶解度 molar solubility

* この仮定は,臭化銀のような1価のイオンから生成したわずかに溶ける塩では有効である.ここでは簡単のため,また溶解平衡を含む計算の本質的な部分を説明するために,この仮定のうえで計算を行う.特に溶解性の高い多価イオンからできた塩では,これは正確には正しくないので,計算の確度には限界がある.これらの塩の不完全な解離の理由については §12・6 で説明した.

ある塩の K_{sp} を決める一つの方法は,その溶解度を測ることである.つまり,ある特定の量の溶液を飽和させるのにどれだけの塩が必要かということである.1Lの飽和溶液に溶けている塩の物質量である**モル溶解度**で表すと便利である.塩の化学式が示すイオンが100%解離して溶けるという仮定のもと,モル溶解度を K_{sp} の計算に使うことができる*.

ところで,濃度の変化を含む多くの計算と14章で取入れた濃度表は,考えを整理し計算を容易にするのに役立つ.濃度表の適切な利用により,すべての濃度の値と溶解過程で起こる変化を明らかにできるだろう.これらは例題 17・3 で取上げる.

例題 17・1 溶解度のデータから K_{sp} を計算する

臭化銀 AgBr は,最近まですべての写真フィルムに使われていた感光性の化合物である.AgBr の水への溶解度は 25 ℃ で 1.4×10^{-4} g L^{-1} である.この温度における AgBr の K_{sp} を計算せよ.

指針 わずかに溶ける塩の溶解度に関する問題では,釣合のとれた化学反応式をもとに溶解度積 K_{sp} の式を組立てる.

K_{sp} の値を求めるために,溶液中のイオンのモル濃度が必要になる.AgBr の溶解度は g L^{-1} で与えられているので,AgBr の溶解度を mol L^{-1} に変換したあと,各イオンの濃度を求める.

解法 必要とするはじめの手法は,釣合のとれた化学反応式より導かれる K_{sp} の式である.

$$AgBr(s) \rightleftharpoons Ag^+(aq) + Br^-(aq) \qquad K_{sp} = [Ag^+][Br^-]$$

イオンの濃度を求めるためには,1L当たりの AgBr の質量を物質量に変換するための §3・2 で述べた手法を使う.

解答 釣合のとれた化学反応式と溶解度積の式から始める.

次に,与えられた情報と換算係数として物質量当たりの質量を使い,1L当たりの AgBr の物質量を計算する.

$$モル溶解度 = \frac{1.4 \times 10^{-4} \text{ g AgBr}}{1.00 \text{ L 溶液}} \times \frac{1.00 \text{ mol AgBr}}{187.77 \text{ g AgBr}}$$

$$= 7.5 \times 10^{-7} \text{ mol AgBr L}^{-1}$$

化学式 AgBr と化学量論より各イオンの濃度を求める.

$$[Ag^+] = \frac{7.5 \times 10^{-7} \text{ mol AgBr}}{1.00 \text{ L 溶液}} \times \frac{1 \text{ mol Ag}^+}{1 \text{ mol AgBr}}$$

$$= 7.5 \times 10^{-7} \text{ mol L}^{-1}$$

$$[Br^-] = \frac{7.5 \times 10^{-7} \text{ mol AgBr}}{1.00 \text{ L 溶液}} \times \frac{1 \text{ mol Br}^-}{1 \text{ mol AgBr}}$$

$$= 7.5 \times 10^{-7} \text{ mol L}^{-1}$$

最後に,これらの濃度を K_{sp} の式に入れる.

$$K_{sp} = [Ag^+][Br^-] = 5.6 \times 10^{-13}$$

AgBr の 25 ℃ における K_{sp} は 5.6×10^{-13} と計算される.この値は表 17・1 の値と 4% しか違わない.

確認 再計算して数値を確かめよ.

例題 17・2 モル溶解度のデータより K_{sp} を計算する

ヨウ化水銀(II) HgI_2 は鮮やかな赤色の固体で 25 ℃ で水に対する溶解度は 1.9×10^{-10} mol L^{-1} である.HgI_2 の K_{sp} を求めよ.

指針 この問題は例題 17・1 とよく似ている.ただし,イオンは 1:1 の比になっていない.この場合 HgI_2 が溶けると,

それぞれの HgI_2 より二つの I^- が生じる.

解法 この問題で必要な手法は例題 17・1 で使ったものと同じである.ただし,溶解度が mol L^{-1} で与えられているので,質量を物質量に変換する必要がない.必要なのは,釣合のとれた化学反応式と K_{sp} の式である.例題 17・1 と同様に,K_{sp}

17・1 わずかに溶ける塩の溶液における平衡　535

を求めるために，塩のモル溶解度を，そして，水銀イオンと
ヨウ化物イオンの濃度を計算するために釣合のとれた化学反
応式を使う．

解答　釣合のとれた化学反応式と K_{sp} の式は，次のとおりで
ある．

$$HgI_2(s) \rightleftharpoons Hg^{2+}(aq) + 2I^-(aq) \qquad K_{sp} = [Hg^{2+}][I^-]^2$$

K_{sp} を求めるために，$[Hg^{2+}]$ と $[I^-]$ が必要である．はじめ
に与えられたモル溶解度から始め，換算係数をつくる化学反
応式を用いて次式を得る．

$$[Hg^{2+}] = \frac{1.9 \times 10^{-10} \text{ mol HgI}_2}{1.00 \text{ L 溶液}} \times \frac{1 \text{ mol Hg}^{2+}}{1 \text{ mol HgI}_2}$$
$$= 1.9 \times 10^{-10} \text{ mol L}^{-1}$$

$$[I^-] = \frac{1.9 \times 10^{-10} \text{ mol HgI}_2}{1.00 \text{ L 溶液}} \times \frac{2 \text{ mol I}^-}{1 \text{ mol HgI}_2}$$
$$= 3.8 \times 10^{-10} \text{ mol L}^{-1}$$

これらの平衡濃度を K_{sp} の式に入れると，次式が得られる．

$$K_{sp} = (1.9 \times 10^{-10})(3.8 \times 10^{-10})^2$$

まず，数値部分のみをかけて $1.9 \times 3.8 \times 3.8 = 27.4$ とし，
指数部分を $10 + 10 + 10 = 30$ として答えを得る．これより，
$25\,°C$ における HgI_2 の K_{sp} は 27.4×10^{-30}，適切に丸めて $2.7
\times 10^{-29}$ と計算される．

ここでは，指数部分は別に足し合わせればすむので，計算
は数値部分にのみ必要であった．また，この計算では，最後
の四捨五入で2桁にするまで，すべての有効数字を保持した．
確認　計算は単純であるが，イオンのモル濃度を得るには変
換のために正しい物質量比が必要であり，これを確認すべき
である．

練習問題 17・2　ヨウ化タリウム(I)，TlI の溶解度は $20\,°C$
で 5.9×10^{-3} g L^{-1} である．このとき，TlI が100%解離する
と仮定して，TlI の K_{sp} を求めよ．

K_{sp} からモル溶解度を求める

溶解度のデータより K_{sp} を計算するだけでなく，表中の K_{sp} の値から溶解度を計算
することもできる．例題 17・3 と例題 17・4 はその計算を説明している．

例題 17・3　K_{sp} からモル溶解度を計算する

$25\,°C$ の純水における AgCl のモル溶解度を求めよ．
指針　問題を解くために，溶解平衡のための釣合のとれた化
学反応式，K_{sp} の式，表 17・1 より得ることのできる K_{sp} の
値が必要である．また，データの整理のため §14・7 で行っ
たように濃度表をつくる必要がある．
解法　この問題を解くための適切な方程式は，

$$AgCl(s) \rightleftharpoons Ag^+(aq) + Cl^-(aq)$$
$$K_{sp} = [Ag^+][Cl^-] = 1.8 \times 10^{-10}$$

である．これらの式を用いて，濃度表をつくることができる．
はじめに，溶媒は純水であり，出発時点では溶液中に Ag^+
も Cl^- も存在せず，これらの濃度はゼロである．次に "濃度
変化" の行に移る．溶けた量は不明であるので，その不明量
s を塩のモル溶解度と定義する．これは 1 L 中に溶けた AgCl
の物質量である．1 mol の AgCl は 1 mol の Ag^+ と 1mol の
Cl^- を生成するので，それぞれのイオン濃度 $+s$ だけ増加す
る．それらを濃度表に記入する．
解答　濃度表は次のとおりである．

	$AgCl(s)$	$\rightleftharpoons$	$Ag^+(aq)$	$+$	$Cl^-(aq)$
初濃度 M	なし[†]		0		0
濃度変化 M	なし[†]		$+s$		$+s$
平衡濃度 M	なし[†]		s		s

[†]　AgCl(s) は質量作用の式にかかわっていないので，この
　　列へ記入しない．しかし，多くの場合，飽和溶液には，飽
　　和を保つためにいくらか固体が存在している．

濃度表の最後の行にある平衡時の量を K_{sp} の式に代入する．

$$[Ag^+][Cl^-] = s \times s = 1.8 \times 10^{-10}$$
$$s = 1.3 \times 10^{-5}$$

$25\,°C$ の水に対する AgCl のモル溶解度は 1.3×10^{-5} mol L^{-1}
と計算される．
確認　溶媒は純水なので，初濃度はゼロである．もし，s が
モル溶解度ならば塩が溶けたとき Ag^+ と Cl^- の濃度も s と等
しくなければならない．

■ よく未知数に x を用いるが，ここでは代わりに s を用いる．それ
は溶解度(solubility)にふさわしい記号である．

例題 17・4　K_{sp} からモル溶解度を計算する

$25\,°C$ の純水におけるヨウ化鉛(II)のモル溶解度を K_{sp} から
求めよ．

指針　この問題では，ヨウ化鉛(II)の化学式から二つのヨウ
化物イオンが生じることに注意する必要がある．問題を解く

ヨウ化ナトリウムと硝酸鉛(Ⅱ)の二つの無色の水溶液を混合すると, PbI_2 の黄色の沈殿が生じる.

ために, ヨウ化鉛(Ⅱ)の化学式が必要である. 次に, 釣合のとれた化学反応式と K_{sp} の式を組立てる. ヨウ化鉛(Ⅱ)のモル溶解度を求めるために濃度表を使うことも必要である.

解法 用いる手法は例題17・3で使ったものと同じである. ただし, はじめに必要なのはヨウ化鉛(Ⅱ)の化学式を決めることである. それは2章の命名法から決めることができる. その後, 釣合のとれた化学反応式と K_{sp} の式を使う.

解答 ヨウ化鉛(Ⅱ)の化学式を PbI_2 とする. 次に, 釣合のとれた化学反応式と K_{sp} の式を書き, 表17・1から K_{sp} を得る.

$$PbI_2(s) \rightleftharpoons Pb^{2+}(aq) + 2\,I^-(aq)$$
$$K_{sp} = [Pb^{2+}][I^-]^2 = 9.8 \times 10^{-9}$$

濃度表は溶媒, 水より始め, イオンの初濃度をゼロとする. 前と同様に, 塩のモル溶解度を s とする. "濃度変化"の行の s は化学反応式のイオンの係数と同じである. これは濃度変化が正しい物質量比になることを確かなものにする. 濃度表は以下のようになる.

	$PbI_2(s)$	$\rightleftharpoons$	$Pb^{2+}(aq)$	$+\ 2\,I^-(aq)$
初濃度 M	なし		0	0
濃度変化 M	なし		$+s$	$+2s$
平衡濃度 M	なし		s	$2s$

平衡時の濃度を K_{sp} の式に入れる.

$$[Pb^{2+}][I^-]^2 = (s)(2s)^2 = 4s^3 = 9.8 \times 10^{-9}$$
$$s^3 = 2.45 \times 10^{-9}$$
$$s = 1.3 \times 10^{-3} \quad (\text{適切に丸める})$$

純水への PbI_2 のモル溶解度は $1.3 \times 10^{-3}\,\text{mol L}^{-1}$ と計算される.

確認 濃度表を確認する. 溶媒は純水なので, 初濃度はゼロである. s を PbI_2 が 1 L に溶ける物質量としたので, "濃度変化"の行の s の係数は, 釣合のとれた化学式中の Pb^{2+} と Cl^- の係数と同じでなくてはならない. 計算では, $2s$ の2乗が $4s^2$ となることに注意せよ. $4s^2$ に s を掛けると $4s^3$ となる.

練習問題 17・3 Hg_2Cl_2 の水に対するモル溶解度を計算せよ. Hg_2Cl_2 の K_{sp} は 1.4×10^{-18} である.

共通イオン効果

難溶性の化合物である塩化鉛(Ⅱ)を水に長い間撹拌して, 次の平衡に達したとする.

$$PbCl_2(s) \rightleftharpoons Pb^{2+}(aq) + 2\,Cl^-(aq)$$

もし, $Pb(NO_3)_2$ のような溶解性の鉛化合物を加えたら, $PbCl_2$ 溶液中の Pb^{2+} 濃度上昇は, 平衡を左に移動させ, $PbCl_2$ の沈殿をひき起こす. この現象は単純にルシャトリエの原理の応用である. あとから供給された Pb^{2+} を含む溶液における $PbCl_2$ は, 純水のときよりも溶けにくくなる. もし $NaCl$ のような溶解性の塩化物の塩の濃厚溶

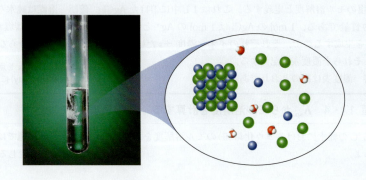

図 17・2 共通イオン効果. 試験管には, 最初に NaCl の飽和溶液が入っていた. その状態では $NaCl(s) \rightleftharpoons Na^+(aq) + Cl^-(aq)$ の平衡になっていた. そこに高濃度の共通イオン Cl^- を含む濃塩酸を数滴加えたところ, 平衡は左に移動し, NaCl の白色沈殿が生じた.

液を $PbCl_2$ の飽和溶液に加えると同じ効果が生じる。加えられた Cl^- が平衡を左に移動させ、溶けている $PbCl_2$ の量を減少させる。

この現象は、16 章で述べた**共通イオン効果**の一例である。$Pb(NO_3)_2$ を加えた場合は Pb^{2+} が、$NaCl$ を加えた場合は Cl^- が**共通イオン**である。図 17・2 は、可溶性の $NaCl$ が、共通イオン Cl^- の供給源として濃塩酸が加えられることにより、どのように飽和となるかを示している。共通イオン効果は、塩の溶解度を劇的に低下させる。例題 17・5 は典型的な共通イオン効果の問題である。また、それは難溶性の塩のイオン濃度が K_{sp} よりもきわめて大きいとき、どのように計算を簡略できるかを説明している。

共通イオン効果 common ion effect
共通イオン common ion

例題 17・5 共通イオン効果が関連する計算

0.10 mol L^{-1} の NaI 溶液における PbI_2 のモル溶解度を求めよ。

指針 PbI_2 と NaI は共通のイオン I^- をもつので、この問題は共通イオン効果が関与した計算である。問題を解くには、溶解平衡のために釣合のとれた化学反応式、K_{sp} の式と表 17・1 にある K_{sp} の値が必要となる。また、例題 17・4 と同様に濃度表をつくることも必要である。しかし、今回はすでに溶液に溶けている溶質を考慮する必要がある。

解法 溶解平衡のための釣合のとれた化学反応式、K_{sp} の式、表 17・1 にある K_{sp} の値から始めてみよう。

$$PbI_2(s) \rightleftharpoons Pb^{2+}(aq) + 2I^-(aq)$$
$$K_{sp} = [Pb^{2+}][I^-]^2 = 9.8 \times 10^{-9}$$

まず、固体の PbI_2 を溶媒に加えることを考える。しかし、今回は溶媒が純水ではなく NaI の溶液である。それは PbI_2 のイオンの一つを含んでいる。NaI は完全に溶けており、0.1 mol L^{-1} の Na^+ と 0.1 mol L^{-1} の I^- が生じている。それゆえ、I^- の初濃度は 0.10 mol L^{-1} である。次に、PbI_2 のモル溶解度を s とする。1 L 当たり s mol の PbI_2 が溶けたとき、Pb^{2+} の濃度は $+s$ だけ、I^- は $+2s$ だけ変化する。最後に、平衡濃度は初濃度と変化した濃度を足し合わせることで求められる。

解答 濃度表は次のとおりである。

	$PbI_2(s) \rightleftharpoons$	$Pb^{2+}(aq)$ +	$2I^-(aq)$
初濃度 M	なし	0	0.10
濃度変化 M	なし	$+s$	$+2s$
平衡濃度 M	なし	s	$0.10 + 2s$

平衡時の値を K_{sp} の式に入れる。

$$K_{sp} = [Pb^{2+}][I^-]^2 = (s)(0.10 + 2s)^2 = 9.8 \times 10^{-9}$$

計算を簡略化しなければ、この式を s について解くのは簡単ではない。さいわい PbI_2 は難溶性で K_{sp} が小さいため、計算の簡略化が可能である。非常に少量の塩が溶けるので、s あるいは $2s$ も非常に小さい。そうだとすると、$0.10 + 2s \approx 0.10$ となる。I^- の濃度を 0.10 mol L^{-1} とすると、解くべき式は以下のとおりである。

$$(s)(0.10)^2 = 9.8 \times 10^{-9}$$
$$s = \frac{9.8 \times 10^{-9}}{(0.10)^2} = 9.8 \times 10^{-7}$$

こうして、0.10 mol L^{-1} NaI 溶液における PbI_2 のモル溶解度は 9.8×10^{-7} mol L^{-1} と求まる。常に、簡略化の仮定が有効であるかを確かめるべきである。$2s$ は 2.0×10^{-6} に等しく、これは 0.10 に比べ予想したとおりきわめて小さい。(2.0×10^{-6} を 0.10 に加え、それを丸めると 0.10 となる。)

確認 はじめに濃度表へ入れた値を確認する。初濃度は Pb^{2+} については含まれていないので 0 mol L^{-1} であるが、$2I^-$ は I^- を含む溶媒のため 0.10 mol L^{-1} となる。s をモル溶解度としたので、"濃度変化" の行の s に対する係数は釣合のとれた化学反応式の係数と同じとなる。平衡時の行は、その前の二つの行の合計である。以上で、濃度表の確認はすんだ。答えを確認するには K_{sp} を再計算する。

練習問題 17・4 0.20 mol L^{-1} の CaI_2 溶液における AgI のモル溶解度を求めよ。純水に対するモル溶解度と比較せよ。

例題 17・4 において、純水に対する PbI_2 のモル溶解度は 1.3×10^{-3} mol L^{-1} であった。例題 17・5 の 0.10 mol L^{-1} NaI 溶液においては 9.8×10^{-7} mol L^{-1} で、10^3 倍も小さな値である。これまで述べたように共通イオン効果は、平衡を固体生成の方向に移動させ難溶性の化合物の溶解度を著しく下げる。共通イオン効果で塩の溶解度が上が

■ 誤りを防ぐために濃度表において は、s のような未知数にのみ係数を掛 ける。初濃度のような数値に掛けては ならない。

538   17. 溶解度と平衡

ることは決してない.

沈殿が生じるかどうかを判断する

　もし溶液中の塩のイオン濃度が予測できれば，その塩の沈殿が生じるかどうか予測するのに K_{sp} の値を用いることができる. イオン積 Q の計算値は，溶液が不飽和か，飽和か，過飽和かを教えてくれるからである. 塩の沈殿が生じるには，溶液は過飽和でなければならない.

　もし溶液が不飽和ならば，イオン濃度は飽和に必要な値よりも小さい. すなわち Q は K_{sp} よりも小さく，沈殿は生じない. 飽和溶液では Q は K_{sp} に等しく，沈殿は生じない. もし沈殿が生じることがあれば，溶液は不飽和となり，沈殿は再溶解する. もし溶液が過飽和なら，イオン濃度は飽和に必要な値よりも大きく，すなわち Q は K_{sp} よりも大きい. この最後の場合にのみ沈殿の生成が予測され，沈殿生成により Q は K_{sp} にまで低下する. これらをまとめると以下のようになる.

沈殿が生じる	$Q > K_{sp}$ （過飽和状態）
沈殿が生じない	$\begin{cases} Q = K_{sp} & \text{（飽和状態）} \\ Q < K_{sp} & \text{（不飽和状態）} \end{cases}$

　たとえば，溶液に $0.15\ \text{mol L}^{-1}$ の $Pb(NO_3)_2$ と $0.015\ \text{mol L}^{-1}$ の NaCl が含まれるようにしたら $PbCl_2$ の沈殿が生じるだろうか. それぞれの化合物に一つの塩化物イオンと一つの鉛イオンがあるので，これらの濃度が塩の濃度と同じになる. これらの値を受けて $PbCl_2$ の溶解度積のために Q を計算する.

$$Q = [Pb^{2+}][Cl^-]^2 = (0.15)(0.015)^2 = 3.4 \times 10^{-5}$$

表 17・1 より K_{sp} は 1.7×10^{-5} である. $Q > K_{sp}$ より沈殿は生じると結論できる. 沈殿が生じるかどうか予測する練習問題を解いてみよ.

　これらの問題はイオン濃度が与えられ，K_{sp} と Q を比較するのみで単純である. 同じ原理を既知の濃度の二つの溶液を混合する場合にも用いることができる. 違いは，溶液が混合されたときの希釈によるイオン濃度を計算しなければならないことである. 次の例題でその手順を説明する.

■過飽和溶液から余剰の塩の沈殿を防ぐことは通常むずかしい. 酢酸ナトリウムは顕著な例外である. この塩の過飽和溶液は容易につくることができる.

練習問題 17・5　$0.0025\ \text{mol L}^{-1}$ の Hg^{2+} と $0.030\ \text{mol L}^{-1}$ の I^- を含む溶液のイオン積を計算せよ. HgI_2 の沈殿が生じるか.

例題 17・6　溶液が混合されたときの沈殿生成の予測

　50 mL の $1.0 \times 10^{-4}\ \text{mol L}^{-1}$ NaCl と 50.0 mL の $1.0 \times 10^{-6}\ \text{mol L}^{-1}$ $AgNO_3$ を混合することで生じる可能性のある沈殿物は何か. それは沈殿するか. 溶液の体積は加算的であると仮定せよ.

指針　この問題では NaCl と $AgNO_3$ の間で反応が起こるかどうかが問われている. それが起こるかどうかは 4 章の溶解性の規則を用いる. もし，溶解性の規則が沈殿の生成を示唆していれば，混合溶液でのイオン濃度を用いてその化合物のイオン積を計算する. イオン積がその塩の K_{sp} よりも大きければ，沈殿の生成が期待できる.

　Q を正しく計算するには，溶液混合後のイオン濃度を用いる必要がある. このため，イオン積の計算の前に，溶液の混合で薄まる溶質を考える必要がある. 希釈の問題は §4・7 ですでに扱った.

解法　はじめの手法は，生成物が可溶か不溶かを決める助けとなる溶解性の規則（§4・6）である. 次に，イオン濃度を知るために希釈の方程式〔(4・6) 式〕が必要である.

$$V_{dil} \times M_{dil} = V_{conc} \times M_{conc}$$

最後に，イオン積 Q と K_{sp} を比較して沈殿が生成するかどうか決定する.

解答　生成物が可溶か不溶か決める手助けとなる溶解性の規

則を使って，NaCl と $AgNO_3$ 間の可能性のある反応の式を書くことから始める．

$$NaCl(aq) + AgNO_3(aq) \longrightarrow AgCl(s) + NaNO_3(aq)$$

溶解性の規則から AgCl の沈殿生成が予測できる．では，Ag^+ と Cl^- の濃度は実際に十分高いだろうか．

もとの溶液では 1.0×10^{-6} mol L^{-1} の $AgNO_3$ は 1.0×10^{-6} mol L^{-1} の Ag^+ を含み，1.0×10^{-4} mol L^{-1} の NaCl は 1.0×10^{-4} mol L^{-1} の Cl^- を含む．薄められたあとのこれらのイオン濃度を求めるには，(4・6) 式を用いる．M_{dil} について解くと次式を得る．

$$M_{dil} = \frac{M_{conc} \times V_{conc}}{V_{dil}}$$

溶液の初期の体積はそれぞれ 50.0 mL で，二つを混合したあとの最終体積は 100.0 mL となるので，次式を得る．

$$[Ag^+]_{dil} = \frac{(50.0 \, mL)(1.0 \times 10^{-6} \, mol \, L^{-1})}{100.0 \, mL}$$
$$= 5.0 \times 10^{-7} \, mol \, L^{-1}$$

$$[Cl^-]_{dil} = \frac{(50.0 \, mL)(1.0 \times 10^{-4} \, mol \, L^{-1})}{100.0 \, mL}$$
$$= 5.0 \times 10^{-5} \, mol \, L^{-1}$$

これらの値は AgCl の解離反応から求めた AgCl に対する Q の計算に用いることができる．

$$AgCl(s) \rightleftharpoons Ag^+(aq) + Cl^-(aq)$$
$$Q = [Ag^+][Cl^-]$$

計算された濃度を入れると次式を得る．

$$Q = (5.0 \times 10^{-7})(5.0 \times 10^{-5}) = 2.5 \times 10^{-11}$$

表 17・1 において AgCl の K_{sp} は 1.8×10^{-10} である．Q は K_{sp} よりも小さいので，最終の溶液は AgCl 不飽和であり，沈殿は生じないと予測できる．

確認　確認すべきいくつかの点がある．それらには化学反応式，混合後のイオン濃度の計算（体積が 2 倍になったので，濃度は半分になった），イオン積の正しい組立てが含まれる．これらを確認したところ，すべて適切であるので，答えは正しいと判断できる．

練習問題 17・6　1.0×10^{-3} mol L^{-1} の $Pb(NO_3)_2$ 100.0 mL と 2.0×10^{-3} mol L^{-1} の $MgBr_2$ 100.0 mL を混合したとき沈殿する可能性のある化合物は何か．その沈殿は生じるか．体積は加算的だと仮定せよ．

17・2　塩基性塩の溶解度に対する酸の影響

前節では"中性塩"あるいは強酸と強塩基より生じた塩について考えた．塩基性塩は弱酸と強塩基の反応でできた塩で，水中ではわずかに塩基性を示す．

塩基性塩がわずかに溶けると非常に少量のイオンが生じ，それはほとんど水と反応しない．結果として多くの場合，§17・1 において中性塩について行ったのと同じ計算を塩基性塩についても行うことができる．

塩基性塩の溶解度は酸の影響を非常に強く受ける．もし，フッ化カルシウムの固体を酸性溶液に加えると，フッ化物イオンは水素イオンと反応しフッ化水素となるであろう．これは F^- を取除くことになる．ルシャトリエの原理を用いると，このフッ化物イオンの減少はフッ化カルシウムの溶解を促すと予想できる．

$$2 F^-(aq) + 2 H^+ \rightleftharpoons 2 HF(aq)$$
$$CaF_2(s) \rightleftharpoons Ca^{2+}(aq) + 2 F^-(aq)$$

結果は CaF_2 のような塩基性塩は酸性溶液中ではより溶けやすくなる．この二つの過程は，実際には同時過程による一つの反応として起こる．リン酸鉄(Ⅲ)$FePO_4$ の場合をみてみよう．溶解反応の式は次のとおりである．

$$FePO_4(s) \rightleftharpoons Fe^{3+}(aq) + PO_4^{3-}(aq) \tag{17・2}$$

リン酸イオンは比較的強い塩基であり，それは利用可能な水素イオンと (17・3) 式のように反応する．

$$PO_4^{3-}(aq) + H^+(aq) \rightleftharpoons HPO_4^{2-}(aq) \tag{17・3}$$

PO_4^{3-} と H^+ が反応するとリン酸イオン濃度は低下する．ルシャトリエの原理より平衡がずれ，より多くの $FePO_4$ が溶ける．

以上の説明からの重要な結論の一つは，塩基性塩への酸の添加は，陰イオンが取除かれることにより，溶ける塩の量が増えるということである．二つの反応を足し合わせると，それは $FePO_4$ の溶液に酸を加えることになる．

$$FePO_4(s) + PO_4^{3-}(aq) + H^+(aq) \rightleftharpoons Fe^{3+}(aq) + PO_4^{3-}(aq) + HPO_4^{2-}(aq)$$

これより，もし酸を加えると反応は正方向へ促進されることがわかる．同じ説明により，酸性塩に塩基を加えると酸性塩の溶ける量は増大する．

同時平衡　同時平衡とは，ある混合物中で二つ以上の平衡反応が同時に起こっている状態のことである．そのような場合は，すべての平衡反応の数学的な関係式が同時に満たされなければならない．それには全反応の方程式を得るために化学反応式を組合わせ，平衡定数の値を決めるために平衡定数の取扱いの概念（§14・2参照）を駆使することが必要である．

■ (17・2) 式と (17・3) 式を足し合わせる．すなわち，K_{sp} と $1/K_{a_3}$ を掛け合わせる．

全反応を得るために (17・2) 式と (17・3) 式を加えることで，わずかに溶ける塩と弱酸の同時平衡を取扱うことができる．

$$FePO_4(s) + H^+(aq) \rightleftharpoons Fe^{3+}(aq) + HPO_4^{2-}(aq) \tag{17・4}$$

(17・2) 式の平衡定数は K_{sp} である．(17・3) 式の弱酸 HPO_4^{2-} の平衡定数は $1/K_a$ で，それは H_3PO_4 の第三の解離反応の平衡定数 K_{a_3} である．全反応の平衡定数と (17・4) 式の質量作用の式は次のとおりである．

$$K_{全反応} = K_{sp}\frac{1}{K_{a_3}} = \frac{[Fe^{3+}][HPO_4^{2-}]}{[H^+]} = 9.9 \times 10^{-16}\left(\frac{1}{4.2 \times 10^{-13}}\right) = 2.3 \times 10^{-3}$$

$FePO_4$ の溶解度を求めるこの方程式の解法は本書の範囲を超えている．しかし，酸性溶媒の場合，前もって酸の濃度がわかっていれば，次に示す応用問題で示すように答えが得られる．

応 用 問 題

1.50 mol L^{-1} の硝酸溶液中での CaF_2 の溶解度を求めよ．
指針　ここでは問題を次の3段階に分けて考える．1) 塩は中性，酸性，塩基性のどれに分類されるか，2) 起こる平衡

すべてをあげ，それらを適切に結びつける，3) 答えを計算するのに適切な平衡の計算を行う．

第一段階
解法　§16・6の酸と塩基の塩に関する概念を思い出す必要がある．
解答　CaF_2 の性質を知るために，Ca^{2+} と F^- という二つのイオン形を書く．次に陽イオンに OH^- を，陰イオンに H^+ を加えてみて，どちらの酸と塩基が塩をつくるか判断する．

$$Ca^{2+} + 2OH^- \rightleftharpoons Ca(OH)_2 \quad \text{および} \quad F^- + H^+ \rightleftharpoons HF$$

この問題の塩は強塩基 $Ca(OH)_2$ と弱酸 HF から生成する．

よって，Ca^{2+} は非常に弱い共役酸で，F^- は弱い共役塩基であると結論できる．弱い共役塩基は，非常に弱い共役酸よりも強いので，本問題の塩は塩基性の塩で，同時平衡の問題を解くことになる．

第二段階
解法　第二段階では，この問題にかかわる異なる平衡を組立てる必要がある．その結果は釣合のとれた化学反応式であり，それに従う平衡定数の式である．最後に K_{sp} と K_a の式を検

討する.

解答 CaF_2 の溶解の反応式は次のとおりである.

$$CaF_2(s) \rightleftharpoons Ca^{2+}(aq) + 2F^-(aq)$$

また,弱酸 HF の解離の式は次のとおりである.

$$HF(aq) \rightleftharpoons F^-(aq) + H^+(aq)$$

必要な値を調べると $K_{sp}(CaF_2) = 3.4 \times 10^{-11}$,$K_a(HF) = 3.5 \times 10^{-4}$ である.これらの式を組合わせるには,係数を倍にし,HF の解離の式を逆転させて以下を得る.

$$CaF_2(s) \rightleftharpoons Ca^{2+}(aq) + 2F^-(aq)$$
$$\frac{2F^-(aq) + 2H^+(aq) \rightleftharpoons 2HF(aq)}{CaF_2(s) + 2H^+(aq) \rightleftharpoons Ca^{2+}(aq) + 2HF(aq)}$$

全体の平衡定数は次のとおりである.

$$K_{全反応} = \frac{K_{sp}}{K_a K_a} = \frac{3.4 \times 10^{-11}}{(3.5 \times 10^{-4})(3.5 \times 10^{-4})} = 2.8 \times 10^{-4}$$

硝酸は強酸で完全に解離しているので,$[H^+]$ の初濃度を 1.50 mol L^{-1} とする.濃度表は次のとおりである.

	CaF_2 +	$2H^+$	$\rightleftharpoons$	$2HF$ +	Ca^{2+}
初濃度 M	なし	1.50		0	0
濃度変化 M	なし	$-2s$		$+2s$	$+s$
平衡濃度 M	なし	$1.50 - 2s$		$2s$	s

濃度表の平衡濃度の行から値をとって CaF_2 のモル溶解度を解くことができる.

$$K_{全反応} = 2.8 \times 10^{-4} = \frac{[Ca^{2+}][HF]^2}{[H^+]^2}$$

$$2.8 \times 10^{-4} = \frac{(s)(2s)^2}{(1.50 - 2s)^2}$$

前に複雑な方程式を解くときに行ったように,$2s \ll 1.50$ mol L^{-1} と仮定してこの方程式を簡略化しよう.

$$2.8 \times 10^{-4} = \frac{(s)(2s)^2}{(1.50)^2}$$

$$6.3 \times 10^{-4} = s(4s^2) = 4s^3$$

$$1.58 \times 10^{-4} = s^3$$

$$s = 5.4 \times 10^{-2}$$

$2s = 0.11$ mol L^{-1} で,これは当初の 1.50 mol L^{-1} の 1/10 よりも小さいので,仮定は正しいと判断できる.溶媒が 1.5 mol L^{-1} の酸であるとき,CaF_2 のモル溶解度は 5.4×10^{-2} mol L^{-1} である.

確認 仮定が成立することは確かめた.計算の確認もまちがいのないことを示している.

練習問題 17・7 酸の添加が次の塩の溶解度を増加させるかどうか判断せよ.(a) AgBr (b) $CaCO_3$ (c) Ag_2CrO_4 (d) $Zn(CN)_2$

練習問題 17・8 1.0 mol L^{-1} H$^+$溶液における Ag_2CrO_4 のモル溶解度を求めよ.

応用問題において,フッ化物イオンと酸の反応を考えて CaF_2 の溶解度を計算した.始める前の分析では,同時反応はフッ化物イオン濃度を下げる,そしてルシャトリエの原理で平衡を戻して溶解度が増加すると予測された.フッ化物イオンと水との反応を無視して CaF_2 の溶解度を計算すると結果は 2.0×10^{-4} mol L^{-1} となる.同時平衡を考えることで大きな溶解度が得られ,それはルシャトリエの原理と一致する.

§17・4 で,多くのイオンが共存するなかで,一つのイオンを選択的に沈殿させる実験的な条件を決めるために,$[H^+]$ のモル溶解度に対する効果を使う.

17・3 金属酸化物と金属硫化物の溶液における平衡

難溶性の酸化物と硫化物が関係する水溶液での平衡は,溶媒である水と陰イオンの反応のために,いままで考えたものよりも複雑になる.金属酸化物が水に溶けるさいは,水との反応により溶ける.解離したイオンは単に変わらずに残っているわけではない.たとえば,酸化ナトリウムは Na^+ と O^{2-} からなり,それは水に容易に溶ける.しかし,その溶液は酸化物イオン O^{2-} を含んでいない.代わりに水酸化物イオンが生じている.その反応式は次式で表される.

$$Na_2O(s) + H_2O \longrightarrow 2NaOH(aq)$$

ここでは Na_2O の結晶が溶けるさいに,酸化物イオンと水との反応が関与している.

$$O^{2-}(s) + H_2O \longrightarrow 2\,OH^-(aq)$$

酸化物イオンは，塩基として非常に強すぎて，どのような濃度でも水中に単独で存在することはできない．その理由は，O^{2-} の非常に高い K_b の値 1×10^{22} にある．それゆえ，不溶な金属酸化物を直接つくるために，酸化物イオンを水溶液に供給する方法を用いることができない．酸化物イオンは水と反応して水酸化物イオンとなってしまう．不溶な金属水酸化物の代わりに不溶な金属酸化物が溶液から沈殿するのは，ある種の金属イオンが OH^- と反応し，H^+（あるいは H_2O）を残して O^{2-} を取込む場合である．たとえば，銀イオンは，銀塩の水溶液に OH^- を加えると茶色の銀酸化物 Ag_2O の沈殿を生じる（図 17・3）．

$$2\,Ag^+(aq) + 2\,OH^-(aq) \longrightarrow Ag_2O(s) + H_2O$$

この逆反応を平衡として書くと Ag_2O の溶解平衡の式となる．

$$Ag_2O(s) + H_2O \rightleftharpoons 2\,Ag^+(aq) + 2\,OH^-(aq)$$

図 17・3 酸化銀．硝酸銀の水溶液に水酸化ナトリウムの水溶液を加えて生じた，酸化銀の茶色の泥状の沈殿．

金属硫化物と金属酸化物の溶解平衡

酸素から硫黄に代えて金属硫化物を考えると，金属酸化物と多くの共通点を見いだすことができる．一つは，硫化物イオン S^{2-} は酸化物イオン O^{2-} と同様に強いブレンステッド塩基であり，それ自身は通常のどんな水溶液中でも存在しえない．たとえ $8\,mol\,L^{-1}$ の $NaOH$ 中にさえも硫化物イオンは検出できない．そこでは，おそらく次の反応で S^{2-} が検出可能と思えるかもしれない．

$$OH^- + HS^- \longrightarrow H_2O + S^{2-}$$

$8\,mol\,L^{-1}$ の $NaOH$ 溶液は十分に"通常"の範疇にないので，Na_2O と同様に Na_2S は反応して水に溶けるが，それは2価の陰イオン S^{2-} を放出したのではない．

$$Na_2S(s) + H_2O \longrightarrow 2\,Na^+(aq) + HS^-(aq) + OH^-(aq)$$

Na_2O と同様に，水は硫化物イオンと反応し，イオンは水中に分散していく．

$$S^{2-}(s) + H_2O \longrightarrow HS^-(aq) + OH^-(aq)$$

■ 実験室で行う金属イオンの定性分析では，金属硫化物の沈殿を金属イオン間の分離に使用する．

多くの金属硫化物は水に対してきわめて溶けにくい．たとえば Cu^{2+}, Pb^{2+}, Ni^{2+} などの金属イオンを含む水溶液に硫化水素ガスを吹込むと，それらの金属の硫化物が生じる．多くの金属硫化物は独特の色（図 17・4）をもち，その色は溶液中にどのイオンが含まれているか識別するのに役立つ．不溶の金属硫化物の溶解平衡を記述するに

図 17・4 金属硫化物の色

は，水と硫化物イオンの反応を考えなければならない．たとえば CuS の平衡は以下のように書ける．

$$CuS(s) + H_2O \rightleftharpoons Cu^{2+}(aq) + HS^-(aq) + OH^-(aq) \qquad (17 \cdot 5)$$

この反応式からイオン積 $[Cu^{2+}][HS^-][OH^-]$ が得られ，CuS の溶解度積は次のように表される．

$$K_{sp} = [Cu^{2+}][HS^-][OH^-]$$

表 17・2 の最後の列に，多くの金属硫化物のこの形の K_{sp} の値が載っている．K_{sp} の値が，2×10^{-53} から 3×10^{-11} と 10^{42} 倍もの広い範囲にわたっていることに注意しなければならない．

表 17・2　硫化物の形成により選択的に沈殿させることのできる金属イオン[†]							
金属イオン	硫化物	K_{spa}	K_{sp}	金属イオン	硫化物	K_{spa}	K_{sp}
酸不溶性硫化物				塩基不溶性硫化物（酸可溶性硫化物）			
Hg^{2+}	HgS(黒色体)	2×10^{-32}	2×10^{-53}	Zn^{2+}	α-ZnS	2×10^{-4}	2×10^{-25}
Ag$^+$	Ag$_2$S	6×10^{-30}	6×10^{-51}		β-ZnS	3×10^{-2}	3×10^{-23}
Cu^{2+}	CuS	6×10^{-16}	6×10^{-37}	Co^{2+}	CoS	5×10^{-1}	5×10^{-22}
Cd^{2+}	CdS	8×10^{-7}	8×10^{-28}	Ni^{2+}	NiS	4×10^{1}	4×10^{-20}
Pb^{2+}	PbS	3×10^{-7}	3×10^{-28}	Fe^{2+}	FeS	6×10^{2}	6×10^{-19}
Sn^{2+}	SnS	1×10^{-5}	1×10^{-26}	Mn^{2+}	MnS(ピンク色体)	3×10^{10}	3×10^{-11}
					MnS(緑色体)	3×10^{7}	3×10^{-14}

†　25 ℃ の値．R. J. Meyers, *J. Chem. Ed.*, **63**, 687(1986)参照．

酸 に 不 溶 な 硫 化 物

多くの金属硫化物が酸と反応し，その結果溶ける．その一例が硫化亜鉛である．

$$ZnS(s) + 2H^+(aq) \longrightarrow Zn^{2+}(aq) + H_2S$$

しかし，酸に不溶な硫化物とされるいくつかの金属硫化物は，K_{sp} が非常に小さく酸に溶けない．このグループの陽イオンは，いくつかの金属イオンを含む十分に酸性の溶液に単に硫化水素を吹込むだけで，他の金属イオンは溶けたままで沈殿させることができる．溶液が酸性のとき，溶解平衡は別に扱わなければならない．酸の中では HS$^-$ と OH$^-$ は中性化され，その共役酸 H$_2$S と H$_2$O となる．このような条件下で，溶解平衡の式は次のようになる．

$$CuS(s) + 2H^+(aq) \rightleftharpoons Cu^{2+}(aq) + H_2S(aq)$$

これは溶解度積の式の表現を変えることになる．これを**酸溶解度積** K_{spa} とよぶことにする．添字の "a" は酸性下であることを示す．

酸溶解度積 acid solubility product, K_{spa}

$$K_{spa} = \frac{[Ca^{2+}][H_2S]}{[H^+]^2}$$

表 17・2 には金属硫化物の K_{spa} の値も載せてある．すべての K_{spa} が K_{sp} よりも 10^{21} 倍大きいことに注意する必要がある．金属硫化物は明らかに水よりも希酸中で溶けやすい．しかし，酸不溶性硫化物は非常に溶けにくく，そのなかで最も溶けやすい SnS でも中程度の濃度の酸にほとんど溶けない．このようにして，硫化物は二つのグルー

プに分けられる．一つは酸不溶性硫化物，他は酸可溶性硫化物である．後者は塩基不溶性硫化物としても知られる．§17・4で説明するように，これらの硫化物の酸の中での違いは，互いを分離する手段を提供することになる．

例題 17・7 硫化鉄(II)のモル溶解度

FeS のモル溶解度を 0.075 mol L^{-1} とするには pH をどのように設定したらよいか．

指針 Fe^{2+} と H$_2$S の濃度を決めるために FeS の濃度を用いる．次に水素イオン濃度を求める．この手順に従って pH は容易に計算することができる．

解法 問題の解法には溶解平衡の式と表 17・2 より FeS の K_{spa} の値が必要である．

$$FeS(s) + 2H^+(aq) \rightleftharpoons Fe^{2+}(aq) + H_2S(aq)$$

$$K_{spa} = \frac{[Fe^{2+}][H_2S]}{[H^+]^2} = 6 \times 10^2$$

また，FeS のモル濃度を [Fe^{2+}] と [H$_2$S] に換算するための適切な化学量論計算も必要である．

解答 1 L 当たり 0.075 mol L^{-1} の FeS から始める，1 mol の FeS は 1 mol の Fe^{2+} を与えるので [Fe^{2+}] は 0.075 mol L^{-1} でなければならない．また，1 mol の FeS は 1 mol の S^{2-} を与え，それは 1 mol の H$_2$S に変換される．よって [H$_2$S] は 0.075 mol L^{-1} である．

$$\frac{[Fe^{2+}][H_2S]}{[H^+]^2} = \frac{(0.075)(0.075)}{[H^+]^2} = 6 \times 10^2$$

[H$^+$] について解くと，

$$\frac{(0.075)(0.075)}{6 \times 10^2} = 9.3 \times 10^{-6} = [H^+]^2$$

$$[H^+] = 3.1 \times 10^{-3}$$

$$pH = 2.5 \text{（適切に丸める）}$$

となる．0.075 mol L^{-1} の FeS 溶液にするには pH を 2.5 にする必要がある．

確認 K_{spa} は FeS が酸中で溶けること，そしてこの問題での中程度の濃度を達成できることを示している．

練習問題 17・9 2.00 g の PbS を 1.5 × 10^6 L の水に溶かすのに必要な pH を求めよ．

17・4 選択的沈殿

選択的沈殿 selective precipitation

選択的沈殿とは，他のイオンは溶液中に残し，一つのイオンのみ沈殿させることである．これは多くの場合，不溶と一般に考えられる塩の溶解度に大きな差があることで可能となる．たとえば AgCl と PbCl$_2$ の K_{sp} はそれぞれ 1.8 × 10^{-10} と 1.7 × 10^{-5} であり，水に対するモル溶解度は，それぞれ 1.3 × 10^{-5} mol L^{-1} と 1.6 × 10^{-2} mol L^{-1} である．モル溶解度でいうと，塩化鉛(II) は AgCl よりも約 1200 倍溶けやすい．もし，0.10 mol L^{-1} の Pb^{2+} と 0.10 mol L^{-1} の Ag$^+$ を含む溶液があり，そこに Cl$^-$ を加えていくと，はじめに AgCl が沈殿すると考えられる（図 17・5）．実際に PbCl$_2$ が沈殿を

図 17・5 選択的沈殿．硝酸塩の形で溶けている Ag$^+$ と Pb^{2+} を含む水溶液に薄い塩化ナトリウム水溶液を加えると，より可溶性の PbCl$_2$ が沈殿する前に，より溶けにくい AgCl が沈殿する．AgCl の沈殿は，PbCl$_2$ の沈殿が始まる前までにほぼ完了する．

始める前に，Ag^+ 濃度は 1.6×10^{-8} mol L^{-1} に低下することが計算できる．すなわち 99.99998％の銀を，鉛の沈殿なしに溶液から除去でき，効果的に分離できる．必要なのは，この分離を達成するために Cl^- の濃度を調整する方法を見いだすことである．

例題 17・8　銀ハロゲン化物の選択的沈殿

0.10 mol L^{-1} の Cl^- と 0.10 mol L^{-1} の I^- を含む溶液がある．これらのハロゲン化物イオンを選択的沈殿で分離するのに必要な $AgNO_3$ の濃度を求めよ．

指針　一つのイオンを溶液中に残しながら他方のイオンを取除く Ag^+ 濃度が問われている．はじめに沈殿する固体が何かを決めなければならない．次に最初の固体が沈殿し，2番目の固体が溶液中に溶けたまま残るようにする銀イオン濃度を求める．

解法　表 17・1 よりイオン積がわかる．

$$AgCl(s) \rightleftharpoons Ag^+(aq) + Cl^-(aq) \quad K_{sp} = 1.8 \times 10^{-10}$$
$$AgI(s) \rightleftharpoons Ag^+(aq) + I^-(aq) \quad K_{sp} = 8.5 \times 10^{-17}$$

ヨウ化銀の K_{sp} は塩化銀の K_{sp} よりも小さいので，ヨウ化銀のほうが溶けにくい．ヨウ化銀は最初に沈殿し，そのヨウ化銀を沪別することで塩化物イオンを溶液に残しておくことができる．

次に，ヨウ化物イオンを沈殿させる銀イオンの濃度を求める．そのために溶液中に銀イオンがない状態から始め，そこにゆっくりと銀イオンを加えていく．銀イオン濃度が増加するにつれ，ヨウ化物イオンが沈殿し始める．これが必要な銀イオンの最低濃度である．

さらに銀を加えると，さらにヨウ化物が沈殿する．やがてある濃度で，溶液は AgCl で飽和する．これが AgCl の沈殿を生じることのない Ag^+ の最高濃度である．以上が計算すべきことである．

解答　AgCl を沈殿させる Ag^+ 濃度を求めることから始める．Cl^- 濃度が 0.10 mol L^{-1} であるとわかっているので，飽和するのに必要な Ag^+ 濃度を知るために溶解度積の式を用いることができる．

$$AgCl(s) \rightleftharpoons Ag^+(aq) + Cl^-(aq)$$
$$K_{sp} = [Ag^+][Cl^-]$$
$$1.8 \times 10^{-10} = [Ag^+](0.10 \text{ mol L}^{-1})$$
$$1.8 \times 10^{-9} \text{ mol L}^{-1} = [Ag^+]$$

銀イオン濃度を 1.8×10^{-9} mol L^{-1} かそれ以下に保つ限り，塩化物イオンは沈殿しない．問題は，ここで低下する I^- 濃度が十分分離したと考えられる濃度かどうかである．銀イオン濃度を用いて，溶液中にどれだけヨウ化物イオンが存在しているか計算してみよう．

$$AgI(s) \rightleftharpoons Ag^+(aq) + I^-(aq)$$
$$K_{sp} = [Ag^+][I^-]$$
$$8.5 \times 10^{-17} = (1.8 \times 10^{-9} \text{ mol L}^{-1})[I^-]$$
$$4.7 \times 10^{-8} \text{ mol L}^{-1} = [I^-]$$

銀イオンを加える前のヨウ化物イオンは 0.10 mol L^{-1} であったが，銀イオンを加えたあとは 4.7×10^{-8} mol L^{-1} であり，ヨウ化物イオンは完全に沈殿したと考えることができる．したがって，効果的な分離を達成するのに必要な銀イオン濃度の最高値は 1.8×10^{-9} mol L^{-1} となる．

確認　以上より，塩化銀よりも前にヨウ化銀が十分沈殿することを示した．K_{sp} の違いを考えると，これは予測できたことである．

練習問題 17・10　0.20 mol L^{-1} の $CaCl_2$ と 0.10 mol L^{-1} の $MgCl_2$ を含む溶液がある．カルシウムを $Ca(OH)_2$ として沈殿させることなくマグネシウムを $Mg(OH)_2$ として分離するのに必要な水酸化物イオンの濃度を求めよ．この分離に必要な pH も求めよ．

金属硫化物

酸不溶性から塩基不溶性金属硫化物までの大きな K_{spa} の違いが，pH を調整することでそれぞれのイオンの分離を可能にしている．酸不溶性陽イオンの硫化物は，pH を調整した溶液から硫化水素を使って他のイオンを溶液に残したまま選択的に沈殿させることができる．H_2S 飽和溶液が使われるが，その H_2S のモル濃度は 0.1 mol L^{-1} である．例題 17・9 はどのようにして，二つの金属イオンを硫化物として選択的に沈殿させるのに必要な pH を計算するかを示している．2種類の陽イオンとして Cu^{2+} と Ni^{2+} を取上げることにする．

例題 17・9 塩基不溶性金属イオンからの酸不溶性金属イオンの硫化物の選択的沈殿

Cu^{2+} と Ni^{2+} が 0.010 mol L^{-1} で H_2S 飽和溶液中に共存するとき，両者を分離できる pH の領域を求めよ．$[H_2S] = 0.1$ mol L^{-1} とする．

指針 H_2S, Cu^{2+}, Ni^{2+} の濃度が決まっており，変えられるものは水素イオン濃度だけである．いま，その範囲が問われている．水素イオン濃度の最低値では最も塩基性，最高値では最も酸性の溶液となる．硫化物は水素イオン濃度が増加するとよりよく溶ける．問題は二つの問に落ち着く．一つは，最も溶けやすい硫化物を溶液中にとどめておく最も塩基性の溶液はどういうものかという問である．この答えは $[H^+]$ の最低値となる．どんなに低い H^+ 濃度においても，この化合物は沈殿すると考えられるから，その値に等しいかそれよりも高い H^+ 濃度が必要である．もう一つは，より溶けにくい硫化物を溶液中に保つのに必要な水素イオン濃度を求めるというものである．この答えは $[H^+]$ の最高値であるが，これより低い H^+ 濃度が望ましい．そうすればより溶けにくい硫化物が沈殿するであろう．これらの限界がわかれば，その間のどのような水素イオン濃度においても不溶な硫化物は沈殿し，可溶な硫化物は溶液中に留まることになる．

解法 適切な溶解平衡の式と表 17・2 より K_{spa} の値が必要である．

$$CuS(s) + 2H^+(aq) \rightleftharpoons Cu^{2+}(aq) + H_2S(aq)$$

$$K_{spa} = \frac{[Cu^{2+}][H_2S]}{[H^+]^2} = 6 \times 10^{-16}$$

$$NiS(s) + 2H^+(aq) \rightleftharpoons Ni^{2+}(aq) + H_2S(aq)$$

$$K_{spa} = \frac{[Ni^{2+}][H_2S]}{[H^+]^2} = 4 \times 10^1$$

NiS は CuS よりも酸性溶液中で溶けやすい．H^+ 濃度が上昇すると，NiS はより溶けると考えられる．実際には両者とも溶けやすくなるが，CuS よりも NiS のほうがより溶けやすい．したがって，NiS が沈殿せずに十分高く，しかも CuS が沈殿するのに十分低い H^+ 濃度が必要である．CuS と NiS の溶解限界の H^+ 濃度を計算するために平衡定数とその関係式を使う．

解答 はじめに Ni^{2+} 濃度が 0.010 mol L^{-1}，H_2S 濃度が 0.1 mol L^{-1} であることをもとに，必要な $[H^+]$ を計算して，低いほうの限界を求める．もし，$[H^+]$ をその値と等しいかより高ければ NiS は沈殿しないであろう．はじめに濃度の値を K_{spa} の式に入れる．

$$K_{spa} = \frac{[Ni^{2+}][H_2S]}{[H^+]^2} = \frac{(0.010)(0.10)}{[H^+]^2} = 4 \times 10^1$$

$[H^+]$ について解くと次式が得られる．

$$[H^+]^2 = \frac{(0.010)(0.10)}{4 \times 10^1}$$

$$[H^+] = 5 \times 10^{-3} \text{ mol L}^{-1}$$

$[H^+]$ がこの値よりも低いと，NiS を溶液中にとどめておくことはできない．この $[H^+]$ は pH 2.3 に相当する．

次に上限を求める．もし CuS が沈殿しないとすると，Cu^{2+} 濃度は与えられた値 0.010 mol L^{-1} であろう．そこで H_2S 濃度とともに Cu^{2+} の K_{spa} の式に入れる．

$$K_{spa} = \frac{[Cu^{2+}][H_2S]}{[H^+]^2} = \frac{(0.010)(0.10)}{[H^+]^2} = 6 \times 10^{-16}$$

$[H^+]$ について解くと次式が得られる．

$$[H^+]^2 = \frac{(0.010)(0.10)}{6 \times 10^{-16}} = 2 \times 10^{12}$$

$$[H^+] = 1 \times 10^6 \text{ mol L}^{-1}$$

もし，$[H^+] = 1 \times 10^6$ mol L^{-1} に設定できれば，CuS の沈殿を防ぐことができる．しかし，1 L 中に 10^6 mol もの H^+ というのは不可能である．このことは，算出された $[H^+]$ は，どんなに酸性の溶液でも，H_2S 飽和溶液中で CuS の沈殿を妨ぐことはできないことを意味する．（CuS が酸不溶性硫化物に分類される理由である．）

以上で二つの限界がわかった．H^+ 濃度の低いほうの限界は 5×10^{-3} mol L^{-1} であるが，高いほうについては，理論上の限界は現実には意味をなさないので限界はない．

もし，0.010 mol L^{-1} の Cu^{2+}，0.010 mol L^{-1} の Ni^{2+} の H_2S 飽和溶液を pH 2.3 以下に保つと，すべての Cu^{2+} は CuS として沈殿し，すべての Ni^{2+} は溶液中に残ると考えられる．

確認 K_{spa} の値は，CuS は酸中でも非常に溶けにくく，NiS は溶けることを示している．その観点から答えは妥当と考えられる．

練習問題 17・11 0.010 mol L^{-1} の Hg^{2+} と 0.010 mol L^{-1} の Fe^{2+} を含んだ H_2S 飽和溶液がある．Fe^{2+} を溶液中に残し，Hg^{2+} を HgS として沈殿させることのできる最も高い pH を計算せよ．

実際の実験室では，酸不溶性硫化物の塩基不溶硫化物からの分離は $[H^+] \approx 0.3$ mol L^{-1}，pH では約 0.5 で行われる．これは塩基不溶性硫化物が沈殿しないよう確かなものにするためである．また例題 17・9 は，なぜ NiS が塩基不溶性硫化物に分類されるかを説明している．H_2S 飽和溶液で塩基性ならば，pH は確実に 2.3 よりも高く，

NiS は沈殿すると考えられる.

金属炭酸塩

pH の制御による選択的沈殿の原理は，陰イオンが弱酸の陰イオンであるどのような系においても応用できる．金属炭酸塩も多くが水中で不溶なため（表 17・1 参照）選択的沈殿ができる．たとえば，炭酸マグネシウムは水中で次の平衡と K_{sp} をもつ.

$$MgCO_3(s) \rightleftharpoons Mg^{2+}(aq) + CO_3^{2-}(aq) \qquad K_{sp} = 6.8 \times 10^{-8}$$

炭酸ストロンチウムは次の平衡と K_{sp} をもつ.

$$SrCO_3(s) \rightleftharpoons Sr^{2+}(aq) + CO_3^{2-}(aq) \qquad K_{sp} = 5.6 \times 10^{-10}$$

これらの K_{sp} の違いから，ストロンチウムイオンとマグネシウムイオンを分離できるだろうか．もし炭酸イオン濃度を制御できるならば可能である．炭酸イオンは比較的強いブレンステッド塩基なので，溶液の pH を調整することで間接的に炭酸イオンの制御は可能である．それは，水素イオンが次に示す平衡のそれぞれにかかわっているからである*.

$$H_2CO_3(aq) \rightleftharpoons H^+(aq) + HCO_3^-(aq) \qquad K_{a_1} = 4.3 \times 10^{-7}$$
$$HCO_3^-(aq) \rightleftharpoons H^+(aq) + CO_3^{2-}(aq) \qquad K_{a_2} = 5.6 \times 10^{-11}$$
$$CO_2(aq) + H_2O \rightleftharpoons H_2CO_3(aq) \rightleftharpoons H^+(aq) + HCO_3^-(aq)$$

もし，水素イオン濃度を増加させると，ルシャトリエの原理でこれらの平衡は左に移動し，炭酸イオン濃度を低下させることになる．したがって，pH が低下するにつれて $[CO_3^{2-}]$ も低下する．一方，水素イオン濃度を下げる，すなわち溶液をより塩基性にすると，二つの平衡は右に移動する．つまり pH が上がるにつれて，炭酸イオン濃度も上がる．計算に先立ち，二つの炭酸水素平衡を，炭酸，炭酸イオンと水素イオンのモル濃度が関与した一つの式にまとめると便利である．そこで最初の二つをまとめると次式のようになる.

$$H_2CO_3(aq) \rightleftharpoons H^+(aq) + HCO_3^-(aq)$$
$$\underline{HCO_3^-(aq) \rightleftharpoons H^+(aq) + CO_3^{2-}(aq)}$$
$$H_2CO_3(aq) \rightleftharpoons 2\,H^+(aq) + CO_3^{2-}(aq) \qquad (17\cdot6)$$

14 章で二つの平衡をまとめるときには，まとめられた式の平衡定数は，二つの平衡定数の積となることを述べた．すなわち，(17・6) 式の平衡定数 K_a は次のようになる.

$$K_a = K_{a_1} K_{a_2} = \frac{[H^+]^2[CO_3^{2-}]}{[H_2CO_3]} \qquad (17\cdot7)$$
$$K_a = (4.3 \times 10^{-7})(5.6 \times 10^{-11}) = 2.4 \times 10^{-17}$$

この K_a を用い，どのようにして Mg^{2+} と Sr^{2+} を K_{sp} の違いを利用して分離できる pH 領域を計算するかみていく．そのような分離を行うには，溶液を CO_2 で飽和させる．その溶液では CO_2 が次の速い平衡により H_2CO_3 を供給している.

$$CO_2(aq) + H_2O \rightleftharpoons H_2CO_3(aq)$$

すなわち，$0.030\ mol\ L^{-1}$ の CO_2 を含む溶液は，実質 $0.030\ mol\ L^{-1}$ の H_2CO_3 を含む.

----

* 炭酸イオンを含む水溶液では，溶込んでいる CO_2 の存在により話は複雑である．その CO_2 は式中では CO_2 (aq) で表される．実際，H_2CO_3(aq) ではなく CO_2(aq) として存在する．しかし，CO_2(aq) は需要に応じてすみやかに H_2CO_3(aq) に変わるので，CO_2(aq) の代わりに H_2CO_3(aq) を使ってもよい．次に示す炭酸を含む 2 段階の平衡が CO_2(aq) の水溶液に存在する.

$$CO_2(aq) + H_2O \rightleftharpoons H_2CO_3(aq)$$
$$\rightleftharpoons H^+(aq) + HCO_3^-(aq)$$

H_2CO_3(aq) の K_a の値は，これら二つの平衡の平衡定数の積である.

■ 三つの濃度のうち二つがわかっているときのみ (17・7) 式を使う.

17. 溶解度と平衡

例題 17・10 炭酸塩による金属イオンの選択的沈殿

それぞれの濃度が $0.10 \; mol \; L^{-1}$ の硝酸マグネシウムと硝酸ストロンチウムを含む溶液がある．二酸化炭素をその溶液に吹込んで飽和させた．CO_2 の濃度は約 $0.030 \; mol \; L^{-1}$ である．片方の金属イオンを炭酸塩として沈殿させ，もう片方は溶液中に残しておくことのできる pH 領域を求めよ．

指針 この問題は二つの部分よりなる．第一は，片方が炭酸塩として沈殿し，もう片方は沈殿しない $[CO_3^{2-}]$ の領域を求めることである．第二は，その領域における溶液の pH を求めることである．第一の問には，二つの炭酸塩の飽和溶液中での $[CO_3^{2-}]$ を知るために二つの炭酸塩の K_{sp} の値と濃度を使う．より可溶な炭酸塩を沈殿しないように保つために，$[CO_3^{2-}]$ は飽和を保つために，その値かそれよりも低くなくてはならない．より溶けにくい成分に対して沈殿させるためには，$[CO_3^{2-}]$ を飽和溶液での値よりも高くしなければならない．

2 番目の問には，最初の問で得られた $[CO_3^{2-}]$ を与える $[H^+]$ を求めるために，H_2CO_3 のまとめられた K_a の式を用いる．$[H^+]$ がわかれば，pH に変換するのは容易である．

解法 必要な手法は K_{sp} と $MgCO_3$ と $SrCO_3$ の溶解平衡の式である．

$$K_{sp} = [Mg^{2+}][CO_3^{2-}] = 6.8 \times 10^{-8}$$
$$K_{sp} = [Sr^{2+}][CO_3^{2-}] = 5.6 \times 10^{-10}$$

また，まとめられた炭酸の K_a も必要である．

$$K_a = \frac{[H^+]^2[CO_3^{2-}]}{[H_2CO_3]} = 2.4 \times 10^{-17}$$

解答 これら二つの塩の飽和溶液を得るために必要な $[CO_3^{2-}]$ を計算する．$MgCO_3$ に対しては次式が得られる．

$$[CO_3^{2-}] = \frac{K_{sp}}{[Mg^{2+}]} = \frac{6.8 \times 10^{-8}}{(0.10)} = 6.8 \times 10^{-7} \; mol \; L^{-1}$$

また，$SrCO_3$ に対しては次式が得られる．

$$[CO_3^{2-}] = \frac{K_{sp}}{[Sr^{2+}]} = \frac{5.6 \times 10^{-10}}{(0.10)} = 5.6 \times 10^{-9} \; mol \; L^{-1}$$

K_{sp} の値から，二つのうちでは $MgCO_3$ が溶けやすい．したがって，$MgCO_3$ を溶液中にとどめ，$SrCO_3$ を沈殿させるには，$[CO_3^{2-}]$ を $5.6 \times 10^{-9} \; mol \; L^{-1}$ よりも高く，$6.8 \times 10^{-7} \; mol \; L^{-1}$ かそれよりも低くする必要がある．

次に，計算された $[CO_3^{2-}]$ の限界に対応する $[H^+]$ を求める．このため (17・7) 式で与えられる K_a を使う．最初に

$[H_2CO_3]$ と等しい溶けた CO_2 のモル濃度 $0.030 \; mol \; L^{-1}$ を使い，$[H^+]$ を求める．

$$[H^+]^2 = K_a \times \frac{[H_2CO_3]}{[CO_3^{2-}]}$$
$$[H^+]^2 = 2.4 \times 10^{-17} \times \frac{(0.030)}{[CO_3^{2-}]}$$

この方程式を，二つの $[CO_3^{2-}]$ の境界値に対応する $[H^+]^2$ の計算に使う．これにより容易に $[H^+]$ と pH を計算することができる．$MgCO_3$ の沈殿を防ぐために $[CO_3^{2-}]$ は $6.8 \times 10^{-7} \; mol \; L^{-1}$ 以上で，$[H^+]^2$ は次の値以上でなければならない．

$$[H^+]^2 = 2.4 \times 10^{-17} \times \frac{(0.030)}{(6.8 \times 10^{-7})} = 1.1 \times 10^{-12}$$
$$[H^+] = 1.0 \times 10^{-6} \; mol \; L^{-1}$$

これは pH $= 6.00$ に対応する．これより高い pH (より塩基性) では $MgCO_3$ が沈殿するので，pH $\leqq 6.00$ で沈殿を防ぐことができる．$SrCO_3$ の場合は，前に計算したように，$[Sr^{2+}] = 0.10 \; mol \; L^{-1}$ の $SrCO_3$ 飽和溶液では，$[CO_3^{2-}]$ は $5.6 \times 10^{-9} \; mol \; L^{-1}$ である．対応する $[H^+]^2$ の値は以下のとおりである．

$$[H^+]^2 = 2.4 \times 10^{-17} \times \frac{(0.030)}{(5.6 \times 10^{-9})} = 1.3 \times 10^{-10}$$
$$[H^+] = 1.1 \times 10^{-5} \; mol \; L^{-1}$$
$$pH = 4.95$$

$SrCO_3$ を沈殿させるには，$[CO_3^{2-}]$ は $5.6 \times 10^{-9} \; mol \; L^{-1}$ 以上でなければならず，それには $[H^+]$ は $1.1 \times 10^{-5} \; mol \; L^{-1}$ 以下であることが要求される．もし，$[H^+]$ が $1.1 \times 10^{-5} \; mol \; L^{-1}$ 以下であれば，pH は 4.95 以上である．よって，$SrCO_3$ の沈殿は pH > 4.95 の溶液において生じる．

まとめると，溶液の pH が $4.95 < pH \leqq 6.00$ で $SrCO_3$ が沈殿し，Mg^{2+} が溶けた状態となるであろう．

確認 二つの K_{sp} は大きくは違わない．40 倍違うだけであることに注意してほしい．それゆえ分離を行うのに 4.95 から 6.00 という狭い範囲で pH を保たねばならないのは妥当と考えられる．

練習問題 17・12 シュウ酸バリウム BaC_2O_4 の K_{sp} は 1.2×10^{-7}，シュウ酸 $H_2C_2O_4$ の K_{a_1} は 5.9×10^{-2}，K_{a_2} は 6.4×10^{-5} である．$0.10 \; mol \; L^{-1}$ の $H_2C_2O_4$ と $0.050 \; mol \; L^{-1}$ の $BaCl_2$ を含む溶液において，BaC_2O_4 の沈殿を生じさせない最小の H^+ 濃度を求めよ．

金属イオンの分離: 定性分析

定性分析 qualitative analysis　　　与えられた試料中に何の元素が存在するか決定する分析を**定性分析**という．金属イ

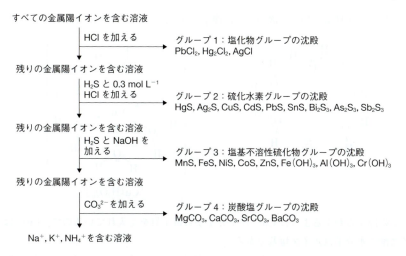

図 17・6 定性分析の手順

オンは，異なる pH で異なる陰イオンを使い選択的沈殿で分離，単離ができる．金属イオンは，その化合物の溶解度に応じて，五つのグループに分類される．第一のグループは塩化物のグループで Pb^{2+}, Hg_2^{2+}, Ag^+ が沈殿する．この沈殿反応は試料溶液に HCl を添加して行われる．第二のグループの沈殿をつくるには，0.3 mol L^{-1} の HCl と H_2S を用いる．すべての酸不溶性硫化物（表 17・2 より Hg^{2+}, Ag^+, Cu^{2+}, Cd^{2+}, Pb^{2+}, Sn^{2+}．他に Bi^{3+}, As^{3+}, Sb^{3+}) が沈殿する．第三のグループでは NaOH を加え，溶液を塩基性にして沈殿をつくる．MnS, FeS, NiS, CoS, ZnS が塩基不溶性硫化物として沈殿する．また，$Fe(OH)_3$, $Al(OH)_3$, $Cr(OH)_3$ の水酸化物も沈殿する．第四のグループでは CO_3^{2-} が加えられ，$MgCO_3$, $CaCO_3$, $SrCO_3$, $BaCO_3$ といった炭酸塩が沈殿する．最後のグループは Na^+, K^+, NH_4^+ の完全に溶ける金属イオンである．図 17・6 にこの手順をまとめる．長年にわたり他の多くの定性分析法が開発されてきた．もし図 17・6 に見つからない陽イオンがある場合は，文献を探せば多くの場合，分析法を見つけることができる．

17・5　金属錯体が関与する平衡

金属錯体の生成

これまでの金属を含む化合物の説明において，金属が関係する結合はイオン結合しかないような印象を与えてきたかもしれない．1族のアルカリ金属のような金属では，ほとんどそれは正しいといってよい．しかし，他の多くの金属イオン，特に遷移金属とポスト遷移金属ではそうではない．それは，多くのこれらの金属イオンはルイス酸（配位結合をつくる電子対**受容体**）として振舞うことができるからである．それゆえ，ルイス酸塩基反応により，それら金属イオンは他の原子と共有結合で結ばれる．銅(II)イオンは典型的な例である．$CuSO_4$ や $Cu(NO_3)_2$ などの銅(II)塩の水溶液中では，銅は単なる Cu^{2+} として存在していない．それぞれの Cu^{2+} は六つの水分子と結合して $[Cu(H_2O)_6]^{2+}$ の化学式をもつ薄い青色のイオンとなっている（図 17・7）．このような化学種は，金属錯体とよばれる．$[Cu(H_2O)_6]^{2+}$ の生成の化学反応式は次のとおりである．

$$Cu^{2+} + 6 H_2O \longrightarrow [Cu(H_2O)_6]^{2+}$$

受容体 acceptor

図 17・7　Cu^{2+} と水の金属錯体．硫酸銅の溶液は金属錯体 $[Cu(H_2O)_6]^{2+}$ による青色を示す．

これはルイス構造を使って次のように図示できる.

$$[Cu(H_2O)_6]^{2+}$$

この図からわかるように Cu^{2+} は水分子から電子対を受入れているので, Cu^{2+} はルイス酸で水分子はルイス塩基である.

金属, 特に遷移金属より形成される金属錯体の数は膨大で, その性質, 反応, 構造, 結合は化学のなかで重要な分野となっている. それらについては 21 章でもう少し詳しい説明を行う. ここではこれらの物質を記述するのに用いる用語をいくつか紹介する.

金属イオンに結合するルイス塩基は**配位子**とよばれる. 配位子には, 非共有電子対をもつ中性分子(たとえば H_2O)や陰イオン(たとえば Cl^-, OH^-)がなりうる. 配位子中で実際に電子対を提供する原子は**電子対供与原子**とよばれ, 金属イオンはその受容体である. 一つ以上の配位子が金属イオンに結合したものが**金属錯体**である. しばしば錯イオン, 錯体ともよばれるが, 形成された化学種が電気的に中性のとき, これを錯イオンというのは正しくなく, また金属イオンを含まない複合体を錯体とよぶこともあるので, 本書では金属錯体という用語を用いる. 金属錯体を含む化合物は, 配位結合を含むので, 一般に**配位化合物**とよばれる.

水溶液中での金属錯体の形成は, 水分子が他の配位子により置き換わる反応による. すなわち, 銅イオンの溶液に NH_3 を加えたとき, $[Cu(NH_3)_4]^{2+}$ の深青色ができるまで, $[Cu(H_2O)_6]^{2+}$ の水分子が逐次的に NH_3 分子と置き換わる(図 17・8). 各段階のそれぞれの反応は平衡反応であるので, 全体は多くの化学種が関与する複雑なものである. さいわい金属イオンに比べ配位子の濃度が高いとき, 中間の金属錯体の濃度は非常に低く, 全反応の最終生成物のみを考えればよい. ここでの錯体平衡は, そのような場合に限るとすると, $[Cu(NH_3)_4]^{2+}$ 生成の平衡反応式は, 1 段階で金属錯体が生成したとして, 次式のように書ける.

$$[Cu(H_2O)_6]^{2+}(aq) + 4\,NH_3(aq) \rightleftharpoons [Cu(NH_3)_4]^{2+}(aq) + 6\,H_2O$$

この式を, 平衡の定量的扱いのために水分子を省略して簡略化する. 14 章と同様に,

■ 配位結合の形成においてルイス塩基は電子対供与体であることを思い出そう.

配位子 ligand
■ 配位子(ligand)は "結びつける" という意味のラテン語 "ligare" に由来する.

電子対供与原子 electron-pair donor atom

金属錯体 metal complex

配位化合物 coordination compound

■ ルシャトリエの原理によれば, 高濃度のアンモニアはこの平衡を右側へ移動させるので, すべての Cu^{2+} がアンモニア分子と効率的に錯形成する.

図 17・8 Cu^{2+} とアンモニア分子からできる金属錯体. $[Cu(H_2O)_6]^{2+}$ (左)の水分子はアンモニア分子と置き換わり深青色の $[Cu(NH_3)_4]^{2+}$ (右)となる. 分子レベルでは, さらに二つの水分子が $[Cu(NH_3)_4]^{2+}$ の銅イオンに弱く結合している.

H₂Oの濃度は実際上定数となり，質量作用の式に含める必要がないため，この取扱いは妥当である．簡略化した式は次のとおりである．

$$Cu^{2+}(aq) + 4NH_3(aq) \rightleftharpoons [Cu(NH_3)_4]^{2+}(aq)$$

ここで二つの目標を設定する．第一に，このような平衡を説明すること，第二に，これらが金属イオンの塩の溶解度に与える影響を考察することである．

生成定数

平衡の化学反応式において金属錯体が生成物であり，その反応の平衡定数は**生成定数** K_{form} とよばれる．たとえば，過剰の NH_3 の存在下で $[Cu(NH_3)_4]^{2+}$ が生成するときの平衡定数は次式で表される．

生成定数 formation constant, K_{form}

$$\frac{[Cu(NH_3)_4^{2+}]}{[Cu^{2+}][NH_3]^4} = K_{form}$$

しばしば，この平衡定数は**安定度定数**とよばれる．この値が大きいほど，平衡時の金属錯体の濃度が高く金属錯体は安定である．

安定度定数 stability constant

表 17・3 にはいくつかの錯体平衡が平衡定数とともに載っている．より詳しいものが付録にもある．表中の最も安定な金属錯体は $[Co(NH_3)_6]^{3+}$ であり，最も大きな K_{form} をもつ．

コラム 17・1　石けんかす（風呂垢）：金属錯体と溶解度

特に Ca^{2+} などの 2 価の陽イオンを低濃度で含んでいる水，すなわち硬水で悩まされる問題の一つに，浴室のタイルや浴槽などの表面に付着する不溶の"石けんかす（風呂垢）"がある．これらの沈着物は，カルシウムイオンが石けん中の大きな陰イオンと反応し沈殿をつくったとき，また炭酸イオンを含んだ硬水が蒸発し炭酸カルシウム $CaCO_3$ が析出したときに生じる．

$$Ca^{2+}(aq) + 2HCO_3^-(aq) \longrightarrow CaCO_3(s) + CO_2(g) + H_2O$$

これらの沈殿の形成を防ぐ成分を含んださまざまな商品が市販されている．それらは，石けんかすと炭酸カルシウムの沈着物の溶解性を上げるのに効果的なカルシウムイオンの錯形成により，目的を達成している．このような製品の主要な成分の一つは，エチレンジアミン四酢酸（EDTA）とよばれる有機化合物である．それはカルボキシ基の一部である四つの水素を強調して H_4EDTA とも略される．その化合物の構造を次に示す．

酸性水素は青で，電子対供与原子は赤で示されている．この分子は優れた錯形成配位子である．金属に結合できる電子対供与原子を全部で 6 個もち，それらが金属イオンを図に示すように取囲み包み込む．（配位子中の原子を識別するためにふつう色が使われる．） H_4EDTA がすべての酸性水素を失うと，金属イオンは 6 個の電子対供与原子で八面体の頂点方向から囲まれる．

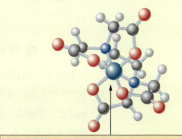

H_4EDTA がすべての酸性水素を失うと，6 個の電子対供与原子が金属イオンを八面体の各頂点方向から取囲む

石けんかすを溶かすための製品には，界面活性剤とともに H_4EDTA が含まれている．EDTA がカルシウムイオンと結合すると，二つの H^+ が放出される．

$$H_4EDTA(aq) + Ca^{2+}(aq) \longrightarrow CaH_2EDTA(aq) + 2H^+(aq)$$

H^+ は石けんの陰イオンと結びつき，通常は水に不溶な脂肪酸とよばれる有機化合物が生成する．しかし，製品中の界面活性剤は脂肪酸を溶かすことができ，沈殿の形成を防ぐ．

表 17・3 金属錯体の生成定数と不安定度定数

配位子	平衡	K_{form}	K_{inst}
NH_3	$Ag^+ + 2\,NH_3 \rightleftharpoons [Ag(NH_3)_2]^+$	1.6×10^7	6.3×10^{-8}
	$Co^{2+} + 6\,NH_3 \rightleftharpoons [Co(NH_3)_6]^{2+}$	5.0×10^4	2.0×10^{-5}
	$Co^{3+} + 6\,NH_3 \rightleftharpoons [Co(NH_3)_6]^{3+}$	4.6×10^{33}	2.2×10^{-34}
	$Cu^{2+} + 4\,NH_3 \rightleftharpoons [Cu(NH_3)_4]^{2+}$	1.1×10^{13}	9.1×10^{-14}
	$Hg^{2+} + 4\,NH_3 \rightleftharpoons [Hg(NH_3)_4]^{2+}$	1.8×10^{19}	5.6×10^{-20}
F^-	$Al^{3+} + 6\,F^- \rightleftharpoons [AlF_6]^{3-}$	1×10^{20}	1×10^{-20}
	$Sn^{4+} + 6\,F^- \rightleftharpoons [SnF_6]^{2-}$	1×10^{25}	1×10^{-25}
Cl^-	$Hg^{2+} + 4\,Cl^- \rightleftharpoons [HgCl_4]^{2-}$	5.0×10^{15}	2.0×10^{-16}
Br^-	$Hg^{2+} + 4\,Br^- \rightleftharpoons [HgBr_4]^{2-}$	1.0×10^{21}	1.0×10^{-21}
I^-	$Hg^{2+} + 4\,I^- \rightleftharpoons [HgI_4]^{2-}$	1.9×10^{30}	5.3×10^{-31}
CN^-	$Fe^{2+} + 6\,CN^- \rightleftharpoons [Fe(CN)_6]^{4-}$	1.0×10^{24}	1.0×10^{-24}
	$Fe^{3+} + 6\,CN^- \rightleftharpoons [Fe(CN)_6]^{3-}$	1.0×10^{31}	1.0×10^{-31}

不安定度定数

上とは異なった方法で金属錯体の相対的安定性を記述することがある. この場合には, 金属錯体の生成でなく分解に焦点を当てている. それゆえ, 平衡反応を生成方向とは逆方向に書く. たとえば, 銅-アンモニア錯体での平衡は次のとおりである.

$$[Cu(NH_3)_4]^{2+}(aq) \rightleftharpoons Cu^{2+}(aq) + 4\,NH_3(aq)$$

不安定度定数 instability constant, K_{inst}

この平衡の平衡定数は**不安定度定数** K_{inst} とよばれる.

$$K_{inst} = \frac{[Cu^{2+}][NH_3]^4}{[Cu(NH_3)_4^{2+}]} = \frac{1}{K_{form}}$$

K_{inst} は K_{form} の逆数になっていることに注意してほしい. K_{inst} は, その値が大きいほど金属錯体が不安定なので, 不安定度定数とよばれる. 表 17・3 の最後の列にその値が載っている. 表中で最も不安定な金属錯体 $[Co(NH_3)_6]^{2+}$ が最も大きな K_{inst} の値をもっている.

17・6 錯形成と溶解度

ハロゲン化銀はきわめて難溶性の塩である. たとえば, AgBr の K_{sp} は 25 ℃ で 5.4×10^{-13} である. その飽和水溶液中には, AgBr のそれぞれのイオンの濃度は 7.3×10^{-7} mol L^{-1} である. 溶けていない AgBr が存在し, 溶解平衡になっている AgBr の飽和溶液があるとする. この溶液にアンモニア水溶液を加えることを考えよう. NH_3 分子は銀イオンと強く結びつくので, 最初は, 溶液中にわずかに存在する Ag^+ と $[Ag(NH_3)_2]^+$ をつくり始める. この反応は錯形成の平衡である.

$$Ag^+(aq) + 2\,NH_3(aq) \rightleftharpoons [Ag(NH_3)_2]^+(aq) \qquad K_{form} = 1.6 \times 10^7$$

正方向の反応進行により錯形成していない Ag^+ は溶液から取除かれ, それは溶解平衡に影響を与える.

$$AgBr(s) \rightleftharpoons Ag^+(aq) + Br^-(aq) \qquad K_{sp} = 5.4 \times 10^{-13}$$

錯形成していない Ag^+ が消滅することにより, 溶解平衡は右に移動し AgBr(s) からより多くの Ag^+ が生じる. この二つの平衡の関係は次のようにみることができる.

17・6 錯形成と溶解度　　553

$$AgBr(s) \rightleftharpoons Ag^+(aq) + Br^-(aq)$$
$$+$$

アンモニアの添加は溶液中の自由
Ag$^+$を減少させる．それは溶解平　　$2\,NH_3(aq)$
衡を右側にずらす

$$[Ag(NH_3)_2]^+(aq)$$

すなわちルシャトリエの原理がはたらき，アンモニアの添加は AgBr(s) の溶解を促進する．この例は次の一般的な現象を説明する．イオンの一つを溶解性の金属錯体に変えることができるとき，わずかに溶ける塩の溶解度は増加する．何が起こっているのか考察するために，二つの平衡を並べて書いてみよう．

錯体平衡：　$Ag^+(aq) + 2\,NH_3(aq) \rightleftharpoons [Ag(NH_3)_2]^+(aq)$

溶解平衡：　　　　　　$AgBr(s) \rightleftharpoons Ag^+(aq) + Br^-(aq)$

合わせた平衡：　$AgBr(s) + 2\,NH_3(aq) \rightleftharpoons [Ag(NH_3)_2]^+(aq) + Br^-(aq)$

全反応に対する平衡定数は次式で表される．ここで，[AgBr(s)] は固体ゆえに一定値であるので省くことができる．

$$K_c = \frac{[Ag(NH_3)_2{}^+][Br^-]}{[NH_3]^2}$$

第三の式を得るために二つの式を足し合わせたので，K_c は K_{form} と K_{sp} の積となっている．$[Ag(NH_3)_2]^+$ の K_{form} と AgBr の K_{sp} はわかっているので，これらを掛け合わせて，臭化銀–アンモニア系の全体の平衡の K_c を知ることができる．

$$K_c = K_{form} \times K_{sp}$$
$$K_c = (1.6 \times 10^7)(5.4 \times 10^{-13}) = 8.6 \times 10^{-6}$$

この方法は，金属イオンと金属錯体をつくることのできる物質を加えたとき，溶けにくい塩の溶解度を計算する手段となる．例題 17・11 にそれを示す．

例題 17・11　配位子が存在する場合の難溶性塩の溶解度の計算

　1.0 L の 1.0 mol L^{-1} NH$_3$ に何 mol の AgBr が溶けるか求めよ．

指針　臭化銀は水には難溶であるが，NH$_3$ を加えると，より多くの AgBr が水に溶ける．この問題では，水に溶ける AgBr の量とともに K_{form} と K_{sp} の使い方が問われている．

解法　濃度表の利点をいかす前に，いくつか準備が必要である．釣合のとれた全化学反応式が必要である．それは平衡定数と結びついている．全体の平衡は次式で表される．

$$AgBr(s) + 2\,NH_3(aq) \rightleftharpoons [Ag(NH_3)_2]^+(aq) + Br^-(aq)$$

平衡定数 K_c は次式で表される．

$$K_c = \frac{[Ag(NH_3)_2{}^+][Br^-]}{[NH_3]^2} = 8.6 \times 10^{-6}$$

次に濃度表が必要となる．それを行うには，アンモニア溶液に固体 AgBr を加えることを想像してみよう．反応が起こる前は，NH$_3$ の濃度は 1.0 mol L^{-1} であり，$[Ag(NH_3)_2]^+$ の濃度はゼロである．Br$^-$ もアンモニア溶液中には存在しないので，その濃度はゼロである．溶液中の AgBr のモル溶解度を s とする．そうすると $[Ag(NH_3)_2]^+$ と Br$^-$ は s だけ増加し，釣合のとれた化学反応式のアンモニアの係数より，アンモニア濃度は $2s$ だけ減少する．平衡時の値は，反応初期の行と変化の行を足し合わせて得られる．しかし，K_{form} が非常に大きいので Br$^-$ の濃度は $[Ag(NH_3)_2]^+$ と等しくすることに注意する必要がある．すなわち，不溶の AgBr から溶けたすべての Ag$^+$ は金属錯体に変わる．溶液中には金属錯体にならない Ag$^+$ はわずかなので，溶液中の $[Ag(NH_3)_2]^+$ と Br$^-$ の数はほとんど同数となる．

解答　濃度表は以下のようになる．

	AgBr	+ 2NH$_3$ $\rightleftharpoons$	[Ag(NH$_3$)$_2$]$^+$	+ Br$^-$
初濃度 M	なし	1.0	0	0
濃度変化 M	なし	−2s	+s	+s
平衡濃度 M	なし	1.0 − 2s	s	s

最後に行うことは，濃度表の最後の行の値を K_c の式に代入することである．

$$K_c = \frac{[\text{Ag}(\text{NH}_3)_2{}^+][\text{Br}^-]}{[\text{NH}_3]^2} = \frac{(s)(s)}{(1.0-2s)^2} = 8.6 \times 10^{-6}$$

これを解くには両辺の平方根をとる．

$$\frac{(s)}{(1.0-2s)} = \sqrt{8.6 \times 10^{-6}} = 2.9 \times 10^{-3}$$

s について解き，適切に丸めると s の値が求まる．

$$s = 2.9 \times 10^{-3}$$

s をアンモニア溶液中の AgBr のモル溶解度と定義したので，

1.0 mol L^{-1} のアンモニア溶液 1.0 L に 2.9×10^{-3} mol の AgBr が溶けると結論される．（これは大きな値とはいえないが，1.0 L の純水には AgBr は 7.1×10^{-7} mol しか溶けないことを考えると，1.0 mol L^{-1} のアンモニア溶液には，純水よりも約 4000 倍多く溶けることになる．）

確認 すべては濃度表をつくるのに使われた根拠に依存している．特に AgBr と錯体形成の結果としての NH$_3$ 濃度変化を $-2s$ で表した部分に注意して計算する．

練習問題 17・13 0.10 mol L^{-1} NH$_3$ における塩化銀の溶解度を計算し，それを純水に対する溶解度と比較せよ．AgCl の K_{sp} は表 17・1 を参照せよ．

18 熱力学

色素を水にたらすと自然に水と完全に混合することを私たちは経験的に知っている．この世界には自然に起こりうることと起こりえないことがある．他の自然に進行する他の例として，オクタン C_8H_{18} のような炭化水素燃料が燃焼し CO_2, H_2O と熱を生じる現象がある．燃焼反応が始まると，それは自発的に（それ自身で，何の助けもなく）進む．そして，それは自動車を動かしたり，電気を発生させたり，室内を暖めるのに利用される．一方，CO_2 と H_2O を混ぜても，それらが自発的に反応して炭化水素となることはない．このような反応は，それ自身では起こりえない．もし可能なら，化石燃料の供給や温室効果ガスの問題などをたやすく解決できるのだが．

これらのことは，何が化学反応を可能にしたり不可能にしたりするのかという根本的な問題を提起している．その答えは，エネルギーと化学変化を扱った 6 章の熱力学によって明らかにされた．熱力学は，反応の可能性の検討だけでなく，化学平衡を考えたり平衡定数を知るのに有用である．

膨張する気体は仕事をする

学 習 目 標

- 熱力学第一法則，エネルギー変化，エンタルピー変化の説明
- 自発的変化の方向の意味の説明
- 化学反応におけるエントロピーの大きさとエントロピー変化の符号に影響する要因の説明
- エントロピーに基づいた熱力学第二法則とギブズエネルギーの重要性の理解
- 熱力学第三法則からどのようにして標準生成エントロピーが導かれるかの説明
- 標準反応ギブズエネルギーの計算
- ギブズエネルギー変化と反応で利用しうる最大エネルギーとの関係の理解
- ギブズエネルギー変化と化学平衡の位置との関係の理解
- 平衡定数からのギブズエネルギー変化の計算
- エンタルピーに基づいた結合エネルギーの説明

18・1 熱力学第一法則
18・2 自発変化
18・3 エントロピー
18・4 熱力学第二法則
18・5 熱力学第三法則
18・6 標準反応ギブズエネルギー $\Delta_r G°$
18・7 最大仕事とギブズエネルギー
18・8 ギブズエネルギーと平衡
18・9 平衡定数と標準反応ギブズエネルギー
18・10 結合エネルギー

18・1 熱力学第一法則

化学熱力学は化学変化のエネルギーと自発性を扱う学問である．それは数世紀におよぶ実験事実をまとめたいくつかの法則に基づいたものである．それらの法則は，エネルギー，熱，仕事，温度の間の関係について述べている．そして，多くの異なった形で現れ，多くの現象の基礎をなすので，多くの等価ないい方がある．それらの法則には番号が付され，熱力学第一法則，第二法則，第三法則とよばれている．

6 章で述べたが，**熱力学第一法則**は，内部エネルギーは熱や仕事に変わりうるが，それは創造も破壊もできないことを主張している．この法則は，エンタルピー変化の計算で使うヘスの法則の基礎となっている．以下で，第一法則を詳細にみていく．

化学熱力学 chemical thermodynamics

■ 熱力学 thermodynamics の thermo は熱，dynamics は力学を意味する．

熱力学第一法則 first law of thermodynamics

内部エネルギー internal energy

556　18. 熱　力　学

　　記号 U で表される系の**内部エネルギー**は，系に含まれる粒子の運動エネルギーとポテンシャルエネルギーの総和，すなわち全エネルギーである．化学反応における内部エネルギー変化 ΔU は以下で定義される．

$$\Delta U = U_{生成物} - U_{反応物}$$

系へエネルギーが流れ込むときは ΔU は正，系からエネルギーが流れ出すときは ΔU は負の値となる．

■ $\Delta U =$（系が受取った熱）＋（系が受取った仕事）

　　熱力学第一法則では，系とその周囲との間でエネルギーをやりとりする方法として二つが考えられる．一つは熱の吸収と放出であり，熱は記号 q で表される．もう一つは仕事 w である．もし，気体の圧縮などで系に仕事が行われると，系はエネルギーを得，それを系内にためる．逆に，気体の膨張やピストンを押し出すなど，系が周囲に仕事を行うと，系はそのポテンシャルエネルギーの一部を運動エネルギーに変えてエネルギーを失い，そのエネルギーは周囲に移る．熱力学第一法則は，その正味の系の内部エネルギー変化が以下の式で数学的に表されることを主張している．

$$\Delta U = q + w$$

エネルギー変化における正の符号が，系がエネルギーを得ることを意味すると 6 章で説明した．一方，負の符号は，系がエネルギーを失うことを意味する．

q が ＋ のとき　系が熱を吸収

q が － のとき　系が熱を放出

w が ＋ のとき　系に仕事が行われた

w が － のとき　系が仕事を行った

もし反応の q が正なら，系は熱を吸収し，系を保持している容器は冷たくなる．逆に系が熱を放出すれば容器は温かくなる．同様に，仕事が負なら，気体が発生するなどして系は膨張する．

　　6 章で，ΔU は二つの状態関数の差（$U_{終状態} - U_{始状態}$）で，その値は始状態が終状態に至った過程に依存しないことを説明した．一方，q と w の値は，図 6・8 に示したように系がどのように変化したかに依存する．すなわち，q と w は状態関数ではない．また，比 $w/\Delta U$ を熱力学的効率とよぶ．

圧力-体積仕事

　　化学的な系が行うあるいは受取る仕事には 2 種類ある．一つは電気的な仕事で，それは 19 章で扱う．他は外部からの圧力により系が圧縮されたり膨張したりすることで生じる仕事である．一つの例が，タイヤに空気を入れるさいに空気を圧縮し空気に対し仕事を行うような場合である．このような圧力-体積仕事あるいは P-V 仕事は 6 章で説明し，仕事は系にかかる外圧を P とすると次式で表すことができた．

$$w = -P\Delta V$$

気体が圧縮されると V は減少するので ΔV は負となり，気体の圧縮による w は正となる．

　　ディーゼルエンジンなどと同様に，化学変化において圧力-体積仕事が唯一の仕事とすると，ΔU の式は次のようになる．

$$\Delta U = q + (-P\Delta V) = q - P\Delta V$$

6章で，体積が変化できない容器の中で反応が起こるとき，全エネルギー変化は熱として現れることを学んだ．一定体積下での熱をq_VとするとΔUは次のように表せる．

$$\Delta U = q_V$$

練習問題 18・1 理想気体分子には分子間に引力がない．それゆえ，理想気体を膨張させてもそのポテンシャルエネルギーに変化はない．もし膨張が一定温度で起こるなら，運動エネルギーの変化もない*．すなわち，理想気体の**等温膨張**では$\Delta U = 0$である．理想気体が一定温度，一定の外圧 14.0 atm で，体積が 1.0 L から 12.0 L に膨張したとする．この変化におけるwとqを単位 L atm で求めよ．

練習問題 18・2 気体が**断熱条件**のもとで外圧により圧縮されると，この気体の温度は上昇する．なぜか．

---

* 理想気体分子の運動エネルギー，すなわち内部エネルギーは温度のみで決まり，理想気体分子の体積，圧力には依存しない．これは理想気体のジュールの法則として知られている．

等温膨張 isothermal expansion

断熱条件 adiabatic condition，系と周囲の間で熱の移動がないという条件．

エンタルピー

反応を体積一定の容器内に封じ込めて行うことはまれである．多くの場合，反応は，圧力一定の大気に開いた容器内で行われる．一定圧力下の反応の熱を扱うのにエンタルピーが使われる．**エンタルピーHは次式で定義される．

$$H = U + PV$$

一定圧力下においてエンタルピー変化ΔHは，一定圧力下の熱をq_Pとすると，次式で表せる（§6・6）．

$$\Delta H = q_P$$

エンタルピー enthalpy, H

ΔUとΔHの違い

6章でΔUとΔHは等しくないことを述べた．一定圧力の下では，これらは圧力−体積仕事（$-P\Delta V$）の分だけ異なる．

$$\Delta U - \Delta H = -P\Delta V$$

ΔUとΔHの違いが顕著になるのは，反応で気体が生成したり消費されたりするときのみである．ΔHからΔUを（あるいはΔUからΔHを）計算するために，圧力−体積仕事の計算が必要となる．

反応において気体が理想気体として振舞うならば，Vを知るのに理想気体の法則を使うことができる．

$$V = \frac{nRT}{P}$$

それゆえ，体積変化は

$$\Delta V = \Delta\left(\frac{nRT}{P}\right)$$

となり，圧力と温度が一定ならば，nの変化のみに依存する．nの変化をΔnとすると，次式のように書き直すことができる．

$$\Delta V = \Delta n\left(\frac{RT}{P}\right)$$

■固体や液体しか関与しない反応のΔVはとても小さいので，そのような反応のΔUとΔHはほとんど同じである．

558   18. 熱 力 学

一定圧力，一定温度下で反応が起こるとき，体積変化はおもに気体の物質量変化によってひき起こされるが，化学反応ですべての反応物と生成物が気体であるとは限らない．Δn を正しく計算するため，気体の物質量変化を $\Delta n_{気体}$ で表すことにする．それは次のように定義される．

$$\Delta n_{気体} = (n_{気体})_{生成物} - (n_{気体})_{反応物}$$

$P\Delta V$ は，

$$P\Delta V = P \times \Delta n \left(\frac{RT}{P}\right) = \Delta n_{気体} RT$$

となり，これを ΔH の式に入れると，

$$\Delta H = \Delta U + \Delta n_{気体} RT \tag{18・1}$$

となる．次の例題は ΔU と ΔH の差がいかに小さいかを示している．

例題 18・1　ΔU と ΔH 間の変換の計算

石灰石中の炭酸カルシウムの分解は，セメントに用いる生石灰 CaO を工業的につくるのに使われる．

$$CaCO_3(s) \longrightarrow CaO(s) + CO_2(g)$$

この反応は吸熱的で $\Delta_r H° = +571\ kJ\ mol^{-1}$ である*．1 mol の $CaCO_3(s)$ がこの反応を起こしたときの $\Delta U°$，および $\Delta H°$ と $\Delta U°$ 間の差を求めよ．

指針　圧力が一定に保たれているときの内部エネルギーとエンタルピーの差は $-P\Delta V$ である．そして，温度と圧力が一定に保たれていると $-P\Delta V$ は $-\Delta n_{気体} RT$ に等しい．温度 T を定めるため，系を右肩に ° の印をつけて表される標準状態に保つことにしよう．その状態では温度は 298 K (25 ℃) である．n の値は化学反応式の係数より求めることができる．

解法　必要なのは化学反応式と（18・1）式である．ここで，ΔH と ΔU に ° をつけて，温度を 298 K（反応熱を測るときの標準状態）と定める．$\Delta n_{気体}$ の計算では，気体のみの物質量を考えることを忘れてはならない．また，nRT を kJ の単位で計算したいので，$R = 8.314\ J\ mol^{-1}\ K^{-1}$ であるが，J を kJ に適当な時点で変換する必要がある．

解答　ΔU に標準状態の印 ° をつけると，（18・1）式は次のように展開できる．

$$\Delta U° = \Delta H° - \Delta n_{気体} RT$$

ここで $\Delta_r H° = +571\ kJ\ mol^{-1}$ より，1 mol の $CaCO_3(s)$ が起こす反応のエンタルピー変化は $\Delta H° = +571\ kJ$ である．$\Delta n_{気体}$ を計算するために反応式をみると，生成物に 1 mol の気体があるが，反応物には気体はない．よって，$\Delta n_{気体}$ は 1 mol となる．

温度 $T = 298\ K$，$R = 8.314\ J\ mol^{-1}\ K^{-1}$ より，

$$\Delta U° = +571\ kJ - (1\ mol)(8.314\ J\ mol^{-1}\ K^{-1})(298\ K)$$
$$= +571\ kJ - 2480\ J = +571\ kJ - 2.48\ kJ$$
$$= +569\ kJ$$

となる．よって，差 $\Delta H° - \Delta U°$ は，$\Delta n_{気体} RT$ の 2.48 kJ である．

確認　ここで使う式は，もし反応で気体の物質量が増えるならば $\Delta U°$ は $\Delta H°$ よりも小さくなることを示している．結果はこれと一致している．差は比較的小さなものであり，これも前に述べたことと合う．最後に，一定体積下で $CaCO_3$ を分解するのに必要なエネルギー $\Delta U°$ は一定圧力下で必要なエネルギー $\Delta H°$ よりも小さくなるべきである．なぜなら，エンタルピーには系が膨張して大気圧を押し戻す仕事のエネルギーが含まれているからである．

* 訳注：$\Delta_r H°$ は標準反応エンタルピーを表し，下付添字の r は反応 reaction を表す記号である．

練習問題 18・3　45 ℃ において 2 mol の $N_2O(g)$ と 3 mol の $O_2(g)$ が次の発熱反応を行ったときの ΔU と ΔH 間の差を kJ 単位で求めよ．ΔU と ΔH ではどちらがより発熱的か．

$$2\,N_2O(g) + 3\,O_2(g) \longrightarrow 4\,NO_2(g)$$

練習問題 18・4　次の反応の $\Delta_r H$ は $-217.1\ kJ\ mol^{-1}$ である．1 mol の CaO(s) と 2 mol の HCl(g) がこの反応を行ったときの $\Delta U°$ を求めよ．$\Delta U°$ と $\Delta H°$ 間の差は何%か有効数字1桁で答えよ．

$$CaO(s) + 2\,HCl(g) \longrightarrow CaCl_2(s) + H_2O(g)$$

18・2 自発変化

エネルギー変化が熱力学でどのように扱われるかを振返ったが，本章の目的の一つ，系の変化が自発的に起こるかどうかを決定する要因の問題に戻ろう．**自発変化**とは，外からの継続的な助けなしに，それ自身のみで起こる変化を意味する．たとえば，水が滝で落下する，ストーブで天然ガスが燃える，暖かい日に冷たい飲み物の氷が溶けるといった現象である．これらは，それ自身で進行する変化である．

ある自発変化は大変速く進行する．例として，ダイナマイトの爆発や写真フィルムの感光などがある．一方，鉄の腐食や岩石の浸食のような自発変化は非常に遅く進行し，変化に気がつくまでに何年もかかるものもある．通常の条件ではあまりにも遅いので自発変化にはみえないものもある．ガソリンと酸素の混合物は室温では反応が非常に遅いので，完全に安定なもののようにみえる．しかし，火花に曝されると，反応速度はとてつもなく上がり，爆発的に反応する．

明らかに自発的でない変化として，水の水素と酸素への分解があげられる．**電気分解**（図 18・1）で水に電流を流し分解しなければ水は安定である．

$$2\,H_2O(l) \xrightarrow{\text{電気分解}} 2\,H_2(g) + O_2(g)$$

この分解は電流が維持される間のみ続く．電流の供給がなくなると，分解は止まる．この例は，自発変化とそうでない変化の違いをよく表している．自発変化は，いったん始まれば終了するまで継続する傾向がある．一方，自発的でない変化は外からの助けがある間のみ継続することができる．

自発的でない変化は，もう一つ共通した性質をもつ．自発的でない変化は，自発変化が伴う場合にのみ起こる．たとえば，自発的でない電気分解は，それに必要な電気を生み出す一連の自発的な力学的あるいは化学的変化を必要とする．まとめると，"すべての自発的でない変化は自発変化を犠牲にして起こる"．起こることすべては，直接的にせよ間接的にせよ，自発変化までたどることができる．

上に述べたガソリンと酸素の反応は，自発変化に関する重要なことを提示している．反応に著しく進行する傾向があっても，室温での反応速度が非常に遅い場合，混合物が安定にみえる．いいかえれば，その速度があまりにも遅いので反応が非自発的にみえる．自然には，自発変化であるが，反応速度が非常に遅いため，観察できない反応が多くある．生化学的反応は，しばしばこの種のものである．たとえば酵素のような触媒がないと，反応が非常に遅く効率的に起こらない．生体系は，自発変化やその生成物が必要なときに，適切な酵素を選択的に使うことで化学反応を制御している．

自発変化の方向

何が自発変化の方向を決めるのか．図 18・2 に示す日常的な変化で検討してみよう．鉄が腐食するとき，熱が放出されるので，腐食反応は系の内部エネルギーを低下させる．同様に，ガソリンと酸素の混合物中の化学物質は，ガソリンが燃え CO_2 と H_2O をつくるさいに熱と光を出し，化学エネルギーを失う．

多くの自発変化は明らかに発熱的であるので，熱エネルギーが系外に流れ出て自発変化が起こると思われる（このような考え方を実際 19 世紀の化学者はしていた）．このエネルギー低下の過程は，自発変化の"**駆動力**"とされている．化学反応における熱エネルギーの損失に加え，ポテンシャルエネルギーの変化も起こりうる．たとえば，

図 18・1　水の電気分解で発生する H_2 と O_2 の気体．水の電気分解は電流が供給される間だけ続く自発的ではない変化である．

電気分解 electrolysis

■自発的に進まない変化を自発変化と結びつけることにより最後まで反応が進むことは，生化学において重要である．

駆動力 driving force

■すべてではないが，ほとんどの発熱反応は自発的に起こる．

図 18・2 代表的な三つの自発変化．鉄の腐食，燃料の燃焼，室温における氷の融解．

本を落とすと，それは自発的に床に落下し，そのポテンシャルエネルギーは低下する．系のポテンシャルエネルギーを低下させる変化も発熱的であるので，古い自発性の概念は，"発熱的な変化は自発的に進行する傾向がある"と述べることができるであろう．

もしそうだとして，図18・2の3番目の例をどうやって説明したらよいだろうか．室温における氷の融解は明らかに自発的である．しかし，氷は溶けるときに外部から熱エネルギーを吸収する．この吸収された熱は，氷が溶けてできた水に，もとの氷がもっていたよりも高い内部エネルギーを与える．これは自発的だが吸熱的な過程の一例である．他にも自発的だが吸熱的な過程の例は多くある．マニキュアの除光液のアセトンの蒸発，真空中への二酸化炭素ガスの膨張，酢酸と炭酸ナトリウムの反応，振ったり揉んだりして吸熱反応を起こさせて低温をつくり出すケミカルコールド・パックなどである．

12章では溶液ができる過程について説明したが，そのさいの基本的な駆動力の一つとして，未混合状態よりも混合状態が起こりやすいことを述べた．任意の自発変化の方向の説明も，これと似ている．

練習問題 18・5 次の過程は自発的か．(a) 暑い日にアイスクリームが溶ける．(b) 塩化銀が硝酸ナトリウムを含む水に溶ける．(c) 空気からアルゴンを分離する．

18・3 エントロピー

6章で，温かい物質を冷たい物質と接触させると，熱が温かい物質から冷たい物質に移動することを学んだ．しかし，これはなぜだろうか．熱の移動がどちらの方向に起こったとしてもエネルギーは保存されるので，エネルギー保存の法則からは何もいうことはできない．

熱の自発的な移動で何が起こるのかを解析するために，互いに接している片方が高温，もう片方が低温の二つの物質を考えよう．平均運動エネルギーと温度の関係より，高温の物質は速く運動している分子を多く含み，低温の物質は遅く運動している分子を多く含んでいるであろう．物質が接触しているところでは，速い運動の分子と遅い運動の分子の衝突が多く起こっている．そのような衝突において，速い運動の分子が遅い運動の分子から運動エネルギーを得ることはとてもありそうにない．代わりに，速い分子は運動エネルギーを失い，遅い分子がそれを得て，より速く運動するようになるだろう．時間が経ったあとの結果として，多くのこのような衝突は，温かい物質を冷たくし，冷たい物質を温かくする．このようなことが起こっている間に，二つの物質の合わせた運動エネルギーは系のすべての分子に分配される．

ここでわかることは，分子どうしの衝突の起こりうる結果として，熱が移動するということである．大きなスケールでみると，熱の移動により物体の運動エネルギーが均等に分布した状況が，熱の移動がない状況よりもより起こりやすい．このことは自

■ ビリヤードで球が動いている状態を思い浮かべてみよ．動いている球が止まっている球にぶつかる．その衝突で，動いていた球はいくらかスピードを失い，止まっていた球は動き出す．結果として，動いていた"温かい"球から止まっていた"冷たい"球にエネルギーが移動する．

発変化の方向を決める際の確率の役割を示している．自発的な過程は，"確率の低い状態から確率の高い状態に進行する傾向がある"．より確率の高い状態とは，分子にエネルギーを分配するのに，より多くの選択肢が存在する状態である．すなわち，自発過程はエネルギーを分散する傾向がある．

系へのエネルギーの分配

統計的確率は，化学的，物理的事象の結果を決定するのに非常に重要であることから，熱力学では**エントロピー** S とよばれる状態関数が定義されている．これは，系におけるエネルギーの分配の等価な状態の数に関係する．エネルギー分配の状態の数が多いほど，統計的確率は上がり，エントロピーの値も大きくなる．図 18・3 は，エネルギー分配の状態の数が異なる二つの系で，このことを示している．図 18・4 は等価な状態へのエネルギーの分配を貨幣を使って視覚化したものである．

エントロピー entropy, S

■ ある状態の統計的確率が高ければ高いほど，その状態のエントロピーは大きい．

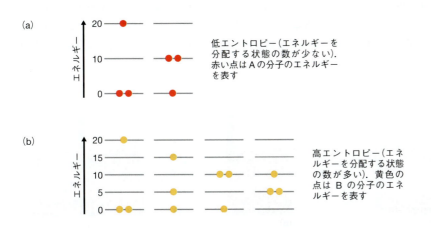

図 18・3 ΔS が正であることは，系の分子にエネルギーを分配する状態の数の増加を意味する．A→B という反応を考える．A ではあるエネルギー単位で 10 の倍数を，B では 5 の倍数をとることができるとする．反応混合物の全エネルギーが 20 であるとする．(a) A の三つの分子に 20 のエネルギーを分配する状態の数は二つある．(b) B の三つの分子では四つある．同じエネルギーを分配するのに，その分配の状態の数が A よりも B のほうが多いので，B のエントロピーのほうが A のエントロピーよりも高い．

図 18・4 エントロピー．もしエネルギーがお金だとすると，エントロピーはお金を一定の金額に揃える選択肢の数を表す．(a) 紙幣を使うと，2 ドルにするには 2 通りしかない．(b) 50 セントと 25 セント硬貨を使うと 5 通りある．硬貨を使った系は紙幣を使った系よりもエントロピーが高い．

エントロピーは状態関数であるので，エントロピー変化 ΔS は始状態から終状態へ至る経路に依存しない．

$$\Delta S = S_{終状態} - S_{始状態}$$

化学変化では次のように書き換えることができる．

$$\Delta S = S_{生成物} - S_{反応物}$$

$S_{終状態}$ が $S_{始状態}$ よりも大きければ ($S_{生成物}$ が $S_{反応物}$ よりも大きければ)，ΔS は正である．

ΔSが正であることは，系がとりうるエネルギーが等価な状態の数が増加することを意味する．そして，そのような状態への変化は自発的に進むであろうということをみてきた．このことよりエントロピーについての次の一般的な結果が導かれる．

系のエントロピーの増加を伴う変化は自発的に進む傾向がある．

ΔSに影響する要因

しばしば，ある変化におけるΔSが正か負かを前もって知ることができる．それは，エントロピー変化の大きさには，いくつかの要因が絡んでいるからである．

体 積　気体では，図18・5に示すように，体積の増加に伴いエントロピーは増加する．左の図では気体は，動かすことのできる仕切りで容器の片方の区画に閉じ込められている．気体の入っていない区画は真空である．図18・5(b)のように，仕切りを突然外したとしよう．その直後は，すべての分子は容器の片側にあるが，容器内のどこにでもいることのできる分子に全運動エネルギーを分配する状態の数は多くあり，図18・5(b)で示される状態になることはありそうもない．気体は自発的に拡散し，最も確率の高い（高エントロピー）状態，すなわち図18・5(c)となる．

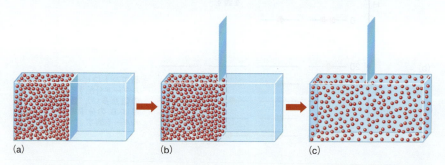

図18・5　真空への気体の拡散．(a) 容器中の気体が仕切りにより真空と分離されている．(b) 仕切りが外された瞬間の状態．(c) 気体は拡散し，最も確率の高い（高エントロピーの）粒子分布の状態へと変化する．

温 度　エントロピーは温度の影響も受ける．温度が高ければ高いほど，エントロピーは大きい．たとえば，絶対零度にある固体では，その構成粒子は基本的には動かない．そこにはエネルギーはほとんどなく，粒子に運動エネルギーを分配する状態の数は少ない．それゆえ，固体のエントロピーは比較的低い（図18・6a）．熱が固体に与えられると，粒子の運動エネルギーは温度の上昇とともに増加する．これにより粒子が結晶中で動いたり振動したりする．それゆえ，ある瞬間では，粒子をその格子点に見つけることはできない（図18・6b）．温度が高いと，運動エネルギーは大きくなり，

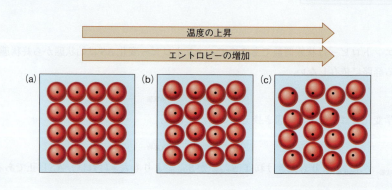

図18・6　温度変化に伴うエントロピーの変化．(a) 絶対零度では，原子は黒い点で示した平衡格子点に位置している．エントロピーは本質的にゼロである．(b) 少し高い温度では，原子は平衡位置で振動する．原子への運動エネルギーの分配する状態の数は増え，エントロピーは増加する．(c) より高い温度では，振動はより激しく，原子の配置はより乱れたものとなり，エントロピーはさらに増加する．

分子に分配する状態の数も増える。それゆえ、エントロピーも増加する。さらに温度が上がると、分子はより高い運動エネルギーを得、分配する状態の数もさらに増える。固体のエントロピーもさらに増加する（図 18・6c）。

物理的状態　系のエントロピーに影響するおもな要因の一つに、図 18・7 に示すような物理的状態がある。すべて同じ温度で存在している氷、水、水蒸気を表すダイヤグラムを考えてみよう。同じ温度においては液体の水のほうが固体の氷よりも分子の自由度が大きい。よって、運動エネルギーを分子に分配する状態の数は氷よりも水のほうが多い。水蒸気の水分子は容器全体にわたり自由に動くことができる。それらは運動エネルギーを非常に多くの状態に分配することができる。一般に、運動エネルギーを分配する状態の数は、液体や固体よりも気体のほうが多い。実際に、気体は液体や固体に比べ大きなエントロピーをもつので、液体や固体から気体をつくる変化は常にエントロピーの増加を伴う。

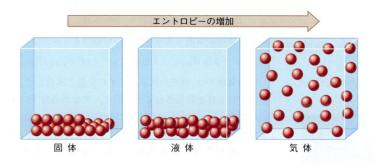

図 18・7　固体, 液体, 気体のエントロピーの比較. 結晶固体のエントロピーはきわめて低い. 液体の分子はより自由に動くことができ, エネルギーを分配する状態の数も多いので, 液体はより高いエントロピーをもつ. しかし, すべての分子は容器の底にのみ存在する. 気体では分子が容器全体のどこにでも分布できるのでエントロピーは一番高い. 気体分子にエネルギーを分配する状態の数も非常に多くある.

粒子の数　エントロピー S はエンタルピー H と同様に、系の示量的な性質である。そして示量的な性質は、系に含まれる物質の量に依存する。系に分子を加えたら、系の全エネルギーを分配する状態の数は増える。よって、図 18・8 に示すようにエントロピーは増加する。

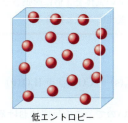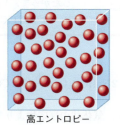

図 18・8　エントロピーは粒子の数に関係する. 系に粒子を追加すると, 系にエネルギーを分配する状態の数が増える. 他の条件が等しいなら, 粒子が増加する反応の ΔS は正の値をもつ.

化学反応におけるエントロピー変化 ΔS の大きさと符号の予測

　二つの要素が、化学反応におけるエントロピー変化の符号を予測するさいの助けとなる。一つは反応における気体の生成または消費であり、もう一つは反応物の分子数と比較した生成物の分子数である。

　気体のエントロピーは液体や固体に比べ非常に高いので、化学反応で気体が生成したり消費されたりするとき、エントロピー変化の符号は多くの場合容易に予測できる。たとえば、炭酸水素ナトリウムの熱分解では 2 種の気体 CO_2 と H_2O ができる。

コラム 18・1　墓石に刻まれた数式

1870年ボルツマン（図左）は，のちに統計力学とよばれることになる新しい学問分野につながるアイディアと概念を研究し始めた．統計力学は，統計学の原理と粒子間の相互作用を基盤にして多くの数の粒子集団の性質を記述するものである．この研究のなかで，ボルツマンは次の有名な式を導いた．

$$S = k \ln W$$

この式はウィーンにある彼の墓石に刻まれている（図右）．この式は，一つの粒子のエントロピーはボルツマン定数 $k = 1.38 \times 10^{-23}\,\mathrm{J\,K^{-1}}$ にその粒子がとりうる微視的状態の数 W の自然対数を掛け合わせたものに等しいことを表す．粒子のすべての微視的状態の合わさったものが，私たちが圧力，体積，温度や粒子の数によって観察する系の巨視的な状態を決めている．微視的状態の詳細と数え方は，ここでは扱わないが，ボルツマンの式による興味深い結果は容易にみることができる．

はじめに簡単な系，1種類の元素からなる完全な結晶を考えよう．そのような結晶では，原子の配列はただ1通りである．11章で説明したように，多くは面心立方構造や体心立方構造である．ここで温度を絶対零度に下げる．温度は運動エネルギーに直接比例するので，これは原子の運動エネルギーすなわち運動がなくなることを示す〔量子力学では，これが正しくないことを教えてくれる．すなわち，絶対零度においても，原子は不確定性原理のため静止せずに振動している（零点振動）〕．しかし，0 K において完全結晶は，すべての原子が秩序だった配列をもつただ一つの微視的状態をとる．$W = 1$ のときのボルツマンの式は絶対零度における完全結晶ではエントロピーはゼロであることを示す．これが熱力学第三法則である．

二つ目の興味深い点は，エントロピー変化に関連したことである．容器に入った理想気体を考える．そこには多数の微視的状態があり，それにより圧力，体積，温度，気体分子数が決まる．ここではその数を $W_{始状態}$ とする．その系が変化すると，微視的状態の数も変わり，それを $W_{終状態}$ とする．すると，この変化によるエントロピー変化は次のように表される．

$$\Delta S = k \ln W_{終状態} - k \ln W_{始状態} = k \ln (W_{終状態}/W_{始状態})$$

理想気体では，微視的状態は粒子の位置と運動量で決まる．等温的に気体を膨張させても，温度，すなわち粒子の運動量 mv は変化しない．しかし，一つの粒子が占めることのできる場所の数は体積の変化に比例して変化する．たとえば，1 mol の理想気体があり体積が3倍になると，そのときの1分子当たりのエントロピー変化は，

$$\Delta S = (1.38 \times 10^{-23}\,\mathrm{J\,K^{-1}}) \times \ln 3 = 1.52 \times 10^{-23}\,\mathrm{J\,K^{-1}}$$

1 mol 当たりについては，アボガドロ定数を掛けて，

$$\Delta S = (1.52 \times 10^{-23}\,\mathrm{J\,K^{-1}}) \times (6.02 \times 10^{23}\,\mathrm{mol^{-1}})$$
$$= 9.15\,\mathrm{J\,mol^{-1}\,K^{-1}}$$

したがって，1 mol の気体を3倍に膨張させると，エントロピーは 9.15 J K^{-1} 変化することになる．

ボルツマン Ludwig von Boltzmann, 1844～1906（左）．ボルツマンの墓にある彼の胸像の上に，有名な方程式 $S = k \ln W$ が刻まれている（右）．

$$2\mathrm{NaHCO_3(s)} \xrightarrow{熱} \mathrm{Na_2CO_3(s)} + \mathrm{CO_2(g)} + \mathrm{H_2O(g)}$$

気体状の生成物が，気体状の反応物より多いので，この反応におけるエントロピー変化は正の値をもつと予想できる．逆に，次の反応は反応が進むと気体分子が減少するので，負のエントロピー変化をもつ（この反応は気体混合物より二酸化硫黄を除去するのに使える）．

$$\mathrm{CaO(s)} + \mathrm{SO_2(g)} \longrightarrow \mathrm{CaSO_3(s)}$$

化学反応において，ΔS の符号に影響するもう一つの大きな要因は，反応進行に伴う分子の数の変化である．反応によって，より分子数が増加すれば，エネルギーを分配する状態の数が増える．他のすべての要素が同じとき，系の粒子数が増える反応は正のエントロピー変化をとる傾向がある．

18・4 熱力学第二法則 565

例題 18・2 ΔSの正負の予測

次の反応の ΔS の正負を予測せよ.
(a) $2NO_2(g) \longrightarrow N_2O_4(g)$
(b) $C_3H_8(g) + 5O_2(g) \longrightarrow 3CO_2(g) + 4H_2O(g)$

指針 エントロピー変化に影響するすべての要素, 体積, 温度, 物理的状態, 粒子の数について考察する必要がある. すべての物質は気体である. そして, 温度の変化には言及されていない. それゆえ, 相変化と温度変化については考慮する必要はない.

解法 ここで必要なことは, 1) 気体分子数の変化による体積変化があるときと, 2) 反応進行に伴う粒子数の変化があるときに, エントロピー変化に影響する要素を考察することである.

解答 (a) この反応において, 単純な分子 NO_2 から, 複雑であるが数的により少ない分子 N_2O_4 が生じる. より少ない分子が生成するので, それらにエネルギーを分配する状態の数は少なくなる. これはエントロピーが減少することを意味

する. ΔS は負でなくてはならない. 2 mol の反応物から 1 mol の生成物ができることに注目しても同じ結論が導かれる. 気体の物質量が減少するとき, その反応は負の ΔS をとる傾向がある.

(b) 反応の前後の分子の数を比較する. 反応式の左辺においては 6 分子, 右辺では 7 分子である. 6 分子間よりも 7 分子間のほうがエネルギーを分配する状態の数が多い. よって, ΔS は正と予測できる. 反応式の両辺の気体の物質量を比較しても同じ結論となる. 左辺は 6 mol, 右辺は 7 mol である. 気体の物質量が増えるので, ΔS は正であると予測できる.

練習問題 18・6 次の反応における ΔS の正負を予測せよ.
(a) $2SO_2(g) + O_2(g) \longrightarrow 2SO_3(g)$
(b) $2H_2(g) + O_2(g) \longrightarrow 2H_2O(l)$
(c) $N_2(g) + 3H_2(g) \longrightarrow 2NH_3(g)$
(d) $Ca(OH)_2(s) \xrightarrow{H_2O} Ca^{2+}(aq) + 2OH^-(aq)$

18・4 熱力学第二法則

これまでに, エンタルピーとエントロピーが, 物理的, 化学的な変化の自発性に影響する二つの要因であることをみてきた. ときには, ガソリンの爆発において熱を放出し (発熱変化), そして大量の気体を発生 (エントロピーの増加) するように, それら二つが一緒に変化に関与することもある.

多くの場合, 氷の融解のように, エンタルピー変化とエントロピー変化は互いに対立する. 融解は吸熱変化で熱を吸収する. これは変化を非自発的なものにする傾向がある. しかし, 融解に伴う分子運動の自由度の増加は逆の効果, すなわち変化を自発的なものにする効果をもつ.

エンタルピー変化とエントロピー変化が対立するとき, 温度が自発変化の方向に影響を与える因子となる. たとえば, 固体の氷と水の混合物を考えよう. もし, 温度を 25 ℃ に上げれば, すべての氷が溶けるだろう. 25 ℃ では固体から液体への変化は, 自発的に起こる. もし, 温度を −25 ℃ にしたら, 凝固するだろう. −25 ℃ では逆の変化, 液体から固体への変化が自発変化である. つまり, 実際には, 変化の自発性に影響する要素は, エンタルピー変化, エントロピー変化, 温度の三つである.

■ $\Delta S, \Delta H, T$ より, その系が自発変化するかどうかわかる.

熱力学第二法則

熱力学第二法則には, 科学において最も影響力のある考え方の一つが含まれている. 第二法則は, 私たちの宇宙で自発変化が起こると常に宇宙の全エントロピーが増加する ($\Delta S_{宇宙} > 0$) と主張する. ここでエントロピーの増加というのは, 系だけではなく, 宇宙 (系とその周囲の両方を含む) の全エントロピーの増加であることに注意しよう. これは, 周囲のエントロピーの増加がより大きく全エントロピー変化が正になるなら, 系のエントロピーが減少してもかまわないことを意味する. 起こっているすべてのことは, 何らかの自発変化であるので, 宇宙のエントロピーは常に増加していることに

熱力学第二法則 second law of thermodynamics

なる.

宇宙のエントロピー変化について考えてみよう. 宇宙のエントロピー変化の量は系のエントロピー変化と周囲のエントロピー変化の和となる.

$$\Delta S_{宇宙} = \Delta S_{系} + \Delta S_{周囲}$$

周囲のエントロピー変化は系から周囲へ移動した熱を, その移動のときの絶対温度 T で割ったものと示すことができる*.

$$\Delta S_{周囲} = \frac{q_{周囲}}{T}$$

エネルギー保存の法則より, 周囲に移動した熱は, 系に加えられた熱に負符号をつけたものに等しい.

$$q_{周囲} = -q_{系}$$

熱力学第一法則より, 定温定圧での変化において, 系では $q_{系} = \Delta H_{系}$ である. それゆえ, 次の関係が導かれる.

$$\Delta S_{周囲} = \frac{-\Delta H_{系}}{T}$$

さらに, 宇宙全体のエントロピー変化は

$$\Delta S_{宇宙} = \Delta S_{系} - \frac{\Delta H_{系}}{T}$$

と表せる. ここで右辺を変形すると, 次式が得られる.

$$\Delta S_{宇宙} = \frac{T\Delta S_{系} - \Delta H_{系}}{T}$$

さらに両辺に T をかけると,

$$T\Delta S_{宇宙} = T\Delta S_{系} - \Delta H_{系} \quad \text{あるいは} \quad T\Delta S_{宇宙} = -(\Delta H_{系} - T\Delta S_{系})$$

となる. 自発変化では $\Delta S_{宇宙}$ は正でなくてはならないので, $(\Delta H_{系} - T\Delta S_{系})$ は負でなくてはならない. それゆえ, 自発変化では次のようになる.

$$\Delta H_{系} - T\Delta S_{系} < 0 \tag{18・2}$$

ギブズエネルギー

(18・2) 式と $\Delta H, \Delta S, T$ の値から, 変化の自発性を判断することができる. そして, もう一つの熱力学的状態関数を導入することで, より便利に扱えるようになる. それは, 米国の偉大な科学者ギブズに敬意を表しギブズエネルギーと名づけられている. ギブズエネルギーは次のように定義される.

$$G = H - TS \tag{18・3}$$

定温, 定圧でのギブズエネルギー変化 ΔG は, 次式を満たす.

$$\Delta G = \Delta H - T\Delta S \tag{18・4}$$

G は状態関数のみで定義されているので, G も状態関数である.

$$\Delta G = G_{終状態} - G_{始状態} \tag{18・5}$$

---

* 訳注: 可逆過程における $\Delta S = q/T$ は, 熱力学でのエントロピーの定義そのものである.

■ ギブズエネルギーの意義は §18・7 で説明する.

ギブズ Josiah Willard Gibbs, 1839〜1903

ギブズエネルギー Gibbs energy, G, 自由エネルギーともいう. この名前は, ある変化において仕事をするのに自由に使うことのできる最大のエネルギーに関係していることに由来する.

■ ギブズエネルギーが減少する反応は発エルゴン的(exergonic), 増加する反応は吸エルゴン的(endergonic)といわれる.

(18・2)式と(18・4)式を比べると，ギブズエネルギー変化 ΔG の重要性が理解できる．

定温，定圧下において，系のギブズエネルギーが減少する変化は自発変化である．

いいかえれば，自発変化において，$G_{終状態}$ は $G_{始状態}$ よりも小さくなければならず，ΔG は負でなくてはならない．このことをふまえ，どうやって $\Delta H, \Delta S, T$ を使って自発性を判断するかを考えてみよう．これらの考察の結果，すなわち ΔG に対する ΔH と ΔS の符号の効果（物理的，化学的変化の自発性への影響）は図18・9にまとめてある．

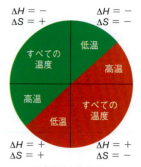

図 18・9 ΔH と ΔS の符号と温度の自発性に対する効果．ΔH と ΔS が同じ符号をもつとき，変化が自発的かどうかは温度により決まる．

ΔH が負，ΔS が正の場合　オクタン（ガソリンの成分）の燃焼は発熱反応である．

$$2\,C_8H_{18}(l) + 25\,O_2(g) \longrightarrow 16\,CO_2(g) + 18\,H_2O(g)$$

系の粒子数が増加し，大量の気体も発生するので，エントロピーの大きな増加もある．この変化では，ΔH は負，ΔS は正で，これらは両方とも自発変化であることを促す．これが ΔG の符号にどのように影響するかをみてみよう．ΔH は負($-$)，ΔS は正($+$)なので，

$$\Delta G = \Delta H - T\Delta S = (-) - [T(+)]$$

絶対温度 T は何度であれ正の値でなくてはならないので，ΔG は負となる．これは，温度が何度であれ，このような反応は自発反応であることを意味する．燃焼反応は常に自発的であるので，実際，ひとたび反応が始まると，利用できる燃料あるいは酸素がなくなるまで，燃焼は続く．

ΔH が正，ΔS が負の場合　変化が吸熱的でエントロピーの低下を伴うとき，これら両方の要素は自発的とは逆の方向に作用する．ΔH が正($+$)，ΔS が負($-$) なので，

$$\Delta G = \Delta H - T\Delta S = (+) - [T(-)]$$

温度がどうあれ ΔG は正で，変化は自発的ではない．一つの例として，二酸化炭素と水が火中で木と酸素に戻らないことをあげておく*．もし，そのようなことが起こっている動画を見たとしたら，経験からそれは逆回しされた動画だと判断できる．

ΔH と ΔS が同じ符号をもつ場合　ΔH と ΔS が同じ符号をもつとき，温度が自発性を決める要素となる．ΔH と ΔS がともに正の場合，

$$\Delta G = \Delta H - T\Delta S = (+) - [T(+)]$$

ΔG は二つの量，ΔH と $T\Delta S$ の差となる．その差は，$T\Delta S$ が ΔH よりも大きいときにのみ負となる．そして，そのときには温度が高いであろう．いいかえると，ΔH と ΔS がともに正のとき，変化は高温で自発的に起こり，低温では起こらないであろう．たとえば，氷の融解がある．

$$H_2O(s) \longrightarrow H_2O(l)$$

これは吸熱変化でありエントロピーの増大を伴う．私たちは，高温（0℃以上）では融解は自発的だが，低温（0℃以下）ではそうでないことを経験的に知っている．

同様に，ΔH と ΔS がともに負であるとき，温度が低いときのみ ΔG が負となり変化が自発的なものとなる．

* 植物は取込んだ二酸化炭素と水を使い成長する．しかし，そこでの反応は自発的なものではない．植物は，その自発的でない反応を，負の ΔG をもつ反応の複雑な連鎖のなかに組込んでいる．それゆえ，反応の鎖全体は自発的なものとなっている．ヒトの細胞内でも同じしくみで自発的でない変化を進行させている．糖や食物の分解で得た大きな負のギブズエネルギーは，単純な出発物から複雑なタンパク質をつくる自発的でない合成反応や細胞の成長，生命活動の維持に結びつけられ使われている．

568   18. 熱 力 学

練習問題 18・7 温度のどのような変化によって，次の変化が自発的なものとなるか．
(a) $H_2O(l) \longrightarrow H_2O(g)$
(b) $Ag^+(aq) + Cl^-(aq)$
　　$\longrightarrow AgCl(s)$

$$\Delta G = \Delta H - T\Delta S = (-) - [T(-)]$$

ΔH の負の値が $T\Delta S$ の負の値よりも大きいときのみ ΔG が負となる．そのような変化は低温のときのみ自発的となる．一例が，水の凝固である．

$$H_2O(l) \longrightarrow H_2O(s)$$

これはエントロピーの減少を伴う発熱変化である．これは低温（0 ℃ 以下）でのみ自発的である．

熱力学第三法則 third law of thermodynamics

標準エントロピー standard entropy, $S°$

* 6章の標準状態の説明において，標準状態の圧力を 1 bar と定義したが，かつては atm を用いていた．SI 単位系において認められた圧力の単位は atm ではなくパスカル Pa であるため，現在では SI は熱力学量の標準圧力として bar（1 bar ＝ 10^5 Pa）を用いることが推奨されている．1 bar は 1 atm と 1.3 % しか違いがなく，本書で扱う範囲では 1 atm も 1 bar も大差はない．多くの熱力学的データはいまだに 1 bar でのものではなく 1 atm でのものであるので，本書では近似的に標準状態の圧力（1 bar）の熱力学データとみなしている．

18・5 熱力学第三法則

　物質のエントロピーが温度に依存していることはすでに述べた．そして，絶対零度では結晶内の分子配列の秩序は最大であり，エントロピーは最小となっている．**熱力学第三法則**はさらに一歩踏込んで次のように主張する．絶対零度において完全に秩序立った結晶のエントロピーはゼロである．

$$S = 0 \quad (T = 0\,K において)$$

エントロピーがゼロとなる点がわかったので，物質が 0 K より高い温度にあるときの全エントロピー量を実験的に測定したり計算で求めたりすることが可能となる．

　温度 298 K（25 ℃），圧力 1 bar において物質 1 mol 当たりのエントロピーを**標準エントロピー**という．表 18・1 にいくつかの物質の標準エントロピーを示す*．エントロピーがエネルギーを温度で割った単位（$J\,K^{-1}$）をもつことに注意しよう．標準エントロピー $S°$ の単位は $J\,mol^{-1}\,K^{-1}$ である．

表 18・1　298.15 K における典型的な物質の標準エントロピー $S°$ ($J\,mol^{-1}\,K^{-1}$)							
物質	$S°$	物質	$S°$	物質	$S°$	物質	$S°$
$Ag(s)$	42.55	$C_8H_{18}(l)$	466.9	$H_2O(l)$	69.96	$N_2O(g)$	220.0
$AgCl(s)$	96.2	$C_2H_5OH(l)$	161	$HCl(g)$	186.7	$N_2O_4(g)$	304
$Al(s)$	28.3	$Ca(s)$	41.4	$HNO_3(l)$	155.6	$Na(s)$	51.0
$Al_2O_3(s)$	51.0	$CaCO_3(s)$	92.9	$H_2SO_4(l)$	157	$Na_2CO_3(s)$	136
$C(s)$（グラファイト）	5.69	$CaCl_2(s)$	114	$HC_2H_3O_2(l)$	160	$NaHCO_3(s)$	102
$CO(g)$	197.9	$CaO(s)$	40	$Hg(l)$	76.1	$NaCl(s)$	72.38
$CO_2(g)$	213.6	$Ca(OH)_2(s)$	76.1	$Hg(g)$	175	$NaOH(s)$	64.18
$CH_4(g)$	186.2	$CaSO_4(s)$	107	$K(s)$	64.18	$Na_2SO_4(s)$	149.4
$CH_3Cl(g)$	234.2	$CaSO_4 \cdot ½H_2O(s)$	131	$KCl(s)$	82.59	$O_2(g)$	205.0
$CH_3OH(l)$	126.8	$CaSO_4 \cdot 2H_2O(s)$	194.0	$K_2SO_4(s)$	176	$PbO(s)$	67.8
$CO(NH_2)_2(s)$	104.6	$Cl_2(g)$	223.0	$N_2(g)$	191.5	$S(s)$	31.9
$CO(NH_2)_2(aq)$	173.8	$Fe(s)$	27	$NH_3(g)$	192.5	$SO_2(g)$	248.5
$C_2H_2(g)$	200.8	$Fe_2O_3(s)$	90.0	$NH_4Cl(s)$	94.6	$SO_3(g)$	256.2
$C_2H_4(g)$	219.8	$H_2(g)$	130.6	$NO(g)$	210.6		
$C_2H_6(g)$	229.5	$H_2O(g)$	188.7	$NO_2(g)$	240.5		

標準反応エントロピー $\Delta_r S°$

標準反応エントロピー standard entropy of reaction, $\Delta_r S°$

　物質の標準エントロピーがわかると，6章で標準反応エンタルピー $\Delta_r H°$ を計算したのと同様に，標準反応エントロピー $\Delta_r S°$ を計算することができる．**標準反応エントロピー** $\Delta_r S°$ は，化学反応式の化学量論係数を無単位で扱い，

$$\Delta_r S = (\text{生成物の } S° \text{ の合計}) - (\text{反応物の } S° \text{ の合計}) \qquad (18\cdot6)$$

で計算する．$\Delta_r S°$ の単位は $J\ mol^{-1}\ K^{-1}$ である．また，標準状態で単体から化合物 1 mol が生成する反応のエントロピー変化を，その化合物の**標準生成エントロピー $\Delta_f S°$** という*．$\Delta_f S°$ の単位も $J\ mol^{-1}\ K^{-1}$ である．$\Delta_f S°$ の値は表に記載されていないが，もし $\Delta_f S°$ の値が必要な場合は，表にある $S°$ の値から計算する．

■ $(18\cdot6)$ 式の計算において，元素はゼロでない $S°$ をもち，その値を計算に入れなければならない．

標準生成エントロピー standard entropy of formation, $\Delta_f S°$

* 訳注：標準生成エントロピー $\Delta_f S°$ の下付添字の f は，生成 formation を表す記号である．

例題 18・3　標準エントロピーから $\Delta_r S°$ を計算する

市販の尿素（尿のなかにある物質）は CO_2 と NH_3 よりつくられている．尿素の用途のひとつは肥料であり，尿素は土中で水とゆっくり反応してアンモニアと二酸化炭素を生成する．そのアンモニアは植物が生育するさいの窒素源となる．

$$CO(NH_2)_2(aq) + H_2O(l) \longrightarrow CO_2(g) + 2NH_3(g)$$

尿素が水と反応するときの標準反応エントロピーを求めよ．

指針　化学反応で起こる変化に対応するように標準エントロピーを取扱う必要がある．6 章で学んだ標準反応エンタルピーを求める方法との類似を思い出そう．

解法　標準反応エントロピーの計算には $(18\cdot6)$ 式を使う．そのためには与えられた反応式をみて表 18・1 よりデータを

集める必要がある．集めたデータを左下の表に示す．

解答　$(18\cdot6)$ 式にそれらの値を入れて計算する．

$$\begin{aligned}
\Delta_r S° &= [S°_{CO_2(g)} + 2S°_{NH_3(g)}] - [S°_{CO(NH_2)_2(aq)} + S°_{H_2O(l)}] \\
&= (213.6\ J\ mol^{-1}\ K^{-1} + 2\times192.5\ J\ mol^{-1}\ K^{-1}) \\
&\quad - (173.8\ J\ mol^{-1}\ K^{-1} + 69.96\ J\ mol^{-1}\ K^{-1}) \\
&= 598.6\ J\ mol^{-1}\ K^{-1} - 243.8\ J\ mol^{-1}\ K^{-1} \\
&= +354.8\ J\ mol^{-1}\ K^{-1}
\end{aligned}$$

この反応の標準反応エントロピーは $+354.8\ J\ mol^{-1}\ K^{-1}$ である．

確認　この反応では，液体から気体が生じる．気体は液体より大きなエントロピーをもつので，$\Delta_r S°$ は正の値をもつと予想される．それは答えと一致する．

物質	$S°(J\ mol^{-1}\ K^{-1})$
$CO(NH_2)_2(aq)$	173.8
$H_2O\ (l)$	69.96
$CO_2\ (g)$	213.6
$NH_3\ (g)$	192.5

練習問題 18・8　次の反応の標準反応エントロピー $\Delta_r S°$ を $J\ mol^{-1}\ K^{-1}$ 単位で求めよ．
(a) $CaO(s) + 2HCl(g) \longrightarrow CaCl_2(s) + H_2O(l)$
(b) $C_2H_4(g) + H_2(g) \longrightarrow C_2H_6(g)$

18・6　標準反応ギブズエネルギー $\Delta_r G°$

標準反応エンタルピー $\Delta_r H°$，標準反応エントロピー $\Delta_r S°$ と同様に，ギブズエネルギーに対しても，温度 298 K（25 °C），圧力 1 atm において，**標準反応ギブズエネルギー $\Delta_r G°$** を考える*．$\Delta_r G°$ を求める方法はいくつかある．一つは $(18\cdot4)$ 式と似た次の式を使う方法である．

標準反応ギブズエネルギー standard Gibbs energy of reaction, $\Delta_r G°$

* 時として，特定された温度を標準ギブズエネルギーの記号の右下に明記する．たとえば，$\Delta G°$ は $\Delta G°_{298}$ とも書く．あとでみるように，温度を明示したほうが望ましい場合がある．

$$\Delta_r G° = \Delta_r H° - (298.15\ K)\Delta_r S°$$

$\Delta_r G°$ の値は実験的に求められた平衡定数からも計算することができる．それについては，のちほど扱うこととする．

例題 18・4　$\Delta_r H°$ と $\Delta_r S°$ から $\Delta_r G°$ を計算する

尿素と水の反応の $\Delta_r G°$ を $\Delta_r H°$ と $\Delta_r S°$ から計算せよ．
$$CO(NH_2)_2(aq) + H_2O(l) \longrightarrow CO_2(g) + 2NH_3(g)$$
指針　この問題は二つの部分よりなる．6 章で $\Delta_r H°$ を求め

た．そして，本章では $\Delta_r S°$ の求め方を学んだ．$\Delta_r H°$ と $\Delta_r S°$ がわかれば，それらを正しく扱い $\Delta_r G°$ を求めればよい．

解法　$\Delta_r G°$ は次式で計算できる．

$$\Delta_r G° = \Delta_r H° - (298.15\,\text{K})\Delta_r S°$$

計算にあたっては，問題に与えられている化学反応式を吟味する必要がある．$\Delta_r H°$ の計算には，表6・2とヘスの法則を使う．$\Delta_r S°$ の計算には表18・1とともに (18・6) 式を使って同様の計算をする．この計算は例題18・3ですでに行った．

解答 はじめに表6・2を使って $\Delta_r H°$ を計算する．

$$\Delta_r H° = [\Delta_f H°_{CO_2(g)} + 2\Delta_f H°_{NH_3(g)}] - [\Delta_f H°_{CO(NH_2)_2(aq)} + \Delta_f H°_{H_2O(l)}]$$
$$= [(-393.5\,\text{kJ mol}^{-1}) + 2\times(-46.19\,\text{kJ mol}^{-1})]$$
$$\quad - [(-319.2\,\text{kJ mol}^{-1}) + (-285.9\,\text{kJ mol}^{-1})]$$
$$= (-485.9\,\text{kJ mol}^{-1}) - (-605.1\,\text{kJ mol}^{-1})$$
$$= +119.2\,\text{kJ mol}^{-1}$$

例題18・3で $\Delta_r S°$ が $+354.8\,\text{J mol}^{-1}\,\text{K}^{-1}$ であるとわかっている．$\Delta_r G°$ を計算するには，$\Delta_r S°$ の有効数字と合わせるために少なくとも4桁で表した絶対温度が必要である．標準温度は厳密に 25 °C，すなわち，$T\,\text{K} = (25.00 + 273.15)\,\text{K} = 298.15\,\text{K}$ である．また，$\Delta_r H°$ と $T\Delta_r S°$ を正しく組合わせる

ために，両者のエネルギー単位に注意する必要がある．ここでは，$\Delta_r S°$ の $+354.8\,\text{J mol}^{-1}\,\text{K}^{-1}$ を $+0.3548\,\text{kJ mol}^{-1}\,\text{K}^{-1}$ と表すことにする．これを式に入れて，

$$\Delta_r G° = (119.2\,\text{kJ mol}^{-1}) - (298.15\,\text{K})(0.3548\,\text{kJ mol}^{-1}\,\text{K}^{-1})$$
$$= +13.4\,\text{kJ mol}^{-1}$$

よって，この反応の $\Delta_r G°$ は $+13.4\,\text{kJ mol}^{-1}$ である．

確認 計算を見直す以外に答えの妥当性を確認する方法はない．もう一度計算を確認してみよう．

練習問題 18・9 単体元素より 1 mol の N_2O_4 を生成するときの $\Delta G°$ を，N_2O_4 の $\Delta_f H°$ と $\Delta_f S°$ より求めよ．

練習問題 18・10 表6・2と表18・1を使って，鉄(Ⅲ)酸化物が 2 mol 生成するときの $\Delta_r G°$ を求めよ．化学反応式は次のとおりである．

$$4\,\text{Fe(s)} + 3\,\text{O}_2(\text{g}) \longrightarrow 2\,\text{Fe}_2\text{O}_3(\text{s})$$

§6・8で，多くの異なる反応の $\Delta_r H°$ を計算するのに，ヘスの法則と標準生成エンタルピー $\Delta_f H°$ の表が便利であることを学んだ．標準生成ギブズエネルギー $\Delta_f G°$ が，同様の方法で反応や物理変化の標準反応ギブズエネルギー $\Delta_r G°$ を得るのに使うことができる．**標準生成ギブズエネルギー $\Delta_f G°$** は，標準状態で単体から化合物 1 mol が生成する反応のギブズエネルギー変化で，その単位は J mol^{-1}，多くの場合 kJ mol^{-1} である．標準反応ギブズエネルギー $\Delta_r G°$ は，化学反応式の化学量論係数を無単位で扱い，

標準生成ギブズエネルギー standard Gibbs energy of formation, $\Delta_f G°$

$$\Delta_r G = (\text{生成物の }\Delta_f G° \text{ の合計}) - (\text{反応物の }\Delta_f G° \text{ の合計}) \qquad (18\cdot7)$$

で計算できる．$\Delta_f G°$ も単位は J mol^{-1}，多くの場合 kJ mol^{-1} である．いくつかの物質の $\Delta_f G°$ の値を表18・2に示す．例題18・5で，それらを用いてどのように $\Delta_f G°$ を計算するかを示す．

表 18・2　298.15 K における典型的な物質の標準生成ギブズエネルギー （kJ mol^{-1}）

物質	$\Delta_f G°$	物質	$\Delta_f G°$	物質	$\Delta_f G°$	物質	$\Delta_f G°$
Ag(s)	0	$C_2H_5OH(l)$	-174.8	$H_2O(l)$	-237.2	$N_2O(g)$	$+103.6$
AgCl(s)	-109.7	$C_8H_{18}(l)$	$+17.3$	HCl(g)	-95.27	$N_2O_4(g)$	$+98.28$
Al(s)	0	Ca(s)	0	$HNO_3(l)$	-79.91	Na(s)	0
$Al_2O_3(s)$4	-1576.4	$CaCO_3(s)$	-1128.8	$H_2SO_4(l)$	-689.9	$Na_2CO_3(s)$	-1048
C(s)（グラファイト）	0	$CaCl_2(s)$	-750.2	$HC_2H_3O_2(l)$	-392.5	$NaHCO_3(s)$	-851.9
CO(g)	-137.3	CaO(s)	-604.2	Hg(l)	0	NaCl(s)	-384.0
$CO_2(g)$	-394.4	$Ca(OH)_2(s)$	-896.76	Hg(g)	$+31.8$	NaOH(s)	-382
$CH_4(g)$	-50.79	$CaSO_4(s)$	-1320.3	K(s)	0	$Na_2SO_4(s)$	-1266.8
$CH_3Cl(g)$	-58.6	$CaSO_4\cdot\frac{1}{2}H_2O(s)$	-1435.2	KCl(s)	-408.3	$O_2(g)$	0
$CH_3OH(l)$	-166.2	$CaSO_4\cdot2H_2O(s)$	-1795.7	$K_2SO_4(s)$	-1316.4	PbO(s)	-189.3
$CO(NH_2)_2(s)$	-197.2	$Cl_2(g)$	0	$N_2(g)$	0	S(s)	0
$CO(NH_2)_2(aq)$	-203.8	Fe(s)	0	$NH_3(g)$	-16.7	$SO_2(g)$	-300.4
$C_2H_2(g)$	$+209$	$Fe_2O_3(s)$	-741.0	$NH_4Cl(s)$	-203.9	$SO_3(g)$	-370.4
$C_2H_4(g)$	$+68.12$	$H_2(g)$	0	NO(g)	$+86.69$		
$C_2H_6(g)$	-32.9	$H_2O(g)$	-228.6	$NO_2(g)$	$+51.84$		

18・7 最大仕事とギブズエネルギー　　571

例題 18・5　$\Delta_f G°$ から $\Delta_r G°$ を求める

エタノール C_2H_5OH は穀物の発酵からつくられ，ガソリンに混合されて E85（エタノール 85%，ガソリン 15%）とよばれる燃料になる．液体エタノールが燃焼して $CO_2(g)$ と $H_2O(g)$ となるときの $\Delta_r G°$ を求めよ．

指針　$\Delta_r G°$ を求める手順は $\Delta_r H°$ や $\Delta_r S°$ を求める手順と同じである．

解法　(18・7) 式を使う．この式を使うには化学反応式と反応物，生成物の $\Delta_f G°$ が必要である．それらのデータは表 18・2 にある．

解答　はじめにこの反応の化学反応式を書く．

$$C_2H_5OH(l) + 3\,O_2(g) \longrightarrow 2\,CO_2(g) + 3\,H_2O(g)$$

(18・7) 式に当てはめる．

$$\Delta_r G° = [2\,\Delta_f G°_{CO_2(g)} + 3\,\Delta_f G°_{H_2O(g)}] - [\Delta_f G°_{C_2H_5OH(l)} + 3\,\Delta_f G°_{O_2(g)}]$$

$\Delta_f H°$ と同様に，単体元素の $\Delta_f G°$ はゼロである．それゆえ，

表 18・2 よりデータを入れて次式を解く．

$$\begin{aligned}
\Delta_r G° &= [2\times(-394.4\ \text{kJ mol}^{-1}) + 3\times(-228.6\ \text{kJ mol}^{-1})] \\
&\quad - [(-174.8\ \text{kJ mol}^{-1}) + 3\times(0\ \text{kJ mol}^{-1})] \\
&= (-1474.6\ \text{kJ mol}^{-1}) - (-174.8\ \text{kJ mol}^{-1}) \\
&= -1299.8\ \text{kJ mol}^{-1}
\end{aligned}$$

この反応の $\Delta_r G°$ は $-1299.8\ \text{kJ mol}^{-1}$ である．

確認　この反応は C, H, O しか含んでいない化合物の燃焼反応である．ほとんどの場合，そのような化合物の燃焼反応は負の $\Delta_r G°$ をもつ自発変化である．答えは明らかに正しい．

練習問題 18・11　表 18・2 を使って次の反応の $\Delta_r G°$ を kJ mol^{-1} の単位で求めよ．

(a) $2\,NO(g) + O_2(g) \longrightarrow 2\,NO_2(g)$

(b) $Ca(OH)_2(s) + 2\,HCl(g) \longrightarrow CaCl_2(s) + 2\,H_2O(g)$

18・7　最大仕事とギブズエネルギー

自発的化学反応の重要性のひとつは有用な仕事を生み出すことである．たとえば，エンジンによるガソリンの燃焼は自動車や機械に動力を提供する．また，電池で起こる化学反応は自動車のエンジンをスタートさせ，携帯電話，ノートパソコンなどの現代的機器を動かす．

しかし，化学反応が起こるとき，常にそのエネルギーを仕事に使えるわけではない．たとえば，ガソリンを大気中で燃焼させたら，そのほとんどすべてのエネルギーは熱として失われ有用な仕事はなされない．それゆえ，技術者はできるだけ多く仕事の形でエネルギーを捕える方策を模索している．彼らの大きな目的の一つは，化学エネルギーを仕事に変換する効率を最大にすること，および熱として環境に排出されるエネルギーを最小にすることである．

科学者は，熱力学的に可逆な条件下での変化において，化学エネルギーが仕事に変換される効率が最大となることを発見した．変化させようとする駆動力が，ほんの少しそれよりも小さな対抗する力を受けていて，その対抗する力をほんの少し増強すると変化の方向が逆転する．そのような変化の過程が熱力学的に可逆な過程である．ほぼ完全な**可逆過程**であるといってよい例を図 18・10 に示す．そこでは，シリンダー

■ ガソリンおよびディーゼルエンジンはそれほど効率的ではない．燃料の燃焼により生じるエネルギーの多くは仕事ではなく熱として現れる．これが，エンジンには冷却システムが必要な理由である．

可逆過程 reversible process

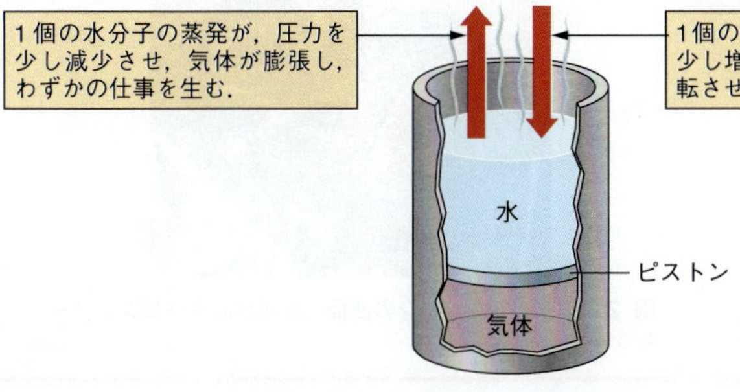

1個の水分子の蒸発が，圧力を少し減少させ，気体が膨張し，わずかの仕事を生む．

1個の水分子の凝縮が，圧力を少し増加させ，気体の膨張を逆転させて少し圧縮する．

図 18・10　気体の可逆的膨張.
1個の水分子が蒸発するたびに，外圧が徐々に減少し，気体がゆっくりと膨張して少しの仕事を行う．もし，1個の水分子が凝縮し水に戻ると，この変化は逆行する．膨張に抵抗する圧力のわずかな増加により，膨張が圧縮に逆転できることが，この過程を可逆的なものにしている．

内に圧縮された気体があり，その気体はピストンを押し上げている．そして，そのピストンの上には水があり，その水がピストンを下方に押している．もし，水分子が蒸発すると，外圧は少し下がり，気体は少し膨張し，わずかに仕事をする．水分子が次から次へと一つずつ徐々に蒸発すると，シリンダー内の気体は膨張し周囲に仕事を行う．しかし，いつでも，水分子が凝縮するとこの過程は逆転できる*．

可逆的に変化を行うことで最大の仕事を得ることができるが，熱力学的可逆過程は

* 化学反応は正方向にも逆方向にも進むことができるので，しばしば，化学反応は"可逆"であるという．しかし，濃度が平衡時の濃度と少しの違いしかない状態のみ熱力学的に可逆ということができる．

コラム 18・2　熱力学的効率と持続可能性

持続可能性の概念には，人類が滅亡への道を歩まないために，人類の日常の活動の累積的な影響を見直し，これらの活動を改革しなければならないという意志が含まれている．かつて生息していたすべての種の99.9％がいまでは消滅しているといわれる．人類には考え計画する能力があるので，そのような運命に陥らないようにできる可能性がある．この努力を成功へ導くにあたり，化学者，物理学者，生物学者が大変重要な役割を担っていることはいうまでもない．

熱力学は資源利用の限界を定めているので，持続可能性の議論に関与してくる．たとえば，熱力学第一法則は内部エネルギー変化の合計は系の仕事と熱の変化の合計であることを示す．もし，仕事がエネルギー変化の有用な部分で熱が無駄なエネルギーとすると，$w/(q + w)$ を系の効率とすることができる．いくつかの装置の効率を表1に示す．他の効率の基準もある．たとえば，カルノー (Nicolas Léonard Sadi Carnot, 1796〜1832) は可逆的に動作する熱機関の効率が $(T_{高温} - T_{低温})/T_{高温}$ であることを示した．ここで，機関の内部は高温で，排気の温度が低温である．より高い効率は，運転温度と排出熱の温度の差ができるだけ大きい機関において達成される．表2はいくつかの熱機関の効率を示している．

持続可能性の立場からの現代的な効率の計算には，熱力学的効率とともに，プロセスのすべての構成にかかわるコストも含まれる．電気を生産する施設においては，その施設が使

図1 燃焼からエネルギーが得られるが，効率は低くかつ汚染物質を増加させる(左)．一方，風車は公害をほとんど出すことなく，風力エネルギーを電気に変換する(右)．

用する土地の値段，CO_2，NO_x，SO_2 といった環境への影響のコスト，環境への熱の排出のコストも含まれる（図1）．従業員，管理，調整のコストなども含まれる．これらのすべての要素を最終的に価値のある最良のものに結びつけていく適切な方法を見つけるのは困難なことである．

一方，単純に発電などに限った場において，化学者や他分野の科学者が現代の要請に応じ重要な貢献をする機会は多い．たとえば，優れた潤滑剤は多くの機械の効率の向上に貢献する．また，化学者と材料科学者は，非常な高温に長い間耐える材料の開発を行っているが，耐久性のある材料は，修理による中断時間を減らすことで効率を向上させる．タングステンは3683 Kの融点をもつが，あまりにも脆いためタービンには用いられない．しかし，タングステンの窒化物とケイ素の窒化物は高温発電機の高耐久性被覆に利用できる．これらは民生用飛行機のジェットエンジンのタービンにも使われる（図2）．

表1　いろいろな機器の効率

タングステン電球	2〜3％
ロウソク	0.04％
ガスマントル（ガス灯）	0.2％
発光ダイオード	最大で22％
蛍光灯	最大で15％
電球型蛍光灯	最大で12％
電気モーター	75〜90％

表2　熱機関およその効率

ガソリンエンジン	25〜30％
蒸気機関	8％
ディーゼル機関	40％
蒸気タービン	60％

図2 ジェットエンジンの断面．高速高温タービンのタービン翼が見える．

非常に遅く，進行するのにあまりにも多くの段階を必要とする．妥当な速さで仕事を行うことができないなら，ほとんど意味はない．したがって，最大効率のために熱力学的可逆に近づきながら，しかし，許容できる速さで仕事が得られる変化を行うことが望まれることである．

熱力学的可逆性と有用な仕事の関係は，自動車のバッテリーの放電のところ（§6・5）で説明した．バッテリーが短絡すると仕事はなされず，すべてのエネルギーは熱となる．この場合，放電に抵抗するものは何もない．そして，熱力学的に最も非可逆的に変化が起こる．しかし，電流がモーターを通ると，モーターは電流の流れに抵抗すると同時に，バッテリーは放電し，そのエネルギーの一部は仕事となる．この例では，抵抗する力がモーターよりもたらされるので，熱力学的により可逆的に放電が起き，比較的大量の利用可能なエネルギーが仕事の形でもたらされる．

これまでの説明から次の疑問が自然と生まれる．ある変化において有用な仕事に使えるエネルギーの量に限度はあるのだろうか．この疑問の答えはギブズエネルギーのなかに見いだすことができる．

> 理論的に，反応により生じるエネルギーのうち仕事に使える最大量は ΔG に等しい*．

ある反応の ΔG を求めることで，その反応が有用なエネルギー源となりうるかどうかを知ることができる．また，ある系の反応の ΔG から導かれる仕事の量を比較して，系の効率を測ることができる．

* 訳注：ΔG は，定温定圧下において，エネルギーのうち，エントロピー変化に使われる分と体積変化による仕事を除いたあとの自由に使えるエネルギーである．通常，一定体積下でない限り，状態変化により体積変化の仕事が自然と生じる．この体積変化の仕事は，自由に使えるエネルギーには含まれない．

例題 18・6 最大仕事の計算

25 ℃，1 atm において，1 mol のオクタン $C_8H_{18}(l)$ の酸化により $CO_2(g)$ と $H_2O(l)$ が生じる反応から得られる利用できる最大の仕事を kJ 単位で求めよ．

指針 最大仕事は反応の ΔG に等しい．条件は標準状態と特定されているので，必要なことは $\Delta_r G°$ を求め，それをいまの反応のスケールにあてはめることである．

解法 この計算で使うのは（18・7）式である．

解答 はじめにやることは，化学反応式を決めることである．C_8H_{18} の燃焼反応は次のとおりである．

$$C_8H_{18}(l) + 12.5\,O_2(g) \longrightarrow 8\,CO_2(g) + 9\,H_2O(l)$$

これに（18・7）式を適用する．

$$\Delta_r G° = [8\,\Delta_f G°_{CO_2(g)} + 9\,\Delta_f G°_{H_2O(l)}] - [\Delta_f G°_{C_8H_{18}(l)} + 12.5\,\Delta_f G°_{O_2(g)}]$$

表18・2を参照して計算を行う．

$$\Delta_r G° = [8 \times (-394.4 \text{ kJ mol}^{-1}) + 9 \times (-237.2 \text{ kJ mol}^{-1})]$$
$$- [(+17.3 \text{ kJ mol}^{-1}) + 12.5 \times (0 \text{ kJ mol}^{-1})]$$
$$= (-5290 \text{ kJ mol}^{-1}) - (+17.3 \text{ kJ mol}^{-1})$$
$$= -5307 \text{ kJ mol}^{-1}$$

この化学反応式に対応する標準反応ギブズエネルギー $\Delta_r G°$ は -5307 kJ mol^{-1} となる．1 mol の C_8H_{18} が反応する場合は，反応式も $\Delta_r G°$ も 1 mol で計算すればよい．よって，25 ℃，1 atm において，1 mol の C_8H_{18} から最大で 5307 kJ の仕事を期待できる．

確認 各計算で値の符号を確認せよ．また，正しい化学量論係数が使われているか確認せよ．最後に，液体状態の水の $\Delta_f G°$ が使われているか確認せよ．表には液体と気体の二つの状態の $\Delta_f G°$ 値が記載されている．

練習問題 18・12 25 ℃，1 atm において 1.00 mol のアルミニウムを酸化し $Al_2O_3(s)$ となる反応の最大仕事を計算せよ．（ブースターロケットにおけるアルミニウムの燃焼により，スペースシャトルを打上げるさいのエネルギーの一部が供給されている．）

スペースシャトルの打上げ．Al_2O_3 の大きな負の生成熱が，スペースシャトルを発射台から離陸させる固体ブースターロケットに推進力を与えている．

18・8 ギブズエネルギーと平衡

物質のある変化において，ギブズエネルギー変化 ΔG が負であればその変化は自発的であり，正であれば非自発的であることをみてきた．しかし，ΔG が正でも負でもなく，物質の変化が自発的でも非自発的でもないことがある．そのような状態は平衡状態にあり，$\Delta G = 0$ のときに起こる．ある系が動的に平衡状態にあるとき，これをギブズエネルギーを用いると次式で表される．

$$G_{生成物} = G_{反応物} \quad \Delta G = 0$$

ギブズエネルギーを使って水と氷の相平衡について検討してみよう．

$$H_2O(l) \Longrightarrow H_2O(s)$$

0 ℃ よりも低温では，水と氷の 1 mol 当たりの G を比較すると，氷の G のほうが水の G よりも小さい．よって，水が氷に変化したほうが，水と氷の G を足し合わせた系全体の G は小さくなるので，凝固が自発的に起こる．逆に，0 ℃ よりも高温だと，水の G のほうが氷の G よりも小さいので，氷が水に変化したほうが，系全体の G が小さくなる．すなわち，氷の融解が自発的に起こる．温度が正確に 0 ℃ のとき，水と氷の 1 mol 当たりの G は等しい．したがって，水と氷の相対量に関係なく，系の G は一定値となり，それはその条件下で最小である．これは平衡状態で，凝固も融解も自発的には起こらず，水と氷は任意の量で永遠に共存できる．

> **定温定圧下で系内の2相が平衡であるための条件**
> 相1の1 mol 当たりの G ＝ 相2の1 mol 当たりの G

反応における平衡と仕事

定温定圧下での反応における平衡も，系全体の G が最小のときに達成される．例として，自動車を発進させるときに使う一般的な鉛蓄電池を考えてみよう．蓄電池が完全に充電されているとき，放電反応により生じる生成物は実際上存在しない．しかし，反応に使われるべき反応物は大量にある．それゆえ，反応物のギブズエネルギー G は生成物のギブズエネルギーよりもきわめて大きく，反応物の G を減少させながら系全体の G を下げる方向に自発変化，すなわち放電する．蓄電池が放電すると，反応物は生成物に変化し生成物の G は増え，反応物の G は減る．反応物の G が減少する方向は反応の正方向である．一方，生成物の G もやはり減少しようとするが，その減少は反応を逆方向に進める．反応の初期には，圧倒的に反応物が多量にあり，反応物の G の減少が生成物の G の減少に打ち勝って系全体の G の減少が進むが，生成物が増えるにつれて，系全体の G の減少はだんだんと緩やかになり，やがて止まり，それ以上反応が進行すると，逆に系全体の G の増加する点，すなわち最小点に達する．この G が最小の状態が平衡状態である．平衡状態は，反応物の G の減少の進行（正方向への進行）と生成物の G の減少の進行（逆方向への進行）が釣合った状態である．これら両者が拮抗しているため，系全体の G の変化の進行は止まる．この系全体の G の変化の方向を指し示すものは，反応混合物中のすべての成分の G を合わせたものの反応進行に対する変化率である．それは具体的には，あとに示す図 18・11 や図 18・12 における G の変化曲線の傾きである．この傾きが負のときには反応は正方向に進み，正のときには逆方向に進む．傾きがゼロのときは G が最小になる点，すな

18・8　ギブズエネルギーと平衡　575

わち平衡状態である。その状態からは、仕事を取出すことはできず、蓄電池は"死ん
だ"状態となる。

融点と沸点の予測

先に述べた $H_2O(l) \rightarrow H_2O(s)$ のような相変化では、平衡状態は大気圧下ではある
特定の温度でしか存在しない。水の場合、その温度は 0℃ である。0℃ よりも高温で
は液体の水しか存在しえず、0℃ よりも低温では液体の水は凝固し氷となる。相変化
において、ΔH と ΔS の間に興味深い関係がある。たとえば、氷 7 mol、水 3 mol が共
存している平衡状態と、氷 3 mol、水 7 mol が共存している平衡状態とでは、どちら
の系の G も等しい。よって、これら二つの状態間で変化が起こったとしてもそのギ
ブズエネルギー変化 ΔG はゼロである。しかし、氷を溶かして水にするには熱 ΔH が
必要である。では、その ΔH はどうなるのか。$\Delta G = 0$ であるから、

$$\Delta G = 0 = \Delta H - T\Delta S$$

となり、それゆえ次式が成り立つ。

$$\Delta H = T\Delta S \quad \text{かつ} \quad \Delta S = \frac{\Delta H}{T} \tag{18・8}$$

すなわち、ΔH はエントロピー変化 ΔS に費やされたことになる。よって、相変化の
ΔH と二つの相が共存する温度がわかれば、相変化の ΔS を計算できる。もう一つの
興味深い関係は、次の関係式である。

$$T = \frac{\Delta H}{\Delta S} \tag{18・9}$$

もし、相変化の ΔH と ΔS を知っていれば、相変化が起こる温度を計算できる。

例題 18・7　相変化の平衡温度の計算

$Br_2(l) \rightarrow Br_2(g)$ の相変化の $\Delta_r H° = +31.0$ kJ mol^{-1}, $\Delta_r S°$
$= 92.9$ J mol^{-1} K^{-1} である。$\Delta_r H$ と $\Delta_r S$ が温度にほとんど依
存せず一定の値をとると仮定して、1 atm において $Br_2(l)$ が
$Br_2(g)$ と平衡状態にある摂氏温度（液体 Br_2 の標準沸点）を
計算せよ。

指針　物質の標準沸点は 1 atm で液相と気相が平衡で存在す
るときの温度である（§11・5 参照）。問題は $\Delta_r H$ と $\Delta_r S°$ を
(18・9) 式の ΔH と ΔS に置き換えることが可能であると示
唆している。その置き換えを行えば、あとは先に述べた式を
使うだけである。

解法　平衡時の温度は (18・9) 式で与えられる。ΔH と ΔS
が温度にほとんど依存しないと仮定すれば、$\Delta_r H°$ と $\Delta_r S°$ を
この式にあてはめて沸点を見積もればよい。

$$T \approx \frac{\Delta H°}{\Delta S°}$$

解答　与えられた数値を入れて計算すると、

$$T \approx \frac{3.10 \times 10^4 \text{ J mol}^{-1}}{92.9 \text{ J mol}^{-1} \text{ K}^{-1}} = 334 \text{ K}$$

となる。摂氏温度は $334 - 273 = 61$ ℃ である。$\Delta_r H°$ を J mol^{-1}
単位で使ったことに注意せよ。こうすることで単位を正しく
相殺することができる。ここで計算した沸点は実測値 58.8 ℃
にきわめて近い。

確認　$\Delta_r H°$ は 31,000 J mol^{-1}, $\Delta_r S°$ は約 100 J mol^{-1} K^{-1} であ
る。これは温度が 310 K 程度であるべきことを意味する。答
えの 334 K はそれに近い値なので妥当と考えられる。

■ ΔH と ΔS は温度により大きくは変わらない。温度変化は反応物と
生成物の両方のエンタルピーとエントロピーに同程度の影響を与え
るからである。それゆえ、反応物と生成物の差はおおよそ一定に保
たれる。

練習問題 18・13　アンモニアの蒸発熱は 21.7 kJ mol^{-1}, 沸
点は -33.3 ℃ である。液体アンモニアが蒸発するさいのエ
ントロピー変化を計算せよ。

練習問題 18・14　水銀の蒸発熱は 60.7 kJ mol^{-1} である。
$Hg(l)$ の $S°$ は 76.1 J mol^{-1} K^{-1}, $Hg(g)$ の $S°$ は 175 J mol^{-1}
K^{-1} である。液体水銀の標準沸点を計算せよ。

ギブズエネルギー曲線

ギブズエネルギー曲線 Gibbs energy diagram

反応過程のギブズエネルギー変化について理解するよい方法のひとつは**ギブズエネルギー曲線**を検討することである．例として，以前にも扱った N_2O_4 が NO_2 に分解する反応を取上げる．

$$N_2O_4(g) \longrightarrow 2NO_2(g)$$

§14・1での化学平衡の説明において，この系の平衡には反応の始状態と終状態の両方の状態から接近することができると述べた．同じ系全体の組成から出発すれば，その平衡は同じものとなる．

図18・11は反応物から生成物へと反応が進行するとき，どのように系のギブズエネルギーが変化するかを表したギブズエネルギー曲線である．曲線の左端は純粋な $N_2O_4(g)$ 1 mol のギブズエネルギー，右端は純粋な $NO_2(g)$ 2 mol のギブズエネルギーである．左端と右端の間は反応進行の途中部分で，N_2O_4 と NO_2 の両者は混合物となっている．この反応物 N_2O_4 から生成物 $2NO_2$ へ進む途中でギブズエネルギーが最小をとることに注意せよ．最小点は純粋な N_2O_4 や NO_2 の点よりも下に位置する．

■ 系がギブズエネルギーの"下り坂"（$G_{終状態} < G_{始状態}$）に沿って変化するとき，ΔG は負である．ΔG が負である変化は自発的である．

どのような系もそのギブズエネルギー曲線上の最小点を自発的に探すだろう．もし，純粋な $N_2O_4(g)$ より反応を始めたとすると，NO_2 の方向へ進むとギブズエネルギーが低下するので，反応は左から右へ進行し，いくらかの $NO_2(g)$ を生成する．もし，$NO_2(g)$ より始めると，やはり変化が起こる．このときギブズエネルギー曲線を下るということは逆方向の反応 $2NO_2(g) \rightarrow N_2O_4(g)$ が起こることを意味する．ギブズエネルギー曲線の谷底に到達したとき，系は平衡状態になる．§11・8と§14・6で述べたように，系が他から影響を受けなければ，平衡混合物の組成は一定に保たれる．その理由は，どんな（右や左に動かそうとする）変化も曲線を上らなければならないからである．ギブズエネルギーの増加は自発的には起こらないので，そのようなことは起こらない．

図18・11でもう一つ重要なことは，たとえ $\Delta_r G°$ が正でも，反応が自発的に正方向に進むことである．しかし，そのような反応は，それほど正方向に進まない時点で平衡に達する．比較のために図18・12では負の $\Delta_r G°$ をもつ反応のギブズエネルギー曲線を示す．この場合は，平衡の時点で反応物の大半は生成物へ変化することがみてと

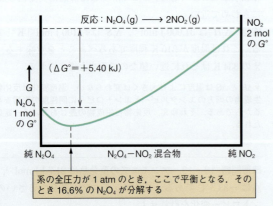

図18・11　分解反応 $N_2O_4(g) \rightarrow 2NO_2(g)$, $\Delta_r G° = +5.40$ kJ mol^{-1} のギブズエネルギー曲線．左端の縦軸には1 mol の $N_2O_4(g)$ の，右端の縦軸には2 mol の $NO_2(g)$ のギブズエネルギーを示す．G 曲線の最小点は平衡の位置を示す．$\Delta_r G°$ が正なので，平衡の位置は反応物に近く平衡に達するまでに生成物はそれほど多くは生成しない．

系の全圧力が1 atmのとき，ここで平衡となる．そのとき 16.6% の N_2O_4 が分解する

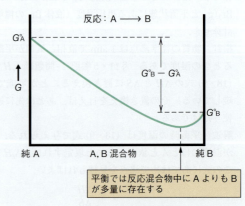

平衡では反応混合物中にAよりもBが多量に存在する

図18・12　負の $\Delta_r G°$ をもつ反応のギブズエネルギー曲線．$G_B°$ が $G_A°$ よりも小さく，$\Delta_r G°$ は負である．これにより，平衡は左端からかなり離れ純粋な生成物に近いところに位置にする．平衡に達したとき，系には多量の生成物，少量の反応物が存在する．

れる．すなわち，$\Delta_r G°$ は純粋な反応物と純粋な生成物の間のどこに平衡があるかを示している．

$\Delta_r G°$ と平衡の位置

- $\Delta_r G°$ が正のとき，平衡の位置は反応物に近く，平衡に達するまでに少ししか反応は進まない．反応は非自発的なもののようにみえる．
- $\Delta_r G°$ が負のとき，平衡の位置は生成物に近く，平衡に達するまでに多量の生成物が生成する．反応は自発的にみえる．
- $\Delta_r G° = 0$ のとき，平衡の位置は反応物と生成物のほぼ中央にある．平衡時には反応物も生成物もかなりの量存在する．反応は反応物側からみても生成物側からみても自発的のようにみえる．

一般に，多くの反応の $\Delta_r G°$ の数値は，$N_2O_4 \rightarrow 2NO_2$ の反応の $\Delta_r G°$ の数値よりもずっと大きい．反応がどこまで進むかは $\Delta_r G°$ の大きさにとても敏感である．もし，反応の $\Delta_r G°$ の絶対値が妥当な大きさ（約 20 kJ mol^{-1} かそれ以上）のとき，$\Delta_r G°$ が正ならば，ほとんど反応は観測されない．逆に $\Delta_r G°$ が負ならば，反応はほぼ完全に進行する*．実用的な観点から，$\Delta_r G°$ の大きさと符号は観測可能な自発反応が起こるかどうかの指標となる．

* §18・2で説明したように，変化を実際にみるには，自発反応の速度がかなり速くなければならない．たとえば，窒素酸化物の N_2 と O_2 への分解は熱力学的には自発的である（$\Delta_r G°$ が負）．しかし，その分解速度が非常に遅いので，窒素酸化物は安定のようにみえる．

例題 18・8　$\Delta_r G°$ を使って反応の結果を予測する

25°C における次の反応が観測できるかどうか．

$$NH_4Cl(s) \longrightarrow NH_3(g) + HCl(g)$$

指針　この問に答えるには，平衡位置を見積もるのに使う $\Delta_r G°$ の大きさと符号を知る必要がある．

解法　必要とされるものの一つは $\Delta_r G°$ と平衡位置の関係である．他に必要なのは $\Delta_r G°$ を得る (18・7) 式である．

解答　はじめに表 18・2 を使って $\Delta_r G°$ を計算する．手順は以前に行ったとおりである．

$$\Delta_r G° = [\Delta_f G°_{NH_3(g)} + \Delta_f G°_{HCl(g)}] - [\Delta_f G°_{NH_4Cl(s)}]$$
$$= [(-16.7 \text{ kJ mol}^{-1}) + (-95.27 \text{ kJ mol}^{-1})]$$
$$- [(-203.9 \text{ kJ mol}^{-1})]$$

$$= +91.9 \text{ kJ mol}^{-1}$$

$\Delta_r G°$ は大きな正の値であるので，この温度では非常にわずかの生成物しか生成しない．それゆえ，NH_4Cl の分解を観察することは期待できないであろう．

確認　計算で出てくる各量の符号を確認せよ．また，生成物のギブズエネルギーから反応物のギブズエネルギーが差し引かれていることを確認せよ．

練習問題 18・15　表 18・2 を使って次の反応が 25°C で自発的に起こるかどうか判断せよ．

$$SO_2(g) + 1/2 O_2(g) \longrightarrow SO_3(g)$$

$\Delta_r G°$ の温度依存性

いままで，温度を 25°C に特定した場合に限ってギブズエネルギーと平衡の関係の説明を行ってきた．他の温度ではどうなるのだろうか．25°C 以外の温度でも平衡は存在する．14 章で温度が平衡の位置に与える影響を予測するルシャトリエの原理について学んだが，熱力学でこの問題がどう扱われるのかをみていこう．

以前に，1 atm，298 K において $\Delta_r G°$ に対し次の式が成立することをみてきた．

$$\Delta_r G° = \Delta_r H° - (298 \text{ K})\Delta_r S°$$

異なる温度 T においては，この式は次のようになる．

$$\Delta_r G°_T = \Delta_r H°_T - T\Delta_r S°_T$$

もし，温度 T における $\Delta_r H°_T$ と $\Delta_r S°_T$ を計算できたり見積もったりすることができれば，この問題は解決する．

$\Delta_r G_T^\circ$ は明らかに温度に大きく依存する．先の式では温度は変数の一つであった．しかし，例題18・7で述べたように $\Delta_r H$ と $\Delta_r S$ は温度の変化に対し比較的鈍感である．それゆえ，$\Delta_r H_{298}^\circ$ と $\Delta_r S_{298}^\circ$ を，$\Delta_r H_T^\circ$ と $\Delta_r S_T^\circ$ の妥当な近似値として用いることができる．よって，$\Delta_r G_T^\circ$ の式は次のように書き換えられる．

$$\Delta_r G_T^\circ \approx \Delta_r H_{298}^\circ - T\Delta_r S_{298}^\circ \qquad (18\cdot 10)$$

次の例題はこの式の有用性を示している．

例題 18・9　25℃以外の温度における $\Delta_r G^\circ$

表18・2より，反応 $N_2O_4(g) \rightarrow 2NO_2(g)$ の25℃における $\Delta_r G^\circ$ は $+5.40\ \mathrm{kJ\ mol^{-1}}$ であることがわかる．105℃における $\Delta_r G_T^\circ$ の近似値を求めよ．

指針　この問題では，標準生成ギブズエネルギー $\Delta_f G^\circ$ から $\Delta_r G_T^\circ$ を求めることはできない．なぜなら，標準生成ギブズエネルギーの値は25℃でしか与えられていない．したがって，(18・10) 式と $\Delta_r H^\circ$，$\Delta_r S^\circ$ を使って解くこととなる．

解法　(18・10) 式がこの問題を解くのに必要である．そして，この式を使うには $\Delta_r H^\circ$ と $\Delta_r S^\circ$ の値が必要である．$\Delta_r H^\circ$ は，ヘスの法則〔(6・14) 式〕を使って計算する．$\Delta_r S^\circ$ は (18・6) 式を使って求める．また表6・2より，(6・14) 式で使う標準生成エンタルピーを得る．

$N_2O_4(g)$　　$\Delta_f H^\circ = +9.67\ \mathrm{kJ\ mol^{-1}}$
$NO_2(g)$　　$\Delta_f H^\circ = +33.8\ \mathrm{kJ\ mol^{-1}}$

次に，表18・1より得たエントロピーの値を使って $\Delta_r S^\circ$ を計算する．

$N_2O_4(g)$　　$S^\circ = 304\ \mathrm{J\ mol^{-1}\ K^{-1}}$
$NO_2(g)$　　$S^\circ = 240.5\ \mathrm{J\ mol^{-1}\ K^{-1}}$

解答　はじめにヘスの法則とデータより $\Delta_r H^\circ$ を計算する．

$$\begin{aligned}
\Delta_r H^\circ &= [2\,\Delta_f H^\circ_{NO_2(g)}] - [\Delta_f H^\circ_{N_2O_4(g)}] \\
&= [2\times(33.8\ \mathrm{kJ\ mol^{-1}})] - [(9.67\ \mathrm{kJ\ mol^{-1}})] \\
&= +57.9\ \mathrm{kJ\ mol^{-1}}
\end{aligned}$$

次に，(18・6) 式を使って $\Delta_r S^\circ$ を計算する．

$$\begin{aligned}
\Delta_r S^\circ &= [2\,S^\circ_{NO_2(g)}] - [S^\circ_{N_2O_4(g)}] \\
&= [2\times(240.5\ \mathrm{J\ mol^{-1}\ K^{-1}})] - [(304\ \mathrm{J\ mol^{-1}\ K^{-1}})] \\
&= +177\ \mathrm{J\ mol^{-1}\ K^{-1}} = +0.177\ \mathrm{kJ\ mol^{-1}\ K^{-1}}
\end{aligned}$$

温度105℃は378Kであるので，ギブズエネルギー変化を $\Delta_r G_{378}^\circ$ と書く．(18・10) 式に代入し，$T = 378\ \mathrm{K}$ とする．

$$\begin{aligned}
\Delta_r G_{378}^\circ &\approx \Delta_r H^\circ - (378\ \mathrm{K})\Delta_r S^\circ \\
&\approx +57.9\ \mathrm{kJ\ mol^{-1}} - (378\ \mathrm{K})(0.177\ \mathrm{kJ\ mol^{-1}\ K^{-1}}) \\
&\approx -9.0\ \mathrm{kJ\ mol^{-1}}
\end{aligned}$$

$\Delta_r G_T^\circ$ は25℃では $+5.40\ \mathrm{kJ\ mol^{-1}}$ であるが，105℃では $-9.0\ \mathrm{kJ\ mol^{-1}}$ であることに注意せよ．

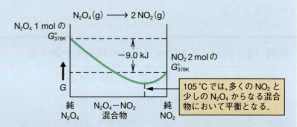

確認　符号を確認して計算が正しく行われたか確かめることができる．しかし，この問題ではルシャトリエの原理に基づいて答えが妥当か確認できる．

この反応は吸熱反応であるので，熱を反応物のように書いて，

$$熱 + N_2O_4(g) \rightleftharpoons 2NO_2(g)$$

熱が加えられると，平衡位置は生成物のほうに移動することが予測される．25℃での正の $\Delta_r G_T^\circ$ の値は平衡位置が反応物に近いところにあることを意味する．105℃での負の値は平衡位置が生成物に近いところにあることを意味する．結果は生成物側への平衡位置の移動であり，これは予測と一致する．

練習問題 18・16　表18・2を使い，次の反応の $\Delta_r G_{298}^\circ$ を求めよ．

$$2NaHCO_3(s) \longrightarrow Na_2CO_3(s) + CO_2(g) + H_2O(g)$$

表6・2と表18・1を使い，この反応の217℃における $\Delta_r G_{490}^\circ$ の近似値を求めよ．温度が上昇すると平衡位置はどのようになるか．

18・9　平衡定数と標準反応ギブズエネルギー

これまでの説明のなかで，$\Delta_r G^\circ$ の大きさと符号で平衡位置を決める方法を定性的

18・9 平衡定数と標準反応ギブズエネルギー　579

に学んできた．また，ギブズエネルギー曲線の最小に対して系の組成が相対的にどこにいるかで，反応の進行方向が決まることも学んできた．反応の進行によりギブズエネルギーが下がるのなら，反応はその方向に自発的に進む．

　式の導出はしないが，系全体の G の反応進行に対する変化率 $\Delta_r G$ と $\Delta_r G°$ の間の定量的な関係は次の式で表される．

$$\Delta_r G = \Delta_r G° + RT \ln Q \tag{18・11}$$

$\Delta_r G$ は系全体の G の反応進行に対する変化率，すなわち図 18・11，図 18・12 の G 対 反応進行のグラフにおけるギブズエネルギー曲線の傾きを意味する．$\Delta_r G°$ は標準反応ギブズエネルギーである．R は気体定数（8.314 J mol⁻¹ K⁻¹），T は絶対温度，$\ln Q$ は §14・2 で導入した**反応商** Q の自然対数である．気体の反応では，Q は atm 単位の分圧を使って計算される*．溶液反応では，Q はモル濃度で計算される．例題 18・10 に示すように，もし $\Delta_r G°$ と反応混合物の組成がわかっていれば，（18・11）式よりこの反応混合物の自発変化の方向が予測できる．

■ 14 章で，Q を反応商，すなわち質量作用の式の数値と定義した．また，Q と K を比較して，反応の進む方向を予測できることを述べた．

反応商 reaction quotient, Q

* 厳密にいえば，$\Delta_r G°$ のデータの記載に atm と bar のどちらが使われているかに基づいて圧力を表現するべきである．簡単のため，ここでのすべての計算は，よりなじみのある単位 atm を使うことにする．

例題 18・10　自発変化の方向を決める

　反応 $2NO_2(g) \rightleftharpoons N_2O_4(g)$ の $\Delta_r G°_{298}$ は -5.40 kJ mol⁻¹ である．反応混合物において，NO_2 の分圧が 0.25 atm，N_2O_4 が 0.60 atm である．25 ℃ において反応はどちらに進み平衡に到達するか．

　指針　反応は平衡に向かって自発的に進行することはわかっているので，ここで問われているのは自発的に正方向に進むのか逆方向に進むのかを決めることである．14 章で，Q を K と比べ，反応がどちらに進むか決めることができることを学んだ．ここでは，$\Delta_r G$ の符号を決めることで化学反応の方向を予測する．

　解法　正方向の反応の $\Delta_r G$ を計算するために（18・11）式を使うことができる．もし，$\Delta_r G$ が負ならば，正方向が自発的である．もし正ならば，正方向は自発的な方向ではなく，逆方向が自発的な方向である．（18・11）式を解くために，正しい質量作用の式の表現が必要である．この反応の Q は，分圧を用いて表現すると次式となる．

$$Q = \frac{P_{N_2O_4}}{(P_{NO_2})^2}$$

　解答　Q に質量作用の式を用いて式を立てると，

$$\Delta_r G = \Delta_r G°_{298} + RT \ln\left(\frac{P_{N_2O_4}}{(P_{NO_2})^2}\right)$$

となる．次に，データを用意する．

$$\Delta_r G°_{298} = -5.40 \text{ kJ mol}^{-1} \qquad T = 298 \text{ K}$$
$$= -5.40 \times 10^3 \text{ J mol}^{-1} \qquad P_{N_2O_4} = 0.60 \text{ atm}$$
$$R = 8.314 \text{ J mol}^{-1} \text{ K}^{-1} \qquad P_{NO_2} = 0.25 \text{ atm}$$

$\Delta_r G°_{298}$ のエネルギー単位を，R の単位と合わせるために J と

したことに注意してほしい．次の段階は，これらのデータを式に入れることである．このとき，反応商は常に単位のない数値であるので，分圧の単位は外す*1．計算は以下のとおりである*2．

$$\Delta_r G = -5.40 \times 10^3 \text{ J mol}^{-1}$$
$$+ (8.314 \text{ J mol}^{-1} \text{ K}^{-1})(298 \text{ K})\ln[0.60/(0.25)^2]$$
$$= -5.40 \times 10^3 \text{ J mol}^{-1}$$
$$+ (8.314 \text{ J mol}^{-1} \text{ K}^{-1})(298 \text{ K})\ln(9.6)$$
$$= -5.40 \times 10^3 \text{ J mol}^{-1}$$
$$+ (8.314 \text{ J mol}^{-1} \text{ K}^{-1})(298 \text{ K})(2.26)$$
$$= -5.40 \times 10^3 \text{ J mol}^{-1} + 5.60 \times 10^3 \text{ J mol}^{-1}$$
$$= +2.0 \times 10^2 \text{ J mol}^{-1}$$

$\Delta_r G$ が正であるので，正方向は自発的な方向ではない．逆方向が自発的な進行方向で，平衡に至る方向である．よって，N_2O_4 がいくらか分解する．

*1 理由は本書の範囲を超えるが，反応商を計算するのに使われる質量作用の式や平衡定数のなかの値は，比を用いる．分圧の場合は atm 単位の圧力を 1 atm で，濃度の場合はモル濃度を 1 mol L⁻¹ で割った比である．このことから，Q や K が無単位となる．

*2 ある数の対数をとったとき，小数点以下の有効桁数は，その数の有効桁数と同じである．0.60 atm と 0.25 atm は両方とも二つの有効数字をもつので，括弧内の数（2.26）は小数点以下 2 桁で丸められる．

練習問題 18・17　例題 18・10 において NO_2 の分圧が 0.260 atm，N_2O_4 の分圧が 0.598 atm としたときの $\Delta_r G$ を求めよ．この状態は平衡状態のどちら側に位置しているか．

熱力学的平衡定数の計算

　系が平衡に達したとき，系全体のギブズエネルギー G が最小になることを述べた．これは，図 18・11，図 18・12 の G 対 反応進行のグラフにおける G 曲線の谷底の点に対応する．この最小点では G 曲線の傾きはゼロ，すなわち（18・11）式の $\Delta_r G$ はゼロである．また，平衡状態での反応商 Q は平衡定数 K に等しい．

$$\Delta_r G = 0, \quad Q = K \quad （平衡状態）$$

これらを（18・11）式に入れると，

$$0 = \Delta_r G° + RT \ln K$$

となる．これを変形すると次式が得られる．

$$\Delta_r G° = -RT \ln K \tag{18・12}$$

熱力学的平衡定数 thermodynamic equilibrium constant

* 熱力学的平衡定数は，気体については常に分圧の形で含んでいなければならない．圧力の単位は標準圧力単位（$\Delta_r G°$ のデータがどちらで集められているかに依存して atm あるいは bar）でなくてはならない．気体と液体とが混合した場合の平衡では，気体に対しては分圧，溶解した物質に対してはモル濃度が混ざったものとなる．

　この式から計算される平衡定数 K は**熱力学的平衡定数**とよばれ，気体反応（分圧を atm で表す）では K_P，溶液反応（濃度を mol L^{-1} で表す）では K_c に対応する*．

　測定値にせよ，計算値にせよ，標準反応ギブズエネルギー $\Delta_r G°$ の値から平衡定数を求めることができるので，（18・12）式は有用である．そして，$\Delta_r G°$ はヘスの法則と似た手順で，表に記載された $\Delta_r G°$ より求めることができる．また逆に，測定された平衡定数より $\Delta_r G°$ の値も求めることができる．

例題 18・11　ギブズエネルギー変化の計算

　大気汚染による茶色っぽいスモッグは，しばしば赤褐色の気体である二酸化窒素 NO_2 によるものである．一酸化窒素 NO は自動車のエンジン内ででき，その一部が大気中に逃げ，そこで酸素により酸化され NO_2 となる．

$$2NO(g) + O_2(g) \rightleftharpoons 2NO_2(g)$$

この反応の K_P は 25 °C で 1.7×10^{12} である．$\Delta_r G°$ を J mol^{-1} 単位，および kJ mol^{-1} 単位で求めよ．

指針　平衡定数と標準反応ギブズエネルギーとを関係づける式はわかっている．行うべきことは，この式を使うための適切な情報を準備することである．

解法　標準反応ギブズエネルギー $\Delta_r G°$ と平衡定数との関係を表す式は（18・12）式である．また $\Delta_r G°$ を計算するため

のデータが必要である．温度はセルシウス温度で与えられているので，$T_K = (t_C + 273.15\,°C)(1\,K/1\,°C)$ で絶対温度に変換する．

$$R = 8.314\ \text{J mol}^{-1}\,\text{K}^{-1} \qquad K_P = 1.7 \times 10^{12}$$
$$T = 298.15\ \text{K}$$

解答　これらの値を式に入れて，答えを得る．

$$\Delta_r G° = -(8.314\ \text{J mol}^{-1}\,\text{K}^{-1} \times 298.15\ \text{K})\ln(1.7 \times 10^{12})$$
$$= -(8.314\ \text{J mol}^{-1}\,\text{K}^{-1} \times 298.15\ \text{K}) \times (28.16)$$
$$= -6.980 \times 10^4\ \text{J mol}^{-1} = -69.80\ \text{kJ mol}^{-1}$$

確認　K_P の値は，平衡位置が右方向の遠いところにある．すなわち $\Delta_r G°$ が負で大きい値であることを示している．それゆえ，答えの -69.80 kJ mol^{-1} は妥当と考えられる．

例題 18・12　熱力学的平衡定数

　二酸化硫黄は，しばしば汚染大気中に存在する物質である．自動車に内蔵されている触媒を通り抜けた二酸化硫黄は酸素と反応する．その生成物は非常に酸性の強い酸化物，三酸化硫黄である．

$$2SO_2(g) + O_2(g) \rightleftharpoons 2SO_3(g)$$

25 °C におけるこの反応の $\Delta_r G°$ は -1.40×10^2 kJ mol^{-1} である．K_P を求めよ．

指針　この問題を解くための式はわかっているので，行うべきことはこの式に入れるデータを集めることである．

解法　（18・12）式を使う．この場合は，化学反応式は特に必要な情報ではない．式に必要なのは，問題文にある T と $\Delta_r G°$ である．そして，必要なら R の値も調べる．データを整理すると，以下のとおりとなる．

$$R = 8.314\ \text{J mol}^{-1}\,\text{K}^{-1} \qquad \Delta_r G° = -1.40 \times 10^2\ \text{kJ mol}^{-1}$$
$$T = 298\ \text{K} \qquad\qquad\qquad\quad = -1.40 \times 10^5\ \text{J mol}^{-1}$$

解答　K_P を計算するために，まず $\ln K_P$ を求める．

$$\ln K_P = -\frac{\Delta_r G°}{RT}$$

数値を式に入れる.

$$\ln K_P = \frac{-(-1.40\times10^5\ \text{J mol}^{-1})}{(8.314\ \text{J mol}^{-1}\ \text{K}^{-1})(298\ \text{K})}$$

K_P を計算するために,逆対数(真数)をとる.

$$K_P = e^{56.5} = 3\times10^{24}$$

答えの有効数字を 1 桁にしかしなかったことに注意せよ.以前にも示したが,対数をとるとき,小数点以下の桁数は,も

との数の有効数字に等しい.逆に,逆対数の有効数字は対数の小数点後の桁数に等しい.

確認 $\Delta_r G^\circ$ は大きな負の値であるので,平衡位置は生成物のほうにかなりかたよっている.大きな K_P の値も生成物が多量にあることを示しているので,この結果は妥当である.

練習問題 18・18 反応 $N_2(g) + 3H_2(g) \rightleftharpoons 2NH_3(g)$ の K_P は 25 ℃ において 6.9×10^5 である.この反応の $\Delta_r G^\circ$ を kJ mol^{-1} 単位で求めよ.

18・10 結合エネルギー

これまで,熱力学的データから化学反応の自発性や化学反応系における平衡について,どのように予測できるかについてみてきた.熱力学には,このような有用性のほかにも有意義なことがある.反応熱や生成熱を調べることにより,反応する物質の化学結合に関する基本的な知見を得ることができる.その理由は,化学反応により生成物は反応物とは異なる結合をもつようになるからである.反応物と生成物における結合の総エネルギーの差は,得るにせよ失うにせよ,熱として現れる.

結合エネルギーは化学結合を電気的に中性な断片に分解するのに必要なエネルギー量であることを思い出そう.それは,化学的な性質を知るうえで有用な量である.なぜなら,化学反応において,反応物の結合は壊れ,生成物として現れるさいに結合が新しく形成されるからである.最初の段階,すなわち結合の開裂は,物質の反応性を支配する要因の一つである.たとえば,窒素 N_2 はきわめて反応性が低い.それはとても強い三重結合に起因するとされるが,この結合が単純に 1 段階で開裂する反応は起こらない.N_2 の反応は,三つの結合が一度に一つずつ段階的にかかわることで起こる.

結合エネルギー bond energy

■ N_2 分子の大きな結合エネルギーのため,窒素酸化物の生成反応は吸熱的である.

結合エネルギーを求める

H_2,O_2,Cl_2 の簡単な二原子分子の結合エネルギーは,たいがいは分光学的に測定される.炎や電気的なスパークは分子を励起するのに使われ,それにより分子は光を発する.その発光のスペクトルの解析から結合を開裂するのに必要なエネルギーを計算できる.

もっと複雑な分子では,熱力学データと一種のヘスの法則の計算により結合エネルギーが計算される.メタンの標準生成エネルギーを使って,その手法を説明しよう.その前に,**原子化エネルギー** $\Delta_{at}H$ とよばれる熱力学量を定義する.それは,1 mol の気体分子のすべての化学結合を開裂し気体状の原子にするのに必要なエネルギーの総量である.たとえば,メタンの原子化は次の化学反応式で表す.

$$CH_4(g) \longrightarrow C(g) + 4H(g)$$

この過程のエンタルピー変化が $\Delta_{at}H$ である.特に,この分子では $\Delta_{at}H$ は 1 mol の CH_4 中のすべての C−H 結合を開裂するのに必要なエネルギーの総量に対応する.それゆえ,$\Delta_{at}H$ を 4 で割ったものは,kJ mol^{-1} で表したメタンにおける平均 C−H 結合エネルギーである.

■ ここでの結合切断は,2 個の原子に結合電子を等しく分配するものである.それは次のように表現できる.
A:B $\longrightarrow$ A・ + ・B

原子化エネルギー atomization energy, $\Delta_{at}H$

図 18・13　標準状態でメタン分子が元素単体から生成する二つの経路. エンタルピー H は状態関数であるので，上の経路と下の経路のエンタルピー変化は等しい．

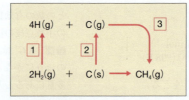

段階 1, 2, 3 は元素の気体状原子の生成と CH_4 における結合の形成を含んだ経路

標準状態にある元素の直接的な結合により CH_4 を生成する経路

図 18・13 は標準生成エンタルピー $\Delta_f H°$ から原子化エネルギーを計算する方法を示している．下の経路は単体から CH_4 を生成する化学反応である．もちろん，この反応のエンタルピー変化が $\Delta_f H°$ である．この図より，もう一つの $CH_4(g)$ に至る 3 段階を経る経路がみてとれる．一つの段階が，H_2 分子における H–H 結合の開裂で，これにより気体状の水素原子が生成する．2 番目が炭素の昇華で，気体状の炭素原子が生じる．3 番目が，これらの気体状原子が結合して CH_4 分子を形成する段階である．これらの変化は 1, 2, 3 で図中に示されている．

$\Delta H = H_{終状態} - H_{始状態}$ すなわち状態関数の差であるので，ある状態からある状態へのエンタルピー変化はたどる経路によらず同じである．すなわち，上の経路のエンタルピー変化と下の経路のエンタルピー変化 $\Delta_f H°$ は等しくなくてはならない．おそらく上の経路に沿った変化を熱化学方程式の形で書いてヘスの法則を適用するとよりわかりやすいだろう．

■ もっと詳しい気体状原子の標準生成エンタルピーの表が付録に載っている．

段階 1 と 2 は気体原子の標準生成エンタルピーとよばれるエンタルピー変化を含む．これらの量は多くの元素について測定されており，そのいくつかが表 18・3 に示されている．段階 3 は原子化の逆である．そのエンタルピー変化は $\Delta_{at} H$ の負の値をもつ（反応を逆転すると，その ΔH の符号も逆転することを思いだそう）．

段階 1	$2H_2(g) \longrightarrow 4H(g)$	$\Delta H_1° = 4\Delta_f H°_{H(g)}$
段階 2	$C(s) \longrightarrow C(g)$	$\Delta H_2° = \Delta_f H°_{C(g)}$
段階 3	$4H(g) + C(g) \longrightarrow CH_4(g)$	$\Delta H_3° = -\Delta_{at} H$
	$2H_2(g) + C(s) \longrightarrow CH_4(g)$	$\Delta H° = \Delta_f H°_{CH_4(g)}$

表 18・3　元素単体から気体状原子を生成するときの標準生成エンタルピー†

原子	$\Delta_f H°$ (kJ mol^{-1})	原子	$\Delta_f H°$ (kJ mol^{-1})
H	217.89	S	276.98
Li	161.5	F	79.14
Be	324.3	Si	450
B	560	P	332.2
C	716.67	Cl	121.47
N	472.68	Br	112.38
O	249.17	I	107.48

† 元素単体からの気体状原子の生成は結合開裂を伴うもので，吸熱反応であるため，すべての値は正となる．

上の三つの式を足し合わすと，$C(g)$ と $4H(g)$ が消去され，標準状態の元素から CH_4 が生成する反応式が得られることに注意せよ．これは，上の三つの $\Delta H°$ 値を足し合わせたものが CH_4 の $\Delta_f H°$ となることを意味する．

$$\Delta H_1° + \Delta H_2° + \Delta H_3° = \Delta_f H°_{CH_4(g)}$$

$\Delta H_1°, \Delta H_2°, \Delta H_3°$ を置き換え，$\Delta_{at} H$ について解く．はじめに $\Delta H°$ の値を代入する．

$$4\Delta_f H°_{H(g)} + \Delta_f H°_{C(g)} + (-\Delta_{at} H) = \Delta_f H°_{CH_4(g)}$$

次に，$-\Delta_{at} H$ について解く．

$$-\Delta_{at} H = \Delta_f H°_{CH_4(g)} - 4\Delta_f H°_{H(g)} - \Delta_f H°_{C(g)}$$

符号を変え右辺を整理する．

$$\Delta_{at} H = 4\Delta_f H°_{H(g)} + \Delta_f H°_{C(g)} - \Delta_f H°_{CH_4(g)}$$

次に必要なのは右辺の各 $\Delta_f H°$ の値である．表 18・3 より $\Delta_f H°_{H(g)}$ と $\Delta_f H°_{C(g)}$ を，表 6・2 より $\Delta_f H°_{CH_4(g)}$ の値を得る．それらの値を 0.1 kJ mol^{-1} で丸める．

18・10 結合エネルギー　　583

$$\Delta_f H^\circ_{H(g)} = +217.9 \text{ kJ mol}^{-1}$$

$$\Delta_f H^\circ_{C(g)} = +716.7 \text{ kJ mol}^{-1}$$

$$\Delta_f H^\circ_{CH_4(g)} = -74.8 \text{ kJ mol}^{-1}$$

これらの値を代入する.

$$\Delta_{at} H^\circ = 1663.1 \text{ kJ mol}^{-1}$$

これを4で割って，この分子における平均C−H結合エネルギーの見積値を得る.

$$\text{平均 C−H 結合エネルギー} = 1663.1 \text{ kJ mol}^{-1}/4 = 415.8 \text{ kJ mol}^{-1}$$

この値は，多くの化合物における平均C−H結合エネルギーをまとめた表18・4にある値に非常に近い. 表18・4にある他の結合エネルギーも熱力学的データに基づき類似の方法で求めたものである.

表 18・4　平均結合エネルギーの例(kJ mol^{-1})			
結合	結合エネルギー	結合	結合エネルギー
C−C	348	C−Br	276
C=C	612	C−I	238
C≡C	960	H−H	436
C−H	412	H−F	565
C−N	305	H−Cl	431
C=N	613	H−Br	366
C≡N	890	H−I	299
C−O	360	H−N	388
C=O	743	H−O	463
C−F	484	H−S	338
C−Cl	338	H−Si	376

生成エンタルピーの見積もり

　共有結合エネルギーに関することで驚くべきことのひとつは，多くの異なる化合物においてほとんど同じ値をとるということである. たとえば，C−H結合の結合エネルギーの値はCH_4においても，C_3H_6や$C_{15}H_{32}$や，この種の結合を含む他の数多くの化合物においてほとんど同じである.

　結合エネルギーが化合物間で大きく違わないので，表にまとめられた結合エネルギーを物質の生成エンタルピーの見積もりに使うことができる. たとえば，メタノール$CH_3OH(g)$の標準生成エンタルピーを計算してみよう. メタノールの化学構造式を欄外に示す. この計算を行うため，図18・14に示すように元素単体から化合物へ二つの経路を考える. 下の経路は$\Delta_f H^\circ_{CH_3OH(g)}$に対応するエンタルピー変化である. 一方，上の経路では一度気体状の元素にしたうえで分子中の結合ができるときにエネルギーが解放される. この解放されるエネルギーは表18・4の結合エネルギーから計算できる. 先と同様に，上の経路に沿ったエネルギー変化の合計は下の経路に沿ったエネルギー変化と同じでなくてはならない. これにより，$\Delta_f H^\circ_{CH_3OH(g)}$が計算できる.

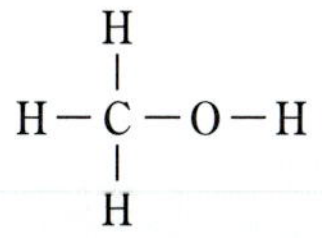

　段階1, 2, 3は元素から気体状原子の生成過程である. それらのエンタルピー変化は表18・3から得ることができる.

```
        H
        |
   H — C — O — H
        |
        H
```

$$\Delta H^\circ_1 = \Delta_f H^\circ_{C(g)} = +716.7 \text{ kJ mol}^{-1}$$

$$\Delta H^\circ_2 = 4\Delta_f H^\circ_{H(g)} = 4 \times 217.9 \text{ kJ mol}^{-1} = 871.6 \text{ kJ mol}^{-1}$$

$$\Delta H^\circ_3 = \Delta_f H^\circ_{O(g)} = 249.2 \text{ kJ mol}^{-1}$$

これらの値の合計である$+1837.5 \text{ kJ mol}^{-1}$が，段階1, 2, 3のエネルギーを合計したものである.

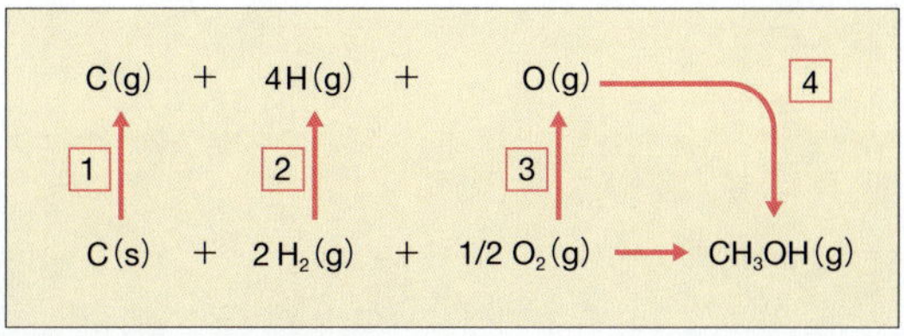

結合	結合エネルギー (kJ mol^{-1})
3(C−H)	$3 \times (412) = 1236$
C−O	360
O−H	463

```
C(g)  +  4H(g)  +   O(g)          4
 ↑ 1      ↑ 2       ↑ 3         ↘
C(s)  +  2H₂   + 1/2 O₂  →  CH₃OH(g)
```

図 18・14　標準状態にある元素からメタノール蒸気を生成する二つの経路

練習問題 18・19 気体状のシクロヘキサン C_6H_{12} の生成エンタルピーを求めよ. シクロヘキサンは六つの炭素が環状につながった分子で, それぞれの炭素には二つの水素原子が結合している. ベンゼン C_6H_6 についても生成エンタルピーを求めよ (ベンゼンの構造については§8・8参照).

　原子が共有結合で結合するときは常にエネルギーが解放されるので, 気体状原子からの CH_3OH 分子の生成は発熱的である. この分子では三つの C−H 結合, 一つの C−O 結合と O−H 結合がある. これらの結合形成によるエネルギーの解放は, 表 18・4 にあるそれらの結合エネルギーに等しい.

　これらの合計は 2059 kJ mol^{-1} となる. それゆえ, 図 18・14 の段階 4 のエンタルピー変化 ΔH_4° は -2059 kJ mol^{-1} である (結合形成は発熱的なので). こうして, 上の経路のエンタルピー変化の合計が計算できる.

$$\Delta H^\circ = (1837.5 \text{ kJ mol}^{-1}) + (-2059 \text{ kJ mol}^{-1}) = -222 \text{ kJ mol}^{-1}$$

こうして計算された値は $CH_3OH(g)$ の $\Delta_f H^\circ$ と等しくなるべきである. 比較のために, この気体状分子の実験で得られた $\Delta_f H^\circ$ は -201 kJ mol^{-1} である. 一見すると, 一致はとてもよいとはみえないが, 相対的にみれば計算値は実験値と約 10% しか違いがない.

19 電気化学

本章では，どのようにして酸化（電子を失う）と還元（電子を得る）の進行を分離し，物理的に異なる場所で行うことができるかについて学ぶ．ガルバニ電池とよばれるしくみでそれを行うと，自発的な酸化還元反応から電気を生み出すことができる．本章で扱う電池は，最初に発明されたガルバニ電池から充電可能な最先端のリチウム電池，再生可能エネルギー供給としての燃料電池，太陽電池まで学ぶ．また，電池反応の過程を逆転した電気分解とよばれる過程により，電気を使い自発的でない酸化還元反応を起こし重要な物質を生産することができることも学ぶ．

1938年，イラクのバグダッドで発見された最古の電池

学習目標
- ガルバニ電池の説明
- ガルバニ電池の電位の予測
- 標準還元電位を使った自発反応の予測
- 標準電池電位と標準反応ギブズエネルギーの関係の理解
- 溶液の濃度と電池電位の関係の理解
- 電気をつくる原理の説明
- 電気分解の理解
- 電気分解の定量的計算
- 電気分解の実用的応用例の説明

19・1	ガルバニ電池（ボルタ電池）
19・2	電池電位（起電力）
19・3	標準還元電位の利用
19・4	標準反応ギブズエネルギー
19・5	電池電位と濃度
19・6	いろいろな電池
19・7	電解槽
19・8	電気分解の化学量論
19・9	電気分解の実用的応用

19・1 ガルバニ電池（ボルタ電池）

携帯電話，ノートパソコンやハイブリッドカーに至る広い範囲の製品の一般的な携帯可能動力源として電池がある．電池のエネルギーは自発的な酸化還元反応に起因し，導線を通じて電子の移動を起こしている．このような電気を供給する装置を，イタリアの解剖学者で電気が筋肉の収縮を起こすことを発見したガルバニにちなみ**ガルバニ電池**という．同時に，もう一人のイタリア人科学者ボルタにちなみ，**ボルタ電池**ともよばれる．このボルタの発明が現代の電池の発展をもたらした．

ガルバニ Luigi Galvani, 1737〜1798
ガルバニ電池 galvanic cell
ボルタ Allesandro Volta, 1745〜1827
ボルタ電池 voltaic cell

ガルバニ電池の構成

光沢のある金属銅の一片を硝酸銀の水溶液中におくと，自発反応が始まる．徐々に，灰色の蓄積物が銅の上に現れ，液は水和したCu^{2+}の薄い青色になる（図19・1）．この反応の反応式は，

$$2Ag^+(aq) + Cu(s) \longrightarrow Cu^{2+}(aq) + 2Ag(s)$$

である．反応は発熱的であるが，すべてのエネルギーが熱となり発散するので利用で

586　19. 電気化学

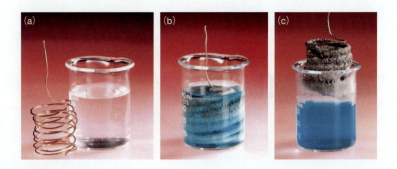

図19・1　銅と硝酸銀溶液との反応．(a) 銅のワイヤーと硝酸銀溶液を入れたビーカー．(b) 銅ワイヤーを硝酸銀溶液に入れると銅が溶け，溶液の色が青くなり，金属銀が銅ワイヤーの表面にきらきら輝く結晶として析出する．(c) しばらくすると，かなりの銅が溶けてしまい，ほとんどの銀が金属として析出する．

半電池 half-cell

きるエネルギーはない．

　利用可能な電気エネルギーを生むためには，正味の反応に含まれる二つの半反応が，**半電池**とよばれる別べつの容器で起こる必要がある．これが起こると，電子は外部にある導線を通らざるをえなくなり回路をつくることとなる．電子の流れは動力として使うことができる．これを行う装置，すなわちガルバニ電池は図19・2に示すように二つの半電池よりなっている．図の左側では，銀の電極がAgNO₃の溶液に浸り，右側では銅の電極がCu(NO₃)₂の溶液に浸っている．それらの二つの電極は外部の電気回路で結ばれ，二つの溶液は塩橋で連結されている．それらの役割についてはあとに述べる．スイッチを閉じて回路をつなげると，左側の半電池においてAg^+からAgへの還元が自発的に起こり，右側の半電池においてCuからCu^{2+}への酸化が自発的に起こる．それぞれの半電池で起こる反応は，5章の半反応を用いる手法で釣合をとることを学んだ種類の反応である．銀の半電池では，次の半反応が起こる．

$$Ag^+(aq) + e^- \longrightarrow Ag(s) \quad （還元）$$

銅側の半電池では，半反応は，

$$Cu(s) \longrightarrow Cu^{2+}(aq) + 2e^- \quad （酸化）$$

となる．これらの反応が起こると，銅の酸化で生じた電子は外部の回路を通り，もう一方の電極にいく．そこで電子はAg^+に渡され，Ag^+は光沢のある金属銀Agに還元される．

図19・2　ガルバニ電池．電池は二つの半電池より構成される．半反応で示された酸化が片方の，還元がもう片方の半電池で起こる．

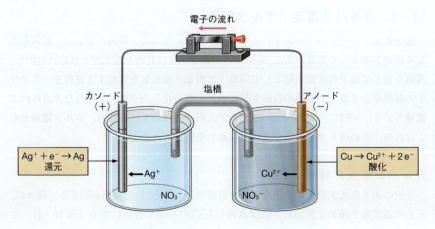

電池反応

電池反応 cell reaction

　ガルバニ電池で起こる反応全体を**電池反応**という．電池反応を起こすには，それぞ

れの電極での半反応を組合わせる必要がある．そのとき，片方の半反応で得られる電子の数と，もう片方で失われる電子の数は等しい．いまの場合，銀の還元の半反応を2倍して二つの半反応を足し合わせて，正味の反応とする（$2e^-$がそれぞれの側に現れ，それで相殺される）．これは，§5・2で説明した半反応を用いる手法により，酸化還元反応の釣合をとるのに使った方法と全く同じである．

$$
\begin{array}{ll}
2\mathrm{Ag}^+(\mathrm{aq}) + 2e^- \longrightarrow 2\mathrm{Ag}(\mathrm{s}) & (還元) \\
\mathrm{Cu}(\mathrm{s}) \longrightarrow \mathrm{Cu}^{2+}(\mathrm{aq}) + 2e^- & (酸化) \\
\hline
2\mathrm{Ag}^+(\mathrm{aq}) + \mathrm{Cu}(\mathrm{s}) + \cancel{2e^-} \longrightarrow 2\mathrm{Ag}(\mathrm{s}) + \mathrm{Cu}^{2+}(\mathrm{aq}) + \cancel{2e^-} & (電池反応)
\end{array}
$$

■ 電子が反応物として反応式に現れるときは還元，生成物として現れるときは酸化である．

■ この反応式で相殺される2個の電子は，移動する電子の数でもある．ネルンストの式を説明するときに，これは重要となる．

ガルバニ電池における電極の名前

電気化学的な系における電極は，**カソード**と**アノード**という名前で区別される．これらの名前は常に，その電極で起こる化学変化の性格によって定義づけられる．すべての電気化学的な系において，以下のことがあてはまる．

> カソードは還元（電子の獲得）が起こる電極である．
> アノードは酸化（電子の喪失）が起こる電極である．

カソード cathode

アノード anode

■ アノードとカソードという電極に関する用語については p.612 で詳しく述べる．

いままで述べてきたガルバニ電池では，銀の電極がカソード，銅の電極がアノードである．

電荷の伝導

ガルバニ電池の外部回路では，電荷が片方の電極からもう片方へ，金属導線を通しての電子の移動により伝えられる．このさいの電気伝導は金属による一般的な電気伝導で，**金属伝導**とよばれる．この外部回路を通って，電子は常に，酸化により電子を生みだすアノードから，還元で電子を消費するカソードへと移動する．

金属伝導 metallic conduction

電気化学的電池においては，別の種類の電気伝導も起こる．イオンを含む溶液（あるいはイオン化合物の溶融物）においては，電荷が，電子ではなく，イオンの運動により液体中を運ばれる．イオンによる電荷の移動は**電解伝導**といわれる．

電解伝導 electrolytic conduction

銅–銀ガルバニ電池で反応が起こるとき，Cu^{2+}がアノードをとりまいている溶液に入っていく．一方，Ag^+はカソードをとりまいている溶液から去っていく（図19・3）．

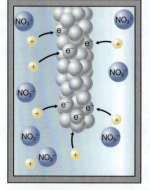

カソード表面での銀イオンの還元により電極から電子が引抜かれ，電極は正に荷電する

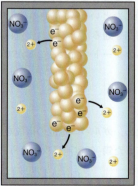

アノードでの銅原子の酸化により電子は電極に残され，電極は負に荷電する

図19・3 図19・2の拡大図で銅–銀ガルバニ電池のアノードとカソードでの電荷のようすを示す．アノードにおいて銅原子が酸化されると，Cu^{2+}は電子を電極に残し溶液に出ていく．Cu^{2+}が電極から離れなければ，あるいはNO_3^-が電極に移動しなければ，電極は正に荷電するであろう．銀電極において，Ag^+は電極表面から電子を得て溶液を離れ銀原子となる．Ag^+がカソードに移動しなければ，あるいは陰イオンが離れなければ，電極周囲の溶液は負に荷電するであろう．

588　　19. 電 気 化 学

塩橋 salt bridge

■しばしば，KNO_3あるいはKClなどの塩の熱い寒天溶液をU字管に入れ，冷やして塩橋をつくる．塩のイオンは動くことができるが，寒天はU字管内にとどまったままである．

このガルバニ電池がはたらくには，両方の半電池の溶液が電気的に中性を保たねばならない．これは両イオンの溶液への出入りを要求する．たとえば，Cuが酸化され，アノードをとりまく溶液がCu^{2+}で満たされ，それらの電荷の釣合をとるために陰イオンが必要となる．同様に，Ag^+が還元されると，NO_3^-が溶液に残され，中性を保つために陽イオンが必要となる．図19・2に示す**塩橋**が，溶液の電気的中性を保つためのイオンの移動を可能にしている．塩橋は電気回路を完全に閉じたものにするためにも重要である．

塩橋は電池反応に関係しないイオンでできた塩の溶液で満たされた管である．KNO_3やKClがよく使われる．その管は両端に多孔性の栓がはめられ，内部の溶液が流れ出ないようにしてあると同時に，塩橋内の溶液が半電池の溶液とイオンの交換を行えるようになっている．

電池が稼働している間，陰イオンが塩橋から銅半電池へと拡散する．また少量ではあるが，Cu^{2+}は溶液から塩橋に移動することができる．これら両方の過程は，銅半電池を電気的に中性に保つ助けとなる．銀半電池では，塩橋から陽イオンが入ってくる，また，NO_3^-が塩橋に入ることで半電池の電気的中性が保たれる．

塩橋がないと電気的中性は保たれず，電池から電流を生むことはできない．それゆえ，電池を機能させるために，イオンを含む溶液の電気的接触が欠かせない．

ガルバニ電池のイオン全体の流れをみると，陰イオンは，陰イオンが過剰に存在するカソードから，アノードで生成する陽イオンの電荷の釣合をとるためアノードへ移動することがわかる．同様に，陽イオンは，陽イオンが過剰に存在するアノードから，陰イオンが過剰なカソードへ移動する．陽イオンおよび陰イオンが英語名でcationおよびanionとよばれる理由は，それらのイオンが移動する方向の電極名に由来する．

> 陽イオン（cation）はカソード（cathode）へ向かって移動する．
> 陰イオン（anion）はアノード（anode）へ向かって移動する．

電 極 の 電 荷

■電極間の電荷の小さな差は，反応の自発性，すなわち自由エネルギーにとって有利な方向への変化により生まれる．電気的中性を保とうとする自然の傾向は，電極に大きな電荷をためることを阻み，外部回路を通る電気の自発的な流れを促す．

図19・2や図19・3に示すガルバニ電池のアノードでは，銅原子は自発的に電極を離れ，Cu^{2+}として溶液中に出ていく．あとに残された電子はアノードをわずかに負に荷電させる（これをアノードが負に分極したという）．カソードでは，電子が自発的にAg^+と結びつき電気的に中性の原子を生成する．しかし，それはまるでAg^+が電極の一部となったことと同じで，カソードはわずかに正に荷電する（これをカソードが正に分極したという）．電池の稼働中は，電極上の正と負の電荷の総量は，閉じられた外部回路を通る電子の流れ（電流）により少量に保たれている．実際，電子がアノードからカソードへ流れることができなければ，電極表面の化学反応の進行は止まるであろう．

電 池 表 記

利便性のため，ガルバニ電池の構成を表記する簡略法が使われる．たとえば，いままで説明してきた銅-銀電池は次のように表記する．

$$Cu(s) \mid Cu^{2+}(aq) \parallel Ag^+(aq) \mid Ag(s)$$

電池表記では習慣として，アノード半電池は電極の成分とともに左側におく．この場合，アノードは金属銅である．一重の垂直線は銅電極とその周囲の溶液の相の境界を

表す．二重の垂直線は，二つの半電池の溶液を結ぶ塩橋のそれぞれの端からなる 2 相の境界を表す．右側にカソード半電池が，カソードの成分とともにおかれる．こうして電極（銅と銀）が電池表記の両端に明記される．

$$\text{Cu(s)} \mid \text{Cu}^{2+}\text{(aq)} \parallel \text{Ag}^+\text{(aq)} \mid \text{Ag(s)}$$

（アノード｜塩橋｜カソード）
アノード電極　アノード電解液　カソード電解液　カソード電極

■ アノードの領域において，Cu は反応物で，Cu^{2+} に酸化される．一方，カソードの領域においては Ag^+ は反応物で，Ag に還元される．

時には，半電池の反応物の酸化体と還元体が溶解性で電極として使えないことがある．そのような場合は白金，グラファイトや金でできた挿入電極が電子移動のための場として使われる．たとえば，Zn^{2+} を含む溶液に亜鉛電極を浸したアノードと，Fe^{2+} と Fe^{3+} の両方を含む溶液に白金電極を浸したカソードでガルバニ電池を構成することができる．電池反応は次のとおりである．

$$2\text{Fe}^{3+}\text{(aq)} + \text{Zn(s)} \longrightarrow 2\text{Fe}^{2+}\text{(aq)} + \text{Zn}^{2+}\text{(aq)}$$

この電池表記は次のとおりである．

$$\text{Zn(s)} \mid \text{Zn}^{2+}\text{(aq)} \parallel \text{Fe}^{2+}\text{(aq)}, \text{Fe}^{3+}\text{(aq)} \mid \text{Pt(s)}$$

ここでは 2 種類の鉄イオンの化学式をコンマで分けて表記している．この電池では，Fe^{3+} から Fe^{2+} の反応が白金の挿入電極の表面で起こっている．

■ Fe^{2+} と Fe^{3+} は溶液中で完全に混合しているので，Fe^{2+} と Fe^{3+} のどちらを先に書いてもかまわない．

例題 19・1　ガルバニ電池の表記

金属亜鉛を硫酸銅の溶液に浸すと次の自発反応が起こる．

$$\text{Zn(s)} + \text{Cu}^{2+}\text{(aq)} \longrightarrow \text{Zn}^{2+}\text{(aq)} + \text{Cu(s)}$$

この反応を利用したガルバニ電池を書け．半電池反応は何か．電池表記を示せ．電池の図を書き，カソード，アノード，それぞれの電極の電荷，イオンの流れ，電子の流れを示せ．

指針　電池に関連する問題ではカソードとアノードを正しく把握することが重要である．定義により，アノードは酸化が起こる電極で，カソードは還元が起こる電極である．

解法　酸化還元反応の釣合をとるのに §5・2 で学んだ半反応を用いる手法が使える．二つの半反応が釣合ったとき，酸化反応がアノードで，還元反応がカソードで起こっている．最後に，電池表記を書く．

解答　二つの半反応は次のとおりである．

$$\text{Zn(s)} \longrightarrow \text{Zn}^{2+}\text{(aq)} + 2\text{e}^-　（アノード反応）$$
$$\text{Cu}^{2+}\text{(aq)} + 2\text{e}^- \longrightarrow \text{Cu(s)}　（カソード反応）$$

電池表記はアノードで起こる酸化反応から書き始める．アノード半電池は Zn^{2+}〔たとえば，溶かした $Zn(NO_3)_2$ や $ZnSO_4$ から生じた Zn^{2+}〕を含む溶液に電極として浸した金属亜鉛となる．アノード半電池は電極成分を垂直線の左側におき，その右側に酸化生成物をおく．

$$\text{Zn(s)} \mid \text{Zn}^{2+}\text{(aq)}$$

溶液中の Cu^{2+}〔たとえば，溶かした $Cu(NO_3)_2$ や $CuSO_4$ から生じた Cu^{2+}〕は電子を得て，金属銅に還元される．これがカソードとなる．銅半電池は垂直線の右側に電極成分をおき，その左側に還元される成分をおくことで表記される．

$$\text{Cu}^{2+}\text{(aq)} \mid \text{Cu(s)}$$

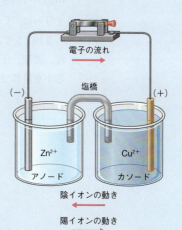

亜鉛-銅電池．電池の表記では，アノードを左，カソードを右に書いた．装置の図でも，アノード半電池を左に書いた．しかし，図 19・2 のように，右にすることもできる．装置の配置をどうしようと，どちらの半電池がアノードで，どちらがカソードかには影響しない．

電池表記は，塩橋を示す二重線の左側に亜鉛アノード電池を，右側に銅カソード電池をおけばよい．

$$Zn(s) | Zn^{2+}(aq) \| Cu^{2+}(aq) | Cu(s)$$
　　　アノード　　　　　　カソード

電池の図は前ページに示した．ガルバニ電池では，アノードは常に負電荷をもつので亜鉛電極は負，銅電極は正である．外部回路の電子は負の電極から正の電極へ移動する（すなわち，亜鉛アノードから銅カソードへ）．陰イオンはアノード方向に動き，陽イオンはカソード方向に動く．塩橋では図に示したように，陰イオンはアノード方向へ，陽イオンはカソード方向へ流れる．

確認 すべての答えが，どの物質が酸化され，還元されるかに関係するので，その部分を確認する．酸化は電子を失うこと，そして亜鉛は電子を失い Zn^{2+} になる．よって，亜鉛がアノードである．亜鉛がアノードなら銅がカソードである．こうして，亜鉛の酸化がアノードからカソードへ流れる電子を生むと説明できる．

練習問題 19・1 次の酸化還元反応を使ったガルバニ電池を書け．

$$Mg(s) + Fe^{2+}(aq) \longrightarrow Mg^{2+}(aq) + Fe(s)$$

アノードとカソードにおける半反応を書け．電池表記を示せ．

19・2 電池電位（起電力）

ガルバニ電池は外部回路に電子を押出す能力をもっている．この能力の大きさは**電位**として表される．電位は**ボルト**という単位で表され，1 V の電位中を流れる 1 C（電荷を表す SI 単位**クーロン**）の電荷は 1 J のエネルギーを供給する．

$$1 J = 1 C \times 1 V \qquad (19 \cdot 1)$$

ガルバニ電池の電位は電池反応の進み具合で変わる．ある電池が生み出す電位は**電池電位** E_{cell} とよばれ，それは電極の構成や半電池中のイオンや温度に依存する．電気化学での**標準状態**は，温度が 25 ℃，すべての濃度が 1.00 mol L^{-1}，気体は 1.00 atm にある系と定義されている．系が標準状態にあるとき，ガルバニ電池の電位は**標準電池電位** $E°_{cell}$ とよばれる．

電池電位は数ボルトを超えることはめったにない．たとえば，図 19・4 に示す銀と銅の電極よりなるガルバニ電池の電池電位は，0.46 V しかない．自動車のバッテリー中の一つの電池では約 2 V である．自動車のバッテリーのような高い電位を生むバッテリーは，いくつもの電池が直列につながれて電位が加算されている．

§19・5 で，標準状態にない系での電池電位 E_{cell} を計算できることを説明する．温度，濃度，圧力がわかっている限り，電池電位が標準状態からどのくらい異なっているかを計算できる．詳細はあとで示すが，重要なことは，多くの場合，ある反応での

電位 potential

ボルト volt, 単位記号 V

クーロン coulomb, 単位記号 C

■ ガルバニ電池によって生じる電位は，**起電力**(electromotive force, emf) ともよばれる．現在の電気化学では，電池電位には E_{cell} が，標準電池電位には $E°_{cell}$ がよく使われる．

電池電位 cell potential, E_{cell}

標準状態 standard state

標準電池電位 standard cell potential, $E°_{cell}$

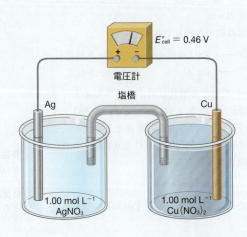

図 19・4 標準電池電位を生じさせるための電池．半電池内の Cu^{2+} と Ag^+ の濃度は 1.00 mol L^{-1} である．電圧を正しく読むためには，電圧計の負の端子をアノードに接続することが重要である．

標準電池電位と計算された電位は通常は $0.5\,V$ よりもずれることはなく，同じ符号をもつことである．それゆえ，標準還元電位を使って一般化することにする．この一般化は，通常は，非標準状態の電池電位にも適用できる．

還 元 電 位

それぞれの半電池が電子を獲得する，すなわち還元を進める傾向をもっていると考えることは有用である．この傾向の度合は半電池の**還元電位**で表される．標準状態で測られた還元電位を，**標準還元電位**という．標準還元電位を表すのに，$E°$ の記号に還元される物質（反応物）を表す下付文字をつけ加える．よって，次の半電池の標準還元電位は $E°_{Cu^{2+}}$ となる．時には，$E°_{Cu^{2+}/Cu}$ のように，反応物と生成物の両方を書くこともある．

$$Cu^{2+}(aq) + 2\,e^- \longrightarrow Cu(s)$$

二つの半電池をつなげてガルバニ電池をつくったとき，より大きな標準還元電位をもつ半電池（還元する傾向がより強い半電池）が，より小さな標準還元電位をもつ半電池から電子を奪う．つまり，酸化を強いる．標準電池電位は常に正の数値をとり，一方の半電池の標準還元電位と他方の標準還元電位の差を表す．すなわち，一般には以下のとおりである．

$E°_{cell}$ ＝［還元されるほうの標準還元電位］－［酸化されるほうの標準還元電位］　(19・2)

例として銅-銀電池をみてみよう．電池反応から銀は還元され，銅が酸化されることがわかる．

$$2Ag^+(aq) + Cu(s) \longrightarrow 2Ag(s) + Cu^{2+}(aq)$$

二つの還元半反応を比べると，実際に還元されるのは Ag^+ なので，還元される傾向は Ag^+ のほうが Cu^{2+} よりも強い．

$$Ag^+(aq) + e^- \longrightarrow Ag(s)$$
$$Cu^{2+}(aq) + 2\,e^- \longrightarrow Cu(s)$$

これは Ag^+ の標準還元電位が Cu^{2+} の標準還元電位よりもより正であることを意味する．いいかえると，$E°_{Ag^+}$ と $E°_{Cu^{2+}}$ の値を知っていれば，(19・2) 式を使って，より小さな正の標準還元電位 $E°_{Cu^{2+}}$ を，より大きな正の標準還元電位 $E°_{Ag^+}$ から差し引いて $E°_{cell}$ を計算できる．そして，それは常に正の値となる．

$$E°_{cell} = E°_{Ag^+} - E°_{Cu^{2+}}$$

水 素 電 極

不幸にも，独立した半電池の標準還元電位を測る方法はない．測定できるのは，二つの半電池を組合わせたときに生じる電位差である．それゆえ，標準還元電位に数値をつけるには，参照電極を選ばねばならず，その参照電極の標準還元電位は厳密に $0\,V$ と定義される．この参照電極は**標準水素電極**とよばれ（図 19・5），電極反応が起こる広い触媒的な表面を提供する非常に細かい白金で覆われた白金電極を包むように $1.00\,atm$ の水素ガスが泡立てられている．この電極は，水素イオン濃度が $1.00\,mol\,L^{-1}$ で $25\,℃$ の溶液で囲まれている．白金表面での半電池反応は，

$$2H^+(aq, 1.00\,M) + 2\,e^- \rightleftharpoons H_2(g, 1.00\,atm) \quad E°_{H^+} \equiv 0\,V \quad （定義）$$

還元電位 reduction potential

標準還元電位 standard reduction potential

■もし電池から電荷が流れると，電池の電位は自身の内部抵抗によりいくらか低下する．測定される電位は本来の E_{cell} よりも低くなる．

■標準還元電位は**標準電極電位**(standard electrode potential)ともよばれる．

■ガルバニ電池では，測定される電位を常に正にとる．これは重要なので覚えておこう．

■半反応における電子数で何の調整することなしに標準電池電位を使っていることに注意せよ．

標準水素電極 standard hydrogen electrode

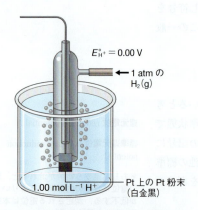

図 19・5 標準水素電極. 半反応は,
$2H^+(aq) + 2e^- \rightleftharpoons H_2(g)$.

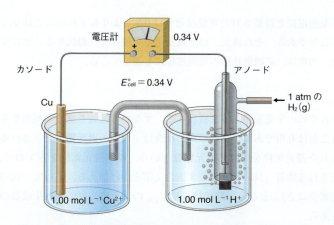

図 19・6 銅と水素の半電池からなるガルバニ電池. 電池反応は,
$Cu^{2+}(aq) + H_2(g) \longrightarrow Cu(s) + 2H^+(aq)$.

となる. これは真の平衡ではなく, 両方向の矢印は, 単にこの反応が可逆であることを示しているにすぎない. この半反応が還元反応として起こるか酸化反応として起こるかは, 対となる半電池の標準還元電位に依存する.

図 19・6 は水素電極と銅半電池を組合わせたガルバニ電池を表している. この電池の電位を電圧計で測ると, 銅電極が正, 水素電極が負となることがわかる. それゆえ, 銅がカソードで, 電池を機能させると Cu^{2+} が Cu に還元される. 同時に, 水素電極はアノードで, H_2 は酸化され H^+ となる. 半反応と電池反応は以下のとおりである.

* この電池表記は次のように書ける.
$Pt(s)|H_2(g)|H^+(aq) \| Cu^{2+}(aq)|Cu(s)$
水素電極(この場合アノード)は, 二重の縦線の左にある.

$$Cu^{2+}(aq) + 2e^- \longrightarrow Cu(s) \qquad (カソード反応)$$
$$H_2(g) \longrightarrow 2H^+(aq) + 2e^- \qquad (アノード反応)$$
$$\overline{Cu^{2+}(aq) + H_2(g) \longrightarrow Cu(s) + 2H^+(aq)} \qquad (電池反応)^*$$

(19・2) 式を使うと E°_{cell} を $E^\circ_{Cu^{2+}}$ と $E^\circ_{H^+}$ で表すことができる.

$$E^\circ_{\text{cell}} = \underbrace{E^\circ_{Cu^{2+}}}_{\text{還元されるほうの標準還元電位}} - \underbrace{E^\circ_{H^+}}_{\text{酸化されるほうの標準還元電位}}$$

測定された電池電位は 0.34 V, そして $E^\circ_{H^+}$ は 0.00 V であるので,

$$0.34 \text{ V} = E^\circ_{Cu^{2+}} - 0.00 \text{ V}$$

水素電極に対し, Cu^{2+} の標準還元電位は $+0.34$ V である. ここでわざわざ＋の符号を書いたのは, あとで説明するように負の標準還元電位もあるからである.

次に, 亜鉛電極と水素電極を組合わせたガルバニ電池を検討しよう (図 19・7). こんどは水素電極が正, 亜鉛電極が負であるので, 水素電極がカソード, 亜鉛電極がアノードである. これは水素イオンが還元され, 亜鉛が酸化されることを意味する. これらの半反応に基づいて電池反応を書くと, 次のとおりになる.

* この電池表記は次のように書ける.
$Zn(s)|Zn^{2+}(aq) \| H^+(aq)|H_2(g)|Pt(s)$
ここでは, 水素電極はカソードで, 二重の縦線の右にある.

$$2H^+(aq) + 2e^- \longrightarrow H_2(g) \qquad (カソード反応)$$
$$Zn(s) \longrightarrow Zn^{2+}(aq) + 2e^- \qquad (アノード反応)$$
$$\overline{2H^+(aq) + Zn(s) \longrightarrow H_2(g) + Zn^{2+}(aq)} \qquad (電池反応)^*$$

(19・2) 式から, 標準電池電位は,

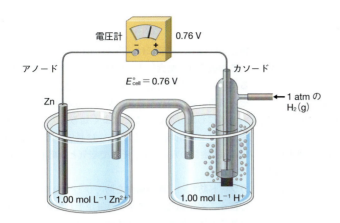

図 19・7 亜鉛と水素の半電池からなるガルバニ電池．電池反応は，
$$Zn(s) + 2H^+(aq) \longrightarrow Zn^{2+}(aq) + H_2(g).$$

$$E°_{cell} = E°_{H^+} - E°_{Zn^{2+}}$$

となり，測定された電池電位の 0.76 V と $E°_{H^+} = 0.00$ V を入れて計算すると，

$$0.76\,\text{V} = 0.00\,\text{V} - E°_{Zn^{2+}}$$

$$E°_{Zn^{2+}} = -0.76\,\text{V}$$

となる．亜鉛の標準還元電位が負であることに注意しよう．負の標準還元電位は単に，その物質は H^+ よりも容易に還元されないことを意味する．この場合は，水素電極と組合わせると Zn は酸化される．

多くの半反応の標準還元電位が，いま述べてきたようなやり方で，標準水素電極の標準還元電位と比較できる．表 19・1 はいくつかの典型的な半反応で得られた値を示している．値は減少する順に並べられている．すなわち左上にある半反応は一番還元が起こりやすく，右下は一番還元が起こりにくい．

ところで，なぜあるところでは電池電位が使われ，他のところでは標準電池電位が

■ 両方向の矢印の左辺にある物質は，反応が正方向に進むと還元されるので酸化剤である．最も強い酸化剤は表の左上にあるもの（たとえば，F_2）である．両方向の矢印の右辺にある物質は，反応が右から左に進むと酸化されるので還元剤である．最も強い還元剤は表の右下にあるもの（たとえば，Li）である．

表 19・1　25 °C における標準還元電位[†]

半反応	E° (V)	半反応	E° (V)
$F_2(g) + 2e^- \rightleftharpoons 2F^-(aq)$	+2.87	$AgBr(s) + e^- \rightleftharpoons Ag(s) + Br^-(aq)$	+0.07
$S_2O_8^{2-}(aq) + 2e^- \rightleftharpoons 2SO_4^{2-}(aq)$	+2.01	$2H^+(aq) + 2e^- \rightleftharpoons H_2(g)$	0
$PbO_2(s) + HSO_4^- + 3H^+ + 2e^- \rightleftharpoons PbSO_4(s) + 2H_2O$	+1.69	$Sn^{2+}(aq) + 2e^- \rightleftharpoons Sn(s)$	−0.14
$MnO_4^-(aq) + 8H^+(aq) + 5e^- \rightleftharpoons Mn^{2+}(aq) + 4H_2O$	+1.51	$Ni^{2+}(aq) + 2e^- \rightleftharpoons Ni(s)$	−0.25
$PbO_2(s) + 4H^+(aq) + 2e^- \rightleftharpoons Pb^{2+}(aq) + 2H_2O$	+1.46	$Co^{2+}(aq) + 2e^- \rightleftharpoons Co(s)$	−0.28
$BrO_3^-(aq) + 6H^+(aq) + 6e^- \rightleftharpoons Br^-(aq) + 3H_2O$	+1.44	$Cd^{2+}(aq) + 2e^- \rightleftharpoons Cd(s)$	−0.40
$Au^{3+}(aq) + 3e^- \rightleftharpoons Au(s)$	+1.42	$Fe^{2+}(aq) + 2e^- \rightleftharpoons Fe(s)$	−0.44
$Cl_2(g) + 2e^- \rightleftharpoons 2Cl^-(aq)$	+1.36	$Cr^{3+}(aq) + 3e^- \rightleftharpoons Cr(s)$	−0.74
$O_2(g) + 4H^+(aq) + 4e^- \rightleftharpoons 2H_2O$	+1.23	$Zn^{2+}(aq) + 2e^- \rightleftharpoons Zn(s)$	−0.76
$Br_2(aq) + 2e^- \rightleftharpoons 2Br^-(aq)$	+1.07	$2H_2O + 2e^- \rightleftharpoons H_2(g) + 2OH^-(aq)$	−0.83
$NO_3^- + 4H^+(aq) + 3e^- \rightleftharpoons NO(g) + 2H_2O$	+0.96	$Al^{3+}(aq) + 3e^- \rightleftharpoons Al(s)$	−1.66
$Ag^+(aq) + e^- \rightleftharpoons Ag(s)$	+0.80	$Mg^{2+}(aq) + 2e^- \rightleftharpoons Mg(s)$	−2.37
$Fe^{3+}(aq) + e^- \rightleftharpoons Fe^{2+}(aq)$	+0.77	$Na^+(aq) + e^- \rightleftharpoons Na(s)$	−2.71
$I_2(s) + 2e^- \rightleftharpoons 2I^-(aq)$	+0.54	$Ca^{2+}(aq) + 2e^- \rightleftharpoons Ca(s)$	−2.87
$NiO_2(s) + 2H_2O + 2e^- \rightleftharpoons Ni(OH)_2(s) + 2OH^-(aq)$	+0.49	$K^+(aq) + e^- \rightleftharpoons K(s)$	−2.92
$Cu^{2+}(aq) + 2e^- \rightleftharpoons Cu(s)$	+0.34	$Li^+(aq) + e^- \rightleftharpoons Li(s)$	−3.05
$SO_4^{2-}(aq) + 4H^+(aq) + 2e^- \rightleftharpoons H_2SO_3(aq) + H_2O$	+0.17		

[†] より詳しい表が付録にある．

コラム 19・1　鉄の腐食とカソード防食

腐食は、人類が鉱石から鉄やその他の金属を得る方法を発見して以来、ずっと悩まされてきた問題であった。腐食は、金属とその周囲にある物質との反応である。特に、鉄の腐食は、鉄があまりにも広く使われているので深刻な問題である。

鉄の腐食は酸素と水分がかかわる複雑な化学反応である（図1）。鉄は、酸素が存在しない純水中では腐食しない。また、水分がない純酸素中でも腐食しない。腐食過程は、以下に示すように、明らかに電気化学的なものである。鉄表面のある場所において、水の存在下で鉄が酸化され、溶液中に Fe^{2+} として出ていく。

$$Fe(s) \longrightarrow Fe^{2+}(aq) + 2e^-$$

このとき、鉄はアノードとしてはたらいている。

鉄が酸化されたときに離脱した電子は、金属鉄の中を通り、鉄が酸素に曝されている他の場所に移動する。これが、還元の起こる場所（金属表面のカソード領域）で、そこで酸素が還元され水酸化物イオンとなる。

$$1/2\,O_2(aq) + H_2O + 2e^- \longrightarrow 2\,OH^-(aq)$$

アノード領域でできた鉄(Ⅱ)イオンは、徐々に水中を拡散し、水酸化物イオンと接触する。これにより、$Fe(OH)_2$ の沈殿ができる。これは酸素により酸化され、容易に $Fe(OH)_3$ となる。この水酸化物は容易に水を失い、それにより酸化物が生じる。

$$2\,Fe(OH)_3 \longrightarrow Fe_2O_3 + 3\,H_2O$$

$Fe(OH)_3$ の部分的脱水が起こったとき、錆が生じる。それは、水酸化物と酸化物の中間の組成をもち、しばしば、水和酸化物とよばれる。一般には、$Fe_2O_3 \cdot xH_2O$ と表される。

この機構は、腐食による損傷の興味深い一面を説明している。自動車の車体に腐食が起こったとき、表面の塗装の傷やその周囲に腐食が現れるが、被害は表面塗装の下、もっと広い範囲にわたっていることはよく知られている。明らかに、あるアノード領域で生じた Fe^{2+} は長い距離を拡散する。ついには、塗装の穴に達し、そこで空気と反応して錆をつくる。

カソード防食　鉄の腐食を防ぐひとつの方法は、他の金属で覆うことである。"スズ"の缶がそれである。それは、薄いスズの層で被覆されたスチールの缶である。しかし、スズの層に傷がついて、下の鉄が曝露すると、腐食は加速されてしまう。鉄はスズよりも還元電位が低いので、電気化学電池のアノードになり、容易に酸化されるからである。

腐食防止の他の手段は、カソード防食とよばれるものである。それは鉄を、より酸化されやすい金属と接触させておくものである。これにより鉄はカソード、他の金属はアノードとなる。もし、腐食が起こっても、鉄はカソードであり、他の金属が代わりに反応するので、鉄は酸化から守られる。

亜鉛は、カソード防食に最もよく使われる。たとえば、アノードとしての亜鉛は、図2に示すように船の舵にとりつけられる。舵が水没しているとき、亜鉛は徐々に腐食するが、舵の金属は腐食されるようなことはない。防食が持続するよう、このアノードは定期的に取替えられる。

野外での耐久性が求められる鉄製品は、よく、亜鉛めっきされている。網目状のフェンスや金属のゴミバケツでみたことがあるだろう。もし、傷で鉄が曝露しても、より酸化されやすい金属と接しているので、鉄が酸化されることはない。

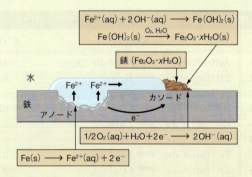

図1　鉄の腐食．アノード領域で鉄が溶け Fe^{2+} となる。電子は、金属を伝わり、酸素が還元されるカソード領域にいき、そこで OH^- が生じる。Fe^{2+} と OH^- が結びつき、さらに、空気中の酸素で酸化されて錆となる。

図2　カソード防食．出航前に、青銅の舵に、光沢のある新しい亜鉛板がカソード防食のために取りつけられる。時がたつと、反応性の低い青銅の代わりに亜鉛がさびるであろう。

使われるか疑問をもったかもしれない。定義によれば、標準電池電位は系が標準状態におかれたときに使う。電池電位は標準状態を含め、どんな濃度、圧力、温度でも使われる。簡便のため、以下の二つの節では計算は標準電池電位で行うこととする。

19・3 標準還元電位の利用　595

例題 19・2　標準電池電位の計算

先に，銀-銅ガルバニ電池の標準電池電位が +0.46 V であることを述べた．電池反応は次のとおりである．

$$2Ag^+(aq) + Cu(s) \longrightarrow 2Ag(s) + Cu^{2+}(aq)$$

Cu^{2+} の標準還元電位 $E°_{Cu^{2+}}$ が +0.34 V であることも述べた．Ag^+ の標準還元電位 $E°_{Ag^+}$ を求めよ．

指針　標準電池電位は二つの標準還元電位の差である．これら三つの値のうち二つがわかっているので，単に計算すればよいだけである．

解法　標準電池電位と二つの標準還元電位のうちの一つがわかっているので，未知の標準還元電位を計算するには（19・2）式を使う．式を正しく使うために，酸化と還元の原理を，どちらの反応物が還元され，酸化されるか決定するのに使う．

解答　銀は Ag^+ から Ag へ変化する．酸化数は +1 から 0 へ減るので Ag^+ は還元されたと結論できる．同様に，Cu は Cu^{2+} へと酸化される．よって，（19・2）式はこの場合 $E°_{cell}$

$= E°_{Ag^+} - E°_{Cu^{2+}}$ となるので，$E°_{cell}$ と $E°_{Cu^{2+}}$ の値を入れて，$E°_{Ag^+}$ について解くと，

$$0.46 \text{ V} = E°_{Ag^+} - 0.34 \text{ V}$$
$$E°_{Ag^+} = 0.46 \text{ V} + 0.34 \text{ V}$$
$$= 0.80 \text{ V}$$

となる．よって Ag^+ の標準還元電位は +0.80 V である．

確認　標準電池電位は二つの標準還元電位の差である．+0.80 V と +0.34 V の差（より大きな値から小さな値を引く）は 0.46 V である．計算した銀の標準電池電位は妥当と考えられる．表 19・1 で最終的な確認もできる．

練習問題 19・2　あるガルバニ電池の標準電池電位が 1.93 V である．片方の半電池の溶質と電極は，それぞれ Mg^{2+} と $Mg(s)$ である．他方の半電池の標準還元電位を計算し，それに合う半反応を表 19・1 より見つけよ．

19・3　標準還元電位の利用

前節で，標準還元電位と標準電池電位がどのように定義されるかみてきた．加えて，水素電極の標準還元電位を定義することで，標準還元電位が決定できることも説明した．以下，標準電池電位の利用について学ぶ．

自発反応の予測

標準状態において，二つの半反応の物質が混合されたときの自発的な反応の方向を予測することは容易である．なぜなら，より大きな還元電位をもつ半反応は正方向の反応，すなわち還元反応を起こし，他方の半反応は逆方向の反応，すなわち酸化反応を強いられるからである．表 19・1 では一番大きな還元電位を左上に，一番小さな還元電位を右下においてある．表 5・3 に示す活性系列も同様に並べられている．§5・6 の原理を発展させて，表 19・1 中での半反応の位置に基づいて自発的に進む反応を予測することができる．

■ 厳密にいえば，$E°$ の値は，標準状態で予測されることのみを教えてくれる．しかし，$E°_{cell}$ が小さいときのみ，濃度の変化が自発反応の方向を変えることができる．

どんな半反応の対においても，表においてより高い位置にある半反応は，より大きな標準還元電位をもち還元反応を起こす．他方の半反応は逆方向に進み，酸化反応を起こす．これは $E°_{cell}$ を計算せずに単に反応が自発的かどうか知りたいとき，あるいは問題を解いたあとの確認に有用である．さらに，その自発反応における反応物は，より高い位置の半反応の式の左側と，より低い位置の半反応の式の右側にある．

例題 19・3　自発的に進む反応を予測する

Cl_2 と Br_2 を，Cl^- と Br^- を含む溶液に加えたとき，どのような自発反応が起こるか．標準状態を仮定せよ．

指針　自発的な酸化還元反応において，より容易に還元される物質が還元を起こす物質であろう．Cl_2 と Br_2 のどちらが

還元されるか決定するための情報が必要である．

解法　$E°$ の値を比較するのに Cl_2 および Br_2 の還元の半反応の表 19・1 中での位置を利用できる．

解答　二つの還元半反応がある．

$$Cl_2(g) + 2e^- \longrightarrow 2Cl^-(aq)$$
$$Br_2(aq) + 2e^- \longrightarrow 2Br^-(aq)$$

表 19・1 において，Cl_2 の還元半反応が Br_2 よりも上位にあるので，Cl_2 の還元がより高い還元電位をもつにちがいない．これにより，Cl_2 は還元，Br^- は酸化されると結論できる．

$$Cl_2(g) + 2e^- \longrightarrow 2Cl^-(aq) \quad (還元)$$
$$2Br^-(aq) \longrightarrow Br_2(aq) + 2e^- \quad (酸化)$$

全体の反応は半反応を組合わせて，次のように書ける．

$$Cl_2(g) + 2Br^-(aq) \longrightarrow Br_2(aq) + 2Cl^-(aq)$$

確認　この反応の標準電池電位（$E^\circ_{cell} = 1.36\,V - 1.07\,V = +0.29\,V$）が計算できる．$E^\circ_{cell}$ が正の値であることから正しいことが確認できる．

練習問題 19・3　表 19・1 を利用して，標準状態で Br^-，$SO_4{}^{2-}$，H_2SO_3，および Br_2 が酸性溶液に混合されたときの自発反応を予測せよ．

標準電池電位の計算

標準還元電位あるいは表 19・1 中での位置が，自発的酸化還元反応の予測に利用できることをみてきた．次の例題に示すように，これらの反応でガルバニ電池をつくるとき，その標準電池電位の値を決めることもできる．

例題 19・4　ガルバニ電池の電池反応と標準電池電位の予測

自動車のスターターに使われる典型的な鉛蓄電池は，鉛と鉛(IV)酸化物 PbO_2 の電極と硫酸の電解質溶液からなる．この系の半反応と標準還元電位は，次のとおりである．

$$PbO_2(s) + 3H^+(aq) + HSO_4{}^-(aq) + 2e^- \rightleftharpoons$$
$$PbSO_4(s) + 2H_2O \quad E^\circ_{PbO_2} = 1.69\,V$$
$$PbSO_4(s) + H^+(aq) + 2e^- \rightleftharpoons$$
$$Pb(s) + HSO_4{}^{2-}(aq) \quad E^\circ_{PbSO_4} = -0.36\,V$$

電池反応を書き標準電池電位を求めよ．

指針　系が標準状態にあるなら自発反応を予測するのは容易である．自発的な電池反応において，より高い標準還元電位の半反応は還元反応として起こり，他方の半反応は逆に酸化反応として起こる．これが，標準電池電位を正の値にする唯一の方法だからである．

解法　標準電池電位は (19・2) 式より計算する．§5・2 での方法を使い二つの半反応を組合わせ，酸化，還元がそれぞれどちらであるかを決める．

解答　PbO_2 は $PbSO_4$ より高い標準還元電位をもつので，はじめの半反応は書いてあるとおりの方向に進むであろう．2 番目の半反応は逆方向に酸化反応として起こる．それゆえ，電池での半反応は，

$$PbO_2(s) + 3H^+(aq) + HSO_4{}^-(aq) + 2e^- \longrightarrow$$
$$PbSO_4(s) + 2H_2O$$
$$Pb(s) + HSO_4{}^-(aq) \longrightarrow PbSO_4(s) + H^+(aq) + 2e^-$$

となる．両方の半反応には 2 個の電子が関係するので，二つの半反応を足し合わせてそれらの電子と $H^+(aq)$ 一つを相殺して，電池反応を得る．

$$PbO_2(s) + Pb(s) + 2H^+(aq) + 2HSO_4{}^-(aq) \longrightarrow$$
$$2PbSO_4(s) + 2H_2O$$

電池の標準電池電位は (19・2) 式より計算でき，はじめの半反応は還元反応として，次の半反応は酸化反応として起こるので，次のようになる．

$$E^\circ_{cell} = E^\circ_{PbO_2} - E^\circ_{PbSO_4} = (1.69\,V) - (-0.36\,V) = 2.05\,V$$

確認　問題に関係する半反応は表 19・1 に載っている．それらの位置は PbO_2 が還元され，$Pb(s)$ が酸化されることを教えてくれる．よって，半反応は正しく組合わされた．E°_{cell} が正の値なので，計算は妥当と考えられる．

■ 半反応は，釣合のとれた酸化還元反応の半反応を用いる手法（§5・2）で使ったのと同じ手順で組合わされる．

練習問題 19・4　次の半反応からなるガルバニ電池の電池反応（これらは再充電可能な蓄電池の一種のエジソン電池での反応である）を書き，標準電池電位を求めよ．

$$NiO_2(s) + 2H_2O + 2e^- \rightleftharpoons Ni(OH)_2(s) + 2OH^-(aq)$$
$$E^\circ_{NiO} = 0.49\,V$$
$$Fe(OH)_2(s) + 2e^- \rightleftharpoons Fe(s) + 2OH^-(aq)$$
$$E^\circ_{Fe(OH)_2} = -0.89\,V$$

応 用 問 題

1.0 mol L^{-1} の硝酸アルミニウムとアルミニウム電極を入れたビーカーと，1.0 mol L^{-1} の塩化銅(II)と銅電極を入れたビーカーを用いて，ガルバニ電池を組立てた．二つのビーカー間に塩橋を挿入したとき，アルミニウム電極と銅電極間に測

定される電位を求めよ. アノード, カソードは, それぞれどの金属か. また, 自発反応を記せ.

指針 この問題は, 前の例題とよく似ているが, 本書の例題で出てきたいろいろな部分がかかわっている. そこで, これまでと同様のやり方で解いていくが, いくつかの手順が必要となる. 第一段階は命名法を使い, 化合物名から化合物の正しい化学式を書く. それから溶解性の規則 (表4・1参照)

を用い, 必要となる物質のイオンを書く. 第二段階は, 第一段階での物質から傍観イオンを除き, 半反応を書く. それらの半反応から全体の反応をつくる. 第三段階は標準還元電位を使い, 自発反応の適正な方向を定め, 標準電池電位を求める. 第四段階では, 電極で起こる反応より, アノード, カソードの決定を行う.

第一段階

解法 化合物やそのイオンの化学式を書くのに, 必要なら命名法に関する§2・6を復習してみよう. これらの化合物が水に溶けるかどうか決めるのに表4・1の溶解性の規則が必要である. そして, それらが可溶なら, それらのイオンの正しい化学式が必要である.

解答 アルミニウムは常に Al^{3+} となること, および多原子イオンである硝酸イオンの化学式から, 硝酸アルミニウムは $Al(NO_3)_3$ と書ける. ローマ数字のⅡは, Cu^{2+} であること, そしてその塩化物は $CuCl_2$ であることを示す. どちらも可溶であり, それらのイオンは Al^{3+}, Cu^{2+}, NO_3^-, Cl^- である. このほか, アルミニウムと銅は金属の単体としても存在していることを覚えておく必要がある.

第二段階

解法 電子と酸化体としての物質が左辺, 還元体としての物質が右辺となった反応式を書くために, 酸化数 (§5・1) と還元半反応 (§5・2) の概念が必要である.

解答 Al^{3+} と Cu^{2+} は Al と Cu のそれぞれの酸化体であるので, 必要な二つの半反応は次のように書ける.

$$Al^{3+} + 3e^- \longrightarrow Al$$
$$Cu^{2+} + 2e^- \longrightarrow Cu$$

これらの半反応を書くさいに, NO_3^- も Cl^- も使う必要はない. なぜなら, それらの酸化数は変化がなく, つまり, それらは傍観イオンであるからである.

表19・1をみない段階では, これらの半反応の結びつけ方には, 2通りある. 電子の数を同じにそろえ (1番目の半反応を2倍, 2番目の半反応を3倍して), それらを引くと,

$$2Al^{3+} + 3Cu \longrightarrow 3Cu^{2+} + 2Al$$
$$3Cu^{2+} + 2Al \longrightarrow 2Al^{3+} + 3Cu$$

のように二つの式ができる.

第三段階

解法 標準電池電位を決めるために (19・2) 式が必要である. 表19・1より, $E^\circ_{Al^{3+}}$ と $E^\circ_{Cu^{2+}}$ の値を得る.

解答 標準還元電位の値は $E^\circ_{Al^{3+}} = -1.66\,V$, $E^\circ_{Cu^{2+}} = +0.34\,V$ である. 第二段階の二つの異なる反応に対し, 以下のように書ける.

$$2Al^{3+} + 3Cu \longrightarrow 3Cu^{2+} + 2Al$$
$$E^\circ_{cell} = -1.66\,V - (+0.34\,V) = -2.00\,V$$
$$3Cu^{2+} + 2Al \longrightarrow 2Al^{3+} + 3Cu$$
$$E^\circ_{cell} = +0.34\,V - (-1.66\,V) = +2.00\,V$$

E°_{cell} は, 2番目の反応のとき正の値となるので, 2番目が自発反応である.

第四段階

解法 電極の性格を決めるには, アノードとカソードの定義が必要である.

解答 酸化は自発反応において常に, アノードで起こる. アルミニウムは酸化され Al^{3+} となるので, アルミニウムがアノードである. 同様に, 還元は常にカソードで起こる. Cu^{2+} は金属銅に還元されるので, 銅がカソードである.

確認 これらの半反応を表19・1にあてはめてみると, それらの相対的な位置関係は, 正しく自発反応を選んだことを示している. また, 酸化, 還元された物質を正しく決め, (19・2) 式を正しく適用し, 正しいアノードとカソードの帰属を行ったことを示している.

練習問題 19・5 $1.0\,mol\,L^{-1}$ の硫酸鉄(Ⅱ)溶液と $1.0\,mol\,L^{-1}$ の硫酸鉄(Ⅲ)溶液が入ったビーカー, $1.0\,mol\,L^{-1}$ の硝酸スズ(Ⅱ)溶液と $1.0\,mol\,L^{-1}$ の硝酸スズ(Ⅳ)溶液が入ったビーカーと2本の白金電極よりガルバニ電池をつくった. 自発反応と標準電池電位を求めよ.

自発反応の電池電位

反応物の混合物において起こる自発的な酸化還元反応を予測できるので, ある反応が書かれたとおりに起こるか起こらないかも予測することができる.

> もし, 標準電池電位が正ならば, その反応は自発的に起こる. 負ならば, 逆方向へ進行する反応が自発的である.

598   19. 電 気 化 学

たとえば，前の例題において自発反応の標準電池電位を求めるために，正の答えを与えるように標準還元電位を差し引いた．それゆえ，もしある反応において，その反応式が書かれているとおりに標準電池電位を計算し，その値が正ならば，その反応は自発的なものであるとわかる．もし，標準電池電位が負になったら，その反応は自発的ではない．逆方向が実際に自発的に進行する方向である．

例題 19・5　標準電池電位より反応が自発的かどうかを判断する

標準状態において次の反応が書かれているとおりに自発的に進むか判断せよ．もし自発的でないなら，自発的に反応するように反応式を書け．

(a) $Cu(s) + 2H^+(aq) \longrightarrow Cu^{2+}(aq) + H_2(g)$

(b) $3Cu(s) + 2NO_3^-(aq) + 8H^+(aq) \longrightarrow$
$$3Cu^{2+}(aq) + 2NO(g) + 4H_2O$$

指針　書かれているとおりの反応の標準電池電位を計算する．それを行うには，それぞれの反応における酸化の半反応と還元の半反応をみきわめる必要がある．それから，標準電池電位を計算し，もし正なら自発反応，負なら逆反応が自発的である．

解法　$E°_{cell}$ の符号が自発性を決めるので，(19・2) 式を使用する．また，§5・2にある半反応と表 19・1 の標準還元電位も必要である．

解答　二つの反応の $E°_{cell}$ を求めてみよう．(a) この反応の半反応は，次のように書ける．

$$Cu(s) \longrightarrow Cu^{2+}(aq) + 2e^- \quad (酸化)$$
$$2H^+(aq) + 2e^- \longrightarrow H_2(g) \quad (還元)$$

H^+ は還元され Cu は酸化される．よって (19・2) 式はこの場合，$E°_{cell} = E°_{H^+} - E°_{Cu^{2+}}$ となるので，表 19・1 の値を代入すると，$E°_{cell} = (0.00\,V) - (0.34\,V) = -0.34\,V$ となる．計算された標準電池電位は負なので，反応(a)の正方向は自発的な方向ではない．実際，(a)の逆方向の反応が自発反応である．

$$Cu^{2+}(aq) + H_2(g) \longrightarrow Cu(s) + 2H^+(aq)$$
(a)の逆方向の反応

(b) この反応の半反応は，次のように書ける．

$$Cu(s) \longrightarrow Cu^{2+}(aq) + 2e^-$$
$$NO_3^-(aq) + 4H^+(aq) + 3e^- \longrightarrow NO(g) + 2H_2O$$

Cu が酸化され，NO_3^- は還元される．よって (19・2) 式はこの場合，$E°_{cell} = E°_{NO_3^-} - E°_{Cu^{2+}}$ となるので，表 19・1 の値を代入すると，

$$E°_{cell} = (0.96\,V) - (0.34\,V) = +0.62\,V$$

となる．計算された標準電池電位は正なので，反応(b)は書かれているとおり正方向に自発的に進む．

確認　表 19・1 中の相対的な位置関係より，問題に正しく答えたことが確かめられる．

■ 硝酸は，酸化剤 NO_3^- を含むので銅を溶かす．

練習問題 19・6　それぞれの反応が標準状態で自発的に起こるように書け．

(a) $2Br^-(aq) + I_2(s) \longrightarrow Br_2(aq) + 2I^-(aq)$

(b) $Mn^{2+}(aq) + 5Ag^+(aq) + 4H_2O \longrightarrow$
$$MnO_4^-(aq) + 5Ag(s) + 8H^+(aq)$$

19・4　標準反応ギブズエネルギー

電池電位から酸化還元反応の自発性の予測が可能であるという事実は偶然ではない．18章で反応の ΔG が化学反応から得ることのできる利用可能な仕事の最大量であることを説明した．その関係は次のとおりである．

$$-\Delta G = 反応系が自由に使える仕事 \tag{19・3}$$

電気的な系である電池がなす仕事は，電位により生じた電荷の流れにより供給される．その仕事も反応のギブズエネルギー変化として表すことができる．導出は本書の範囲を超えるが，電池においては次の関係式が成立する．

$$\Delta_r G = -nFE_{cell} \tag{19・4}$$

ファラデー定数 Faraday constant

■ より厳密には $1\,F = 96{,}485\,C\,mol^{-1}$

ここで，n は電池反応の前後で移動する電子の数（無単位），F は**ファラデー定数**とよばれる定数で陽子 1 mol 当たりの電荷（$9.65 \times 10^4\,C\,mol^{-1}$）である．したがって，

19・4 標準反応ギブズエネルギー　599

陽子と大きさは同じであるが符号が異なる負の電荷をもつ電子 1 mol 当たりの電荷は $-F$ となる．E_{cell} はある時点での電池の電位（単位 V）で，$-nFE_{cell}$ はその時点における電池反応系の $\Delta_r G$ に等しい．この $\Delta_r G$ は，§18・9 の（18・11）式にある $\Delta_r G$ と同じもので，系のギブズエネルギーの反応進行に対する変化率であり J mol^{-1} の単位をもつ．（19・4）式の右辺の単位は，（19・1）式でみたように 1 V = 1 J C^{-1} であるから，(C mol^{-1}) × (V) = (C mol^{-1}) × (J C^{-1}) = J mol^{-1} であり，$\Delta_r G$ の単位に一致する．

また，標準状態に設定された電池は標準電池電位 E_{cell}° を示すが，その E_{cell}° と標準反応ギブズエネルギー $\Delta_r G^{\circ}$ の間には以下の関係がある．

$$\Delta_r G^{\circ} = -nFE_{cell}^{\circ} \qquad (19 \cdot 5)$$

18 章を参照すると，もし $\Delta_r G$ が負の値ならば，反応は自発的である．それは（19・4）式より，正の E_{cell} に対応している．

これまで，E_{cell} が E_{cell}° に等しい標準状態における系の自発性の予測を注意深く行ってきた．次の §19・5 では，どのようにして非標準状態における E_{cell} を計算し，反応が自発的かどうかを予測するかをみていくことになる．

ΔH°，ΔG° や他の標準熱力学変数の値は，すべて特定された化学反応と関係している．たいがいは，その化学反応の反応式は最も簡単な係数で書かれている．しかし，§6・7 で説明したように，熱エネルギーやギブズエネルギーの量は，反応式中の係数で示される物質量と結びついている．そこで，混乱を避けるために，しばしば，$\Delta_r H^{\circ}$ や $\Delta_r G^{\circ}$ およびそれらの値とともに化学反応式を書くこととする．

例題 19・6　標準反応ギブズエネルギーの計算

次の反応の標準反応ギブズエネルギー $\Delta_r G^{\circ}$ を計算せよ．ただし，標準電池電位は 25 ℃ で 0.320 V である．

$$NiO_2(s) + 2Cl^-(aq) + 4H^+(aq) \longrightarrow$$
$$Cl_2(g) + Ni^{2+}(aq) + 2H_2O$$

指針　E_{cell}° と $\Delta_r G^{\circ}$ との関係が必要である．そして与えられた反応式より電池反応の前後で移動する電子の数 n を決める．また，V を C 当たりの J に変換する必要もある．

解法　この問題を解くには（19・5）式を用いる．F と E_{cell}°，そして §5・2 で学んだ原理（酸化還元反応式の釣合をとる）で導いた化学反応式における移動する電子の数を求める．また，ファラデー定数 F も用いる．

$$1\,F = 9.65 \times 10^4\ C\ mol^{-1}$$

（19・1）式を使って，V を J C^{-1} に変換する．

解答　（19・5）式を解くのに，化学反応式中の係数について考察し，n を求める．二つの Cl^- が酸化されて Cl_2 になり，

2 個の電子が NiO_2 に移動する．それゆえ，$n = 2$ を得る．最後に 0.320 V を 0.320 J C^{-1} とする．（19・5）式を使うと，

$$\Delta_r G^{\circ} = -2 \times (9.65 \times 10^4\ C\ mol^{-1}) \times (0.320\ J\ C^{-1})$$
$$= -6.18 \times 10^4\ J\ mol^{-1} = -61.8\ kJ\ mol^{-1}$$

となる．この値は 1 mol の $NiO_2(s)$ が 2 mol の塩化物イオン，および 4 mol の水素イオンと反応したときに得られるエネルギーに相当する．

確認　近似計算をしてみよう．ファラデー定数は約 10^5 とできる．2 × 0.32 の積は 0.64，よって $\Delta_r G^{\circ}$ は約 0.64 × 10^5 あるいは 6.4 × 10^4 である．よって答えは妥当と考えられる．大切なことは，符号，すなわち正の E_{cell}° と負の $\Delta_r G^{\circ}$ の両方が自発変化を予測していることである．

練習問題 19・7　ある反応が 0.107 V の E_{cell}° と -30.9 kJ mol^{-1} の $\Delta_r G^{\circ}$ をもつとき，いくつの電子がこの反応で移動するか．

E_{cell}° と平衡定数

電気化学の有用な応用の一つは平衡定数の決定である．§18・9 で標準反応ギブズエネルギー $\Delta_r G^{\circ}$ と平衡定数との間に次の関係があることを述べた．

$$\Delta_r G^{\circ} = -RT \ln K_c$$

ここでは，電気化学的反応は溶液で起こるので，平衡定数に K_c を用いることにする．また，(19・5) 式で $\Delta_r G°$ と $E°_{cell}$ との間に次の関係があることを述べた．

$$\Delta_r G° = -nFE°_{cell}$$

したがって，$E°_{cell}$ と平衡定数との間にも関係がある．上述の二つの方程式の右辺が等しいので，次の関係式が成り立つ．

$$-nFE°_{cell} = -RT \ln K_c$$

$E°_{cell}$ について解くと*，次の式が得られる．

$$E°_{cell} = \frac{RT}{nF} \ln K_c \tag{19・6}$$

この式が正しく機能する単位は，R は $8.314\ \mathrm{J\ mol^{-1}\ K^{-1}}$，温度 T は絶対温度 K，F はファラデー定数 $9.65 \times 10^4\ \mathrm{C\ mol^{-1}}$，$n$ は電池反応で移動する電子の数である．

* 歴史的な理由により，(19・6) 式は，しばしば常用対数 (10 を底とする対数) で表される．自然対数と常用対数の関係は次式である．

$$\ln x = 2.303 \log x$$

25 °C (298 K) での反応では，すべての定数 (R, T, F) を 2.303 と合わせ整理すると $0.0592\ \mathrm{J\ C^{-1}}$ となる．$\mathrm{J\ C^{-1}}$ は V であるので (19・6) 式は次式のようになる．

$$E°_{cell} = \frac{0.0592\ \mathrm{V}}{n} \log K_c$$

ここで，n は電池反応で移動した電子の数である．

例題 19・7 $E°_{cell}$ から平衡定数を計算する

例題 19・6 の反応の K_c を計算せよ．

指針 標準電池電位と平衡定数の関係式がわかっているが，それぞれの変数の単位が正しく相殺されるように適切な値を選ぶ必要がある．

解法 (19・6) 式を用い，式を解くために代入する項目を選ぶ必要がある．$E°_{cell}, n, R, T$ および F の値が必要である．T は絶対温度 K，R は $\mathrm{J\ mol^{-1}\ K^{-1}}$ の単位をとる．

解答 はじめに計算に必要な項目の値を列挙しておく．

$T = 25\ °C = 298\ \mathrm{K}$　　$E°_{cell} = 0.320\ \mathrm{V} = 0.320\ \mathrm{J\ C^{-1}}$
$R = 8.314\ \mathrm{J\ mol^{-1}\ K^{-1}}$　　$F = 9.65 \times 10^4\ \mathrm{C\ mol^{-1}}$
$n = 2$

$\ln K_c$ を求めるために (19・6) 式を変形し，列挙したすべての値を代入する．

$$\ln K_c = E°_{cell} \frac{nF}{RT}$$

$$\ln K_c = 0.320\ \mathrm{J\ C^{-1}} \times \frac{2 \times (9.65 \times 10^4\ \mathrm{C\ mol^{-1}})}{(8.314\ \mathrm{J\ mol^{-1}\ K^{-1}}) \times (298\ \mathrm{K})} = 24.9$$

対数を戻して，答えを求める．

$$K_c = e^{24.9} = 10^{24.9/2.3} = 10^{10.83} = 7 \times 10^{10}$$

確認 簡単な確認として，$E°_{cell}$ の大きさから考察を行う．$E°_{cell}$ が正のとき，$\Delta_r G°$ は負となる．そして 18 章で $\Delta_r G°$ が負のとき，平衡の位置は反応の生成物側にかたよっていることを学んだ．それゆえ K_c は大きな値であろう．それは答えと一致する．

練習問題 19・8 次の反応の計算された標準電池電位 $E°_{cell}$ は $-0.46\ \mathrm{V}$ である．この反応の K_c を計算せよ．この反応は自発反応か．もしそうでなければ，自発反応の K_c を求めよ．

$$\mathrm{Cu^{2+}(aq) + 2Ag(s) \rightleftharpoons Cu(s) + 2Ag^+(aq)}$$

練習問題 19・9 次の半反応と表 19・1 の値を使って自発反応を書け．この反応の平衡式を書き，標準電池電位から平衡定数の値を求めよ．

$$\mathrm{Ag^+(aq) + e^- \longrightarrow Ag(s)}$$
$$\mathrm{AgBr(s) + e^- \longrightarrow Ag(s) + Br^-(aq)}$$

ネルンスト (Walther Nernst, 1864～1941) は物理化学者で，彼の名を冠する方程式を導出した．

19・5　電池電位と濃度

25 °C で電池中のすべてのイオン濃度が $1.00\ \mathrm{mol\ L^{-1}}$，そして電池反応に関係するすべての気体の分圧が $1.00\ \mathrm{atm}$ であるとき，その電池の電位は標準電位に等しい．しかし，濃度や圧力が変わると電位も変わる．たとえば，電池を駆動していくと，反応物が消費され電池反応が平衡状態に近づき，それにつれて電位は徐々に低下する．平衡に達すると電位はゼロになる．すなわち，電池は"死んだ"状態になる．

ネルンストの式

電池電位に対する濃度の影響は熱力学より知ることができる．§18・9 で標準反応

ギブズエネルギー $\Delta_r G°$ と反応商 Q の間に次の関係があることを述べた.

$$\Delta_r G = \Delta_r G° + RT \ln Q$$

$\Delta_r G$ と $\Delta_r G°$ を (19・4) 式と (19・5) 式で置き換えると,

$$-nFE_{cell} = -nFE°_{cell} + RT \ln Q$$

となり, 両辺を $-nF$ で割ると,

$$E_{cell} = E°_{cell} - \frac{RT}{nF} \ln Q \qquad (19・7)$$

となる. この式はドイツの化学者ネルンストにちなみ, 一般に**ネルンストの式**として知られている. もし $Q = 1$ ならば $\ln Q = 0$, そして $E_{cell} = E°_{cell}$ となることに注意せよ.

ガルバニ電池にネルンストの式をあてはめるには, イオンのモル濃度と気体の分圧* を用いて (Q の値を計算して) 質量作用の式を書く. よって, H_2 の分圧が必ずしも 1 atm でない水素電極と次の反応からなる電池において, ネルンストの式は次のように書ける.

$$Cu^{2+}(aq) + H_2(g) \longrightarrow Cu(s) + 2H^+(aq)$$

$$E_{cell} = E°_{cell} - \frac{RT}{nF} \ln \frac{[H^+]^2}{[Cu^{2+}]P_{H_2}}$$

> **ネルンストの式** Nernst equation, 自然対数の代わりに常用対数を使った, よく使われる 25 ℃ でのネルンストの式は, 次式である.
>
> $$E_{cell} = E°_{cell} - \frac{0.0592\,V}{n} \log Q$$

> * イオン間の引力のため, イオンは独立した粒子として振舞うわけではない. 厳密にいえば, 質量作用の式において, 活量とよばれる実効的な濃度を使うべきである. 実効的な濃度は計算するのがむずかしいので, ここでは単にモル濃度を使うことにする. そして, その計算は完全には正確でないことを受入れる.

> ■ これは不均一反応であるので, 固体 Cu(s) の濃度は, 質量作用の式に含まない.

例題 19・8 E_{cell} に対する濃度の影響を計算する

次の半反応からなるガルバニ電池を想定し, $[Ni^{2+}] = 4.87 \times 10^{-4}\ mol\ L^{-1}$, $[Cr^{3+}] = 2.48 \times 10^{-3}\ mol\ L^{-1}$ のときの電池電位を計算せよ.

$$Ni^{2+}(aq) + 2e^- \rightleftharpoons Ni(s) \quad E°_{Ni^{2+}} = -0.25\ V$$
$$Cr^{3+}(aq) + 3e^- \rightleftharpoons Cr(s) \quad E°_{Cr^{3+}} = -0.74\ V$$

指針 ネルンストの式を使って標準状態の濃度にない系の電池電位を計算する問題である. はじめに適切な化学反応式を書くことが必要である. そうすれば, 変数を特定でき, 適切に扱うことができる.

解法 E_{cell} を求めるネルンストの式〔(19・7) 式〕より始める. 電子の移動数 n と Q の計算のための質量作用の式(14 章)を求めるために, 釣合のとれた化学反応式(5 章)が必要である.

解答 ニッケルはより高い標準還元電位をもつので, その半反応は還元反応であろう. よって, クロムは酸化されるだろう. ニッケルが 6 電子を得て, クロムが 6 電子を失うとして, 電池反応は以下のようになる.

$$3\,[Ni^{2+}(aq) + 2e^- \longrightarrow Ni(s)] \qquad (還元)$$
$$\underline{2\,[Cr(s) \longrightarrow Cr^{3+}(aq) + 3e^-] \qquad (酸化)}$$
$$3Ni^{2+}(aq) + 2Cr(s) \longrightarrow 3Ni(s) + 2Cr^{3+}(aq)\ (電池反応)$$

電池反応全体で移動する電子数は 6 ($n = 6$) である. このようにして, この系のネルンストの式が次式で書ける.

$$E_{cell} = E°_{cell} - \frac{RT}{nF} \ln \frac{[Cr^{3+}]^2}{[Ni^{2+}]^3}$$

反応商を計算するための質量作用の式を組立てるさい, 電池反応の式の係数で冪乗したイオン濃度は使っているが, 二つ

の固体の項は使っていないことに注意せよ. これは §14・4 における不均一系での平衡にならった取扱いである.

次に $E°_{cell}$ を求める. Ni^{2+} が還元されるので,

$$E°_{cell} = E°_{Ni^{2+}} - E°_{Cr^{3+}} = (-0.25\ V) - (-0.74\ V)$$
$$= 0.49\ V$$

となる. この値を $E°_{cell}$ とし, $R = 8.314\ J\ mol^{-1}\ K^{-1}$, $T = 298$ K, $n = 6$, $F = 9.65 \times 10^4\ C\ mol^{-1}$, $[Ni^{2+}] = 4.87 \times 10^{-4}\ mol$ L^{-1}, $[Cr^{3+}] = 2.48 \times 10^{-3}\ mol\ L^{-1}$ をネルンストの式に入れる.

$$E_{cell} = 0.49\ V - \frac{(8.314\ J\ mol^{-1}\ K^{-1}) \times (298\ K)}{6 \times (9.65 \times 10^4\ C\ mol^{-1})}$$
$$\times \ln \frac{(2.48 \times 10^{-3})^2}{(4.87 \times 10^{-4})^3}$$

$J\ C^{-1}$ は V に等しいので, 以下のようになる.

$$E_{cell} = 0.49\ V - (0.00428\ V) \ln (5.32 \times 10^4)$$
$$= 0.49\ V - (0.00428\ V)(10.882)$$
$$= 0.49\ V - 0.0466\ V$$
$$= 0.44\ V$$

この電池の電位は 0.44 V と予測される.

確認 答えを簡単に確認する方法はないが, この 0.44 V という小さな値は妥当である. 確認すべき項目は以下のことである. $E°_{cell}$ を正しく計算したか. 釣合った電池反応となるように, 正しく半反応を組合わせたか. 反応式から正しく質量作用の式を導いたか, そして移動する電子数 n を正しく導いたか. 最後に, $R = 8.314\ J\ mol^{-1}\ K^{-1}$ と温度に絶対温度 K を用いたか確認せよ.

例題 19・9　反応の自発性の濃度依存

金属スズと酸の反応は以下のように書ける．

$$\mathrm{Sn(s)} + 2\mathrm{H}^+(\mathrm{aq}) \longrightarrow \mathrm{Sn}^{2+}(\mathrm{aq}) + \mathrm{H}_2(\mathrm{g})$$

25℃で系が標準状態にあるとき(a)，pH が 2.00 のとき(b)，pH が 5.00 のとき(c)の電池電位をそれぞれ計算せよ．[Sn^{2+}] = 0.010 mol L^{-1} とし，(b)と(c)では H$_2$ の分圧を 0.965 atm と仮定せよ．

指針　本章で述べてきた標準状態や他の状態での電池電位を計算する式を使う．

解法　(a)は標準状態であるので，標準電池電位 E°_{cell} を求める (19・2) 式を使う．

(b)と(c)ではネルンストの式〔(19・7) 式〕を使わねばならない．化学反応式より移動する電子数 n を決め，ネルンストの式に使う Q を組立てる必要がある（§14・2 参照）．

$$Q = \frac{[\mathrm{Sn}^{2+}]P_{\mathrm{H}_2}}{[\mathrm{H}^+]^2}$$

解答　(a)では標準還元電位の差より，

$$E^\circ_{\mathrm{cell}} = 0.00 - (-0.14) = +0.14\ \mathrm{V}$$

と求まる．(b)，(c)では，$R = 8.314\ \mathrm{J\ mol^{-1}\ K^{-1}}$，$T = 298\ \mathrm{K}$，$F = 9.65 \times 10^4\ \mathrm{C\ mol^{-1}}$ をネルンストの式に入れる．

$$E_{\mathrm{cell}} = E^\circ_{\mathrm{cell}} - \frac{RT}{nF} \ln \frac{[\mathrm{Sn}^{2+}]P_{\mathrm{H}_2}}{[\mathrm{H}^+]^2}$$

Sn^{2+} は 2 電子で Sn に還元されるので $n = 2$，pH 2.00 と 5.00 より水素イオン濃度が，それぞれ 1.0×10^{-2} mol L^{-1}，1.0×10^{-5} mol L^{-1} と計算できる．これらより，(b)，(c)の答えを求める．

$$E_{\mathrm{cell}} = 0.14\ \mathrm{V} - \frac{(8.314\ \mathrm{J\ mol^{-1}\ K^{-1}}) \times (298\ \mathrm{K})}{2 \times (9.65 \times 10^4\ \mathrm{C\ mol^{-1}})}$$
$$\times \ln \frac{(0.010)(0.965)}{(1.0 \times 10^{-2})^2}$$
$$= 0.14\ \mathrm{V} - 0.06\ \mathrm{V} = +0.08\ \mathrm{V}$$

$$E_{\mathrm{cell}} = 0.14\ \mathrm{V} - \frac{(8.314\ \mathrm{J\ mol^{-1}\ K^{-1}}) \times (298\ \mathrm{K})}{2 \times (9.65 \times 10^4\ \mathrm{C\ mol^{-1}})}$$
$$\times \ln \frac{(0.010)(0.965)}{(1.0 \times 10^{-5})^2}$$
$$= 0.14\ \mathrm{V} - 0.24\ \mathrm{V} = -0.10\ \mathrm{V}$$

標準状態では反応は明らかに自発的であり，pH 2.00 では反応は自発的であるが電位はかろうじて正である．pH 5.00 では反応は自発的ではなく，逆の反応が起こるであろう．

確認　pH に応じて結果が一様に変化していることは，この結果が妥当であることを示している．自然対数を簡単に見積もることはできないが，はじめの計算で電卓に入力したのとは異なる順に入力してみるのが簡単な確認となろう．

練習問題 19・10　0.015 mol L^{-1} の Cu^{2+} に浸かった銅電極と 2.2×10^{-6} mol L^{-1} の Mg^{2+} に浸ったマグネシウムでできた電極より組立てられたガルバニ電池がある．釣合った化学反応式を書き，25℃における電池電位を計算せよ．

練習問題 19・11　例題 19・9 で pH 以外のすべての条件が等しい場合，電池電位がゼロとなる pH を求めよ．

E_{cell} の測定より濃度を求める

電池電位と濃度の関係の利用の一つに，ガルバニ電池内の反応物と生成物の濃度の測定がある．現代のエレクトロニクスの発展と結びついた電池電位の測定法は，溶液中の，あるものはイオン性のものでなくても，また電気化学的に変化するものと直接

■ 容易な操作，自動化とコンピューター分析への適合性が，化学者にとって電気化学分析を魅力的なものにしている．

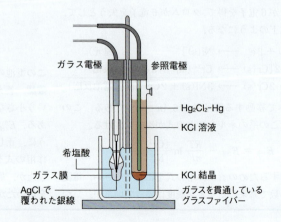

図 19・8　pH メーターで使われる電極．左側の電極はガラス電極とよばれ，AgCl で覆われ，希塩酸に浸された銀線をもつ．この半電池は，電極底部にある薄いガラス膜の内外の [H$^+$] 差に応じた電位をもつ．右側は参照電極で，これも半電池である．これらの二つの電極からなるガルバニ電池には，それらが浸っている溶液の pH に比例した電位が生じる．

19・5 電池電位と濃度 603

関係なくても，すべての物質の濃度のモニタリングや分析の手段となっている．実際，pH メーターは，水素イオン濃度と，図 19・8 に示すガラス電極という特別な種類の電極の電位との対数的関係によるものである．

例題 19・10　ネルンストの式より濃度を求める

　実験室で，何千もの水の試料中の Cu^{2+} の濃度を求める仕事をしなければならなくなった．そのために，$0.225\ mol\ L^{-1}$ の $AgNO_3$ 溶液に浸った銀電極と銅電極を含む半電池を塩橋でつないだ電気化学的な電池を組立てた．銅半電池は順に次つぎと試料で満たされ，そのたびに電池電位が測定される．ある試料の電池電位は，25 ℃ で 0.62 V であった．その銅電極はアノードとしてはたらいていた．この試料の銅の濃度を求めよ．

指針　この問題で，E_{cell} が与えられている．また，E_{cell}° は表 19・1 より知ることができる．不明の量はネルンストの式中の Q の濃度の項である．ひとたびネルンストの式にすべての変数が組入れられれば，代数的に解くことができる．

解法　ネルンストの式〔(19・7) 式〕とガルバニ電池を記述する化学反応式が必要となる．銅がアノードなので，銅は酸化される．そして Ag^+ は還元される．よって，電池反応は，

$$Cu(s) + 2Ag^+(aq) \longrightarrow Cu^{2+}(aq) + 2Ag(s)$$

となる．この式より質量作用の式，n および E_{cell}° を決めることができる．R とファラデー定数，銀イオン濃度が既知であるので，残る変数は問われている $[Cu^{2+}]$ である．

解答　2 個の電子が移動するので $n = 2$，ネルンストの式は，

$$E_{cell} = E_{cell}^{\circ} - \frac{RT}{2F} \ln \frac{[Cu^{2+}]}{[Ag^+]^2}$$

となる．E_{cell}° は表 19・1 の標準還元電位の表より得ることができる．Ag^+ が還元されることから，標準電池電位は，

$$E_{cell}^{\circ} = E_{Ag^+}^{\circ} - E_{Cu^{2+}}^{\circ} = (0.80\ V) - (0.34\ V) = 0.46\ V$$

と求まる．これらの値をネルンストの式に入れて質量作用の式の濃度について解く．

$$0.62\ V = 0.46\ V - \frac{(8.314\ J\ mol^{-1}\ K^{-1}) \times (298\ K)}{2 \times (9.65 \times 10^4\ C\ mol^{-1})} \ln \frac{[Cu^{2+}]}{[Ag^+]^2}$$

$\ln([Cu^{2+}]/[Ag^+]^2)$ について有効数字を 1 桁余分にとって解くと，

$$\ln \frac{[Cu^{2+}]}{[Ag^+]^2} = -12.5$$

となり，対数を戻して質量作用の式の値が得られる．

$$\frac{[Cu^{2+}]}{[Ag^+]^2} = 10^{-12.5/2.3} = 10^{-5.4} = 4 \times 10^{-6}$$

Ag^+ の濃度が $0.225\ mol\ L^{-1}$ とわかっているので，Cu^{2+} の濃度を計算できる．

$$[Cu^{2+}] = 4 \times 10^{-6} \times [Ag^+]^2 = 4 \times 10^{-6} \times (0.225)^2$$
$$[Cu^{2+}] = 2 \times 10^{-7}\ mol\ L^{-1} \qquad (適切に丸める)$$

確認　簡単にできることは，化学反応式が適切かどうか確認することである．数値の符号，適正な R の値，温度が絶対温度 K であることに注意せよ．また，はじめに解くのは濃度の項の対数であることに注意せよ．その自然対数を戻して，既知の $[Ag^+]$ を入れて $[Cu^{2+}]$ について解く．

　最後の点として，Cu^{2+} 濃度が非常に小さいこと，およびその小さな値がこの電池の電位を単に測定するだけで得られることに注意せよ．多くの試料の濃度を求めることも大変容易である．単に，試料水を変え電位を測るだけである．

練習問題 19・12　例題 19・10 に示した方法による二つの試料の分析で，0.57 V と 0.82 V の電池電位 E_{cell} が得られた．それぞれの Cu^{2+} 濃度を求めよ．

濃 淡 電 池

　電池電位が濃度に依存することより，同じ物質からできているが溶質濃度が異なっている二つの半電池より構成されるガルバニ電池が可能である．一例は図 19・9 に示す，一つは $0.10\ mol\ L^{-1}$，もう一つが $1.0\ mol\ L^{-1}$ といった異なる Cu^{2+} 濃度の溶液に浸った一対の銅電極よりなる系である．この電池を動作させると，二つの Cu^{2+} 濃度は同じ濃度になろうと反応が起こる．すなわち，$0.10\ mol\ L^{-1}$ の Cu^{2+} を含む半電池では，希薄な溶液に Cu^{2+} を加えようとして，銅が酸化される．もう一方の半電池では，濃厚な溶液から Cu^{2+} を除こうとして Cu^{2+} が還元される．つまり，希薄な半電池はアノード，濃厚な半電池はカソードである．

図 19・9 濃淡電池. 回路が閉じられると, 二つの半電池の Cu^{2+} 濃度を等しくしようとする反応が起こる. 低濃度の半電池では酸化が起こり, 高濃度の半電池では還元が起こる.

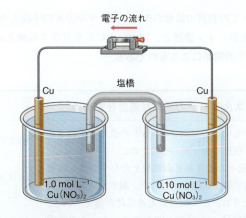

$$Cu(s) \mid Cu^{2+}(0.10 \text{ mol L}^{-1}) \parallel Cu^{2+}(1.0 \text{ mol L}^{-1}) \mid Cu(s)$$
　　　　　　　アノード　　　　　　　　　　　　カソード

自発的電池反応での半反応は, 次のとおりである.

$$Cu(s) \longrightarrow Cu^{2+}(0.10 \text{ mol L}^{-1}) + 2e^-$$
$$\underline{Cu^{2+}(1.0 \text{ mol L}^{-1}) + 2e^- \longrightarrow Cu(s)}$$
$$Cu^{2+}(1.0 \text{ mol L}^{-1}) \longrightarrow Cu^{2+}(0.10 \text{ mol L}^{-1})$$

この電池に対するネルンストの式は, 次のように書ける.

$$E_{cell} = E°_{cell} - \frac{RT}{nF} \ln \frac{[Cu^{2+}]_{希薄}}{[Cu^{2+}]_{濃厚}}$$

電池は同じ物質からできているので, $E°_{cell} = 0$ V である. 電池は $n = 2$ で動作し, 温度として 298 K を想定する. これらの値を入れると, 電池電位が求まる.

$$E_{cell} = 0.0 \text{ V} - \frac{(8.314 \text{ J mol}^{-1} \text{ K}^{-1}) \times (298 \text{ K})}{2 \times (9.65 \times 10^4 \text{ C mol}^{-1})} \ln \frac{(0.10)}{(1.0)} = 0.030 \text{ V}$$

この濃淡電池では, 片方の溶液の濃度がもう片方より 10 倍濃いが, 電池電位はたかだか 0.03 V である. 一般に, 濃淡電池が生む電位はきわめて低い. しかし, 生体膜を挟んで (K^+ など) のイオン濃度の差により電位が生まれる生体系においては大きな意味をもっている. 膜電位は神経インパルスの伝達などにおいて重要である.

このような小さな電位差は, 反応の自発性を予測するとき, 標準状態にない系において, もし Q が 0.10 と 10 の間なら, $E_{cell} \approx E°_{cell}$ とし, §19・2 と §19・3 の結果をあてはめることができることを示している.

19・6　いろいろな電池

　電気の多くは, 磁場中のコイルをタービンで回転することにより機械的につくられている. コイルを回転させるために, 過熱蒸気, 水流, 風力が, それぞれに応じてつくられたタービンで使われている. 過熱蒸気は, 石炭, 石油, 天然ガスや廃棄物の燃焼でつくられ, それで動くタービンは, おもに人口の多い場所に近い大型の発電所に設置されている. 燃料のエネルギーは電気に完全には変換できず, 発電機の効率は 35〜45% であり, 汚染防止の対策も必要である.

　水力発電は約 90% の効率をもつ. それはクリーンで汚染もない. しかし, 水力発

電には水をたくわえるための大きなダムの建設がしばしば必要となる．加えて，それは，多くは，消費者から遠く離れた場所にあり，送電に大きな損失を伴う．風力発電もクリーンで汚染がないと考えられている．それらは約50%の効率をもち，消費者の非常に近いところに設置できる．しかし，日ごとあるいは時間ごとの風速の変動により電力が変動するという欠点がある．

化学は，現在主力となっている火力発電の効率を上げるために，新しいタービン材料や燃焼プロセスの開発において重要な役割を担う．しかし，本節では，おもに電池を扱う．特に，物質の化学的，電気的性質が，どのようにして小さくて，多くの電気を生み出す電池をつくるのに利用されているのかについて学ぶ．

ガルバニ電池

ガルバニ電池の最も身近な用途は，一般に**電池**とよばれている携帯可能な電気エネルギーの発生器である＊．電池には**一次電池**と**二次電池**がある．

鉛蓄電池　　自動車のエンジンを始動するために使われる**鉛蓄電池**は，約2Vの電位の二次電池をいくつか直列につないだものである．多くの自動車では6個の電池が使われており約12Vであるが，6，24，32Vのものもある．

典型的な鉛蓄電池を図19・10に示す．それぞれの電池のアノードは鉛の板，カソードはPbO_2で被覆した板，そして電解質は硫酸である．この電池が放電するときの電極反応は，

$$PbO_2(s) + 3H^+(aq) + HSO_4^-(aq) + 2e^- \longrightarrow PbSO_4(s) + 2H_2O \quad (カソード)$$
$$Pb(s) + HSO_4^-(aq) \longrightarrow PbSO_4(s) + H^+(aq) + 2e^- \quad (アノード)$$

となり，電池全体の反応は，

$$PbO_2(s) + Pb(s) + \underline{2H^+(aq) + 2HSO_4^-(aq)} \longrightarrow 2PbSO_4(s) + 2H_2O$$
$${}_{2H_2SO_4}$$

となる．電池が放電すると硫酸の濃度は下がり，それは電解質の密度を下げる．電池の充電状態は，浮が入ったガラス管内に電池の溶液を引き入れるためのゴム球のついた**比重計**で知ることができる（図19・11）．浮が沈む深さは液の密度に反比例する．すなわち，浮が深く沈めば酸の密度が低下し電池の充電量が低下していることを示す．多くの場合，浮の細い首部分に電池の充電状態を示すための印がつけられている．

鉛蓄電池の利点は，放電時には自発的に進む反応を，外部電源を使って反転できることである．いいかえると，この電池は電気分解で再充電できる．再充電時の反応は，次のとおりである．

$$2PbSO_4(s) + 2H_2O \xrightarrow{電気分解} PbO_2(s) + Pb(s) + 2H^+(aq) + 2HSO_4^-(aq)$$

鉛蓄電池への不適切な充電により，爆発の危険のあるH_2ガスが発生することがある．現在の多くの鉛蓄電池には鉛-カルシウム合金がアノードとして使われている．それは電池の通気の必要性を低減するとともに，電池の密封を可能とし，腐食性のある電解質溶液の漏れを防いでいる．

亜鉛-二酸化マンガン電池
はじめの比較的安価な1.5Vの電位をもつ乾電池は，**亜鉛-二酸化マンガン電池**あるいは発明者のGeorge Leclanchéにちなんで名づけられ

電池 battery，厳密にいえば，電池はカソードとアノードからなる一つの電気化学的な単位である．バッテリーは電池を直列につないだものである．

一次電池 primary cell，再充電できるようにはつくられておらず，放電したあとは捨てられる電池．

二次電池 secondary cell，再充電できて，繰返し使用できる電池．

鉛蓄電池 lead storage battery

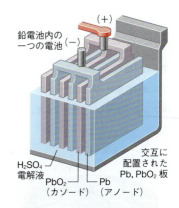

図19・10　鉛蓄電池．ほとんどの自動車に使われている12Vの鉛蓄電池は，本章でみてきたような電池6個より成り立っている．アノードとカソードは，何枚かの板がつながれてできていることに注意．これにより，自動車を始動させるときに必要な大きな電流をつくることができる．

比重計 hydrometer

亜鉛-二酸化マンガン電池 zinc-manganese dioxide cell

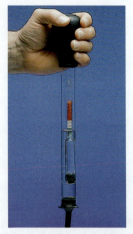

図 19・11　バッテリー用比重計.
バッテリーの酸液をガラス管の中に入れる．浮が沈む深さは，酸の濃度に反比例する．すなわち，バッテリーの充電状態に反比例する．

ルクランシェ電池 Leclanché cell

アルカリ電池 alkaline battery
アルカリ乾電池 alkaline dry cell

■ アルカリ電池も一次電池である.

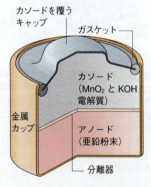

図 19・13　アルカリ乾電池

ニッケル-金属水素化物電池 nickel-metal hydride battery

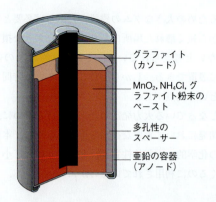

図 19・12　亜鉛-炭素乾電池（ルクランシェ電池）の断面図

た**ルクランシェ電池**である．それは懐中電灯やおもちゃなどに使われる一次電池で，実際には乾燥した状態のものではない（図 19・12）．外側の殻はアノードとしてはたらく亜鉛でできている．電池のカソードは，グラファイト粉末，二酸化マンガン，塩化アンモニウムの湿ったペーストでとりまかれた炭素（グラファイト）棒である．

アノードでの反応は単純な亜鉛の酸化である．

$$Zn(s) \longrightarrow Zn^{2+}(aq) + 2e^- \quad （アノード）$$

カソードの反応は複雑で，混合した生成物ができる．おもな反応のひとつは，次のとおりである．

$$2MnO_2(s) + 2NH_4^+(aq) + 2e^- \longrightarrow Mn_2O_3(s) + 2NH_3(aq) + H_2O \quad （カソード）$$

カソードでできるアンモニアはアノードでできた Zn^{2+} の一部と反応し，錯イオン $[Zn(NH_3)_4]^{2+}$ となる．カソード半電池反応は複雑なため，全部の反応は簡単には記述できない．

より広く使われているルクランシェ電池ではアルカリ性の電解質が使われており，それは**アルカリ電池**あるいは**アルカリ乾電池**とよばれている．やはり Zn と MnO_2 が反応物として使われるが，塩基性の条件下で使われる（図 19・13）．半電池反応は，

$$Zn(s) + 2OH^-(aq) \longrightarrow ZnO(s) + H_2O + 2e^- \quad （アノード）$$
$$2MnO_2(s) + H_2O + 2e^- \longrightarrow Mn_2O_3(s) + 2OH^-(aq) \quad （カソード）$$
$$\overline{Zn(s) + 2MnO_2(s) \longrightarrow ZnO(s) + Mn_2O_3(s) \quad （電池反応)}$$

で，電圧は約 1.54 V である．それはより安価な亜鉛-炭素電池よりも，保管寿命が長く，より高い電圧をより長い間供給できる．

ニッケル-金属水素化物電池　しばしば Ni-MH 電池とよばれる**ニッケル-金属水素化物電池**は二次電池であり，携帯電話やデジタルカメラから電気自動車にまで使われていたニッケル-カドミウム電池（ニッカド電池）にとって代わった．

Ni-MH 電池のカソードは，+3 の酸化状態のニッケルの化合物 NiO(OH) で，電解液は KOH 溶液である．金属水素化物を MH で表すと，放電中の電池の反応は，

$$MH(s) + OH^-(aq) \longrightarrow M(s) + H_2O + e^- \qquad (\text{アノード})$$
$$NiO(OH)(s) + H_2O + e^- \longrightarrow Ni(OH)_2(s) + OH^-(aq) \quad (\text{カソード})$$

となり，全体での反応は，

$$MH(s) + NiO(OH)(s) \longrightarrow Ni(OH)_2(s) + M(s) \quad E^\circ_{\text{cell}} = 1.35\,V$$

となる．充電中の電池の反応はこの逆方向への反応である．

MH で書かれたアノードでの反応物は，事実上，水中で +1 の状態に酸化された水素と考えてよい．ある種の金属合金〔たとえば $LaNi_5$（ランタンとニッケルの合金）や Mg_2Ni（マグネシウムとニッケルの合金）〕はかなりの量の水素を吸収し貯蔵する能力をもつ．そしてその水素は可逆的に反応に加わることができる．これらが，この電池を充電可能なものにしている．Ni-MH 電池の金属水素化物はこの水素を吸蔵する能力をもつ合金を表している．

Ni-MH 電池の利点は，従来のニッカド電池と比べて同じ体積でエネルギーにして約 50% も多く貯蔵できることである．それは同じ大きさ重さのニッカド電池と比べ，Ni-MH 電池は約 50% 長持ちするということである．

■ もし，電池が小さく，多量のエネルギーを供給できれば，かなりのエネルギー密度（単位体積当たりの利用可能なエネルギー）をもつことになる．

■ Ni-MH 電池には軽量で高エネルギー密度という利点がある．

リチウム電池　　リチウムは金属中最も低い標準還元電位をもつ（表 19・1）ので，アノード材料として最も注目される．さらに，リチウムは大変軽量な金属なので，反応物としてリチウムを使った電池は軽量なものとなろう．リチウムをガルバニ電池に使うさいの大きな問題は，リチウムは水と激しく反応し水素を発生し水酸化リチウムを生じることである．

$$2Li(s) + 2H_2O \longrightarrow 2LiOH(aq) + H_2(g)$$

それゆえ，ガルバニ電池にリチウムを使うためには，水を含む電解液を使わないですむ方法を見つけなければならなかった．これは 1970 年代に，ある種のリチウム塩を溶かし電解液としてはたらく有機溶媒と溶質の混合物が導入されたことで可能となった．

今日リチウム電池には，1 回しか使えず完全に放電したあとは捨てられる一次電池と再充電可能な二次電池の 2 種類がある．

最も一般的な再充電不可能な電池のひとつが**リチウム-二酸化マンガン電池**であり，それは一次電池の約 80% を占めている．それはアノードにリチウム固体を，カソードに熱処理した MnO_2 を使っている．電解液はプロピレンカーボネートとジメトキシエタン（分子構造を欄外に示す）の混合物で $LiClO_4$ のようなリチウム塩が溶けている．電池反応は次のとおりである（上付のローマ数字はマンガンの酸化数である）．

リチウム-二酸化マンガン電池
lithium-manganese dioxide battery

$$Li \longrightarrow Li^+ + e^- \qquad (\text{アノード})$$
$$\underline{Mn^{IV}O_2 + Li^+ + e^- \longrightarrow Mn^{III}O_2(Li^+) \quad (\text{カソード})}$$
$$Li + Mn^{IV}O_2 \longrightarrow Mn^{III}O_2(Li^+) \quad (\text{電池反応})$$

この電池は約 3.4 V の電圧をもつ．それはアルカリ乾電池の約 2 倍で，リチウムが軽量なため，同じ重量について 2 倍以上のエネルギーを生む．この電池は高電流や高エネルギーパルスを必要とする機器（写真のフラッシュなど）で使用される．

プロピレンカーボネート

ジメトキシエタン

リチウムイオン電池　　多くの携帯電話，デジタルカメラやノートパソコンでみられ

図 19・14 リチウムイオン電池.
(a) 充電中,外部からの電位により,電子は外部回路を通って $LiCoO_2$ 電極からグラファイト電極へ移動する. (b) 放電中,リチウムイオンは自発的に $LiCoO_2$ 電極へ戻る. そして電荷の釣合をとるために電子が外部回路を流れる.

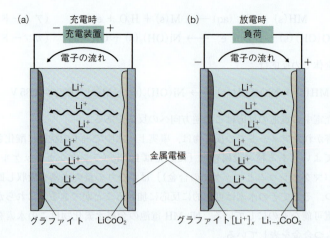

リチウムイオン電池 lithium-ion cell

* グラファイトは炭素の単体の一つで,ベンゼン環に似た環がつながった層でできている.

インターカレーション intercalation

■ これらの反応式で,下付文字の x は,全部ではないが,Li^+ のいくらかが充電過程でグラファイトの層間に入り込むことを意味している. 同様に,下付文字の y は,電子の流れが生じるときに,いくらか戻ってくる Li^+ の量を表している.

る再充電可能なリチウム電池は,金属リチウムを含んでいない. それらは代わりにリチウムイオンを使っており,**リチウムイオン電池**とよばれる. 実際,電池の動作において真の酸化と還元はない. 代わりに,電荷の釣合を保つための外部回路を経由した電子の移動とともに,電解質を通しての片方の電極からもう片方への Li^+ の移動がある. 以下にどのように動作するかを示す.

Li^+ は,グラファイト*や $LiCoO_2$ のような層状物質の層間に入り込むこと (この過程は**インターカレーション**といわれる) が知られている. 電池が組立てられたときは,充電されていない状態にあり,Li^+ はグラファイトの炭素原子の層間にはいない. 電池を充電すると (図 19・14a),Li^+ は $LiCoO_2$ から離れ電解質を通り,グラファイト (化学式 C_6) の層間へ移動する.

はじめの充電 $LiCoO_2 + C_6 \longrightarrow Li_{1-x}CoO_2 + Li_xC_6$

電池が自発的に放電し,電力を生じるとき (図 19・14b),Li^+ は電解質を通り,コバルト酸化物へ戻る. 一方,電子は外部回路を通ってグラファイト電極からコバルト酸化物電極へ移動する.

放電 $Li_{1-x}CoO_2 + Li_xC_6 \longrightarrow Li_{1-x+y}CoO_2 + Li_{x-y}C_6$

つまり,リチウムイオン電池の充電と放電のサイクルは,単に電荷の釣合を保つための外部回路を通る電子の流れを伴いながら,Li^+ が二つの電極間で行ったり来たりしているだけである.

燃料電池

燃料電池 fuel cell

いままで説明してきたガルバニ電池は,電極などが徐々に消耗するので,ある限られた期間しか電力を生み出せない. 燃料電池はこれとは異なる. **燃料電池**は,電極での反応物が継続的に供給され,その限りにおいて理論的な限界なしに動作できる電気化学的電池である. このことにより,長期にわたり電気エネルギーが要求される場面で,燃料電池は魅力的なエネルギー源である.

図 19・15 は初期の水素-酸素燃料電池の構成を説明している. 中央部にある熱い (約 200 ℃) 濃水酸化カリウム溶液が電解液で,それは電極反応を容易にする触媒 (通常は白金) を含む多孔性の二つの電極と接しており,圧力のかかった水素ガスと酸素ガスがそれぞれの電極と接するように通される. カソードでは酸素が還元され,アノー

図 19・15 水素-酸素燃料電池

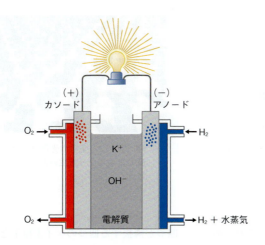

ドでは，水素が酸化され水となる．

$$O_2(g) + 2H_2O + 4e^- \longrightarrow 4OH^-(aq) \quad (カソード)$$
$$H_2(g) + 2OH^-(aq) \longrightarrow 2H_2O + 2e^- \quad (アノード)$$

アノードで生成した水の一部は，水素ガスと混ざり水蒸気として逃げていく．電子の数の収支を合わせたあとの電池の全反応式は，次のとおりである．

$$2H_2(g) + O_2(g) \longrightarrow 2H_2O \quad (電池反応)$$

水素-酸素燃料電池では，反応の生成物が無害な水だけなので，本質的に汚染が生じず，化石燃料エンジンに対する魅力的な代替品である．また燃料電池は，利用可能なエネルギーの75%を有用な仕事に変えることができ，ガソリンエンジンの約25%やディーゼルエンジンの約30%に比べ，熱力学的にも大変効率的である．ただし，水素を得るためのエネルギーコスト，高い可燃性の水素ガスの貯蔵と配給設備といった問題がある．

光 電 池

　物質の電気的性質と光のエネルギーを結びつけて電子の流れを生み出す多くの機器がある．それらは**光電池**（光起電力デバイス）とよばれる．

　光起電力デバイスは以下のことができなければならない．電子を物質から分離する(a)，外部電気回路を通しての移動のみで電子をもとの位置に戻す(b)．電子が電気回路を通る過程で，そのエネルギーは有用な仕事を行うのに使用することができる．

　現代の光起電力デバイスは大変洗練されているが，簡単なモデルを考察することでその基礎を理解することができる．純粋なシリコン（あるいはゲルマニウム）から始めよう．これらは半導体で，リンやホウ素といった不純物の量を制御する（この過程を**ドーピング**という）ことができるようになるまでは，あまり有用な材料ではなかった．ケイ素の結晶はダイヤモンドに似た四面体が連なったネットワーク構造をもつ．ここにホウ素を加えると，ホウ素は結晶中のあるケイ素原子と置き換わる．そのとき，ホウ素は3個の価電子しかなく，隣接する四つのケイ素原子に対し三つしか結合をつくれないので，それまでとは大きな違いが生まれる．この形成されない結合は**ホール**あるいは**正電荷キャリヤー**とよばれる．もしリンが加えられると，リンは5個の価電

光電池 photovoltanic cell

ドーピング doping

ホール hole，正孔ともいう．
正電荷キャリヤー positive charge carrier

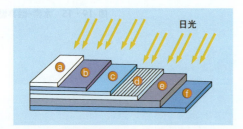

図 19・16 光電池の内部構造. ガラス防護カバー(a), 反射防止被覆(b), 網目状電極(c), n 型半導体(d), p 型半導体(e), 電極(f). 電池の厚さは約 0.3 mm, n 型半導体の厚さは約 0.002 mm である.

図 19・17 多数の光電池により大量のエネルギーを生み出すことができる

負電荷キャリヤー negative charge carrier
p 型半導体 p-type semiconductor
n 型半導体 n-type semiconductor

ダイオード diode

子をもっている. これらのうちの四つが隣接する四つのケイ素原子と結合をつくり, 1 個の電子が残され, それは**負電荷キャリヤー**として結晶内を動くことができる. ホウ素が少量導入されたケイ素を **p 型半導体**, リンが少量導入されたケイ素を **n 型半導体**という.

　n 型半導体と p 型半導体を接合することで, ユニークな特性をもつ半導体接合部をつくることができる. はじめに, 電子が n 型の物質から p 型の物質へ移動し, 利用可能なホールと結びつく. これにより電荷キャリヤー, すなわち電子とホールが消費された層（空乏層）が生まれる. 空乏層はこれ以上の電荷の流れを阻止する. もし, 電池の負極が n 型の物質に接続されると, 空乏層は縮小し, 電子は n 型の物質から p 型の物質へ流れることができる. もし電池を反転すると, 空乏層は拡大し, 電子は反対方向に流れることはできない. これが, 電子を一方向のみに流す古典的な**ダイオード**である.

　いま, この半導体に, 電子を励起させ電子-ホール対をつくるのに十分なエネルギーをもつ光子を当てたとき, 何が起こるか考えてみよう. ダイオードの中でこのような対は互いに, あるいは他のホールや電子と結びつく. それでは, 電子の有用な流れは生まれない. そこで, 電子のために楽に動ける別の通り道を与えてやる. この通り道は, ダイオードの両側に導線をつけ外部回路につなげてつくる. この外部回路は電子の n 型物質から p 型物質へ戻る容易な通り道となる. もちろん, この電子の流れを利用する電球, モーター, メーター, コンピューターやその他の電気機器をつけ加えることができる.

　単純な光電池を実用的な機器へとするために, 図 19・16 に示すような, いくつかのことをつけ加える必要がある. はじめに, 機器の防護のためにガラスのカバーが必要である. 次に, 太陽光を捕えるため反射被膜をつけ, 光が届くように n 型物質に網目状の金属カソードを加える. さらに, p 型半導体, アノードとなる金属と接合する. それぞれの光電池が約 0.5 V なので, 24 個の電池を直列につなぎ 12 V にする. 電圧や定格電流を改善するためにさまざまな種類の光電池が設計されている. 図 19・17 は, 家や店の小規模のグループに電力を供給するのに使われる太陽光電池の大規模な配列の一部である.

19・7　電解槽

　ここまでの説明では, どのように自発的な酸化還元反応が電気エネルギーを生み出

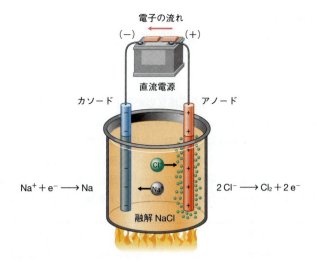

図 19・18 **融解した塩化ナトリウムの電気分解**. 電解槽を電流が通ることで，融解した塩化ナトリウムが金属ナトリウムと塩素ガスに分解される．それらの生成物は分離しないと反応し，NaCl が再び生成される．

すことができるかについて考えてきた．ここで，電気エネルギーを使って自発的でない酸化還元反応を起こす逆の過程について着目しよう．

電気が融解したイオン化合物や電解質溶液を通るとき，**電気分解**といわれる化学反応が起こる．**電解槽**といわれる電気分解で使う典型的な装置を図 19・18 に示す．ここでは，電解槽に融解した塩化ナトリウムが入っている．（電気分解される物質は融解しているか溶液でなければならない．そうすれば，イオンが自由に移動し電気伝導が起こる．）融解した塩化ナトリウムや電気分解でできる生成物と反応しない不活性な電極が電解槽に浸かっており，それは直流電源とつながっている．

直流電源は片方の電極から電子を引抜き，外部の導線を通してもう片方の電極に電子を押出す"電子ポンプ"としてはたらく．電子が引抜かれた電極は正に荷電し，もう片方の電極は負に荷電する．電気が流れ始めると，化学変化が始まる．正に荷電した電極では，負の電荷をもつ塩化物イオンから電子が引抜かれ，酸化が起こる．それゆえ，正の電極はアノードとなる．直流電源は外部回路を通して負の電極へ電子を押出す．負に荷電した電極では，正電荷をもつナトリウムイオンに電子を与え還元が起こる．それゆえ，この電極はカソードである．

電極で起こる化学変化は化学反応式で記述できる．

$$Na^+(l) + e^- \longrightarrow Na(l) \quad (カソード)$$
$$2Cl^-(l) \longrightarrow Cl_2(g) + 2e^- \quad (アノード)$$

電解槽中で起こる全体の反応を電池反応とよぶ．全体の反応式を得るためには，片方の半反応で得る電子数と，もう片方の半反応で失う電子数を等しくなるようにして，それぞれの電極の半反応を足し合わせる．

$$2Na^+(l) + 2e^- \longrightarrow 2Na(l) \quad (カソード)$$
$$2Cl^-(l) \longrightarrow Cl_2(g) + 2e^- \quad (アノード)$$
$$\overline{2Na^+(l) + 2Cl^-(l) + 2e^- \longrightarrow 2Na(l) + Cl_2(g) + 2e^-} \quad (電池反応)$$

よく知られているように，食卓塩は大変安定である．ナトリウムと塩素から塩化ナトリウムが生じる反応は自発的なので，塩化ナトリウムは通常分解しない．それゆえ，この自発的でない反応の推進力が電気であることを明示するために，しばしば反応の

電気分解 electrolysis

電解槽 electrolysis cell, electrolytic cell

■電気分解を行うためには，電子の動きが行ったり来たり振動する交流ではなく，一方向にしか動かない直流を使わねばならない．

矢印の上に電気分解と書く．

$$2Na^+(l) + 2Cl^-(l) \xrightarrow{電気分解} 2Na(l) + Cl_2(g)$$

電気分解とガルバニ電池の比較

ガルバニ電池においては，自発的な電池反応が電子をアノードにため，電子をカソードから引き離す．その結果アノードはわずかに負に荷電し，カソードは正に荷電する．また，ほとんどのガルバニ電池においては，反応物は分離された区画におかれる．電解槽ではそれとは逆である．多くの場合，二つの電極は同一の液に浸される．アノードが正になり反応物から電子を取出し，アノードで酸化が起こる．一方，カソードは負にならなければならない．それにより反応物に電子を渡すことができる*．

電解槽	ガルバニ電池
カソードは負（強制的に還元される）	カソードは正（自発的に還元される）
アノードは正（強制的に酸化される）	アノードは負（自発的に酸化される）
多くの場合，アノードとカソードは同じ領域にある	通常，アノードとカソードは別の領域にある

電解槽とガルバニ電池では，カソードとアノードでの電荷に違いがあるが，溶液中のイオンは常に同じ方向に動く．すなわち，陽イオンはカソードに向かって移動する．電解槽では，陽イオンはカソードの負電荷に引き寄せられ，電子の攻撃を受ける．ガルバニ電池では，陽イオンが還元されたあとに残された陰イオンとの電荷と釣合をとるため，陽イオンがカソード方向に拡散していく．同様に，陰イオンはアノード方向に移動する．電解槽では，陰イオンは正に荷電したアノードに引き寄せられ，電子を奪われる．ガルバニ電池では，酸化により生じた陽イオンの電荷と釣合をとるため陰イオンがアノード方向に拡散していく．

分子レベルでの電気分解

融解塩や電解質溶液の電気伝導は，電極表面で反応が起こることによりのみ可能である．たとえば，荷電した電極を融解した NaCl に浸すと，それらは反対に荷電したイオンの層に取囲まれる．このとき，アノードで何が起こるか詳しくみてみよう（図 19・19）．電極の正電荷が Cl⁻ と結合する．Cl⁻ が十分近くにあれば，イオンから電子が引抜かれ酸化され，結合して Cl₂ 分子となるべき Cl 原子ができる．分子は電気的に中性であるので，分子は電極に保持されず，電極表面から離れていく．分子のいた場

* 訳注：電極の名前に anode と cathode を導入したのはファラデーであるが，これを日本語に翻訳するときにガルバニ電池と電解槽とで異なる名前が当てはめられたため，非常に紛らわしいことになっている．電極の名前は本来 anode と cathode の二つしかないので，本書では英語のカタカナ表記であるアノードとカソードを使っている．

本書で使用している電極の名前と日本でよく使われている 4 種の電極の名前

	アノード（酸化が起こる電極）	カソード（還元が起こる電極）
ガルバニ電池の電極の名前	負極	正極
電解槽の電極の名前	陽極	陰極

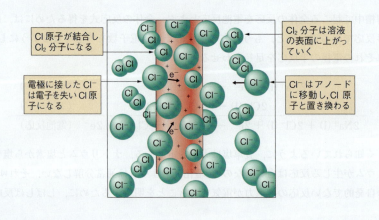

図 19・19 融解 NaCl の電気分解におけるアノードでの変化の図．電極の正電荷は Cl⁻ を引きつける．電極表面で，イオンは電子を引抜かれ，中性の Cl 原子になる．Cl 原子は，さらに結合して Cl₂ 分子となり，電極から離れていく．

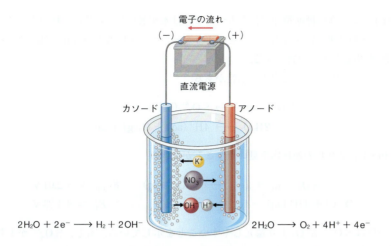

図 19・20 硫酸カリウム水溶液の電気分解の分子レベルでの図.電気分解の生成物は水素ガスと酸素ガスである.

所は,すぐに周囲の液体からの陰イオンで占められる.これは,周囲の液体に正電荷を残す.液体の電気的中性を保つために,より遠くにいる他の陰イオンがアノードのほうへ移動する.このように,陰イオンが徐々にアノードに移動していく.同じように,陽イオンが負に荷電したカソードに向かって拡散していき,そこで還元される.

■ 陽イオン(cation)はカソードに向かって動き,陰イオン(anion)はアノードに向かう.これは,電気分解でもガルバニ電池でも同じである.

水 の 電 気 分 解

水溶液で電気分解をすると,反応が競合するので電極反応を予測するのがむずかしくなる.溶質の酸化と還元を考えるだけでなく,溶媒である水自身の酸化と還元をも考える必要がある.たとえば,硫酸カリウムの溶液において,何が起こるか考えよう(図 19・20).生成物は水素と酸素である.カソードでは K^+ ではなく水が還元され,アノードでは硫酸イオンではなく水が酸化される.

$$2H_2O(l) + 2e^- \longrightarrow H_2(g) + 2OH^-(aq) \quad (カソード)$$
$$2H_2O(l) \longrightarrow O_2(g) + 4H^+(aq) + 4e^- \quad (アノード)$$

溶液に溶かした酸塩基指示薬の色変化で,OH^- が生じるカソードのまわりで塩基性に,H^+ が生じるアノードのまわりで酸性になることを確かめることができる(図 19・21).さらに,H_2 と O_2 の気体を別べつに回収することもできる.

表 19・1 の標準還元電位を検討することで,なぜこの酸化還元反応が起こるのかを理解することができる.たとえば,カソードでは次の反応が競合する.

$$K^+(aq) + e^- \longrightarrow K(s) \qquad E°_{K^+} = -2.92\,V$$
$$2H_2O(l) + 2e^- \longrightarrow H_2(g) + 2OH^-(aq) \qquad E°_{H_2O} = -0.83\,V$$

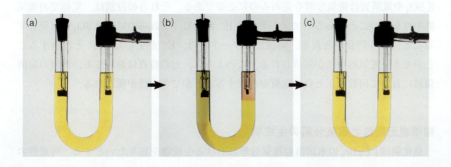

図 19・21 酸塩基指示薬の存在下における硫酸カリウム水溶液の電気分解.(a) はじめの黄色は,溶液が中性であることを示している.(b) 電気分解が進むにつれ,アノードで H^+ が生成され,溶液はピンク色になる.カソードでは,OH^- ができ,青紫色になる.(c) 電気分解を止め溶液を撹拌すると,生じた H^+ と OH^- が互いに中和し,色は再び黄色になる.

水は K^+ より高い標準還元電位をもつ。これは水が K^+ よりも還元されやすいことを示す。その結果、電気分解を行うと、より還元されやすいものが還元され、カソードで H_2 が生じるのが観察できる。

アノードでは次の半反応の可能性がある。

$$2SO_4^{2-}(aq) \longrightarrow S_2O_8^{2-}(aq) + 2e^-$$
$$2H_2O \longrightarrow 4H^+(aq) + O_2(g) + 2e^-$$

表 19・1 にそれらの逆反応を見いだすことができる。

$$S_2O_8^{2-}(aq) + 2e^- \longrightarrow 2SO_4^{2-}(aq) \qquad E^\circ_{S_2O_8^{2-}} = +2.01\,V$$
$$O_2(g) + 4H^+(aq) + 4e^- \longrightarrow 2H_2O \qquad E^\circ_{O_2} = +1.23\,V$$

E° の値は $S_2O_8^{2-}$ が O_2 より還元しやすいことを示している。もし、$S_2O_8^{2-}$ がより還元しやすいならば、そのときの生成物 SO_4^{2-} はより酸化しにくいはずである。いいかえれば、より低い標準還元電位をもつ半反応は逆の反応の酸化反応を起こしやすい。その結果電気分解を行うと、SO_4^{2-} の代わりに水が酸化され、アノードで O_2 が発生することになる。

K_2SO_4 溶液の電気分解の全反応は、前に示したように求められる。失われる電子数と得られる電子数は等しいので、カソード反応はアノード反応が起こるたびに 2 回起こる。

$$2[2H_2O(l) + 2e^- \longrightarrow H_2(g) + 2OH^-(aq)] \qquad (カソード)$$
$$2H_2O(l) \longrightarrow O_2(g) + 4H^+(aq) + 4e^- \qquad (アノード)$$

加えたあとに、水の係数をまとめ、4 電子を相殺して全反応を得る。

$$6H_2O(l) \longrightarrow 2H_2(g) + O_2(g) + 4H^+(aq) + 4OH^-(aq)$$

水素イオンと水酸化物イオンが同数できることに注意せよ。図 19・21 において、溶液を撹拌すると、それらは結びついて水となる。

$$6H_2O(l) \longrightarrow 2H_2(g) + O_2(g) + \underbrace{4H^+(aq) + 4OH^-(aq)}_{4H_2O}$$

よって、正味の反応は次のとおりである。

$$2H_2O \xrightarrow{\text{電気分解}} 2H_2(g) + O_2(g)$$

電気分解における傍観イオンの役割　K^+ も SO_4^{2-} も反応により変化しないが、K_2SO_4 や電解質は電気分解を進めるのに必要である。それらの役割は、電極での電気的中性を保つことである。アノードでは H^+ が生じ、それらの電荷は SO_4^{2-} と混合することにより釣合がとれる。同様にカソードでは、K^+ が生じた OH^- と混合することができ、電気的中性が保持される。このように、どの時点においても、溶液の局所領域において同数の正と負の電荷が存在することができ中性が保たれる。

標準還元電位と電気分解の生成物

臭化銅(Ⅱ) $CuBr_2$ の水溶液の電気分解における生成物を知りたいとする。可能性の

ある半反応とその標準還元電位を検討してみよう. カソードでの可能性のある反応は, Cu^{2+} の還元と水の還元である. 表 19・1 より, 次の半反応式を書くことができる.

$$Cu^{2+}(aq) + 2e^- \longrightarrow Cu(s) \qquad E^\circ_{Cu^{2+}} = +0.34\,V$$

$$2H_2O(l) + 2e^- \longrightarrow H_2(g) + 2OH^-(aq) \qquad E^\circ_{H_2O} = -0.83\,V$$

Cu^{2+} のより高い標準還元電位が, カソードでは Cu^{2+} が還元されるであろうことを示している.

アノードでの可能性のある反応は Br^- の酸化と水の酸化である. 半反応は次のように書ける.

$$2Br^-(aq) \longrightarrow Br_2(aq) + 2e^-$$

$$2H_2O(l) \longrightarrow O_2(g) + 4H^+(aq) + 4e^-$$

表 19・1 では, それらは E° とともに以下のように示されている.

$$Br_2(aq) + 2e^- \longrightarrow 2Br^-(aq) \qquad E^\circ_{Br_2} = +1.07\,V$$

$$O_2(g) + 4H^+(aq) + 4e^- \longrightarrow 2H_2O(l) \qquad E^\circ_{O_2} = +1.23\,V$$

これらは Br_2 よりも O_2 が容易に還元される, すなわち Br^- が H_2O よりも容易に酸化されることを示す. それゆえ, アノードで Br^- が酸化されると予測される.

実際に, この予測は電気分解を行うことで確かめられる. カソード, アノード, 正味の全反応は, 次のとおりである.

$$Cu^{2+}(aq) + 2e^- \longrightarrow Cu(s) \qquad （カソード）$$

$$\underline{2Br^-(aq) \longrightarrow Br_2(aq) + 2e^- \qquad （アノード）}$$

$$Cu^{2+}(aq) + 2Br^-(aq) \xrightarrow{\text{電気分解}} Cu(s) + Br_2(aq) \quad （全体の反応）$$

例題 19・11　電気分解反応の生成物の予測

0.50 mol L^{-1} の $ZnSO_4$ と 0.50 mol L^{-1} の $NiSO_4$ を含む水溶液の電気分解を計画した. 標準還元電位に基づき, 電極での生成物を予測せよ. また正味の全体反応を書け.

指針　カソードとアノードで競合する反応を考える必要がある. カソードでは, 最も高い標準還元電位をもつ半反応が起こると予想される. アノードでは, 最も低い標準還元電位をもつ半反応が, 逆方向の酸化反応として起こりやすい.

解法　表 19・1 や付録の表を使う.

解答　カソードでの競合する反応は二つの陽イオンと水に関するものである. それらの反応と標準電池電位は,

$$Ni^{2+}(aq) + 2e^- \rightleftharpoons Ni(s) \qquad E^\circ = -0.25\,V$$

$$Zn^{2+}(aq) + 2e^- \rightleftharpoons Zn(s) \qquad E^\circ = -0.76\,V$$

$$2H_2O + 2e^- \rightleftharpoons H_2(g) + 2OH^-(aq) \quad E^\circ = -0.83\,V$$

である. 最も高い標準還元電位は Ni^{2+} のものであるので, カソードでは Ni^{2+} が還元され, ニッケル固体が析出すると予測される.

アノードでの競合する酸化反応は水と SO_4^{2-} に関するものである. 表 19・1 で, 酸化されるものは半反応の右辺に見い

だすことができる. 水と SO_4^{2-} を含む二つの半反応は,

$$S_2O_8^{2-}(aq) + 2e^- \rightleftharpoons 2SO_4^{2-}(aq) \quad E^\circ = +2.01\,V$$

$$O_2(g) + 4H^+(aq) + 4e^- \rightleftharpoons 2H_2O \quad E^\circ = +1.23\,V$$

である. 最も低い E° をもつ半反応が最も容易に逆方向に酸化反応として進むので, 予想される酸化半反応は,

$$2H_2O^- \rightleftharpoons O_2(g) + 4H^+(aq) + 4e^-$$

であり, アノードでは O_2 の生成が予測される.

予測される正味の全体反応は, 電子の数を合わせて, これら二つの半反応を結合して得られる.

$$2H_2O \longrightarrow O_2(g) + 4H^+(aq) + 4e^- \quad （アノード）$$

$$\underline{2[Ni^{2+}(aq) + 2e^- \longrightarrow Ni(s)] \qquad （カソード）}$$

$$2H_2O + 2Ni^{2+}(aq) \longrightarrow$$
$$O_2(g) + 4H^+(aq) + 2Ni(s) \quad （全体の反応）$$

確認　結果を確認するために, 表 19・1 における半反応の位置を再確認する. 還元に関しては, 表中より上位にある半反応が還元反応として起こりやすい. 競合する半反応のなかでは, Ni^{2+} の反応が一番上位である. それゆえ, Ni^{2+} が最も

還元されやすく Ni(s) がカソードに生成すると予測される．

酸化に関しては，表中最も下位のものが，逆方向の酸化反応として起こりやすい．これゆえ，SO_4^{2-} の酸化よりも水の酸化が容易で，アノードでは H_2O が酸化され，O_2 が生じると予測される．

もちろん，電気分解実験を行ってこの予測を確認することもできる．

練習問題 19・13 Fe^{2+} と I^- を含む水溶液の電気分解において，アノードで生成するものは何か．

時にはうまく予測できないことがある　ほとんどの場合は，標準還元電位を使って電気分解反応を予測することができるが，予測がはずれることもある．時として，標準状態からかなりはずれた濃度が電池電位の符号を変えることがある．錯体の生成も，妨害したり，予想外の結果をもたらしたりする．そして，時には電極自体が原因となることもある．たとえば，白金電極を使った NaCl 水溶液の電気分解では，アノードで Cl_2 が発生する．この場合何が予想されるだろうか．O_2 と Cl_2 の標準還元電位を検討すると，次のとおりである．

$$Cl_2(g) + 2e^- \rightleftharpoons 2Cl^-(aq) \qquad E° = +1.36\,V$$
$$O_2(g) + 4H^+(aq) + 4e^- \rightleftharpoons 2H_2O \qquad E° = +1.23\,V$$

より低い標準還元電位から，酸素の逆方向の半反応（水が酸化され O_2 が生じる反応）が起こることが予測される．しかし，実験を行うと Cl_2 の発生が観察される．これには，電極表面の性質と酸素との反応の仕方が関係している．なぜこのようになるか説明するのは本書の範囲を超えるが，この予想外の結果は，標準還元電位のみに基づく電気分解反応の予測には注意が必要であることを示している．

19・8　電気分解の化学量論

1833 年ごろファラデーは，電気分解中に起こる化学変化の量は電解槽を流れる電荷の量に比例することを発見した．たとえば，カソードでの Cu^{2+} の還元は次の反応式で与えられる．

$$Cu^{2+}(aq) + 2e^- \longrightarrow Cu(s)$$

この式は 1 mol の金属銅が析出するには 2 mol の電子が必要であることを示している．すなわち，酸化や還元の半反応式は，消費や生成される化学物質の量と電流が供給する電子の量とを関係づけている．しかし，この情報を利用するには，実験室で行うことのできる電気的測定と関係づけができなければならない．

SI 単位系において，電流の単位は**アンペア**，電荷の単位は**クーロン**である．1 C は，1 A の電流を 1 秒(s)間作用させたとき，導線のある 1 点を流れる電荷の量である．すなわち，クーロンはアンペアと秒を掛け合わせたものである．

$$1\,C = 1\,A\,s \tag{19・8}$$

たとえば，導線に 4 A の電流を 10 秒間流したとき，40 C の電荷が導線上のある 1 点を通過する．

$$(4\,A) \times (10\,s) = 40\,A\,s = 40\,C$$

前に述べたように，1 mol の電子が担う電荷は 9.65×10^4 C であり，これはファラデー

ファラデー（Michael Faraday, 1791〜1867）は，英国の化学者であり物理学者でもある．のちに電気モーターや変圧器に結びつく重要な発見を行った．

アンペア ampere, 単位記号 A

クーロン coulomb, 単位記号 C

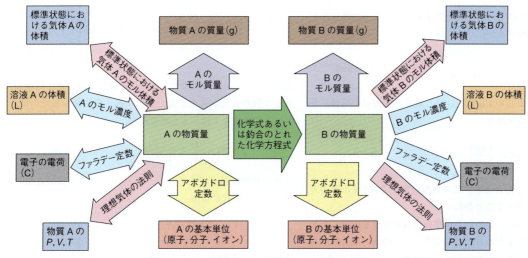

図 19・22 電気分解の化学量論に関係するフローチャート

にちなみ，ファラデー定数 F とよばれる．

$$e^- \; 1 \text{ mol} \Leftrightarrow 9.65 \times 10^4 \text{ C} \quad (\text{有効数字3桁})$$
$$1\,F = 9.65 \times 10^4 \text{ C mol}^{-1}$$

これで，実験室での測定と，電気分解で起こる化学変化の量と結びつける道がついた．アンペア単位の電流と秒単位の時間とを測定すれば系を流れる電荷量をクーロン単位で知ることができる．これより，電子の量をモル単位で計算でき，これを化学変化量の計算に使うことができる．次の例題は電気分解の原理を示すが，同様の計算がガルバニ電池での反応にも応用できる．図19・22は，電気分解に関する計算手順が，これまでに行ってきた化学量論計算とどのように関係しているかを示したものであり，図4・22においても同様の関係を使ってきた．

例題 19・12　電気分解に関係した計算

CuSO₄ 溶液に 2.00 A の電流を 19.0 分間流したとき，電解槽のカソードに何 g の銅が析出するか．

指針　この問題では，時間と電流を銅の質量に変換する化学量論に関して問われている．

解法　図 19・22 が必要とする手法である．(19・8) 式は使用された電子のクーロン数を決める式である．ファラデー定数は電子の物質量を決める変換係数として使われる．次に，釣合のとれた半反応が，Cu^{2+} と電子の物質量を関係づける式となる．還元されるイオンは Cu^{2+} であるので，半反応は，

$$Cu^{2+} + 2e^- \longrightarrow Cu$$

となり，それゆえ，次の関係が得られる．

$$Cu \; 1 \text{ mol} \Leftrightarrow e^- \; 2 \text{ mol}$$

最後に，3章の関係を使い，Cu の物質量を Cu の質量に変換する．答えへの道筋は次のようになる．

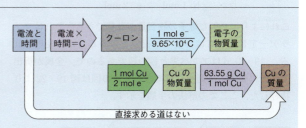

計算は何段階にもわたるので，有効数字を余分にとっておくことにする．

解答　はじめに分(min)を秒(s)に変換する．

$$19.0 \text{ min} = 1.14 \times 10^3 \text{ s}$$

時間と電流を掛け合わせてクーロン数を求める(1 A s = 1 C)．

$$(1.14 \times 10^3 \text{ s}) \times (2.00 \text{ A}) = 2.28 \times 10^3 \text{ A s}$$
$$= 2.28 \times 10^3 \text{ C}$$

電子 1 mol は 9.65×10^4 C に相当するので，電子の物質量を次のように計算する．

$$2.28 \times 10^3\,\text{C} \times \frac{1}{9.65 \times 10^4\,\text{C mol}^{-1}} = 0.02363\,\text{mol}$$

次に，半反応からの Cu の物質量と電子の物質量の関係，さらに銅の原子量を使う．

$$0.02363\,\text{mol} \times \frac{1\,\text{mol}}{2\,\text{mol}} \times 63.55\,\text{g mol}^{-1} = 0.7508\,\text{g}$$

適切に数値をまるめると，この電気分解で 0.751 g の銅がカソード上に析出することがわかる．

これらの段階を，いろいろな変換係数を単位を明示して並べて一つの式にまとめることもできる．次の式では，9.65×10^4 C mol^{-1} をそれと等価な 9.65×10^4 A s mol^{-1} としてある．

$$2.00\,\text{A} \times 19.0\,\text{min}\,\frac{60\,\text{s}}{1\,\text{min}} \times \frac{1}{9.65 \times 10^4\,\text{A s mol}^{-1}}$$
$$\times \frac{1\,\text{mol}}{2\,\text{mol}} \times 63.55\,\text{g mol}^{-1} = 0.751\,\text{g}$$

確認　はじめに，単位の整理が適切か確認することで問題が正しく扱われたか確認する．次に，答えを見積もるために，すべての数値を 1 桁にまるめてみる．

$$2 \times 20 \times \frac{60}{1} \times \frac{1}{10 \times 10^4} \times \frac{1}{2} \times 60 = ?$$

単位の整理は適正であるので，10 以上の数値を指数表現で書くと以下の式になる．

$$\frac{2 \times 2 \times 10^1 \times 6 \times 10^1 \times 6 \times 10^1}{10 \times 10^4 \times 2} = 72 \times 10^{-2} = 0.72\,\text{g}$$

これは答えに非常に近く，計算は妥当と考えられる．

例題 19・13　電気分解に関係した計算

電気分解は，伝導性の物質の表面に，薄い金属膜を析出させる有用な手段である．この技術は電気めっきとよばれる．ある金属の表面に，3.00 A の電流を使い 0.500 g の金属ニッケルを析出されるのにかかる時間を求めよ．ニッケルは +2 の酸化状態から還元されるものとせよ．

指針　この問題は本質的には例題 19・12 の逆である．与えられたニッケルの質量より化学量論の計算をし，最後に必要な電荷量を割り出す．

解法　質量を物質量に変換するのはおなじみであろう．次に必要となるのは化学反応式である．ニッケルは +2 の状態から金属へと還元されるので，

$$\text{Ni}^{2+} + 2\text{e}^- \longrightarrow \text{Ni(s)}$$

となり，これにより次の関係が成立する．

$$\text{Ni 1 mol} \Leftrightarrow \text{e}^-\ 2\,\text{mol}$$

これにより，必要な電子の物質量が計算できる．これはファラデー定数とともに必要な電荷量を求めるために使用される．(19・8) 式はアンペアと秒の積であるので，金属が析出するのに要する時間を計算できる．次の図は図 19・22 より抜粋した，ここでの解法の手順を示す．

直接求める道はない

解答　はじめに，必要な電子の物質量を，少なくとも有効数字を 1 桁余分にとって計算する．

$$0.500\,\text{g} \times \frac{1\,\text{mol}}{58.69\,\text{g}} \times \frac{2\,\text{mol}}{1\,\text{mol}} = 0.01704\,\text{mol}$$

次に，必要な電荷量を計算する．

$$0.01704\,\text{mol} \times 9.65 \times 10^4\,\text{C mol}^{-1} = 1.644 \times 10^3\,\text{C}$$
$$= 1.644 \times 10^3\,\text{A s}$$

この結果 1.644×10^3 A s は電流と時間の積に等しい．電流は 3.00 A である．1.644×10^3 A s を 3.00 A で割ると，必要とされる時間が秒で得られる．その時間を分に直すと，

$$\frac{1.644 \times 10^3\,\text{A s}}{3.00\,\text{A}} \times \frac{1\,\text{min}}{60\,\text{s}} = 9.133\,\text{min}$$

これは，適切に丸められて 9.13 分となる．これらの計算を以下のように一つの式にまとめることもできる．

$$0.500\,\text{g} \times \frac{1\,\text{mol}}{58.69\,\text{g}} \times \frac{2\,\text{mol}}{1\,\text{mol}} \times 9.65 \times 10^4\,\text{C mol}^{-1}$$
$$\times \frac{1\,\text{A s}}{1\,\text{C}} \times \frac{1}{3.00\,\text{A}} \times \frac{1\,\text{min}}{60\,\text{s}} = 9.133\,\text{min}$$

確認　前の例題と同様に，単位が正しく相殺され整理されるか確認しよう．それから，すべての数値を 1 桁に丸めて書いてみる．

$$0.5 \times \frac{1}{60} \times \frac{2}{1} \times \frac{10 \times 10^4}{1} \times \frac{1}{1} \times \frac{1}{3} \times \frac{1}{60}$$
$$= \frac{10^5}{6 \times 3 \times 6 \times 10^2} = \frac{10^5}{108 \times 10^2} = \frac{10^5}{10^4} = 10$$

この結果は，単位の整理が適切であるとともに，計算が妥当であることを示している．

■ 段階的な計算では，丸めによる誤差を最小にするため，一つかそれ以上余分に有効数字をとっておく．
■ ひとたび，電荷量が計算できれば，電流がわかっていれば時間を，時間がわかっていれば電流を計算できる．

練習問題 19・14 14.0 A の電流で，AuCl$_3$ の溶液から 3.00 g の金を析出させるのにかかる時間を，分単位で求めよ．

練習問題 19・15 図 19・2 のガルバニ電池は 125 mL の容積がある．そして，電池は 0.550 A の一定した電流で 3.46 時間動作した．この間に銅イオンの濃度はどれだけ増加したか．

19・9 電気分解の実用的応用

電気化学は，科学にも日常生活においても多く応用されている．身近で重要な電気分解の工業的応用のいくつかについて紹介する．

工業的応用

電気分解は，化学実験室で有用であるだけでなく，多くの重要な工業的応用がある．本節では，電気めっきと身近な化学製品の生産について簡単に説明する．

電気めっき 例題 19・12 と例題 19・13 で出てきた**電気めっき**とは，電気分解により，装飾や保護のためある金属を他の金属の薄い被膜（一般に 0.03〜0.05 mm の厚さ）で覆う手法である．それは，金属製品の外見や耐久性を向上させるのによく使われる技法である．たとえば，鋼鉄性の物品の見ばえの向上や防食のため，金属クロムの薄く輝く被膜が施される．

電気めっき槽の正確な組成は，析出させる金属によりいろいろである．そして，それは，最終的な表面の見ばえや耐久性に影響する．たとえば，硝酸銀 AgNO$_3$ 溶液からの析出する銀は他の金属の表面にうまく析出しない．しかし，[Ag(CN)$_2$]$^-$ を含むシアン化銀の溶液から析出させると，うまく付着し光沢のあるものとなる．シアン化物の槽から電気分解される他の金属には金とカドミウムがある．やはり保護膜として使われるニッケルでは硫酸ニッケルの溶液，クロムではクロム酸 H$_2$CrO$_4$ の溶液が使われる．

電気めっき electroplating

アルミニウムの製造 アルミニウムは有用であるが，大変反応性の高い金属である．還元が非常にむずかしいため，通常の冶金学的方法で得ることはできない．無水のアルミニウム塩化物（水を含まないもの）を用意するのはむずかしく，またそれは揮発性であるため，電気分解でアルミニウムをつくる初期の努力は実を結ばなかった．一方，アルミニウムの酸化物 Al$_2$O$_3$ は大変高い融点（2000 °C 以上）をもつため，それを融解する方法を見つけることができなかった．

1886 年ホールは，Al$_2$O$_3$ が氷晶石 Na$_3$AlF$_6$ とよばれる鉱物の融解物に溶け，比較的

ホール Charles Martin Hall, 1863〜1914

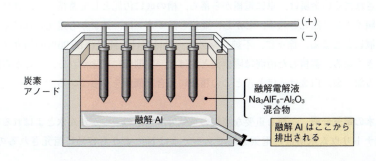

図 19・23 電気分解によるアルミニウムの生産．ホール-エルー法では，融解した氷晶石 Na$_3$AlF$_6$ に Al$_2$O$_3$ が溶解する．Al^{3+} は金属アルミニウムに還元され，O^{2-} は O$_2$ に酸化される．そして，O$_2$ は炭素アノードと反応し CO$_2$ となる．定期的に，槽の底から融解したアルミニウムは取出され，Al$_2$O$_3$ が氷晶石に追加される．炭素アノードも，O$_2$ との反応で消耗するので，ときどき取替えられる．

620   19. 電気化学

エルー Paul Louis-Toussaint Héroult,
1863～1914

ホール–エルー法 Hall-Héroult process

低い融点をもつ混合物となり，そこから電気分解によりアルミニウムをつくることができることを発見した．ほとんど同時に，この手法はフランスのエルーによっても見いだされた．今日では，このアルミニウムの生産方法は**ホール–エルー法**とよばれる（図 19・23）．ボーキサイトとよばれる鉱石から得られる純化されたアルミニウム酸化物は，融解した氷晶石に溶かされ，そこで酸化物は Al^{3+} と O^{2-} に解離する．カソードで Al^{3+} は還元され金属となる．それは低密度の溶媒に沈み，溶けたアルミニウムの層をなす．炭素アノードでは O^{2-} は酸化され O_2 となる．

$$4[Al^{3+} + 3e^- \longrightarrow Al(l)] \qquad (カソード)$$
$$\underline{3[2O^{2-} \longrightarrow O_2(g) + 4e^-] \qquad (アノード)}$$
$$4Al^{3+} + 6O^{2-} \longrightarrow 4Al(l) + 3O_2(g) \quad (全体の反応)$$

生じた酸素は，炭素アノードと反応し CO_2 となる．したがって，炭素アノードはときどき交換する必要がある．

　アルミニウムの製造は，非常に多くの電気エネルギーを消費するので，金銭的だけでなくエネルギー資源の面でも高くつく．それゆえ，エネルギー消費を抑えるために，アルミニウムのリサイクルは高い優先度をもつ．

■ 現在，アルミニウムは合金にして構造材として使われる．また，アルミホイル，電線，窓枠，ポットや鍋といったキッチン用品にも使われる．

ナトリウムの製造

ナトリウムは，融解した塩化ナトリウムの電気分解でつくられる（§ 19・7 参照）．生じた金属ナトリウムと塩素ガスは，分離させなければならない．さもないと，両者は激しく反応し NaCl が再生してしまう．この分離は**ダウンズ槽**とよばれる特別な装置で行われる．

ダウンズ槽 Downs cell

■ PVC は，レインコート，電線被覆材，水道管，サニタリーコートまで，広い範囲の製品に使われる．

　ナトリウムも塩素も商用には重要である．塩素は，ポリ塩化ビニル（PVC）のようなプラスチック，多くの溶媒や工業的な化学薬品に多く使われる．全生産量のうち少量が飲用水の塩素処理に使われている．

　ナトリウムは，ガソリンのオクタン価向上剤テトラエチル鉛の製造に使われてきた．この方法は排気ガス中の鉛の毒性が懸念されることから，多くの国で使用されなくなっている．また，ナトリウムは，黄–橙色の街灯や商用の照明灯に使われるエネルギー効率のよいナトリウム灯で使われている．

銅の精製

鉱石から得られた銅は，当初は約 99％の純度である．不純物（多くは，銀，金，白金，鉄，亜鉛）は電気伝導を低下させるので，導線として使うには精製が必要である．

　不純な銅はアノードとして使われ，電気分解槽には硫酸銅と硫酸が電解質として入っている（図 19・24）．カソードは高純度の銅の薄いシートである．適正な電圧で動作させると，銅と銅よりも酸化されやすい不純物（鉄と亜鉛）がアノードで溶ける．酸化されにくい金属は，単に電極から落ち，槽の底に汚泥として蓄積する．カソードで，銅イオンは還元される．しかし，亜鉛と鉄イオンは，銅よりも還元されにくいので溶液にとどまる．徐々に，不純な銅アノードは溶け，純度約 99.96％の銅カソードが大きくなる．蓄積した汚泥は陽極泥とよばれ，定期的に取除かれる．そこから回収される銀，金，白金は，ほとんどこの精製に見合う価値をもっている．

銅の精錬．電解精錬槽から引き上げられた 99.96％の純度の銅のカソード．アノードの不純な銅を溶かし出し，カソードに純粋な銅を析出させるのに約 28 日かかる．

■ 銅の精錬により，銀は年間生産量の 1/4，金は 1/8 がまかなわれている．

かん水 brine

かん水の電気分解

最も重要な商用の電気分解反応の一つが**かん水**とよばれる濃い塩化ナトリウム水溶液の電気分解である．水は Na^+ よりも容易に還元されるので，

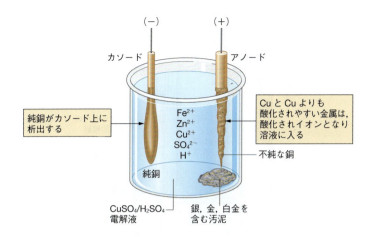

図 19・24 電気分解による銅の精錬. 不純な銅アノードは溶け,純粋な銅がカソードに析出する.銅よりも酸化されにくい金属は,槽の底に"陽極泥"としてたまる.一方,銅よりも,還元されにくい金属は溶液に残る.

カソードでは H_2 が生じる.

$$2H_2O(l) + 2e^- \longrightarrow H_2(g) + 2OH^-(aq) \quad (カソード)$$

前にも説明したように,水は Cl^- よりも容易に酸化されるが,電極表面の複雑な反応により,実際には水よりも Cl^- が酸化される.それゆえ,アノードでは Cl_2 の生成がみられる.

$$2Cl^-(aq) \longrightarrow Cl_2(g) + 2e^- \quad (アノード)$$

全体の反応は,次のように書ける.

$$2Cl^-(aq) + 2H_2O(l) \longrightarrow H_2(g) + Cl_2(g) + 2OH^-(aq)$$

溶液中に傍観的に存在し,直接電気分解に関与しない Na^+ も反応式に含めて書くと,なぜこの反応が重要かわかる.

$$\underbrace{2Na^+(aq) + 2Cl^-(aq)}_{2NaCl(aq)} + 2H_2O \longrightarrow H_2(g) + Cl_2(g) + \underbrace{2Na^+(aq) + 2OH^-(aq)}_{2NaOH(aq)}$$

つまり,この電気分解は安価な塩を H_2, Cl_2, NaOH という価値ある化学製品に変換する.水素は,硬化植物油を含む化学製品をつくるのに使われる.塩素についてはすでに述べた.工業的に最も重要な塩基の一つである水酸化ナトリウムの利用には,洗剤や紙の製造,工業的な反応における酸の中和,アルミニウム鉱石の精錬などがある.

かん水の工業的な電気分解において,H_2 と Cl_2 は混合して(爆発的に)反応しないように分離して回収しなければならない.また,生成した NaOH は未反応の NaCl で汚染される.そして,NaOH が共存した状態で Cl_2 が残ると,溶液は Cl_2 と OH^- が反応してできた次亜塩素酸イオン OCl^- により汚染される.

$$Cl_2(g) + 2OH^-(aq) \longrightarrow Cl^-(aq) + OCl^-(aq) + H_2O$$

しかし,ある製造操作では,生成した Cl_2 を取除かずに水酸化物イオンと反応させ次亜塩素酸ナトリウム水溶液の製造を行う.溶液は電気分解の間激しく撹拌され,撹拌された NaCl 溶液は,電気分解中に徐々に NaOCl 溶液に変わる.NaOCl の 5% 溶液は液体漂白剤として売られている.

今日製造されている最も純粋な NaOH は,**隔膜槽**とよばれる装置でつくられる.

■ 水酸化ナトリウムは一般にはカセイソーダとして知られている.

隔膜槽 diaphragm cell

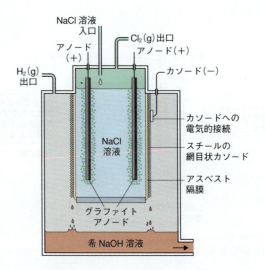

図 19・25 NaCl 水溶液の電気分解で NaOH を商業的に生産するのに使われる隔膜槽の断面図. 中央の筒状セルの NaCl 溶液は, スチールの網目状カソードで支えられたアスベスト隔膜で囲まれている.

その設計には多少の違いがあるが, 図 19・25 は基本的な特徴を説明している. 槽は多孔性のアスベストの殻 (隔膜) を内包した網目状のスチールでできたカソードをもつ. NaCl 溶液は槽の上部から加えられ隔膜にゆっくり浸透していく. NaCl 溶液がスチールのカソードに触れると水素が発生し, それは周囲の空間に排除される. 薄い NaOH を含む溶液は槽から下部の受けにしたたり落ちる. 一方, 槽では塩素がアノードで生成する. アノードの近くには OH⁻ がないので, Cl₂ は反応して OCl⁻ になることはなく, 単に溶液から泡立って出ていき, 図に示すように回収される.

核反応と化学

20

化学の立場からの原子核に対する興味の第一は，それらが原子番号と電子のエネルギーを決める役割をもつ点である．それは原子内の電子の分布が化学的性質を左右するからである．同位体の原子核の多くは安定であるが，多くの元素には，有用で興味深い独特の性質を示す不安定な原子核をもつ同位体が，一つあるいはそれ以上ある．これらの不安定な原子核は核反応を起こし，粒子やエネルギーを放射する．核反応，壊変，放射される粒子は，21 世紀の科学と技術において，理論，医学，分析，環境，エネルギー問題といった分野で応用されてきた．本章では，それらのいくつかについて説明し，この急速に発展する科学分野を概説する．

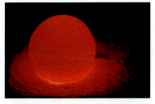

宇宙探査機に使用される二酸化プルトニウムのペレット．放射壊変により赤熱している

20・1	質量とエネルギーの保存
20・2	核結合エネルギー
20・3	放射能
20・4	安定性の帯
20・5	核変換
20・6	放射能の測定
20・7	放射性核種の医学と分析への応用
20・8	核分裂と核融合

学習目標

- 質量とエネルギー保存の法則の理解
- 核結合エネルギーの重要性の説明
- 放射性核種の性質とその放射の理解
- "安定性の帯" の説明
- 現代的な核変換の方法の理解
- 放射能の測定方法の説明
- 放射性核種の実際的な応用の説明
- 核分裂と核融合の理解

20・1 質量とエネルギーの保存

不安定な原子核が関係する変化には，一般に化学反応のエネルギーよりもかなり大きなエネルギーがかかわる．これらのエネルギー変化がどのくらいのものになるか理解するために，本章までは，互いに無関係で独立しているとしてきた二つの物理法則（エネルギー保存の法則と質量保存の法則）を再検討することから始めよう．これらは化学反応では互いに独立した別のものとして扱えるが，核反応ではそうではない．これら二つの法則はより深いところでは，より普遍的な法則の異なる一面にすぎない．

1900 年代はじめ，原子および原子核物理が発展するにつれ，粒子の質量はすべての環境で一定であるとはいえないことがわかってきた．粒子の質量 m は粒子の観測者に対する相対速度 v に依存する．粒子の質量は (20・1) 式により，v と光の速度 c に関係する．

$$m = \frac{m_0}{\sqrt{1-(v/c)^2}} \tag{20・1}$$

ここで m_0 は粒子の静止質量である．v がゼロで観測者に対し粒子が動いていないとき，v/c はゼロなので，全体にかかる分母は 1 であり，(20・1) 式は以下のようになる．

$$m = m_0$$

私たちが実験室で測っているものは静止質量である．なぜなら，化学試料のように，

■ 光の速度 $c = 2.99792458 \times 10^8$ m s^{-1}

練習問題 20・1 53.6 m s^{-1} で飛んでいるテニスボールの質量を求めよ．テニスボールの静止質量を，国際テニス連盟が規定している 57.7 g とする．

質量-エネルギー保存の法則 law of conservation of mass-energy

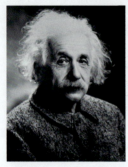

アインシュタイン Albert Einstein, 1879～1955. 彼は1921年ノーベル物理学賞を受賞した．

アインシュタインの関係式 Einstein equation

■ 一般によく知られているアインシュタインの関係式は $E = mc^2$ である．

核分裂 nuclear fission

どんなものも（私たちから見て）静止しているか，光速に近い速度では動いていないからである．粒子の速度が光の速度 c に近いときにのみ（20・1）式中の v/c の項が重要になる．v が c に近づくにつれ，v/c は 1 に近づき，$[1-(v/c)^2]$ はゼロに近づく．いいかえると，分母がゼロに近づく．もし，実際にゼロになると m は無限大になるだろう．光速で動く粒子の質量が無限に重くなるというのは，物理的に不可能である．それゆえ，光速はどんな粒子も超えることのできない速度の上限である．

日常的な速度では，（20・1）式で計算される質量は，静止質量と有効数字4から5桁で等しい．その差は重量測定では検出できない．それゆえ通常は，質量は保存されているようにみえ，化学においては質量保存の法則は成立するとされる．

質量-エネルギー保存の法則　私たちは物質が無から生じることがないのを知っているので，より速く動く物質が必要とする余分の質量は，物体の速度を増加させるのに供給されたエネルギーに由来しなければならない．それゆえ物理学者は，質量とエネルギーは相互交換でき，高エネルギー物理の世界では質量保存の法則とエネルギー保存の法則は，別べつの独立したものではないと理解した．統合されたものは現在，**質量-エネルギー保存の法則**とよばれている．

> **質量-エネルギー保存の法則**
> 宇宙のすべてのエネルギーとすべての等価なエネルギーで表した質量の総和は一定である．

アインシュタインの関係式

アインシュタインは，質量がエネルギーに変わるとき，エネルギー変化 ΔE と質量変化 Δm_0 は，現在ではアインシュタインの関係式とよばれる次式で関係づけられることを示した．

$$\Delta E = \Delta m_0 c^2 \qquad (20 \cdot 2)$$

ここで c は光速 $3.00 \times 10^8 \text{ m s}^{-1}$ である．

光速は非常に大きな値であるので，エネルギー変化が非常に大きくても，質量の変化 Δm_0 は非常に小さい．たとえば，メタンの燃焼は 1 mol 当たり，かなりの熱を出す．

$$CH_4(g) + 2O_2(g) \longrightarrow CO_2(g) + 2H_2O(l) \qquad \Delta_r H^\circ = -890 \text{ kJ mol}^{-1}$$

熱エネルギー 890 kJ の放出に対応する質量の損失は，アインシュタインの関係式によれば 9.89 ng になる．これはおよそ 1 mol の CH_4 と 2 mol の O_2 の全質量の 1×10^{-7} % である．このような微小な質量変化は実験室の秤では検出不可能であり，すべての実際的な場面では質量は保存されている．アインシュタインの関係式は電子の再配置が関係する化学においては直接利用できる場はないが，1939年にはじめて**核分裂**（重い原子がより軽い断片に分裂すること）が観察されたとき，その重要性が明らかとなった．

20・2 核結合エネルギー

§20・3でさらに説明するが，原子核は陽子間の電荷の反発に打ち勝つことのでき

20・2 核結合エネルギー　　625

る非常に強い引力で保持されている．それゆえ，原子核を個々の**核子**（陽子と中性子）に分解するには莫大はエネルギーが必要である．このエネルギーは**核結合エネルギー**とよばれる．

核が形成されるときに解放された核結合エネルギーが吸収されて，核は個々の核子に分解される．これらの核子は，それらが吸収したエネルギーと等価な余分の質量をもっている．もし，これらの質量を合計すれば，それはもとの核の質量よりも大きくなるべきである．そして，これがまさに観測されることである．ある原子核において，そのすべての核子の静止質量の合計は，常に実際の核の質量よりも少し大きい．この質量の違いは，**質量欠損**とよばれ，それと等価なエネルギーが核結合エネルギーである．

核結合エネルギーは核が実際にもっているエネルギーではなく，核を分解するのに必要なエネルギーであることを心にとめておこう．よって，核結合エネルギーが大きいほど，その核は安定である．

核子 nucleon

核結合エネルギー nuclear binding energy

質量欠損 mass defect

核結合エネルギーの計算

アインシュタインの関係式を使って核結合エネルギーを計算することができる．^{4}He（ヘリウム-4）を例にとろう．独立した1個の陽子および中性子の静止質量はそれぞれ1.0072764668 u および1.0086649160 u である．^{4}He の原子番号は2であるので，その原子核は2個の陽子と2個の中性子の計4個の核子で構成されている．^{4}He の静止質量は4.0015061792 u である．しかし，4個の独立した核子の静止質量の合計は，それより少し大きな4.0318827656 u である．これは以下のようにして計算される．

$$\begin{aligned}
\text{2個の陽子}\quad & 2 \times 1.0072764668\,\text{u} = 2.0145529336\,\text{u} \\
\text{2個の中性子}\quad & 2 \times 1.0086649160\,\text{u} = 2.0173298320\,\text{u} \\
\hline
& ^4\text{He の核子の静止質量の合計} = 4.0318827656\,\text{u}
\end{aligned}$$

^{4}He の計算された静止質量と測定された静止質量の差である質量欠損は0.0303765864 u である．

$$\underset{\text{四つの核子の質量}}{4.0318827656\,\text{u}} - \underset{\text{原子核の質量}}{4.0015061792\,\text{u}} = \underset{\text{質量欠損}}{0.0303765864\,\text{u}}$$

アインシュタインの関係式を使って，^{4}He の質量欠損と等価な核結合エネルギーを有効数字4桁まで計算してみよう．質量欠損を0.03038 u と丸める．エネルギーをJ単位で求めるために，$1\,\text{J} = 1\,\text{kg m}^2\,\text{s}^{-2}$ を用いる．原子質量単位 u の質量を kg に変換しなければならない．本書の見返しの表に $1\,\text{u} = 1.661 \times 10^{-24}$ g，すなわち 1.661×10^{-27} kg と与えられている．この値をアインシュタインの関係式に入れる．

$$\Delta E = \Delta mc^2 = 0.03038\,\text{u} \times \underbrace{\frac{1.661 \times 10^{-27}\,\text{kg}}{1\,\text{u}}}_{\Delta m\,(\text{kg 単位})} \times \underbrace{(2.9979 \times 10^8\,\text{m s}^{-1})^2}_{c^2}$$

$$= 4.535 \times 10^{-12}\,\text{kg m}^2\,\text{s}^{-2} = 4.535 \times 10^{-12}\,\text{J}$$

^{4}He には核子が4個あるので，1核子当たりの核結合エネルギーは 4.535×10^{-12} J/4核子，よって 1.134×10^{-12} J/核子となる．

1個の ^{4}He の原子核が生成されると 4.535×10^{-12} J のエネルギーが放出される．これは非常に小さなエネルギーである．もし，アボガドロ定数あるいは1 mol の ^{4}He 核

> **練習問題 20・2** ^{56}Fe（鉄-56）の原子核の質量欠損を計算せよ．^{56}Fe の質量は 55.934939 u である．

（全体で 4 g の質量）をつくると，解放されるエネルギーは，

$$(6.022 \times 10^{23} \text{ 核子 mol}^{-1}) \times (4.535 \times 10^{-12} \text{ J 核子}^{-1}) = 2.731 \times 10^{12} \text{ J mol}^{-1}$$

となり，たった 4 g のヘリウムをつくるだけで膨大なエネルギーを生み出す．このエネルギーで 100 W の白熱電球を 900 年近く点灯できる．

核結合エネルギーと核の安定性

図 20・1 は核子当たりの核結合エネルギーを，元素の原子番号に対しプロットしたものである．このプロットは核子当たりの核結合エネルギーが大きいほど，その原子核が安定である点で興味深い．曲線は ^{56}Fe を極大としている．これは ^{56}Fe の原子核が最も安定であることを意味する．しかし，図 20・1 は鋭い極大をもっていない．それゆえ，周期表の中央を中心に広く分布する中間の質量数をもつ多くの元素は，最も安定な同位体をもっている．

小さな質量数の核は，小さな核子当たりの核結合エネルギーをもつ．そのような小さな 2 個の核が合わさる**核融合**とよばれる過程は，大きな核子当たりの核結合エネルギーをもった，より安定な核を導く．2 個の軽い核が融合するとき，余分のエネルギーが解放されるが，そのエネルギーは，0 章で説明した星の核で放出されているエネルギーや水素爆弾の爆発の源である．核融合は §20・8 でさらに扱う．

図 20・1 をより大きな質量数の方向へたどると，結合エネルギーが低下するにつれ核の安定性も低下する．したがって重い原子のなかには，核分裂により軽い核に分裂して安定な形になる同位体があると予想できる．§20・8 の主題である**核分裂**は自発的な核の分裂により中間の質量数の同位体になることである．

核融合 nuclear fusion, 核合成ともいう．

核分裂 nuclear fission

■ "核融合"，"核分裂" に対し，それぞれ "原子核融合"，"原子核分裂" という用語も使われる．

図 20・1 核子当たりの核結合エネルギー

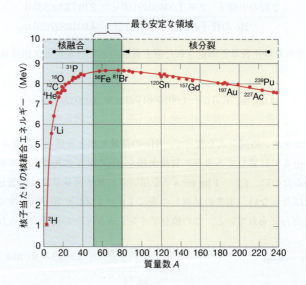

20・3 放射能

水素を除いて，すべての原子核は 2 個以上の正電荷を帯びた陽子をもっている．同種の電荷は反発するので，どうして核が安定にいられるのか疑問が生じる．しかし，核の中ではたらく力は，塩化ナトリウムの結晶でイオン間にはたらいているような引

20・3 放 射 能 627

力と斥力の電気的な力だけではない．確かに陽子は互いに静電気的に反発している．
しかし，**強い力**とよばれる別の力もはたらいている．この強い力は非常に短い距離で
しかはたらかないが，これにより陽子間の反発に打ち勝って，陽子と中性子を核内に
つなぎとめている．さらに，中性子は陽子を互いに遠ざけておくことで，陽子間の反
発を緩和している．

多くの陽子をもち，陽子間の静電気力を緩和する中性子があまりに少ない核では，
核を保つために過剰なエネルギーをもつため，多くは不安定である．このような不安
定な核は核の小さな断片と同時に高エネルギーの電磁波を放出する傾向がある．その
放出された粒子（あるいは光子）の流れは**放射線**，その現象は**放射能**とよばれる．こ
のような性質をもつ同位体を**放射性核種**という．自然にある約 350 の同位体のうち約
60 が放射能をもつ．

放射性核種の試料中のすべての原子がただちに変化するわけではない．核の壊変が
起こる速度は（これは放射線の強さに換算される）は試料内の同位体の種類に依存す
る．時間が経つにつれ放射性核種は安定核種に変化するので，試料中の放射性核種の
原子数は減少し，これは放射線の強さの低下を招く．このとき放射性核種は**放射壊変**

強い力 strong force

■隣り合う中性子間には静電気的な反
発ははたらかない．ただ，強い力がは
たらくのみである．

放射線 radiation

放射能 radioactivity

放射性核種 radionuclide

放射壊変 radioactive decay

表 20・1 核反応

放射能の種類	粒子の記号	反応の一般式 反応例	例
α 壊変	^4_2He $^4_2\alpha$	$^A_Z\text{X} \longrightarrow ^{A-4}_{Z-2}\text{Y} + ^4_2\text{He}$ $^{263}_{106}\text{Sg} \longrightarrow ^{259}_{104}\text{Rf} + ^4_2\text{He}$	"親"核 → "娘"核 + α 粒子
β 壊変	$^0_{-1}\text{e}$ $^0_{-1}\beta$	$^A_Z\text{X} \longrightarrow ^A_{Z+1}\text{Y} + ^0_{-1}\text{e} + \bar{\nu}$ $^{14}_6\text{C} \longrightarrow ^{14}_7\text{N} + ^0_{-1}\text{e} + \bar{\nu}$	"親"核 → "娘"核 + 電子 中性子 陽子
γ 壊変	$^0_0\gamma$ γ	$^A_Z\text{X}^* \longrightarrow ^A_Z\text{X} + \gamma$ $^{60}_{28}\text{Ni}^* \longrightarrow ^{60}_{28}\text{Ni} + \gamma$	$[\quad]^* \longrightarrow \quad + \gamma$ 励起状態の核 基底状態の核
陽電子放出	^0_1e $^0_{+1}\beta$	$^A_Z\text{X} \longrightarrow ^A_{Z-1}\text{Z} + ^0_1\text{e} + \nu$ $^{54}_{27}\text{Co} \longrightarrow ^{54}_{26}\text{Fe} + ^0_1\text{e} + \nu$	"親"核 → "娘"核 + 陽電子 陽子 陽子が中性子になった
中性子放出	^1_0n ^1_0n	$^A_Z\text{X} \longrightarrow ^{A-1}\text{X} + ^1_0\text{n}$ $^{87}_{36}\text{Kr} \longrightarrow ^{86}_{36}\text{Kr} + ^1_0\text{n}$	"親"核 → "娘"核 + 中性子 失われる中性子
電子捕獲	$^0_{-1}\text{e}$ $^0_{-1}\text{e}$	$^A_Z\text{X} + ^0_{-1}\text{e} \longrightarrow ^A_{Z-1}\text{Y} + \nu$ $^{50}_{23}\text{V} + ^0_{-1}\text{e} \longrightarrow ^{50}_{22}\text{Ti} + \nu$	"親"核 + 電子 → "娘"核 陽子 中性子

したという.

自然にある原子核からの放射線は基本的に以下に述べる3種,すなわちα線,β線,γ線である.他にもあるが,それらについては表20・1と以下に述べる.

α 線

α 線はヘリウム原子核の流れである.ヘリウム原子核はα粒子とよばれ$^4_2$Heあるいは$^4_2\alpha$の記号で表される.4は質量数,2は原子番号である.α粒子は2+の電荷をもっているが,電荷は記号からは略されている.

α粒子は,放射性核種から通常放射される粒子のなかでは最も重いものである.α粒子が飛び出すとき,最高で光速の10分の1の速度で飛び出す(図20・2).しかし,その大きさのため遠くまでは飛べない.α粒子は,空気中を長くても数cm飛んだあと,空気中の分子と衝突して運動エネルギーを失い,電子を捕獲して中性のヘリウム原子となる.α粒子そのものは皮膚を貫通することはできないが,多量の被曝は重度の皮膚火傷をもたらす.もし,空気や食物に付着して肺や腸管の柔らかい組織に運ばれ,そこでα粒子が放出されるとがんを含む深刻な障害をひき起こす.

■ 0章で,質量数Aを上付文字,原子番号Zを下付文字で,元素記号Xの前に^A_ZXのように書いて,同位体を指定することを学んだ.これと同じ表記方法を核反応中の粒子に対しても使う.原子核でない粒子では,Zは粒子の電荷を表す.

α線 α radiation

α粒子 α particle

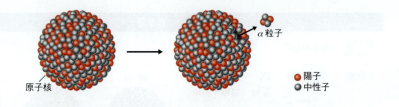

図20・2 原子核からのα粒子の放出.原子核からα粒子が放射されると,原子番号は2,質量数は4減少する.

核 反 応 式

核の壊変を記号化するために,**核反応式**を使う.^{238}U(ウラン-238)から^{234}Th(トリウム-234)へのα壊変は次式で表される.

$$^{238}_{92}U \longrightarrow {}^{234}_{90}Th + {}^4_2He$$

化学反応と異なり,**核反応**は新しい同位体を生じさせるので,式の釣合をとるのに別の規則が必要である.

■ ^{238}Uのα壊変のような核変換は化学的な環境に依存しない.ウランが自由原子でいようが化合物中にいようが,起こる核反応は同じである.

核反応式 nuclear equation

核反応 nuclear reaction

核反応式の釣合をとるための規則
1. それぞれの辺の質量数の合計は互いに同じでなければならない.
2. それぞれの辺の原子番号(核の電荷)の合計は互いに同じでなければならない.

^{238}Uの壊変の核反応式において,原子番号は90 + 2 = 92で,質量数は234 + 4 = 238で釣合っている.電荷が表されていないことに注意せよ.たとえば,α粒子は2+の電荷をもっている.もし,中性のウラン原子が壊変したならば,トリウム粒子は当初は2−の電荷をもつ.しかし,これらの荷電した粒子は,互いに,またはその粒子が動く物質中の分子から電子を捕獲するか失う.

β 線

自然に発生するβ線は電子の流れでできており,**β粒子**とよばれる.核反応式では,β粒子は,電子の質量数は0,電荷は1−なので,$^0_{-1}$eで表される.^{3}H(水素-3,トリチウム)はβ線放射核であり,次の式で表される壊変をする.

β線 β radiation

β粒子 β particle.しばしばβ粒子は$^0_{-1}\beta$あるいはβ^-の記号で表される.

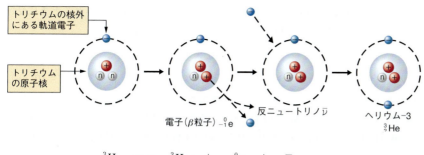

図 20・3 トリチウム核からの β 粒子の放出. β 粒子の放出により中性子が陽子に変わる. このため核は正に荷電したイオンとなるが, 電子を外から取込み, 中性の原子となる.

$$\underset{\text{トリチウム}}{^{3}_{1}\text{H}} \longrightarrow \underset{\text{ヘリウム-3}}{^{3}_{2}\text{He}} + \underset{\substack{\beta\text{ 粒子}\\(\text{電子})}}{^{0}_{-1}\text{e}} + \underset{\text{反ニュートリノ}}{\bar{\nu}}$$

β 粒子と後述の反ニュートリノは, 電子殻からではなく原子核から生じたものである. それらが核中ではじめから存在しているとは考えていない. β 粒子と反ニュートリノは中性子が陽子に変化する過程で生じる (図 20・3).

$$\underset{\substack{\text{核内の}\\\text{中性子}}}{^{1}_{0}\text{n}} \longrightarrow \underset{\substack{\text{放射された}\\\beta\text{ 粒子}}}{^{0}_{-1}\text{e}} + \underset{\substack{\text{核内に残る}\\\text{陽子}}}{^{1}_{1}\text{p}} + \underset{\substack{\text{放射された}\\\text{反ニュートリノ}}}{\bar{\nu}}$$

同じ放射性核種からはすべて同じ決まったエネルギーで放射される α 粒子と違い, β 粒子は β 線放射核から連続的なエネルギースペクトルをもって放射される. そのエネルギーはゼロから, それぞれの放射性核種で決まった上限値まで変化する. この事実はエネルギー保存の法則に抵触するので, かつては, 核物理学者にかなりの混乱をもたらした. この問題を解くために, 1927 年パウリは, β 粒子の放射は他の壊変粒子の放射を伴っていると提案した. その粒子は電気的に中性でほとんど質量がない. 物理学者のフェルミはニュートリノ ("中性のもの") という名を提案したが, 最終的には**反ニュートリノ**と名づけられ, 記号は $\bar{\nu}$ とされた.

パウリ Wolfgang Pauli, 1900〜1958

フェルミ Enrico Fermi, 1901〜1954

反ニュートリノ antineutrino

電子はきわめて小さいので, β 粒子はそれが通り抜ける物質の原子や分子とあまり衝突しそうにない. それははじめの運動エネルギーに依存しており, β 粒子は α 粒子よりも遠くまで飛ぶ. たとえば, 乾燥した空気中で 300 cm まで飛ぶことができる. しかし, 皮膚を貫通することができるのは高エネルギーの β 粒子だけである.

γ 線

γ 線は高エネルギーの光子で, ほとんどの核壊変に伴う. 核反応式中での記号は $^{0}_{0}\gamma$ あるいは単に γ である. γ 線はきわめて貫通力があり, 鉛のような非常に密度の高い物質でのみ効果的に遮蔽される.

γ 線 γ radiation, γ 線は電荷も質量もないので $^{0}_{0}\gamma$ の記号で表される.

γ 線の放射は, 核内のエネルギー準位間の遷移に関係する. 電子が軌道エネルギー準位をもつように, 核はそれ自身固有のエネルギー準位をもつ. 核が α 粒子あるいは β 粒子を放射するとき, しばしば核は励起状態にあり, γ 線を放出して, より安定な状態へと緩和する. たとえば, ⁶⁰Co (コバルト-60) は β 粒子を放射し, 核が励起状態にある ⁶⁰Ni (ニッケル-60) を生成し, それから 2 個の γ 粒子を放射する. 励起状態は * で示される.

$$^{60}_{27}\text{Co} \longrightarrow ^{60}_{28}\text{Ni}^{*} + ^{0}_{-1}\text{e} \longrightarrow ^{60}_{28}\text{Ni} + 2\gamma + ^{0}_{-1}\text{e}$$

エネルギーの単位 eV

放射線が運ぶエネルギーは, エネルギー単位**エレクトロン**

エレクトロンボルト electron volt, 単位記号 eV

630　20. 核反応と化学

ボルトで記述される．1 eV は1個の電子が電圧1Vのもとで加速されるときに受けるエネルギーである．eVとJの間には，以下の関係がある．

$$1 \text{ eV} = 1.602 \times 10^{-19} \text{ J}$$

eVは非常に小さいエネルギーなので，放射線のエネルギーは通常 keV($=10^3$ eV)，MeV($=10^6$ eV)，GeV($=10^9$ eV) という形で使われる．^{224}Ra（ラジウム-224）により放出されたα粒子は 5 MeV のエネルギーをもつ．^{3}H は 0.05～1 MeV のエネルギーでβ線を放出する．^{60}Coから放出されるγ線は 1.173 MeV と 1.332 MeV のエネルギーの光子である．それらは現在，食物中の細菌や害虫を殺すのに使われている．

■ 質量とエネルギー間の変換関係は以下のとおりである．
1 eV ⇔ 1.783×10^{-36} kg
1 MeV ⇔ 1.783×10^{-27} g
1 GeV ⇔ 1.783×10^{-24} g

例題 20・1　核反応式を書く

原子炉や原子爆弾の放射性廃棄物である ^{137}Cs（セシウム-137）はβ線とγ線を放出する．^{137}Csの壊変の核反応式を書け．

指針　釣合のとれた核反応式が求められている．原子番号と質量数が保存されるようにすれば釣合のとれた反応式となる．

解法　与えられた情報をもとにした不完全な反応式から始めよう．1個の反応物Csが壊変して3個の粒子を生む．そのうち2個は，β粒子と光子とわかっている．残りの粒子で方程式を釣合わせなければならない．したがって，必要な他の情報をはっきりさせる手法として，釣合を保つための要求条件を使う．

解答　不完全な核反応式は，次のように書ける．

$$^{137}_{55}\text{Cs} \longrightarrow \,^{0}_{-1}e + \,^{0}_{0}\gamma + \underline{\qquad}$$

　　　　　　　　　　　　　　　← 質量数はここ
　　　　　　　　　　　　　　　← 元素記号はここ
　　　　　　　　　　　　　　　← 原子番号はここ

原子番号Zと質量数Aを決める必要がある．Xを元素記号とする．上付添字で表される質量数は，ほかがみなゼロなのでXの上付添字も 137 となる．Xの下付添字で表される原子番号については $55 = -1 + 56$ より 56 でなくてはならない．この 56 より元素はバリウム，元素記号は Ba とわかる．137, 56, Ba をそれぞれの場所に入れると核反応式は以下のようになる．

$$^{137}_{55}\text{Cs} \longrightarrow \,^{0}_{-1}e + \,^{0}_{0}\gamma + \,^{137}_{56}\text{Ba}$$

確認　原子番号 56 の元素がバリウム Ba という確認を行った．また，式の両側で，原子番号の合計も質量数の合計も等しくなっている．したがって，答えは妥当と考えられる．

練習問題 20・3　マリー・キュリーが受賞したノーベル物理学賞とノーベル化学賞のうち，ノーベル化学賞は，ラジウムの単離の功績で与えられた．ラジウムはまもなくがんの治療に広く使われるようになった．^{226}Ra（ラジウム-226）はγ線とα線を放出し ^{222}Rn（ラドン-222）となる．この壊変の核反応式を書き，放出される粒子を特定せよ．

陽電子放射と中性子放射

自然界にはない同位体で，§20・5 で述べる方法でつくられる人工同位体の多くは**陽電子**を放出する．陽電子は電子と同じ質量をもつが，負電荷の代わりに正電荷をもつ粒子で，その記号は $^{0}_{1}e$ である．陽電子は核中で陽子が中性子に変換して生じる（図 20・4）．β放射のように，陽電子放射は，無電荷でほとんど質量がない粒子，ニュートリノνを伴う．ニュートリノは，以下に説明する通常の物質の世界における反ニュートリノ$\bar{\nu}$と対をなしている．たとえば，^{54}Co は陽電子放射核で鉄の安定同位体に変化する．

$$^{54}_{27}\text{Co} \longrightarrow \,^{54}_{26}\text{Fe} + \,^{0}_{1}e + \nu$$
　　　　　　　　　　　　陽電子　　ニュートリノ

放出された陽電子は，最終的に電子と衝突し，互いを消滅させる（図 20・5）．それらの質量は全部，消滅放射線とよばれる同一のエネルギーをもった2個のγ線に変わる．そのエネルギーは 511 keV である．

陽電子はふつうの物質（電子）を破壊するので，反物質の粒子といわれる．**反物質**

陽電子 positron，しばしば陽電子は $^{0}_{+1}\beta$ あるいは β^+ の記号で表される．

反物質 antimatter

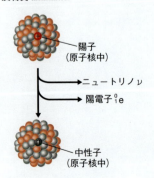

図 20・4　陽電子の放出は，核の中で陽子を中性子に変える

とされるには，その粒子と対となるものが通常の物質の中になければならず，それらが衝突したとき，その対が互いに消滅する．たとえば，中性子と反中性子はそのような対の代表で，それらが出会うと互いに消滅する．

他の種類の核反応である**中性子放射**は，同種の元素の異なる同位体を生む．中性子放射は同位体が過剰の中性子をもつときに起こる．たとえば，^{87}Kr（クリプトン-87）は以下のように壊変し，^{86}Kr となる．

$$^{87}_{36}\text{Kr} \longrightarrow {}^{86}_{36}\text{Kr} + {}^{1}_{0}\text{n}$$
中性子

中性子放射 neutron emission

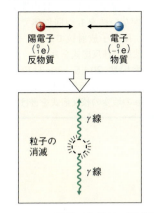

図 20・5 陽電子と電子が衝突したとき，γ線放射が生じる．2個のγ線は互いに180°逆方向へ飛び出す．

X 線と電子捕獲

X 線はγ線のように高エネルギーの電磁波であるが，そのエネルギーはγ線ほど高くない．X 線はある人工放射性核種から放出されるが，医学診断で必要なときは，金属ターゲットに高エネルギーの電子線を当てることにより発生させる．

別種の核反応である**電子捕獲**は自然界の同位体では少ないが，人工放射性核種ではよくある核反応である．たとえば，^{50}V（バナジウム-50）の核は $n=1$ あるいは $n=2$ の電子殻から電子を捕獲する．そして安定な ^{50}Ti となる．この変化には X 線とニュートリノの放出が伴う．

$$^{50}_{23}\text{V} \xrightarrow{\text{電子捕獲}} {}^{50}_{22}\text{Ti} + \text{X 線} + \nu$$

X 線 X ray

■ 診察用の X 線のエネルギーの典型的な値は 100 keV かそれ以下である．

電子捕獲 electron capture

電子捕獲の核における正味の効果は，陽子の中性子への変換である（図20・6）．

$$^{1}_{1}\text{p} + {}^{0}_{-1}\text{e} \longrightarrow {}^{1}_{0}\text{n}$$
核内の陽子　　1s軌道から捕獲された電子　　核内の中性子

電子捕獲は原子の質量数を変えない．変えるのは原子番号だけである．また，$n=1$ あるいは $n=2$ の電子殻に電子の空席を残し，他の電子軌道からその空席へ電子が落ちるときに X 線を放出する．さらに，軌道電子を捕獲した核は励起状態にありγ線を放出する．

放射壊変系列

放射性核種は直接安定同位体に壊変しないで，他の不安定な放射性核種に壊変する場合がある．そのような壊変が次から次へと起こり，安定な同位体にいきつくまで壊変が続く．そのような連続した核反応の連なりは**放射壊変系列**とよばれる．自然界には四つの系列がある．^{238}U はそのような系列の一つの先頭に位置する（図20・7）．

放射性核種の壊変速度はさまざまで，それはすでに§13・4で学んだ半減期 $t_{1/2}$

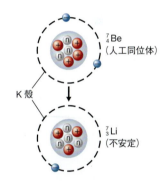

図 20・6 電子捕獲．電子捕獲は軌道電子が核に落ち込むことである．その結果，低エネルギー電子軌道に電子の空席が残される．高エネルギーの軌道から電子がその空席に落ちるとき，X 線が放出される．

放射壊変系列 radioactive decay series

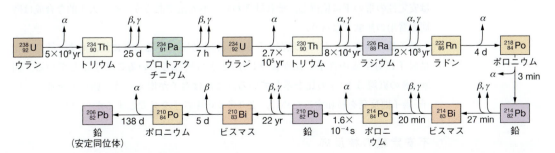

図 20・7　^{238}U 放射壊変系列．矢印の下に記された時間は半減期を表す（yr = 年, d = 日, h = 時間, min = 分, s = 秒）．

練習問題 20・4 ^{11}C は中性子が少ない核をもつ同位体であり，陽電子放射核である．^{11}C の壊変の核反応式を書け．

練習問題 20・5 ^{13}Be は中性子過多で中性子放射核である．^{13}Be の壊変の核反応式を書け．

で，通常記述される．核科学において，半減期は，ある与えられた放射性核種が壊変して初期の量の半分になる時間である．放射壊変は一次反応であるため，半減期の時間は核の初期量に無関係である．いくつかの放射性核種の半減期が表 20・2 に示されている．

表 20・2　典型的な放射性核種の半減期			
元　素	同位体	半減期	壊変様式または放射粒子
天然放射性核種			
カリウム	$^{40}_{19}K$	1.25×10^9 yr	β, γ
テルル	$^{123}_{52}Te$	1.2×10^{13} yr	電子捕獲
ネオジム	$^{144}_{60}Nd$	5×10^{15} yr	α
サマリウム	$^{149}_{62}Sm$	4×10^{14} yr	α
レニウム	$^{187}_{75}Re$	7×10^{10} yr	β
ラドン	$^{222}_{86}Rn$	3.82 d	α
ラジウム	$^{226}_{88}Ra$	1590 yr	α, γ
トリウム	$^{230}_{90}Th$	8×10^4 yr	α, γ
ウラン	$^{238}_{92}U$	4.47×10^9 yr	α
人工放射性核種			
トリチウム	$^{3}_{1}H, ^{3}_{1}T$	12.26 yr	β
酸　素	$^{15}_{8}O$	124 s	陽電子
リン	$^{32}_{15}P$	14.3 d	β
テクネチウム	$^{99m}_{43}Tc$	6.02 h	γ
ヨウ素	$^{131}_{53}I$	8.07 d	β
セシウム	$^{137}_{55}Cs$	30.1 yr	β
ストロンチウム	$^{90}_{38}Sr$	28.1 yr	β
プルトニウム	$^{238}_{94}Pu$	87.8 yr	α
アメリシウム	$^{243}_{95}Am$	7.37×10^3 yr	α

20・4　安定性の帯

図 20・8 は，元素の安定なものも不安定なものすべての知られている同位体を，陽子数と中性子数に対してプロットしたものである．図 20・8 の二つの曲線で囲まれた領域は，**安定性の帯**といわれ，その領域の核はすべて安定である．83 番元素のビスマスより重い同位体には安定なものがないので，図 20・8 には含まれていない．安定性の帯のなかにもいくつか不安定同位体がある．

安定性の帯の外側でも内側でも，この図に表されていない同位体の半減期は，おそらく検出ができないほど短い．たとえば，50 個の中性子と 60 個の陽子をもつ同位体は安定性の帯の下に位置し，それはきわめて不安定であろう．その人工的な合成は時間と費用の無駄となろう．

陽子数の増加とともに領域が少し上方向に曲がっていることに注意せよ．その変化は陽子に対する中性子の比が徐々に 1：1 から増加していることを示している．図 20・8 の直線は 1：1 の比を示している．これは陽子が増えれば，強い力を補い，陽子-陽子間反発を緩和するために，より多くの中性子を必要とするからである．

不安定核の核反応

原子番号が 83 より大きな元素の同位体は α 線放射核になる傾向がある．安定性の

安定性の帯 band of stability

20・4 安定性の帯   633

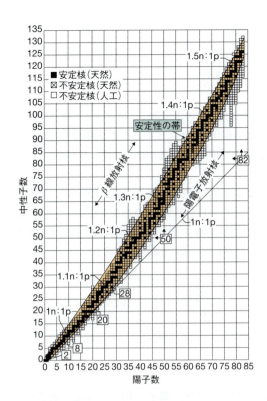

図 20・8 安定性の帯．中性子数を陽子数に対してプロットした図において，安定な核は，狭い帯内にある．この帯の外に位置する核は存在するには不安定である．

帯の上方と左側の同位体は β 線放射核となる傾向がある．下方と右側の同位体は陽電子放射核である．これらの傾向に関しては合理的な説明がある．

α 線放射核　すでに述べたように α 線放射はほとんどの場合，原子番号が 83 より大きな元素の放射性核種で起こる．これらの核はあまりに多くの陽子をもち，α 粒子の放出が最も効果的に陽子を減らす方法である．

β 線放射核　β 線放射核は一般に安定性の帯の上方に位置する．したがって，陽子に対する中性子の割合が明らかに高すぎる．核は β 壊変で中性子を失い陽子を得る．こうして割合を下げている．

$$ {}^{1}_{0}n \longrightarrow {}^{1}_{1}p + {}^{0}_{-1}e + \overline{\nu} $$

■ 陽子は，核反応式では ${}^{1}_{1}H$ の記号で表されることもある．

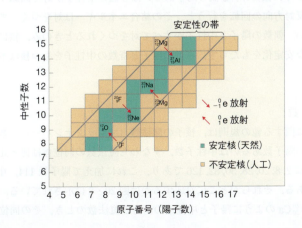

図 20・9 安定性の帯（拡大図）．${}^{27}Mg$ と ${}^{20}F$ からの β 壊変は陽子に対する中性子の割合を減らし，それらを安定性の帯に近づける．${}^{23}Mg$ と ${}^{17}F$ からの陽電子壊変はその割合を高め，それらを安定性の帯に近づける．

たとえば，^{20}F は β 壊変により陽子に対する中性子の割合を 11/9 から 10/10 に下げる．

$$^{20}_{9}\mathrm{F} \longrightarrow {}^{20}_{10}\mathrm{Ne} + {}^{0}_{-1}\mathrm{e} + \overline{\nu}$$

$$\frac{中性子}{陽子} = \frac{11}{9} \longrightarrow \frac{10}{10}$$

残った ^{20}Ne は，安定性の帯の中央近くに位置する．図 20・9 は図 20・8 のフッ素近辺の拡大図で，この変化を説明している．また図 20・9 は，どのようにして ^{27}Mg から ^{27}Al への β 壊変が，陽子に対する中性子の割合を下げるかも示している．

陽電子放射核　少ない中性子をもつ核では安定化のため，陽電子放射で陽子を中性子に変えて，陽子に対する中性子の割合を増加させる．たとえば，^{17}F の核は，陽電子とニュートリノを放出し ^{17}O に変わることで，陽子に対する中性子の割合を増加させ，安定性を向上し，安定性の帯に移動する（図 20・9）．

$$^{17}_{9}\mathrm{F} \longrightarrow {}^{17}_{8}\mathrm{O} + {}^{0}_{1}\mathrm{e} + \nu$$

$$\frac{中性子}{陽子} = \frac{8}{9} \longrightarrow \frac{9}{8}$$

^{23}Mg の ^{23}Na への陽電子壊変は同様の好ましい効果を生む（図 20・9）．

偶 奇 則

安定核の研究は，自然が偶数個の陽子と中性子を好むことを明らかにした．これは**偶奇則**としてまとめられる．

偶奇則
核中の中性子と陽子の数が両方とも偶数のとき，その同位体は，両方とも奇数のときよりも非常に安定である．

偶奇則 even-odd rule

■ $^{1}_{1}$H, $^{6}_{3}$Li, $^{10}_{5}$B, $^{14}_{7}$N, $^{138}_{57}$La は陽子および中性子の数が奇数であるが，すべて安定な同位体である．

自然界にある 264 個の安定同位体のうち，陽子と中性子の数が両方とも奇数のものはたった 5 個である．一方，両方とも偶数のものは 157 個である．残りは，片方の核子が奇数で，もう片方が偶数である．これを図 20・8 で確認するには，黒い四角（安定同位体）の水平線の多くが偶数の中性子に対応していることに注意すればよい．同様に，黒い四角の垂直線の多くが偶数の陽子に対応している．

偶奇則は核のスピンにも関係している．陽子も中性子も，軌道電子のように回転しているかのように振舞う．2 個の陽子あるいは 2 個の中性子が対で回転すると，すなわち互いに反対方向の回転を行うと，その結合エネルギーは対をつくっていないときよりも小さい．偶数の陽子と中性子がすべて対をつくれるときのみ，核に低いエネルギーと大きな安定化をもたらす．奇数の陽子と奇数の中性子をもつ核は不安定になりがちである．

核 の 魔 法 数

魔法数 magic number, マジックナンバーともいう．

■ 魔法数であれば，好ましい中性子，陽子の比が不要というわけではない．82 は魔法数であるが，82 個の陽子と 82 個の中性子をもつ原子は安定性の帯の外にある．

核の安定に関する他の規則は，核子の**魔法数**（マジックナンバー）に基づくものである．特定の陽子数あるいは中性子数，すなわち魔法数の同位体は他と比べ安定である．魔法数は 2, 8, 20, 28, 50, 82, 126 であり，これに加えて陽子数 114，中性子数 184 も魔法数である．それらがどこに対応するかは図 20・8 に示されている．

$^{4}_{2}$He, $^{16}_{8}$O, $^{40}_{20}$Ca のように陽子と中性子の両方が魔法数のとき，その同位体は非常に

コラム 20・1　陽電子放射断層撮影法（PET）

　陽電子放射核は，脳機能研究における重要な計測手段である陽電子放射断層撮影法（PET：positron emission tomography）で利用されている．この手法はまず，陽電子放射核をグルコースのような血液から脳が吸収できる分子に化学的に組込むところから始まる．X線やγ線のように外から当てるのではなく，脳の中ではたらく放射線源を組入れるわけである．たとえば ^{11}C は，グルコース分子 $C_6H_{12}O_6$ 内の ^{12}C と置き換える陽電子放射核である．〔そのようなグルコースをつくる一つの方法は，葉菜の一つであるスイスチャード（フダンソウ）に $^{11}CO_2$ を使って光合成でグルコースをつくらせる方法である．〕

　少量の ^{11}C グルコースを使った PET 走査で，グルコースが正常に摂取されない状態，たとえば，躁うつ病，統合失調症，アルツハイマー病を感知できる．患者が ^{11}C を摂取したのち，身体の外にある放射線検出器で，脳のグルコースが使われる場所で放射された陽電子と電子が反応するときに起こる消滅による放射線を検知する．このような陽電子はγ線を互いに相対する方向に放射する．一対のγ線が180°離れて検出されたとき，捕捉時間から放射線がきた場所が正確に計算される．脳中のグルコースの場所のマッピングにより，脳の機能を示す画像をつくることができる．たとえば，PET 走査技術は，図にあるように，喫煙者の脳によるグルコースの摂取は非喫煙者よりも少ないことを示している．

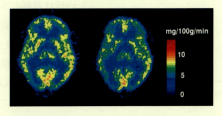

陽電子放射断層撮影法（PET）による脳機能の研究．非喫煙者（左）と喫煙者（右）．ニコチンが存在するとグルコースの代謝速度が広範囲にわたって低下することが，PET によって明らかとなった．

安定である．$^{100}_{50}$Sn も両方が魔法数である．この同位体は安定性の帯の外にいて不安定であるが，半減期は数秒で，それはミリ秒の半減期をもつ近傍の放射性核種よりも安定で，十分観測できる．鉛の同位体 $^{208}_{82}$Pb は，二つの異なる魔法数，すなわち 82 の陽子と 126 の中性子をもつ．

　核の殻モデルは，殻が電子のエネルギー準位と類似したエネルギー準位の殻構造をもつという考えに基づいている．すでに知っているように，電子のエネルギー準位はそれぞれ主量子数 n が 1, 2, 3, 4, 5, 6, 7 の場合に対応する 2, 8, 18, 32, 50, 72, 98 という主殻に許された電子数の最大値という特別な数と関係している．最も化学的に安定な元素（貴ガス元素）の原子中の電子の数も 2, 10, 18, 36, 54, 86 という特別な数をとる．このように特別な数の組は核に独特のものではない．

核の殻モデル nuclear shell model

> **練習問題 20・6**　^{242}Cm（キュリウム-242）は 96 の陽子と 146 の中性子をもつ．^{242}Cm が最も起こしやすい放射壊変を書け．

20・5　核　変　換

　ある同位体の他の同位体への変化は**核変換**とよばれる．放射壊変はその一例である．また核変換は，天然放射核からのα粒子，原子炉からの中性子，水素から電子を引

核変換 nuclear transmutation

図 20・10　直線加速器．米国ニューヨーク州，ロングアイランドのブルックヘブン国立研究所（Brookhaven National Laboratory）にある直線加速器は，陽子を光速近くまで加速でき，目標に衝突する直前のエネルギーを 33 GeV に高めることができる．

きはがされてできた陽子などの高エネルギー粒子との衝突からもひき起こされる．それらの衝撃エネルギーを高めるために，陽子とα粒子はサイクロトロン，シンクロトロンや図 20·10 に示す直線加速器で加速される．加速された高エネルギーの粒子は標的原子の軌道電子をたたき出し，その原子核と融合することを可能にする．β粒子も加速されるが，標的原子の電子によりはじき返される．

複合核

複合核 compound nucleus

衝突粒子のエネルギーと質量は，捕獲の瞬間，標的核に入る．**複合核**とよばれる新しい核は過剰のエネルギーをもち，そのエネルギーはすぐにすべての核子に分配されるがいくらか不安定になる．その過剰なエネルギーを除くため，一般に複合核は粒子（たとえば，中性子，陽子，電子）やγ線を放出する．これによりもとの標的の同位体とは異なる同位体の新しい核が生じる．核変換はこれら一連の過程全体をいう．

ラザフォード Ernest Rutherford, 1871〜1937

ラザフォードははじめて人工の核変換を観測した．彼は窒素を含む容器にα粒子を通過させたところ，α線放射以外の新しい放射線が生じた．それは陽子の流れであることがわかった（図 20·11）．ラザフォードはその陽子が，^{14}Nがα粒子を取込んでできた複合核である^{18}Fの壊変より生じたものであることを示した．

■記号＊は高エネルギーの複合核であることを示す．

$$^{4}_{2}He + {}^{14}_{7}N \longrightarrow {}^{18}_{9}F^{*} \longrightarrow {}^{17}_{8}O + {}^{1}_{1}p$$

α粒子　　　窒素核　　　　フッ素　　　　酸素　　　　　陽子
　　　　　　　　　　　　（複合核）（めずらしいが安定核）（高エネルギー）

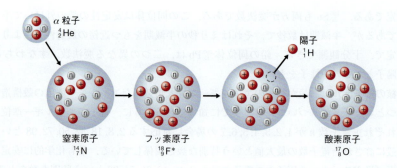

図 20·11 窒素から酸素への核変換．^{14}Nの核がα粒子を捕えると，^{18}Fの複合核になる．この複合核は，陽子を放出して^{17}Oの核になる．

他の例は，^{7}Liからのα粒子の合成である．そこでは陽子は衝突粒子として使われる．できた複合核の^{8}Beは2個のα粒子となる．

$$^{1}_{1}p + {}^{7}_{3}Li \longrightarrow {}^{8}_{4}Be^{*} \longrightarrow 2\,{}^{4}_{2}He$$

陽子　　リチウム　　ベリリウム　　α粒子

壊変の様式

目的とする複合核はいろいろな方法でつくることができる．たとえば，$^{27}_{13}Al$は以下のどの方法でもつくることができる．

$$^{4}_{2}He + {}^{23}_{11}Na \longrightarrow {}^{27}_{13}Al^{*}$$
$$^{1}_{1}p + {}^{26}_{12}Mg \longrightarrow {}^{27}_{13}Al^{*}$$
$$^{2}_{1}H + {}^{25}_{12}Mg \longrightarrow {}^{27}_{13}Al^{*}$$

■$^{2}_{1}H$は重陽子である．それは陽子が水素原子の原子核であるように，重水素原子の原子核である．

それぞれの複合核$^{27}_{13}Al^{*}$は，その生成方法に依存して異なるエネルギーをもつ．そのエネルギーに依存して，$^{27}_{13}Al^{*}$の壊変の仕方は異なり，そのすべてが観測されている．それらはあるものは安定で，あるものは不安定な人工同位体の合成が，どのようして

できるかを示している．

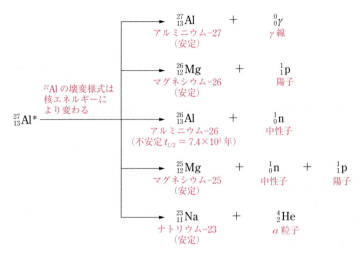

人工元素

1000以上もの同位体が核変換でつくられてきた．そのうち900近いものが，図20・8の安定性の帯に空白の四角で示されている自然にはないものである．原子番号83より上の自然に存在する放射性同位体は，すべて非常に長い半減期をもつ．他の放射性同位体も存在したかもしれないが，おそらくそれらの半減期はあまりに短く，私たちのいまの時代まで存続できなかった．原子番号93以上の**超ウラン元素**として知られるネプツニウム以上のすべての元素は人工元素である．原子番号93から103は，原子番号89アクチニウムから始まる周期表のアクチノイド系列をなしている．アクチノイド系列を超えた，104から118までの元素もつくられている．2016年IUPACは113番元素をニホニウム Nh と命名した*．

超ウラン元素 transuranium element

* 訳注：ニホニウム (nihonium, Nh) の名は日本にちなむ．

このような重い元素をつくるためには，α粒子や重い原子の核など中性子よりも大きな衝突粒子が使われる．たとえば，116番元素 ^{293}Lv は，^{48}Ca と ^{248}Cm の核融合で生成した複合核が3個の中性子を放出することによりつくられる．^{289}Fl と3個の中性子は，^{244}Pu が ^{48}Ca と衝突してできる．

$$^{48}_{20}\text{Ca} + ^{248}_{96}\text{Cm} \longrightarrow ^{296}_{116}\text{Lv}^* \longrightarrow ^{293}_{116}\text{Lv} + 3\,^{1}_{0}\text{n}$$

$$^{48}_{20}\text{Ca} + ^{244}_{94}\text{Pu} \longrightarrow ^{292}_{114}\text{Fl} \longrightarrow ^{289}_{114}\text{Fl} + 3\,^{1}_{0}\text{n}$$

同様に，111番元素レントゲニウム Rg の原子は，^{64}Ni が ^{209}Bi と衝突してできる複合核が中性子を失うことによりつくられる．このような重い原子の多くは非常に不安定で，その半減期はミリ秒の領域である．ただし，陽子数が魔法数である114番元素は例外で，その二つの同位体は数十秒の半減期をもつ．

20・6 放射能の測定

原子核からの放射線は，放射線が通過する物質中の分子から電子をはじき飛ばしイオンをつくるので，しばしば**電離放射線**とよばれる．放射線検出器の背景にはこのイオン生成がある．

電離放射線 ionizing radiation

ガイガーカウンターの一部であるガイガー-ミュラー管は，管の窓を透過するのに

ガイガーカウンター Geiger counter

638   20. 核反応と化学

十分なエネルギーをもつ β 線と γ 線を検出する．管の内部には定圧の気体があり，そこに放射線が入るとイオンができる．そのイオンにより電気パルスが流れ，それは電流増幅器，パルスカウンターに作用し，クリック音を発生させる．

シンチレーションプローブ scintillation probe

シンチレーションプローブは，リンを含んだスクリーンに電離放射線の粒子が当たったときに生じるわずかな閃光を測定する．これらの閃光は光電子倍増管で増幅され，自動的に計測される．

ある時間放射線に曝された写真のフィルム（光に感応する化学物質が入っているポリマー）の感光の度合は，そのファイルが受けた放射線量に比例する．これが**フィルム線量計**の原理であり，放射線源の近くではたらく人はこれを身につけている．フィルム線量計は全放射線量を測る．もし，フィルムの感光で所定の範囲を超えたとわかると，その人はより低い放射線レベルの場所に移動しなければならない．

フィルム線量計 film dosimeter

放 射 線 の 単 位

放射性物質の**放射能**は 1 秒当たりの壊変の数である．SI における放射能の単位は**ベクレル**であり，1 Bq は 1 秒間に 1 回の壊変に等しい．たとえば，1 L の空気は，^{14}C の二酸化炭素のため約 0.04 Bq の放射能をもつ．1 g の天然のウランは 2.6×10^4 Bq の放射能をもつ．

放射能 radioactivity

ベクレル becquerel, 単位記号 Bq

■ 放射能の単位であるベクレル(Bq)は，放射能の発見者で，1903 年にキュリー夫妻とともにノーベル物理学賞を受賞したベクレル(Henri Becquerel, 1852〜1908)にちなんで名づけられた．

ラジウムを発見したマリー・キュリーにちなんで名づけられた放射線の単位である**キュリー**は古い単位である．1 Ci は 1.0 g の ^{226}Ra の放射能に等しい．

マリー・キュリー Marie Curie, 1867〜1934

キュリー curie, 単位記号 Ci

$$1 \text{ Ci} = 3.7 \times 10^{10} \text{ 壊変 s}^{-1} = 3.7 \times 10^{10} \text{ Bq} \qquad (20 \cdot 3)$$

十分な量の放射性物質に対しては，放射能は放射性核の数 N に比例するとして実験的に求められる．

■ この議論では単一の核変化を扱う．

$$放射能 = kN$$

比例定数 k は**壊変定数**といわれる．壊変定数は放射性核種に固有の値であり，試料中の核の放射能を与える．放射能は秒当たりの壊変の数であるから，1 秒当たりに変化する核の数は次のように書ける．

壊変定数 decay constant

* 負の符号は，放射性核種の数の変化 ΔN が負であるので，放射能を正にするために導入した．

$$放射能 = -\frac{\Delta N}{\Delta t} = kN \qquad (20 \cdot 4)^*$$

これは**放射壊変の法則**とよばれる．この式は放射壊変が一次の変化過程であることを示している．したがって壊変定数は濃度ではなく，核の数に関する一次の速度定数である．

放射壊変の法則 law of radioactive decay

13 章で学んだ一次反応の半減期が（13・7）式で与えられることを思いだそう．

$$t_{1/2} = \frac{\ln 2}{k} = \frac{0.693}{k}$$

例題 20・2 に示すように，放射性同位体の半減期がわかると，壊変定数を計算でき，質量既知の放射性同位体の放射能も知ることができる．

例題 20・2 放射壊変の法則の利用

NASA のカッシーニのような深宇宙の探査機では，機器を効果的に動作させるために温める必要がある．太陽光は深宇宙の暗闇では使えないので，そのような探査機は二酸化プルトニウムの小さなペレットの放射壊変から熱をつくり出して

いる．ペレットは鉛筆についている消しゴム程度の大きさで重量は約 2.7 g である．ペレットが ^{238}Pu よりできた純粋の PuO_2 とすると，このペレット 1 個の放射能は何 Bq になるか．

指針 このペレットの放射能を知るには，物質の量とその壊変速度が必要である．ペレット中の ^{238}Pu 原子の数は計算できる．そして ^{238}Pu の半減期から壊変定数 k を決める必要がある．

解法 放射能を計算する手法は（20・4）式である．しかし，これを使うには壊変定数 k，ペレット中の ^{238}U 原子の数 N が必要である．

表 20・2 より ^{238}Pu の半減期は 87.8 年とわかる．この半減期より（13・7）式を使い s^{-1} 単位の壊変定数を計算できる．

ペレットは 2.7 g の PuO_2 を含む．N を計算するために，3 章の化学量論の手法を使い Pu 原子数を計算する必要がある．変換の手順は以下のとおりである．

$$PuO_2 \; 2.7g \longrightarrow PuO_2 \text{ の物質量} \longrightarrow Pu \text{ の物質量}$$
$$\longrightarrow Pu \text{ の原子数}$$

解答 はじめに半減期より壊変定数を計算する．半減期を秒単位に変換しなければならない．87.8 年は 2.77×10^9 秒に換算できる．次に壊変定数を求めるに（13・7）式を解く．

$$k = \frac{\ln 2}{t_{1/2}} = \frac{0.693}{2.77 \times 10^9 \text{ s}} = 2.50 \times 10^{-10} \text{ s}^{-1}$$

次にペレット中の ^{238}Pu 原子数が必要である．

$$2.7 \text{ g } PuO_2 \times \frac{1 \text{ mol } PuO_2}{270 \text{ g } PuO_2} \times \frac{1 \text{ mol } Pu}{1 \text{ mol } PuO_2}$$
$$\times \frac{6.02 \times 10^{23} \text{ Pu 原子数}}{1 \text{ mol } Pu} = 6.0 \times 10^{21} \text{ 原子数 Pu}$$

（20・4）式の放射壊変の法則より，このペレットの放射能は，

$$\begin{aligned}
\text{放射能} &= kN \\
&= (2.50 \times 10^{-10} \text{ s}^{-1}) \times (6.0 \times 10^{21} \text{ Pu 原子数}) \\
&= 1.5 \times 10^{12} \text{ Pu 原子数 s}^{-1}
\end{aligned}$$

Bq は 1 秒当たりの壊変の数と定義され，それぞれのプルトニウム原子が 1 個の壊変に対応するので，放射能は 1.5×10^{12} Bq となる．

確認 計算による以外，壊変定数の大きさを確認する簡単な方法はない．ペレット中の Pu 原子数は妥当である．なぜなら，2.7 g の PuO_2 があり，式量が 270 g mol^{-1} とすると，PuO_2 は 1/100 mol であり，Pu も 1/100 mol である．これより 6.02×10^{23} の 1/100 の原子数，すなわち 6.02×10^{21} の Pu 原子数となる．

（20・3）式が示すように，このペレットは 1 g の ^{226}Ra の放射能の約 40 倍である．よって，1 g 当たりの放射能は ^{238}Pu は ^{226}Ra の約 15 倍である．

練習問題 20・7 非放射性の金属と ^{238}Pu とが混合した試料 2.00 g が 6.22×10^{11} Bq の放射能をもつ．試料中のプルトニウムの質量百分率を求めよ．

核放射線は，その放射エネルギーと吸収のされ方に応じていろいろな効果をもつ．**グレイ**は SI における吸収線量の単位である．1 Gy は吸収物質 1 kg 当たり 1 J のエネルギーが吸収されることに対応する．ラドは吸収線量の古い単位である．1 rad は 1 kg の組織による 10^{-2} J のエネルギーの吸収に対応する．よって 1 Gy は 100 rad である．危険度という意味では，人が 4.5 Gy（450 rad）の放射線を受けると，その人は 5 割の確率で 60 日以内に死亡する．

グレイは放射線の組織に対する生物学的効果の比較に使うにはあまり適していない．なぜなら，それらの効果は吸収されたエネルギーだけでなく放射線の種類や組織自体にも依存するからである．吸収線量と等価な SI 単位である**シーベルト**はこの問題に適用するようにつくられた．**レム**はその古い単位であり，医学分野ではまだ使われている．一般に 1 rem は 10^{-2} Sv と等価である．米国は労働者が許容される線量のガイドラインを 1 週間に 0.3 rem としている．（比較として，典型的な胸部 X 線は 0.004 rem である．）

■ 放射線の吸収線量の単位であるグレイ（Gy）は，英国の放射線学者グレイ（Harold Gray）にちなんで名づけられた．ラド（rad）は radiation absorbed dose（吸収放射線量）に由来している．

グレイ gray, 単位記号 Gy

ラド rad, 単位記号 rad

シーベルト sievert, 単位記号 Sv

レム rem, 単位記号 rem

■ レム（rem）は roentgen equivalent for man（ヒトに対し等価なレントゲン）に由来している．ここでレントゲンとは X 線と γ 線に関する単位である．

放射線と生体組織

全身への 25 rem（0.25 Sv）の被曝はヒトの血液に目に見える変化をひき起こす．放射能疾患とよばれる一連の症状は約 100 rem で現れ，200 rem ではかなり重傷となる．その症状は，悪寒，嘔吐，白血球の減少，下痢，脱水，疲労，大量出血，脱毛などである．多くの人が 400 rem の被曝をすると，60 日のうちにその半分が死亡する．

640   20. 核反応と化学

600 rem だと 1 週間で全員が死亡する．1986 年，チェルノブイリ近郊のウクライナ・エネルギー・パークの原子炉を破壊した水蒸気爆発で多くの労働者が少なくとも 400 rem の被曝を受けた．

ラジカルの生成　たとえ少量の放射線被曝でも生物学的に有害となりうる．被曝の危険は放射線吸収に伴う熱エネルギーではない．それは常に非常に小さなものである．それよりも，害は電離放射線が不安定イオンや奇数電子（不対電子）をもつ中性化学種を生み出すところにある．それらの化学種は別の反応を誘発する．たとえば，水は電離放射線と次のような作用をする．

$$\text{H}-\ddot{\text{O}}-\text{H} \xrightarrow{\text{放射線}} [\text{H}-\dot{\text{O}}-\text{H}]^+ + {}_{-1}^{0}\text{e}$$

新しい陽イオン $[\text{H}-\dot{\text{O}}-\text{H}]^+$ は不安定で，その分解過程の一つは，

$$[\text{H}-\dot{\text{O}}-\text{H}]^+ \longrightarrow \text{H}^+ + :\dot{\text{O}}-\text{H}$$
陽子　ヒドロキシルラジカル

陽子は，さまよっている電子を拾い上げ水素原子 H· となるだろう．

　水素原子もヒドロキシルラジカルも，一つあるいはそれ以上の不対電子をもつ中性あるいは電荷をもつ化学種である**ラジカル**の一例である．ラジカルは化学的に非常に反応性が高い．一度生成したラジカルの挙動は周囲にいる化学種に依存するが，生体細胞中で望ましくない一連の化学反応を始めることができる．これは，吸収された放射線から受けるエネルギーが与えるよりもずっと大きな損傷となる．600 rem の被曝はヒトにとって致命的である．しかし，純水への同じ吸収線量は 36×10^6 個の水分子に対してわずか 1 個の水分子をイオン化するだけである．

環境放射線　自然界にある放射性核種のため，私たちは電離放射線からの被曝を受けないでいることは不可能である．高エネルギーの宇宙線は太陽や宇宙空間から地上に降り注いでいる．それらは空気中の窒素分子と反応し β 線放射核である ^{14}C を生成する．^{14}C は，CO_2 を糖やデンプンに変える光合成を経由して食物連鎖に入る．地殻からは，天然に存在する放射性核種からの放射線がきている．1 km² の 40 cm までの地球の表層土は，平均で 1 g の α 線放射核であるラジウムを含んでいる．天然の β 線放射核 ^{40}K も人体中のどこにでも見いだすことができる．^{14}C と ^{40}K は両方合わせて成人の人体中で 1 分間に約 5×10^5 個の壊変を行っている．図 20・7 に示した ^{238}U 壊変系列の一部であるラドン気体は地下の岩盤から地下室に入り込んでいる．世界原子力協会は私たちが受ける放射線の約 40% は ^{222}Rn によるものと見積もっている（図 20・12）．

ラジカル radical

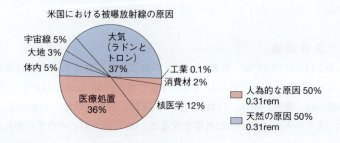

図 20・12 放射線の原因．米国に住む人が 1 年間に受ける 610 mrem の放射線の内訳．ラドン Rn はキセノン Xe の下に位置する貴ガスであり，30 種類以上の同位体があるが，すべて放射性同位体である．ラドンの親核種を区別するとき，ウラン系列から生まれた同位体をラドン，トリウム系列から生まれた同位体をトロンとよんでいる．出典: National Council on Radiation Protection and Measurements, report number 160 (2009). www.ncrppublications.org

医学および歯科で使う診断用 X 線からも，私たちは電離放射線に曝される．これらすべての放射線源を合わせた**環境放射線**は，米国では 1 年に 1 人当たり平均 610 mrem となる．このうち大雑把に約 50% が自然界によるものであり，約 50% が医療用線源など人為的な原因によるものである．

環境放射線 background radiation

放射線防護　γ 線と X 線は，鉛のような高密度の物質を使うだけで効果的に遮蔽できる．また，線源からなるべく遠くにいるべきである．なぜなら，放射線の強度は距離の 2 乗に比例し減少するからである．この関係は逆二乗則で，数学的には以下のように表すことができる．ここで d は線源からの距離である．

$$\text{放射線強度} \propto \frac{1}{d^2}$$

距離 d_1 における強度を I_1 とすると，距離 d_2 での強度 I_2 は (20・5) 式から計算できる．

$$\boxed{\frac{I_1}{I_2} = \frac{d_2{}^2}{d_1{}^2}} \tag{20・5}$$

この法則は，障害物がなくすべての方向に等しく放射する小さな線源のときにのみ適用できる．

練習問題 20・8　放射線源からの距離が 5.0 m で放射線強度が 4.8 単位のとき，強度が 0.30 単位となる距離を求めよ．

20・7　放射性核種の医学と分析への応用

化学的性質は軌道電子の数と配置に依存し，核の構造には依存しないので，放射性同位体だろうが安定同位体だろうが元素は同じ化学的性質をもつ．このことがある方面の放射性核種の利用の基礎となる．化学的，物理的性質を利用して，科学者は興味ある系に放射性核種を組込むことができる．こうして放射線が医学や分析の目的で利用できるようになる．ここではトレーサー分析，中性子放射化分析，放射線年代測定の三つについて説明する．

トレーサー分析

トレーサー分析では，放射性核種の化学的な形と性質を利用して，ある特定の部位に分布させる．そして，放射線の強度が，その部位がどのようにはたらいているかに関する情報を提供する．たとえば，ヨウ化物イオンの形の ^{131}I は血液によって，体中でヨウ化物イオンを使う唯一の器官である甲状腺に運ばれる．甲状腺はヨウ化物イオンを取込みホルモンの一種であるチロキシンをつくる．不活性な甲状腺はヨウ化物イオンを正常に濃縮できず，正常な甲状腺よりも低い放射線を放出するため，甲状腺の活性度をモニターすることができる．

トレーサー分析 tracer analysis

重量分析において，より正確な結果を得るために同位体を利用することができる．たとえば，硫酸カルシウムはわずかに溶ける．$CaSO_4$ を沈殿として使う重量分析は，カルシウムが溶液中に残るので大きな誤差が生じる．既知量の β 線放射核である ^{45}Ca を溶液に加え，不明量のカルシウムとともに沈殿させる．それから沈殿中の ^{45}Ca の放射能を，加えた全放射能と比較する．0.500 g の $CaSO_4$ が回収されたとしよう．その放射能がはじめに加えられた量の 75% しかなかったとすると，不明量のカルシウムの 75% だけが沈殿したことになる．0.500 g の $CaSO_4$ は真の量の 75% であるので，0.500 g/0.75 = 0.667 g で正しい結果が得られる．

642   20. 核反応と化学

■ テクネチウム–99*m* も骨がんを検知するのに使われる．がんが活性な部位は Tc を集積するので，外部からの走査で検知できる．ここで *m* は準安定状態（metastable state）を意味している．

また，トレーサー分析は脳腫瘍の場所を正確に特定するのにも利用される．脳腫瘍は ^{99m}Tc からできた過テクネチウム酸イオン TcO_4^- を他に例をみないほど濃縮する．強い γ 線放射核の ^{99m}Tc は医学で最も広く使われる放射性核種の一つである．

中性子放射化分析

中性子放射化分析 neutron activation analysis

安定核の多くは中性子を取込むことで γ 線放射核になる．これにより，**中性子放射化分析**とよばれる方法が可能になる． γ 線放射を伴う中性子の取込みは次の式で表すことができる． A は質量数，X は中性子を取込む元素の記号を表す．

$$^{A}X \quad + \quad {}_0^1n \quad \longrightarrow \quad ^{A+1}X^* \quad \longrightarrow \quad ^{A+1}X \quad + \quad {}_0^0\gamma$$

分析される元素　　　中性子　　　　　　複合核　　　　　　より安定な　　　　　γ 線
X の同位体　　　　　　　　　　　　（不安定）　　　　　X の新同位体

中性子を過剰にもつ複合核は，固有のエネルギーの組をもつ γ 線を放射する．それぞれの同位体がもつ固有の γ 線の組は知られている．（しかし，すべての同位体が中性子捕獲で γ 線放射核になるわけではない．）放射された γ 線のエネルギーを測定すれば元素を特定できる．その元素の濃度は， γ 線の強度を測定すれば決めることができる．

中性子放射化分析は非常に敏感で 10^{-9} ％ほどの元素の濃度を決めることができる．多くの元素を同時に決めることができる中性子放射化分析は，多元素分析であり，また試料を消費することなく非破壊で分析できる．この手法は，色素の化学組成や痕跡元素に基づく美術品や考古学上の物品の鑑定に使われる．鉛，水銀，ヒ素に冒されたヒトの毛髪中にはこれらの重金属の痕跡量が見つかる．毛髪は比較的一定の速さで成長するので，重金属を含む部分が頭皮からどれほどのところにあるかを測ることで毒に冒された時期を見積もることができる．

放射性年代測定

放射性年代測定 radiological dating

自然界に存在する放射性核種を利用した地質学的堆積物や考古学上の発見物の年代の決定は**放射性年代測定**とよばれる．それは，放射性核種の半減期がその地質学的期間を通して一定であることを前提とする．この前提は，半減期が熱，圧力，磁気，電気などの環境に左右されないことによる．§13・4 ですでに， ^{14}C による考古学上の試料の放射性年代測定について説明した．ここではその速度論に焦点を当てる．

地質学的な時間の年代測定

地質学的な時間の年代測定では， ^{238}U 系列（図 20・7 参照）のような壊変系列中にある"親"と"娘"の関係にある対をなす同位体を探す． ^{238}U（"親"）と ^{206}Pb（"娘"）は地質学的な時間の年代測定の同位体対として使われてきた．与えられた大きさの試料中の ^{206}Pb の原子と ^{238}U の原子を合わせたもの A_0 は，その石が固体化した時の ^{238}U の量である．今日存在する ^{238}U の量は，残っている同位体の量 A_t である． ^{238}U の半減期は 4.47×10^9 年と非常に長く，それは地質年代測定に重要なことである．岩石中の ^{238}U と ^{206}Pb の原子数が決まったあとに，単に一次反応の積分をとればその岩石の年代が計算できる．多くのマグマが鉛を蒸発させ，新たに固化する岩石は本質的にはじめは鉛を含んでいないので，この手法が成立する．

また，岩石の年代測定に最も広く使われる同位体に ^{40}K/^{40}Ar の対がある． ^{40}K は天然の放射性核種で ^{238}U に匹敵する長い半減期（1.25×10^9 年）をもつ．その壊変様式

の一つは ^{40}Ar を生じる電子捕獲である.

$$^{40}_{19}\text{K} + {}^{0}_{-1}\text{e} \longrightarrow {}^{40}_{18}\text{Ar}$$

この反応で生じるアルゴンは岩石の結晶格子内に捕えられていて，岩石が融解したときに自由になる．どれだけの $^{40}_{18}$Ar が蓄積され，$^{40}_{19}$K が残っているか質量分析計（§0・5参照）で測定される．^{40}Ar と ^{40}K の合計量は，その岩石が固化したときに存在した $^{40}_{19}$K の量である．現在存在する $^{40}_{19}$K の量は岩石が固化してから現在までの間に壊変しないで残った量である．観測された ^{40}K に対する ^{40}Ar の比と親の半減期より，その岩石の年代が見積もれる．

^{238}U と ^{40}K の半減期は非常に長いので，これらの親-娘同位体対より信用できる結果を与えるためには，試料は少なくとも 300,000 年以上古くなければならない．

かつて生きていた試料の ^{14}C 年代測定

13 章で説明したように，木や骨でできたものなどの古い生体試料中の ^{12}C に対する ^{14}C の比からその試料の年代を計算することができる.

^{14}C による年代測定には二つ方法がある．両方とも試料を燃やし CO_2 をつくる．古い方法はリビーにより導入された．それは古い試料から取った炭素 1 g 当たりの放射能を測る．それが $[A]_t$ である．現在の試料の炭素 1 g 当たりの放射能は，一次反応の速度式の積分において $[A]_0$ として使われる.

より新しい方法は，他の炭素同位体や ^{14}N から ^{14}C を分離し，壊変する ^{14}C の原子だけでなくすべての原子を数えることのできる質量分析計を使う．この方法は価値ある重要な試料の焼却をより少量にできる（0.5〜5 mg に対し，リビー法は 1〜20 g 必要）．^{14}C 年代測定法では 70,000 年古い試料まで測定できるが，最高の確度での年代測定は 60,000 年が上限である.

リビー Willard F. Libby. 彼は 1960 年ノーベル化学賞を受賞した.

■炭素年代測定を正確なものにするには，試料がより現在に近い年代の炭素や炭素化合物で汚染されないように，特別な注意が必要である.

20・8 核分裂と核融合

核分裂は重い原子が 2 個のより軽い断片に分裂する過程である．核融合は逆に軽い核が合わさって 1 個のより重い核になる過程である．以下に簡単に述べるように，どちらにおいても大量のエネルギーが解放される.

核分裂反応

中性子は電気的に中性なので，原子の電子雲を比較的容易に貫通でき，核に入込むことができる．1930 年代はじめフェルミは，ゆっくり動く熱中性子が原子核に捕えられることを発見した．熱中性子とは，室温にある他の粒子のエネルギーと同じ平均運動エネルギーをもつ中性子である．熱中性子をウランの標的に当てたところ，ウランよりも軽い，いくつかの別種の核が生じることがわかった.

フェルミが観察したのは，天然ウランに低濃度で存在する同位体の一つである ^{235}U の核分裂であった．その反応は以下のように表される.

$$^{235}_{92}\text{U} + {}^{1}_{0}\text{n} \longrightarrow \text{X} + \text{Y} + b\,{}^{1}_{0}\text{n}$$

X と Y として中程度の原子番号をもつ広い範囲の核が可能である．30 種以上の核が確認されている．核分裂で生じる中性子の平均数である係数 b は平均で 2.47 である．典型的な核分裂の一例を次に示す.

$$^{235}_{92}U + ^{1}_{0}n \longrightarrow ^{236}_{92}U^* \longrightarrow ^{94}_{36}Kr + ^{139}_{56}Ba + 3^{1}_{0}n$$

分裂を実際に起こすものは複合核 ^{236}U である. それは, 144 の中性子と 92 の陽子をもち, 陽子に対する中性子の比は約 1.6 である. はじめに生じたクリプトンとバリウムの同位体は同じ値の陽子に対する中性子をもつが, 36 から 56 の陽子をもつ安定同位体の陽子に対する中性子の比は 1.2 から 1.3 に近いところにある(図 20・8 参照). それゆえ, 生じた中性子過多のクリプトンとバリウム核はすみやかに中性子を放出する. これは二次中性子といわれ, 熱中性子よりもずっと高いエネルギーをもつ.

中性子を捕えて分裂することのできる同位体は**核分裂性同位体**とよばれる. 原子炉で使われるウランの天然の核分裂性同位体は ^{235}U である. そのウラン中の存在度は天然ではわずか 0.72% である. 他の二つの核分裂性同位体 ^{233}U と ^{239}Pu は原子炉でつくることができる.

核分裂連鎖反応　核分裂で解放された二次中性子は周囲の物質と衝突して減速し, 熱中性子となる. 未分裂の ^{235}U はそれらを捕えることができる. 各核分裂で平均して 2 個以上の新しい中性子ができるので**核分裂連鎖反応**（図 20・13）が起こる可能性がある. 連鎖反応は, 一つの出来事の結果が一つ以上の繰返しの過程を生じ, 持続的に進む自律過程である.

^{235}U の試料が十分少なければ, 中性子の周囲への損失が速く起こり連鎖反応を防ぐことができる. しかし, ^{235}U のある**臨界質量**（約 50 kg）において, 中性子の損失が十分ではなくなり, 結果として瞬間的な核分裂が起きる. これが原子爆弾の爆発である. それゆえ, 原子爆弾を起爆させるには, 二つの臨界質量を下回る ^{235}U（あるいは ^{239}Pu）を合体させ臨界質量にする.

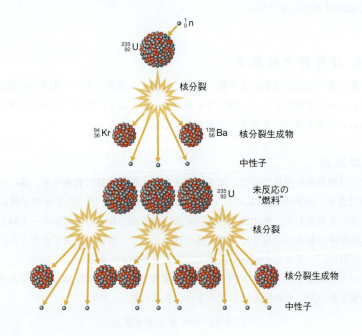

図 20・13 **核分裂連鎖反応**. 核分裂性同位体の濃度が十分高い（たとえば, 臨界質量を超える）と, 一つの核分裂で放出された中性子が, 他の核に捕えられ, さらに一つ以上の核分裂を誘発する. 民生用原子炉では, 同位体濃度が低くこのような制御不能に陥ることはない. さらに, 過剰の中性子を捕えることのできる非核分裂性物質でできた制御棒を炉心に出し入れして, 核分裂反応を一定の割合で持続させている.

原子力　^{235}U の核子当たりの核結合エネルギー（約 7.6 MeV）は新しい核の核結合エネルギー（約 8.5 MeV）よりも小さい. 一つの核分裂での変化は以下のように計

算できる（有効数字は2桁で扱う）．

^{94}Kr の核結合エネルギー：（8.5 MeV/核子）× 94 核子	＝ 800 MeV
^{139}Ba の核結合エネルギー：（8.5 MeV/核子）× 139 核子	＝ 1200 MeV
生成物全体のエネルギー：	2000 MeV
^{235}U の核結合エネルギー：（7.6 MeV/核子）× 235 核子	＝ 1800 MeV

全結合エネルギーの差は，大雑把な計算であるが，2000 MeV － 1800 MeV ＝ 200 MeV（3.2×10^{-11} J）である．これが一つの核分裂で解放されるエネルギーである．1 kg（4.25 mol）の ^{235}U の核分裂で生まれるエネルギーは，約 8×10^{13} J と計算される．これは 100 W の電球を 3000 年間点灯するのに十分なエネルギーである．

原子力発電所

世界中のすべての民生用原子力発電所は同じ原理で動いている．核分裂のエネルギーは熱として利用され，直接にせよ間接にせよ媒体の気体の圧力を上げ，それが発電機を動かす．

原子力発電所の心臓部分は，その炉心で核分裂が起きている原子炉である．核燃料は一般に酸化ウランで，それは 2〜4％ に濃縮された ^{235}U が含まれ，ガラス状のペレットに成形されている．それらは，密閉され長い金属管に収められている．それらの管は，管周囲に冷媒が循環できるようにしたスペーサーで束ねられている．原子炉はそのような束を炉心にいくつももっている．冷媒は核分裂の熱を運ぶ．

原子炉には原子爆弾のような危険性はない．原子爆弾は，85％かそれ以上の濃度の ^{235}U か，少なくとも 93％ の濃度の ^{239}Pu が必要である．原子炉の核分裂性同位体の濃度は 2〜4％ の範囲である．そして残りの多くを占めるのは，通常は非核分裂性同位体の ^{238}U である．しかし，核分裂の熱を運ぶ冷媒がなくなると炉心は溶け，融解物が炉を保っている厚い壁でできた格納容器さえ通り抜ける恐れがある．あるいは，核分裂の高熱が冷媒の水分子を水素と酸素に分解し，それが再結合して大きな爆発を起こす恐れがある．2011 年 3 月 11 日日本で巨大地震と津波により冷却システムが不能になったとき，この種の原子炉の事故が起こった．

炉心は，二次中性子を熱中性子に変えるために減速材をもっている．ほとんどすべての民生用原子炉では，冷却剤である水そのものが減速材である．二次中性子と減速材分子の衝突で減速材の温度が上がる．この熱エネルギーは発電機のタービンを動かす蒸気を生み出す．通常の水は良好な減速材であるが，重水 D_2O もグラファイトもよい減速材である．

民生用原子炉にはおもに二つの種類の炉がある．沸騰水型と加圧水型である．両方

■ 1 kg の ^{235}U から利用できるエネルギーは，3000 トンの石炭，あるいは 13,200 バレルの石油を燃焼させたときのエネルギーと等価である．

■ D_2O は酸化重水素（重水）である．重水素は水素の同位体のひとつで $^2_1$H である．

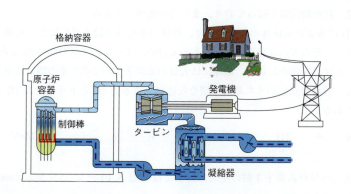

図 20・14 沸騰水型原子炉．反応容器の水は上部で沸騰して水蒸気となり，これがタービンを回転させて発電する．

とも通常は減速材に水を使うので，しばしば軽水炉とよばれる．沸騰水型原子炉（図20・14）では，炉心において核分裂の熱エネルギーで水を高温高圧の蒸気とする．蒸気はタービンに導かれタービンを動かす．その後，蒸気は，川，湖，冷却塔からの循環水で冷やされた凝縮器で液体に戻され，炉心へと送り込まれリサイクルされる．

放射性廃棄物　　原子力発電所からの放射性廃棄物は気体，液体，固体として生じる．気体のほとんどはクリプトンとキセノンの放射性核種である．^{85}Kr（半減期10.4年）は例外であるが，それ以外の気体の半減期は短く，すみやかに壊変する．その壊変中，それらは封じ込められていなければならない．燃料棒の役目の一つはそれである．核分裂で生まれる他の危険な放射性核種は ^{131}I, ^{90}Sr, ^{137}Cs である．

ホルモンの一つのチロキシンをつくるヒトの甲状腺はヨウ化物イオンを濃縮するため，^{131}I は封じ込められなければならない．一度，その同位体が甲状腺に入ると，^{131}I から放出される β 線は，甲状腺がんや甲状腺の機能障害などの害を及ぼす．^{131}I に対する有効な対策の一つは，ヨウ化ナトリウムのような通常のヨウ素を摂取することである．これにより甲状腺は ^{131}I の不安定な陰イオンよりも，安定なヨウ化物イオンを取込む可能性が確率的に上がる．

^{137}Cs と ^{90}Sr もヒトに影響を与える．セシウムはナトリウムとともに1族であるので，放射性の ^{137}Cs はナトリウムイオンが体内で運搬されるところに一緒に運搬される．^{90}Sr はカルシウムと同じ2族であるので，骨の組織中のカルシウムイオンと置き換わることができ，骨髄に放射線を送り込み，白血病を起こす恐れがある．^{137}Cs と ^{90}Sr の半減期はそれぞれ30.1年，28.1年である．

固体廃棄物中のいくつかの放射性核種はきわめて長寿命なので，どんな国家もかつて存続したよりも長く何世紀もの間，固体廃棄物はすべてのヒトとの接触から遠ざける必要がある．最も盛んに研究された固体放射性廃棄物の安全な保管方法は，それらをガラス様あるいは岩石様にして地震，噴火に対し地質学的時間スケールで安全とされる山や岩盤の深いところに埋めることである．その場所をどうするかは科学的かつ政治的な大きな課題である．

核 融 合

§20・2において，図20・1の核結合エネルギー曲線の頂点の左側にある二つの軽い核の融合が核結合エネルギーの増加とそれに対応するエネルギーの解放を導くことを述べた．これは核融合とよばれ，核分裂よりもさらに大量のエネルギーを放出する．しかし，このエネルギーを平和目的のために利用するには，解決すべき非常にむずかしい科学的，技術的問題が残っており，まだ長い道のりがある．

重水素 $^{2}_{1}$H は水素の同位体の一つであり，核融合を行う手段すべてにおいて鍵となる燃料である．その天然存在比は水中のものも含め，すべての水素の0.015%である．この低い存在比にもかかわらず，地球には大量の水があるので重水素の供給は事実上無限である．核融合反応のうち最も有望な反応は，重水素 $^{2}_{1}$H とトリチウム $^{3}_{1}$H との融合反応である．

重水素 deuterium

$$^{2}_{1}\text{H} + ^{3}_{1}\text{H} \longrightarrow ^{4}_{2}\text{He} + ^{1}_{0}\text{n} + 17.6\ \text{MeV}$$

重水素　　　　トリチウム　　　　　　ヘリウム　　　　中性子

この反応は，ヘリウム原子1個の生成に対しては 2.82×10^{-12} J，ヘリウム 1 mol の

20・8 核分裂と核融合　　647

生成に対しては 1.70×10^9 kJ のエネルギーを生み出す．この反応の一つの問題は，トリチウムが比較的短い半減期の放射性同位体で，天然には存在しないことである．しかし，トリチウムは，核反応を用いてリチウムあるいは重水素からつくることができる．

　質量をもとに比較すると，1 kg の ^{235}U の核分裂から約 8×10^{13} J，$^2_1$H と $^3_1$H の反応による ^{4}He 1 kg の生成からは 4.2×10^{14} J のエネルギーが得られる．それゆえ質量をもとにすると，核融合は核分裂の 5 倍のエネルギーを生み出す．核融合のエネルギーは非常に大きいので，0.005 km^3 の海の中の重水素で，米国が 1 年間に必要とするエネルギーをまかなうことができるであろう．

熱核融合　　核融合の科学的問題の中心は，核の強い力（引力）が静電気力（斥力）に打ち勝つ十分長い時間，融合する核どうしを接近させておくことである．§20・3 で学んだように，強い力は静電気力よりもずっと近距離ではたらく．それゆえ，衝突する軌道の 2 個の核は，接触して強い力の領域に入るまで互いに反発する．それゆえ，2 個の接近し合う核がこの静電気的障害に打ち勝つには，これらの運動エネルギーは非常に大きなものでなくてはならない．さらに，核融合で実用レベルの電力を得るならば，多数の核からなる集団内のすべての核に対し，そのようなエネルギー供給が次から次へとできなければならない．巨大加速器中での比較的孤立した核融合ではそれはできない．核集団に十分なエネルギーを与える唯一実際的な方法は熱エネルギーを移すことである．そのプロセスは熱核融合とよばれる．そのような熱エネルギー供給に必要な温度は非常に高く 1 億 ℃ 以上である．

　融合させたい核の原子からははじめに電子を除去しなければならない．それゆえ，開始時点から大きなエネルギーコストがかかるが，全体をとおせば，得られるエネルギーはそれを上回る．その結果できるものは**プラズマ**とよばれ，核とどこにも帰属していない電子の電気的に中性な気体状混合物である．そのプラズマの中で，電荷をもった核が互いに 2×10^{-15} m 以内にある高密度状態にしなければならない．それはプラズマの密度でいうと大雑把に 200 g cm^{-3} である．なお，通常の条件では 200 mg cm^{-3} である．そのために，プラズマは数十億気圧の圧力で，核が融合するのに十分な時間，閉じ込められねばならない．核融合に必要な温度は，太陽の中心温度の数倍である．

プラズマ plasma

　熱核融合の平和的な実用は遠い将来のことであるが，軍事的応用は 50 年以上も前から行われた．水素爆弾の爆発で放出されるエネルギーの源は熱核融合である．核融合を開始させるのに必要なエネルギーは，ウランやプルトニウムをもとにした核分裂の爆発（原子爆弾）で供給される．

太陽や星における核融合　　宇宙のはじまりから，自然は星のエネルギー源として熱核融合を使ってきた．星では，高温（約 15×10^6 K）と巨大な重力が，核融合反応を開始するのに必要な運動エネルギーと高密度を与えている．太陽の質量程度の星における主反応はプロトン-プロトンサイクルとよばれる．

■ 太陽内部の温度は約 1500 万 K(15 MK) である．

$$2\,(^1_1\text{H} + ^1_1\text{H}) \longrightarrow 2\,^2_1\text{H} + 2\,^0_1\text{e} + 2\nu$$
$$2\,(^1_1\text{H} + ^2_1\text{H}) \longrightarrow 2\,^3_2\text{He} + 2\gamma$$
$$\underline{^3_2\text{He} + ^3_2\text{He} \longrightarrow ^4_2\text{He} + 2\,^1_1\text{H}}$$
$$\text{合計}: 4\,^1_1\text{H} \longrightarrow ^4_2\text{He} + 2\,^0_1\text{e} + 2\nu + 2\gamma$$

648   20. 核反応と化学

生成した陽電子はプラズマ中の電子と結びつき，互いに消滅し，さらなるエネルギーとγ線を生む．結局のところ，すべてのニュートリノが太陽から逃げ，このサイクル反応が生み出すエネルギーの2%弱のエネルギーを持ち去る．このニュートリノのエネルギーを勘定に入れないとすると，この1サイクルは26.2 MeV あるいは 4.20×10^{-12} J のエネルギーを生み出す．それは生み出される α 粒子に対しては 2.53×10^{12} J mol^{-1} となる．これが太陽エネルギーの源で，今後50億年間，この状態で持続できる．

応 用 問 題

太陽で形成されるもう一つの元素は ^7Be である．その質量は 7.01692983 u である．1.00 kg の ^7Be が形成されるときに解放されるエネルギーと同じエネルギーを石油の燃焼で得るにはどれだけの石油が必要か．石油は，多くの異なる化合物よりできているが $C_{20}H_{42}$ とせよ．また，その $\Delta_f H°$ は -2330 $kJ\,mol^{-1}$ である．

指針　この問題においては，二つの異なる反応とその反応が生み出すエネルギーを扱う．1番目の反応は核反応で，その核反応で解放されるエネルギーは，2番目の燃焼反応で必要な物質の量を計算するのに使われる．この問題を解くにあたり4段階に分ける．1) 最初の反応のために，^7Be の核結合エネルギーを計算する．2) 1.00 kg の ^7Be がつくられるときに解放されるエネルギーを計算する．3) $C_{20}H_{42}$ の燃焼熱を計算する．4) 燃焼により，核反応で ^7Be が形成されるときに解放されるエネルギーと同じエネルギーを与える $C_{20}H_{42}$ の量を計算する．

第一段階

解法　陽子と中性子の静止質量と ^7Be 核そのものの静止質量より質量欠損を計算し ^7Be の核結合エネルギーを求める．

解答　陽子と中性子から ^7Be 核を組立てることから始める．^7Be 内には4個の陽子と3個の中性子がある．また，陽子の質量は 1.0072764668 u，中性子の質量は 1.0086649160 u と与えられている（§20・2参照）．

$$4\text{ 個の陽子}\quad 4 \times 1.0072764668\ u = 4.0291058672\ u$$
$$3\text{ 個の中性子}\quad 3 \times 1.0086649160\ u = 3.0259947480\ u$$
$$\overline{\qquad\qquad ^7Be\text{ の核子の静止質量の合計} = 7.0551006152\ u}$$

質量欠損は核子の合計の質量と ^7Be 核の質量 7.01692983 u との差から計算される．

$$7.0551006152\ u - 7.01692983\ u = 0.03817079\ u$$

7個の核子の質量　　　核の質量　　　　質量欠損

第二段階

解法　質量欠損がわかったので，アインシュタインの関係式により質量欠損に相当するエネルギーを計算できる．

$$E = mc^2$$

m は質量欠損 0.038171 u（有効数字5桁で丸める），c は 2.9979×10^8 $m\,s^{-1}$ である．1原子当たりのエネルギーを計算したあと，アボガドロ定数と ^7Be のモル質量を用いて1原子の質量を 1 mol の質量に変換して，1.00 kg の ^7Be に対応するエネルギーを計算することができる．

解答　ここでの最初の手順は，アインシュタインの関係式 $E = mc^2$ を使って1個の ^7Be 核がつくられるときに解放されるエネルギーを計算することである．

$$E = 0.038171\,u \times \frac{1.661 \times 10^{-27}\ kg}{1\ u} \times (2.9979 \times 10^8\,m\,s^{-1})^2$$
$$= 5.698 \times 10^{-12}\ kg\,m^2\,s^{-2}$$

$kg\,m^2\,s^{-2}$ はジュールに対応するので，5.698×10^{-12} J とすることができる．

1個の ^7Be 核に対するエネルギーを計算したので，次は 1.00 kg の ^7Be 核に対するエネルギーを計算する．

$$E = 1.00\ kg\ Be \times \frac{1000\ g}{1\ kg} \times \frac{1\ mol\ Be}{7.0169298\ g\ Be}$$
$$\times \frac{6.022 \times 10^{23}\ 原子数\ Be}{1\ mol\ Be} \times \frac{5.698 \times 10^{-12}\ J}{1\ 原子数\ Be}$$
$$= 4.89 \times 10^{14}\ J$$

この値は容易に kJ 単位に換算でき，それは 4.89×10^{11} kJ となる．これが 1.00 kg の ^7Be 核が形成するときに解放されるエネルギーである．

第三段階

解法　ここでは石油の燃焼により解放されるエネルギーを計算する．§3・5で述べたように燃焼の化学反応式の釣合をとる．それから§6・8で行ったように，ヘスの法則を用いて2 mol の $C_{20}H_{42}$ が燃えるときに解放される熱量を計算する．

解答　O_2 が反応物で，気体状の CO_2 と H_2O が生成物であることがわかっているので，反応式の骨格は次のように書くことができる．

$$C_{20}H_{42}(l) + O_2(g) \longrightarrow CO_2(g) + H_2O(g)$$

釣合をとると以下のようになる．

$$2\,C_{20}H_{42}(l) + 61\,O_2(g) \longrightarrow 40\,CO_2(g) + 42\,H_2O(g)$$

$CO_2(g)$ と $H_2O(g)$ の生成エンタルピーの値は付録にある. それを用いると,

$$\Delta H° = \left[40\,\overline{mol\,CO_2}(g) \times \left(\frac{-395\;kJ}{\overline{mol\,CO_2}(g)} \right) \right.$$
$$+ 42\,\overline{mol\,H_2O}(g) \times \left(\frac{-241.8\;kJ}{\overline{mol\,H_2O}(g)} \right) \Bigg]$$
$$- \left[2\,\overline{mol\,C_{20}H_{42}}(l) \times \left(\frac{-2330\;kJ}{\overline{mol\,C_{20}H_{42}}(l)} \right) \right]$$

$$\Delta H° = -21{,}240\;kJ$$

と求まる. これが $C_{20}H_{42}$ 2 mol の燃焼により得られる熱である.

第四段階

解法　最後の段階として, 何 kg の $C_{20}H_{42}$ が 4.89×10^{11} kJ

のエネルギーを与えるかを計算しなくてはならない. 換算係数の一つは 2 mol の $C_{20}H_{42}$ の燃焼により得られる熱 21,240 kJ である. 他に必要な換算係数は $C_{20}H_{42}$ のモル質量である.

解答　反応熱とモル質量を用いて 4.89×10^{11} kJ が何 kg の $C_{20}H_{42}$ に対応するのか計算する.

$$4.89 \times 10^{11}\;kJ \times \frac{2\;mol\,C_{20}H_{42}}{2.124 \times 10^4\;kJ} \times \frac{282.6\;g\,C_{20}H_{42}}{1\;mol\,C_{20}H_{42}}$$
$$= 1.30 \times 10^{10}\;g\,C_{20}H_{42}$$

この g を kg に変換して,

$$1.30 \times 10^{10}\;g\,C_{20}H_{42} \times \frac{1\;kg}{1000\;g} = 1.30 \times 10^7\;kg\,C_{20}H_{42}$$

確認　これは驚くべき大きな数値である. 答えが正しいか確認するには, すべての指数とそれらの組合わせが正しいかを確認する.

21 金属錯体

塩化クロム(III)六水和物. 薬品会社から購入したものは実際には $[Cr(H_2O)_4Cl_2]Cl\cdot 2H_2O$ である. 緑色は $[Cr(H_2O)_4Cl_2]^+$ に由来する

21・1 金属錯体
21・2 金属錯体の命名法
21・3 配位数と構造
21・4 金属錯体の異性体
21・5 金属錯体の結合
21・6 金属イオンの生化学的機能

これまでの章で，元素がどのように反応し，その生成物がどのようなものかについて理解を深めるために，化学で用いる多くの考え方を学んできた．たとえば，化学反応論では，多くの要素がどのように反応速度に影響するか，熱力学においては，エンタルピーやエントロピー変化が化学変化の可能性にどのように影響を与えるかなどを述べてきた．私たちの興味は，それらの考えをつくり上げてきた化学的現象とともに，考え方自体にあった．ここでは，それらの考え方を用いて，金属を含む化合物の物理的，化学的性質について学ぶ．

本章では，17章で紹介した金属錯体を扱う．金属錯体は，代謝に関係するビタミン B_{12} のように，食料保存から生化学的触媒反応までいろいろな作用をもつ，また，金属錯体はさまざまな構造をもち，さまざまな色を呈する．

学習目標
- いろいろな配位子と，それらを含む金属錯体の化学式を書く規則の理解
- 金属錯体の命名法の説明
- 一般的な配位数をもつ金属錯体の幾何学的構造の図解
- ある金属錯体のすべての異性体の構造の図解
- 結晶場理論に基づいた金属錯体の性質の理解
- 体内にふつうに存在するいくつかの金属錯体の生化学的機能の説明

21・1 金属錯体

金属錯体 metal complex

§17・5で金属錯体を紹介した．**金属錯体**は金属錯イオンあるいは錯イオンともよばれる．これらは分子やイオンが金属イオンに共有結合で結びつき，より複雑な化学種となったものであることを述べた．淡青色の $[Cu(H_2O)_6]^{2+}$ と濃青色の $[Cu(NH_3)_4]^{2+}$ の二つを例としてあげた．また，金属錯体の形成がどのように塩の溶解に影響するかについての考察も述べた．しかし，これらには溶解平衡以上の重要性がある．金属元素，特に遷移金属元素から形成される金属錯体の数は多く，$[Cu(NH_3)_4]^{2+}$ のような金属錯体の性質，反応，構造，結合などの研究は化学において重要性を増している．金属錯体の研究は生化学（たとえばビタミン B_{12} におけるコバルトイオン）にも及んでいる．私たちの体内にあるほとんどすべての金属元素は，生化学的機能を果たすために金属錯体を形成しているからである．

配位子 ligand

■ 配位結合においては，共有される2個の電子は，1個の原子から供与されたものである．いったん結合ができれば，配位結合は他のふつうの共有結合と変わりはない．

ここで説明に使われる基本的な用語について述べる．配位結合で金属イオンと結びつく分子やイオン（たとえば，$[Cu(NH_3)_4]^{2+}$ における NH_3 分子）は**配位子**とよばれる．配位子は，金属イオンに供与して金属-配位子間結合をつくる一対以上の電子対をもつ電気的に中性の分子あるいは陰イオンである．それゆえ配位子と金属イオンの反応

は，配位子を塩基，金属イオンを酸とするルイスの酸塩基反応である．

$$Ag^+ + :NH_3 \longrightarrow [Ag \leftarrow NH_3]^+$$

銀イオン（ルイス酸）　アンモニア分子（ルイス塩基）　金属錯体（アンモニアと銀イオン間の配位結合）

配位子内の電子対を金属イオンに供与する原子は**電子対供与原子**，金属イオンは電子対**受容体**である．$AgNH_3^+$ においては，アンモニア分子の窒素原子が電子対供与原子，銀イオンが電子対受容体である．金属－配位子間の結合が配位結合であることから，これらの金属錯体はしばしば**配位化合物**ともよばれる．

電子対供与原子 electron-pair donor atom

受容体 acceptor

配位化合物 coordination compound

配位子の種類

金属錯体においてルイス塩基である配位子は，単原子イオンから金属イオンに一つ以上の電子対供与原子で結合する複雑なものまでいろいろあり，それらは中性か陰イオンである．

配位子としてはたらく陰イオンには多くの単純な単原子イオンがある．たとえば，ハロゲン化物イオン F^-, Cl^-, Br^-, I^-, 硫化物イオン S^{2-} などである．多原子分子イオンとしては，亜硝酸イオン NO_2^-, シアン化物イオン CN^-, 水酸化物イオン OH^-, チオシアン酸イオン SCN^-, チオ硫酸イオン $S_2O_3^{2-}$ などがある．

配位子としてはたらく最もありふれた中性分子は水分子であり，水溶液中での金属イオンの反応の多くは，いくつかの水分子が金属イオンに結合した金属錯体の生成反応である．銅(II)イオン*は水と $[Cu(H_2O)_6]^{2+}$，コバルト(II)イオンは水と $[Co(H_2O)_6]^{2+}$ を形成する．他の中性配位子の例はアンモニアである．NH_3 は窒素原子に非共有電子対を一つもつ．もし $[Ni(H_2O)_6]^{2+}$ を含む水溶液にアンモニアを加えると，アンモニア分子が水分子と置き換わり，溶液の色は緑から青へ劇的に変化する(図 21・1)．

$$[Ni(H_2O)_6]^{2+}(aq) + 5\,NH_3(aq) \longrightarrow [Ni(NH_3)_5(H_2O)]^{2+}(aq) + 5\,H_2O$$

緑色　　　　　　　　　　　　　青色

これまで説明してきた配位子は，配位子内の1個の原子が1個の金属イオンに配位していた．このような配位子は**単座配位子**とよばれ，ただ"ひとつの歯"で金属イオンを"噛む"ことを示している．

2個以上の電子対供与原子をもつ配位子も多くある．これらはまとめて**多座配位子**とよばれる．それらのなかで最もありふれたものは**二座配位子**で，2個の電子対供与原子をもつ．二座配位子が金属錯体を形成するときは，2個の電子対供与原子が同じ

* 以前の章で使った $[Cu(H_2O)_4]^{2+}$ という表記は，実際にはかなり単純化したものである．多くの場合，水中の銅(II)錯体には四つの水分子に比べてかなり離れた距離に二つの水分子があり Cu^{2+} にゆるく結合している．したがって，水との銅(II)錯体は $[Cu(H_2O)_6]^{2+}$ とも表記でき，その場合は，Cu^{2+} に対し四つの水分子は強く結合し，二つの水分子は弱く結合していることを示す．

単座配位子 monodentate ligand

多座配位子 multidentate ligand
二座配位子 bidentate ligand

図 21・1　ニッケルの金属錯体．（左）塩化ニッケル水溶液には $[Ni(H_2O)_6]^{2+}$ が存在する．（右）塩化ニッケル水溶液にアンモニアを加えると青色の $[Ni(NH_3)_5(H_2O)]^{2+}$ が生成する．

金属イオンに結合する．シュウ酸イオンとエチレンジアミン（化学式を書くさいに使われる略号は en）は二座配位子の例である．

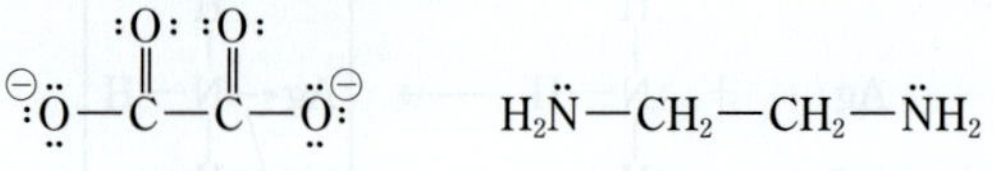

$$\overset{..}{\underset{..}{O}}\!=\!\overset{\overset{:O::O:}{||\;||}}{\underset{..}{O}}\!-\!C\!-\!C\!-\!\overset{..}{\underset{..}{O}}^{\ominus}$$

シュウ酸イオン

$$H_2\overset{..}{N}\!-\!CH_2\!-\!CH_2\!-\!\overset{..}{N}H_2$$

エチレンジアミン en

これらが金属イオンに結合するさいには，次のようなリング構造が形成される．

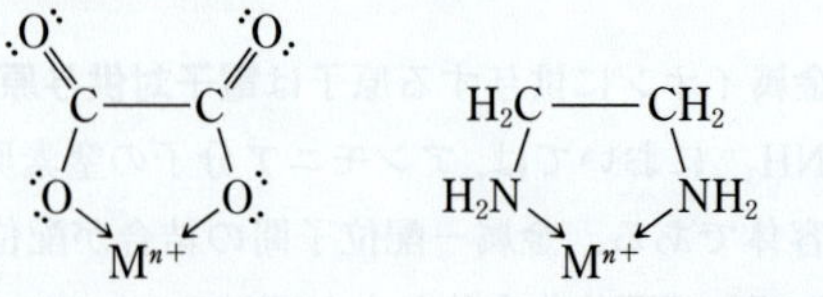

シュウ酸錯体   エチレンジアミン錯体

キレート chelate, ギリシャ語の "chela" に由来し, カニなどのはさみを意味する. カニが二つのはさみで獲物をつかむように, 二座配位子は二つの "はさみ（電子対供与原子）" で金属イオンをつかむ.

このようなリング構造をもつ金属錯体は**キレート**といわれる．あとで述べるが，このような構造は "金属錯体の化学" においては重要である．

表 21・1 によく使われる配位子を示す．金属イオンに結合する原子は赤にしてある．いくつかの配位子では異なる原子で金属イオンに結合できる．たとえば，NO_2^- は N でも O でも結合することができる．

表 21・1　よく使われる配位子の種類	
配位子としての名前	化学式[†]
アセタト	CH_3COO^-
アンミン	NH_3
アクア	H_2O
アジド	N_3^-
ブロミド	Br^-
シアニド	CN^-
クロリド	Cl^-
エチレンジアミン	$NH_2CH_2CH_2NH_2$
エチレンジアミンテトラアセタト	$(^-OOCCH_2)_2NCH_2CH_2N(CH_2COO^-)_2$
ヒドロキシド	OH^-
ヨージド	I^-
ニトリト	ONO^-
ニトロ	ONO^-
オキザラト	$COOCOO^{2-}$
スルフィド	S^{2-}
チオスルファト	$S_2OO_2^{2-}$

† 赤の原子は金属イオンに配位する原子.

■ ここでは慣習として EDTA と表記しているが, 正式には IUPAC の規則に従って小文字の edta を用いる.

最もありふれた多座配位子の一つがエチレンジアミン四酢酸イオンである．これは $EDTA^{4-}$（あるいは分析化学では Y^{4-}）と略す．

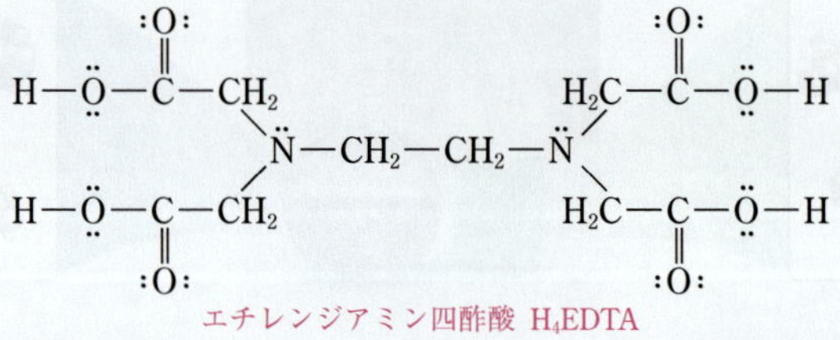

エチレンジアミン四酢酸 H_4EDTA

酸素原子に結合している H 原子はプロトンとして容易に解離して，4− の電荷をもつ陰イオンとなる．その陰イオン EDTA^{4-} の構造を次に示す．配位原子を赤で示す．

EDTA^{4-} は 6 個の電子対供与原子をもち，それにより金属イオンを包み込んだ非常に安定な金属錯体を形成する．

EDTA は特に有用で重要な配位子である．比較的毒性が低く，少量の使用で食品の劣化を遅らせることができる．たとえば，サラダのドレッシングの瓶のラベルに成分の一つとして CaNa$_2$EDTA を目にすることがある．この塩から生じる EDTA^{4-} は，サラダ油と酸素の反応を促して，劣化を進める微量の金属イオンと結合し，可溶性の金属錯体をつくる．

多くのシャンプーには Na$_4$EDTA が水を軟化させるために入っている．EDTA^{4-} は Ca^{2+}, Mg^{2+}, Fe^{3+} と結びつき，それらを水から除きシャンプーの洗浄作用を妨害するのを防ぐ．似たような応用例をコラム 17・1 で紹介した．

EDTA はカルシウムイオンと金属錯体を形成して血液の凝固を止める．このため EDTA は検査のために採血された血液に加えられる．EDTA は Hg^{2+} や Pb^{2+} といった毒性の高い重金属を誤って摂取した場合に，それらを体内から除くのに役立つので，EDTA は重金属の中毒への対処に使われてきた．

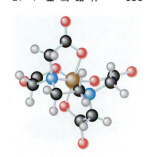

EDTA 錯体の構造． 金属錯体の中心に位置する金属イオンは，2 個の窒素原子と 4 個の酸素原子と結合している．

■ EDTA^{4-} は骨から Ca^{2+} を抽出することから有害となるので，EDTA のカルシウム塩が使われる．

金属錯体の化学式の記述規則

金属錯体の化学式を書く場合，以下の規則が役立つ*．

1. 常に金属イオンの元素記号をはじめに書き，そのあとで配位子を続ける．
2. 2 種類以上の配位子がある場合，配位子の化学式や略号のアルファベット順に書く．
3. 金属錯体の電荷は，金属イオンの電荷と配位子の電荷の和である．
4. 化学式は四角の括弧で囲み，括弧の右上に金属錯体の電荷を添字で書く．金属錯体の電荷がゼロのときは括弧も電荷の数字もいらない．

たとえば，Cu^{2+} と NH$_3$ からなる金属錯体の化学式は，上に述べた規則に従うと，はじめに Cu を次に NH$_3$ を書いて [Cu(NH$_3$)$_4$]$^{2+}$ のようになる．金属錯体の電荷は，銅イオンが 2+ でアンモニア分子が中性なので，2+ となる．

括弧の記号は配位子が金属イオンに結合しており，自由に動き回っているような状態でないことを強調している．クロム(Ⅲ) の多くの金属錯体の一つは，五つの水分子と一つの塩化物イオンを配位子として含んでいる．それらすべての配位子が Cr^{3+} に結合していることを示すには，括弧を用いて [CrCl(H$_2$O)$_5$]$^{2+}$ と書く．この金属錯体が塩化物として単離された場合，その化学式は [CrCl(H$_2$O)$_5$]Cl$_2$ と書く．[CrCl(H$_2$O)$_5$]$^{2+}$ は陽イオンなのではじめに書く．化学式 [CrCl(H$_2$O)$_5$]Cl$_2$ は一つの塩化物イオンと五つの H$_2$O 分子が Cr^{3+} に結合していることを示す．そして，塩の電気的中性を保つために存在する二つの塩化物イオンは **対イオン** とよばれる．

2 章で水和物について学んだ．その例として青色の硫酸銅(Ⅱ) CuSO$_4$·5 H$_2$O があっ

* 訳注: ここに記す規則は IUPAC の 2005 年の勧告に従ったものである．

■ ここでは四角の括弧はモル濃度を表すものではない．括弧がモル濃度を表すのか化学式を表すのかは，説明の文脈より明らかである．

対イオン counter ion

図 21・2 塩化コバルト(Ⅱ)六水和物の色．$CoCl_2 \cdot 6H_2O$ の結晶および水溶液の色は $[Co(H_2O)_6]^{2+}$ によるものである．

た．その化学式は $[Cu(H_2O)_4]SO_4 \cdot H_2O$ と書くべきで，それは結晶中で五つの水分子のうち四つが金属錯体 $[Cu(H_2O)_4]^{2+}$ の一部をなしていることを示す．5番目の水分子は結晶中で硫酸イオンに水素結合で結びついている．

実際には，他の多くの金属塩の水和物にも水分子を配位子とする金属錯体が含まれている．たとえば，コバルト(Ⅱ)塩化物のようなコバルト塩は水溶液から六水和物（塩の単位式当たり六つの水分子を含む）として結晶化する．$CoCl_2 \cdot 6H_2O$（図21・2）は実際には $[Co(H_2O)_6]Cl_2$ であり，ピンク色の金属錯体 $[Co(H_2O)_6]^{2+}$ を含む．この金属錯体のせいで，Co(Ⅱ)のいろいろな塩の水溶液は図21・2のようにピンクを示す．ほとんどの金属塩水和物は金属錯体を含むが，金属錯体を明確に書くことはまれで，$[Cu(H_2O)_4]SO_4 \cdot H_2O$ の代わりに $CuSO_4 \cdot 5H_2O$ というように，通常の水和物の化学式が受入れられている．

例題 21・1　金属錯体の化学式を書く

金属イオン Cr^{3+} と六つの NO_2^- 配位子よりできる金属錯体の化学式を書け．この金属錯体が塩化物の塩として単離できるか，あるいはカリウム塩として単離できるか．適切な塩の化学式を書け．

指針　いま Cr^{3+} と六つの NO_2^- からなる金属錯体の電荷も含めた化学式を決定することが求められている．もし，金属錯体の電荷が正ならば，それは陰イオン，すなわち塩化物イオンと塩をつくるであろう．また，電荷が負ならば，カリウムイオンと塩をつくるであろう．

解法　金属錯体の化学式を書くための規則が用いるべき手法である．

解答　六つの NO_2^- で合計 6− の電荷となる．金属イオンは 3+ である．その合計は (6−)+(3+) = 3− となる．よっ

て金属錯体の化学式は $[Cr(NO_2)_6]^{3-}$ と書ける．

金属錯体は陰イオンなので，中性の塩をつくるには陽イオンが必要である．塩は電気的に中性でなくてはならないので，三つの K^+ が必要となる．したがって塩の化学式は $K_3[Cr(NO_2)_6]$ となる．この塩の化学式を書くとき，K^+ が先に，陰イオンがそれに続くことに注意せよ．

確認　確認すべきことは，先に金属イオン，それに続いて配位子を書いたか，電荷を正しく計算したか，および塩の化学式は電気的に中性になっているか，ということである．

練習問題 21・1　Ag^+ とチオ硫酸イオン $S_2O_3^{2-}$ から形成される金属錯体はアンモニウム塩として単離できる．この金属錯体の化学式を書け．

キレート効果

エチレンジアミンやシュウ酸イオンのような二座配位子からできる金属錯体で興味深いことの一つは，それらの安定性が，単座配位子からできた類似の金属錯体の安定性と比べ高いことである．たとえば，同じ六つのNが配位した $[Ni(en)_3]^{2+}$ と $[Ni(NH_3)_6]^{2+}$ とでは $[Ni(en)_3]^{2+}$ のほうが安定である．それは安定度定数で定量的に比べることができる．

■ 単座配位子であるアンモニアは金属に対し，1個の電子対供与原子を提供し，二座配位子であるエチレンジアミン(en)は2個の電子対供与原子を提供する．よって，6個のアンモニア分子と3個のエチレンジアミン分子は，同数の電子対供与原子を提供する．

$$Ni^{2+}(aq) + 6NH_3(aq) \rightleftharpoons [Ni(NH_3)_6]^{2+}(aq) \qquad K_{form} = 2.0 \times 10^8$$
$$Ni^{2+}(aq) + 3en(aq) \rightleftharpoons [Ni(en)_3]^{2+}(aq) \qquad K_{form} = 4.1 \times 10^{17}$$

エチレンジアミン錯体はアンモニア錯体よりも 2×10^9 倍以上も安定である．多座配位子による金属錯体形成での特別な安定性は，金属イオンに結合する原子を2個以上もつ配位子からできる金属錯体でみられるので，**キレート効果**とよばれている．金属と配位子を含む環が形成されるが，その環が5個ないし6個の原子を含むとき，特に安定となる．

キレート効果には二つの関連した理由がある．それは，一度形成した金属錯体の解離のしやすさを検討するとよくわかる．一つの理由は，配位子が金属イオンから離れ

キレート効果 chelate effect

てしまう確率に関係している．もし二座配位子の一つの端が金属イオンからはずれても，もう一方の端がまだ金属イオンに結合しているので，離れた端が遠くまで行ってしまうことはない．もう一方の端も金属イオンからはずれる前に，金属イオンに再結合する確率は高いであろう．したがって，全体的には二座配位子は金属イオンに強く結合している．単座配位子では，もし金属イオンからはずれれば，金属イオンの近くにとめておくものはなく，周囲の溶液に容易に移動し離れ去ってしまう．その結果，単座配位子は多座配位子ほどには金属イオンと結合していない．

第二の理由は，解離のさいのエントロピー変化に関係するものである．18章で，化学反応で粒子の数が増えるときのエントロピー変化は正であることを学んだ．両方の金属錯体は解離すると粒子数を増す．よって，両方ともエントロピー変化は正である．しかし，解離反応を比べると，

$$[\text{Ni(NH}_3)_6]^{2+}(\text{aq}) \rightleftharpoons \text{Ni}^{2+}(\text{aq}) + 6\,\text{NH}_3(\text{aq}) \qquad K_{\text{inst}} = 5.0 \times 10^{-9}$$

$$[\text{Ni(en)}_3]^{2+}(\text{aq}) \rightleftharpoons \text{Ni}^{2+}(\text{aq}) + 3\,\text{en}(\text{aq}) \qquad K_{\text{inst}} = 2.4 \times 10^{-18}$$

となる．アンモニア錯体では増加した粒子の正味の数は6，一方，エチレンジアミン錯体では3である．これはエチレンジアミン錯体よりもアンモニア錯体においてエントロピー変化はより正であることを意味する．大きなエントロピー変化は分解に有利なように $\Delta G°$ に作用する．それゆえ，平衡においてアンモニア錯体の解離がより進むことになる．これが不安定度定数 K_{inst}（§17・5，$K_{\text{inst}} = 1/K_{\text{form}}$）が示していることである．

■ $\Delta G° = -RT \ln K$ を思い出してほしい．より解離に好ましい $\Delta G°$ は平衡定数をより大きくする．そして，アンモニア錯体の不安定定数がより大きくなることがわかる．

21・2 金属錯体の命名法

2章で化合物の命名法について紹介したが，ここでは簡単な無機化合物の命名法について述べる．IUPAC により改訂されたこの命名法は，金属錯体も含んでいる．以下は，金属錯体の命名のためにつくられた規則のうちのいくつかである．命名法はそれぞれの化合物に固有の名前を与え，名前が与えられた化合物の化学式を書けるようにするのを第一の目的としている．

金属錯体の命名法の規則

1. 日本語名では陰イオンの化学種，陽イオンの化学種の順に，英語名では陽イオンの化学種，陰イオンの化学種の順に書く．これは NaCl などのイオン性化合物に適用されている規則と同じである．すなわち，日本語名は塩化ナトリウム，英語名は sodium chloride となる．

2. 陰イオンの配位子の英語名は，英語名の末尾の "-e" を "-o" に変える．日本語名はその英語名の読みとする．

(a) 接尾語が "-ide" で終わる陰イオンが配位子になると，通常は最後が "-o" に変わる．

■ クロロ（chloro-）やブロモ（bromo-）のような名前は伝統的に受入れられ使われてきたものである．厳密な IUPAC の命名では，単に最後の -e を落とし，-o に置き換えて，クロリド（chlorido-），ブロミド（bromido-）とする．それゆえ，S（硫黄）は配位子としてはスルフィド（sulfido-）と命名される．

陰イオン		配位子
塩化物イオン（chloride）	Cl⁻	クロリド（chlorido-）
ヨウ化物イオン（bromide）	Br⁻	ブロミド（bromido-）
シアン化物イオン（cyanide）	CN⁻	シアニド（cyanido-）
酸化物イオン（oxide）	O²⁻	オキシド（oxido-）

(b) 接尾語が"-ite"，"-ate"で終わる陰イオンが配位子になると，接尾語がそれぞれ"-ito"，"-ato"に変わる．

陰イオン		配位子
炭酸イオン (carbonate)	CO_3^{2-}	カルボナト (carbonato-)
チオ硫酸イオン (thiosulfate)	$S_2O_3^{2-}$	チオスルファト (thiosulfato-)
チオシアン酸イオン (thiocyanate)	SCN^-	チオシアナト (thiocyanato-)
		（S で結合する場合）
		イソチオシアナト (isothiocyanato-)
		（N で結合する場合）
シュウ酸イオン (oxalate)	$C_2O_4^{2-}$	オキザラト (oxalato-)
亜硝酸イオン (nitrite)	NO_2	ニトリト (nitrito-)（O で結合する場合，金属錯体の化学式中では ONO と書く）
	NO_2^-	ニトロ (nitro-)（N で結合する場合，規則 2 の例外の一つ）

3. 中性の配位子にはもとの分子名と同じ名前を与える．エチレンジアミン分子が配位子となったときの名前は，分子名と同じエチレンジアミンである．しかし，重要な例外として水とアンモニアがある．それらが配位子となったときの名前は以下のとおりである．

$$H_2O \quad \text{アクア（aqua）}$$
$$NH_3 \quad \text{アンミン（ammine）（m が二つに注意）}$$

4. 二つ以上の配位子を含む場合は，その数を接頭語で明示する．ジ (di-) = 2，トリ (tri-) = 3，テトラ (tetra-) = 4，ペンタ (penta-) = 5，ヘキサ (hexa-) = 6．これらの接頭語を使うと混乱する場合は代わりの接頭語を用いる．ビス (bis-) = 2，トリス (tris-) = 3，テトラキス (tetrakis-) = 4．この規則に従うと，一つの錯体中に二つの Cl^- 配位子がある場合はジクロリド (dichlorido-) となる（配位子名の語尾にも注意のこと）．しかし，もし二つのエチレンジアミンがある場合は，接頭語としてジ (di-) を使うと混乱が起こることがある．たとえば，ジエチレンジアミン (diethylenediamine) とあった場合，これは二つのエチレンジアミンを意味するのか，ジエチレンジアミンという一つの化合物を意味するのか判断がつかない．このような問題を回避するため，ビス（エチレンジアミン）〔bis(ethylenediamine)〕とビス (bis) を前に伴った括弧を使う．

5. 化学式中，金属の記号ははじめに，次に配位子の記号が続く．複数の種類の配位子があるときには，数を表す接頭語を除いた配位子の化学式や略号のアルファベット順に配位子を並べる．金属錯体を読み上げるときには，はじめに配位子をアルファベット順に，次に金属の名前を読み上げる．たとえば Co^{3+}，二つの Cl^-〔クロリド (chlorido-) 配位子〕，一つの CN^-〔シアニド (cyanido-) 配位子〕，三つの NH_3〔アンミン (ammine-) 配位子〕からなる金属錯体を考える．この中性の金属錯体の化学式は $[CoCl_2(CN)(NH_3)_3]$ と書ける．この金属錯体の名前において，金属の前に置かれる配位子の部分は，これまでの規則を用いると，トリアンミンジクロリドシアニド (triammine-dichloridocyanido-) となる．配位子をアルファベット順に並べるときは，トリ (tri-) やジ (di-) といった接頭語は無視する．したがって，アルファベット順に従うとアンミン (ammine-)，クロリド (chlorido-) の順であるから，トリアンミン (triammine-) はジクロリド (dichlorido-) の前にくる．同じ理由で，ジクロリド (dichlorido-) はシアニド (cyanido-) の前にくる．完全な名前は規則 7 のあとに与えられている．

■口頭での情報伝達で，二つのエチレンジアミン分子であることがはっきりわかるので，ここではビス (bis-) が用いられる．

■配位子は，配位子の名前のはじめの文字のアルファベット順に並べられる．数を表す接頭語のはじめの文字の順ではない．

21・2 金属錯体の命名法　657

6. 陰イオンの金属錯体の末尾は日本語名では"酸イオン"，英語名では"-ate"で終わる．英語名の多くの場合，金属名が"-ium"，"-um"，"-ese"で終わるときは，それらの語を取除いて"-ate"をつける．

金属名	陰イオン性金属錯体中での名前
アルミニウム aluminium	アルミン酸イオン aluminate
クロム chromium	クロム酸イオン chromate
マンガン manganese	マンガン酸イオン manganate
ニッケル nickel	ニッケル酸イオン nickelate
コバルト cobalt	コバルト酸イオン cobaltate
亜鉛 zinc	亜鉛酸イオン zincate
白金 platinum	白金酸イオン platinate
バナジウム vanadium	バナジン酸イオン vanadate

元素記号がラテン語起源の金属では，ラテン語の語幹に接尾語"-ate"をつける．例外として，mercury（水銀）は陰イオンになったときはmercurate（水銀酸イオン）とする．

金属	語幹	陰イオン性金属錯体中での名前
鉄 iron	ferr-	鉄酸イオン ferrate
銅 copper	cupr-	銅酸イオン cuprate
鉛 lead	plumb-	鉛酸イオン plumbate
銀 silver	argent-	銀酸イオン argentate
金 gold	aur-	金酸イオン aurate
スズ tin	stann-	スズ酸イオン stannate

中性あるいは正の電荷をもつ金属錯体での金属の名前は，日本語では単に元素名，英語でも常に接尾語なしの元素名を用いる．

7. 金属錯体中での金属の酸化状態は，金属名のあとに括弧に入れたローマ数字で表す*．

$[CoCl_2(CN)(NH_3)_3]$	トリアンミンジクロリドシアニドコバルト(Ⅲ)〔triamminedichloridocyanidocobalt(Ⅲ)〕
$[Co(NH_3)_6]^{3+}$	ヘキサアンミンコバルト(Ⅲ)イオン〔hexaamminecobalt(Ⅲ) ion〕
$[CuCl_4]^{2-}$	テトラクロリド銅(Ⅱ)酸イオン〔tetrachloridocuprate(Ⅱ) ion〕

空白を入れない

* 金属の酸化数の代わりに錯体全体の電荷を書くこともある．〔例，テトラクロリド銅酸(2−)イオン tetrachloridocuprate(2−) ion〕

金属名と配位子名の間，複数の配位子がある場合はそれらの配位子間にも空白を入れない．また，金属名とローマ数字で表された酸化数を囲む括弧の間にも空白を入れない．

以下は追加の例である．上記の規則がいかに適用されているか注意せよ．

$[Ni(CN)_4]^{2-}$	テトラシアニドニッケル(Ⅱ)酸イオン
$K_3[CoCl_6]$	ヘキサクロリドコバルト(Ⅲ)酸カリウム
$[CoCl_2(NH_3)_4]^+$	テトラアンミンジクロリドコバルト(Ⅲ)イオン
$Na_3[Co(NO_2)_6]$	ヘキサニトロコバルト(Ⅲ)酸ナトリウム
$[Ag(NH_3)_2]^+$	ジアンミン銀(Ⅰ)イオン
$[Ag(S_2O_3)_2]^{3-}$	ジチオスルファト銀(Ⅰ)酸イオン
$[Mn(en)_3]Cl_2$	トリス(エチレンジアミン)マンガン(Ⅱ)塩化物
$[PtCl_2(NH_3)_2]$	ジアンミンジクロリド白金(Ⅱ)

練習問題 21・2 以下の化合物の化学式を書け．(a) ジアクアテトラシアニド鉄(Ⅱ)酸アンモニウム　(b) ジブロミドビス(エチレンジアミン)オスミウム(Ⅱ)

練習問題 21・3 以下の化合物の名前を書け．(a) $[CrCl_2(en)_2]SO_4$　(b) $[Co(H_2O)_6]_2[CrF_6]$（コバルトの酸化数は+2）

21・3 配位数と構造

金属錯体において最も興味深いことの一つに，金属錯体のもつ構造の多様性がある．それは金属イオンの配位数と関連する．配位数は，金属イオンがもつ配位結合の数と定義される．たとえば，$[Ni(CN)_4]^{2-}$ では4個のシアン化物イオンがニッケルイオンに結合しているので，Ni^{2+} の配位数は4である．同様に，$[Cr(H_2O)_6]^{3+}$ の Cr^{3+} における配位数は6，$[Ag(NH_3)_2]^+$ における Ag^+ の配位数は2である．

ときには，金属錯体の化学式から配位数がすぐにはわからないことがある．たとえば，一つの金属イオンに同時に結合できる供与原子をいくつももつ多座配位子が多くあることを学んだ．$[Cr(en)_2(H_2O)_2]^{3+}$ や $[Cr(en)_3]^{3+}$ のように2個以上の多座配位子を含むこともある．これらの金属錯体では Cr^{3+} の配位数は6である．$[Cr(en)_3]^{3+}$ では，2個の電子対供与原子をもつエチレンジアミンが三つあるので，配位数は6である．$[Cr(en)_2(H_2O)_2]^{3+}$ では，二つのエチレンジアミンが4個，二つの H_2O 分子が2個の電子対供与原子をもつので，配位数は6である．

配位数と幾何構造

金属錯体は，配位数に応じた独特の幾何構造をもつことが多い．

配位数2 例として $[Ag(NH_3)_2]^+$ や $[Ag(CN)_2]^-$ などがある．これらの金属錯体は以下に示すような直線構造をもつ．

$$[H_3N—Ag—NH_3]^+ \quad と \quad [NC—Ag—CN]^-$$

Ag^+ は満たされた d 殻をもつので VSEPR モデルより予測できる元素と同じように振舞う．これらのもつ直線構造はまさに VSEPR モデルで予測される構造である．

配位数4 四つの配位子が一つの金属イオンに配位する場合，正四面体と平面四角形の二つの構造が通常みられる．図 21・3 にそれらを示す．正四面体構造は，d 副殻が完全に満たされている Zn^{2+} などの金属イオンでよくみられる．たとえば $[Zn(NH_3)_4]^{2+}$，$[Zn(OH)_4]^{2-}$ などがある．

平面四角形構造は Cu^{2+}，Ni^{2+}，Pd^{2+} とりわけ Pt^{2+} の金属錯体でよくみられる．たとえば，$[Cu(NH_3)_4]^{2+}$，$[Ni(CN)_4]^{2-}$，$[PtCl_4]^{2-}$ などである．Pt^{2+} の平面四角形構造の金属錯体は，他の金属錯体よりもかなり安定なので，最もよく研究されている．

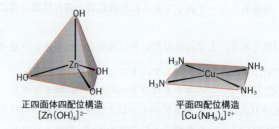

図 21・3 正四面体構造と平面四角形構造． 正四面体構造と平面四角形構造は，金属錯体中の金属イオンの配位数が4のときに現れる．銅錯体の図は，平面四角形構造を斜め上から見たときのものである．

正四面体四配位構造 $[Zn(OH)_4]^{2-}$
平面四配位構造 $[Cu(NH_3)_4]^{2+}$

配位数6 最もありふれた金属錯体の配位数は6である．例として $[Al(H_2O)_6]^{3+}$，$[Co(C_2O_4)_3]^{3-}$，$[Ni(en)_3]^{2+}$，$[Co(EDTA)]^-$ などがある．少数の例外はあるが，ほとんどの配位数6の金属錯体は正八面体構造である．図 21・4 に示すように，単座配位

配位数 coordination number

■ 金属錯体の金属原子が部分的にしか満たされていない d 殻をもつ場合は，VSEPR モデルがうまく適用できないため，通常は遷移金属錯体の構造予測に VSEPR モデルは用いられない．

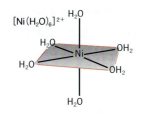

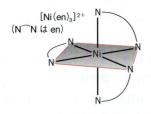

図 21・4 正八面体形金属錯体. 正八面体構造は，水分子のような単座配位子からも，エチレンジアミン (en) のような多座配位子からも形成される. en 錯体の図では見やすくするため，配位子中の 2 個の窒素原子を結ぶ $-CH_2CH_2-$ を曲線で示す.

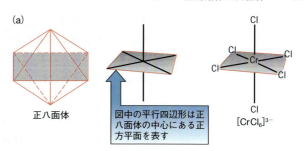

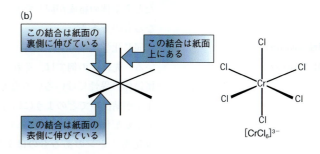

図 21・5 正八面体形金属錯体 [CrCl₆]³⁻ のいくつかの描像. (a) §9・1 で述べた書き方に類似した描像. (b) 別の正八面体構造の描像.

子でも二座配位子でも正八面体構造である．正八面体構造の金属錯体を書くとき，多くの化学者は図 21・5 に示すような図を書く．いくつかのよくみられる配位数を表 21・2 にまとめた．

練習問題 21・4 次の金属錯体における金属イオンの配位数はいくつか．また，金属錯体の幾何構造は何か．(a) [PtCl₂(NH₃)₂]　(b) [Ag(S₂O₃)₂]³⁻

表 21・2 金属イオンのよくみられる配位数

金属イオン	配位数	金属イオン	配位数	金属イオン	配位数
Al³⁺	4, 6	Fe³⁺	6	Pd²⁺	4
Sc³⁺	6	Co²⁺	4, 6	Ag⁺	2
Ti⁴⁺	6	Co³⁺	6	Pt²⁺	4
V³⁺	6	Ni²⁺	4, 6	Pt⁴⁺	6
Cr³⁺	6	Cu⁺	2, 4	Au⁺	2, 4
Mn²⁺	6	Cu²⁺	4, 6	Au³⁺	4
Fe²⁺	6	Zn²⁺	4		

21・4 金属錯体の異性体

化学式から，金属錯体の名前，配位数を決めることはできるが，正確な構造を決めるのがむずかしい場合がある．8 章でのルイス構造で述べたような合理的と考えられる構造を割り出す簡単な規則があるが，その適用は単純な分子やイオンに限られる．より複雑な化合物に対しては，構造決定の実験なしに確かな構造を知る道はないのがふつうである．

化学式のみから確かな構造を予測できない理由の一つは，ある化学式における原子の配置の仕方には多くの自由度があるからである．実際，同じ化学式をもつ二つ以上の化合物を単離できることはしばしばある．たとえば，3 価のクロムの塩化物の溶液

から，それぞれ独自の色と性質をもつ異なる固体を単離することができる．その3種類の固体は，他に情報がなければ，$CrCl_3 \cdot 6H_2O$ という化学式で書かれる．しかし，いろいろな実験から実際にはそれらは異なる金属錯体の塩であることが示される．それらの化学式と色は以下のとおりである．

$[Cr(H_2O)_6]Cl_3$　　　　　　紫色
$[CrCl(H_2O)_5]Cl_2 \cdot H_2O$　　　青緑色
$[CrCl_2(H_2O)_4]Cl \cdot 2H_2O$　　　緑色

たとえ全体の組成が同じでも，これらはそれぞれ固有の性質をもつ，化学的に全く異なるものである．

同じ化学式をもちながら，二つ以上の化合物が存在することは**異性**として知られている．先ほどの例では，それぞれの塩は $CrCl_3 \cdot 6H_2O$ の**異性体**であるとよばれる．金属錯体の異性にはいろいろなものがある．$CrCl_3 \cdot 6H_2O$ の場合は，水分子と塩化物イオンが結晶中でどのように結合しているかの違いより異性が生じている．すべての水分子が配位子としてはたらいている金属錯体以外は，水和水の水分子として存在し，塩化物イオンのあるものは金属イオンに配位結合している．似たような別の例に $Cr(NH_3)_5SO_4Br$ がある．これには2種類の異性体がある．

$[Cr(NH_3)_5SO_4]Br$　と　$[CrBr(NH_3)_5]SO_4$

これらは Ag^+ と Ba^{2+} との反応性の違いにより区別できる．はじめの化合物は Ag^+ を含む水溶液と $AgBr$ の沈殿をつくるが Ba^{2+} とは反応しない．これは Br^- が溶液中で自由イオンとして存在することを意味する．また SO_4^{2-} はクロムと結合しており，Ba^{2+} と反応して不溶性の $BaSO_4$ とならないことも示唆している．

他の異性体 $[CrBr(NH_3)_5]SO_4$ の水溶液は Ba^{2+} と反応して $BaSO_4$ の沈殿を生じる．これは溶液中に自由な SO_4^{2-} が存在することを示す．しかし，Br^- はクロムと結合しており，溶液中には自由な Br^- がないため Ag^+ との反応はない．このように2種類の異性体は全体では同じ組成をもちながら，化学的に全く異なるふるまいをする別個の化合物である．

立体異性

配位化合物でみられる異性のなかで興味深いものの一つが**立体異性**である．それは原子の空間中での配置の違いに起因する．別のいい方をすれば，立体異性どうしでは，結合している原子は同じであるが，それらの空間中での位置関係に違いがある．

立体異性の一つは**シス-トランス異性**である．これは例を見たほうがわかりやすい．平面四角形構造の金属錯体 $[PtCl_2(NH_3)_2]$ を考えてみよう．図に示すように，白金原子のまわりの配位子の配置は2通りある．一方は**シス異性体**とよばれ，塩化物イオンどうしが互いに，またアンモニア分子どうしも互いに隣り合う配置をとる．他方は**トランス異性体**とよばれ，同種の配位子が互いに対面する位置に配置されている．異性体の区別に使われているシスは"同じ側に"，トランスは"反対側に"という意味である．

シス異性体　　　　　　　　　　　トランス異性体
cis-diamminedichloridoplatinum(Ⅱ)　　　*trans*-diamminedichloridoplatinum(Ⅱ)

シス-トランス異性は八面体構造でも起こりうる．たとえば，$[CrCl_2(H_2O)_4]^+$，$[CrCl_2(en)_2]^+$ を考えてみよう．両方においてシスとトランス異性体が単離できる．

シス異性体　　トランス異性体　　$[CrCl_2(H_2O)_4]^+$

シス異性体においては，塩化物イオンは金属イオンの同じ側に隣り合って位置している．トランス異性体では塩化物イオンは金属イオンの中心を通る直線の両端に相対して位置している．

キラリティー

シス-トランス異性よりもより微妙な別の種類の立体異性がある．これは，分子がある一つの小さな違い，その鏡像と重ね合わすことができないという違いを除いては全く同じときに生じる．それはあなたの左手と右手と同じ関係にある．このような異性体間の関係を掌性という．

両の手は，外見は似ているものの完全に同じではない．もし，片方にもう片方を重ねようとすると，親指どうしは反対の方角へ向いてしまう．このため，右手に左手の手袋をはめることはできない．すなわち，右手は左手のなす空間には厳密には対応していない．

そして，両の手は互いに鏡像の関係にある．左手の鏡像（図 21・6）は，正確に右手と同じになっている．もし，左手の鏡像を取出すことができるなら，そこに右手の手袋をはめることができるだろう．つまり，両の手は互いに重ね合わすことのできない鏡像の関係にある．二つのものが重ね合わせることができない鏡像の関係にあるとき，それは同じものでなく，**キラル**であるあるいは**キラリティー**をもつという．左手と右手はこの性質をもち，正確には同じではない．

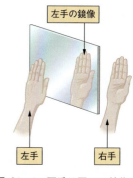

図 21・6　両手は互いに鏡像の関係にある．左手の鏡像は右手と同じである．

キラル chiral

キラリティー chirality. 対掌を意味する用語で，左手と右手のような構造の関係にあるものをさす．

二座配位子を含むキラルな金属錯体　　金属錯体において最もよくみかける例は，$[CoCl_2(en)_2]^+$，$[Co(en)_3]^{3+}$ など，二つあるいは三つの二座配位子を含む正八面体形金属錯体においてである．図 21・7 に $[Co(en)_3]^{3+}$ において，**エナンチオマー**（鏡像異性体）とよばれる二つの互いに重ね合わすことのできない異性体が示されている．

エナンチオマー enantiomer

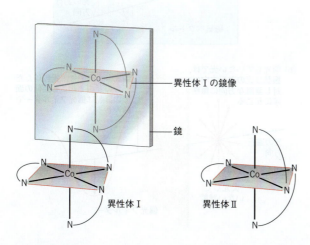

図 21・7　$[Co(en)_3]^{3+}$ の二つの異性体．異性体 II は異性体 I の鏡像となっている．異性体 II をどう回転させても，異性体 I と重ね合わすことはできない．

図 21・8 [CoCl₂(en)₂]⁺の異性体. トランス異性体の鏡像は，もとの像と重ね合わせることができるので，トランス異性体はキラルではない．しかし，シス異性体(異性体Ⅰ)は，その鏡像(異性体Ⅱ)をもとの像と重ね合わせることができないので，キラルである．

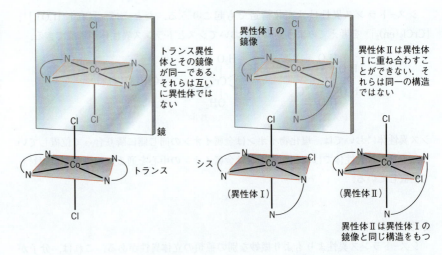

[CoCl₂(en)₂]⁺においては，図21・8に示すようにシス異性体でのみキラルとなる．

見たとおり，キラル異性体は互いに非常に小さな違いしかない．この違いはあまりにも小さく，ほとんどの性質に違いはない．融点，沸点，ほとんどすべての反応性など，すべてのものが同じである．キラルな分子やイオン間の違いを際立たせるには，それらをやはり掌性をもつ物理的，化学的な"プローブ"と作用させるしかない．たとえば，二つの反応物がキラルだとしよう．それらのうちの一つの異性体は，他の反応物の二つの異性体に対し，たがいは多少異なるふるまいを示す．これは，アミノ酸など多くのキラルな分子が関与する生化学的な反応においてたいへん重要である．

光学異性体 キラルな異性体が異なる挙動を示す場合の一つとして，偏光に対する挙動がある．光はベクトル的に振舞う電場と磁場の両方からなる電磁波である．これらのベクトルは光の進行方向に対し垂直な方向で振動している(図21・9a)．通常の光では光子の電場と磁場の振動は光の進行方向まわりに全くランダムに起こっている．**平面偏光**ではすべての振動が光の進行方向を含む同一の面内で起こっている(図

平面偏光 plane-polarized light

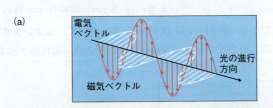

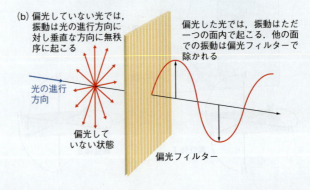

図 21・9 偏光した光と偏光していない光. (a) 光は進行方向に垂直な方向に振動している電場と磁場をもっている．(b) 偏光していない光では，電場の振動面は光の進行方向に沿った軸に対し無秩序に分布している．偏光フィルターは，一つの振動面での振動しか通さない．そのような光は平面偏光とよばれる．

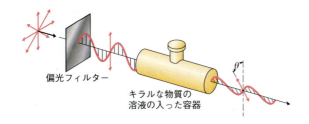

図 21・10 キラルな物質による偏光の回転. 面偏光がキラルな物質の溶液を通過すると, 偏光面が左あるいは右方向に回転する. この図では, 偏光面は左に回転している (光源に向かって見た場合).

21・9b). 通常の光はいろいろな方法で偏光にすることができる. 一つは偏光サングラスに使われているようなプラスチックの特別なフィルムを通過させることである. これには, 一つの面以外の他のすべての振動を通過させない効果がある (図 21・9b).

図 21・7 や図 21・8 に示したようなキラルな異性体は, 図 21・10 に示すように偏光した光の偏光面を回転させることができる. この現象から, キラルな異性体は**光学異性体**とよばれる.

光学異性体 optical isomer

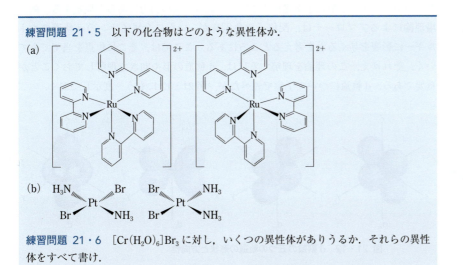

練習問題 21・5 以下の化合物はどのような異性体か.

練習問題 21・6 $[Cr(H_2O)_6]Br_3$ に対し, いくつの異性体がありうるか. それらの異性体をすべて書け.

21・5 金属錯体の結合

遷移金属錯体は他の金属錯体と二つの点で異なる. 第一に多くの場合, 遷移金属錯体は色があり, 主要族元素の金属錯体では常にではないが, たいてい色がない. 第二に遷移金属錯体の磁性は, 金属イオンに結合した配位子によりしばしば影響を受ける. たとえば図 21・11 が示す一連のコバルト錯体のように, ある金属イオンの異なる配位子による錯体群は一連の色を呈することはめずらしくない. 遷移金属イオンはしば

図 21・11 配位子の違いに基づくいろいろな金属錯体の色. それぞれの有色の溶液は Co^{3+} の錯体を含む. これらのさまざまな色は, 金属錯体中のコバルトイオンに結合している配位子 (分子やイオン) の違いに起因している.

しば不完全に満たされたd副殻をもつので，対をつくっていないd電子をもつものが多くあると予想され，それらは常磁性を示すであろう．しかし，ある一つの金属イオンからなる複数の金属錯体間において，不対電子の数が常に同じとは限らない．たとえば，Fe^{2+}は6個の3d電子をもつが，$[Fe(H_2O)_6]^{2+}$では4個が不対電子で，$[Fe(CN)_6]^{4-}$では，すべてが対をなしている．その結果，$[Fe(H_2O)_6]^{2+}$は常磁性を，$[Fe(CN)_6]^{4-}$は反磁性を示す．

結晶場理論

金属錯体における結合を説明するどのような理論も，色や磁性についても同時に説明できなければならない．そのような理論のなかで最も単純なものの一つに**結晶場理論**がある．その名前の由来は，もともとは結晶中における遷移金属イオンのふるまいを説明するのに使われた理論であることからきている．その後，この理論が遷移金属錯体においても有効であることがわかった．

結晶場理論では金属錯体中の共有結合を無視する．おもな安定性の起源は，正電荷をもつ金属イオンと配位子が提供する電子の負電荷間の引力にあると仮定する．結晶場理論によるアプローチは，配位子の負電荷が，いかに金属イオンのd軌道のエネルギーに影響を与えるかを考えるところにある．ここでは，そこに焦点を当ててみていく．それゆえ，この理論を理解するには，d軌道の形や向きを理解しておくことが重要である．d軌道について7章で述べたが，図21・12にもう一度示しておく．

結晶場理論 crystal field theory

■ 金属−配位子結合の本質はより完成された理論で扱われるが，結晶場理論から，錯体の色と磁気的性質を説明する有用なモデルが得られる．

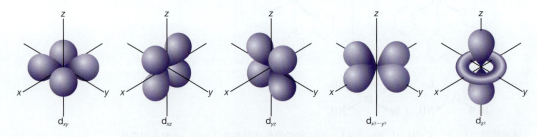

図 21・12　d副殻の五つの軌道の形状と方向性

■ d軌道の表示は量子力学での数学に由来する．

はじめに気がつくことは，四つのd軌道が同じ形をしているが，それらの方位が異なることである．その四つの軌道は，$d_{x^2-y^2}, d_{xy}, d_{xz}, d_{yz}$であり，それぞれ電子密度の四つのローブをもつ．$d_{z^2}$と名づけられた5番目の軌道は，z軸上に互いに反対を向いた二つのローブと，中心付近のxy面上にドーナツ状の小さなリング状の電子密度をもつ．

重要なのはd軌道のローブの向いている方位である．d_{xy}, d_{xz}, d_{yz}の三つはx, y, z軸の軸間の方向，他の二つ$d_{x^2-y^2}$とd_{z^2}はx, y, z軸に沿った方向を向いていることに注目してほしい．

いま，この直交座標系の上に正八面体形金属錯体を考えてみよう．図21・13に示すように配位子を各軸の上に置く．考察すべきことは，これらの配位子はどのようにd軌道のエネルギーに影響するかである．

孤立した原子やイオンでは，d副殻のすべてのd軌道は同じエネルギーをもつ．したがって，電子はどのd軌道を占めてもエネルギーは変わらない．しかし，正八面体形金属錯体では，もはやそれは正しくない．もし，電子が$d_{x^2-y^2}$やd_{z^2}にあると，d_{xy}, d_{xz}, d_{yz}にある場合よりも，電子は配位子の負電荷により近づくことを強いられる．

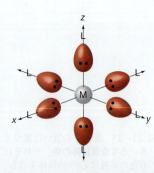

図 21・13　x, y, z軸上に配位子をもつ正八面体形金属錯体．点は配位子の非共有電子対を表す．それらは金属イオンを向いている．

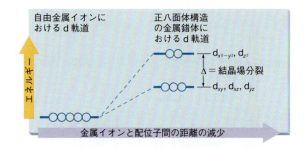

図 21・14 正八面体形金属錯体となったときの金属イオンの d 軌道のエネルギーの変化. 配位子が金属イオンに近づくと, d 軌道は二つのグループに分裂し, 二つの新しいエネルギー準位が生じる.

電子自体負電荷をもっているので, d_{xy}, d_{xz}, d_{yz} にあるときよりも, $d_{x^2-y^2}$ や d_{z^2} にあるときのほうが電子のポテンシャルエネルギーは高くなる. それゆえ, 金属錯体が形成されると, d 副殻は事実上, 図 21・14 に示すように二つのエネルギー準位に分裂する. ここで電子がどの軌道を占めようが, 配位子の負電荷と接近するため, 電子のエネルギーは上昇する. しかし, 配位子に直に向く軌道にある電子は, 配位子間の方位を向く軌道に入る場合よりも, 大きな静電反発を受け, より高いエネルギーをもつことになる.

正八面体形金属錯体における, この二つの d 軌道エネルギー準位間のエネルギー差を**結晶場分裂**とよぶ. その記号として Δ (デルタ) を用い, その大きさは以下の要因に従う.

結晶場分裂 crystal field splitting

- **配位子の性質**. ある配位子は他の配位子よりも大きなエネルギー分裂をひき起こす. たとえば, ある金属イオンに対し, シアン化物イオンは常に大きな Δ を, フッ化物イオンは常に小さな Δ をもたらす. これについてはのちほどさらに述べる.
- **金属イオンの酸化状態**. ある一定の金属イオンと配位子において, 金属イオンの酸化状態が大きくなると Δ も大きくなる. 金属イオンから電子が除かれると, 金属イオンの正電荷はより増大し, 金属イオンの大きさは小さくなる. これは配位子がより強く金属イオンに引きつけられ, その距離も縮まることを意味する. その結果, 配位子が x, y, z 軸方向の d 軌道とより近づき, より大きな静電反発が生じる. これが d 軌道エネルギー準位のより大きな分裂 Δ を生む.
- **周期表中の列**. 配位子, 酸化状態を一定のものに固定したとき, Δ は族の下方にいくに従い大きくなる. いいかえれば, 配位子, 酸化状態を一定のものに固定したとき, 第一遷移金属イオンの Δ は同じ族の下方の重い元素より小さい. Ni^{2+} と Pt^{2+} の同じ配位子からなる金属錯体においては, Pt^{2+} の金属錯体の Δ のほうが大きい. これは大きなイオンのほうが d 軌道が大きく, 配位子方向への張り出しも大きいことで説明される. このため配位子の軌道との重なりが大きくなり, 静電反発もより大きなものとなる.

Δ の大きさは, 金属イオンの酸化状態の安定性, 色, 磁気的性質を含めた金属錯体の性質を決めるうえで重要である. 以下にいくつかの例を示す.

酸化状態の安定性

クロムの陽イオンを比べると, Cr^{2+} は非常に容易に Cr^{3+} になりやすい. これは結晶場理論で説明できる. 水中では, 金属イオンは $[Cr(H_2O)_6]^{2+}$ や $[Cr(H_2O)_6]^{3+}$ の金属錯体として存在する. ここで d 軌道のエネルギー準位と, 電子の配置を考える (図 21・15).

図 21・15 $[Cr(H_2O)_6]^{2+}$ と $[Cr(H_2O)_6]^{3+}$ のエネルギー準位図. Cr^{3+} のイオン半径のほうが Cr^{2+} よりも小さく，配位子がより金属イオンに近く引き寄せられ，$d_{x^2-y^2}$ 軌道と d_{z^2} 軌道が受ける静電反発が大きいので，Δ の大きさは Cr^{3+} 錯体のほうが大きい．

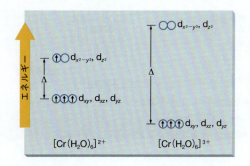

電気的に中性の Cr の電子配置は以下のとおりである．

$$Cr \quad [Ar]\,3d^5\,4s^1$$

ここから 2 個の電子を取去り Cr^{2+} とする．同様に 3 個の電子を取去り Cr^{3+} とすると以下のようになる．

$$Cr^{2+} \quad [Ar]\,3d^4$$
$$Cr^{3+} \quad [Ar]\,3d^3$$

次に，フントの規則に従って，d 軌道への配置を行うが，Cr^{2+} の場合はある選択を迫られる．二つのエネルギー準位のうちの低いほうにすべての電子を入れるべきか，あるいは二つの準位に分けて入れるべきか．エネルギー準位図によれば，4 番目の電子は，低いほうの準位にある電子とは対をつくらない．3 個の電子は下の準位に，4 番目の電子は上の準位に配置する．どうしてそうなるのかはあとで述べることにして，ここでは，なぜ Cr^{2+} が酸化されやすいかをこの二つのエネルギー準位図から説明してみよう．

Cr(Ⅱ) が Cr(Ⅲ) になりやすいことに関して実際には二つの要因がある．第一に，Cr^{2+} から Cr^{3+} になるときに取除かれる電子は高いほうのエネルギー準位のものである．すなわち，Cr^{2+} の酸化は高エネルギーの電子を取除く．第二の要因は，クロムの酸化状態が増加することによりひき起こされる効果である．すでに指摘したように，より高い酸化状態は Δ を増大させる．その結果，残された 3 個の電子のエネルギーはより低くなる．高エネルギーの電子が取除かれること，およびあとに残った電子のエネルギーの低下の両方が酸化を促すことになる．そのため，$[Cr(H_2O)_6]^{2+}$ は容易に $[Cr(H_2O)_6]^{3+}$ に酸化される．

金属錯体の色

原子，分子，イオンに光が吸収されると，光子のエネルギーは 1 個の電子をあるエネルギー準位から別の準位へ遷移させる．多くの物質，たとえば塩化ナトリウムでは，

図 21・16 $[Cr(H_2O)_6]^{3+}$ の光の吸収．(a) 基底状態の $[Cr(H_2O)_6]^{3+}$ における電子分布．(b) 光のエネルギーにより，電子が低エネルギーの d 軌道から高エネルギーの d 軌道に遷移する．

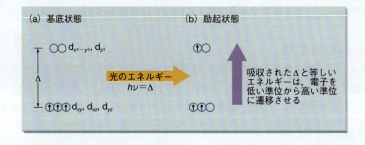

電子で占められたエネルギーの一番高い準位と，電子が占めていない一番低いエネルギー準位とのエネルギー差はきわめて大きいので，遷移に十分なエネルギーをもつ光子の波長は可視光の波長領域の域外にある．可視光により影響を受けない物質は白色である．

遷移金属錯体では，d 軌道のエネルギー準位間のエネルギー差はそれほど大きくない．そして，可視領域の波長をもつ光子は，d 軌道の組の低い準位から高い準位へと電子を励起することができる．これを $[Cr(H_2O)_6]^{3+}$ の場合について図 21・16 に示す．

白色光はすべての波長の光子とすべての可視領域の色を含む．ある錯体の溶液に白色光をあてると，吸収されなかったすべての色の光は透過する．どの色の光が吸収されるかわかっていれば，どんな色に見えるかを知るのは容易である．図 21・17 に示すようなカラーホイール（色相環）が必要なもののすべてである．カラーホイールで向かい合っているのが**補色**である．緑青色は赤色の，黄色は紫青色の補色である．白色光を当てたとき，物質がある色を吸収したとすると，反射あるいは透過した色が補色である．$[Cr(H_2O)_6]^{3+}$ の場合，電子が d 軌道の組から他の組へ励起されるときに吸収される光の波長は 575 nm で，それは黄色の光である．これが，この金属錯体の溶液が紫青色に見える理由である＊．物質に吸収される光の波長とその吸収量を測定する装置が分光光度計である．

エネルギーと光の振動数の関係から，化合物により吸収される光の色が Δ の大きさに依存することがわかる．Δ が大きくなるにつれ，光子はより高いエネルギーをもち，高い振動数をもたねばならない．ある一定の金属，一定の酸化状態に固定すると，Δ の大きさは配位子に依存する．非常に大きな結晶場分裂を生じさせる配位子もあれば，小さな結晶場分裂を生じさせる配位子もある．たとえば，アンモニアは水に比べ大きな分裂を生じさせる．それゆえ $[Cr(NH_3)_6]^{3+}$ は $[Cr(H_2O)_6]^{3+}$ よりもより高いエネルギー，高い振動数の光を吸収する．（$[Cr(NH_3)_6]^{3+}$ は青い光を吸収するので黄色に見える．）配位子を変えると Δ も変わるので，同じ金属イオンから広い範囲の色変化を示す一連の金属錯体をつくることができる．

ある金属イオンに対して，大きな結晶場分裂をひき起こす配位子は，他の金属イオンにおいても大きな Δ を与える．たとえば，シアン化物イオンはどんな金属イオンに対しても常に非常に大きな Δ をもたらす．アンモニアは，シアン化物イオンよりは弱いが水よりは強い配位子である．こうして，より大きな結晶場分裂をもたらす効果の順に配位子を並べることができる．この序列を**分光化学系列**という．よく使われる配位子について結晶場分裂が減少する順に並べた序列は以下のとおりである．

$$CN^- > NO_2^- > en > NH_3 > H_2O > C_2O_4^{2-} > OH^- > F^- > Cl^- > Br^- > I^-$$

これはある金属イオンに対し，シアン化物イオンは最も大きな Δ を，ヨウ化物イオンは最も小さな Δ を与えることを示している．

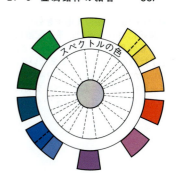

図 21・17　カラーホイール．互いに対面する色は補色といわれる．物質がある光を吸収すると，透過あるいは反射した光は，それと補色の関係にある色を呈する．それゆえ，ある物が赤色の光を吸収すると，その物は青緑色に見える．

■ $E = h\nu$ を思い出してほしい．吸収された光子のエネルギーにより，吸収された光の振動数と波長が決まる．

補色 complementary color

＊ 色の認識は，実際にはこれより少し複雑である．ヒトの目は光の波長に応じて感度が異なるからである．たとえば，目は赤色よりも緑色に敏感である．もし，ある物体がこれらの色を同じ強度で反射すると，目には赤色よりも緑色がよく見えるので，その物体は目には緑色っぽく映る．

分光化学系列 spectrochemical series

■ 配位子の序列は金属錯体が吸収する光の波長を測ることで決めることができる．

金属錯体の磁気的性質

Cr^{2+} 錯体における d 軌道への電子の分布の問題に話を戻す．この金属イオンには 4 個の d 電子がある．以前，この電子を配置するにあたり，4 番目の電子をどこに置くかという問題に直面した．3 個目までの電子については，そのような問題はなかった．それらについては，ただ低いエネルギー準位にある 3 個の d 軌道に，対をつくらずに 1 個ずつ割り当てればよかった．いいかえれば，7 章で学んだフントの規則に従う

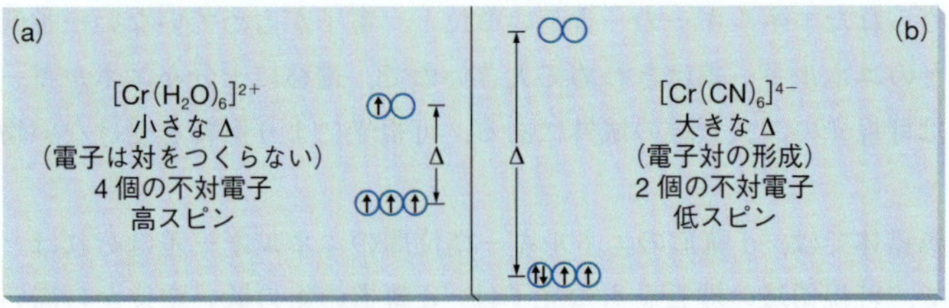

図 21・18 4個の d 電子をもつ金属錯体における Δ の d 電子配置に対する効果. (a) Δ が小さいとき,電子は対をつくらないままでいる. (b) Δ が大きいと,下位のエネルギー準位が 4 個の電子すべてを受入れ,うち 2 個の電子が対をつくる.

対形成エネルギー pairing energy, P

ということである. しかし, 4番目の電子については, 低いエネルギー準位にあり, すでに電子を1個もっている d 軌道の一つに置いて電子対をつくるか, 高いエネルギー準位にある d 軌道の一つに置くかの選択に迫られる. もし, 低いエネルギー準位にある d 軌道に電子を置くと, その電子には大きなエネルギー的安定を与えることができる. しかし, この安定の一部は, すでに 1 個電子が入った軌道にさらに電子を 1 個入れるときに必要になるエネルギーにより失われる. このエネルギーは**対形成エネルギー P** とよばれる. 一方, 高いエネルギー準位にある d 軌道に電子を入れると, 対形成エネルギーによる損失はないが, 高いエネルギーを電子に与えることになる. こうして, 4番目の電子については, "対形成のエネルギー" と "高いエネルギー軌道に配置するエネルギー" が相反するかたちで金属錯体のエネルギーに影響してくる.

4番目の電子が, 低いエネルギー準位にある d 軌道に入り電子対形成を行うか, 他の d 電子と同じスピンの向きで高いエネルギー準位にある d 軌道に入るかを決める重要な要素は Δ の大きさである. もし, Δ が電子対形成エネルギー P よりも大きければ, 4番目の電子は低いエネルギー準位にある一つの d 軌道に入り電子対形成を行うことで, より大きなエネルギーの安定化が達成できる. もし, Δ が P よりも小さければ, 電子はなるべく対をつくらずに分布したほうがよりエネルギーの安定化が得られる. $[Cr(H_2O)_6]^{2+}$ と $[Cr(CN)_6]^{4-}$ はこのような事情をよく反映している.

水は大きな Δ をつくらない配位子である. つまり $P > \Delta$ であるので, 電子の対形成を最小にしようとする. これが図 21・18(a) の $[Cr(H_2O)_6]^{2+}$ 錯体のエネルギー準位図の説明である. 一方, シアン化物イオンが配位子の場合は, 非常に大きな Δ となるので, 4番目の電子は d 軌道の低いほうの組の電子の 1 個と対をつくる. 図 21・18(b) はそれを示している. この二つの金属錯体の磁性を測ると, $[Cr(H_2O)_6]^{2+}$ には 4 個の, $[Cr(CN)_6]^{4-}$ には 2 個の不対電子があることを示すことができる.

高スピン錯体 high-spin complex
低スピン錯体 low-spin complex

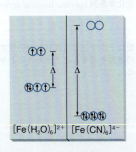

図 21・19 $[Fe(H_2O)_6]^{2+}$ と $[Fe(CN)_6]^{4-}$ における d 電子の配置. シアニド錯体の Δ は, アクア錯体の Δ よりも非常に大きい. そのため, $[Fe(CN)_6]^{4-}$ の下位の d 軌道のエネルギー準位に, 最大限の d 電子対が形成される.

Cr(II) の正八面体形金属錯体では, 不対電子の数について 2 通りの可能性があり, Δ の大きさにより, 2 個の場合と 4 個の場合があった. 不対電子の数が最大となる場合, その金属錯体は**高スピン錯体**, 最小の場合は**低スピン錯体**といわれる. 正八面体形金属錯体で高スピン錯体と低スピン錯体の両方がありうるのは, 金属イオンが d^4, d^5, d^6, d^7 の電子配置をもつ場合である. 例として, Fe^{2+} を含む金属錯体をみてみよう. Fe^{2+} の電子配置は以下のとおりである.

$$Fe^{2+} \quad [Ar]\, 3d^6$$

本節のはじめで, $[Fe(H_2O)_6]^{2+}$ は常磁性で 4 個の不対電子をもつと述べた. 一方, $[Fe(CN)_6]^{4-}$ は反磁性で, このことは不対電子をもっていないことを意味する. 図 21・19 よりこのことが理解できる. 水分子は配位子として小さな結晶場分裂を生じさせ, 対電子の数は最小となる. Fe^{2+} に 6 個の d 電子を配置させるとき, 高いエネルギー準位の d 軌道までそれぞれ 1 個の電子で埋めたあと, 残りの 1 個の電子は低いエネ

ルギー準位のd軌道の一つに対をつくって入れなければならない．その結果，4個の不対電子ができ，金属錯体は高スピン錯体となる．しかし，シアン化物イオンは大きな分裂をひき起こし，$\Delta > P$となる．この結果，低いエネルギー準位における対電子数は最大値となり，低スピン錯体となる．6個の電子は対をつくり三つのd軌道を完全に埋めるため，金属錯体は反磁性である．

他の構造における結晶場理論

結晶場理論は正八面体構造以外の構造へも展開できる．金属錯体の構造が変わることによりd軌道のエネルギーが影響を受け，分裂の様子は変わる．

平面四角形構造の錯体　平面四角形構造の錯体は，正八面体構造からz軸上の配位子を取去ることでつくることができる．そうすると，xy平面上にある配位子は，z軸上の配位子からの反発がなくなるので，金属イオンに少し近づくことができる．このような変化のd軌道のエネルギーに対する効果を図21・20に示す．z軸方向に張り出していたd軌道の反発は減少するのでd_{z^2}, d_{xz}, d_{yz}のエネルギー準位は下がる．同時に，xy平面にあるd軌道はより大きな静電反発を受けることになるので$d_{x^2-y^2}, d_{xy}$のエネルギー準位は上がる．

■ 図21・20において，d軌道のエネルギーが変化し，$d_{x^2-y^2}$軌道のエネルギーが上がったのと同じ分だけ，d_{z^2}軌道のエネルギーは下がる．同様に，d_{xy}軌道のエネルギーが上がった分の半分だけ，d_{xz}とd_{yz}軌道のエネルギーは下がる．もし，すべてのd軌道が満たされていると，この金属錯体の構造変化は，その金属錯体の全エネルギーには何の変化ももたらさない．

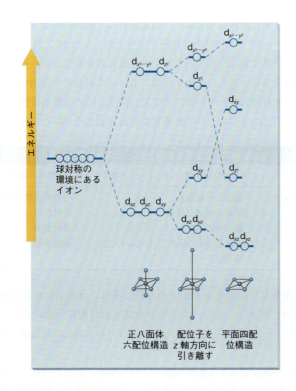

図21・20　いろいろな構造の金属錯体におけるd軌道のエネルギー．金属錯体の構造の変化に応じてd軌道の分裂パターンは変わる．

ニッケル(II)イオン(8個のd電子をもつ)はシアン化物イオンと金属錯体をつくり，その構造は平面四角形で反磁性である．この金属錯体ではシアン化物イオンによりつくられる強い結晶場がd_{xy}と$d_{x^2-y^2}$の間に大きなエネルギー差をつくる．その結果，反磁性となる．この金属錯体における，電子の配置を図21・21に示す．

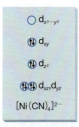

図21・21　反磁性の$[Ni(CN)_4]^{2-}$におけるd軌道への電子配置

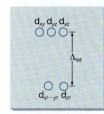

図 21・22 正四面体形金属錯体の d 軌道の分裂パターン。正四面体形金属錯体の結晶場分裂 Δ_{tet} は，正八面体六配位錯体の分裂 Δ_{oct} よりも小さい．

正四面体構造の金属錯体 図 21・22 に正四面体構造の金属錯体における d 軌道の分裂パターンを示す．この構造では，配位子は中心の金属イオンに軸の間から接近する．そのため，エネルギー準位の順序は正八面体形金属錯体のときの全く逆の順になる．さらに，結晶場分裂の大きさ Δ も正四面体構造の金属錯体のほうが正八面体形金属錯体よりもかなり小さくなる．同じ金属イオン，同じ配位子ならば $\Delta_{tet} \approx 4/9\, \Delta_{oct}$ である．この小さな Δ は常に電子対形成エネルギーよりも小さい．そのため，正四面体構造の錯体はほとんどの場合，高スピン錯体である．

> **練習問題 21・7** Co(III)の正八面体形金属錯体は低スピン錯体にも高スピン錯体にもなりうる．低スピン錯体および高スピン錯体の d 軌道の電子配置も含めたエネルギー準位図を書け．それぞれの錯体において不対電子はいくつあるか．それらは反磁性か，理由とともに答えよ．

21・6 金属イオンの生化学的機能

私たちの体内のほとんどの化合物は，主要元素として炭素をもとに成り立っている．そしてたいがいの場合，それらの機能は炭素－炭素，炭素－水素，炭素－酸素，炭素－窒素結合の切断と形成はもとより，炭素を含んだ化合物により規定される幾何構造と関連している．22 章で生化学に関係する分子のいくつかについて説明する．

私たちの体は生きていくうえでいくらかの金属元素を必要とし，それらの元素なしでは生命を維持できない．このため生体系における金属元素の役割を研究することは生化学の重要な一分野になっている．そして，毎年，この分野の研究論文が数多く発表されている．表 21・3 にいくつかの重要な金属元素とそのはたらきをまとめる．

表 21・3 生物学的に重要な金属元素と人体中でのそれらのはたらき

金属	人体中でのはたらき	金属	人体中でのはたらき
Na, Ca	血圧と血液凝固	K	胃の酸性度の保持
Fe	酸素の輸送と貯蔵	Fe, Cu	呼吸作用
Ca	歯，骨の形成	Cu	骨の健康
Zn	血液の pH の制御	Ca, Fe, Co	細胞分裂
Ca, Mg	筋収縮		

ナトリウムやカリウムなどいくつかの金属元素は，体液中に単に水和した単原子イオンとして存在する．しかし，大部分の金属元素は配位子と結合し，金属錯体の一部分としてはたらいている．例として，鉄とコバルトの二つの元素についてみていく．

鉄は，私たちの体が要求する必須元素の一つである．私たちは鉄をいろいろな形で摂取している．鉄は血液中での酸素の運搬および筋肉組織での酸素の保持にかかわっている．それゆえ，酸素を必要時に使うことができる．鉄は Fe^{2+} の形で，基本的に欄外の構造で示される配位子に保持されている．金属イオンに結合する窒素原子が平面四角形に配置されたこの配位子の構造はポルフィリン構造とよばれている．これはヘムとよばれる生物学的に活性な構造中にある配位子の構造である．ヘムは筋肉の組織中にあるミオグロビンや血液タンパクヘモグロビンにおける酸素担体である．

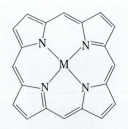

■ ポルフィリン構造はクロロフィルにもある．そこでは中心にいるのは Mg^{2+} である．クロロフィルは太陽光（太陽エネルギー）を吸収し，そのエネルギーを植物により二酸化炭素と水をグルコースと酸素に変えるのに利用される．

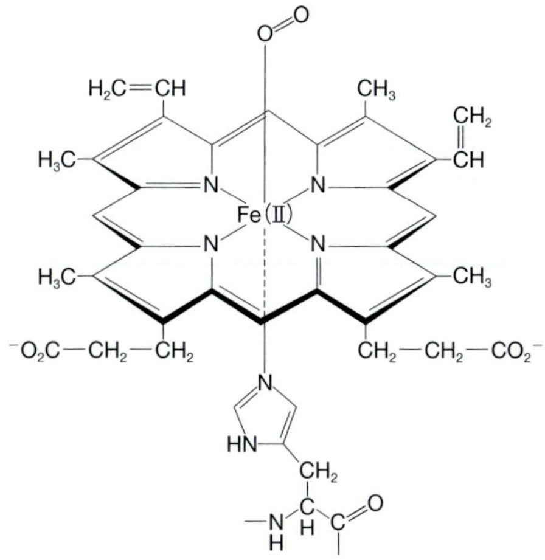

21・6 金属イオンの生化学的機能　671

図 21・23　ヘムにおける酸素と結合した鉄(II). ヘム中のポルフィリン環配位子は O_2 と結合した Fe^{2+} をとりまいている. この酸素が結合した Fe^{2+} は正八面体配位構造をとっている.

　肺において, O_2 分子は血液に吸収されヘモグロビンのヘム構造内の Fe^{2+} に結合する (図 21・23). O_2 は血液循環により必要とされる組織へと運ばれ, 必要なときに Fe^{2+} より解放される. この過程でポルフィリン配位子の重要な機能の一つは Fe^{2+} が O_2 で酸化されることを防いでいることである. 実際, 鉄イオンが Fe^{3+} に酸化されると, もはや O_2 を運ぶことができなくなる. 筋肉組織において, ミオグロビンタンパク質内のヘム構造はヘモグロビンから O_2 を奪い, 必要とされるまで O_2 を保持する. このように, 筋肉組織は O_2 をたくわえ, そして激しい運動のさいに多量の O_2 が利用できるようにしている.

　ヘム構造はシトクロムとよばれるタンパク質中にも存在する. そこでは, 鉄は+2と+3の酸化状態を利用した電子伝達反応に関与している.

　ヘムに似た構造体がビタミン B_{12} (シアノコバラミン, 図 21・24) にも存在する. そこでは, Co^{2+} がコリンリングとよばれるヘムとは少し異なる平面正方形の配位子に捕えられている. ビタミン B_{12} は私たちには必須のもので, 不足すると悪性貧血になる.

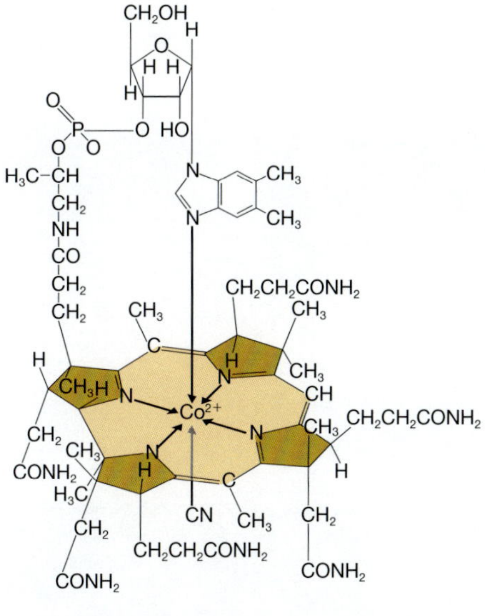

■ ヘモグロビン内の鉄元素は CO_2 とも結合し, 肺に運び, 息として吐き出させる.

■ 遷移金属が異なる酸化状態で存在できることは, 生体系に使われる理由の一つである. それらは容易に酸化還元反応の一部になることができる. 銅(I)と銅(II)イオンは, 生化学的酸化還元反応を触媒する対の他の例である.

図 21・24　ビタミン B_{12} (シアノコバラミン)の構造. 配位子の一部となっている窒素による平面四配位構造の中心に位置するコバルトに注目してほしい. 全体では, そのコバルトは6個の電子対供与原子に囲まれている.

672   21. 金属錯体

　ここでは，数例の生体中で金属元素が行っている重要な役割を示した．その役割は，22章で述べる炭素を主とする化合物ではなしえないものである．

練習問題 21・8　ヘモグロビンにおいて鉄イオンは八面体形構造の中心に位置している．そのときの配位子は何か.

22 有機化合物, ポリマー, 生体物質

§8・9において，私たちが毎日接する物質の多くは，共有結合によって互いに結合した炭素原子を骨格とする分子構造をもつことを述べた．それらの物質には炭化水素，アルコール，アセトンなどのケトン，およびカルボン酸のような物質が含まれる．これらの化合物の種類は膨大であり，その研究は有機化学とよばれる化学の一分野を構成している．有機化学（organic chemistry）という名称は，かつてこのような物質は，生命体（organism）のみから合成されると信じられていたことに由来する．分子の視点からみると，自然は生命の構成に炭素の化合物を用いている．生命系の驚くべき多様性はそれぞれの分子の特異性によるものであるが，それはおもに炭素原子がもつ性質によって可能になったものである．本章では，有機化学の基礎を解説する．

石油精製所．原油に含まれる分子を，さまざまな用途に用いられる有機分子へと変換している

学習目標

- 官能基を強調させた有機化合物の構造式の表記
- アルカン，アルケン，アルキン，および芳香族炭化水素の命名法とおもな反応の説明
- 一般的なアルコール，エーテル，アルデヒド，ケトン，カルボン酸，およびエステルの名前と典型的な反応の説明
- アミンとアミドの名前と典型的な反応の説明
- 有機ポリマーの構造，合成法，および性質の説明
- 一般的な炭水化物，脂質，タンパク質の名前およびそれらの性質の説明
- DNAとRNAの構造に基づく，遺伝情報の伝達とタンパク質の合成過程の説明

22・1 有機化合物の構造と官能基
22・2 炭化水素：構造，命名法，反応性
22・3 酸素を含む有機化合物
22・4 アンモニアの誘導体
22・5 有機ポリマー
22・6 炭水化物，脂質，タンパク質
22・7 核酸：DNAとRNA

22・1　有機化合物の構造と官能基

有機化学は，無機化合物には分類されない炭素化合物の合成，性質，および反応を研究する学問分野である．炭素の酸化物，金属イオンの炭酸水素塩と炭酸塩，および金属シアン化物とそのほか少数の化合物は無機化合物に含まれる．数千万種類の炭素化合物が知られており，ごく少数を除いてそれらはすべて有機化合物に分類される．

有機化学 organic chemistry

元素としての炭素の特異性

これほど多くの有機化合物の存在が可能であるのは，炭素原子が互いに強い共有結合を形成し，同時に他の非金属原子とも強い結合を形成できるためである．たとえば，

■ 硫黄原子もまた長鎖を形成する．しかし，それらは他のいずれの元素の原子とも，強い結合を同時に形成することができない．

ポリ塩化ビニル（一つの分子の一部を示している）

プラスチックの一種であるポリ塩化ビニル分子は，何千個という炭素原子が連結した炭素鎖をもち，炭素原子に水素原子と塩素原子が結合した構造をもっている．炭素以外の14族元素では，それぞれ水素原子が結合した原子鎖のこれまでに知られている最長の数は，ケイ素では8個，ゲルマニウムでは5個，スズでは2個，鉛では1個である．

きわめて多数の有機化合物が存在するもう一つの理由は異性である．これについては，すでに§8・9で簡単に述べた．（金属錯体の異性については21章で述べた．）異性体は同一の分子式をもち，分子の構造が異なる化合物である．以下に述べるように，異性体には多くの異なる種類がある．C_4H_{10} と C_2H_6O について，それぞれ2種類の異性体を図22・1に示す．

■ ブタンの異性体については§8・9でも述べた．

図 22・1 異性体．(a) C_4H_{10} の異性体．左はブタン，右はメチルプロパン（イソブタン）である．(b) C_2H_6O の異性体．左はジメチルエーテル，右はエタノールである．

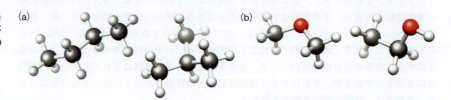

■ VSEPR理論によって，図22・1に示された炭素原子は正四面体構造であることを予測することができる．

図22・1に示した化合物の構造式は，いくつかの異なる様式で書くことができる．完全なルイス構造を書くときには，原子間のすべての結合を示す．

$$
\begin{array}{cccc}
\text{ブタン} & \text{2-メチルプロパン} & \text{ジメチルエーテル} & \text{エタノール} \\
\text{沸点 }-0.5\,^\circ\text{C} & \text{（イソブタン）} & \text{沸点 }-23\,^\circ\text{C} & \text{沸点 }78.5\,^\circ\text{C} \\
& \text{沸点 }-11.7\,^\circ\text{C} & &
\end{array}
$$

それぞれの異性体は異なる沸点をもつことに注意してほしい．8章で述べたように，異性体は異なる化学物質であり，それぞれ固有の性質をもっている．

構造式を書くときの場所と時間を節約するために，以下に示すような**簡略式**を用いることができる．この構造式ではC-H，C-C，およびC-O結合は"了解されている"ものとして省略される．これが可能であるのは，ほとんどすべての有機化合物において，炭素は四つの結合を形成し，窒素は三つ，酸素は二つ，水素は一つの結合を形成するためである．

簡略式 condensed formula

$$
\begin{array}{cccc}
& \text{CH}_3 & & \\
\text{CH}_3\text{CH}_2\text{CH}_2\text{CH}_3 & \text{CH}_3\text{CHCH}_3 & \text{CH}_3\text{OCH}_3 & \text{CH}_3\text{CH}_2\text{OH} \\
\text{ブタン} & \text{2-メチルプロパン} & \text{ジメチルエーテル} & \text{エタノール} \\
& \text{（イソブタン）} & &
\end{array}
$$

簡略式と完全なルイス構造を比べてみよう．また，2-メチルプロパンについて以下に示すように，簡略式にはいくつかの書き方があることにも注意する．

$$
\begin{array}{ccc}
\text{CH}_3 & & \\
\text{CH}_3\text{CHCH}_3 \quad \text{または} & \text{CH}_3\text{CH(CH}_3\text{)CH}_3 \quad \text{または} & (\text{CH}_3)_3\text{CH}
\end{array}
$$

本章では，しばしば簡略式を用いることになる．簡略式を書くときには，それぞれの炭素原子には，結合の総数が4になるだけの十分な数の水素が結合していることを確認しなければならない．

21章では，ある異性体のキラルな性質について述べた．四つの異なる原子，あるいは原子団に結合した炭素原子を**不斉炭素原子**という．有機化合物が不斉炭素原子をもつとき，その化合物は**キラリティー**を示す．次に示したブタン-2-オール（2-ブタノール）は不斉炭素原子をもつ化合物の例である．不斉炭素原子は赤で示されており，H, OH, CH$_3$, および CH$_2$CH$_3$ と結合している．

$$\begin{array}{c}\text{OH}\\|\\\text{CH}_3\text{CHCH}_2\text{CH}_3\end{array}$$
ブタン-2-オール
（2-ブタノール）

■ 炭素原子数の大きな化合物では多数の異性体が可能であるが，そのうち実際に合成されているものは少ない．しかし，それらのいくつかの分子に非常に大きな立体障害が予想されることを除けば，それらの存在を妨げるものはない．

不斉炭素原子 asymmetric carbon atom

キラリティー chirality

図22・2に示すように，この化合物はそれ自身の鏡像と重ね合わせることができない．これら二つの異性体をエナンチオマー（鏡像異性体）という．エナンチオマーは**光学異性体**ともよばれ，**立体異性体**の一種である．欄外の表に示したように，分子に含まれる炭素原子数が増大するとともに，与えられた分子式をもつ異性体の数は膨大になる．

光学異性体 optical isomer

立体異性体 stereoisomer

分子式	異性体数
C$_8$H$_{18}$	18
C$_{10}$H$_{22}$	75
C$_{20}$H$_{42}$	366,319
C$_{40}$H$_{82}$	6.25×10^{13}（推定）

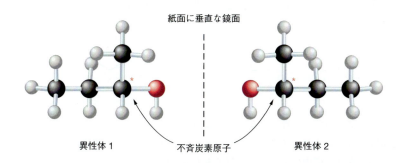

図22・2 2-ブタノールのエナンチオマー．異性体2は異性体1の鏡像である．異性体1をどのように回転させても，また裏返しにしても，異性体2と完全に一致させることはできない．これは二つの異性体は，互いに重ね合わせることのできない鏡像の関係にあることを意味している．

直鎖化合物と環式化合物

本節の最初に示したポリ塩化ビニルにみられるような炭素原子が連続した構造を，**直鎖構造**という．これはどの炭素原子も2個の炭素原子と結合していることを意味しているだけであり，その分子の形状を表しているわけではない．ポリ塩化ビニルの分子模型をつくったとき，それがらせん状の構造をもっていたとしても，その分子の炭素骨格は直鎖構造であるという．それは側鎖をもっていない．

ふつうにみられる炭素骨格は枝分かれのある構造であり，これを**分枝構造**という．例として，ガソリンのオクタン価の基準となるイソオクタンの構造を以下に示す．イソオクタンは5個の炭素原子からなる主鎖（黒で示す）と三つのメチル基の側鎖（赤で示す）をもっている．

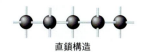

直鎖構造

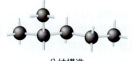

分枝構造

直鎖構造 straight chain

分枝構造 branched chain

$$\begin{array}{c}\quad\;\text{CH}_3\;\;\text{CH}_3\\\quad\;|\quad\;|\\\text{CH}_3\text{CHCH}_2\text{CHCH}_3\\\quad\;|\\\quad\;\text{CH}_3\qquad\text{イソオクタン}\end{array}$$

■ イソオクタンは，ガソリンに含まれるアルカンの一つで，さまざまなガソリンのオクタン価を決める基準となる物質であり，純粋なイソオクタンのオクタン価が100と定義される．

環状構造をもつ有機化合物も多い．たとえば，シクロヘキサンは6個の炭素原子からなる環をもっている．

環状構造 carbon ring

676　22. 有機化合物，ポリマー，生体物質

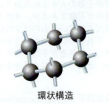
環状構造

シクロヘキサン　　　シクロヘキサン
　　　　　　　　　（簡略式による表記）

シクロヘキサンの表記には，簡略式がしばしば用いられる．簡略式として六角形のような多角形を用いて環を表記するさいには，以下のような規則に従う．

> **多角形を用いて環を表記する規則**
> 1. 多角形の頂点にOやN，あるいは単結合を形成できる他の原子が書かれていなければ，その頂点にはCがある．
> 2. 二つの頂点を結ぶ線は，隣接する環原子間の共有結合（単結合）を表す．
> 3. 頂点にある炭素は，総数で四つの結合をもつように，残りの結合は水素原子と結合していると解釈される．
> 4. 二重結合はいつも明確に表記される．

次の環状化合物は，これらの規則によって表記されている．

シクロ　　シクロ　　シクロ　　シクロ　　シクロ　　ブロモシクロ
プロパン　ブタン　　ペンタン　ヘキサン　ヘキセン　ヘキサン

シクロヘキサン

複素環 heterocyclic ring，ヘテロ環ともいう．

環の大きさについては，理論的な上限はない．
　複素環をもつ化合物も多い．これらの分子はピロール，ピペリジン，テトラヒドロピランのように，環内に炭素以外の原子をもっている．

　　ピロール　　ピペリジン　　テトラヒドロピラン

炭素以外の原子をヘテロ原子という．ヘテロ原子に結合している水素や他の元素の原子は"省略せずに"いつも表記される．
　環に対する表記法と類似の表記法が，しばしば直鎖状分子に対しても用いられる．たとえば，ペンタンの構造式は次のように表記されることがある．

$CH_3-CH_2-CH_2-CH_2-CH_3$
ペンタン

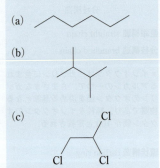

練習問題 22・1　次の(a)〜(c)の有機化合物について，それぞれ分子式と簡略式を示せ．

(a)
(b)
(c)

右の表記法では，炭素原子をつなぐ四つの結合は4本のつながった線分によって表されている．それぞれの線分の末端には，線分がつながった部分を含めて炭素原子が存在しており，それぞれの炭素原子には，もつべき四つの結合を説明できるだけの十分な数の水素原子が結合している．また，この構造の中に，ある原子が明示されている場合には，明示されている原子によって，その位置にある炭素原子が置き換えられる．

22・1 有機化合物の構造と官能基　　677

有機化合物の分類と官能基

　有機化合物の数は膨大であるが，その学習は比較的容易である．これは，有機化合物は官能基によっていくつかの群に分類できるためである．いくつかの官能基については，§8・9ですでに述べた．より完全な官能基の表を表22・1に示す．

表 22・1　有機化合物のいくつかの重要な群			
群	**例**	**群**	**例**
C と H が構成原子（炭化水素族）		カルボン酸 $\underset{RCOH}{\overset{O}{\parallel}}$	$\underset{CH_3COH}{\overset{O}{\parallel}}$
炭化水素　アルカン：単結合のみ	$H_3C\!-\!CH_3$		
アルケン	$H_2C\!=\!CH_2$	エステル $\underset{RCOR'}{\overset{O}{\parallel}}$	$\underset{CH_3COCH_3}{\overset{O}{\parallel}}$
アルキン	$HC\!\equiv\!CH$		
芳香族化合物：ベンゼン環	⬡	**C, H, N が構成原子**	
		アミン　　RNH_2	CH_3NH_2
C, H, O が構成原子		$RNHR'$	CH_3NHCH_3
アルコール　ROH	CH_3CH_3OH	$RNR'R''$	$\underset{CH_3NCH_3}{\overset{CH_3}{\mid}}$
エーテル　　ROR'	CH_3OCH_3		
アルデヒド　$\underset{RCH}{\overset{O}{\parallel}}$	$\underset{CH_3CH}{\overset{O}{\parallel}}$	**C, H, O, N が構成原子**	
ケトン　　　$\underset{RCR'}{\overset{O}{\parallel}}$	$\underset{CH_3CCH_3}{\overset{O}{\parallel}}$	アミド（ペプチドなど）　$\underset{RC-NR'(H)}{\overset{O\quad R''(H)}{\parallel}}$	

　官能基は分子に含まれる小さな構造単位であり，その化合物の化学反応のほとんどは官能基で起こる．たとえば，すべてのアルコールはヒドロキシ基をもち，それによってすべてのアルコールに共通の化学的性質が与えられる．最も簡単なアルコールであるメタノール（メチルアルコール）は，ただ1個の炭素原子をもつ分子である．エタノール分子は2個の炭素原子をもつ．同様に，すべてのカルボン酸（**有機酸**）はカルボキシ基をもっている．1分子に2個の炭素原子をもつカルボン酸はふつう酢酸（エタン酸）とよばれ，私たちにとってなじみ深い弱酸である．

有機酸 organic acid

■8章で学んだように，有機酸はカルボキシ基をもつことを思い出そう．

　表22・1に示した有機化合物の群の一つであるアルカンは，ただ C−C 単結合と C−H 結合だけから構成され，官能基をもたない．C と H の電気陰性度は類似しているので，これらの結合は実質的に極性をもたない．したがって，アルカン分子はすべての有機分子のうちで，イオンや極性分子を引きつける性質が最も弱い．このためアルカンは少なくとも室温では，強酸や強塩基のような極性の，すなわちイオン的な反応剤や，二クロム酸塩や過マンガン酸塩などの一般的な酸化剤とは反応しない．

構造式における記号 R の意味　　表8・4や表22・1では，**官能基を記号 R に結合させ**て示した．化学では構造式において，純粋なアルカンに似た炭化水素基を示すため

官能基 functional group

アミン amine

に記号Rを用いる．その部分は官能基と反応する物質に対して不活性である．たとえば，**アミン**の一つの型は化学式 R—NH$_2$ で表記され，ここで R は CH$_3$, CH$_3$CH$_2$, CH$_3$CH$_2$CH$_2$ などを表す．アミンはアンモニアに似た官能基をもつ化合物であるから，弱いブレンステッド塩基であり，アンモニアのようにオキソニウムイオン H$_3$O$^+$ と反応する．したがって，R—NH$_2$ で表されるすべてのアミンと強酸との反応は，分子の炭化水素部分の大きさにかかわらず，次のようなただ一つの反応式で要約することができる．

$$R-NH_2 + H_3O^+ \longrightarrow R-NH_3^+ + H_2O$$

22・2 炭化水素：構造，命名法，反応性

炭化水素 hydrocarbon

炭化水素は，その分子が C 原子と H 原子だけから構成されている化合物である．これらの物質は実質的にすべて石炭，石油，天然ガスのような化石燃料から供給されている．石油精製における操作の一つは，原油（天然ガスを取除いた石油）を沸騰させ，あらかじめ設定された温度範囲で蒸気を選択的に凝縮させることである．たとえば，ガソリンはおよそ 40～200 °C の間で沸騰する部分であり，5～12 個の炭素原子をもつ炭化水素分子からなっている．また，ケロシン（灯油）やジェット燃料となる部分はもっと多くの炭素原子をもつ分子を含んでおり，その沸点の範囲は 175～325 °C に及んでいる．

炭化水素は四つの種類，すなわちアルカン，アルケン，アルキン，および芳香族炭化水素に分類される（表 22・1 参照）．これらはすべて水に不溶性であり，また十分な酸素が供給されれば燃焼して二酸化炭素と水が生成する．

アルカン alkane

すでに述べたように，**アルカン**は単結合だけで他の原子と結合している炭素原子から構成されている．アルカンのすべての炭素原子は，sp^3 混成軌道を用いてその結合形成を記述することができ，それぞれの炭素のまわりの原子配置は正四面体構造である．鎖式アルカンは，一般式 C$_n$H$_{2n+2}$ で表される．

アルケン alkene
アルキン alkyne

アルケンは図 9・32 に示したように，一つあるいは複数の炭素—炭素二重結合をもつ炭化水素である．**アルキン**は図 9・35 に示したように，一つあるいは複数の炭素—炭素三重結合をもつ炭化水素である．アルケンとアルキンは，適切な条件下で水素原子をつけ加えてアルカンにできることから，**不飽和化合物**とよばれる．これらの反応についてはあとに述べる．アルカンは単結合だけから形成され，さらに水素原子をつけ加えることができないので**飽和化合物**である．

不飽和化合物 unsaturated compound

飽和化合物 saturated compound

■ アルカンを飽和化合物というのは，ちょうど飽和溶液にはそれが保持できるだけの溶質が含まれることと同様に，その炭素原子が保持できるだけの数の水素原子をもつという意味である．

ベンゼンに代表される**芳香族炭化水素**も，それらを単純なルイス構造で表すと，環を構成する炭素原子は二重結合をもっているので，不飽和化合物である．

芳香族炭化水素 aromatic hydrocarbon

ルイス構造
（二つの共鳴構造のうちの一つ）

電子の非局在化を
強調した構造式

芳香族化合物は，環状 π 電子系の非局在化がもたらす性質により，その化学反応性においてアルケンやアルキンとは著しく異なったふるまいを示す．これについてはあとで説明する．

22・2 炭化水素：構造，命名法，反応性　679

アルカンの IUPAC 命名法

　有機化合物は **IUPAC 命名法**により，規則的な形式に従って命名される．IUPAC 名の語尾は，その化合物の群を示す．たとえば，すべての炭化水素の名前は，接尾語に "アン-ane" をもつ．それぞれの群について，ある特定の分子に対して母体となる炭素鎖，あるいは環を定め，それを命名するための規則がある．そしてその分子は，その母体となる炭素鎖あるいは環に，さまざまな置換基をもっているとみなして命名される．これらの規則によって，アルカンがどのように命名されるかをみてみよう．

IUPAC 命名法 IUPAC rule

■ これまでの説明では，有機化合物に対する公式の IUPAC 名と慣用名の両方を示した．

1. すべてのアルカン（およびシクロアルカン）の名前の接尾語は "アン-ane" となる．
2. 母体となる炭素鎖は，その構造式で最長の炭素鎖とする．たとえば，次のような分枝構造をもつアルカンは，

$$CH_3CH_2CHCH_2CH_2CH_3$$
（上に CH_3）

次式のような炭化水素を母体構造として，

$$CH_3CH_2CH_2CH_2CH_2CH_3$$

左から 3 番目の炭素原子上の水素原子を CH_3 で置き換えることによって "つくられている" とみなす．

$$CH_3CH_2CHCH_2CH_2CH_3 \longrightarrow CH_3CH_2CHCH_2CH_2CH_3$$

3. 母体となる炭素鎖の炭素原子数を特定するために，接尾語の "アン-ane" に適切な接頭語をつける．炭素数が 10 個までの鎖長に対する接頭語を以下に示す．

メタ	meth-	1 C	ペンタ	pent-	5 C	ノナ	non-	9 C
エタ	eth-	2 C	ヘキサ	hex-	6 C	デカ	dec-	10 C
プロパ	prop-	3 C	ヘプタ	hept-	7 C			
ブタ	but-	4 C	オクタ	oct-	8 C			

また，これらを用いたアルカンの名前を表 22・2 に示す．

表 22・2　直鎖アルカン

IUPAC 名	分子式	構造	沸点(℃)	融点(℃)	密度 $(g\,mL^{-1}, 20\,℃)$
メタン	CH_4	CH_4	−161.5	−182.5	
エタン	C_2H_6	CH_3CH_3	−88.6	−183.3	
プロパン	C_3H_8	$CH_3CH_2CH_3$	−42.1	−189.7	
ブタン	C_4H_{10}	$CH_3(CH_2)_2CH_3$	−0.5	−138.4	
ペンタン	C_5H_{12}	$CH_3(CH_2)_3CH_3$	36.1	−129.7	0.626
ヘキサン	C_6H_{14}	$CH_3(CH_2)_4CH_3$	68.7	−95.3	0.659
ヘプタン	C_7H_{16}	$CH_3(CH_2)_5CH_3$	98.4	−90.6	0.684
オクタン	C_8H_{18}	$CH_3(CH_2)_6CH_3$	125.7	−56.8	0.703
ノナン	C_9H_{20}	$CH_3(CH_2)_7CH_3$	150.8	−53.5	0.718
デカン	$C_{10}H_{22}$	$CH_3(CH_2)_8CH_3$	174.1	−29.7	0.730

上述のアルカンの例では母体となる炭素鎖は6個の炭素原子をもつから，母体構造は"ヘキサン hexane"と命名される．ここで"ヘキサ hex-"は炭素原子数が6であることを示し，"アン-ane"はこの化合物の群がアルカンであることを表している．したがって，ここで命名しようとしているアルカンは，この母体構造ヘキサンの誘導体とみなされる．

4. 母体となる炭素鎖の炭素原子に，炭素鎖の末端から順に番号をつける．このとき，二つの末端のうち最初の側鎖の位置により小さい番号がつくほうを1とする．こうして，上述の例における正しい番号のつけ方は，左から右であって，右から左ではない．なぜなら，左から右に番号をつけると側鎖 CH$_3$ の位置が3位となるが，右から左につけると4位となるからである．

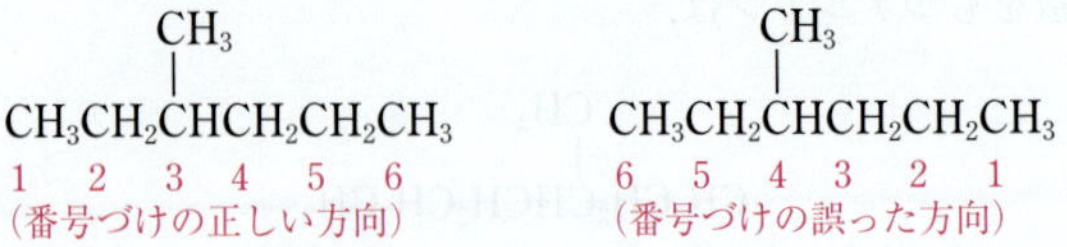

$$\underset{\underset{\text{(番号づけの正しい方向)}}{1\ 2\ 3\ 4\ 5\ 6}}{CH_3CH_2\underset{\underset{CH_3}{|}}{C}HCH_2CH_2CH_3} \qquad \underset{\underset{\text{(番号づけの誤った方向)}}{6\ 5\ 4\ 3\ 2\ 1}}{CH_3CH_2\underset{\underset{CH_3}{|}}{C}HCH_2CH_2CH_3}$$

5. 母体となる炭素鎖に結合したそれぞれの側鎖を命名する．したがって，ここで，アルカンに由来するいくつかの側鎖の名前を学ばなければならない．

アルキル基

炭素と水素だけから構成され，単結合だけをもつ側鎖を**アルキル基**という．すべてのアルキル基の名前には，語尾に"イル-yl"がつく．アルキル基は，水素原子を1個取除いたアルカンと考えてよい．たとえば，メタンおよびエタンから水素原子を1個取除くと，それぞれ**メチル基**，**エチル基**が得られる．

アルキル基 alkyl group
メチル基 methyl group
エチル基 ethyl group

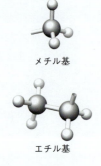

メチル基

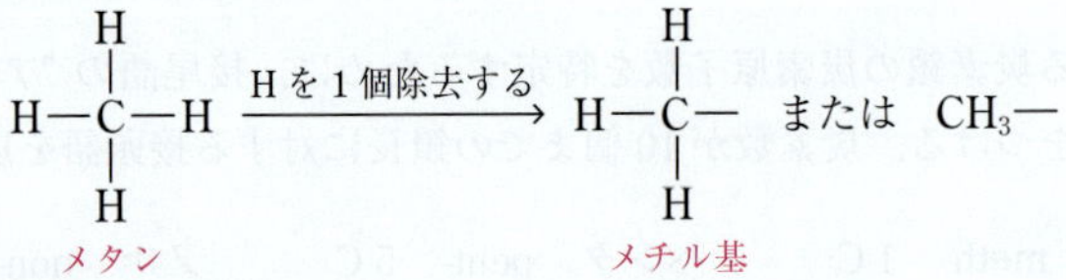

エチル基

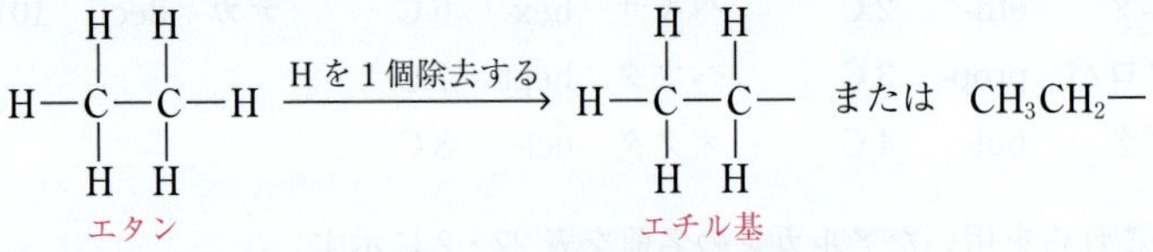

プロピル基 propyl group
イソプロピル基 isopropyl group

プロパンでは3個の炭素原子からなる炭素鎖の中央の位置は，いずれの末端とも等価ではない．したがって，プロパンからは，**プロピル基**と1-メチルエチル基（慣用名**イソプロピル基**）という二つのアルキル基が得られる．

プロピル基

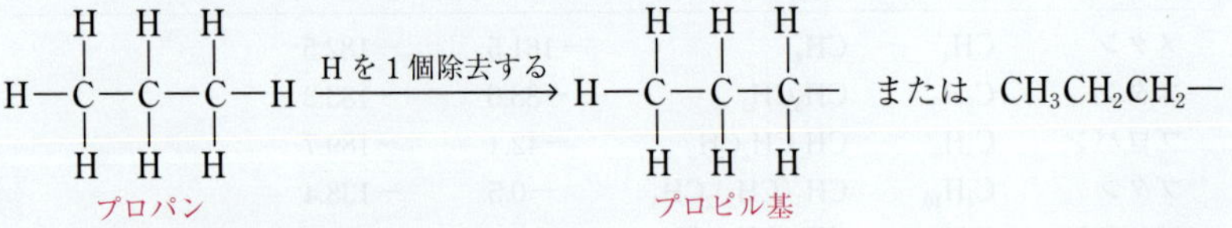

1-メチルエチル基
（イソプロピル基）

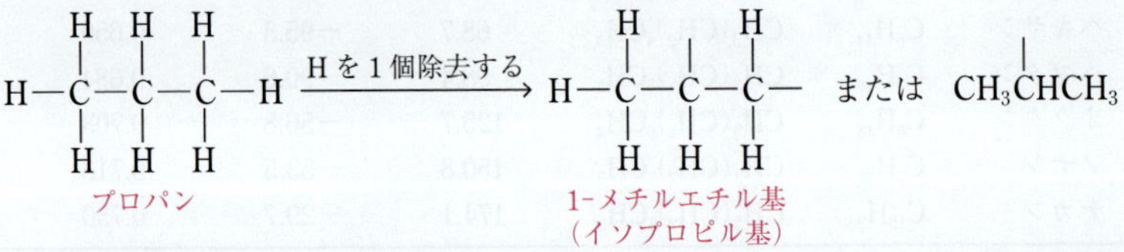

22・2 炭化水素：構造，命名法，反応性 681

4個以上の炭素原子をもつアルキル基の IUPAC 名を知る必要はないだろう．さて
IUPAC 命名法の説明を続けよう．

6. 母体となる炭素鎖の名前に，それぞれのアルキル基の名前を接頭語としてつけ
る．そのさいに，炭素鎖における位置番号を前につけ，番号と名前をハイフン
でつなぐ．こうして，上述の例は 3-メチルヘキサンと命名される．

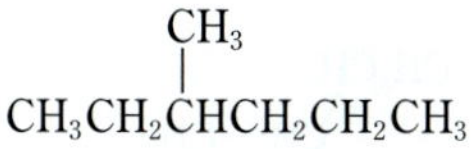

$$CH_3$$
$$|$$
$$CH_3CH_2CHCH_2CH_2CH_3$$

7. 母体となる炭素鎖に二つ以上のアルキル基が結合しているときは，それぞれを
命名し位置番号をつける．アルキル基の名前はアルファベット順に並べる．番
号と名前をつなぐときにはハイフンを用いる．例として次の分子を示す．

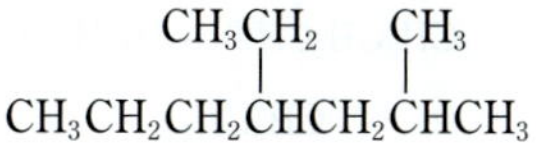

$$CH_3CH_2 \quad CH_3$$
$$| \qquad |$$
$$CH_3CH_2CH_2CHCH_2CHCH_3$$
7　6　5　4　3　2　1
4-エチル-2-メチルヘプタン

8. 二つ以上の同一のアルキル基をもつときには，倍数を表す接頭語を用いる．す
なわち，2 に対しては "ジ di-"，3 に対しては "トリ tri-"，4 に対しては "テトラ
tetra-" などである．それぞれのアルキル基の位置番号は，最終的な名前につけ
なければならない．数字と別の数字を分けるときにはカンマを用いる．

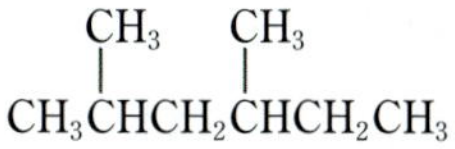

$$CH_3 \quad CH_3$$
$$| \qquad |$$
$$CH_3CHCH_2CHCH_2CH_3$$

正しい名前：2,4-ジメチルヘキサン
誤った名前：2,4-メチルヘキサン
3,5-ジメチルヘキサン
2-メチル-4-メチルヘキサン
2-4-ジメチルヘキサン

9. 同じ炭素原子に同一のアルキル基が結合している場合は，名前においてその位
置番号を繰返す．

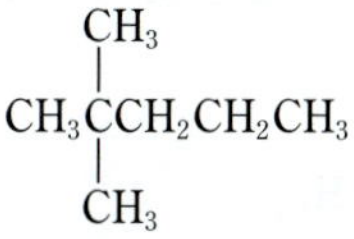

$$CH_3$$
$$|$$
$$CH_3CCH_2CH_2CH_3$$
$$|$$
$$CH_3$$

正しい名前：2,2-ジメチルペンタン
誤った名前：2-ジメチルペンタン
2,2-メチルペンタン

■ 多くの化合物に対して，慣用名がま
だ広く用いられている．たとえば，2-
メチルプロパンの慣用名はイソブタン
である．

これらはアルカンに対する IUPAC 命名法のすべてではないが，本書における必要を
満たしているだろう．

例題 22・1　IUPAC 命名法を用いたアルカンの命名

次の化合物の IUPAC 名を示せ．

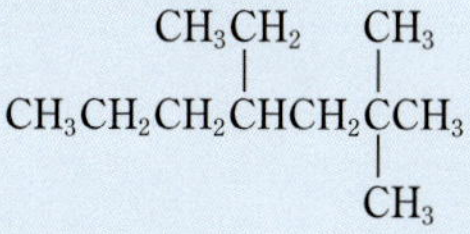

$$CH_3CH_2 \quad CH_3$$
$$| \qquad |$$
$$CH_3CH_2CH_2CHCH_2CCH_3$$
$$|$$
$$CH_3$$

指針　有機化合物を命名するとき，その第一段階はその化合
物がどの群に属するかを見分けることである．なぜなら，命
名法の規則は官能基によって少し異なるからである．ついで，
母体となる炭素鎖を見分ける必要があり，さらに側鎖を見分
ける．

解法　問題を解くための手法はもちろん，アルカンを命名す
るための IUPAC 命名法である．

解答　名前の接尾語は "アン-ane" でなければならない．最
長の炭素鎖は 7 個の炭素原子からなるので，母体構造のアル
カンの名前はヘプタンとなる．最初の側鎖が最も小さい番号
となるように，炭素鎖には右から左へと番号をつけなければ
ならない．

位置番号 2 の炭素には，1 個の炭素からなるメチル基が二
つ結合している．位置番号 4 の炭素には，2 個の炭素からな
るエチル基が結合している．アルファベット順ではエチルは

682   22. 有機化合物, ポリマー, 生体物質

メチルの前にくるので, 最終的な名前をつくるためには, これらの名前を次のように並べなければならない. (“ジ di-”や“トリ tri-”のような接頭語をつける前に, アルキル基の名前をアルファベット順に並べる.)

4-エチル-2,2-ジメチルヘプタン

番号と名前はハイフンで分ける | 二つの数字はカンマで分ける | ハイフンもカンマもスペースもいらない

確認　最もよくある誤りは, 正しい“母体構造”よりも短い炭素鎖を選んでしまうことである. ここではこのような誤りはない. もう一つのよくある誤りは, 炭素鎖の番号を誤ってつけることである. 全体の確認のために, 名前によって示される炭素の総数を求め (この例では $2+1+1+7=11$), それを構造から直接得られる数と比較する方法を用いることもできる. もし数が一致しなければ, 名前が正しくないこと

がわかる.

練習問題 22・2　次の化合物の IUPAC 名を書け. なお, 母体となる炭素鎖を見分けるときには, たとえその鎖がねじれていたり, 曲がり角にあったとしても, 最も長い連続した炭素鎖を確実に探すこと.

(a)

CH_3CH_2
　　CH—CH_3
CH_2CH_2
　　CH_3

(b)

CH_3 $CH_2CH_2CH_3$
　CHCHCH_2CH_3
CH_3CH
　　CH_3

(c)

　　　　　CH_3　CH_3　CH_3
$CH_3CH_2CHCHCHCH_2CHCH_3$
　　　　CH_3CH_2

アルカンの化学的性質　アルカンは室温では比較的不活性である. アルカンは H_2SO_4 のような濃厚な酸や NaOH のような濃厚な塩基水溶液とは反応しない. すべての炭化水素と同様に, アルカンは空気中で燃焼して, 水と炭素酸化物 (CO_2 と CO) を生じる. また熱硝酸, 塩素, および臭素もアルカンと反応する. たとえば, メタンの塩素化によって, 次のような化合物が生成する.

■ハロゲンは炭素原子と単結合を形成する. これらはメタンの塩素化物に対する慣用名であり, IUPAC 名ではない.

CH_3Cl　　　CH_2Cl_2　　　$CHCl_3$　　　CCl_4
塩化メチル　　塩化メチレン　　クロロホルム　　四塩化炭素

空気の非存在下で高温に加熱すると, アルカンは“クラッキング”を起こす. これは, アルカンがより小さな分子に分解する現象である. たとえば, メタンのクラッキングにより, 最終的に粉末状の炭素と水素が得られる.

$$CH_4 \xrightarrow{\text{高温}} C + 2H_2$$

また, エタンは制御したクラッキングによりエテンを与える. エテンはふつうエチレンとよばれている.

$$CH_3CH_3 \xrightarrow{\text{高温}} CH_2{=}CH_2 + H_2$$
エタン　　　　　　　エテン

■エチレングリコール $HOCH_2CH_2OH$

エチレンは有機化学工業において最も重要な原材料の一つである. エチレンはポリエチレンプラスチック製品, およびエタノールやエチレングリコール (不凍液) を製造するために利用されている.

アルケンとアルキン

一つあるいは複数の二重結合をもつ炭化水素は, アルケンの群に含まれる. 鎖状のアルケンは一般式 C_nH_{2n} をもつ. 三重結合をもつ炭化水素はアルキンの群に属し, 鎖状のときには一般式 C_nH_{2n-2} をもつ.

すべての炭化水素と同様に, アルケンとアルキンは実質的に無極性なため, 水に不溶性であり, また可燃性をもつ. 最も身近なアルケンはエテン (エチレン) とプロペ

ン（一般にプロピレンとよばれている）であり，それぞれポリエチレンとポリプロピレンの原料となる．エチン（アセチレン）は重要なアルキンであり，酸素アセチレン炎の燃料などに利用される．

$CH_2{=}CH_2$　エテン（エチレン）

$CH_3CH{=}CH_2$　プロペン（プロピレン）

$HC{\equiv}CH$　エチン（アセチレン）

アルケンとアルキンの IUPAC 命名法　アルケンおよびアルキンに対する IUPAC 命名法は，アルカンに対する規則を適用するが，二つの重要な違いがある．その一つは，母体となる炭素鎖は，たとえそれが他の炭素鎖より短くても，二重結合または三重結合を含まなければならないことである．もう一つは，母体となるアルケンおよびアルキンの炭素鎖に番号をつけるさいに，二重結合または三重結合の最初の炭素に，より小さい番号がつくような末端を 1 としなければならないことである．二重結合または三重結合の位置を示さなければならない場合には，二重結合（三重結合）炭素の（より小さいほうの）番号を，その前後にハイフンをつけてアルケンの場合は接尾語の“エン-ene”，アルキンの場合は接尾語の“イン-yne”の直前に，母体となる炭素鎖の名前に挿入する．母体となる炭素鎖に番号をつけるときには，側鎖の位置番号は考慮しない．それ以外は，先に述べたアルカンの場合と同様にアルキル基を命名し，その位置を示す．正しく命名されたアルケンのいくつかの例を次に示す．

$CH_3CH_2CH{=}CH_2$　ブタ-1-エン（ブタ-3-エンではない）

$CH_3CH{=}CHCH_3$　ブタ-2-エン

2,5-ジメチルヘプタ-2-エン（3,6-ジメチル-ヘプタ-5-エンではない）

シクロヘキセン

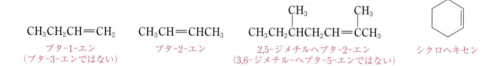

二重結合の位置を示すために，ただ一つの数を用いていることに注意してほしい．母体となる炭素鎖に番号をつけたさいに，二重結合の最初の炭素原子についた番号を用いる．

二つの二重結合をもつアルケンをジエンという．三つの二重結合をもつアルケンはトリエンとよばれ，以下同様に続く．それぞれの二重結合の位置は，番号によって示されなければならない．

$CH_2{=}CHCH{=}CHCH_3$　ペンタ-1,3-ジエン

$CH_2{=}CHCH_2CH{=}CH_2$　ペンタ-1,4-ジエン

$CH_2{=}CHCH{=}CHCH{=}CH_2$　ヘキサ-1,3,5-トリエン

シス-トランス異性　§9・6 で説明したように，炭素−炭素二重結合のまわりに，分子の一部が他の部分に対して回転することは，二重結合が開裂しなければ起こりえない．結果として，二重結合炭素に結合した原子の配置は，平面に固定されることになる．これによって，多くのアルケンが**シス-トランス異性**を示すことが可能となる．たとえば，*cis*-ブタ-2-エンと *trans*-ブタ-2-エン（ふつう，それぞれ *cis*-2-ブテン，*trans*-2-ブテンという）は互いに**シス-トランス異性体**である（次ページの図を参照）．これらは同じ分子式 C_4H_8 をもつのみならず，同じ骨格，および原子と結合の同じ配列 $CH_3CH{=}CHCH_3$ をもっている．二つのブタ-2-エン（2-ブテン）は，二重結合に結合した二つの CH_3 基がとる方向が異なっている．

シス-トランス異性 cis-trans isomerism

シス-トランス異性体 cis-trans isomer

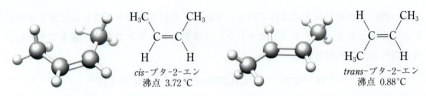

cis-ブタ-2-エン　沸点 3.72℃　　trans-ブタ-2-エン　沸点 0.88℃

■ 環構造の炭素−炭素結合もまた自由回転ができないので，環状化合物にもシス−トランス異性体が可能となる．例として，1,2-ジメチルシクロプロパンの2種類の異性体を以下に示した．この図では，太線で示した環の結合は前方にあり，環は紙面後方に突き出すように書かれている．

トランス異性体　沸点 28℃　　シス異性体　沸点 37℃

シス cis

トランス trans

シスは"同じ側に"を意味し，トランスは"反対側に"を意味する．沸点が示すように，二つの CH_3 基の異なる配向によって，二つの2-ブテンのシス−トランス異性体の物理的性質には，測定可能な差が生じる．しかし，いずれも二重結合をもっているため，cis-2-ブテンと trans-2-ブテンの化学的性質は非常に類似している．

アルケンの反応

二重結合は単結合よりも電子密度が大きいので，プロトンのような求電子剤は自然に，二重結合のπ結合の電子密度に引きつけられる．結果として，アルケンは強いプロトン供与体から供給されるプロトンと容易に反応し，反応物の二つの部分が別べつに二重結合の2個の炭素原子に結合した生成物を与える．このような反応を**付加反応**という．たとえば，エテンは塩化水素と，次式のように反応する．

$$CH_2=CH_2 + H-Cl(g) \longrightarrow Cl-CH_2-CH_3$$

付加反応 addition reaction

塩化水素分子は二重結合にまたがって付加したということができる．すなわち，HClの水素原子は二重結合の一方の末端に結合し，塩素原子はもう一方の末端に結合している．π結合を形成していた電子対は分子外へ移動して HCl から H^+ を受取り，Cl^- が放出される．最初の炭素−炭素二重結合の一つの末端に H との結合が生成するに伴って，もう一方の末端には正電荷が生じる．

$$CH_2=CH_2 + H-Cl \longrightarrow \overset{+}{CH_2}-CH_2 \longrightarrow Cl-CH_2-CH_3$$
　　　　　　　　　　　　　　　　　　　　　　　Cl^-　　　　H
　　　　　　　　　　　　　　エチルカルボカチオン　　クロロエタン

■ 巻矢印は，電子対がどのように再配置するかを示していることを思い出そう．それらはふつう原子の動きを表すためには用いない．

H^+ の移動の結果，炭素原子に正電荷をもつ非常に不安定な陽イオンが生成する．このような陽イオンをカルボカチオンという．この電荷をもった部位はすみやかに Cl^- を引きつけ，生成物であるクロロエタンを与える．

もう一つの例は2-ブテンの付加反応である．この化合物もエテンと同様，HCl と付加反応を起こす．

■ カルボカチオンの炭素原子がもつ価電子は6個だけであり，オクテット則を満たしていない．カルボカチオンは一般に，きわめて短い時間のみ存在する化学種である．

$$CH_3CH=CHCH_3 + HCl \longrightarrow CH_3CHCH_2CH_3$$
　　ブタ-2-エン　　　　　　　　　　　　　　　　|
　　（2-ブテン）　　　　　　　　　　　　　　　Cl
　　　　　　　　　　　　　　　　　　　　　2-クロロブタン

アルケンの二重結合には，臭化水素やヨウ化水素，あるいは硫酸 $H^+HSO_4^-$ も付加する．アルキンも類似の付加反応を起こす．

また，硫酸のような酸触媒の存在下では，水分子も二重結合に付加する．生成物はアルコールとなる．たとえば，エテンの二重結合に H_2O が付加すると，生成物としてエタノールが得られる．

$$H_2C=CH_2 + HOH \xrightarrow[触媒]{H_2SO_4} H_2C-CH_2$$
　　エテン　　　　　　　　　　　　　　|　　|
　（エチレン）　　　　　　　　　　　　H　OH
　　　　　　　　　　　　　　　　　　エタノール

22・2　炭化水素：構造，命名法，反応性　685

アルケンの二重結合に付加する他の無機化合物には，塩素，臭素，水素がある．塩素と臭素は，室温でもすみやかに反応する．たとえば，エテンと臭素が反応すると，1,2-ジブロモエタンが得られる．

$$CH_2{=}CH_2 + Br{-}Br \longrightarrow \underset{\underset{Br}{|}}{CH_2}{-}\underset{\underset{Br}{|}}{CH_2}$$

エテン
（エチレン）

1,2-ジブロモエタン

アルケンに対する水素の付加反応によってアルカンが生成する．この反応を水素化という．この反応には白金粉末などの触媒が必要であり，またしばしば通常の条件下で得られるよりも高い温度と圧力を必要とする．シス体あるいはトランス体の 2-ブテンの水素化によって，ブタンが得られる．

$$CH_3CH{=}CHCH_3 + H{-}H \xrightarrow[\text{触媒}]{\text{高温,高圧}} \underset{\underset{H}{|}}{CH_3CH}{-}\underset{\underset{H}{|}}{CHCH_3} \text{ または } CH_3CH_2CH_2CH_3$$

ブタ-2-エン
（cis または trans）

ブタン

芳香族炭化水素

最もよくみられる**芳香族化合物**は，ベンゼン環をもつ化合物である．ベンゼン環は 6 個の炭素原子から構成され，それぞれの炭素原子は 1 個の水素原子，あるいは他の原子，または置換基と結合している．ベンゼン環は，単結合と二重結合が交互になった六角形か，あるいは環内に円をもつ六角形として書かれる．

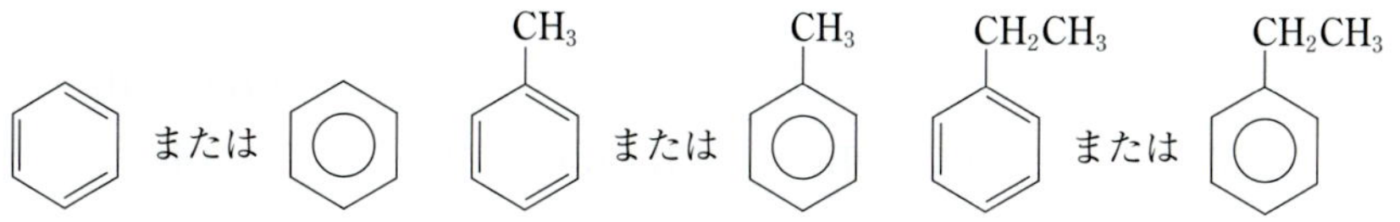

■ 芳香族化合物 aromatic compound

■ 芳香族でない炭化水素とその酸素あるいは窒素誘導体を，脂肪族化合物という．

ベンゼン　または　トルエン（メチルベンゼン）　または　エチルベンゼン　または

環内に書いた円は，§9・8 で述べたベンゼン環の非局在化結合をよく表している．

分子軌道の観点からベンゼンをみると，ベンゼン環の π 電子の非局在化によって，環は著しく安定化している．これによって，ベンゼンが容易には付加反応を起こさない理由が説明される．すなわち，付加反応が起これば，電子密度の非局在化が妨げられるのである．その代わり，ベンゼン環では，環の水素原子が他の原子，あるいは置換基によって置き換わる反応が最もよく見られる反応となる．この反応を**置換反応**という．たとえば，ベンゼンが塩化鉄(III)の存在下で塩素と反応すると，1,2-ジクロロ化合物ではなく，クロロベンゼンが生成する．この点をはっきりと理解するためには，ベンゼンの共鳴構造を用いなければならない．

■ 置換反応 substitution reaction

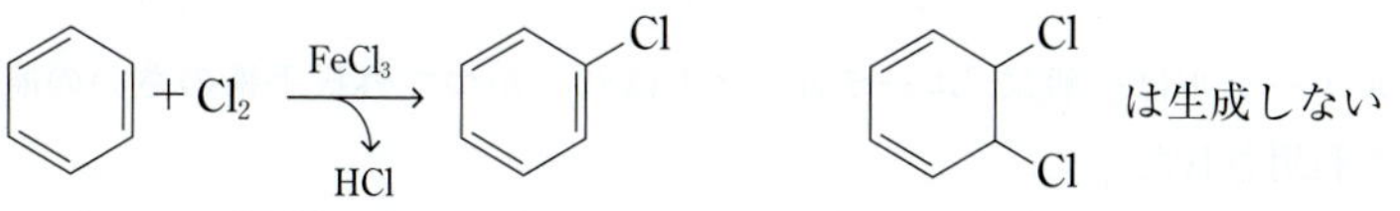

■ この反応では，$FeCl_3$ は触媒である．矢印で示したように，HCl が生成物となる．

クロロベンゼン　　（塩素が二重結合に付加したときの生成物）　は生成しない

付加反応ではなく置換反応が起これば，ベンゼン環の非局在化した，きわめて安定な π 電子構造がそのまま保持されることが推測できる．

適切な触媒が存在すると，ベンゼンは塩素，臭素，硝酸，あるいは硫酸と置換反応

686　22. 有機化合物，ポリマー，生体物質

を起こす．（Cl_2 や Br_2 はアルケンの二重結合には容易に付加することを思い出そう．）

$$C_6H_6 + Br_2 \xrightarrow{FeBr_3\,触媒} C_6H_5{-}Br + HBr$$
ブロモベンゼン

$$C_6H_6 + HNO_3 \xrightarrow{H_2SO_4\,触媒} C_6H_5{-}NO_2 + H_2O$$
ニトロベンゼン

$$C_6H_6 + H_2SO_4 \longrightarrow C_6H_5{-}SO_3H + H_2O$$
ベンゼンスルホン酸

22・3　酸素を含む有機化合物

　私たちの身近にある有機化合物のほとんどは炭化水素ではないが，それらはすべて，炭化水素に由来するとみなされる部分を含んでいる．本節では，表22・1に示した酸素を含む官能基をもつ化合物について学ぶ．

アルコールとエーテル

アルコール alcohol

　アルコールについてはすでに8章で述べた．一般に，アルコールはヒドロキシ基 OH が結合した炭素原子をもつ化合物である．その炭素原子には，他の三つの置換基が単結合によって結合している．任意のアルキル基を記号Rを用いて表すと，アルコールの一般式は ROH と表記される．

　構造が最も簡単な四つのアルコールの構造式を以下に示す．（IUPAC 命名法による名前とそれらの慣用名を括弧内に示す．）

CH_3OH	CH_3CH_2OH	$CH_3CH_2CH_2OH$	$\underset{OH}{CH_3CHCH_3}$
メタノール	エタノール	プロパン-1-オール	プロパン-2-オール
（メチルアルコール）	（エチルアルコール）	（プロピルアルコール）	（イソプロピルアルコール）
沸点 65 ℃	沸点 78.5 ℃	沸点 97 ℃	沸点 82 ℃

エタノールは酒類に含まれるアルコールであり，またガソリンに添加されて"ガソホール"がつくられる．たとえば，E85 は85%のエタノールを含み，残りはガソリンからなる燃料である．

エーテル ether

　エーテル分子は，1個の酸素原子に連結した二つのアルキル基Rをもつ．二つの置換基Rは同一であっても異なっていてもよい．次式のエーテルの例について，ここでは慣用名のみを示す．

CH_3OCH_3	$CH_3CH_2OCH_2CH_3$	$CH_3OCH_2CH_3$	$R{-}O{-}R'$
ジメチルエーテル	ジエチルエーテル	メチルエチルエーテル	エーテル
沸点 −23 ℃	沸点 34.5 ℃	沸点 11 ℃	（一般式）

ジエチルエーテルは一般に"エーテル"とよばれ，かつて外科手術のさいの麻酔剤として広く利用された．

　アルコールとエーテルの沸点の対照的な違いは，水素結合の影響によるものである．エーテルの分子間では水素結合が形成されない．このため簡単なエーテルは非常に低い沸点をもち，またエーテルの沸点は分子の大きさが同程度のアルコールよりもかなり低い．たとえば，1-ブタノール $CH_3CH_2CH_2CH_2OH$（沸点 117 ℃）は，その構造異性体であるジエチルエーテル（沸点 34.5 ℃）よりも 83 ℃ も高い温度で沸騰する．

22・3 酸素を含む有機化合物 687

アルコールの命名法　　アルコールを命名するときには，母体となる炭化水素の名前の語尾を"オール-ol"で置き換える．ただし，アルコールの母体となる炭素鎖はOH基が結合した炭素を含む最長の炭素鎖でなければならない．また，炭素鎖に番号をつけるさいには，アルキル側鎖の位置にかかわらず，OH基が結合した炭素原子に最も小さい番号がつく末端から始める．

アルコールとエーテルのおもな反応　　エーテルはアルカンと同様，化学的にほとんど不活性である．エーテルはアルカンと同じように燃焼し，また濃厚な酸の中で煮沸すると分解する．

　対照的に，アルコールは豊富な化学反応性をもつ．アルコール分子のOH基が結合した炭素原子（アルコール炭素原子）がさらに少なくとも1個のH原子に結合しているとき，このHは酸化剤によって除去される．このときOH基のHもまた除去され，酸素原子と炭素原子の間に二重結合が形成される．2個のH原子は水分子の一部となるので，酸化剤はH_2OのO原子を供給しているとみることができる．得られた生成物について，もとのアルコール炭素原子に残っているH原子の数によって，その生成物がどの群に属するかが決まる．

　アルコール炭素原子に2個のH原子が結合したRCH_2OHの構造をもつアルコールを酸化すると，最初にアルデヒドが生成し，それはさらにカルボン酸へと酸化される．（アルデヒドとカルボン酸については本節の後半で詳しく述べる．）

■ アルデヒド基（ホルミル基）CHO は最も酸化されやすい置換基の一つであり，カルボキシ基 CO_2H は最も酸化されにくい置換基の一つである．

$$RCH_2OH \xrightarrow{\text{酸化}} \underset{\text{アルデヒド}}{RCH\!\!\overset{\displaystyle O}{\|}} \xrightarrow{\text{さらに酸化}} \underset{\text{カルボン酸}}{RCOH\!\!\overset{\displaystyle O}{\|}}$$

アルデヒドを二クロム酸イオンを用いて酸化したときの正味のイオン反応式は次式によって表される．

$$3\,RCH_2OH + Cr_2O_7{}^{2-} + 8\,H^+ \longrightarrow 3\,RCH{=}O + 2\,Cr^{3+} + 7\,H_2O$$

　アルデヒドはアルコールよりもはるかに酸化されやすい．したがって，アルデヒドは生成するとともに反応溶液から除去されなければ，未反応の酸化剤を消費して相当するカルボン酸へと変化する．

　R_2CHOHの構造をもつアルコールを酸化するとケトンが得られる．たとえば，プロパン-2-オールを酸化すると，一般にアセトンの名前で知られているプロパノンが得られる．

$$3\,CH_3\overset{\displaystyle OH}{\underset{\displaystyle |}{CH}}CH_3 + Cr_2O_7{}^{2-} + 8\,H^+ \longrightarrow 3\,CH_3\overset{\displaystyle O}{\underset{}{\overset{\|}{C}}}CH_3 + 2\,Cr^{3+} + 7\,H_2O$$

プロパン-2-オール　　　　　　　　　　　　　　プロパノン（アセトン）

ケトンは酸化に対して強く抵抗するので，ケトンを得るときには，生成するとともに酸化剤から除去する必要はない．

　R_3COHの構造をもつアルコールは，アルコール炭素原子に除去できるH原子がないので，他のアルコールと同様の方法では酸化されない．

アルコールの他の反応　　濃硫酸のような強酸存在下では，アルコールは水分子を失い，炭素-炭素二重結合が生成する．この反応を**脱水**といい，**脱離反応**の一例である．

脱水 dehydration

脱離反応 elimination reaction

$$CH_2-CH_2 \xrightarrow[\text{加熱}]{\text{酸触媒}} CH_2=CH_2 + H_2O$$

$$\underset{\text{エタノール}}{H \quad OH}$$ エチレン

$$CH_3CH-CH_2 \xrightarrow[\text{加熱}]{\text{酸触媒}} CH_3CH=CH_2 + H_2O$$

$$\underset{\text{プロパン-1-オール}}{H \quad OH}$$ プロピレン

水の脱離が可能となるのは，OH 基の O 原子がプロトン受容性をもつためである．アルコールは濃厚な酸に対してブレンステッド塩基として振舞い，プロトン化された化学種との平衡混合物を生じる点で，水と類似している．たとえば，エタノールは濃硫酸に溶解し，次式に従って濃硫酸と反応する*．ここでは H_2SO_4 は $H-OSO_3H$ と表記されている．

* 最初の巻矢印は，分子に結合している OH 基の O 原子が，非共有電子対を用いて，別の分子の原子である触媒の H 原子を引きつける過程を示している．次の巻矢印は，硫酸の H 原子と O 原子をつなぐ結合電子対が，生成する硫酸水素イオンに残ることを示している．このようにして，H 原子が H^+ として移動する．

$$\underset{HO}{\overset{H}{CH_2-CH_2}} + \underset{\text{触媒}}{H-OSO_3H} \rightleftharpoons \underset{\underset{H}{\overset{|}{O^+}}{H}}{\overset{H}{H_2C-CH_2}} + {}^-OSO_3H$$

この結合が弱くなっている

上式の有機物イオン $CH_3CH_2OH_2^+$ は，まさにオキソニウムイオン H_3O^+ のエチル誘導体である．この陽イオンの酸素原子に結合している三つの結合は，H_3O^+ の酸素原子に結合している三つの結合と全く同様に，すべて弱くなっている．

この陽イオンにおいて，水分子と CH_2 基をつないでいた電子対が酸素原子に移動し，水分子が脱離する．残された有機化学種はカルボカチオンとなる．

$$\underset{\underset{H}{\overset{|}{O^+}}{H}}{\overset{H}{H_2C-CH_2}} \rightleftharpoons \underset{\text{エチルカルボカチオン}}{\overset{H}{H_2C-CH_2}} + H_2O$$

プロトン化されたエタノール

先に述べたように，カルボカチオンは不安定である．エチルカルボカチオン $CH_3CH_2^+$ はプロトンを失うことにより，安定な化合物となる．プロトンは HSO_3O^- のようなプロトン受容体に与えられ，触媒 HSO_3OH が再生する．脱離するプロトンとの結合に用いられていた電子対はあとに残り，生成物の新たな二重結合の二つ目の結合を形成する．この段階は以下の反応式によって示される．こうして，すべての炭素原子の外殻がオクテットを満たす．

$$HSO_3O^- + \underset{\text{エチルカルボカチオン}}{\overset{H}{H_2C-CH_2}} \longrightarrow \underset{\text{エテン}}{CH_2=CH_2} + \underset{\text{再生された触媒}}{HSO_3OH}$$

エタノールの脱水における最後の数段階，すなわち H_2O の脱離，プロトンの喪失，二重結合の形成，および触媒の再生は，おそらく同時に起こる．触媒 H_2SO_4 について二つのことを注意する．第一に，それは強い結合をもつ化学種（アルコール）を，意図的に，弱い結合をもつ化学種（プロトン化されたアルコール）に変換する作用をしている．第二に，H_2SO_4 は回収される．それが触媒とみなされるならば，当然，そ

うでなくてはならない．

酸性条件において，アルコールのOH基は，濃厚な強い二元酸の作用によりハロゲン原子に変換することができる．

$$CH_3CH_2OH + 濃 HI \xrightarrow{加熱} CH_3CH_2I + H_2O$$
エタノール　　　　　　　　　ヨードエタン
　　　　　　　　　　　　　（ヨウ化エチル）

$$CH_3CH_2CH_2OH + 濃 HBr \xrightarrow{加熱} CH_3CH_2CH_2Br + H_2O$$
プロパン-1-オール　　　　　　　1-ブロモプロパン
　　　　　　　　　　　　　　（臭化プロピル）

これらの反応は，§22・2 で述べた塩素とベンゼンの反応と同様，**置換反応**に分類される．それぞれの反応の第一段階は，H^+ のアルコールのOH基への移動であり，これによってOH基はプロトン化される．

置換反応 substitution reaction

$$R-OH + H^+ \longrightarrow R-OH_2^+$$

酸触媒は，H^+ を R-OH に付加して $R-OH_2^+$ を生成することにより，R-OH の R-O 結合を弱めるはたらきをする．ハロゲン化物イオン X^- の濃度が高いため，$R-OH_2^+$ と反応する化学種は X^- であり，これによって OH_2（すなわち H_2O）が置換されて R-X が生成する．

アルデヒドとケトン

8章では**カルボニル基** >C=O について説明し，それがアルデヒドとケトンに存在することを述べた．また，これらの化合物が，アルコールの酸化においてどのように生成するかを学んだ．

カルボニル基 carbonyl group

C=O 基の炭素に結合している原子によって，アルデヒドとケトンが区別される．カルボニル基の炭素原子に H 原子と炭化水素基（あるいは，第二の H 原子）が結合しているとき，その化合物は**アルデヒド**である．一方，C=O 基の炭素原子に二つの炭化水素基が結合している化合物は**ケトン**である．

アルデヒド aldehyde

ケトン ketone

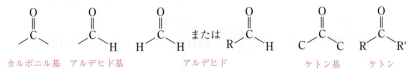

カルボニル基　アルデヒド基　　　　アルデヒド　　　　ケトン基　　　ケトン

アルデヒド基*はしばしば，CHO と簡略式で表記される．カルボニル基の二重結合は"補って解釈される"．ケトン基も同様に，しばしば CO と簡略式で表記される．

カルボニル基は極性であり，水素結合を形成することができる．これによってカルボニル基をもつ化合物は，分子の大きさが同程度の炭化水素と比較して，水に対する溶解性が著しく増大する．

カルボニル基をもつ化合物は，自然界にも広く存在する．たとえば，アルデヒド基として，グルコースなどほとんどの糖の分子に存在する．もう一つの代表的な糖であるフルクトースはケトン基をもつ．

* 訳注: IUPAC による最新の命名法では，CHO 基の名称としてアルデヒド基ではなくホルミル基を用いることを推奨している．本書では，アルデヒドとケトンの関連性からその基の名称として慣用名であるアルデヒド基とケトン基を用いている．

アルデヒドとケトンの命名法

アルデヒドに対するIUPAC命名法の接尾語は"アール -al"である．母体となる炭素鎖は，アルデヒド基を含む最長の炭素鎖でなければな

らない．たとえば，炭素数が3個のアルデヒドは，炭素数が3個のアルカンの名前は"プロパン"であり，プロパンの語尾を"アール -al"に置き換えることによって，プロパナールと命名される．定義によって，アルデヒド基は母体となる炭素鎖の末端に位置しなければならないので，炭素鎖の番号は常に，アルデヒド基の炭素原子の位置番号を1として開始される．この規則により，アルデヒドの命名のさいに，アルデヒド基の位置を示す番号をつける必要はない．たとえば，式に示すアルデヒドの名前は，2-メチルプロパナールとなる．

$$\underset{\substack{\text{メタナール}\\(\text{ホルムアルデヒド})\\ 沸点\ -21\,°C}}{\text{HCH}\!=\!\text{O}} \quad \underset{\substack{\text{エタナール}\\(\text{アセトアルデヒド})\\ 沸点\ 21\,°C}}{\text{CH}_3\text{CH}\!=\!\text{O}} \quad \underset{\substack{\text{プロパナール}\\ 沸点\ 49\,°C}}{\text{CH}_3\text{CH}_2\text{CH}\!=\!\text{O}} \quad \underset{\substack{\text{2-メチルプロパナール}\\(\text{2-メチル-1-プロパナールとしない})\\ 沸点\ 64\,°C}}{\text{CH}_3\text{CH}(\text{CH}_3)\text{CH}\!=\!\text{O}}$$

アルデヒドは，それ自身の分子間で水素結合を形成することができないので，分子の大きさが同程度のアルコールと比較して沸点が低い．

ケトンに対するIUPAC命名法の接尾語は"オン -one"である．カルボニル基を含む炭素鎖を母体の炭素鎖にとり，炭素鎖の番号はカルボニル炭素により小さい番号がつく末端から開始する．ケトン基の位置を示す番号は，ケトン基の位置が一つに決まらないときには必ず，名前の一部に含めなければならない．

■ "2-プロパノン"と書く必要はない．それは3個の原子からなる炭素鎖において，カルボニル炭素が2位以外のどこかにあれば，その化合物はケトンではありえないからである．それはアルデヒド（プロパナール）となる．

$$\underset{\substack{\text{プロパノン}\\(\text{アセトン})\\ 沸点\ 56.5\,°C}}{\text{CH}_3\text{CCH}_3\!=\!\text{O}} \quad \underset{\substack{\text{ペンタン-3-オン}\\ 沸点\ 101.5\,°C}}{\text{CH}_3\text{CH}_2\text{CCH}_2\text{CH}_3\!=\!\text{O}} \quad \underset{\substack{\text{5-メチルヘキサン-2-オン}\\(\text{2-メチルヘキサン-5-オンとしない})\\ 沸点\ 145\,°C}}{\text{CH}_3\text{CHCH}_2\text{CH}_2\text{CCH}_3}$$

アルデヒドとケトンの反応　水素はアルデヒドおよびケトンのカルボニル基の二重結合に付加することができる．この反応はアルケンの二重結合に対する水素の付加反応と類似しており，ほぼ同様の反応条件で進行する．すなわち，反応には金属触媒と高温・高圧条件が必要である．この反応は水素化あるいは還元とよばれる．

H原子がカルボニル基の二重結合の両端に結合し，C＝O結合はOH基が結合した単結合となる．

アルデヒドとケトンがそれぞれ別の群に分類されるのは，酸化剤に対してきわめて異なるふるまいを示すためである．すなわち，アルデヒドは容易に酸化されるのに対して，ケトンは酸化に対して強く抵抗する．アルデヒドはその保管においてさえも，瓶内に捕捉された空気や侵入を避けることができない空気に含まれる酸素によって，ゆっくりと酸化される．

カルボン酸とエステル

カルボン酸はカルボニル基の炭素原子に結合した OH 基をもっている.

( ) に示した H は，カルボキシ基の C に結合した置換基は R あるいは H のいずれかであることを意味している．簡略式では，**カルボキシ基**は CO_2H あるいは $COOH$ と書かれることが多い．

カルボン酸に対する IUPAC 命名法の語尾は "酸-oic acid" である．母体となる炭素鎖はカルボキシ基を含む最長の炭素鎖でなければならない．カルボキシ基の炭素原子が位置番号 1 となる．日本語の命名では母体となる炭素鎖と同じ炭素数をもつ炭化水素の名前に "酸" をつける．英語の命名の場合は語尾の "-e" を "-oic acid" に置き換えるとカルボン酸の名前となる．

$$HCO_2H \qquad CH_3CO_2H \qquad CH_3CHCH_2CO_2H$$
$$\text{メタン酸(ギ酸)} \qquad \text{エタン酸(酢酸)} \qquad \text{3-メチルブタン酸}$$
$$\text{沸点 101 °C} \qquad \text{沸点 118 °C} \qquad \text{沸点 176 °C}$$

(中央の式の上部に CH_3 分岐あり)

カルボン酸を用いて 2 種類の重要な誘導体，エステルとアミドが合成される（アミドについては次節で述べる）．**エステル**では，カルボキシ基の OH が OR によって置き換えられる．

$$\text{(H)RCOR}' \quad \text{または} \quad \text{(H)RCO}_2\text{R}' \qquad \text{たとえば} \qquad CH_3CO(CH_2)_7CH_3$$
$$\text{エステル} \qquad\qquad\qquad\qquad \text{酢酸オクチル（オレンジの香り）}$$

エステルの IUPAC 名は，日本語ではまず母体のカルボン酸の名前を述べ，続けて O 原子に結合したアルキル基の名前をつける．英語ではまず O 原子に結合したアルキル基の名前を述べ，続けて別の単語として，"-ic acid" を "-ate" に変えた母体のカルボン酸の名前をつける．

$$HCO_2CH_3 \qquad CH_3CH_2CO_2CH_2CH_3 \qquad CH_3CHCH_2CO_2CHCH_3$$
$$\text{ギ酸メチル} \qquad \text{プロピオン酸エチル} \qquad \text{3-メチルブタン酸イソプロピル}$$
$$\text{沸点 31.5 °C} \qquad \text{沸点 99 °C} \qquad \text{沸点 142 °C}$$

カルボン酸とエステルの反応

カルボキシ基は弱い酸性を示すので，その置換基をもつ化合物は水中で弱酸となる．実際，本書でも以前に，弱酸の説明においてギ酸と酢酸を用いた．すべてのカルボン酸は水に可溶性であっても不溶性であっても，水酸化物イオン，炭酸水素イオン，あるいは炭酸イオンなどのブレンステッド塩基と中和反応を起こす．カルボン酸と OH^- との反応は一般に次式のように表される．

$$RCO_2H + OH^- \xrightarrow{H_2O} RCO_2^- + H_2O$$

カルボキシ基は，タンパク質の構成単位であるすべてのアミノ酸に存在する．これに

カルボン酸 carboxylic acid

カルボキシ基 carboxyl group

■カルボン酸は孤立酸素原子と OH 基の両方をもつので，それらの分子は互いの間で強い水素結合を形成する．カルボン酸の沸点が類似の分子の大きさをもつアルコールと比較して高いことは，これを反映している．

■カルボン酸誘導体は，カルボン酸から合成できる化合物，あるいは加水分解によってカルボン酸に変換できる化合物である．

エステル ester

692   22. 有機化合物，ポリマー，生体物質

ついては §22・6 で詳しく述べる．

エステルの合成法の一つは，母体となるカルボン酸とアルコールの溶液を，酸触媒の存在下で加熱することである．（本書では，この反応がどのように起こるかの詳細には立ち入らないことにする．）この反応は次式で示されるような平衡となるが，ふつうカルボン酸よりも安価な反応剤であるアルコールを，化学量論量よりもかなり過剰に用いることによって，平衡の位置をエステル側に移動させる．

$$\underset{\text{カルボン酸}}{\text{RCOH}} \;+\; \underset{\text{アルコール}}{\text{HOR}'} \;\underset{\text{加熱}}{\overset{\text{酸触媒}}{\rightleftharpoons}}\; \underset{\text{エステル}}{\text{RCOR}'} \;+\; \text{H}_2\text{O}$$

$$\underset{\substack{\text{ブタン酸}\\\text{沸点 166}^\circ\text{C}}}{\text{CH}_3\text{CH}_2\text{CH}_2\text{COH}} \;+\; \underset{\substack{\text{エタノール}\\\text{沸点 78.5}^\circ\text{C}}}{\text{HOCH}_2\text{CH}_3} \;\underset{\text{加熱}}{\overset{\text{酸触媒}}{\rightleftharpoons}}\; \underset{\substack{\text{ブタン酸エチル 沸点 120}^\circ\text{C}\\(\text{パイナップルの香り})}}{\text{CH}_3\text{CH}_2\text{CH}_2\text{COCH}_2\text{CH}_3} \;+\; \text{H}_2\text{O}$$

エステルを酸触媒の存在下で，化学量論量よりも過剰の水とともに加熱すると，エステルは加水分解され，母体のカルボン酸とアルコールが得られる．上記の反応式と同じ平衡となるが，エステルの加水分解では水が過剰に存在するので，ルシャトリエの原理に従って平衡は反応式の左方向へと移動し，カルボン酸とアルコールの生成が有利となる．

エステルはまた塩基性水溶液の作用によっても分解する．この反応では，カルボン酸は，酸ではなく陰イオンとして生成する．この反応をエステルの**けん化**という．この例として，簡単なエステルである酢酸エチルに対する，水酸化ナトリウム水溶液の反応を示す．

けん化 saponification

$$\underset{\substack{\text{エタン酸エチル}\\(\text{酢酸エチル})}}{\text{CH}_3\text{COCH}_2\text{CH}_3(\text{aq})} + \text{NaOH}(\text{aq}) \xrightarrow{\text{加熱}} \underset{\substack{\text{エタン酸イオン}\\(\text{酢酸イオン})}}{\text{CH}_3\text{CO}^-(\text{aq})} + \text{Na}^+(\text{aq}) + \underset{\text{エタノール}}{\text{HOCH}_2\text{CH}_3(\text{aq})}$$

エステル基は食物に含まれる脂肪や油の分子に多くみられる．私たちがそれらを消化するときには，強酸ではなく酵素を触媒として，エステル基の加水分解が起こる．消化は腸管内の液体がやや塩基性の領域で起こるので，カルボン酸イオンが生成する．また，エステルには快適な芳香をもつものが多く，多くの果物の香りの要因となっている．たとえば，次式のような構造をもつ酢酸オクチルは，オレンジ類に特徴的な芳香を与える．その他のエステルとその香りについては次の表を参照せよ．

$$\underset{\text{酢酸オクチル}}{\text{CH}_3\text{COCH}_2\text{CH}_2\text{CH}_2\text{CH}_2\text{CH}_2\text{CH}_2\text{CH}_3}$$

エステル	芳香	エステル	芳香
$\text{HCO}_2\text{CH}_2\text{CH}_3$	ラム酒	$\text{CH}_3\text{CO}_2(\text{CH}_2)_2\text{CH}(\text{CH}_3)_2$	洋ナシ
$\text{HCO}_2\text{CH}_2\text{CH}(\text{CH}_3)_2$	ラズベリー（キイチゴ）	$\text{CH}_3\text{CO}_2(\text{CH}_2)_7\text{CH}_3$	オレンジ
		$\text{CH}_3(\text{CH}_2)_2\text{CO}_2\text{CH}_2\text{CH}_3$	パイナップル
$\text{CH}_3\text{CO}_2(\text{CH}_2)_4\text{CH}_3$	バナナ	$\text{CH}_3(\text{CH}_2)_2\text{CO}_2(\text{CH}_2)_4\text{CH}_3$	アンズ

22・4 アンモニアの誘導体　　693

例題 22・2　アルコールの酸化生成物

ブタン-2-オールの二クロム酸イオンを用いた酸化によって得られる有機化合物の構造式を示せ. もし酸化反応が起こらなければ, そのように述べよ.

指針　まず, ブタン-2-オールの構造式を書かなければならない. また, 酸化生成物は, アルコール炭素原子に結合している水素原子の数に依存する.

解法　最初に, ブタン-2-オールの構造式を書くために, 命名法の規則を用いる必要がある. もしアルコール炭素原子がH原子をもたなければ, 二クロム酸イオンによる酸化反応は起こりえない. また, もしアルコール炭素原子に1個のH原子が存在すれば, 先に述べた手法により, 生成物はケトンであると予測することができる. さらに, もしアルコール炭素原子に2個のH原子が存在すれば, 生成物はアルデヒドとなり, それはさらにカルボン酸へと酸化されるだろう.

解答　命名法の規則によると, ブタン-2-オールでは, アルコールのOH基は, 単結合で連結した4個の炭素原子からなる炭素鎖の位置番号2の炭素に存在している. 構造を書くさいには, それぞれの炭素原子が, 四つの結合をもっていることに注意しなければならない.

$$
\begin{array}{c}
\text{H\ OH\ H\ H}\\
\text{H}-\text{C}-\text{C}-\text{C}-\text{C}-\text{H}\\
\text{H\ H\ H\ H}
\end{array}
\quad\text{または}\quad
\underset{\text{ブタン-2-オール}}{\text{CH}_3\text{C}\underset{}{\text{H}}\text{HCH}_2\text{CH}_3}
$$

OH を右方向へ移動させることによって OH の O と C を結合させる

アルコール炭素原子は1個のH原子をもっている. したがって, 生成物はケトンと予測される. その構造式は単に, 赤字で示した2個の水素原子を消去し, CとOの間に二重結合を書き入れることによって書くことができる. （生成物の名前はブタノンである.）

$$
\underset{\text{ブタノン（ケトンの一種）}}{\overset{\displaystyle\overset{\text{O}}{\|}}{\text{CH}_3\text{CCH}_2\text{CH}_3}}
$$

確認　出発物は2個のアルキル基 CH_3 と CH_2CH_3 をもっていた. しかし, このアルキル基が何であるかは重要ではない. なぜなら, 反応はアルキル基にかかわらず, すべての場合に同じ経路で進行するからである. すなわち, すべての R_2CHOH 型のアルコールは, この方法で酸化されてケトンが生成する.

重い原子であるCとOからなる"骨格"は, この酸化反応では変化しないため, ブタノンはブタン-2-オールと同じ骨格をもっている. 解答で示したように, 酸化によってCとOの間に二重結合が形成される.

練習問題 22・3　次の(a)〜(c)のアルコールを二クロム酸イオンを用いて酸化するとき, 生成物が得られるならば, 得られる生成物の構造式を書け. (a) エタノール　(b) ペンタン-3-オール　(c) 2-メチルプロパン-2-オール

練習問題 22・4　次の反応によっておもに得られる有機化合物の構造式を書け.

(a) $\underset{\displaystyle\underset{\text{CH}_3\text{CHCH}_2\text{CH}_3}{}}{\overset{\text{OH}}{|}} + 濃\ HCl \xrightarrow{\text{加熱}}$

(b) $CH_3CH_2CH_2OH \xrightarrow{濃\ H_2SO_4}$

練習問題 22・5　次の反応式を完成させ, おもに得られる有機化合物の構造式を書け.

$$
\overset{\displaystyle\overset{\text{O}}{\|}}{\text{CH}_3\text{CH}_2\text{C}}-\text{OH} + \text{CH}_3\text{OH} \underset{\text{加熱}}{\overset{\text{酸触媒}}{\rightleftarrows}}
$$

22・4　アンモニアの誘導体

8章で述べたように, アミンはアンモニアの3個の水素原子のうち, 1個, 2個, あるいは3個が炭化水素基に置き換わった化合物であることから, アンモニアの誘導体とみることができる. 次式にアミンの例を, その慣用名（IUPAC 名ではない）とともに示す.

$$
\underset{\substack{\text{アンモニア}\\\text{沸点 }-33.4\,℃}}{\overset{\displaystyle\overset{\text{H}}{|}}{\text{H}-\text{N}-\text{H}}}
\qquad
\underset{\substack{\text{メチルアミン}\\\text{沸点 }-8\,℃}}{\overset{\displaystyle\overset{\text{H}}{|}}{\text{H}_3\text{C}-\text{N}-\text{H}}}
\qquad
\underset{\substack{\text{ジメチルアミン}\\\text{沸点 }8\,℃}}{\overset{\displaystyle\overset{\text{H}}{|}}{\text{H}_3\text{C}-\text{N}-\text{CH}_3}}
\qquad
\underset{\substack{\text{トリメチルアミン}\\\text{沸点 }3\,℃}}{\overset{\displaystyle\overset{\text{CH}_3}{|}}{\text{H}_3\text{C}-\text{N}-\text{CH}_3}}
$$

N−H結合はO−H結合ほど極性ではない. このためアミンの水素結合はそれほど強くないので, 同程度の大きさのアルコールよりもアミンは低い温度で沸騰する. 分子

■次の順序は分子間にはたらく引力が減少する順序になっている.
CH_3CH_2OH　沸点 78.5 ℃
$CH_3CH_2NH_2$　沸点 17 ℃
$CH_3CH_2CH_3$　沸点 −42 ℃

694 　22. 有機化合物，ポリマー，生体物質

量の小さいアミンは水に溶ける．これは，水分子とアミンとの間に水素結合が形成されるためである．

アミンの塩基性と反応

§8・9において，アミンは弱いブレンステッド塩基としてはたらくことを述べた．水溶性のアミンはアンモニアのように振舞い，水中でアンモニウムイオンとの平衡にあるため，水中には低い濃度の水酸化物イオンが存在する．

$$CH_3CH_2-\overset{H}{\underset{\cdot\cdot}{N}}-CH_3(aq) + H_2O \rightleftharpoons CH_3CH_2-\overset{H}{\underset{H}{\overset{|}{N^+}}}-CH_3(aq) + OH^-(aq)$$

エチルメチルアミン 　　　　　　　エチルメチルアンモニウムイオン

この結果，アミンの水溶液はリトマス試験紙により塩基性と判定され，その pH は 7 よりも大きくなる．

　アミンを塩酸のような強酸と混合すると，アミンと酸はほとんど定量的に反応する．アミンはプロトンを受容し，ほとんど完全にプロトン化されたアミンへと変化する．

$$CH_3CH_2-\overset{H}{\underset{\cdot\cdot}{N}}-CH_3(aq) + H^+(aq) \longrightarrow CH_3CH_2-\overset{H}{\underset{H}{\overset{|}{N^+}}}-CH_3(aq)$$

エチルメチルアミン 　　　　　　　エチルメチルアンモニウムイオン
　　　　　　　　　　　　　　　　　　　　　（プロトン化されたアミン）

この反応は水に不溶性のアミンでも進行し，生成した塩は，電気的に中性なもとのアミンよりも，水に対する溶解性はずっと高くなる．

　かつてマラリアを処置するために用いられたキニーネのように，多くの重要な医薬品はアミンであるが，それらはふつうプロトン化された形で患者に供給される．これは，薬剤を固体としてではなく，水溶液として投与することができるからである．この手法は点滴によって与えなければならない薬剤において，特に重要となる．

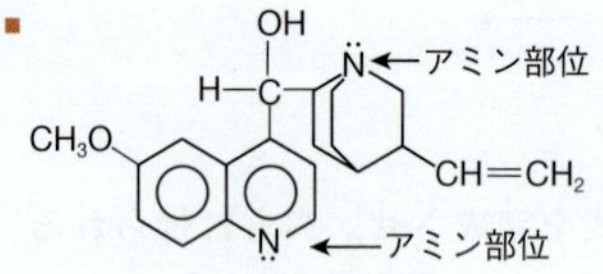

キニーネ
（抗マラリア薬）

← アミン部位
← アミン部位

弱いブレンステッド酸としてのプロトン化されたアミン　　プロトン化されたアミンは，アルキル基が置換したアンモニウムイオンである．アンモニウムイオンそれ自身のように，プロトン化されたアミンも弱いブレンステッド酸となる．たとえば，それらは強い塩基と中和反応を起こす．

$$CH_3NH_3^+(aq) + OH^-(aq) \longrightarrow CH_3NH_2(aq) + H_2O$$

メチルアンモニウムイオン 　　　　　メチルアミン

これはアミンのプロトン化の逆反応であり，反応によって電荷をもたないアミン分子が放出される．

アミド：カルボン酸の誘導体

　カルボン酸はまた，アミドに変換することができる．アミドはタンパク質にみられる官能基である．**アミド**では，カルボキシ基の **OH** が水素原子や炭化水素基と結合した窒素原子によって置換される．

アミド amide

$$\underset{\text{単純アミド}}{(H)R\overset{\displaystyle O}{\overset{\|}{C}}NH_2} \quad \text{または} \quad (H)RCONH_2 \quad \text{たとえば} \quad \underset{\substack{\text{エタンアミド}\\(\text{アセトアミド})}}{CH_3\overset{\displaystyle O}{\overset{\|}{C}}NH_2}$$

単純アミド（第一級アミド）は，窒素原子が炭化水素基をもたず，ただ2個のH原子と結合しているアミドである．しかし，これらのH原子の1個あるいは両方が，炭化水素基に置換することもでき，このような生成物もまたアミドである．

　単純アミドのIUPAC名は，母体となるカルボン酸の名前を書くことによってつくられる．そして，その語尾 "酸 -oic acid" を "アミド -amide" に置き換えればよい．

$$\underset{\text{プロパンアミド}}{CH_3CH_2CONH_2} \qquad \underset{\text{ペンタンアミド}}{CH_3CH_2CH_2CH_2CONH_2} \qquad \underset{\text{4-メチルペンタンアミド}}{CH_3\overset{\displaystyle CH_3}{\overset{|}{C}}HCH_2CH_2CONH_2}$$

　単純アミドの合成法の一つは，エステルの合成法と類似している．すなわち，単純アミドは，カルボン酸と過剰のアンモニアの混合物を加熱することによって得られる．

$$\text{一般式:} \quad \underset{\text{カルボン酸}}{R\overset{\displaystyle O}{\overset{\|}{C}}OH} + \underset{\text{アンモニア}}{H{-}NH_2} \xrightarrow{\text{加熱}} \underset{\text{単純アミド}}{R\overset{\displaystyle O}{\overset{\|}{C}}NH_2} + H_2O$$

$$\text{例:} \quad CH_3\overset{\displaystyle O}{\overset{\|}{C}}OH + H{-}NH_2 \xrightarrow{\text{加熱}} CH_3\overset{\displaystyle O}{\overset{\|}{C}}NH_2 + H_2O$$

　エステルと同様にアミドも加水分解される．単純アミドを水とともに加熱すると，アミドは母体となるカルボン酸とアンモニアに戻る．この反応は強酸あるいは強塩基によって加速される．次式に示すように，これはアミドの生成反応の逆反応となる．

$$\text{一般式:} \quad \underset{\text{単純アミド}}{R\overset{\displaystyle O}{\overset{\|}{C}}NH_2} + H{-}OH \xrightarrow{\text{加熱}} \underset{\text{カルボン酸}}{R\overset{\displaystyle O}{\overset{\|}{C}}OH} + NH_3$$

$$\text{例:} \quad \underset{\text{エタンアミド}}{CH_3\overset{\displaystyle O}{\overset{\|}{C}}NH_2} + H{-}OH \xrightarrow{\text{加熱}} \underset{\substack{\text{エタン酸}\\(\text{酢酸})}}{CH_3\overset{\displaystyle O}{\overset{\|}{C}}OH} + NH_3$$

　尿から抽出される尿素は，炭酸 H_2CO_3 のアミドである．尿素を加水分解すると，生成物としてアンモニアと H_2CO_3 が分解して生成した二酸化炭素が得られる．

$$\underset{\text{尿素}}{H_2N{-}\overset{\displaystyle O}{\overset{\|}{C}}{-}NH_2} + 2H_2O \longrightarrow \underset{\text{炭酸}}{HO{-}\overset{\displaystyle O}{\overset{\|}{C}}{-}OH} \overset{\displaystyle CO_2 + H_2O}{\nearrow} + 2NH_3$$

この反応によって，赤ちゃんの湿ったおむつがしだいにアンモニアのにおいを放つようになる理由が説明される．また，尿素は肥料として商業的に利用されている．これは尿素が土壌中で加水分解されることにより生成するアンモニアが，植物にとって良好な窒素の供給源となるためである．

696 22. 有機化合物，ポリマー，生体物質

アミドの非塩基性　単純アミドには NH_2 基が存在するにもかかわらず，アミンやアンモニアとは異なり，ブレンステッド塩基にはならない．これは次式に示す二つの共鳴構造を検討することによって理解することができる．

$$R-\overset{\overset{\displaystyle :\ddot{O}:}{\|}}{C}-\overset{\overset{\displaystyle }{}}{\underset{\underset{\displaystyle H}{|}}{\ddot{N}}}-H \longleftrightarrow R-\overset{\overset{\displaystyle \bar{\ddot{O}}:}{\|}}{C}=\overset{+}{\underset{\underset{\displaystyle H}{|}}{N}}-H$$

構造1　　　　　構造2

構造1における窒素原子の非共有電子対は，構造2に示すように，効果的に酸素原子へと部分的に非局在化する．これによってアミドの窒素原子の非共有電子対は，アミンの相当する窒素原子の非共有電子対に比べて，H^+ に対する供与性が低下する．この結果，アミドの窒素原子はプロトンを受容する性質がほとんどなくなり，酸・塩基の意味で中性の化合物となる．

練習問題 22・6　次の反応について，生成物の構造式を書くことによって，反応式を完成させよ．

$$H_2N-CH_2CH_2CH_3\,(aq) + CH_3CH_2-\overset{\overset{\displaystyle O}{\|}}{C}-OH\,(aq) \xrightarrow{\text{加熱}}$$

22・5　有機ポリマー

高分子 macromolecule

　これまで本書で学んできたほとんどすべての化合物は，比較的小さい分子から構成されていた．しかし，私たちの身近にみられる物質の多くは**高分子**，すなわち何百，あるいは何千もの原子からなる分子からできている．また，自然界においても，高分子からなる物質をいたるところでみることができる．たとえば，樹木や木材からできている物質に強度を与えている繊維や，すべての生命体がもつタンパク質や DNA も高分子から構成されている．生物に起源をもつ高分子については，§22・6と§22・7で解説する．本節では，プラスチックや合成繊維にみられるような合成高分子について述べる．

ポリマー分子における秩序

ポリマー polymer，重合体ともいう．

　ある小さな構造単位が何度も繰返すという構造的な特徴をもつ物質を**ポリマー**（高分子）をいう．例としてポリプロピレンについて述べることにしよう．ポリプロピレンは，食洗機に対応できる食器，家の内外で用いる敷物，あるいは人工芝など多くの用途をもつポリマーである．ポリプロピレンの分子は，次のような一般構造をもっている．

炭素骨格 backbone

$$-CH_2-\underset{\underset{\displaystyle CH_3}{|}}{CH}-CH_2-\underset{\underset{\displaystyle CH_3}{|}}{CH}-CH_2-\underset{\underset{\displaystyle CH_3}{|}}{CH}-CH_2-\underset{\underset{\displaystyle CH_3}{|}}{CH}-CH_2-\underset{\underset{\displaystyle CH_3}{|}}{CH}-$$

ポリプロピレン

*　分子の図には，主鎖と他の CH_3 基に対して CH_3 基がとる一つの配向が示されている．他の配向をもつ構造も可能であり，それらはポリマーの物理的性質に影響を与える．

ポリマーが，周期的な間隔で結合した CH_3 基をもつ長い炭素鎖（ポリマーの**炭素骨格**）からなることに注意してほしい*．

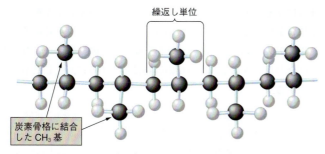

ポリプロピレンポリマーの一部

この構造をよく見ると，一つの構造単位が何度も（実際には数千回）繰返されていることがわかるだろう．実際，ポリマーの構造式はふつう，その繰返し単位だけを括弧内に書き，数千単位を意味する n を下付文字としてつけることによって表される．

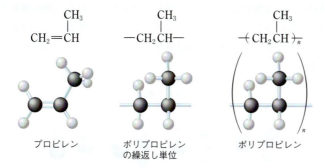

あるポリマー試料に含まれるすべての分子で，n の値が一定であるというわけではない．したがって，ポリマーは同一の大きさの分子から構成されているのではなく，それを構成している分子が同一なだけである．すなわち，それらは同一の繰返し単位をもっている．"ポリプロピレン"は語尾が"エン -ene"であるにもかかわらず（それはアルケンを命名するさいに用いる），二重結合をもたないことに注意しよう．ポリマーは，その出発物であるプロピレン（IUPAC 名はプロペン）に従って命名される．

ポリマーの繰返し単位は，それを製造する原材料となる物質によって与えられる．その物質を**モノマー**という．すなわち，プロピレンは，ポリプロピレンを製造するためのモノマーである．モノマーからポリマーをつくる反応を**重合反応**とよぶ．すべてではないがほとんどの有用なポリマーは，有機化合物とみなされるモノマーから合成されている．

モノマー monomer，単量体ともいう．
重合反応 polymerization

付加重合体

モノマーが結合してポリマーを生成する反応には，基本的に二つの様式がある．すなわち，付加反応と縮合反応である．一つのモノマー単位が別のモノマー単位に単に付加し，その過程が何度も繰返されることによって，モノマー単位のきわめて長い鎖が生成する．この過程によって生成するポリマーを**付加重合体**あるいは**連鎖成長重合体**という．先に述べたポリプロピレンやエチレン CH_2CH_2 をモノマー単位として合成されるポリエチレンは，付加重合体の例である．適切な反応条件下で，開始剤とよばれる物質の作用によって，エチレンの炭素－炭素二重結合を形成していた電子対は不対電子となる．まず，開始剤が二重結合を形成している炭素原子の一つに結合し，それによってもう一方の炭素原子に不対電子が生じる．生成した化学種は炭素ラジカル

付加重合体 addition polymer
連鎖成長重合体 chain-growth polymer

とよばれ，非常に反応性が高く，他のエチレン分子の二重結合を攻撃する．この攻撃により，二重結合を形成していた電子対のうちの1個の電子は不対電子となる．もう1個の電子は炭素ラジカルの不対電子と対を形成し，その結果，二つのエチレン単位を結びつける結合が形成される．次の反応経路に示すように，生じた不対電子は炭素鎖の末端に移動する．

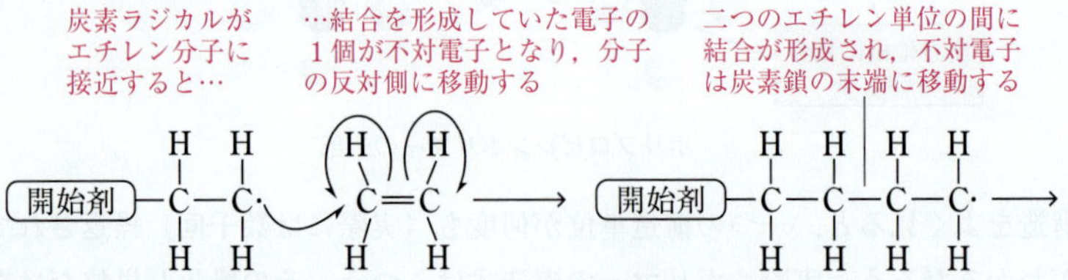

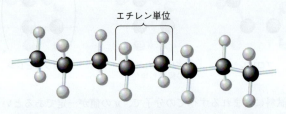

この過程が何度も繰返されることによって，長い炭化水素鎖が成長する．最終的には鎖の伸長は終結し，生成物としてポリエチレン分子が得られる．開始剤分子は炭素鎖の末端に結合しているが，分子がきわめて大きいので，全体からみて問題にならない部分となる．このため，ポリマーの構造式を書くときには，ふつう開始剤部分の存在は無視される．

ポリエチレン分子の一部．分子式 C_2H_4 をもつモノマーから形成されたにもかかわらず，実際の繰返し単位は CH_2 である

枝分かれ branching

ポリマーが生成する過程は，ポリマーの構造に重要な影響を与える．たとえば，最も安価な方法でポリエチレンを合成すると，**枝分かれ**が起こる．これは分子の主炭素鎖が伸長するさいに，それからはずれてポリマー鎖が伸長したことを意味している．別のもっと高価な方法を用いると，枝分かれがない分子を合成することができる．枝分れはポリマーの性質に重大な影響を与える．

ポリスチレン polystyrene

ポリエチレンとポリプロピレンに加えて，もう一つの最も一般的な付加重合体は**ポリスチレン**である．ポリスチレンはスチレンの重合によって合成される．

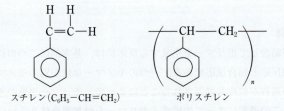

スチレン($C_6H_5-CH=CH_2$)　　ポリスチレン

スチレンはプロピレンと似た構造をもつが，メチル基 $-CH_3$ の代わりにベンゼン環をもっていることに注意してほしい．したがって，ポリスチレンには，炭素骨格を形成する炭素原子の1個おきに結合した C_6H_5 基が存在する．ポリスチレンはポリエチレンと同じくらい多くの用途をもっている．たとえば，ポリスチレンは透明なプラスチック製の飲料用グラスや成形加工の自動車部品あるいはコンピューターや台所器具

22・5 有機ポリマー　　699

のような家庭用品を製造するために利用されている．また，成形加工するさいに，融解したポリスチレンに二酸化炭素などの気体を吹き込む場合がある．この操作によって，高温の液体が凝固するときに微小な気泡が取込まれ，身近にみられる断熱性をもつ発泡性カップや絶縁材に用いられる発泡性プラスチックが製造される．

　エチレンやプロピレン，あるいはスチレンに類似した何百という物質や，それらのハロゲン誘導体をモノマーとして，ポリマーの製造が試みられている．表22・3にいくつかの例を示した．

■ "ハロゲン誘導体" は，母体分子の水素原子を1個あるいは複数のハロゲン原子で置換した化合物である．たとえば，CH_3Cl は CH_4 のハロゲン誘導体である．

表 22・3　エチレン $H_2C{=}CH_2$ に関連する化合物から合成されるいくつかの付加重合体

ポリマー	モノマー	用　途
ポリエチレン	$H_2C{=}CH_2$	プラスチック製袋，瓶，おもちゃ，防弾チョッキ
ポリプロピレン	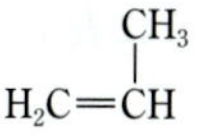 $H_2C{=}CH{-}CH_3$	食洗器対応プラスチック製食器，室内戸外用敷物，ロープ
ポリスチレン	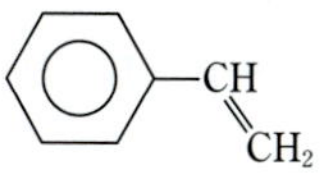 $CH{=}CH_2$（ベンゼン環）	プラスチック製カップ，おもちゃ，台所器具の被覆，断熱材
ポリ塩化ビニル（PVC）	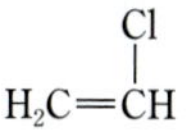 $H_2C{=}CH{-}Cl$	絶縁材，クレジットカード，住宅用ビニール製壁板，瓶，プラスチック製パイプ
ポリテトラフルオロエチレン（テフロン）	$F_2C{=}CF_2$	調理器具の焦げ付き防止表面，バルブ
ポリ酢酸ビニル（PVA）	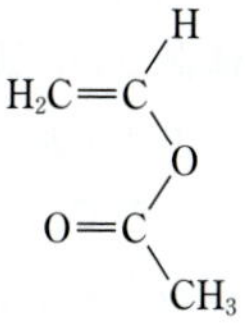 $H_2C{=}CH{-}O{-}C({=}O){-}CH_3$	ラテックス塗料，コーティング，接着剤，成形品
ポリメタクリル酸メチル	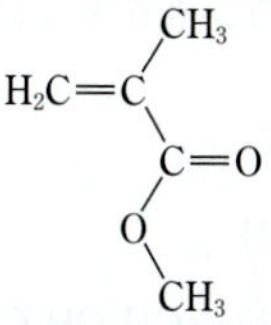 $H_2C{=}C(CH_3){-}C({=}O){-}O{-}CH_3$	耐破砕性窓，コーティング，アクリル塗料，成形品

例題 22・3　付加重合体の構造式の表記

　表22・3を参考にして，ポリマーの一種であるポリ塩化ビニルの構造式を，その三つの繰返し単位を示すことによって書け．また，このポリマーの一般式を書け．

指針　この問題で扱うポリマーは付加重合体であるから，塩化ビニル $CH_2{=}CHCl$ 分子全体が何度も繰返された構造であると考えられる．エチレンについて学んだように，ポリマーは二重結合を開裂させることによって生成する．

解法　この問題を解くために用いる手法は，ポリマー生成のさいのモノマー単位が互いに付加する方法である．

解答　二重結合が開裂すると，他の二つのモノマー単位との結合が形成される．

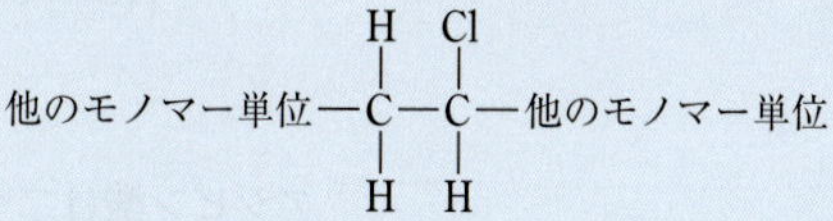

他のモノマー単位$-\overset{\displaystyle H}{\underset{\displaystyle H}{C}}-\overset{\displaystyle Cl}{\underset{\displaystyle H}{C}}-$他のモノマー単位

　答えを得るためには，三つの繰返し単位を結合させなければならない．したがって，構造式は次式のようになる．

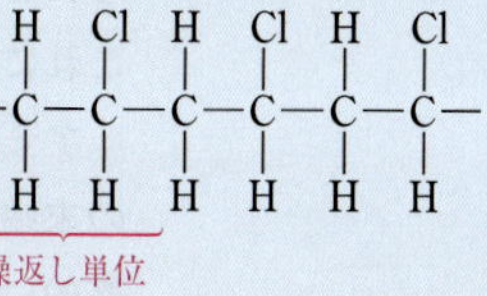

$$-\overset{H}{\underset{H}{C}}-\overset{Cl}{\underset{H}{C}}-\overset{H}{\underset{H}{C}}-\overset{Cl}{\underset{H}{C}}-\overset{H}{\underset{H}{C}}-\overset{Cl}{\underset{H}{C}}-$$

繰返し単位

ポリマーの一般式は，繰返し単位が n 回繰返されることを示せばよい．

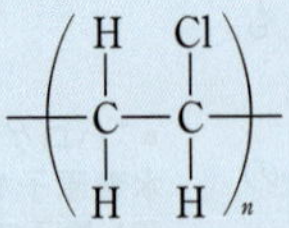

$$\left(\begin{array}{cc} H & Cl \\ | & | \\ -C-C- \\ | & | \\ H & H \end{array}\right)_n$$

確認 問題では，繰返し単位がモノマーと同じ分子式をもっ

ていることを確かめるほかに，答えを確認する方法はない．確かにそのようになっている．

―――――――――――――――

練習問題 22・7 ブタ-2-エンが重合したとしよう．生成したポリマーにおけるモノマーの三つの繰返し単位を示す構造式を書け．

―――――――――――――――

縮合重合体

縮合 condensation

モノマー単位が結合してポリマーを生成する第二の様式は，**縮合**という過程によるものである．縮合反応では，二つのモノマー単位が結びつけられるさいに小さい分子が除去される．簡略化するとこの過程は次式のように表すことができる．

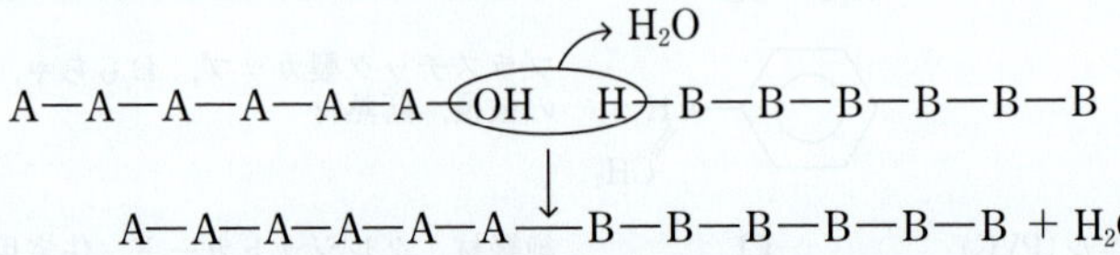

$$A-A-A-A-A-A-\overline{(OH \quad H)}-B-B-B-B-B-B$$
$$A-A-A-A-A-A-B-B-B-B-B-B + H_2O$$

この例では，一つの分子のOH基ともう一つの分子のH原子が結合し，水分子が生成する．それと同時に，分子Aと分子Bが共有結合によって結びつけられる．この過程が分子Aと分子Bの両方の末端で起こるならば，長い鎖が形成される．このような過程によって生成するポリマーを**縮合重合体**あるいは**逐次成長重合体**という．

縮合重合体 condensation polymer

逐次成長重合体 step-growth polymer

最も身近な二つの縮合重合体はナイロンとポリエステルである．ナイロンは2種類の異なる化合物を結びつけることによって生成するので，共重合体とみることができる．最初に製造されたナイロンは，それぞれ6個の炭素原子をもつ2種類の化合物を結びつけることによって得られたので，**ナイロン6,6**とよばれる．

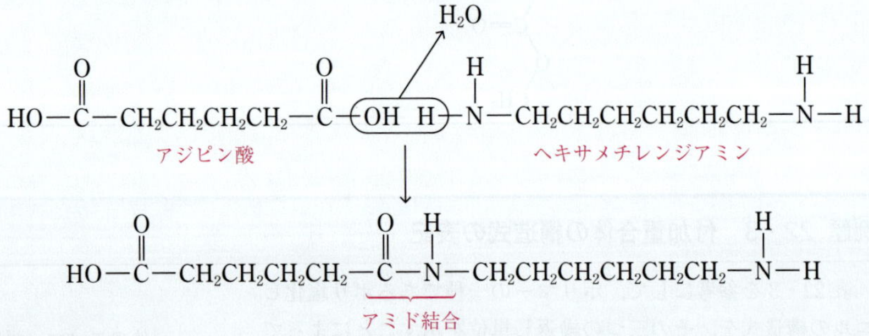

ナイロン6,6 nylon 6,6

アジピン酸は二つのカルボキシ基をもつことに注意しよう（このようなカルボン酸をジカルボン酸という）．もう一方の化合物は，二つのアミノ基をもつのでジアミンである．水が脱離することによって，これら二つの分子はアミド結合によって結びつけられる．アミドについては §22・4 で述べた．これと同じ結合はタンパク質にみられ，これには絹や私たちの体内に存在するタンパク質も含まれている．

アミド結合をもつ反応生成物は，まだ一方の末端にカルボキシ基をもち，もう一方の末端にアミノ基をもっている．このため，さらに縮合反応を起こすことができ，最終的にナイロン6,6が生成する．

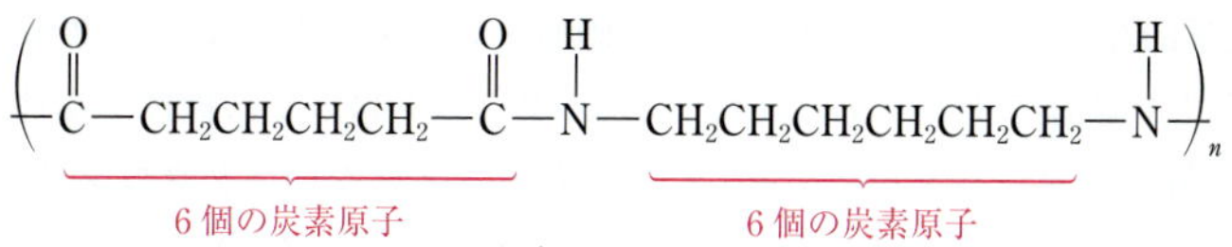

22・5 有機ポリマー　701

$$\left(\!\!\begin{array}{c} \overset{O}{\underset{\parallel}{C}}-CH_2CH_2CH_2CH_2-\overset{O}{\underset{\parallel}{C}}-\overset{H}{\underset{\mid}{N}}-CH_2CH_2CH_2CH_2CH_2CH_2-\overset{H}{\underset{\mid}{N}} \end{array}\!\!\right)_{\!n}$$

6個の炭素原子　　　　　6個の炭素原子

ナイロン 6,6

　ナイロンは 1940 年に発明され，女性のストッキングにおける絹の代替品として有名になった．ナイロンは強く，伸縮性のある繊維であり，釣り糸や，あらゆる種類の衣類や他の多くの製品となる繊維を製造するために用いられている．

　他の様式の縮合重合体として，モノマーを結びつけるためにエステル結合の形成を用いるものがある．このような縮合重合体の一つの例が，次式に示すポリエステルである．

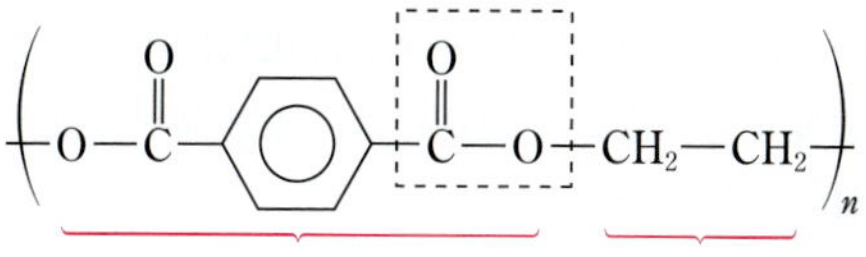

エステル基

$$\left(\!\!\begin{array}{c} -O-\overset{O}{\underset{\parallel}{C}}-\bigcirc-\overset{O}{\underset{\parallel}{C}}-O-CH_2-CH_2 \end{array}\!\!\right)_{\!n}$$

テレフタラート基　　　　エチレン基

ポリ（エチレンテレフタラート），略称 PET

　この共重合体は，アルコールであるエチレングリコールと，エステルであるジメチルテレフタラートの縮合反応によって合成される．最初の段階は次のように表される．

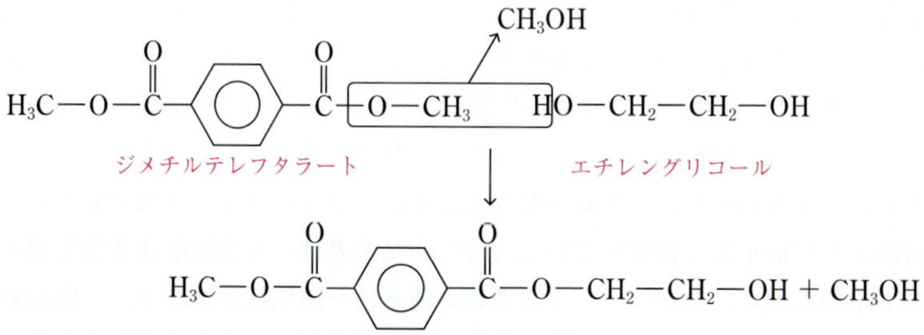

$$H_3C-O-\overset{O}{\underset{\parallel}{C}}-\bigcirc-\overset{O}{\underset{\parallel}{C}}-\boxed{O-CH_3 \quad HO}-CH_2-CH_2-OH$$

CH$_3$OH

ジメチルテレフタラート　　　　　　　エチレングリコール

$$H_3C-O-\overset{O}{\underset{\parallel}{C}}-\bigcirc-\overset{O}{\underset{\parallel}{C}}-O-CH_2-CH_2-OH + CH_3OH$$

　この反応では，除去される小さい分子はメタノール CH_3OH であり，水 H_2O ではないことに注意してほしい．縮合反応が連続して起こることにより，最終的に，上記の PET ポリマーが生成する．このポリマーはダクロン®（日本ではテトロン®）ともよばれている．

　さまざまなモノマーを用いて，広い範囲の性質をもつ異なるポリエステルが合成されている．たとえば，ポリエステルは，衣類のための繊維や，水や清涼飲料用の耐破砕性プラスチックボトルの製造に利用される．ポリエステルの薄膜は，ガラス飛散防止窓や眼鏡の表面に用いられている．また，金属化されたフィルムは，エネルギー効率の高い窓や熱保存性をもつ毛布，あるいは容易にはしぼまないヘリウム風船などに利用されている．

物理的性質とポリマーの結晶性

　化学的安定性以上に，最も追及されるポリマーの特性は，その物理的性質である．たとえば，テフロン®に望まれる性質は，化学的な不活性さと，あらゆるものに対する滑りやすさである．また，ナイロン®はガに食い荒らされることはない（これは実

(a) 低密度ポリエチレン（LDPE）

(b) 高密度ポリエチレン（HDPE）

図 22・3　アモルファスポリエチレンと結晶性ポリエチレン．(a) LDPE に枝分かれが存在すると，ポリマー鎖が整列することができず，アモルファス物質となる．(b) 直線状の HDPE は結晶性の程度が高く，優れた強度をもつ繊維がつくられる．

■ HDPE 分子には，末端と末端が連結した約 30,000 個の CH_2 単位が含まれる．

■ UHMWPE 分子には，末端と末端が連結した 200,000〜400,000 個の CH_2 単位が含まれる．

際には，化学的な性質である）．ナイロンの価値を高めているのは，その優れた強度と，きわめて美しい繊維や布地への加工性である．ダクロンはカビに抵抗する性質をもち，その繊維は綿とは異なりカビによって弱められることはない．ダクロンはまた，綿と比べて少ない量で大きな強度が得られ，その繊維はそれほど伸縮性がない．これらの性質は，ダクロンが船の帆に用いられる理由となっている．

多くの点で，ポリマーの物理的性質は，個々のポリマー鎖が固体中にどのように詰め込まれているかに関係している．たとえば，付加重合体の項において，最も安価なポリエチレンの合成法では枝分かれのある生成物が得られることを述べた．枝分かれがあると分子が秩序よく整列することが妨げられるため，分子はねじれて絡み合うことになり，この結果，ポリマーは実質的にアモルファス固体となる．これはその固体が，結晶性固体にみられるような秩序的構造をもたないことを意味する．このようなアモルファス状生成物を，低密度ポリエチレン（low-density polyethylene，略称 LDPE）という（図 22・3a）．このポリマー分子は比較的小さい分子量をもち，その固体はほとんど構造的強度をもたない．LDPE は，食料品店で使うプラスチック製袋の製造に用いられる種類のポリエチレンである．

異なる方法を用いると，枝分かれがなく 200,000〜500,000 の範囲の分子量をもつポリエチレンを合成することができる．このようなポリマーを高密度ポリエチレン（high-density polyethylene，略称 HDPE）という．図 22・3(b) に示すように，HDPE ではポリマー鎖が互いに並んで整列することができ，秩序の高い構造が，そしてこれにより高い結晶性が得られる．これによって分子は繊維を形成しやすくなり，さらに分子が大きく良好に積み重なることができるので，分子間にはたらくロンドン力も非常に強くなる．こうして強く丈夫な繊維が得られる．たとえば，デュポン社が開発したタイベック® は，無秩序に配列させた細く結晶性の高い HDPE 繊維からなり，圧縮加工により紙に似た材料としたものである．それは軽量で強く，耐水性があり，また破れたり，穴があいたり，すり減ったりしにくい．フェデラルエクスプレス社ではそれを封筒として何年間も使用している．また，建築業者はそれを新築建造物を覆うシートとして用いており，これによって建造物の防水性や防風性が高まり，冷暖房費も節約される．タイベックはまた，危険な環境において使用される特殊な防護服をつくるためにも利用される．

適切な条件下では，3,000,000〜6,000,000 の分子量をもつきわめて長い鎖状ポリエチレン分子からなるポリマーをつくることができる．このようなポリマーを超高分子量ポリエチレン（ultrahigh-molecular-weight polyethylene，略称 UHMWPE）という．このポリマーから製造される繊維はとても強いので，それらは防弾チョッキをつくるために用いられる．ハネウェル社が開発した超高分子量ポリエチレンは秩序よく配列したポリエチレン分子からなるポリマーであり，柔軟性が高く，強く破れにくい布地に加工されている．そしてそれはメスによって傷つきにくい外科用手袋や，工場で用いる作業用手袋，あるいはヨットの帆のための薄い軽量の裏地をつくるために利用される．さらに，他のプラスチックと混合して，軍隊やスポーツで使われるヘルメットのような強く，堅固な形状へと成形加工される．

その他の良好な繊維を形成するポリマーも，それぞれのポリマー鎖の間の強い相互作用が可能な長い形状の分子からなっている．たとえば，ナイロンは極性のカルボニル基 $>C=O$ と $N-H$ 結合をもち，それぞれの分子間に強い水素結合を形成している．

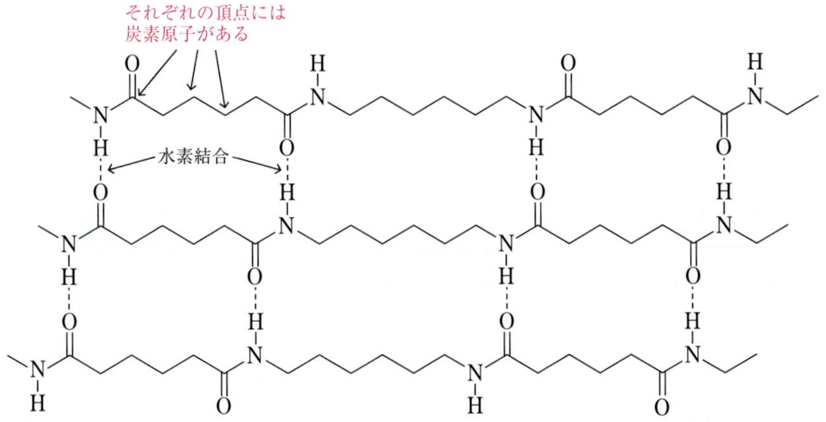

22・6 炭水化物, 脂質, タンパク質 703

それぞれの頂点には
炭素原子がある

水素結合

水素結合によって互いに連結したナイロン 6,6 の 3 本のポリマー鎖

ナイロンと類似の構造をもつケブラー® とよばれるポリマーも, 分子間に強い水素結合を形成し, 高い結晶性をもつ. ケブラーの強い繊維は, 防弾チョッキをつくるために利用されている. また, その繊維はきわめて強固なので, レーシングボートの薄く, しかし強い船体を製造するために用いられる. この軽量な構造により, 安全性を犠牲にすることなく, 速度と性能を高めることができるのである.

22・6 炭水化物, 脂質, タンパク質

生化学は, 生体系を構成する化学物質, およびそれらの細胞内における組織化と化学的相互作用について体系的に研究する学問である. 生体物質はそれ自身が生命をもつわけではないが, 生命の基礎は分子のふるまいにある. 化学物質が生体組織の細胞内で組織化されたときにのみ, それらの間で相互作用が起こり, 組織の修復, 細胞の再生, エネルギーの生産, 老廃物の除去, そのほか多数の機能の制御が可能となる. 生物の世界はほとんどタンパク質, デンプン, セルロース, および遺伝を担う化学物質などの多くの天然高分子を含む有機化合物から構成されている.

生体系はその存在のために, 物質とエネルギー, さらに情報, すなわち"青写真"を必要としている. 本節では, それらを供給する物質, すなわち炭水化物, 脂質, タンパク質, および核酸の構造に焦点を当てることにしよう. これらは, 水と数種類のイオンとともに細胞や組織をつくり上げている基本的な物質である.

生化学 biochemistry

炭 水 化 物

ほとんどの炭水化物は, 単糖という単純な構造単位からなるポリマーであり, 生体が機能するために必要な化学エネルギーのおもな供給源としてはたらく. 最も一般的な単糖はグルコースである. グルコースはペンタヒドロキシアルデヒドの構造をもち,

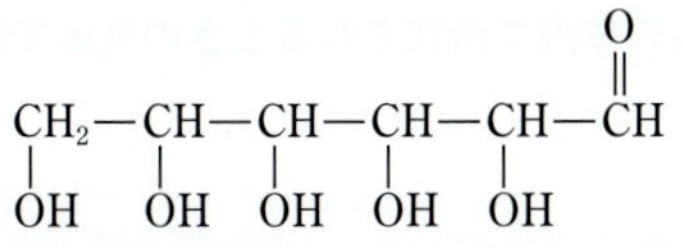

炭水化物 carbohydrate

■ デンプン, 砂糖, および綿はいずれも炭水化物である.

単糖 monosaccharide

グルコース glucose

グルコース（開環形）
ポリヒドロキシアルデヒド

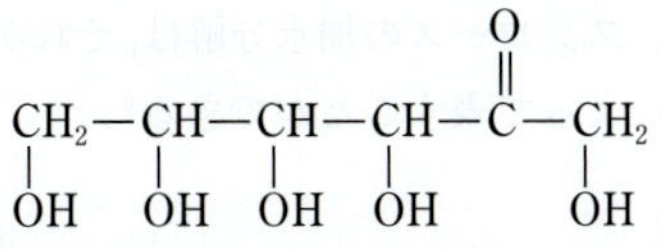

フルクトース（開環形）
ポリヒドロキシケトン

図 22・4 グルコースの構造. グルコースの三つの構造は水溶液中において平衡にある. 開環形に記された曲がった矢印は, それが閉環して環状形になるときに, どのように結合が再配列するかを示している. 閉環のさいに CH＝O 基がどのように回転するかに依存して, C1 位の新たな OH 基が二つの可能な配向, α あるいは β のいずれかをとる. 図の構造式において太く書いた線は, 見る人に近い分子の結合を示している.

すべての生体系において, おそらく最も広く存在する構造単位である. グルコースは血液中におもに存在する炭水化物であり, またセルロースやデンプンのような重要な多糖の構造単位となっている. ペンタヒドロキシケトンの構造をもつ**フルクトース**は, 砂糖の消化によってグルコースとともに生成する. はちみつも多くのフルクトースを含んでいる.

フルクトース fructose

水溶液中では, ほとんどの単糖の分子は複数の構造の平衡として存在している. たとえば, グルコースは水中において, 2 種類の環式構造と一つの鎖式構造の平衡として存在している (図 22・4). 鎖式構造はアルデヒド基をもつただ一つの構造であり, この構造で存在するのは, 溶解している分子の 0.1% 以下である. しかし, グルコース水溶液中の溶質は, ポリヒドロキシアルデヒドとしての反応性を示す. これはこの鎖式構造と 2 種類の環式構造が平衡にあり, ある一つの構造に対して特異的な反応が起こると, ルシャトリエの原理によって平衡がすみやかに移動して, その構造をさらに供給するためである.

二糖 disaccharide

スクロース sucrose

二　糖　水と反応して 2 分子の単糖に分解される分子からなる炭水化物を, **二糖**という. **スクロース** (砂糖, ショ糖, あるいはテンサイ糖) は二糖の例である. スクロースを加水分解するとグルコースとフルクトースが得られる.

それぞれの炭素原子は正四面体構造をもつので, 環状形単糖の 6 員環は実際には, 構造式で示されるような平面ではない. たとえば, β-グルコースは上に示した構造をもっている.

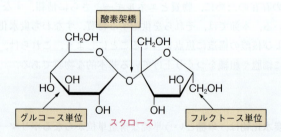

簡単のため, スクロースを Glu－O－Fru と表記しよう. ここで Glu はグルコース単位を, また Fru はフルクトース単位を表し, それらが酸素架橋 －O－ で連結されている. スクロースの加水分解は, それが私たちの体内で消化されるときの反応であり, 次式によって表すことができる*.

＊ スクロース (および以下に現れる類似の他の炭水化物) の簡略化した構造式では, 細かい部分がほとんど書かれていない. しかし, 本書では大まかに理解することを目的としているので, 詳細は他の成書に譲る.

$$\text{Glu}-\text{O}-\text{Fru} + \text{H}_2\text{O} \xrightarrow[\text{加水分解}]{\text{消化}} \text{グルコース} + \text{フルクトース}$$
スクロース

ラクトースを加水分解すると，グルコースとグルコースの異性体である**ガラクトース**（Gal）が生成する．これは，私たちの体内でラクトースが消化されるときの反応である．

ラクトース lactose，乳糖ともいう．

ガラクトース galactose

$$\text{Gal—O—Glu} + \text{H}_2\text{O} \xrightarrow[\text{加水分解}]{\text{消化}} \text{ガラクトース} + \text{グルコース}$$
ラクトース

多 糖 植物はエネルギー源となるグルコース単位を，**デンプン**分子の形でたくわえる．デンプンは**多糖**とよばれる巨大な多量体の糖の一種である．デンプンは植物の種子や塊茎（たとえば，ジャガイモ）によくみられ，2種類のグルコースポリマーからなっている．より簡単な構造をもつものは**アミロース**とよばれ，デンプンの約20%を占める．アミロースの構造式は次のように書くことができる．ここでOはグルコース単位を連結する酸素架橋を表している．

デンプン starch

多糖 polysaccharide

アミロース amylose

$$\text{Glu} + \text{O—Glu} \underset{n}{\big)} \text{OH}$$
アミロース（n はきわめて大きい）

平均的なアミロース分子は，酸素架橋によって連結された 1000 個以上のグルコース単位からなっている．消化におけるアミロースと水との反応では，酸素架橋部位が水によって攻撃を受け，開裂する．アミロースの分解によってグルコース分子が生成し，最終的に血液中に供給されて体内を循環する．

$$\text{アミロース} + n\,\text{H}_2\text{O} \xrightarrow[\text{加水分解}]{\text{消化}} n\,\text{グルコース}$$

デンプンの大部分は**アミロペクチン**とよばれる分子から形成されている．アミロペクチン分子はアミロース分子よりもずっと大きい．アミロペクチン分子は酸素架橋で連結したいくつかのアミロース分子からなり，一つのアミロース単位の末端が別のアミロース単位の"鎖"のある部位と酸素架橋で連結した構造をもつ．

アミロペクチン amylopectin

$$\begin{array}{c}
\text{Glu} + \text{O—Glu} \underset{m}{\big)} \text{O} \\
\text{Glu} + \text{O—Glu} \underset{n}{\big)} \text{O} \\
\text{Glu} + \text{O—Glu} \underset{o}{\big)} \text{O}
\end{array}$$
アミロペクチン（m, n, o は大きな数）

さまざま植物種のデンプンから得られたアミロペクチンの分子量は，50,000 から数百万におよぶことが観測されている．（百万の分子量は，約 6000 個のグルコース単位に相当する．）

動物はエネルギー源となるグルコース分子を，**グリコーゲン**として貯蔵する．グリコーゲンはアミロペクチンと類似した分子構造をもつ多糖の一種である．私たちがデンプン質の食物を摂取すると，グルコース分子が血液中に放出される．そのとき，血液中の健康的な濃度を維持するために必要な量を超えたグルコースは，肝臓や筋肉のような特定の組織によって血液から除去される．肝臓や筋肉の細胞において，グルコースはグリコーゲンに変換される．あとで多量のエネルギーを必要とするときや，あるいは絶食期間には，貯蔵されていたグリコーゲンからグルコース分子が血液中に放出され，脳や他の組織が正常に機能するために必要なグルコース濃度が維持されるのである．

グリコーゲン glycogen

706   22. 有機化合物，ポリマー，生体物質

セルロース cellulose

■ セルロースは植物の細胞壁を構成する主要な物質である．綿のほぼ100%はセルロースからできている．

セルロース　セルロースはアミロースとよく似たグルコースのポリマーであるが，酸素架橋部分の配向が異なっている．私たちはその酸素架橋を加水分解するために必要な酵素をもっていないので，たとえばレタスに含まれるようなセルロースを食料として用いることができず，ただ繊維として利用できるだけである．ウシのような草食動物の消化管には，セルロースを小さい分子に分解できる微生物がおり，草食動物はその分解物を自身のエネルギー源として利用している．

脂質 lipid

脂　質

　脂質は水には不溶性であるが，ジエチルエーテルやベンゼンのような無極性溶媒には溶けやすい天然物である．脂質に要求される構造的特徴は，その分子が全体として炭化水素に似た大きな部分をもち比較的無極性であることだけなので，脂質に分類される物質はきわめて多い．たとえば，コレステロール，エストラジオールやテストステロンといった性ホルモンも脂質に含まれる．これらの構造をみると，これらの物質が炭化水素に似た性質を示す理由がわかるであろう．

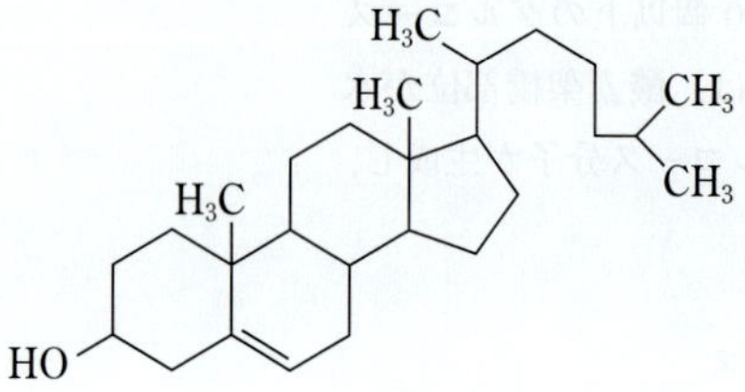

コレステロール

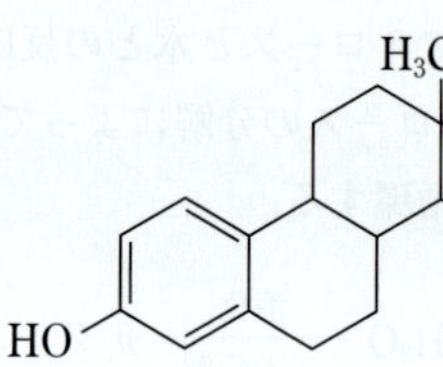

エストラジオール
（女性ホルモン）

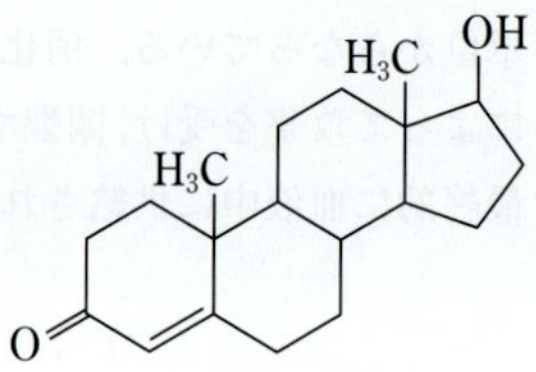

テストステロン
（男性ホルモン）

■
CH₂OH
│
CHOH
│
CH₂OH
グリセロール
（グリセリン）

トリアシルグリセロール　日常の食物であるオリーブオイルやコーンオイル，あるいはバターやラードのような食用の脂肪や油も脂質に含まれる．これらは三つの OH 基をもつアルコールであるグリセロール（グリセリン）と，任意の長鎖アルキル基をもつカルボン酸三つからなるエステルであり，**トリアシルグリセロール**とよばれる．

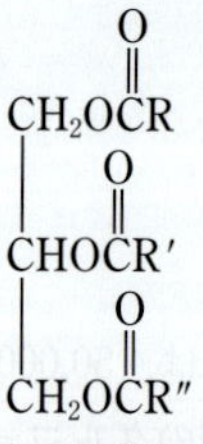

トリアシルグリセロール
triacylglycerol

トリアシルグリセロール
（一般構造式）

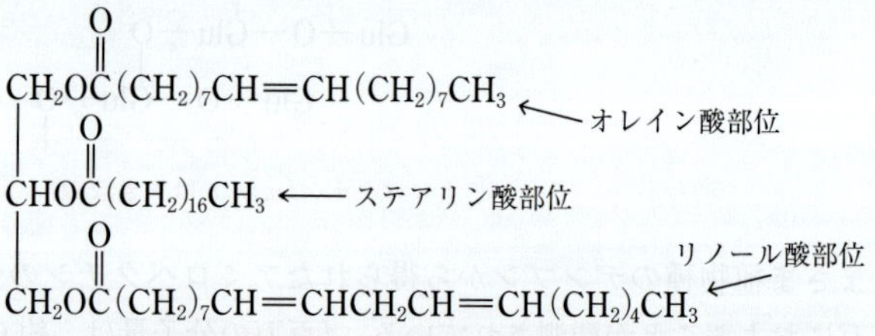

トリアシルグリセロール
（植物油に含まれる典型的な分子）

← オレイン酸部位
← ステアリン酸部位
リノール酸部位

脂肪酸 fatty acid

　トリアシルグリセロールの合成に用いられるカルボン酸を**脂肪酸**という．脂肪酸は一般に，偶数個の炭素原子から構成され，枝分かれのないアルキル鎖に一つのカルボキシ基が結合した構造をもつ（表22・4）．その長い炭化水素鎖のために，トリアシルグリセロールは水に対する溶解度が低いなど，ほとんど炭化水素と類似した物理的性質をもつようになる．脂肪酸には一つあるいは複数の炭素−炭素二重結合をもつものも多い．

■ 調理油は1分子当たり数個のアルケン部分をもつので，一般に多不飽和油とよばれている．

　オリーブオイルやコーンオイル，あるいはピーナッツオイルのような植物に由来するトリアシルグリセロールは植物性油とよばれ，室温で液体である．一方，ラードや牛脂のような動物に由来するトリアシルグリセロールは動物性脂肪とよばれ，室温で

22・6 炭水化物，脂質，タンパク質　　707

表 22・4　代表的な脂肪酸

脂肪酸	炭素原子数	構造	融点(℃)
ミリスチン酸	14	$CH_3(CH_2)_{12}CO_2H$	54
パルミチン酸	16	$CH_3(CH_2)_{14}CO_2H$	63
ステアリン酸	18	$CH_3(CH_2)_{16}CO_2H$	70
オレイン酸	18	$CH_3(CH_2)_7CH=CH(CH_2)_7CO_2H$	4
リノール酸	18	$CH_3(CH_2)_4CH=CHCH_2CH=CH(CH_2)_7CO_2H$	−5
リノレン酸	18	$CH_3CH_2CH=CHCH_2CH=CHCH_2CH=CH(CH_2)_7CO_2H$	−11

固体である．一般に，植物性油は動物性脂肪に比べて 1 分子当たりの二重結合の数が多いため，多価不飽和であるという．二重結合はふつうシス形であるため，分子はねじれて密に配列することができなくなり，分子間にはたらくロンドン力も弱くなる．植物性油が固体ではなく，液体になりやすいのはこのためである．

トリアシルグリセロールの消化　　私たちはトリアシルグリセロールを加水分解，すなわち水との反応によって消化する．上部の腸管から分泌される消化液には，この反応を触媒するリパーゼという酵素が含まれている．たとえば，以前に示したトリアシルグリセロールは，次式に示した反応によって完全に消化される．

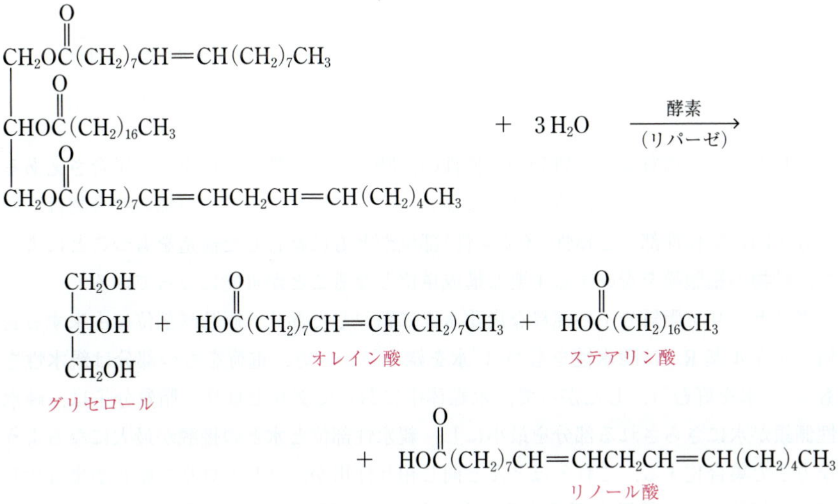

$$CH_2OC(CH_2)_7CH=CH(CH_2)_7CH_3$$
$$CHOC(CH_2)_{16}CH_3 \quad + \quad 3\,H_2O \quad \xrightarrow[\text{(リパーゼ)}]{\text{酵素}}$$
$$CH_2OC(CH_2)_7CH=CHCH_2CH=CH(CH_2)_4CH_3$$

$$CH_2OH$$
$$CHOH \quad + \quad HOC(CH_2)_7CH=CH(CH_2)_7CH_3 \quad + \quad HOC(CH_2)_{16}CH_3$$
$$CH_2OH$$
グリセロール　　　　　　　　オレイン酸　　　　　　　　　ステアリン酸

$$+ \quad HOC(CH_2)_7CH=CHCH_2CH=CH(CH_2)_4CH_3$$
リノール酸

脂肪の消化は塩基性の条件下で進行するので，実際には，カルボン酸イオンが生成する．

　トリアシルグリセロールの加水分解が十分な塩基の存在下で起こり，脂肪酸が陰イオンとして放出されるとき，この反応をけん化という．ふつうのセッケンは，長鎖脂肪酸の塩の混合物からつくられる．

植物性油の水素化反応　　一般に植物性油はバターよりも安価に製造されるが，液体であるので，それをパンに塗るために使おうと思う人はほとんどいない．バターのような動物性脂肪は室温で固体であるが，植物性油が動物性脂肪と異なっているのは，1 分子当たりの炭素−炭素二重結合の数だけである．したがって，植物性油の二重結合に水素を付加させるだけで，その脂質を液体から固体に変えることができる．

■ 植物性油を水素化すると，シス異性体とトランス異性体の両方に水素原子が付加し，分子間にはたらくロンドン力が最大となる直鎖状の飽和分子が生成する．

トランス脂肪 trans fat

植物性油を部分的に水素化すると，二重結合のまわりの原子の配列がシス形からトランス形に変化することがある．このようにして得られた脂質を**トランス脂肪**という．トランス脂肪の摂取は冠動脈疾患と関係があるとされているため，現在では食物の成分表示に，その食物に含まれるトランス脂肪の量を示すことが要求されている．

動物の細胞膜 　動物の細胞膜に含まれる脂質はトリアシルグリセロールではない．ある脂質はジアシルグリセロールであり，グリセロールのもう一つの OH 部位にはリン酸基が結合した構造をもっている．そのリン酸基はさらに，エステルに似た結合様式でアミノアルコール部位と連結されている．リン酸部位は 1 価の負電荷をもっており，アミノ基部位は 1 価の正電荷をもっている．このような脂質をグリセロリン脂質という．乳化剤として調理に用いられるレシチンは，グリセロリン脂質の一つの例である．

■ 陽イオン性のコリンは，レシチンのアミノアルコール部分を構成している．
$HOCH_2CH_2N^+(CH_3)_3$
エタノールアミンは（プロトン化された形で），リン脂質に存在するもう一つのアミノアルコールである．
$HOCH_2CH_2NH_3^+$

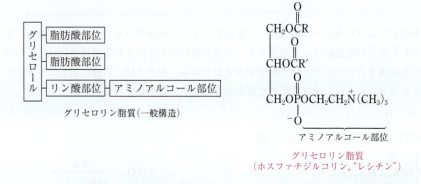

疎水性 hydrophobicity
親水性 hydrophilicity

グリセロリン脂質は，脂質分子が極性の，特にイオン性の部位をもつ場合さえあるが，まだ水にそれほど溶けるわけではない．グリセロリン脂質や類似の化合物は，同一分子内に無極性部位と極性（イオン性）部位がともに結合した構造をもつことによって，動物の細胞膜を形成する主要な構成単位となることが可能になっている．

グリセロリン脂質分子の純粋な炭化水素に類似した部分（脂肪酸部位に由来する長鎖アルキル基 R）は**疎水性**をもつ（"水を嫌う"）．一方，電荷をもつ部分は**親水性**をもつ（"水を好む"）．したがって，水媒体中においてグリセロリン脂質分子は，疎水性側鎖が水にさらされる部分を最小にし，親水性部位と水との接触が最大になるような方法で集合化する．これとほとんど同じ相互作用が，グリセロリン脂質が集合化して動物細胞の二分子膜を形成するときに起こる（図 22・5）．二分子膜の中心部には水分子は存在せず，疎水性側鎖が混じり合っている．細胞の内側と外側の水媒体には，

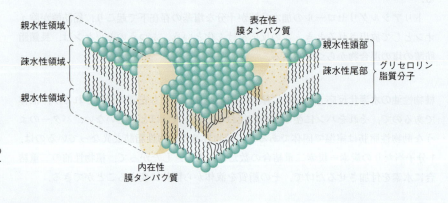

図 22・5　**動物の細胞膜**．動物の細胞膜の脂質分子は，組織化されて二分子膜を形成している．

親水基がさらされている．図 22・5 には示されていないが，細胞膜にはコレステロールやコレステロールエステル分子が存在し，膜を硬くするのに役立っている．このようにコレステロールは，動物の細胞膜に必須の分子である．

親水基 hydrophilic group

また，細胞膜にはタンパク質が含まれており，いくつかの機能を果たしている．たとえば，ホルモンや神経伝達物質のような分子に対する分子認識部位や Na^+, K^+, Ca^{2+}, Cl^-, HCO_3^- のようなイオンが細胞の内外へ移動するためのチャネル，あるいはグルコースのような小さい有機分子の移動に対するチャネルとしての機能をもっている．

タンパク質

タンパク質は人体の乾燥重量の約半分を占めており，大きな物質群を形成している．それらはすべての細胞内に存在し，酵素やホルモン，あるいは神経伝達物質としてはたらいている．タンパク質はまた，血液中で酸素や代謝によって生成するいくつかの老廃物を運搬している．生体系においてこのような多様な機能をもつ化合物群はほかにはない．

■神経伝達物質は一つの神経細胞の末端と次の神経細胞の表面の間を移動し，神経刺激を伝達する小さい分子である．

タンパク質の主要な構造単位は，**ポリペプチド**とよばれる高分子である．ポリペプチドは ***α*-アミノ酸**というモノマーからなっている．ほとんどのタンパク質分子には，それらのポリペプチド部位のほかに，小さい有機分子や金属イオンが含まれている．これらの化学種がなければ，タンパク質全体がその特徴的な生物学的機能を示すことができない．

タンパク質 protein

ポリペプチド polypeptide

α-アミノ酸 *α*-amino acid

ポリペプチドをつくるモノマー単位は，約 20 種類からなる一群の *α*-アミノ酸であり，それらはすべて共通の構造的特徴をもっている．タンパク質をつくるために用いられる 20 種類のアミノ酸のいくつかの例を以下に示した．記号 R はアミノ酸の側鎖を示している．すべてのアミノ酸は慣用名でよばれており，またそれぞれには三文字からなる略号が与えられている．

α-アミノ酸の一般構造式

R ＝ H, グリシン (Gly)
＝ CH_3, アラニン (Ala)
＝ CH_2 , フェニルアラニン (Phe)
＝ $CH_2CH_2CO_2H$, グルタミン酸 (Glu)
＝ $CH_2CH_2CH_2CH_2NH_2$, リシン (Lys)
＝ CH_2SH, システイン (Cys)

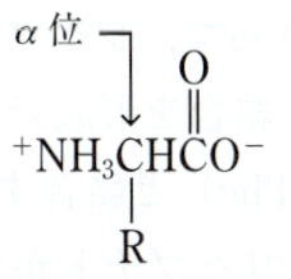

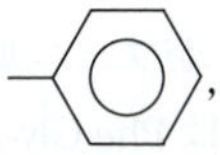

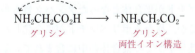

最も簡単なアミノ酸はグリシンであり，それに対する“側鎖”は H である．

グリシンは他のすべてのアミノ酸と同様に，その純粋な状態において両性イオン，すなわち正電荷と負電荷が別べつに，しかし同一分子内にあるイオンとして存在する．このようなイオンは，分子内における自己中和反応，すなわちプロトン供与性をもつカルボキシ基からプロトン受容性をもつアミノ基へのプロトン移動によって生成する．

$$NH_2CH_2CO_2H \longrightarrow {}^+NH_3CH_2CO_2^-$$

グリシン　　　グリシン 両性イオン構造

■両性イオンの正式の名称は**双性イオン** (zwitterion) である．

ポリペプチド　ポリペプチドはアミノ酸の共重合体である．一つのアミノ酸のカル

ボキシ基と他のアミノ酸のアミノ基が，アミド結合によって結びつけられる．なお，この結合はナイロンにみられるカルボニル−窒素結合と同じものであるが，ペプチドでは**ペプチド結合**とよばれる．グリシンとアラニンを例として，2分子のアミノ酸がどのように多段階の水の脱離によって結びつけられるかをみてみよう．

ペプチド結合 peptide bond

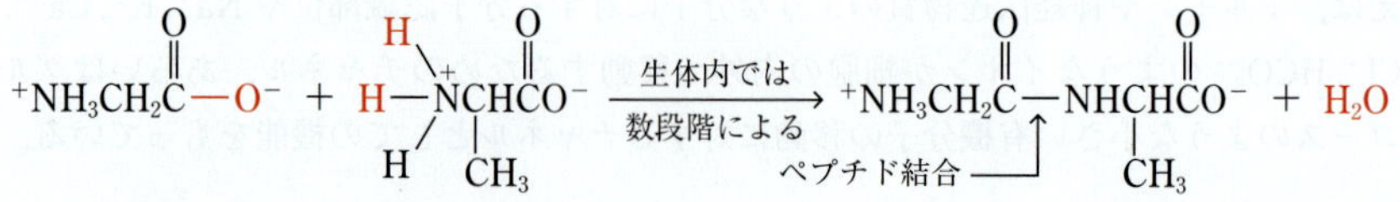

$$+NH_3CH_2C\!-\!O^- \;+\; H\!-\!\overset{+}{N}HCHCO^- \xrightarrow[数段階による]{生体内では} \;+NH_3CH_2C\!-\!NHCHCO^- \;+\; H_2O$$

グリシン Gly　　　　アラニン Ala　　　　　　　　グリシルアラニン Gly-Ala

この反応の生成物であるグリシルアラニンはジペプチド，すなわち2個のアミノ酸がペプチド結合によって結びつけられた分子の例である．生化学ではアミノ酸に対する三文字の記号を用いて，このような物質の構造式を示すことが多い．この場合にはGly-Ala となる．

　グリシンとアラニンの位置を交換すると，異なるジペプチド Ala-Gly が生成する反応式を書くことができる．

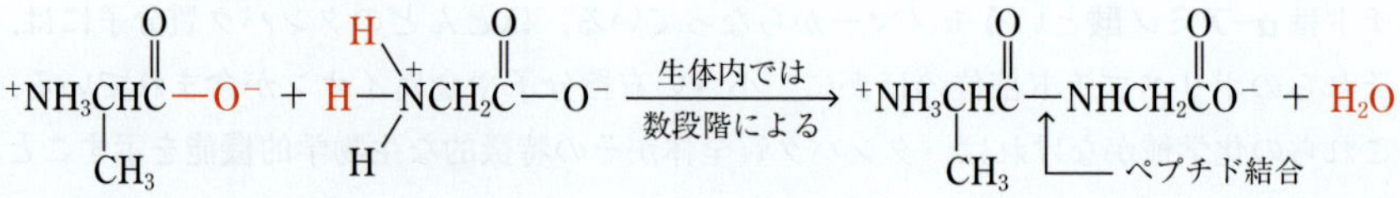

$$+NH_3CHC\!-\!O^- \;+\; H\!-\!\overset{+}{N}CH_2C\!-\!O^- \xrightarrow[数段階による]{生体内では} \;+NH_3CHC\!-\!NHCH_2CO^- \;+\; H_2O$$

アラニン Ala　　　　グリシン Gly　　　　　　　アラニルグリシン Ala-Gly

■ 人工甘味料のアスパルテームはジペプチドのメチルエステルである．

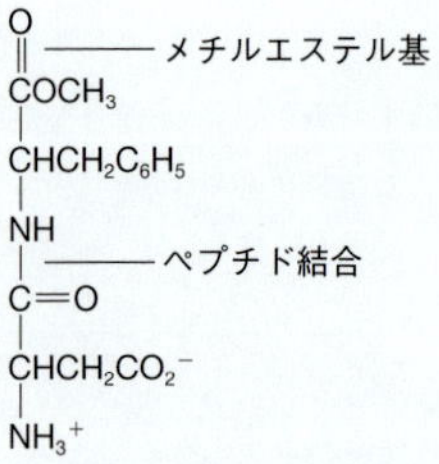

　（アスパルテームの構造式）
　メチルエステル基
　ペプチド結合
　アスパルテーム

グリシンとアラニンから2種類のジペプチドが生成することは，2種類の文字，たとえば N と O から2種類の単語が生じることと似ている．一つの配列では NO となり，別の配列では ON となる．それらは同じ部品からできているが，全く異なる意味をもっている．

　それぞれのジペプチド Gly-Ala と Ala-Gly は，分子鎖の一つの末端に CO_2^- 基をもち，他の末端に $+NH_3$ 基をもっていることに注意しよう．したがって，ジペプチド分子のいずれの末端も，20種類の任意のアミノ酸とまだペプチド結合を形成できることになる．たとえば，グリシルアラニンがフェニルアラニン（Phe）と結合すれば，2種類の異なる配列 Gly-Ala-Phe あるいは Phe-Gly-Ala をもつトリペプチドが生成するだろう．これらのトリペプチドはいずれも，一つの末端に CO_2^- 基をもち，他の末端に $+NH_3$ 基をもっている．こうしてアミノ酸単位が結びつけられて，きわめて長い配列が形成されることがわかる．

　ポリペプチド鎖の長さが長くなるにつれて，アミノ酸の可能な組合わせは天文学的な数となる．たとえば，ここではトリペプチドを例にあげたが，生体では20種類のアミノ酸の組合わせが可能なため，わずか三つのアミノ酸の並びでも 20^3 通り，すなわち 8000 通りのトリペプチドを考えることができる．

タンパク質の構造　　多くのタンパク質は単一のポリペプチドからなっている．しかし，二つ以上のポリペプチドが集合体となったタンパク質も多い．これらのポリペプチドは同一の場合もあるが，異なるポリペプチドが集合化したタンパク質もある．さらに，比較的小さい有機分子がその集合体の中に含まれていることがあり，また金属イオンが存在していることもある．このように，"タンパク質"という用語と"ポリペプチド"という用語は同義語ではない．たとえば，ヘモグロビンはここで述べたすべ

■ ヘモグロビンは血液中の酸素運搬体である．

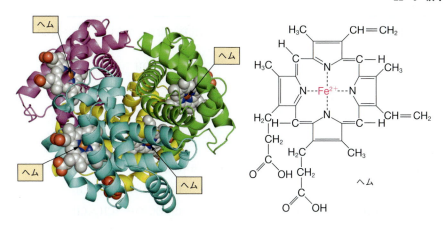

図 22・6 ヘモグロビン．四つのポリペプチド鎖（それぞれ異なった色のリボンとして示されている）はねじれ，折れ曲がって，四つの埋込まれたヘム単位のまわりを囲んでいる．それぞれのヘム単位にはその中心に，O_2 と結合することができる Fe^{2+} が含まれている．

ての特徴をもつタンパク質である（図22・6）．すなわちヘモグロビンは，類似した二つの対を形成している四つのポリペプチドからなり，ヘムという血液の赤色の原因となっている有機分子を四つ含んでいる．さらにヘムは鉄(II)イオンを保持している．これら全体の集まりがヘモグロビンというタンパク質である．もし一つの部品が失われたり，たとえば鉄が Fe^{2+} ではなく Fe^{3+} として存在するように何らかの変換が起こったときには，その物質はもはやヘモグロビンではなく，血液中で酸素を運搬することはできない．

図22・6に示すように，ヘモグロビンのそれぞれのペプチド鎖はらせん状に巻きあがり，そのらせんはもつれたり，ねじれたりしていることに注意しよう．ポリペプチドのこのような形状は，アミノ酸の配列によって決定される．これは，それぞれのアミノ酸の側鎖は大きさが異なり，またアミノ酸には疎水性のものも，親水性のものもあるためである．ポリペプチド分子は疎水性置換基と周囲の水との接触を最小にし，親水性置換基と水分子との接触を最大にするように，らせん状になり，ねじれる．さらに，隣り合ったループの N−H 基と C＝O 基との間に形成される水素結合が，らせん構造を維持するために役立っている．

それぞれのタンパク質がもつ形状は天然型とよばれ，タンパク質分子の構成にかかわる他の要因と同様に，そのタンパク質が機能を発揮するためにきわめて重要である．たとえば，ヘモグロビンの一つの側鎖の置換基 R を他の置換基に変えただけで，ヘモグロビンの形状は変化し，鎌状赤血球貧血をひき起こすことが知られている．

■鎌状赤血球貧血を起こすヘモグロビンでは，そのサブユニットの一つにおいて $-CH_2CH_2CO_2H$ であるべき側鎖が，イソプロピル基 $-CH(CH_3)_2$ になっている．

酵　素

生体細胞における触媒を**酵素**といい，それらの多くはタンパク質である．いくつかの酵素はそれが機能するために Mn^{2+}, Co^{2+}, Cu^{2+}, Zn^{2+} のような金属イオンを必要とするが，それらはすべて，私たちが健康的な食生活において摂取すべき微量元素となっている．また，酵素には，完全な酵素として機能するためにビタミンB群のような分子を必要とするものもある．

身のまわりにある危険な毒物のいくつかは，酵素を不活性化することによって毒性をひき起こす．神経伝達のために必要な酵素を阻害する毒物も多い．たとえば，致死性の食中毒であるボツリヌス中毒の原因となるボツリヌス毒素は，神経系にかかわる酵素を不活性化する．また，Hg^{2+} や Pb^{2+} のような重金属イオンが毒となるのも，それらが酵素の活性を阻害するためである．

酵素 enzyme

■重金属イオンはポリペプチドに含まれるシステイン側鎖の HS 基と結合する．

練習問題 22・8 以下の化合物をそれぞれ炭水化物，脂質，あるいはアミノ酸のいずれかに分類せよ．

(a) [コレステロール構造式]
(b) [糖構造式]
(c) $CH_3-CH-CH_2-CH(NH_2)-C(=O)OH$ のような構造（CH_3分岐あり）
(d) $CH_2OC(O)-(CH_2)_{16}CH_3$
   $CHOC(O)-(CH_2)_{16}CH_3$
   $CH_2OC(O)-(CH_2)_{16}CH_3$

22・7 核酸: DNA と RNA

生体においてポリペプチドは，核酸という化合物群の化学的な指示によって合成されている．すべての生物種にみられる，またある生物種のそれぞれの個体がもつ同一性と特異性は，これらの化合物の構造的な特徴に依存している．

DNA と RNA

核酸は大きく分けて，**RNA**（リボ核酸）と **DNA**（デオキシリボ核酸）という二つの形態で存在している．DNA は実質的な遺伝子としてはたらく化学物質であり，生物がそのすべての特徴を子孫に伝えるための遺伝情報の化学的基礎を与えている．

DNA 分子の主鎖すなわち"骨格"は，図 22・7 に示すようにリン酸基と糖分子（単糖）による単位が交互に連結した構造をもっている．RNA では，その単糖がリボース（ribose）になっている（RNA の R はこれに由来する）．一方，DNA における単糖は，デオキシリボース（deoxyribose）である（デオキシは"酸素原子がない"を意味する）．DNA と RNA はいずれも，次のように表すことができる．ここで G は置換基を示し，それぞれの G 単位が特有の核酸側鎖を表している．

$$\overset{G^1}{|}\quad\overset{G^2}{|}\quad\overset{G^3}{|}$$
リン酸基―糖―リン酸基―糖―リン酸基―糖―

すべての核酸の骨格系は，何千個と連なった繰返し単位からなり，
DNA では糖はデオキシリボースで，RNA では糖はリボースである

核酸 nucleic acid

リボ核酸 ribonucleic acid, 略称 RNA

デオキシリボ核酸 deoxyribonucleic acid, 略称 DNA

[リボース、デオキシリボース構造式]

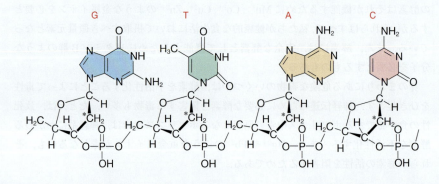

図 22・7 核酸．4 種類の DNA 塩基のそれぞれを書いた DNA 鎖の一部．＊をつけた炭素原子のそれぞれに OH 基が結合すると，RNA を構成する"骨格"を示すことになる．RNA では，T は U に置き換わる．

22・7 核酸: DNA と RNA　　713

　側鎖 G はすべて複素環状アミンであり，それらの分子の形状はその機能ときわめて深いかかわりがある．アミンであるためそれらは水中で塩基性を示すので，核酸塩基とよばれる．核酸塩基はそれぞれ一文字で表記される．A はアデニン，T はチミン，U はウラシル，G はグアニン，C はシトシンを表す．

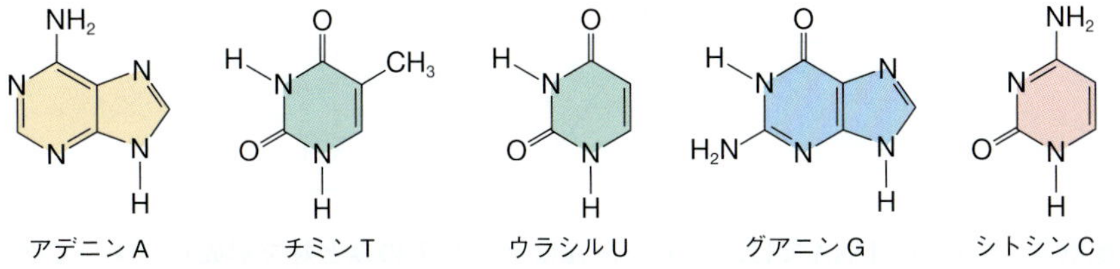

アデニンA　　　チミンT　　　ウラシルU　　　グアニンG　　　シトシンC

　DNA では塩基は A, T, G, および C が用いられる．一方，RNA では A, U, G, および C である．これら数種類の塩基が遺伝子の"文字"となっている．すなわち驚くべきことに，私たちのすべての遺伝的性質を表す情報は，わずか 4 種類の"文字"A, T, G, および C から構成されているのである．

DNA の二重らせん構造

　1953 年英国のクリックと米国のワトソンは，細胞内の DNA は二つの寄り合わされた逆方向に連なるらせん階段のようなコイル状の分子として存在すると推定した．この構造を **DNA 二重らせん**という．2 本の鎖が並んで配列するためには水素結合がはたらいているが，そのほかの要因も寄与している．

　核酸塩基は N−H 基と O=C 基をもっており，それらの間で次のような水素結合(…)を形成することができる．

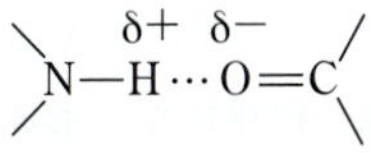

$$\diagdown N - H \overset{\delta+}{\cdots} \overset{\delta-}{O} = C \diagdown$$

最大の水素結合を形成できるように最も"ぴったり合った"分子構造をもつ核酸塩基は，特定の塩基対として存在する．塩基対を形成するそれぞれの塩基の官能基は，対となる塩基との間で水素結合が可能となるように，その分子内の適切な位置に正しく

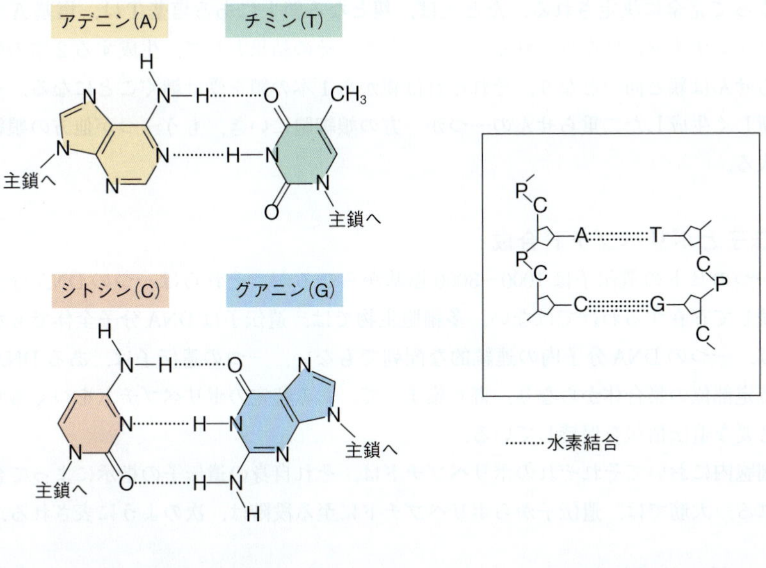

クリック F. H. C. Crick

ワトソン J. D. Watson

■ クリックとワトソンはウィルキンスとともに，フランクリンから得た X 線データを用いて DNA の二重らせん構造を推定した業績により，1962 年のノーベル医学生理学賞を受賞した．DNA の構造は図 11・5 に示されている．

DNA 二重らせん DNA double helix

アデニン(A)　チミン(T)

主鎖へ　　　　　主鎖へ

シトシン(C)　グアニン(G)

主鎖へ　　　　　主鎖へ

………水素結合

図 22・8　**DNA における塩基対の形成**．水素結合は点線で示されている．

図 22・9 塩基対の形成と DNA の複製

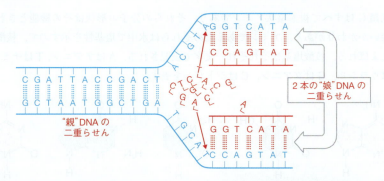

配置されている．DNA では，アデニン A はチミン T のみと対を形成し，決してグアニン G やシトシン C と対になることはない（図 22・8）．同様に，C は G のみと対を形成し，決して A や T と対になることはない．この結果，DNA 二重らせんでは，1本の鎖上の G の反対側には，他の鎖上の C が存在することになる．同様に，1本の鎖上のあらゆる A の反対側には，他の鎖上の T が位置している．

アデニン A はウラシル U とも対を形成することができるが，U は RNA に存在している．A と U の対の形成は RNA が機能を示すさいの重要な因子となっている．

DNA 複製　細胞分裂が起こるさいには，分裂によって生じるそれぞれの娘細胞が完全な一組の DNA をもつことができるように，細胞はその DNA の複製を合成する．このような生殖の過程を DNA **複製**という．

複製 replication

DNA 複製の正確さは，塩基対の形成に制限があることによる．A は T のみと対を形成し，C は G のみと対を形成する（図 22・9）．なお，図 22・9 において結合を形成していない文字 A，T，G，および C は単なる塩基ではなく，その塩基が結合した DNA モノマー分子全体を表している．このようなモノマーをヌクレオチドといい，ある特定の塩基と結合したリン酸-糖単位から形成される（欄外の図参照）．ヌクレオチドは細胞で合成され，細胞内の"スープ"に存在している．

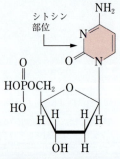

側鎖としてシトシンをもつ典型的なヌクレオチド

DNA 複製のそれぞれの段階は酵素によって触媒される．複製が起こるさいには，親 DNA の二重らせんを形成していた2本の鎖が分離し，1本となった鎖に沿って，新しい鎖を形成するためのモノマーが配列する．配列の順序は，塩基対形成の特異性によって完全に決定される．たとえば，親となる鎖上にある塩基 T は，塩基 A をもつヌクレオチドだけを受入れることができる．その結果として，生成する2本の娘二重らせんは親と同一となり，それぞれは親から1本の鎖を受け継ぐことになる．そして新しく生成した二重らせんの一つが一方の娘細胞にいき，もう一つが他方の娘細胞に入る．

遺伝子とポリペプチド合成

一つのヒトの遺伝子は 1000〜3000 塩基からなるが，それらは一つの DNA 分子に連続して存在するわけではない．多細胞生物では，遺伝子は DNA 分子全体でもなければ，一つの DNA 分子内の連続的な配列でもない．一つの遺伝子は，ある DNA 鎖の特定部位の集合体からなり，寄り集まって，ある特定のポリペプチドをつくるために必要な遺伝情報を保持している．

細胞内においてそれぞれのポリペプチドは，それ自身の遺伝子の指示によって合成される．大筋では，遺伝子からポリペプチドに至る段階は，次のように表される．

22・7 核酸：DNA と RNA 715

DNA $\xrightarrow{\text{転写}}$ RNA $\xrightarrow{\text{翻訳}}$ ポリペプチド

遺伝情報が細胞核内　　遺伝情報は核外の RNA に移り，
で読取られ，RNA へ　　その指示によってポリペプチド
転写される　　　　　　の合成が行われる

転写と書かれた段階ではまさに，DNA 上の塩基配列によって記述された遺伝情報が，RNA 上の相補的な塩基配列として写しとられる．ただし，RNA ではチミン T ではなく，ウラシル U が用いられる．**翻訳**は RNA 上の塩基配列が，新しいポリペプチド上のアミノ酸の側鎖の配列に変換されることを意味している．この段階は，ある言語（DNA/RNA の塩基配列）を別の言語（ポリペプチド側鎖の配列）に翻訳することと似ている．

ポリペプチド合成における翻訳の過程は数段階からなり，数種類の異なる RNA が関与している．その過程では，細胞は，三つの核酸塩基からなる特定の配列（**コドン**という）を特定のアミノ酸と関係づける規則を用いて，ポリペプチド鎖を伸長させるさいに次にくるべきアミノ酸単位を指定している．

どのアミノ酸がどのコドンと対応するかが**遺伝暗号**となり，それによって，細胞は 4 種類の文字からなる RNA の記号体系（A, U, G, および C）を 20 種類の文字からなるアミノ酸の記号体系（アミノ酸側鎖）へと変換することが可能になる．この規則の最も注目すべき特徴の一つは，それが実質的にすべての生物に共通していることである．たとえば，ヒトにおいてアラニンを特定するコドンは，微生物やアリクイ，あるいはラクダ，ウサギ，カメムシの遺伝機構においても，同様にアラニンに対応している．生物界全体と私たちの化学的な類縁性は，きわめて深遠なのである（敬うべきものでさえある）．

転写 transcription

翻訳 translation

コドン codon

遺伝暗号 genetic code

練習問題 22・9 DNA 二重らせんに適応する塩基対を形成するのはどの核酸塩基か．それぞれの核酸塩基において，塩基対の形成に用いられるのはどの水素原子か．

練習問題の解答

13 章

13・1 硫化水素の消失速度 $= 0.30\ \mathrm{mol\ L^{-1}\ s^{-1}}$
　　　酸素の消失速度 $= 0.45\ \mathrm{mol\ L^{-1}\ s^{-1}}$

13・2 $2.1 \times 10^{-4}\ \mathrm{mol\ L^{-1}\ s^{-1}}$

13・3(a) $k = 9.8 \times 10^{14}\ \mathrm{L^2\ mol^{-2}\ s^{-1}}$　(b) $\mathrm{L^2\ mol^{-2}\ s^{-1}}$

13・4 $\mathrm{BrO_3^-}$ に関する反応次数 $= 1$　$\mathrm{SO_4^{2-}}$ に関する反応次数 $= 1$
　　　全体の反応次数 $= 2$

13・5 $k = 2.0 \times 10^2\ \mathrm{L^2\ mol^{-2}\ s^{-1}}$　すべての実験データの組から同じ k の値が得られる. 単位は $\mathrm{L^2\ mol^{-2}\ s^{-1}}$.

13・6(a) 反応速度 $= k[\mathrm{H_2}]^2[\mathrm{NO}]$　(b) $2.1 \times 10^5\ \mathrm{L^2\ mol^{-2}\ s^{-1}}$
　　　(c) $\mathrm{L^2\ mol^{-2}\ s^{-1}}$

13・7(a) 反応速度 $= k[\mathrm{A}]^2[\mathrm{B}]^2$　(b) $6.9 \times 10^{-3}\ \mathrm{L^3\ mol^{-3}\ s^{-1}}$
　　　(c) $\mathrm{L^3\ mol^{-3}\ s^{-1}}$　(d) 全体の反応次数 $= 4$

13・8(a) $4.71 \times 10^{-3}\ \mathrm{mol\ L^{-1}}$　(b) 7.8 分

13・9 18.7 分. 37.4 分　　**13・10** 1.90×10^4 年　　**13・11** 62 分

13・12 $k = 1.03\ \mathrm{L\ mol^{-1}\ s^{-1}}$　$t_{1/2} = 1.48 \times 10^3\ \mathrm{s}$

13・13(a) $1.4 \times 10^2\ \mathrm{kJ\ mol^{-1}}$　(b) $k = 0.40\ \mathrm{L\ mol^{-1}\ s^{-1}}$

13・14 684 K

13・15 (a), (c)は素過程と考えられる. 同時に三つ以上の分子が衝突することは考えにくいので, (b)は素過程ではない.

13・16 反応速度 $= k[\mathrm{NO_2Cl}]^2/[\mathrm{NO_2}]$

14 章

14・1 $2\,\mathrm{N_2O_3(g)} + \mathrm{O_2(g)} \longrightarrow 4\,\mathrm{NO_2(g)}$

14・2 $K_c = 1.9 \times 10^5$

14・3 $K_P = (P_{\mathrm{N_2O}})^2/(P_{\mathrm{N_2}})^2(P_{\mathrm{O_2}})$

14・4 K_P は K_c よりも小さい. $K_c = 57$

14・5(a) $K_P = 1/[\mathrm{Cl_2(g)}]$　(b) $K_c = [\mathrm{Ag^+(aq)}]^2[\mathrm{CrO_4^{2-}(aq)}]$
　　　(c) $K_c = [\mathrm{Ca^{2+}(aq)}][\mathrm{HCO_3^-(aq)}]^2/[\mathrm{CO_2(aq)}]$

14・6 (a) $<$ (c) $<$ (b)

14・7(a) $[\mathrm{Cl_2}]$ は減少する. K_P は変化しない.
　　　(b) $[\mathrm{Cl_2}]$ は増加する. K_P は変化しない.
　　　(c) $[\mathrm{Cl_2}]$ は増加する. K_P は減少する.
　　　(d) $[\mathrm{Cl_2}]$ は減少する. K_P は変化しない.

14・8(a) $[\mathrm{PCl_3}] = 0.200\ \mathrm{mol\ L^{-1}}$, $[\mathrm{Cl_2}] = 0.100\ \mathrm{mol\ L^{-1}}$,
　　　$[\mathrm{PCl_5}] = 0.000\ \mathrm{mol\ L^{-1}}$
　　　(b) $[\mathrm{PCl_3}]$ と $[\mathrm{Cl_2}]$ はいずれも $0.080\ \mathrm{mol\ L^{-1}}$ だけ減少する.
　　　$[\mathrm{PCl_5}]$ は $0.080\ \mathrm{mol\ L^{-1}}$ だけ増加する.
　　　(c) $[\mathrm{PCl_3}] = 0.120\ \mathrm{mol\ L^{-1}}$, $[\mathrm{Cl_2}] = 0.020\ \mathrm{mol\ L^{-1}}$,
　　　$[\mathrm{PCl_5}] = 0.080\ \mathrm{mol\ L^{-1}}$
　　　(d) $K_c = 33$

14・9 $[\mathrm{C_2H_5OH}] = 8.98 \times 10^{-3}\ \mathrm{mol\ L^{-1}}$

14・10 $[\mathrm{H_2}] = 0.107\ \mathrm{mol\ L^{-1}}$, $[\mathrm{I_2}] = 0.007\ \mathrm{mol\ L^{-1}}$,
　　　$[\mathrm{HI}] = 0.187\ \mathrm{mol\ L^{-1}}$

14・11 $[\mathrm{NO}] = 1.1 \times 10^{-17}\ \mathrm{mol\ L^{-1}}$

15 章

15・1 共役酸塩基対は(a), (c)である. (b) HI の共役塩基は $\mathrm{I^-}$ である. (d) $\mathrm{HNO_2}$ の共役塩基は $\mathrm{NO_2^-}$ であり, $\mathrm{NH_4^+}$ の共役塩基は $\mathrm{NH_3}$ である.

15・2 ブレンステッド酸: $\mathrm{H_2PO_4^-(aq)}$, $\mathrm{H_2CO_3(aq)}$
　　　ブレンステッド塩基: $\mathrm{HCO_3^-(aq)}$, $\mathrm{HPO_4^{2-}(aq)}$

15・3(a) $\mathrm{H_2PO_4^-}$ はプロトンの受容も供与もできるので両性である.
　　　(b) $\mathrm{H_2S}$ はプロトンの受容も供与もできるので両性である.
　　　(c) $\mathrm{H_3PO_4}$ はプロトンの供与しかできないので, 両性ではない.
　　　(d) $\mathrm{NH_4^+}$ はプロトンの供与しかできないので, 両性ではない.
　　　(e) $\mathrm{H_2O}$ はプロトンの受容も供与もできるので両性である.
　　　(f) HI はプロトンの供与しかできないので, 両性ではない.
　　　(g) $\mathrm{HNO_2}$ はプロトンの供与しかできないので, 両性ではない.

15・4 $\mathrm{HSO_4^-(aq)} + \mathrm{HPO_4^{2-}(aq)} \longrightarrow \mathrm{SO_4^{2-}(aq)} + \mathrm{H_2PO_4^-(aq)}$

15・5(a) $\mathrm{HF} < \mathrm{HBr} < \mathrm{HI}$　(b) $\mathrm{PH_3} < \mathrm{H_2S} < \mathrm{HCl}$
　　　(c) $\mathrm{H_2O} < \mathrm{H_2Se} < \mathrm{H_2Te}$　(d) $\mathrm{AsH_3} < \mathrm{H_2Se} < \mathrm{HBr}$
　　　(e) $\mathrm{PH_3} < \mathrm{H_2Se} < \mathrm{HI}$

15・6(a) $\mathrm{HClO_3}$ のほうが強い. 酸素原子数が同じであるから, 中心原子の電気陰性度が大きい $\mathrm{HClO_3}$ のほうが強い酸となる.
　　　(b) $\mathrm{H_2SO_4}$ のほうが強い. 酸素原子数が同じであるから, 中心原子の電気陰性度が大きい $\mathrm{H_2SO_4}$ のほうが強い酸となる.

15・7(a) $\mathrm{HIO_4}$ のほうが強い. 中心原子が同じであるから, 酸素原子の数が多いほうが強い酸となる.
　　　(b) $\mathrm{H_2TeO_4}$ のほうが強い. 中心原子が同じであるから, 酸素原子の数が多いほうが強い酸となる.
　　　(c) $\mathrm{H_3AsO_4}$ のほうが強い. 中心原子が同じであるから, 酸素原子の数が多いほうが強い酸となる.

15・8 酸の強さは次の順に減少する.
　　　$\mathrm{FCH_2CO_2H} > \mathrm{ClCH_2CO_2H} > \mathrm{BrCH_2CO_2H}$

15・9(a) ルイス酸は $\mathrm{H^+}$, ルイス塩基は $\mathrm{NH_3}$
　　　(b) ルイス酸は $\mathrm{SeO_3}$, ルイス塩基は $\mathrm{Na_2O}$
　　　(c) ルイス酸は $\mathrm{Ag^+}$, ルイス塩基は $\mathrm{NH_3}$

15・10 $\mathrm{BeCl_2}$ は不完全な原子価殻をもつので, ルイス酸として振舞うと考えられる.

16 章

16・1 $1.3 \times 10^{-9}\ \mathrm{mol\ L^{-1}}$, 溶液は塩基性

16・2 10.25, $1.8 \times 10^{-4}\ \mathrm{mol\ L^{-1}}$, $5.6 \times 10^{-11}\ \mathrm{mol\ L^{-1}}$

16・3 1.07, $1.2 \times 10^{-13}\ \mathrm{mol\ L^{-1}}$, 12.93

16・4(a) $\mathrm{HCHO_2} + \mathrm{H_2O} \rightleftharpoons \mathrm{H_3O^+} + \mathrm{CHO_2^-}$

$$K_a = \frac{[\mathrm{H_3O^+}][\mathrm{CHO_2^-}]}{[\mathrm{HCHO_2}]}$$

　　　(b) $(\mathrm{CH_3})_2\mathrm{NH_2^+} + \mathrm{H_2O} \rightleftharpoons \mathrm{H_3O^+} + (\mathrm{CH_3})_2\mathrm{NH}$

$$K_a = \frac{[\mathrm{H_3O^+}][(\mathrm{CH_3})_2\mathrm{NH}]}{[(\mathrm{CH_3})_2\mathrm{NH_2^+}]}$$

　　　(c) $\mathrm{H_2PO_4^-} + \mathrm{H_2O} \rightleftharpoons \mathrm{H_3O^+} + \mathrm{HPO_4^{2-}}$

$$K_a = \frac{[\mathrm{H_3O^+}][\mathrm{HPO_4^{2-}}]}{[\mathrm{H_2PO_4^-}]}$$

16・5 バルビツール酸とアジ化水素酸

16・6(a) $(\mathrm{CH_3})_3\mathrm{N} + \mathrm{H_2O} \rightleftharpoons (\mathrm{CH_3})_3\mathrm{NH^+} + \mathrm{OH^-}$

$$K_b = \frac{[(\mathrm{CH_3})_3\mathrm{NH^+}][\mathrm{OH^-}]}{[(\mathrm{CH_3})_3\mathrm{N}]}$$

(b) $SO_3^{2-} + H_2O \rightleftharpoons HSO_3^- + OH^-$

$$K_b = \frac{[HSO_3^-][OH^-]}{[SO_3^{2-}]}$$

(c) $NH_2OH + H_2O \rightleftharpoons NH_3OH^+ + OH^-$

$$K_b = \frac{[NH_3OH^+][OH^-]}{[NH_2OH]}$$

16・7 2.2×10^{-11}　16・8 5.6×10^{-11}　16・9 1.2×10^{-3}, 2.92
16・10 1.6×10^{-6}, 5.79　16・11 1.2×10^{-3} mol L^{-1}, 2.92
16・12 5.48　16・13(a) 塩基性　(b) 中性　(c) 酸性
16・14 5.13　16・15 塩基性
16・16(a) $H^+ + NH_3 \longrightarrow NH_4^+$
　　　(b) $OH^- + NH_4^+ \longrightarrow H_2O + NH_3$
16・17 4.83　16・18 4.61
16・19 アジ化水素, 29.1 g NaN$_3$
　　　酢酸, 26.2 g NaC$_2$H$_3$O$_2$
　　　酪酸, 29.6 g NaC$_4$H$_7$O$_2$
　　　プロピオン酸, 22.1 g NaC$_3$H$_5$O$_2$
16・20 0.13 pH 単位
16・21 2.8×10^{-3} mol L^{-1}, 2.55, 1.6×10^{-12} mol L^{-1}
16・22 10.24　16・23(a) 2.37　(b) 3.74　(c) 4.22　(d) 8.22

17 章

17・1(a) $K_{sp} = [Pb^{2+}][Br^-]^2$　(b) $K_{sp} = [Al^{3+}][OH^-]^3$
17・2 3.2×10^{-10}　17・3 7.0×10^{-7} mol L^{-1}
17・4 0.20 mol L^{-1} CaI$_2$ 溶液中 2.1×10^{-16} mol L^{-1},
　　　純水中 9.2×10^{-9} mol L^{-1}
17・5 2.2×10^{-6}　沈殿が生じる.
17・6 PbBr$_2$(s)　沈殿が生じない.
17・7(a) 溶解度を上げない.　(b) 溶解度を上げる.
　　　(c) 溶解度を上げる.　(d) 溶解度を上げる.
17・8 5.7×10^{-3} mol L^{-1}　17・9 5.0
17・10 5×10^{-3} mol L^{-1}, 11.70　17・11 2.9
17・12 0.40 mol L^{-1}
17・13 0.10 mol L^{-1} NH$_3$ 溶液中の AgCl のモル溶解度は 4.9×10^{-3} mol L^{-1} である. 水中の AgCl のモル溶解度は 1.3×10^{-5} mol L^{-1} である.

18 章

18・1 $w = -154$ L atm, $q = +154$ L atm
18・2 熱の移動のない状態で系が圧縮される, すなわち系が仕事を受取るので内部エネルギーが増大する. 物体の温度は, その物体を構成する粒子群の平均運動エネルギーに比例する(6章)ので, 温度は上昇する.
18・3 $\Delta U - \Delta H = 2.64$ kJ. この場合, 発熱反応なので ΔH は負であり, かつ $\Delta H < \Delta U$ である. よって, ΔH のほうがより発熱的.
18・4 $\Delta U° = -214.6$ kJ mol^{-1}, 1%
18・5(a) 自発的　(b) 非自発的　(c) 非自発的
18・6(a) 負　(b) 負　(c) 負　(d) 正
18・7(a) 温度の上昇　(b) 温度の下降
18・8(a) -229 J mol^{-1} K^{-1}　(b) -120.9 J mol^{-1} K^{-1}
18・9 98.3 kJ mol^{-1}　18・10 -1482 kJ mol^{-1}
18・11(a) -69.7 kJ mol^{-1}　(b) -120.1 kJ mol^{-1}
18・12 788 kJ　18・13 90.4 J mol^{-1} K^{-1}
18・14 341 ℃　18・15 自発的
18・16 $+32.8$ kJ mol^{-1}, -34.7 kJ mol^{-1}. 平衡は生成物側に移動.
18・17 0 kJ mol^{-1}. 系は平衡にあるので反応の進行はない.
18・18 -33 kJ mol^{-1}
18・19 C$_6$H$_{12}$: -117 kJ mol^{-1}, C$_6$H$_6$: $+255.6$ kJ mol^{-1}

19 章

19・1 アノード: $Mg(s) \longrightarrow Mg^{2+}(aq) + 2e^-$
　　　カソード: $Fe^{2+}(aq) + 2e^- \longrightarrow Fe(s)$
　　　電池表記: $Mg(s) | Mg^{2+}(aq) \| Fe^{2+}(aq) | Fe(s)$

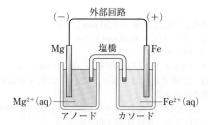

19・2 -0.44 V, $Fe^{2+}(aq) + 2e^- \longrightarrow Fe(s)$
19・3 $Br_2(aq) + H_2SO_3(aq) + H_2O \longrightarrow$
　　　　　$2 Br^-(aq) + SO_4^{2-}(aq) + 4 H^+(aq)$
19・4 $NiO_2(s) + Fe(s) + 2 H_2O \longrightarrow$
　　　　　$Ni(OH)_2(s) + Fe(OH)_2(s)$　$E°_{cell} = 1.38$ V
19・5 $2 Fe^{3+}(aq) + Sn^{2+}(aq) \longrightarrow$
　　　　　$2 Fe^{2+}(aq) + Sn^{4+}(aq)$　$E°_{cell} = 0.62$ V
19・6(a) $Br_2(aq) + 2 I^-(aq) \longrightarrow 2 Br^-(aq) + I_2(s)$
　　　(b) $MnO_4^-(aq) + 5 Ag(s) + 4 H_2O \longrightarrow$
　　　　　$Mn^{2+}(aq) + 5 Ag^+(aq) + 8 H^+(aq)$
19・7 3 mol の電子　19・8 2.7×10^{-16}, 3.7×10^{15}
19・9 $Ag^+(aq) + Br^-(aq) \longrightarrow AgBr(s)$
　　　$K = \dfrac{1}{[Ag^+][Br^-]} = 4.5 \times 10^{-13}$
19・10 $Cu^{2+}(aq) + Mg(s) \longrightarrow Cu(s) + Mg^{2+}(aq)$　$E_{cell} = 2.82$ V
19・11 3.38　19・12 9.6×10^{-6} mol L^{-1}, 3.4×10^{-14} mol L^{-1}
19・13 I$_2$　19・14 5.24 分　19・15 $+0.284$ mol L^{-1}

20 章

20・1 57.7 g　20・2 0.514197 u
20・3 $^{226}_{88}$Ra $\longrightarrow$ $^{222}_{86}$Rn + $^{4}_{2}$He + $^{0}_{0}\gamma$　1個の α 粒子が放射される.
20・4 $^{11}_{6}$C $\longrightarrow$ $^{11}_{5}$B + $^{0}_{1}$e + ν
20・5 $^{13}_{4}$Be $\longrightarrow$ $^{12}_{4}$Be + $^{1}_{0}$n
20・6 $^{242}_{96}$Cm $\longrightarrow$ $^{238}_{94}$Pu + $^{4}_{2}$He
20・7 49.2% Pu　20・8 20 m

21 章

21・1 [Ag(S$_2$O$_3$)$_2$]$^{3-}$, (NH$_4$)$_3$Ag(S$_2$O$_3$)$_2$
21・2(a) (NH$_4$)$_2$[Fe(CN)$_4$(H$_2$O)$_2$]
　　　(b) OsBr$_2$(H$_2$NCH$_2$CH$_2$NH$_2$)$_2$ または OsBr$_2$(en)$_2$
21・3(a) 硫酸ジクロロビス(エチレンジアミン)クロム(Ⅲ)
　　　(b) ヘキサフルオロクロム(Ⅱ)酸ヘキサアクアコバルト(Ⅱ)
21・4(a) 4, 平面四角形　(b) 2, 直線
21・5(a) 光学異性あるいはエナンチオマー
　　　(b) シス-トランス異性
21・6 六つの異性体.

[図: 2種類のクロム錯体構造式 — [Cr(OH$_2$)$_6$]$^{3+}$・3Br$^-$ と [CrBr(OH$_2$)$_5$]$^{2+}$・2Br$^-$・H$_2$O]

$$\left[\begin{array}{c} \text{Br} \\ \text{H}_2\text{O}\cdots\overset{|}{\underset{|}{\text{Cr}}}\cdots\text{OH}_2 \\ \text{H}_2\text{O} \qquad \text{Br} \\ \text{OH}_2 \end{array}\right]\text{Br}^-\cdot 2\text{H}_2\text{O}$$

$$\left[\begin{array}{c} \text{Br} \\ \text{H}_2\text{O}\cdots\overset{|}{\underset{|}{\text{Cr}}}\cdots\text{OH}_2 \\ \text{H}_2\text{O} \qquad \text{OH}_2 \\ \text{Br} \end{array}\right]\text{Br}^-\cdot 2\text{H}_2\text{O}$$

$$\left[\begin{array}{c} \text{Br} \\ \text{H}_2\text{O}\cdots\overset{|}{\underset{|}{\text{Cr}}}\cdots\text{OH}_2 \\ \text{H}_2\text{O} \qquad \text{Br} \\ \text{Br} \end{array}\right]3\text{H}_2\text{O}$$

$$\left[\begin{array}{c} \text{Br} \\ \text{H}_2\text{O}\cdots\overset{|}{\underset{|}{\text{Cr}}}\cdots\text{Br} \\ \text{H}_2\text{O} \qquad \text{Br} \\ \text{OH}_2 \end{array}\right]3\text{H}_2\text{O}$$

21・7　低スピン　　高スピン

低スピンはゼロ個の不対電子をもち，反磁性である．高スピンは4個の不対電子をもち，常磁性である．反磁性の化合物は不対電子をもたない．

21・8 ポルフィリン, イミダゾール, 酸素

22 章

22・1(a) C_6H_{14}, $CH_3CH_2CH_2CH_2CH_3$

(b) C_6H_{14}, $(CH_3)_2CH_2CH_2(CH_3)_2$

(c) $C_2H_3Cl_3$, $ClCH_2CHCl_2$

22・2(a) 3-メチルヘキサン

(b) 4-エチル-2,3-ジメチルヘプタン

(c) 5-エチル-2,4,6-トリメチルオクタン

22・3(a)
$$\underset{\text{CH}_3\text{CH}}{\overset{\overset{\displaystyle O}{\|}}{}} \quad \text{または} \quad \underset{\text{CH}_3\text{COH}}{\overset{\overset{\displaystyle O}{\|}}{}}$$

(b)
$$\underset{\text{CH}_3\text{CCH}_2\text{CH}_3}{\overset{\overset{\displaystyle O}{\|}}{}}$$

(c) 酸化できない.

22・4(a)
$$\underset{\text{CH}_3\text{CHCH}_2\text{CH}_3}{\overset{\overset{\displaystyle \text{Cl}}{|}}{}}$$

(b) $CH_3CH = CH_2$

22・5
$$\underset{\text{CH}_3\text{CH}_2\text{COH}}{\overset{\overset{\displaystyle O}{\|}}{}} + CH_3OH \underset{\text{加熱}}{\overset{\text{酸触媒}}{\rightleftarrows}} \underset{\substack{\text{プロパン酸}\\\text{メチル}}}{\underset{\text{CH}_3\text{CH}_2\text{COCH}_3}{\overset{\overset{\displaystyle O}{\|}}{}}} + H_2O$$

22・6
$$\underset{\text{CH}_3\text{CH}_2\text{CNHCH}_2\text{CH}_2\text{CH}_3}{\overset{\overset{\displaystyle O}{\|}}{}} + H_2O$$

22・7
$$-\overset{\overset{\displaystyle \text{H}}{|}}{\underset{\underset{\displaystyle \text{CH}_3}{|}}{\text{C}}}-\overset{\overset{\displaystyle \text{CH}_3}{|}}{\underset{\underset{\displaystyle \text{H}}{|}}{\text{C}}}-\overset{\overset{\displaystyle \text{H}}{|}}{\underset{\underset{\displaystyle \text{CH}_3}{|}}{\text{C}}}-\overset{\overset{\displaystyle \text{CH}_3}{|}}{\underset{\underset{\displaystyle \text{H}}{|}}{\text{C}}}-\overset{\overset{\displaystyle \text{H}}{|}}{\underset{\underset{\displaystyle \text{CH}_3}{|}}{\text{C}}}-\overset{\overset{\displaystyle \text{CH}_3}{|}}{\underset{\underset{\displaystyle \text{H}}{|}}{\text{C}}}-$$

繰返し単位

22・8(a) 脂質　(b) 炭水化物　(c) アミノ酸　(d) 炭水化物

22・9 アデニンはチミンと N−H…O および N…H−N によって水素結合を形成している．グアニンはシトシンと N−H…O, N−H…N および O…H−N によって水素結合を形成している．

付録 1　各元素の電子配置

原子番号	元素記号	電子配置	原子番号	元素記号	電子配置	原子番号	元素記号	電子配置
1	H	$1s^1$	41	Nb	$[Kr]\ 5s^1\ 4d^4$	81	Tl	$[Xe]\ 6s^2\ 4f^{14}\ 5d^{10}\ 6p^1$
2	He	$1s^2$	42	Mo	$[Kr]\ 5s^1\ 4d^5$	82	Pb	$[Xe]\ 6s^2\ 4f^{14}\ 5d^{10}\ 6p^2$
3	Li	$[He]\ 2s^1$	43	Tc	$[Kr]\ 5s^2\ 4d^5$	83	Bi	$[Xe]\ 6s^2\ 4f^{14}\ 5d^{10}\ 6p^3$
4	Be	$[He]\ 2s^2$	44	Ru	$[Kr]\ 5s^1\ 4d^7$	84	Po	$[Xe]\ 6s^2\ 4f^{14}\ 5d^{10}\ 6p^4$
5	B	$[He]\ 2s^2\ 2p^1$	45	Rh	$[Kr]\ 5s^1\ 4d^8$	85	At	$[Xe]\ 6s^2\ 4f^{14}\ 5d^{10}\ 6p^5$
6	C	$[He]\ 2s^2\ 2p^2$	46	Pd	$[Kr]\ 4d^{10}$	86	Rn	$[Xe]\ 6s^2\ 4f^{14}\ 5d^{10}\ 6p^6$
7	N	$[He]\ 2s^2\ 2p^3$	47	Ag	$[Kr]\ 5s^1\ 4d^{10}$	87	Fr	$[Rn]\ 7s^1$
8	O	$[He]\ 2s^2\ 2p^4$	48	Cd	$[Kr]\ 5s^2\ 4d^{10}$	88	Ra	$[Rn]\ 7s^2$
9	F	$[He]\ 2s^2\ 2p^5$	49	In	$[Kr]\ 5s^2\ 4d^{10}\ 5p^1$	89	Ac	$[Rn]\ 7s^2\ 6d^1$
10	Ne	$[He]\ 2s^2\ 2p^6$	50	Sn	$[Kr]\ 5s^2\ 4d^{10}\ 5p^2$	90	Th	$[Rn]\ 7s^2\ 6d^2$
11	Na	$[Ne]\ 3s^1$	51	Sb	$[Kr]\ 5s^2\ 4d^{10}\ 5p^3$	91	Pa	$[Rn]\ 7s^2\ 5f^2\ 6d^1$
12	Mg	$[Ne]\ 3s^2$	52	Te	$[Kr]\ 5s^2\ 4d^{10}\ 5p^4$	92	U	$[Rn]\ 7s^2\ 5f^3\ 6d^1$
13	Al	$[Ne]\ 3s^2\ 3p^1$	53	I	$[Kr]\ 5s^2\ 4d^{10}\ 5p^5$	93	Np	$[Rn]\ 7s^2\ 5f^4\ 6d^1$
14	Si	$[Ne]\ 3s^2\ 3p^2$	54	Xe	$[Kr]\ 5s^2\ 4d^{10}\ 5p^6$	94	Pu	$[Rn]\ 7s^2\ 5f^6$
15	P	$[Ne]\ 3s^2\ 3p^3$	55	Cs	$[Xe]\ 6s^1$	95	Am	$[Rn]\ 7s^2\ 5f^7$
16	S	$[Ne]\ 3s^2\ 3p^4$	56	Ba	$[Xe]\ 6s^2$	96	Cm	$[Rn]\ 7s^2\ 5f^7\ 6d^1$
17	Cl	$[Ne]\ 3s^2\ 3p^5$	57	La	$[Xe]\ 6s^2\ 5d^1$	97	Bk	$[Rn]\ 7s^2\ 5f^9$
18	Ar	$[Ne]\ 3s^2\ 3p^6$	58	Ce	$[Xe]\ 6s^2\ 4f^1\ 5d^1$	98	Cf	$[Rn]\ 7s^2\ 5f^{10}$
19	K	$[Ar]\ 4s^1$	59	Pr	$[Xe]\ 6s^2\ 4f^3$	99	Es	$[Rn]\ 7s^2\ 5f^{11}$
20	Ca	$[Ar]\ 4s^2$	60	Nd	$[Xe]\ 6s^2\ 4f^4$	100	Fm	$[Rn]\ 7s^2\ 5f^{12}$
21	Sc	$[Ar]\ 4s^2\ 3d^1$	61	Pm	$[Xe]\ 6s^2\ 4f^5$	101	Md	$[Rn]\ 7s^2\ 5f^{13}$
22	Ti	$[Ar]\ 4s^2\ 3d^2$	62	Sm	$[Xe]\ 6s^2\ 4f^6$	102	No	$[Rn]\ 7s^2\ 5f^{14}$
23	V	$[Ar]\ 4s^2\ 3d^3$	63	Eu	$[Xe]\ 6s^2\ 4f^7$	103	Lr	$[Rn]\ 7s^2\ 5f^{14}\ 6d^1$
24	Cr	$[Ar]\ 4s^1\ 3d^5$	64	Gd	$[Xe]\ 6s^2\ 4f^7\ 5d^1$	104	Rf	$[Rn]\ 7s^2\ 5f^{14}\ 6d^2$
25	Mn	$[Ar]\ 4s^2\ 3d^5$	65	Tb	$[Xe]\ 6s^2\ 4f^9$	105	Db	$[Rn]\ 7s^2\ 5f^{14}\ 6d^3$
26	Fe	$[Ar]\ 4s^2\ 3d^6$	66	Dy	$[Xe]\ 6s^2\ 4f^{10}$	106	Sg	$[Rn]\ 7s^2\ 5f^{14}\ 6d^4$
27	Co	$[Ar]\ 4s^2\ 3d^7$	67	Ho	$[Xe]\ 6s^2\ 4f^{11}$	107	Bh	$[Rn]\ 7s^2\ 5f^{14}\ 6d^5$
28	Ni	$[Ar]\ 4s^2\ 3d^8$	68	Er	$[Xe]\ 6s^2\ 4f^{12}$	108	Hs	$[Rn]\ 7s^2\ 5f^{14}\ 6d^6$
29	Cu	$[Ar]\ 4s^1\ 3d^{10}$	69	Tm	$[Xe]\ 6s^2\ 4f^{13}$	109	Mt	$[Rn]\ 7s^2\ 5f^{14}\ 6d^7$
30	Zn	$[Ar]\ 4s^2\ 3d^{10}$	70	Yb	$[Xe]\ 6s^2\ 4f^{14}$	110	Ds	$[Rn]\ 7s^2\ 5f^{14}\ 6d^8$
31	Ga	$[Ar]\ 4s^2\ 3d^{10}\ 4p^1$	71	Lu	$[Xe]\ 6s^2\ 4f^{14}\ 5d^1$	111	Rg	$[Rn]\ 7s^2\ 5f^{14}\ 6d^9$
32	Ge	$[Ar]\ 4s^2\ 3d^{10}\ 4p^2$	72	Hf	$[Xe]\ 6s^2\ 4f^{14}\ 5d^2$	112	Cn	$[Rn]\ 7s^2\ 5f^{14}\ 6d^{10}$
33	As	$[Ar]\ 4s^2\ 3d^{10}\ 4p^3$	73	Ta	$[Xe]\ 6s^2\ 4f^{14}\ 5d^3$	113	Nh	$[Rn]\ 7s^2\ 5f^{14}\ 6d^{10}\ 7p^1$
34	Se	$[Ar]\ 4s^2\ 3d^{10}\ 4p^4$	74	W	$[Xe]\ 6s^2\ 4f^{14}\ 5d^4$	114	Fl	$[Rn]\ 7s^2\ 5f^{14}\ 6d^{10}\ 7p^2$
35	Br	$[Ar]\ 4s^2\ 3d^{10}\ 4p^5$	75	Re	$[Xe]\ 6s^2\ 4f^{14}\ 5d^5$	115	Mc	$[Rn]\ 7s^2\ 5f^{14}\ 6d^{10}\ 7p^3$
36	Kr	$[Ar]\ 4s^2\ 3d^{10}\ 4p^6$	76	Os	$[Xe]\ 6s^2\ 4f^{14}\ 5d^6$	116	Lv	$[Rn]\ 7s^2\ 5f^{14}\ 6d^{10}\ 7p^4$
37	Rb	$[Kr]\ 5s^1$	77	Ir	$[Xe]\ 6s^2\ 4f^{14}\ 5d^7$	117	Ts	$[Rn]\ 7s^2\ 5f^{14}\ 6d^{10}\ 7p^5$
38	Sr	$[Kr]\ 5s^2$	78	Pt	$[Xe]\ 6s^1\ 4f^{14}\ 5d^9$	118	Og	$[Rn]\ 7s^2\ 5f^{14}\ 6d^{10}\ 7p^6$
39	Y	$[Kr]\ 5s^2\ 4d^1$	79	Au	$[Xe]\ 6s^1\ 4f^{14}\ 5d^{10}$			
40	Zr	$[Kr]\ 5s^2\ 4d^2$	80	Hg	$[Xe]\ 6s^2\ 4f^{14}\ 5d^{10}$			

付録 2　各元素，化合物，イオンの熱力学データ（25°C）

物　質	$\Delta_f H°$ (kJ mol^{-1})	$S°$ (J mol^{-1} K^{-1})	$\Delta_f G°$ (kJ mol^{-1})	物　質	$\Delta_f H°$ (kJ mol^{-1})	$S°$ (J mol^{-1} K^{-1})	$\Delta_f G°$ (kJ mol^{-1})
アルミニウム				**カドミウム**			
Al(s)	0	28.3	0	Cd(s)	0	51.8	0
Al^{3+}(aq)	-524.7		-481.2	Cd^{2+}(aq)	-75.90	-73.2	-77.61
AlCl$_3$(s)	-704	110.7	-629	CdCl$_2$(s)	-392	115	-344
Al$_2$O$_3$(s)	-1669.8	51.0	-1576.4	CdO(s)	-258.2	54.8	-228.4
Al$_2$(SO$_4$)$_3$(s)	-3441	239	-3100	CdS(s)	-162	64.9	-156
				CdSO$_4$(s)	-933.5	123	-822.6
ヒ　素							
As(s)	0	35.1	0	**カルシウム**			
AsH$_3$(g)	$+66.4$	223	$+68.9$	Ca(s)	0	41.4	0
As$_4$O$_6$(s)	-1314	214	-1153	Ca^{2+}(aq)	-542.83	-53.1	-553.58
As$_2$O$_5$(s)	-925	105	-782	CaCO$_3$(s)	-1207	92.9	-1128.8
H$_3$AsO$_3$(aq)	-742.2			CaF$_2$(s)	-741	80.3	-1166
H$_3$AsO$_4$(aq)	-902.5			CaCl$_2$(s)	-795.0	114	-750.2
				CaBr$_2$(s)	-682.8	130	-663.6
バリウム				CaI$_2$(s)	-535.9	143	
Ba(s)	0	66.9	0	CaO(s)	-635.5	40	-604.2
Ba^{2+}(aq)	-537.6	9.6	-560.8	Ca(OH)$_2$(s)	-986.59	76.1	-896.76
BaCO$_3$(s)	-1219	112	-1139	Ca$_3$(PO$_4$)$_2$(s)	-4119	241	-3852
BaCrO$_4$(s)	-1428.0			CaSO$_3$(s)	-1156		
BaCl$_2$(s)	-860.2	125	-810.8	CaSO$_4$(s)	-1433	107	-1320.3
BaO(s)	-553.5	70.4	-525.1	CaSO$_4 \cdot \frac{1}{2}$H$_2$O(s)	-1575.2	131	-1435.2
Ba(OH)$_2$(s)	-998.22	107	-875.3	CaSO$_4 \cdot 2$H$_2$O(s)	-2021.1	194.0	-1795.7
Ba(NO$_3$)$_2$(s)	-992	214	-795				
BaSO$_4$(s)	-1465	132	-1353	**炭　素**			
				C(s, グラファイト)	0	5.69	0
ベリリウム				C(s, ダイヤモンド)	$+1.88$	2.4	$+2.9$
Be(s)	0	9.50	0	CCl$_4$(l)	-134	214.4	-65.3
BeCl$_2$(s)	-468.6	89.9	-426.3	CO(g)	-110.5	197.9	-137.3
BeO(s)	-611	14	-582	CO$_2$(g)	-393.5	213.6	-394.4
				CO$_2$(aq)	-413.8	117.6	-385.98
ビスマス				H$_2$CO$_3$(aq)	-699.65	187.4	-623.08
Bi(s)	0	56.9	0	HCO$_3^-$(aq)	-691.99	91.2	-586.77
BiCl$_3$(s)	-379	177	-315	CO$_3^{2-}$(aq)	-677.14	-56.9	-527.81
Bi$_2$O$_3$(s)	-576	151	-497	CS$_2$(l)	$+89.5$	151.3	$+65.3$
				CS$_2$(g)	$+117$	237.7	$+67.2$
ホウ素				HCN(g)	$+135.1$	201.7	$+124.7$
B(s)	0	5.87	0	CN$^-$(aq)	$+150.6$	94.1	$+172.4$
BCl$_3$(g)	-404	290	-389	CH$_4$(g)	-74.848	186.2	-50.79
B$_2$H$_6$(g)	$+36$	232	$+87$	C$_2$H$_2$(g)	$+226.75$	200.8	$+209$
B$_2$O$_3$(s)	-1273	53.8	-1194	C$_2$H$_4$(g)	$+52.284$	219.8	$+68.12$
B(OH)$_3$(s)	-1094	88.8	-969	C$_2$H$_6$(g)	-84.667	229.5	-32.9
				C$_3$H$_8$(g)	-104	269.9	-23
臭　素				C$_4$H$_{10}$(g)	-126	310.2	-17.0
Br$_2$(l)	0	152.2	0	C$_6$H$_6$(l)	$+49.0$	173.3	$+124.3$
Br$_2$(g)	$+30.9$	245.4	$+3.11$	CH$_3$OH(l)	-238.6	126.8	-166.2
HBr(g)	-36	198.5	$+53.1$	C$_2$H$_5$OH(l)	-277.63	161	-174.8
Br$^-$(aq)	-121.55	82.4	-103.96	HCHO$_2$(g)	-363	251	$+335$

付録 2 のつづき

物　質	$\Delta_f H^\circ$ (kJ mol^{-1})	S° (J mol^{-1} K^{-1})	$\Delta_f G^\circ$ (kJ mol^{-1})
$HC_2H_3O_2(l)$	-487.0	160	-392.5
$HCHO(g)$	-108.6	218.8	-102.5
$CH_3CHO(g)$	-167	250	-129
$(CH_3)_2CO(l)$	-248.1	200.4	-155.4
$C_6H_5CO_2H(s)$	-385.1	167.6	-245.3
$CO(NH_2)_2(s)$	-333.19	104.6	-197.2
$CO(NH_2)_2(aq)$	-391.2	173.8	-203.8
$CH_2(NH_2)CO_2H(s)$	-532.9	103.5	-373.4
塩　素			
$Cl_2(g)$	0	223.0	0
$Cl^-(aq)$	-167.2	56.5	-131.2
$HCl(g)$	-92.30	186.7	-95.27
$HCl(aq)$	-167.2	56.5	-131.2
$HClO(aq)$	-131.3	106.8	-80.21
クロム			
$Cr(s)$	0	23.8	0
$Cr^{3+}(aq)$	-232		
$CrCl_2(s)$	-326	115	-282
$CrCl_3(s)$	-563.2	126	-493.7
$Cr_2O_3(s)$	-1141	81.2	-1059
$CrO_3(s)$	-585.8	72.0	-506.2
$(NH_4)_2Cr_2O_7(s)$	-1807		
$K_2Cr_2O_7(s)$	-2033.01		
コバルト			
$Co(s)$	0	30.0	0
$Co^{2+}(aq)$	-59.4	-110	-53.6
$CoCl_2(s)$	-325.5	106	-282.4
$Co(NO_3)_2(s)$	-422.2	192	-230.5
$CoO(s)$	-237.9	53.0	-214.2
$CoS(s)$	-80.8	67.4	-82.8
銅			
$Cu(s)$	0	33.15	0
$Cu^{2+}(aq)$	$+64.77$	-99.6	$+65.49$
$CuCl(s)$	-137.2	86.2	-119.87
$CuCl_2(s)$	-172	119	-131
$Cu_2O(s)$	-168.6	93.1	-146.0
$CuO(s)$	-155	42.6	-127
$Cu_2S(s)$	-79.5	121	-86.2
$CuS(s)$	-53.1	66.5	-53.6
$CuSO_4(s)$	-771.4	109	-661.8
$CuSO_4 \cdot 5H_2O(s)$	-2279.7	300.4	-1879.7
フッ素			
$F_2(g)$	0	202.7	0
$F^-(aq)$	-332.6	-13.8	-278.8
$HF(g)$	-271	173.5	-273

物　質	$\Delta_f H^\circ$ (kJ mol^{-1})	S° (J mol^{-1} K^{-1})	$\Delta_f G^\circ$ (kJ mol^{-1})
金			
$Au(s)$	0	47.7	0
$Au_2O_3(s)$	$+80.8$	125	$+163$
$AuCl_3(s)$	-118	148	-48.5
水　素			
$H_2(g)$	0	130.6	0
$H_2O(l)$	-285.9	69.96	-237.2
$H_2O(g)$	-241.8	188.7	-228.6
$H_2O_2(l)$	-187.6	109.6	-120.3
$H_2Se(g)$	$+76$	219	$+62.3$
$H_2Te(g)$	$+154$	234	$+138$
ヨウ素			
$I_2(s)$	0	116.1	0
$I_2(g)$	$+62.4$	260.7	$+19.3$
$HI(g)$	$+26.6$	206	$+1.30$
鉄			
$Fe(s)$	0	27	0
$Fe^{2+}(aq)$	-89.1	-137.7	-78.9
$Fe^{3+}(aq)$	-48.5	-315.9	-4.7
$Fe_2O_3(s)$	-822.2	90.0	-741.0
$Fe_3O_4(s)$	-1118.4	146.4	-1015.4
$FeS(s)$	-100.0	60.3	-100.4
$FeS_2(s)$	-178.2	52.9	-166.9
鉛			
$Pb(s)$	0	64.8	0
$Pb^{2+}(aq)$	-1.7	10.5	-24.4
$PbCl_2(s)$	-359.4	136	-314.1
$PbO(s)$	-219.2	67.8	-189.3
$PbO_2(s)$	-277	68.6	-219
$Pb(OH)_2(s)$	-515.9	88	-420.9
$PbS(s)$	-100	91.2	-98.7
$PbSO_4(s)$	-920.1	149	-811.3
リチウム			
$Li(s)$	0	28.4	0
$Li^+(aq)$	-278.6	10.3	
$LiF(s)$	-611.7	35.7	-583.3
$LiCl(s)$	-408	59.29	-383.7
$LiBr(s)$	-350.3	66.9	-338.87
$Li_2O(s)$	-596.5	37.9	-560.5
$Li_3N(s)$	-199	37.7	-155.4
マグネシウム			
$Mg(s)$	0	32.5	0
$Mg^{2+}(aq)$	-466.9	-138.1	-454.8
$MgCO_3(s)$	-1113	65.7	-1029

付録 2 のつづき

物　質	$\Delta_f H^\circ$ (kJ mol^{-1})	S° (J mol^{-1} K^{-1})	$\Delta_f G^\circ$ (kJ mol^{-1})	物　質	$\Delta_f H^\circ$ (kJ mol^{-1})	S° (J mol^{-1} K^{-1})	$\Delta_f G^\circ$ (kJ mol^{-1})
$MgF_2(s)$	-1124	79.9	-1056	酸　素			
$MgCl_2(s)$	-641.8	89.5	-592.5	$O_2(g)$	0	205.0	0
$MgCl_2 \cdot 2H_2O(s)$	-1280	180	-1118	$O_3(g)$	$+143$	238.8	$+163$
$Mg_3N_2(s)$	-463.2	87.9	-411	$OH^-(aq)$	-230.0	-10.75	-157.24
$MgO(s)$	-601.7	26.9	-569.4	リ　ン			
$Mg(OH)_2(s)$	-924.7	63.1	-833.9	$P(s, 白)$	0	41.09	0
				$P_4(g)$	$+314.6$	163.2	$+278.3$
マンガン				$PCl_3(g)$	-287.0	311.8	-267.8
$Mn(s)$	0	32.0	0	$PCl_5(g)$	-374.9	364.6	-305.0
$Mn^{2+}(aq)$	-223	-74.9	-228	$PH_3(g)$	$+5.4$	210.2	$+12.9$
$MnO_4^-(aq)$	-542.7	191	-449.4	$P_4O_6(s)$	-1640		
$KMnO_4(s)$	-813.4	171.71	-713.8	$POCl_3(g)$	-558.5	325.5	-512.9
$MnO(s)$	-385	60.2	-363	$POCl_3(l)$	-597.1	222.5	-520.8
$Mn_2O_3(s)$	-959.8	110	-882.0	$P_4O_{10}(s)$	-2984	228.9	-2698
$MnO_2(s)$	-520.9	53.1	-466.1	$H_3PO_4(s)$	-1279	110.5	-1119
$Mn_3O_4(s)$	-1387	149	-1280				
$MnSO_4(s)$	-1064	112	-956	カリウム			
				$K(s)$	0	64.18	0
水　銀				$K^+(aq)$	-252.4	102.5	-283.3
$Hg(l)$	0	76.1	0	$KF(s)$	-567.3	66.6	-537.8
$Hg(g)$	$+61.38$	175	$+31.8$	$KCl(s)$	-435.89	82.59	-408.3
$Hg_2Cl_2(s)$	-265.2	192.5	-210.8	$KBr(s)$	-393.8	95.9	-380.7
$HgCl_2(s)$	-224.3	146.0	-178.6	$KI(s)$	-327.9	106.3	-324.9
$HgO(s)$	-90.83	70.3	-58.54	$KOH(s)$	-424.8	78.9	-379.1
$HgS(s, 赤色型)$	-58.2	82.4	-50.6	$K_2O(s)$	-361	98.3	-322
				$K_2SO_4(s)$	-1433.7	176	-1316.4
ニッケル							
$Ni(s)$	0	30	0	ケイ素			
$NiCl_2(s)$	-305	97.5	-259	$Si(s)$	0	19	0
$NiO(s)$	-244	38	-216	$SiH_4(g)$	$+33$	205	$+52.3$
$NiO_2(s)$			-199	$SiO_2(s, \alpha 型)$	-910.0	41.8	-856
$NiSO_4(s)$	-891.2	77.8	-773.6				
$NiCO_3(s)$	-664.0	91.6	-615.0	銀			
$Ni(CO)_4(g)$	-220	399	-567.4	$Ag(s)$	0	42.55	0
				$Ag^+(aq)$	$+105.58$	72.68	$+77.11$
窒　素				$AgCl(s)$	-127.0	96.2	-109.7
$N_2(g)$	0	191.5	0	$AgBr(s)$	-100.4	107.1	-96.9
$NH_3(g)$	-46.19	192.5	-16.7	$AgNO_3(s)$	-124	141	-32
$NH_4^+(aq)$	-132.5	113	-79.37	$Ag_2O(s)$	-31.1	121.3	-11.2
$N_2H_4(g)$	$+95.40$	238.4	$+159.3$	ナトリウム			
$N_2H_4(l)$	$+50.6$	121.2	$+149.4$	$Na(s)$	0	51.0	0
$NH_4Cl(s)$	-315.4	94.6	-203.9	$Na^+(aq)$	-240.12	59.0	-261.91
$NO(g)$	$+90.37$	210.6	$+86.69$	$NaF(s)$	-571	51.5	-545
$NO_2(g)$	$+33.8$	240.5	$+51.84$	$NaCl(s)$	-411.0	72.38	-384.0
$N_2O(g)$	$+81.57$	220.0	$+103.6$	$NaBr(s)$	-360	83.7	-349
$N_2O_4(g)$	$+9.67$	304	$+98.28$	$NaI(s)$	-288	91.2	-286
$N_2O_5(g)$	$+11$	356	$+115$	$NaHCO_3(s)$	-947.7	102	-851.9
$HNO_3(l)$	-173.2	155.6	-79.91				
$NO_3^-(aq)$	-205.0	146.4	-108.74				

付録 2 のつづき

物　質	$\Delta_f H^\circ$ (kJ mol^{-1})	S° (J mol^{-1} K^{-1})	$\Delta_f G^\circ$ (kJ mol^{-1})	物　質	$\Delta_f H^\circ$ (kJ mol^{-1})	S° (J mol^{-1} K^{-1})	$\Delta_f G^\circ$ (kJ mol^{-1})
$Na_2CO_3(s)$	-1131	136	-1048	ス　ズ			
$Na_2O_2(s)$	-510.9	94.6	-447.7	$Sn(s, 白)$	0	51.6	0
$Na_2O(s)$	-510	72.8	-376	$Sn^{2+}(aq)$	-8.8	-17	-27.2
$NaOH(s)$	-426.8	64.18	-382	$SnCl_4(l)$	-511.3	258.6	-440.2
$Na_2SO_4(s)$	-1384.49	149.49	-1266.83	$SnO(s)$	-285.8	56.5	-256.9
				$SnO_2(s)$	-580.7	52.3	-519.6
硫　黄							
$S(s, 斜方型)$	0	31.9	0	亜　鉛			
$SO_2(g)$	-296.9	248.5	-300.4	$Zn(s)$	0	41.6	0
$SO_3(g)$	-395.2	256.2	-370.4	$Zn^{2+}(aq)$	-153.9	-112.1	-147.06
$H_2S(g)$	-20.6	206	-33.6	$ZnCl_2(s)$	-415.1	111	-369.4
$H_2SO_4(l)$	-811.32	157	-689.9	$ZnO(s)$	-348.3	43.6	-318.3
$H_2SO_4(aq)$	-909.3	20.1	-744.5	$ZnS(s)$	-205.6	57.7	-201.3
$SF_6(g)$	-1209	292	-1105	$ZnSO_4(s)$	-982.8	120	-874.5

付録3 標準状態における各元素の気体原子の生成熱[†]

元素	$\Delta_f H^\circ$ (kJ mol^{-1})	元素	$\Delta_f H^\circ$ (kJ mol^{-1})	元素	$\Delta_f H^\circ$ (kJ mol^{-1})	元素	$\Delta_f H^\circ$ (kJ mol^{-1})	元素	$\Delta_f H^\circ$ (kJ mol^{-1})
1 族		2 族		13 族		15 族		17 族	
H	217.89	Be	324.3	B	560	N	472.68	F	79.14
Li	161.5	Mg	146.4	Al	329.7	P	332.2	Cl	121.47
Na	107.8	Ca	178.2	14 族		16 族		Br	112.38
K	89.62	Sr	163.6	C	716.67	O	249.17	I	107.48
Rb	82.0	Ba	177.8	Si	450	S	276.98		
Cs	78.2								

[†] 各元素の気体原子の生成は結合切断がかかわるため吸熱反応となるので，本表のすべての値を正で表記した.

付録4 平均結合エネルギー

結合	結合エネルギー (kJ mol^{-1})	結合	結合エネルギー (kJ mol^{-1})
C－C	348	C－Br	276
C＝C	612	C－I	238
C≡C	960	H－H	436
C－H	412	H－F	565
C－N	305	H－Cl	431
C＝N	613	H－Br	366
C≡N	890	H－I	299
C－O	360	H－N	388
C＝O	743	H－O	463
C－F	484	H－S	338
C－Cl	338	H－Si	376

付録5　溶解度積

塩	K_{sp}	塩	K_{sp}	塩	K_{sp}
フッ化物		$Co(OH)_2$	5.9×10^{-15}	炭酸塩	
MgF_2	5.2×10^{-11}	$Co(OH)_3$	3×10^{-45}	$MgCO_3$	6.8×10^{-8}
CaF_2	3.4×10^{-11}	$Ni(OH)_2$	5.5×10^{-16}	$CaCO_3$	3.4×10^{-9}
SrF_2	4.3×10^{-9}	$Cu(OH)_2$	4.8×10^{-20}	$SrCO_3$	5.6×10^{-10}
BaF_2	1.8×10^{-7}	$V(OH)_3$	4×10^{-35}	$BaCO_3$	2.6×10^{-9}
LiF	1.8×10^{-3}	$Cr(OH)_3$	2×10^{-30}	$MnCO_3$	2.2×10^{-11}
PbF_2	3.3×10^{-8}	Ag_2O	1.9×10^{-8}	$FeCO_3$	3.1×10^{-11}
		$Zn(OH)_2$	3×10^{-17}	$CoCO_3$	1.0×10^{-10}
塩化物		$Cd(OH)_2$	7.2×10^{-15}	$NiCO_3$	1.4×10^{-7}
$CuCl$	1.7×10^{-7}	$Al(OH)_3(\alpha 型)$	3×10^{-34}	$CuCO_3$	2.5×10^{-10}
$AgCl$	1.8×10^{-10}			Ag_2CO_3	8.5×10^{-12}
Hg_2Cl_2	1.4×10^{-18}	シアン化物		Hg_2CO_3	3.6×10^{-17}
$TlCl$	1.9×10^{-4}	$AgCN$	6.0×10^{-17}	$ZnCO_3$	1.5×10^{-10}
$PbCl_2$	1.7×10^{-5}	$Zn(CN)_2$	3×10^{-16}	$CdCO_3$	1.0×10^{-12}
$AuCl_3$	3.2×10^{-25}			$PbCO_3$	7.4×10^{-14}
		亜硫酸塩			
臭化物		$CaSO_3 \cdot \frac{1}{2}H_2O$	3.1×10^{-7}	リン酸塩	
$CuBr$	6.3×10^{-9}	Ag_2SO_3	1.5×10^{-14}	$Ca_3(PO_4)_2$	2.1×10^{-33}
$AgBr$	5.4×10^{-13}	$BaSO_3$	5.0×10^{-10}	$Mg_3(PO_4)_2$	1.0×10^{-24}
Hg_2Br_2	6.4×10^{-23}			$SrHPO_4$	1.2×10^{-7}
$HgBr_2$	6.2×10^{-20}	硫酸塩		$BaHPO_4$	4.0×10^{-8}
$PbBr_2$	6.6×10^{-6}	$CaSO_4$	4.9×10^{-5}	$LaPO_4$	3.7×10^{-23}
		$SrSO_4$	3.4×10^{-7}	$Fe_3(PO_4)_2$	1×10^{-36}
ヨウ化物		$BaSO_4$	1.1×10^{-10}	Ag_3PO_4	8.9×10^{-17}
CuI	1.3×10^{-12}	$RaSO_4$	3.7×10^{-11}	$FePO_4$	9.9×10^{-16}
AgI	8.5×10^{-17}	Ag_2SO_4	1.2×10^{-5}	$Zn_3(PO_4)_2$	5×10^{-36}
Hg_2I_2	5.2×10^{-29}	Hg_2SO_4	6.5×10^{-7}	$Pb_3(PO_4)_2$	3.0×10^{-44}
HgI_2	2.9×10^{-29}	$PbSO_4$	2.5×10^{-8}	$Ba_3(PO_4)_2$	5.8×10^{-38}
PbI_2	9.8×10^{-9}				
		クロム酸塩		フェロシアン化物	
水酸化物		$BaCrO_4$	1.2×10^{-10}	$Zn_2[Fe(CN)_6]$	2.1×10^{-16}
$Mg(OH)_2$	5.6×10^{-12}	$CuCrO_4$	3.6×10^{-6}	$Cd_2[Fe(CN)_6]$	4.2×10^{-18}
$Ca(OH)_2$	5.0×10^{-6}	Ag_2CrO_4	1.1×10^{-12}	$Pb_2[Fe(CN)_6]$	9.5×10^{-19}
$Mn(OH)_2$	1.6×10^{-13}	Hg_2CrO_4	2.0×10^{-9}		
$Fe(OH)_2$	4.9×10^{-17}	$CaCrO_4$	7.1×10^{-4}		
$Fe(OH)_3$	2.8×10^{-39}	$PbCrO_4$	1.8×10^{-14}		

付録6　錯体の生成定数（25°C）

錯イオン平衡	K_{form}
配位子：ハロゲン化物イオン	
$Al^{3+} + 6F^- \rightleftharpoons [AlF_6]^{3-}$	1×10^{20}
$Al^{3+} + 4F^- \rightleftharpoons [AlF_4]^-$	2.0×10^8
$Be^{2+} + 4F^- \rightleftharpoons [BeF_4]^{2-}$	1.3×10^{13}
$Sn^{4+} + 6F^- \rightleftharpoons [SnF_6]^{2-}$	1×10^{25}
$Cu^+ + 2Cl^- \rightleftharpoons [CuCl_2]^-$	3×10^5
$Ag^+ + 2Cl^- \rightleftharpoons [AgCl_2]^-$	1.8×10^5
$Pb^{2+} + 4Cl^- \rightleftharpoons [PbCl_4]^{2-}$	2.5×10^{15}
$Zn^{2+} + 4Cl^- \rightleftharpoons [ZnCl_4]^{2-}$	1.6
$Hg^{2+} + 4Cl^- \rightleftharpoons [HgCl_4]^{2-}$	5.0×10^{15}
$Cu^+ + 2Br^- \rightleftharpoons [CuBr_2]^-$	8×10^5
$Ag^+ + 2Br^- \rightleftharpoons [AgBr_2]^-$	1.7×10^7
$Hg^{2+} + 4Br^- \rightleftharpoons [HgBr_4]^{2-}$	1×10^{21}
$Cu^+ + 2I^- \rightleftharpoons [CuI_2]^-$	8×10^8
$Ag^+ + 2I^- \rightleftharpoons [AgI_2]^-$	1×10^{11}
$Pb^{2+} + 4I^- \rightleftharpoons [PbI_4]^{2-}$	3×10^4
$Hg^{2+} + 4I^- \rightleftharpoons [HgI_4]^{2-}$	1.9×10^{30}
配位子：アンモニア	
$Ag^+ + 2NH_3 \rightleftharpoons [Ag(NH_3)_2]^+$	1.6×10^7
$Zn^{2+} + 4NH_3 \rightleftharpoons [Zn(NH_3)_4]^{2+}$	7.8×10^8
$Cu^{2+} + 4NH_3 \rightleftharpoons [Cu(NH_3)_4]^{2+}$	1.1×10^{13}
$Hg^{2+} + 4NH_3 \rightleftharpoons [Hg(NH_3)_4]^{2+}$	1.8×10^{19}
$Co^{2+} + 6NH_3 \rightleftharpoons [Co(NH_3)_6]^{2+}$	5.0×10^4
$Co^{3+} + 6NH_3 \rightleftharpoons [Co(NH_3)_6]^{3+}$	4.6×10^{33}
$Cd^{2+} + 6NH_3 \rightleftharpoons [Cd(NH_3)_6]^{2+}$	2.6×10^5
$Ni^{2+} + 6NH_3 \rightleftharpoons [Ni(NH_3)_6]^{2+}$	2.0×10^8
配位子：シアン化物イオン	
$Fe^{2+} + 6CN^- \rightleftharpoons [Fe(CN)_6]^{4-}$	1.0×10^{24}
$Fe^{3+} + 6CN^- \rightleftharpoons [Fe(CN)_6]^{3-}$	1.0×10^{31}
$Ag^+ + 2CN^- \rightleftharpoons [Ag(CN)_2]^-$	5.3×10^{18}
$Cu^+ + 2CN^- \rightleftharpoons [Cu(CN)_2]^-$	1.0×10^{16}
$Cd^{2+} + 4CN^- \rightleftharpoons [Cd(CN)_4]^{2-}$	7.7×10^{16}
$Au^+ + 2CN^- \rightleftharpoons [Au(CN)_2]^-$	2×10^{38}

錯イオン平衡	K_{form}
その他の単座配位子	
メチルアミン（CH_3NH_2）	
$Ag^+ + 2CH_3NH_2 \rightleftharpoons [Ag(CH_3NH_2)_2]^+$	7.8×10^6
チオシアン酸イオン（SCN^-）	
$Cd^{2+} + 4SCN^- \rightleftharpoons [Cd(SCN)_4]^{2-}$	1×10^3
$Cu^{2+} + 2SCN^- \rightleftharpoons [Cu(SCN)_2]$	5.6×10^3
$Fe^{3+} + 3SCN^- \rightleftharpoons [Fe(SCN)_3]$	2×10^6
$Hg^{2+} + 4SCN^- \rightleftharpoons [Hg(SCN)_4]^{2-}$	5.0×10^{21}
水酸化物イオン（OH^-）	
$Cu^{2+} + 4OH^- \rightleftharpoons [Cu(OH)_4]^{2-}$	1.3×10^{16}
$Zn^{2+} + 4OH^- \rightleftharpoons [Zn(OH)_4]^{2-}$	2×10^{20}
配位子：二座配位子†	
$Mn^{2+} + 3en \rightleftharpoons [Mn(en)_3]^{2+}$	6.5×10^5
$Fe^{2+} + 3en \rightleftharpoons [Fe(en)_3]^{2+}$	5.2×10^9
$Co^{2+} + 3en \rightleftharpoons [Co(en)_3]^{2+}$	1.3×10^{14}
$Co^{3+} + 3en \rightleftharpoons [Co(en)_3]^{3+}$	4.8×10^{48}
$Ni^{2+} + 3en \rightleftharpoons [Ni(en)_3]^{2+}$	4.1×10^{17}
$Cu^{2+} + 2en \rightleftharpoons [Cu(en)_2]^{2+}$	3.5×10^{19}
$Mn^{2+} + 3bipy \rightleftharpoons [Mn(bipy)_3]^{2+}$	1×10^6
$Fe^{2+} + 3bipy \rightleftharpoons [Fe(bipy)_3]^{2+}$	1.6×10^{17}
$Ni^{2+} + 3bipy \rightleftharpoons [Ni(bipy)_3]^{2+}$	3.0×10^{20}
$Co^{2+} + 3bipy \rightleftharpoons [Co(bipy)_3]^{2+}$	8×10^{15}
$Mn^{2+} + 3phen \rightleftharpoons [Mn(phen)_3]^{2+}$	2×10^{10}
$Fe^{2+} + 3phen \rightleftharpoons [Fe(phen)_3]^{2+}$	1×10^{21}
$Co^{2+} + 3phen \rightleftharpoons [Co(phen)_3]^{2+}$	6×10^{19}
$Ni^{2+} + 3phen \rightleftharpoons [Ni(phen)_3]^{2+}$	2×10^{24}
$Co^{2+} + 3C_2O_4^{2-} \rightleftharpoons [Co(C_2O_4)_3]^{4-}$	4.5×10^6
$Fe^{3+} + 3C_2O_4^{2-} \rightleftharpoons [Fe(C_2O_4)_3]^{3-}$	3.3×10^{20}
その他の多座配位子†	
$Zn^{2+} + EDTA^{4-} \rightleftharpoons [Zn(EDTA)]^{2-}$	3.8×10^{16}
$Mg^{2+} + 2NTA^{3-} \rightleftharpoons [Mg(NTA)_2]^{4-}$	1.6×10^{10}
$Ca^{2+} + 2NTA^{3-} \rightleftharpoons [Ca(NTA)_2]^{4-}$	3.2×10^{11}

† en ＝ エチレンジアミン　　phen ＝ 1, 10-フェナントロリン　　$EDTA^{4-}$ ＝ エチレンジアミン四酢酸イオン
　bipy ＝ ビピリジル　　　　　　　　　　　　　　　　　　　　　NTA^{3-} ＝ ニトリロ三酢酸イオン

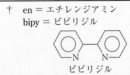
ビピリジル

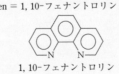
1, 10-フェナントロリン

付録 7A　弱酸のイオン化定数

一塩基酸	名　称	K_a
$HC_2O_2Cl_3 (Cl_3CCO_2H)$	トリクロロ酢酸	2.2×10^{-1}
HIO_3	ヨウ素酸	1.7×10^{-1}
$HC_2HO_2Cl_2 (Cl_2CHCO_2H)$	ジクロロ酢酸	5.0×10^{-2}
$HC_2H_2O_2Cl (ClH_2CCO_2H)$	クロロ酢酸	1.4×10^{-3}
HNO_2	亜硝酸	4.6×10^{-4}
HF	フッ化水素	3.5×10^{-4}
$HOCN$	イソシアン酸	2×10^{-4}
$HCHO_2 (HCO_2H)$	ギ酸	1.8×10^{-4}
$HC_3H_5O_3 [CH_3CH(OH)CO_2H]$	乳酸	1.4×10^{-4}
$HC_4H_3N_2O_3$	バルビツール酸	9.8×10^{-5}
$HC_7H_5O_2 (C_6H_5CO_2H)$	安息香酸	6.3×10^{-5}
$HC_4H_7O_2 (CH_3CH_2CH_2CO_2H)$	酪酸	1.5×10^{-5}
HN_3	アジ化水素	2.5×10^{-5}
$HC_2H_3O_2 (CH_3CO_2H)$	酢酸	1.8×10^{-5}
$HC_3H_5O_2 (CH_3CH_2CO_2H)$	プロピオン酸	1.3×10^{-5}
$HC_2H_4NO_2$	ニコチン酸（ナイアシン）	1.4×10^{-5}
$HOCl$	次亜塩素酸	3.0×10^{-8}
$HOBr$	次亜臭素酸	2.1×10^{-9}
HCN	シアン化水素	4.9×10^{-10}
HC_6H_5O	フェノール（石炭酸）	1.3×10^{-10}
HOI	次亜ヨウ素酸	2.3×10^{-11}
H_2O_2	過酸化水素	2.4×10^{-12}

多塩基酸	名　称	K_{a_1}	K_{a_2}	K_{a_3}
H_2SO_4	硫酸	大きな値	1.2×10^{-2}	
H_2CrO_4	クロム酸	5.0	1.5×10^{-6}	
$H_2C_2O_4$	シュウ酸	5.9×10^{-2}	6.4×10^{-5}	
H_3PO_3	亜リン酸	5.0×10^{-2}	2.0×10^{-7}	
H_2S	硫化水素	8.9×10^{-8}	1×10^{-19}	
H_2SO_3	亜硫酸	1.5×10^{-2}	6.3×10^{-8}	
H_2SeO_4	セレン酸	大きな値	1.2×10^{-2}	
H_2SeO_3	亜セレン酸	3.5×10^{-3}	1.5×10^{-9}	
H_6TeO_6	テルル酸	2×10^{-8}	1×10^{-11}	
H_2TeO_3	亜テルル酸	3.3×10^{-3}	2.0×10^{-8}	
$H_2C_3H_2O_4 (HO_2CCH_2CO_2H)$	マロン酸	1.4×10^{-3}	2.0×10^{-6}	
$H_2C_8H_4O_4$	フタル酸	1.1×10^{-3}	3.9×10^{-6}	
$H_2C_4H_4O_6$	酒石酸	9.2×10^{-4}	4.3×10^{-5}	
$H_2C_6H_6O_6$	アスコルビン酸	8.0×10^{-5}	1.6×10^{-12}	
H_2CO_3	炭酸	4.3×10^{-7}	5.6×10^{-11}	
H_3PO_4	リン酸	7.5×10^{-3}	6.2×10^{-8}	4.2×10^{-13}
H_3AsO_4	ヒ酸	5.5×10^{-3}	1.7×10^{-7}	5.1×10^{-12}
$H_3C_6H_5O_7$	クエン酸	7.4×10^{-4}	1.7×10^{-5}	6.0×10^{-7}

付録 7B　弱塩基のイオン化定数

弱塩基	名　称	K_b
$(CH_3)_2NH$	ジメチルアミン	9.6×10^{-4}
$C_4H_9NH_2$	ブチルアミン	5.9×10^{-4}
CH_3NH_2	メチルアミン	4.5×10^{-4}
$CH_3CH_2NH_2$	エチルアミン	4.3×10^{-4}
$(CH_3)_3N$	トリメチルアミン	7.4×10^{-5}
NH_3	アンモニア	1.8×10^{-5}
$C_{21}H_{22}N_2O_2$	ストリキニーネ	1.8×10^{-6}
N_2H_4	ヒドラジン	1.3×10^{-6}
$C_{17}H_{19}NO_3$	モルヒネ	1.6×10^{-6}
NH_2OH	ヒドロキシルアミン	1.1×10^{-8}
C_5H_5N	ピリジン	1.8×10^{-9}
$C_6H_5NH_2$	アニリン	4.3×10^{-10}
PH_3	ホスフィン	1×10^{-28}

付録 8　標準還元電位 (25°C)

$E°$ (V)	半電池反応
+2.87	$F_2(g) + 2e^- \rightleftharpoons 2F^-(aq)$
+2.07	$O_3(g) + 2H^+(aq) + 2e^- \rightleftharpoons O_2(g) + H_2O$
+2.01	$S_2O_8{}^{2-}(aq) + 2e^- \rightleftharpoons 2SO_4{}^{2-}(aq)$
+1.84	$Co^{3+}(aq) + e^- \rightleftharpoons Co^{2+}(aq)$
+1.77	$H_2O_2(aq) + 2H^+(aq) + 2e^- \rightleftharpoons 2H_2O$
+1.68	$MnO_4{}^-(aq) + 4H^+(aq) + 3e^- \rightleftharpoons MnO_2(s) + 2H_2O$
+1.69	$PbO_2(s) + HSO_4{}^-(aq) + 3H^+(aq) + 2e^- \rightleftharpoons PbSO_4(s) + 2H_2O$
+1.63	$2HOCl(aq) + 2H^+(aq) + 2e^- \rightleftharpoons Cl_2(g) + 2H_2O$
+1.51	$Mn^{3+}(aq) + e^- \rightleftharpoons Mn^{2+}(aq)$
+1.51	$MnO_4{}^-(aq) + 8H^+(aq) + 5e^- \rightleftharpoons Mn^{2+}(aq) + 4H_2O$
+1.46	$PbO_2(s) + 4H^+(aq) + 2e^- \rightleftharpoons Pb^{2+}(aq) + 2H_2O$
+1.44	$BrO_3{}^-(aq) + 6H^+(aq) + 6e^- \rightleftharpoons Br^-(aq) + 3H_2O$
+1.42	$Au^{3+}(aq) + 3e^- \rightleftharpoons Au(s)$
+1.36	$Cl_2(g) + 2e^- \rightleftharpoons 2Cl^-(aq)$
+1.33	$Cr_2O_7{}^{2-}(aq) + 14H^+(aq) + 6e^- \rightleftharpoons 2Cr^{3+}(aq) + 7H_2O$
+1.24	$O_3(g) + H_2O + 2e^- \rightleftharpoons O_2(g) + 2OH^-(aq)$
+1.23	$MnO_2(s) + 4H^+(aq) + 2e^- \rightleftharpoons Mn^{2+}(aq) + 2H_2O$
+1.23	$O_2(g) + 4H^+(aq) + 4e^- \rightleftharpoons 2H_2O$
+1.20	$Pt^{2+}(aq) + 2e^- \rightleftharpoons Pt(s)$
+1.07	$Br_2(aq) + 2e^- \rightleftharpoons 2Br^-(aq)$
+0.96	$NO_3{}^-(aq) + 4H^+(aq) + 3e^- \rightleftharpoons NO(g) + 2H_2O$
+0.94	$NO_3{}^-(aq) + 3H^+(aq) + 2e^- \rightleftharpoons HNO_2(aq) + H_2O$
+0.91	$2Hg^{2+}(aq) + 2e^- \rightleftharpoons Hg_2{}^{2+}(aq)$
+0.87	$HO_2{}^-(aq) + H_2O + 2e^- \rightleftharpoons 3OH^-(aq)$
+0.81	$NO_3{}^-(aq) + 4H^+(aq) + 2e^- \rightleftharpoons 2NO_2(g) + 2H_2O$
+0.80	$Ag^+(aq) + e^- \rightleftharpoons Ag(s)$
+0.77	$Fe^{3+}(aq) + e^- \rightleftharpoons Fe^{2+}(aq)$
+0.68	$O_2(g) + 2H^+(aq) + 2e^- \rightleftharpoons H_2O_2(aq)$
+0.54	$I_2(s) + 2e^- \rightleftharpoons 2I^-(aq)$
+0.49	$NiO_2(s) + 2H_2O + 2e^- \rightleftharpoons Ni(OH)_2(s) + 2OH^-(aq)$
+0.45	$SO_2(aq) + 4H^+(aq) + 4e^- \rightleftharpoons S(s) + 2H_2O$
+0.401	$O_2(g) + 2H_2O + 4e^- \rightleftharpoons 4OH^-(aq)$
+0.34	$Cu^{2+}(aq) + 2e^- \rightleftharpoons Cu(s)$
+0.27	$Hg_2Cl_2(s) + 2e^- \rightleftharpoons 2Hg(l) + 2Cl^-(aq)$
+0.25	$PbO_2(s) + H_2O + 2e^- \rightleftharpoons PbO(s) + 2OH^-(aq)$
+0.2223	$AgCl(s) + e^- \rightleftharpoons Ag(s) + Cl^-(aq)$
+0.172	$SO_4{}^{2-}(aq) + 4H^+(aq) + 2e^- \rightleftharpoons H_2SO_3(aq) + H_2O$
+0.169	$S_4O_6{}^{2-}(aq) + 2e^- \rightleftharpoons 2S_2O_3{}^{2-}(aq)$
+0.16	$Cu^{2+}(aq) + e^- \rightleftharpoons Cu^+(aq)$
+0.15	$Sn^{4+}(aq) + 2e^- \rightleftharpoons Sn^{2+}(aq)$
+0.14	$S(s) + 2H^+(aq) + 2e^- \rightleftharpoons H_2S(g)$
+0.07	$AgBr(s) + e^- \rightleftharpoons Ag(s) + Br^-(aq)$
0 (定義)	$2H^+(aq) + 2e^- \rightleftharpoons H_2(g)$
−0.12	$Pb^{2+}(aq) + 2e^- \rightleftharpoons Pb(s)$
−0.14	$Sn^{2+}(aq) + 2e^- \rightleftharpoons Sn(s)$
−0.15	$AgI(s) + e^- \rightleftharpoons Ag(s) + I^-(aq)$
−0.25	$Ni^{2+}(aq) + 2e^- \rightleftharpoons Ni(s)$
−0.28	$Co^{2+}(aq) + 2e^- \rightleftharpoons Co(s)$

付録 8 のつづき

$E°$ (V)	半電池反応
−0.34	$In^{3+}(aq) + 3e^- \rightleftharpoons In(s)$
−0.34	$Tl^+(aq) + e^- \rightleftharpoons Tl(s)$
−0.36	$PbSO_4(s) + H^+(aq) + 2e^- \rightleftharpoons Pb(s) + HSO_4^-(aq)$
−0.40	$Cd^{2+}(aq) + 2e^- \rightleftharpoons Cd(s)$
−0.44	$Fe^{2+}(aq) + 2e^- \rightleftharpoons Fe(s)$
−0.56	$Ga^{3+}(aq) + 3e^- \rightleftharpoons Ga(s)$
−0.58	$PbO(s) + H_2O + 2e^- \rightleftharpoons Pb(s) + 2OH^-(aq)$
−0.74	$Cr^{3+}(aq) + 3e^- \rightleftharpoons Cr(s)$
−0.76	$Zn^{2+}(aq) + 2e^- \rightleftharpoons Zn(s)$
−0.81	$Cd(OH)_2(s) + 2e^- \rightleftharpoons Cd(s) + 2OH^-(aq)$
−0.83	$2H_2O + 2e^- \rightleftharpoons H_2(g) + 2OH^-(aq)$
−0.89	$Fe(OH)_2(s) + 2e^- \rightleftharpoons Fe(s) + 2OH^-(aq)$
−0.91	$Cr^{2+}(aq) + 2e^- \rightleftharpoons Cr(s)$
−1.16	$N_2(g) + 4H_2O + 4e^- \rightleftharpoons N_2O_4(aq) + 4OH^-(aq)$
−1.18	$V^{2+}(aq) + 2e^- \rightleftharpoons V(s)$
−1.216	$ZnO_2^{2-}(aq) + 2H_2O + 2e^- \rightleftharpoons Zn(s) + 4OH^-(aq)$
−1.63	$Ti^{2+}(aq) + 2e^- \rightleftharpoons Ti(s)$
−1.66	$Al^{3+}(aq) + 3e^- \rightleftharpoons Al(s)$
−1.79	$U^{3+}(aq) + 3e^- \rightleftharpoons U(s)$
−2.02	$Sc^{3+}(aq) + 3e^- \rightleftharpoons Sc(s)$
−2.36	$La^{3+}(aq) + 3e^- \rightleftharpoons La(s)$
−2.37	$Y^{3+}(aq) + 3e^- \rightleftharpoons Y(s)$
−2.37	$Mg^{2+}(aq) + 2e^- \rightleftharpoons Mg(s)$
−2.71	$Na^+(aq) + e^- \rightleftharpoons Na(s)$
−2.87	$Ca^{2+}(aq) + 2e^- \rightleftharpoons Ca(s)$
−2.89	$Sr^{2+}(aq) + 2e^- \rightleftharpoons Sr(s)$
−2.90	$Ba^{2+}(aq) + 2e^- \rightleftharpoons Ba(s)$
−2.92	$Cs^+(aq) + e^- \rightleftharpoons Cs(s)$
−2.92	$K^+(aq) + e^- \rightleftharpoons K(s)$
−2.93	$Rb^+(aq) + e^- \rightleftharpoons Rb(s)$
−3.05	$Li^+(aq) + e^- \rightleftharpoons Li(s)$

掲 載 図 出 典

13章
章頭図　BASF Corporation
図 13・2（a）　© 1994 Richard Megna/
Fundamental Photographs
図 13・2（b）　© 1991 Richard Megna/
Fundamental Photographs
図 13・4　© 1993 Richard Megna/Fundamental Photographs

14章
章頭図　Michael Watson
図 14・7　Michael Watson
コラム 14・1　Doug Martin/Photo Researchers
図 14・8　Michael Watson

15章
章頭図　James L. Amos/Science Source
図 15・1　Andy Washnik
コラム 15・1　Andy Washnik

16章
章頭図　Andy Washnik
図 16・2　Richard Megna/Fundamental Photographs
図 16・5　Richard Megna/Fundamental Photographs
図 16・6　Richard Megna/Fundamental Photographs
p.525 の写真　Peter Lerman
図 16・11　Andy Washnik
図 16・12　Andy Washnik

17章
章頭図　NSF, NOAA. University of Washington
図 17・1　© Richard Megna/Fundamental Photographs
例題 17・4　Lawrence Migdale/Photo Researchers
図 17・2　Michael Watson
図 17・3　Michael Watson
図 17・4　OPC, Inc.
図 17・5　Andy Washnik
図 17・7　Andy Washnik
図 17・8　Andy Washnik

18章
章頭図　© funny face/Fotolia.com
図 18・1　Charles D. Winters/Photo Researchers
図 18・2（a）　© cmcderm1/Stockphoto
図 18・2（b）　Lowell J. Georgia/Photo Researchers
図 18・2（c）　© John Berry/The Image Works
コラム 18・1図左　Hulton Archive/Getty Images, Inc.
コラム 18・1図右　Frantisek Zboray
コラム 18・2図1左　Andre Kudyusov/Getty Images
コラム 18・2図1右　Henry Georgi/Aurora Photos Inc.
コラム 18・2図2　© Ian Leonard/Alamy
例題 18・6　John Raoux/AP Photo

19章
章頭図　Stan Sherer
図 19・1　Michael Watson
コラム 19・1図2　Courtesy James Brady
p.600 の写真　© DIZ Muenchen GmbH, Sueddeutsche Zeitung Photo/Alamy
図 19・11　OPC, Inc.
図 19・17　© Fotosearch/Purestock/SuperStock
図 19・21　Michael Watson
p.616 の写真　© Classic Image/Alamy
p.620 の写真　Chris R Sharp/Photo Researchers/Getty Images

20章
章頭図　U.S. Department of Energy/Photo Researchers
p.624 の写真　Photo Researchers
コラム 20・1　E. D. London, National Institute on Drug Abuse 提供
図 20・10　Brookhaven National Laboratory 提供

21章
章頭図　Michael Watson
図 21・1　Andy Washnik
図 21・2　Michael Watson
図 21・11　Michael Watson

22章
章頭図　Martin Bond/Photo Researchers

索　　引[*]

あ 行

IUPAC　16, 17
IUPAC 命名法　*679*
アインシュタイン（Albert Einstein）　183, *624*
　　——の関係式　*624*
亜鉛-炭素乾電池　*606*
亜鉛-二酸化マンガン電池　*605*
アキシアル結合　256
アクチノイド　44
圧縮率　336
圧　力　162, 298
圧力計　300
圧力-体積仕事　163, *556*
アノード　9, *587, 612*
アボガドロ（Amedeo Avogadro）　72, 307
アボガドロ定数　70, 72
アミド　*694*
アミロース　*705*
アミロペクチン　*705*
アミン　252, *678, 693*
RNA　*712*
アルカリ乾電池　*606*
アルカリ金属　44
アルカリ土類元素　44
アルカン　66, *678*
　　——の命名法　*679*
アルキル基　*680*
アルキン　*678, 682*
　　——の命名法　*683*
アルケン　*678, 682*
　　——の命名法　*683*
アルコキシド　*495*
アルコール　66, 250, *686*
アルデヒド　251, *689*
α-アミノ酸　*709*
α　線　*628*
α 粒子　*628*
アレニウス（Svante August Arrhenius）　102, *433*
　　——の酸・塩基の定義　102
アレニウス式　*433*
安定性の帯　*632, 633*
安定度定数　*551*
アンペア, A　*616*

イオン　10, 54
イオン化エネルギー　212
イオン化合物　54, 55, 60
　　——の命名法　60
イオン化反応　102
イオン結合　219
イオン結晶　366
イオン性　235
イオン積　*533*
　水の——　*499*
イオン-双極子引力　334
イオン対　399
イオン反応式　99, 100
イオン-誘起双極子引力　334
異核　287
異核二原子分子　287
異　性　250, *660, 674*
異性体　250, *660, 674*
　金属錯体の——　*659*
イソプロピル基　*680*
位置エネルギー → ポテンシャル エネルギー
一塩基酸　107
一次電池　*605*
一次反応　419
　　——の速度定数　*421*
　　——の半減期　*421*
遺伝暗号　*715*
陰イオン　56
陰極線　9
インターカレーション　*608*

ウィルソン（Robert Woodrow Wilson）　2
宇　宙　156
運動エネルギー　2, 151

エアロゲル　*497*
永久双極子　330
英国単位系　28
AO → 原子軌道
液　体　25
　　——の平衡蒸気圧　343
エクアトリアル結合　256
SI 誘導単位　27
エステル　*691*
sp 混成軌道　270
sp^2 混成軌道　272
sp^3 混成軌道　272
sp^3d 混成軌道　274
sp^3d^2 混成軌道　274

枝分かれ（ポリマーの）　*698*
エチル基　*680*
エチレンジアミン四酢酸　*551, 652*
X 線　*631*
エーテル　*686*
エナンチオマー　*661, 675*（光学異性体も見よ）
n 型半導体　*610*
エネルギー　151
エネルギー準位　188
エネルギーバンド　290
エネルギー保存の法則　152
エマルション　402
MO → 分子軌道
MO 理論 → 分子軌道理論
エルー（Paul Louis-Toussaint Héroult）　*620*
エレクトロンボルト, eV　*629*
塩　97
塩　基　102, *474*
　　——の命名法　108
塩基解離定数　*505*
塩基性溶液　*499*
塩基無水物　108
塩　橋　*588*
延　性　45
エンタルピー　167, *557*
エンタルピーダイヤグラム　171
エントロピー　*560, 561*

オキソアニオン　*486*
オキソ酸　109, *483, 484*
オキソニウムイオン　102
オクテット則　223, 224
オゾン　293
オービタル → 軌道
オングストローム（Anders Jonas Ångström）　210
オングストローム, Å　28, 210
温　度　153, 323

か 行

ガイガー（Hans Geiger）　11
外界 → 周囲
ガイガーカウンター　*637*
外　殻　204
外殻電子　204

会　合　400
開始過程　*438*
回　折　191
壊変定数　*638*
ガイム（Andre Geim）　20
界面活性剤　338
解　離　97
解離定数　*503, 506*
解離度　*507*
化学エネルギー　151
化学結合　64, 218
化学式　47
化学式単位　56
化学的性質　25
科学的表記法　33
科学的方法　19
化学反応　21
化学反応式　53
化学反応速度論　405, 426
化学平衡　103, 445
化学平衡式　*448, 449, 452, 455*
化学変化　23
化学量論　70, 74, 83, 122
　電気分解の——　*616, 617*
可逆過程　*571*
殻　196
核結合エネルギー　*624～626*
核合成　3（核融合も見よ）
拡　散　319
核　酸　*712*
核　子　12, *625*
確　度　33
核の殻モデル　*635*
核反応　*628*
核反応式　*628*
　　——の種類　*627*
核分裂　*624, 626, 643*
核分裂性同位体　*644*
核分裂連鎖反応　*644*
核変換　*635, 636*
隔膜槽　*621*
核融合　*626, 643, 646*（核合成も見よ）
化合体積の法則　307
化合物　22
過酸化物　133
華氏温度目盛　29
可視スペクトル　182
過剰反応物　90
加水分解　*495, 512*
仮　説　20

---

[*] 立体の数字は上巻の，斜体の数字は下巻のページ数を表す.

736　索　　引

カソード　9, *587, 612*
カソード防食　*594*
活性化エネルギー　*428, 432, 433*
活性系列　142, 143
活性錯体　*432*
活　栓　126
活　量　*455*
価電子　205
価電子帯　291
カナル線　10
過　熱　348
加熱曲線　347
過飽和溶液　97
カーボンナノチューブ　294
ガラクトース　*705*
ガラス　363
カルコゲン　44
カルノー（Nicolas Léonard Sadi
　　　　　　　　　Carnot）*572*
ガルバニ（Luigi Galvani）*585*
ガルバニ電池　585, 586, 605, 612
カルボキシ基　252, *691*
カルボニル基　251, *689*
カルボン酸　252, *691*
過冷却液体　363
カロリー, cal　153
岩塩構造　360
環境放射線　*641*
還　元　130
還元剤　131
還元電位　*591*
換算係数　35
緩衝液　515
環状構造　*675*
干渉縞　191
緩衝能　*518*
かん水　*620*
完全弾性衝突　322
観　測　19
官能基　250, *677*
γ　線　*629*
簡略化した電子配置　203
簡略式　251, *674*

気圧計　299
貴ガス　44
　　──の沸点　333
貴金属　237
希　釈　121
キセロゲル　*496*
輝線スペクトル　185
気　体　25
気体定数　309
気体反応の法則　307
基底状態　188, 201
起電力　*590*
軌　道　195
軌道角運動量量子数　→　方位量
　　　　　　　　　　　子数
軌道準位図　200
軌道の重なり　267
希薄溶液　96
ギブズ（Josiah Willard Gibbs）
　　　　　　　　　　　566
ギブズエネルギー　*566, 574*
ギブズエネルギー曲線　*576*
基本単位　26

逆浸透　394, 395
逆反応　104, *446*
吸エルゴン的　*566*
吸　収　*443*
吸　着　*443*
吸熱的　161
吸熱反応
　　──のポテンシャルエネル
　　　　　　　　ギー図　*431*
球棒模型　48, 49
キュリー（Marie Curie）*638*
キュリー, Ci　*638*
強塩基　103
境　界　156
凝　固　341
凝固点降下　390
凝固点降下定数　390
強　酸　103
凝　縮　341
鏡像異性体　→　エナンチオマー
競争反応　92
共通イオン　*517, 537*
共通イオン効果　*517, 536, 537*
強電解質　98
共　鳴　246
共鳴エネルギー　249
共鳴構造　246, 247
共鳴混成体　247
共役塩基　*476*
共役酸　*476*
共役酸塩基対　*476*
共有結合　228, 229
共有結合結晶　367
極性結合　233
極性分子　233
巨視的　21
キラリティー　*661, 675*
キラル　*661*
キレート　*652*
キレート効果　*654*
キログラム, kg　29
均一混合物　23, 52
均一触媒　*442*
均一反応　*407, 449*
均一平衡　*449*
金　属　44
金属結晶　367
金属錯体　458, *549~551, 650*
　　──の異性体　*659*
　　──の結合　*663*
　　──の命名法　*655*
金属伝導　*587*

空間充塡模型　48, 49
偶奇則　*634*
クォーク　3
屈曲形　→　非直線形
駆動力　*559*
クラウジウス（Rudolf Clausius）
　　　　　　　　　　　355
クラウジウス–クラペイロンの式
　　　　　　　　　　　355
クラッキング　*443*
グラハム（Thomas Graham）319
グラハムの法則　320, 324
グラファイト　293
グラフェン　20, *293, 294*

クラペイロン（Benoit Paul Emile
　　　　　　　　Clapeyron）355
グラム原子　71
グリコーゲン　*705*
クリック（F. H. C. Crick）*713*
グルコース　*703, 704*
グレイ（Harold Gray）*639*
グレイ, Gy　*639*
クーロン, C　*590, 616*
クーロンの法則　222

系　156
形式電荷　242
係　数　53
ゲイ＝リュサック（Joseph Louis
　　　　　　　　Gay-Lussac）15, 304
ゲイ＝リュサックの法則　304,
　　　　　　　　　　　323
結合エネルギー　229, *581, 583*
結合角　255
結合距離　→　結合長
結合次数　241
結合性分子軌道　283
結合長　229, 233, 241
結合ドメイン　257
結合モーメント　263
結晶格子　357
結晶場分裂　*665*
結晶場理論　*664*
結　論　19
ケトン　251, *689*
ケルビン温度目盛　30
ゲルラッハ（Walther Gerlach）198
けん化　*692*
原　子　21
原子化エネルギー　*581*
原子価殻　205
原子価殻電子対反発モデル　256
原子核　12
原子価結合理論　267
原子間力顕微鏡　7, 8
原子軌道　282
原子質量　15
原子質量単位　15
原子スペクトル　186
原子説　1
原子番号　13
原子モデル　195
原子量　15, 16
元　素　2, 4, 13, 21
　　──の族　43
元素記号　13, 22
懸濁液　401
限定反応物　89, 90

光学異性体　*663, 675*（エナンチオ
　　　　　　　マーも見よ）
光　子　183
　　──のエネルギー　183
格　子　357
格子エネルギー　220, 222, 374
硬　水　115
高スピン錯体　*668*
構成原理　200
酵　素　*444, 711*
構造式　48, 230
高張的　396

光電効果　184
高分子　*696*
国際純正・応用化学連合　→
　　　　　　　　　　　IUPAC
国際単位系　26
黒リン　296
誤　差　31
固　体　25
　　──の平衡蒸気圧　345
骨格構造　238
コドン　*715*
孤立系　157
孤立電子対　→　非共有電子対
コロイド分散系　402
混合物　23
混成軌道　270, 278
混和性　371

さ　行

再現性　19
最大仕事　*571*
最密充塡構造　362
酢　酸　252
酸　102, 139, *474*
　　──の命名法　108
酸塩基指示薬　127, *524, 529~
　　　　　　　　　　　531, 613*
酸塩基滴定　*524, 525*
酸・塩基の定義
　　アレニウスの──　102
　　ブレンステッド–ローリー
　　　　　　　　の──　*475*
　　ルイスの──　*487*
酸　化　130
酸解離定数　*504*
　　多塩基酸の──　*521*
酸化還元反応　130
酸化剤　131, 139
酸化状態　132
酸化数　132
　　──の規則　132
酸化性酸　140
三重結合　232, 280
三重点　350
酸性塩　114
酸性溶液　*499*
三方両錐分子　255
酸無水物　108
酸溶解度積　*543*

シアン化物イオン　61
四角錐　261
示強的性質　25
磁気量子数　197
σ 結合　278
次元解析　35
自己解離　*498*
脂　質　*706*
シス　*660, 684*
シス–トランス異性　*660, 683*
シス–トランス異性体　*683*
シーソー形　261
実験式　78
実在気体　325

実際の収量　93
質量　21
質量-エネルギー保存の法則　*624*
質量欠損　*625*
質量作用の式　*448*
質量数　13
質量スペクトル　11
質量-体積百分率濃度　383
質量百分率　76
質量百分率濃度　380
質量分析計　10, 11
質量分率　381
質量保存の法則　6
質量モル濃度　381
自発変化　*559, 560*
シーベルト, Sv　*639*
脂肪酸　*706, 707*
弱塩基　105
弱酸　103
弱電解質　103
斜方晶系硫黄　295
シャルル(Jacques Charles)　303
シャルルの法則　304, 323
周囲　156
周期　43
周期表　15, 41
重合体　→ ポリマー
重合反応　*697*
重水素　646
終点　127, *524*
自由電子　367
重量　21
縮合　*700*
縮合重合体　*700*
シュテルン(Otto Stern)　198
主反応　93
主要族元素　43
受容体　549, 651
主量子数　196
ジュール, J　153
シュレーディンガー(Erwin Schrödinger)　195
シュレーディンガー方程式　195
瞬間双極子　332
瞬間速度　*410*
純物質　23
昇華　339
蒸気圧　315, 343
焼結　*494*
常磁性　199
状態　156
状態関数　156
状態図　350
　水の——　350
状態変化　341
蒸着　341
衝突理論　*427*
蒸発　339
正味のイオン反応式　100
触媒　*407, 442*
触媒コンバーター　*443*
触媒作用　*442*
示量的性質　25
真空　299
進行波　192
親水基　*709*
親水性　403, *708*

シンチレーションプローブ　*638*
浸透　393
浸透圧　394
浸透圧に対するファントホッフの式　394
振動磁場　180
振動電場　180
浸透膜　393
振幅　180

水酸化物イオン　61
水素化物　133
水素結合　330
水平化効果　*483*
水和　98, 371
水和エネルギー　373, 374
水和物　49
スクロース　*704*
ストック方式　61
スピン量子数　198

星雲　4
生化学　65, *703*
正確さ　→ 確度
正孔　→ 正電荷キャリヤー
性質　24
正四面体(構造)　255, *658*
生成定数　*551, 552*
生成物　53, 447
成長過程　438
正電荷キャリヤー　*609*
精度　34
正八面体(構造)　256, *659*
正反応　104, 446
精密さ　→ 精度
赤色巨星　3, 4
赤方偏移　2
赤リン　296
節　192
摂氏温度目盛　29
絶対温度目盛　→ ケルビン温度目盛
絶対零度　31, 304
節面　208
セラミックス　*494*
セルシウス(A. Celsius)　30
セルロース　*706*
セーレンセン(S. P. L. Sørensen)　*500*
ゼロ次反応　*414, 426*
遷移元素　43
遷移状態　*432*
遷移状態理論　*430*
前指数因子　*433*
選択的沈殿　*544*
選択的透過性　392

相　23
双極子　332
双極子-双極子引力　330
双極子モーメント　233, 263
走査型トンネル顕微鏡　7
双性イオン　*709*
相反関係　*480*
総反応次数　414
素過程　*436*
族　43

束一的性質　385
測定　26
測定単位　26
速度　405, 408
速度定数　412, 427
　一次反応の——　*421*
　二次反応の——　*425*
疎水性　403, *708*
組成　23
組成一定の法則　→ 定比例の法則
組成百分率　76
ゾル-ゲル法　*495, 497*
存在比　17

た　行

対イオン　*653*
第一イオン化エネルギー　213
ダイオード　*610*
大気圧　162, 299
体心立方格子　359
ダイヤモンド　293
ダウンズ槽　*620*
多塩基酸　107, *520, 523*
　——の酸解離定数　*521*
多原子イオン　59
多座配位子　*651*
多重結合　278
脱水　*687*
脱離反応　*687*
多糖　*705*
単位格子　357
炭化水素　66, *678*
　——の沸点　333
単結合　231
単原子　60
単座配位子　*651*
単斜晶系硫黄　295
単純立方格子　357
炭水化物　*703*
炭素骨格　*696*
^{14}C 年代測定　*423, 643*
単置換反応　142
単糖　*703*
断熱過程　157, *557*
タンパク質　*709*
単量体　→ モノマー

力　162
置換反応　*685, 689*
逐次成長重合体　→ 縮合重合体
窒素族　44
チャドウィック(James Chadwick)　12
中性子　12
中性子放射　*631*
中性子放射化分析　*642*
中性溶液　*499*
中和反応　112, *487*
超ウラン元素　*637*
超新星　2, 4
超臨界流体　352
直鎖アルカン　*679*
直鎖構造　*675*
直線形分子　255

チンダル(John Tyndall)　402
チンダル現象　402
沈殿　96, 110

対形成エネルギー　*668*
強い力　*627*
釣合のとれた反応式　54

DNA　*712, 713*
　——二重らせん　*713*
d 軌道　*664*
　——のエネルギー　*669*
定在波　192
停止過程　*438*
T 字形　261
低スピン錯体　*668*
定性的観測　26
定性分析　125, *548*
低張的　396
定比例の法則　6, 50
定量的観測　26
定量分析　125
デオキシリボ核酸　→ DNA
滴下剤　126
滴定　125, 126, *524*
滴定曲線　*524*
データ　19
デバイ, D　233
デモクリトス(Democritus)　6
電位　*590*
電解質　97
電解槽　*610～612*
電解伝導　*587*
電気陰性度　232, 234, 235
電気双極子　233
電気分解　*559, 611～613, 619*
　——の化学量論　*616, 617*
　塩化ナトリウムの——　*611*
　水の——　*613*
　硫酸カリウム水溶液の——　*613*
電気めっき　*619*
電極　9
電子　10
電子雲　207
電子顕微鏡　192
電子構造　199
電子親和力　215
電子スピン　198
電磁スペクトル　181
電子対供与原子　*550, 651*
電子対結合　229
電子ドメイン　256
電子の海モデル　367
電磁波　179, 180
電子配置　199, 201
電子捕獲　*631*
電子密度　207
転写　*715*
展性　45
電池　*605*
電池電位　*590, 600*
電池反応　*586*
伝導帯　291
天然ガス　48
デンプン　*705*
電離放射線　*637*

738　索　引

同位体 13, 18, 319
等温膨張 *557*
等核二原子分子 285
同時平衡 *540*
透析 392
透析膜 392
同素 293
同素体 293
等張的 396
動的平衡 105, *445, 446*
当量点 *524*
閉じた系 157
ドーピング *609*
ド・ブロイ（Louis de Broglie）190
トムソン（J. J. Thomson）9
トランス *660, 684*
トランス脂肪 708
トリアシルグリセロール *706*
トリチェリ（Evangelista Torricelli）299
トリチェリ気圧計 299
トル, Torr 300
ドルトン（John Dalton）7, 315
ドルトンの原子説 6, 7
ドルトンの分圧の法則 315, 323
トレーサー分析 *641*

な　行

内殻電子 210
内遷移元素 43
内部エネルギー 154, *556*
ナイロン6,6 *700*
ナノテクノロジー 8
鉛蓄電池 *605*

二塩基酸 107
二元化合物 59
二元酸 108, *482*
二原子分子 48
二座配位子 *651*
二酸化炭素
　——の状態図 351
二次電池 *605*
二次反応 424
　——の速度定数 *425*
　——の半減期 *425*
二重結合 232, 278
二重置換反応 → メタセシス反応
二乗平均平方根速度 324
ニッケル-金属水素化物電池 606
二糖 *704*
二分子衝突 *440*
乳糖 → ラクトース
二量体 401

ヌクレオチド *714*
濡れ 337

熱 154
熱エネルギー 154
熱化学 150
熱化学方程式 169
ネットワーク固体 → 共有結合結晶

熱平衡 154
熱容量 157
熱力学 150, *555*
熱力学第一法則 163, *555*
熱力学第三法則 *568*
熱力学第二法則 *565*
熱力学的効率 *572*
熱力学的平衡定数 *580*
熱量計 162
熱量測定 162
ネルンスト（Walther Nernst）600
ネルンストの式 *601*
燃焼 80, 144
燃焼熱 165
燃焼分析 80, 81
粘性 339
燃料電池 *608, 609*

濃厚溶液 96
濃淡電池 *603, 604*
濃度 95, *380, 384*
濃度表 *463*
ノボセロフ（Konstantin Novoselov）20

は　行

配位化合物 *550, 651*
配位結合 245, 277, *488, 650*
配位子 *550, 650*
　——の種類 *652*
配位数 *658, 659*
π結合 278
倍数比例の法則 51
ハイゼンベルク（Werner Heisenberg）206
ハイゼンベルクの不確定性原理 206
ハイポキシア 378
パウリ（Wolfgang Pauli）198, *629*
パウリの排他原理 199
白リン 296
パスカル, Pa 162, 300
波長 180
発エルゴン的 *566*
発光スペクトル 186
発熱的 161
発熱反応
　——のポテンシャルエネルギー図 *430*
ハッブル（Edwin Hubble）2
波動関数 195
ハーバー（Fritz Haber）*460*
ハーバー法 443, *460*
バール, bar 300
バルマー（J. J. Balmer）186
ハロゲン 44
　——の沸点 333
半金属 45
反結合性分子軌道 283
半減期 421, *426, 427*
　一次反応の—— *421*
　二次反応の—— *425*
　放射性核種の—— *632*

反磁性 199
半電池 *586*
半透性 392
半導体 46
バンド理論 290
反ニュートリノ *629*
反応機構 436
反応座標 430
反応次数 413, *426, 427*
反応商 448, *533, 579*
反応性 236
反応速度 409
反応速度式 412, 419, *426, 437*
反応熱 162, 165
反応比率 429
反応物 53, *447*
半反応 135
反物質 *630*

非圧縮性 336
pH *500, 501*
pHメーター *501, 502, 602*
p型半導体 *610*
光電池 *609, 610*
非共有電子対 257
非局在化 290
非局在化エネルギー 290
非局在電子 290
非局在分子軌道 289
非金属 45
非金属水素化物 65
pK$_a$ *504*
pK$_b$ *505*
非結合性分子軌道 288
非結合ドメイン 257
非混和性 370
非酸化性酸 140
比重 39
比重計 39, *605, 606*
非晶質固体 363
ビタミンB$_{12}$ *671*
非直線形 259
ビッグバン理論 2
非電解質 98
ヒドロニウムイオン → オキソニウムイオン
比熱 158
比熱容量 158
百分率収量 92, 93
百分率濃度 95
ビュレット 126
標準液 127
標準エントロピー *568*
標準還元電位 *591, 593, 595*
標準凝固点 *390*
標準状態 169, 175, *590*
標準水素電極 *591, 592*
標準生成エンタルピー 174～176, *582*
標準生成エントロピー *569*
標準生成ギブズエネルギー *570*
標準生成熱 → 標準生成エンタルピー
標準大気圧, atm 162, 300
標準電極電位 → 標準還元電位
標準電池電位 *590*
標準燃焼熱 174

標準反応エンタルピー 169
標準反応エントロピー *568*
標準反応ギブズエネルギー *569, 598*
標準沸点 346, 390
表面張力 337
開いた系 157
頻度因子 *433*
ビンニッヒ（Gerd Binnig）7

ファインセラミックス *494, 496*
ファラデー（Michael Faraday）616
ファラデー定数 *598*
ファーレンハイト（D. G. Fahrenheit）30
不安定度定数 *552*
ファン・デル・ワールス（J. D. van der Waals）326, 329
ファンデルワールス定数 327
ファンデルワールスの実在気体の状態方程式 326
ファンデルワールス力 329
ファントホッフ因子 *400*
VSEPRモデル → 原子価殻電子対反発モデル
V字形 → 非直線形
VB理論 → 原子価結合理論
フィルム線量計 *638*
フェノールフタレイン 127, *525, 531*
フェルミ（Enrico Fermi）*629*
付加化合物 246, *487*
付加重合体 *697, 699*
付加反応 *684*
不均一混合物 23, 52
不均一触媒 *442, 443*
不均一反応 407, *455*
副殻 196
複合核 *636*
複合気体の法則 305
複製 *714*
副生成物 93
複素環 *676*
不斉炭素原子 *675*
不確かさ 31
不対電子 257
物質 21, 24
物質量 70, 74
沸点 345
　貴ガスの—— 333
　炭化水素の—— 333
　ハロゲンの—— 333
沸点上昇 390
沸点上昇定数 390
物理的性質 24
物理変化 23
負電荷キャリヤー *610*
プニクトゲン 44
部分電荷 233
不飽和化合物 *678*
不飽和溶液 97
ブラウン（Robert Brown）63
ブラウン運動 63
プラズマ *647*
ブラッグ（William Henry Bragg）364

索　引　739

ブラッグ（William Lawrence Bragg）　364
ブラッグの式　364
ブラベ（Auguste Bravais）　358
ブラベ格子　358
フラーレン　294
プランク（Max Planck）　183
プランク定数　183
フルクトース　*704*
ブレンステッド（Johannes Brønsted）　*475*
ブレンステッド–ローリー
　　——の酸・塩基の定義　*475*
プロトン供与体　*476*
プロトン受容体　*476*
プロピル基　*680*
分　圧　315
分　解　21
分極率　333
分光化学系列　*667*
分散系　401
分散力　→　ロンドン力
分　子　47
分子運動エネルギー　155
分子運動論　155, 322
分子化合物　64, 67
　　——の命名法　67
分枝過程　*438*
分子間力　328, 329, 335, 369
分子軌道　282
分子軌道理論　267, 282
分枝構造　*675*
分子式　78
分子質量　→　分子量
分子性結晶　366
分子内力　329
分子反応式　100
分子量　71
フントの規則　201

平　均　32
平均運動エネルギー　153
平均結合次数　247
平均速度　*410*
平衡定数　449, 456, 462, 465, 578
平衡点　354
平衡の位置　456
平面三角形分子　255
平面四角形（構造）　261, *658*
平面偏光　*662*
ベクレル（Henri Becquerel）　638
ベクレル, Bq　638
ヘス（Germain Henri Hess）　173
ヘスの法則　170, 173
β　線　628
β 粒子　628
PET　→　陽電子放射断層撮影法
ヘテロ環　→　複素環
ペプチド結合　*710*
ヘ　ム　671, *711*
ヘルツ, Hz　180
ペンジアス（Arno Allan Penzias）　2
ヘンダーソン–ハッセルバルヒの式　*518*
ヘンリー（William Henry）　379
ヘンリーの法則　378, 379

ボーア（Niels Bohr）　188
ボーア半径　190
ボイル（Robert Boyle）　302
ボイルの法則　303, 323
方位量子数　196
傍観イオン　100
芳香族化合物　*685*
芳香族炭化水素　*678*
放射壊変　11, *627*
　　——の法則　*638*
放射壊変系列　*631*
放射性核種　*627*
　　——の半減期　*632*
放射性年代測定　*642*
放射線　*627*
放射能　626, 627, 638
法　則　20
膨張の仕事　163
放　電　9
飽和化合物　*678*
飽和溶液　96, *533*
補　色　*667*
ポスト遷移金属　58
ボッシュ（Carl Bosch）　460
ポテンシャルエネルギー　2, 151
ポテンシャルエネルギー図　*430*
　　吸熱反応の——　*431*
　　発熱反応の——　*430*
ポリエチレン　*697*
ポリスチレン　*698*
ポリプロピレン　*696*
ポリペプチド　*709*
ポリマー　*696*
ポーリング（Linus Pauling）　234
ホール　→　正電荷キャリヤー
ホール（Charles Martin Hall）　619
ホール–エルー法　*620*
ボルタ（Alessadro Volta）　585
ボルタ電池　585
ボルツマン（Ludwig von Boltzmann）　564
ボルト, V　*590*
ポルフィリン　*670*
ボルン–ハーバーサイクル　220, 221
ボンベ熱量計　165
翻　訳　*715*

ま～わ

マイヤー（Julius Lothar Meyer）　41
マジックナンバー　→　魔法数
マズデン（Ernest Marsden）　11
魔法数　*634*

水
　　——の状態図　*350*
水のイオン積　*499*
ミセル　403
密　度　36, 39
ミリカン（Robert Andrews Millikan）　10
ミリバール, mb　300
ミリメートル水銀, mmHg　300

無機化合物　60

無極性共有結合　235
無極性分子　264

命名法　60, 67
　　アルカンの——　*679*
　　アルキンの——　*683*
　　アルケンの——　*683*
　　イオン化合物の——　60
　　塩基の——　108
　　金属錯体の——　*655*
　　酸の——　108
　　分子化合物の——　67
メスフラスコ　120
メタセシス反応　110, 116
メタロイド　→　半金属
メチル基　*680*
メートル, m　27
面心立方格子　359
メンデレーエフ（Dmitri Ivanovich Mendeleev）　41

モノマー　*697*
モル　71
モル質量　72
モル昇華エンタルピー　348
モル蒸発エンタルピー　348, 350
モル熱容量　158
モル濃度　118
モル百分率　317
モル分率　317
モル融解エンタルピー　348
モル溶解エンタルピー　372, 374
モル溶解度　*534*

融解　341
有機化学　65, *673*
有機化合物　249
　　——の種類　*677*
有機酸　252, *677*
誘起双極子　332
有効核電荷　210
有効数字　32
有効な衝突　*427*
融点　342

陽イオン　56
溶　液　23, 95
溶解性の規則　111
溶解度　96, 377, 532, 551, 552
溶解度積　532, 533
陽　子　10
溶　質　95
陽電子　630
陽電子放射断層撮影法　*635*
溶　媒　95
溶媒和　371
溶媒和エネルギー　373
溶融　→　融解

ラウール（Francois Marie Raoult）　386
ラウールの法則　386
ラクトース　*705*
ラザフォード（Ernest Rutherford）　11, *636*
ラジカル　438, *640*
ラジカル連鎖機構　*438*

ラド, rad　639
ラボアジェ（Antoine Laurent Lavoisier）　130, 307
ランタノイド　43

理想気体　303
　　——の状態方程式　*309*
　　——の法則　*309*
理想溶液　375
リチウムイオン電池　608
リチウム–二酸化マンガン電池　607
律速段階　437, 439
立体異性　*660*
立体異性体　*675*
立体配座　273
リットル, L　29
立方最密充塡　362
立方メートル　28
リビー（Willard F. Libby）　423, 643
リボ核酸　→　RNA
流　出　*411*
リュードベリの式　185, 186
量　子　183
量子化　188
量子数　188, 195
量子力学モデル　190
両　性　478, *493*
理　論　20
理論収量　92, 93
理論モデル　20
臨界圧力　352, 353
臨界温度　352, 353
臨界質量　*644*
臨界点　352

ルイス（Gilbert Newton Lewis）　227
　　——の酸・塩基の定義　*487*
ルイス塩基　487, 489
ルイス記号　226, 227
ルイス構造　230, 237
ルイス酸　487, 489
ルクランシェ電池　→　亜鉛–炭素乾電池
ルシャトリエ（Henry Le Châtelier）　354
ルシャトリエの原理　*457*

励起状態　185
冷却曲線　348
レム, rem　639
連鎖成長重合体　→　付加重合体
連鎖反応　*438*
連続スペクトル　185

六方最密充塡　362
ローブ　208
ローラー（Heinrich Rohrer）　7
ローリー（Thomas Lowry）　*475*
ロンドン（Fritz London）　332
ロンドン分散力　→　ロンドン力
ロンドン力　332

ワトソン（J. D. Watson）　*713*

訳 者

小 島 憲 道
こじま のりみち
1949 年 鳥取県に生まれる
1972 年 京都大学理学部 卒
東京大学名誉教授
専門 物性化学, 無機化学
理 学 博 士

小 川 桂 一 郎
おがわ けいいちろう
1952 年 東京に生まれる
1975 年 東京大学理学部 卒
東京大学名誉教授
武蔵野大学名誉教授
専門 有機物理化学, 有機結晶化学
理 学 博 士

錦 織 紳 一
にしき おり しんいち
1953 年 東京に生まれる
1976 年 東京大学理学部 卒
前東京大学大学院総合文化研究科 教授
専門 包接体化学, 無機化学
理 学 博 士

村 田 滋
むらた しげる
1956 年 長野県に生まれる
1979 年 東京大学理学部 卒
東京大学名誉教授
専門 有機光化学, 有機反応化学
理 学 博 士

第 1 版 第 1 刷 2017 年 10 月 10 日 発行
第 2 刷 2023 年 11 月 28 日 発行

ブラディ
ジェスパーセン 一 般 化 学 (下)
(原著第 7 版)

ⓒ 2 0 1 7

監 訳 者 小 島 憲 道
発 行 者 石 田 勝 彦
発 行 株式会社 東京化学同人
東京都文京区千石 3 丁目 36-7 (〒 112-0011)
電話 (03) 3946-5311・FAX (03) 3946-5317
URL: https://www.tkd-pbl.com/

印刷・製本 大日本印刷株式会社

ISBN 978-4-8079-0921-6 Printed in Japan
無断転載および複製物 (コピー, 電子
データなど) の配布, 配信を禁じます.

物 理 定 数[†]

電子の静止質量	$m_e = 5.486 \times 10^{-4}$ u $(9.109 \times 10^{-28}$ g$)$
陽子の静止質量	$m_p = 1.007$ u $(1.673 \times 10^{-24}$ g$)$
中性子の静止質量	$m_n = 1.009$ u $(1.675 \times 10^{-24}$ g$)$
電気素量	$e = 1.602 \times 10^{-19}$ C
原子質量単位	u $= 1.661 \times 10^{-24}$ g
気体定数	$R = 0.0821$ L atm mol^{-1} K^{-1}
	$= 8.314$ J mol^{-1} K^{-1}
	$= 1.987$ cal mol^{-1} K^{-1}
モル体積(理想気体)	$= 22.41$ L （標準状態）
アボガドロ定数	$= 6.022 \times 10^{23}$ mol^{-1}
光速(真空中)	$c = 2.99792458 \times 10^{8}$ m s^{-1} （定義）
プランク定数	$h = 6.626 \times 10^{-34}$ J s
ファラデー定数	$F = 9.659 \times 10^{4}$ C mol^{-1}

† 光速は定義に従って9桁の有効数字で示しているが，それ以
外は例題および練習問題に用いる数値として有効数字4桁で記載
している．

実験試薬の濃度[†1]

試薬	%(w/w)	mol L^{-1}	%(w/v)[†2]
NH_3	29	15	26
$HC_2H_3O_2$	99.7	17	105
HCl	37	12	44
HNO_3	71	16	101
H_3PO_4	85	15	144
H_2SO_4	96	18	177

†1 値は市販されている試薬の平均的な濃度．
†2 〔溶質の質量(g)/ 溶液の体積(mL)〕× 100%